Power in Procurement

Elmar Bräkling • Klaus Oidtmann

Power in Procurement

Erfolgreich einkaufen –
Wettbewerbsvorteile sichern –
Gewinne steigern

 Springer Gabler

Prof. Dr. Elmar Bräkling
Fachhochschule Koblenz,
Deutschland

Klaus Oidtmann
Dresden, Deutschland

ISBN 978-3-8349-2698-2
DOI 10.1007/978-3-8349-6981-1

ISBN 978-3-8349-6981-1 (eBook)

Die Deutsche Nationalbibliothek verzeichnet diese Publikation in der Deutschen Nationalbibliografie; detaillierte bibliografische Daten sind im Internet über http://dnb.d-nb.de abrufbar.

Springer Gabler
© Gabler Verlag | Springer Fachmedien Wiesbaden 2012

Lektorat: Susanne Kramer
Einbandentwurf: KünkelLopka GmbH, Heidelberg

Gedruckt auf säurefreiem und chlorfrei gebleichtem Papier

Springer Gabler ist eine Marke von Springer DE.
Springer DE ist Teil der Fachverlagsgruppe Springer Science+Business Media
www.springer-gabler.de

Vorwort

Um auf den Weltmärkten erfolgreich operieren zu können, agieren moderne Industrie- und Handelsbetriebe in dynamischen Wertschöpfungsnetzwerken. Ihre Fähigkeit, unterschiedliche Kernkompetenzen verbinden und in Produktangebote mit Mehrwert integrieren zu können, macht sie im Wettbewerb stark. Der Procurement-Funktion kommt dabei mit ihrer Kernaufgabe – der Fremdversorgung des Unternehmens – eine Schlüsselrolle zu. Sie hat auf der Beschaffungsseite dafür zu sorgen, dem Unternehmen jederzeit wettbewerbsfähige Lieferantennetzwerke bereit zu stellen. Die Zeiten einer vorwiegend administrativen Abwicklungs- und Dienstleistungsfunktion sind damit definitiv vorbei. Vielmehr geht es zukünftig darum, mit der Procurement-Funktion die Potenziale der Weltmärkte für die eigene Wertschöpfung zu aktivieren. Auf den Beschaffungsmärkten hat sie das magische Viereck aus Kosten, Qualität, Zeit und Innovationen so zu steuern, dass im Ergebnis die Wettbewerbsfähigkeit des eigenen Unternehmens durch eine starke Lieferantenbasis verbessert wird. Die Aufgaben des Procurement sind also umfassend und komplex geworden.

Um dieser Komplexität gerecht zu werden, ist ein professionelles Management der Procurement-Funktion erforderlich. Sie ist zunächst organisatorisch wirkungsvoll im Unternehmen zu platzieren. Ein schlüssiges Zusammenspiel mit den leistungswirtschaftlichen Funktionen entlang der Wertschöpfungskette ist hier von zentraler Bedeutung. Hinzu treten strategisches Geschick, exzellente Procurement-Prozesse und Personal, das am Ende die Ziele der Procurement-Funktion auch operativ in den Märkten realisieren kann. Die Märkte werden diese „innere Stärke" der Procurement-Funktion wahrnehmen und sich darauf einstellen. Im Kern der Managementaufgabe geht es also um eine Procurement-Funktion, die mit „Power in Procurement" agieren kann. „Power" wird dabei als „ability to influence" verstanden – also der Fähigkeit der Procurement-Funktion, ihren Wirkungsbereich so zu beeinflussen, dass sie ihre Ziele realisiert. Diese „Power" kann jedoch nicht formal verordnet werden, sondern generiert sich sowohl aus dem internen Respekt im Unternehmen vor der Kompetenz der „Beschaffer" als auch aus dem externen Respekt in den Märkten.

Doch was macht die Procurement-Funktion zu einem respektierten Akteur? „Power in Procurement" entsteht nicht von selbst, sie muss hart erarbeitet werden. Im ersten Schritt ist zu analysieren, was die Procurement-Funktion konkret auszeichnet, damit sie von ihren Interessenspartnern als „stark" wahrgenommen wird. Wenn diese „Stärkefaktoren" bewusst sind, lassen sich die Aufgaben der Procurement-Funktion im zweiten Schritt so ausrichten, dass diese Stärkefaktoren im Aufgabendesign gezielt adressiert werden. Dazu sind die Procurement-Aufgaben entlang der Management-Phasen Planning, Operations und Controlling systematisch zu ordnen und „stärkeorientiert" auszugestalten. Im Ergebnis entsteht eine schlüssige Aufgaben-Stärke-Kopplung. Sie macht deutlich, mit welcher Aufgabenstellung welcher Beitrag zur Stärke der Procurement-Funktion geleistet wird. Im dritten Schritt ist diese Aufgaben-Stärke-Kopplung zu operationalisieren und im Management zu steuern, damit in der Praxis auch wirklich „Power in Procurement" entsteht. Der Weg zum respektierten Akteur wird in diesem Buch mit dem „PIPS – Power in Procurement System®" als ein strukturierter Managementansatz vorgestellt. Er führt schrittweise zu einer starken Procurement-Funktion, die ihre Ziele erreicht: Erfolgreich einkaufen – Wettbewerbsvorteile sichern – Gewinne steigern.

Das vorgelegte Buch richtet sich an Studierende, insbesondere wirtschaftswissenschaftlicher Studiengänge, und an Praktiker bzw. Einkaufsmanager im Unternehmen. Damit wird sowohl ein studienbezogenes Lehrbuch vorgelegt als auch ein praxisbezogener Leitfaden bereitgestellt, mit dem ein Unternehmen seine Procurement-Funktion erfolgreich aufstellen kann.

Die Konzeption dieses Buches ist auch von vielen Gesprächen und Diskussionen sowohl mit den Lehrenden als auch den Lernenden des Fachbereichs Betriebswirtschaft der Fachhochschule Koblenz beeinflusst. Dieser wissenschaftliche Austausch hat zu prüfenden Rückfragen geführt, die von den Autoren berücksichtigt worden sind. Gleiches gilt für den Dialog mit den Unternehmen. Ein besonderer Dank gilt an dieser Stelle der wissenschaftlichen Mitarbeiterin des Fachbereichs Betriebswirtschaft an der Fachhochschule Koblenz, Diplom-Betriebswirtin (FH) Ellen Volk, die mit wissenschaftlichen Recherchen und Überprüfungen zur Seite stand. Danken möchten wir auch Herrn Diplom-Kaufmann Dominik A. Letschert, der die Ansätze dieses Buches intensiv aus unternehmerischer Sicht reflektiert und viele Anregungen für den Praxistransfer eingebracht hat. Darüber hinaus gilt ein besonderer Dank dem Redakteur Christian Hiersemenzel (M.A.), der die Autoren bei der Redaktion des Textes in freundschaftlicher Verbundenheit begleitete. Abschließend gilt unser Dank auch unserer Lektorin Susanne Kramer vom Gabler Verlag, die uns mit vielen wertvollen Hinweisen beim „Feinschliff" des Buches unterstützen konnte.

Koblenz, im Januar 2012   Dresden, im Januar 2012

Prof. Dr.-Ing. Elmar Bräkling   Klaus Oidtmann

(Beschaffungsstrategien)

Inhaltsverzeichnis

Abkürzungsverzeichnis

AGB	Allgemeine Geschäftsbedingungen
AEB	Allgemeine Einkaufsbedingungen
AKV	Aufgaben, Kompetenzen und Verantwortungen
APEM	Aufgaben-Power-Ergebnis-Matrix
BATNA	Best Alternative To Negotiated Agreement
BANF	Bedarfsanforderung
BVS	Best-Value-Sourcing
BME e.V.	Bundesverband Materialwirtschaft, Einkauf und Logistik e.V.
BVA	Best-Value-Analysen
CAx	Computer-aided x
CE	Commodity-Einkäufer
CM	Commodity-Manager
DDP	Delivery Duty Paid
EPI	Einkäufer-Performance-Index
GCB	Global Corruption Barometer
HPV	Hour per Vehicle
IFK	inhaltlich-fachliche-Kompetenz
JIT	Just-in-time
JIS	Just-in-Sequence
KNV	Kosten-Nutzen-Vergleich
KVP	Kontinuierlicher Verbesserungsprozess
LPP	Linear Performance Pricing
MKR	Multivariate Kostenregressionsanalyse
OEM	Original Equipment Manufacturer
p.a.	per anno
PA	Procurement-Assistent
PC	Procurement-Controller
PM	Procurement-Manager
PMM	Procurement-Management-Modell
ppm	parts per million
PDM	Product-Data-Management
PV	einfache Preisvergleiche
QG	Quality-Gate
RFI	Request for Information
RFQ	Request-for-Quotation
SLA	Service-Level-Agreement
TCO	Total-Cost-of-Ownership
TVO	Total-Value-of-Ownership

Teil 1:
Power in Procurement –
Einführung und Überblick

1 Power in Procurement: Die Grundlagen

Erfolg steht im Zentrum eines jeden Unternehmens. Damit rückt nachhaltiges, profitables Wachstum in der betrieblichen Prioritätenliste auf die vordersten Plätze, denn der unternehmerische Erfolg soll schließlich langfristig gesichert werden. Das ist ein anspruchsvolles Ziel, zu dem alle Funktionen im Unternehmen einen Beitrag zu leisten haben – auch und im Besonderen die Procurement-Funktion. Strategisch klug nach innen wie außen ausgestaltet und wirkungsvoll operationalisiert, soll sie mit „Power in Procurement" als wichtiger Werttreiber im Unternehmen wirken. Das Ziel heißt: Erfolgreich einkaufen. Wettbewerbsvorteile sichern. Gewinne steigern. Gelingt dies, wird die Procurement-Funktion zu einem entscheidenden Faktor für den Unternehmenserfolg.

Doch wie funktioniert das in der Praxis? Darauf gibt dieses Buch eine Antwort. Bevor es jedoch um praktische Konzepte und Lösungsansätze geht, sollen in diesem einführenden Kapitel wichtige grundsätzliche Aspekte aufgearbeitet werden, die für das Verständnis einer kraftvollen Procurement-Funktion von wesentlicher Bedeutung sind:

- Was ist heute für die Wettbewerbsfähigkeit von Unternehmen entscheidend?
- Welche Rolle spielt dabei die Procurement-Funktion?
- Was bedeutet in diesem Kontext „Power in Procurement"?

1.1 Zukunftsaufgabe Wettbewerbsfähigkeit

Unternehmen erfolgreich zu machen heißt, sie fit zu machen – und dies kann durchaus sportlich gesehen werden: fit für profitables Wachstum in den globalen Märkten, die durch starken Wettbewerbsdruck geprägt sind [1]-[4]. Dieser Aufgabenstellung kann man sich gut über die einfache und doch sehr prägnante Definition der Wettbewerbsfähigkeit nach BALASSA nähern: „ability to sell" [6] – der Fähigkeit von Unternehmen, Güter kurz-, mittel- und langfristig unter Wettbewerbsbedingungen rentabel verkaufen zu können [7]. Nachhaltiges und rentables Wachstum steht also im Fokus der Wettbewerbsfähigkeit – nicht die kurzfristige Absatzspitze oder der Güterverkauf unter Verlust betrieblicher Substanz [8]. Einfach gesagt, ist im Unternehmen alles dafür zu tun, dass man es immer wieder schafft, auf den richtigen Märkten bei den richtigen Kunden die richtigen Produkte zum richtigen Preis abzusetzen [9]. Genau dafür hat das Management im Unternehmen zu sorgen.

Geht man an dieser Stelle ins Detail, stellt sich die Frage, welche Faktoren zur Verbesserung der Wettbewerbsfähigkeit zu steuern sind. Die Vielfalt möglicher Faktoren ist groß. Daher soll hier der Blick auf die Wettbewerbsfaktoren gelegt werden, die in den leistungswirtschaftlichen Funktionen eines Unternehmens selbst beeinflusst werden können: Kosten, Qualität, Zeit und Innovationen in der Leistungserstellung.

Auf der Leistungsseite sind marktgerechte Produktinnovationen ein wesentlicher Stellhebel, um im Wettbewerb einen kaufentscheidenden Mehrwert für den Kunden zu generieren [10]. Folglich ist für ein geeignetes Innovationsmanagement im Unternehmen zu sorgen. Über den Faktor Qualität ist sicherzustellen, dass mit den Produkten die Anforderungen der Kunden genau erfüllt werden [11]. Das gilt sowohl für die Gestaltung der Produkte als auch für ihre Ausführung. Nicht zuletzt ist Zeit von entscheidender Bedeutung. In diesem Punkt muss das Unternehmen eine Wettbewerbsdifferenzierung durch Geschwindigkeit in Entwicklung („Time-to-market") und Produktion („Time-/Flexibility-to-customer") gewährleisten [12][13]. Die Optimierung der Leistungsseite führt jedoch nur dann zur Wettbewerbsfähigkeit, wenn gleichzeitig auch die Kostenseite des Unternehmens wettbewerbsfähig ist [7]. Dazu ist der Prozess der Leistungserstellung über alle Wertschöpfungsstufen hinweg so zu optimieren, dass eine marktfähige und gleichzeitig profitable Preisbildung möglich wird.

Im Ergebnis sind die preisliche und die nicht-preisliche Wettbewerbsfähigkeit des Unternehmens in Einklang zu bringen.

Abbildung 1.1   Faktoren der Wettbewerbsfähigkeit von Unternehmen

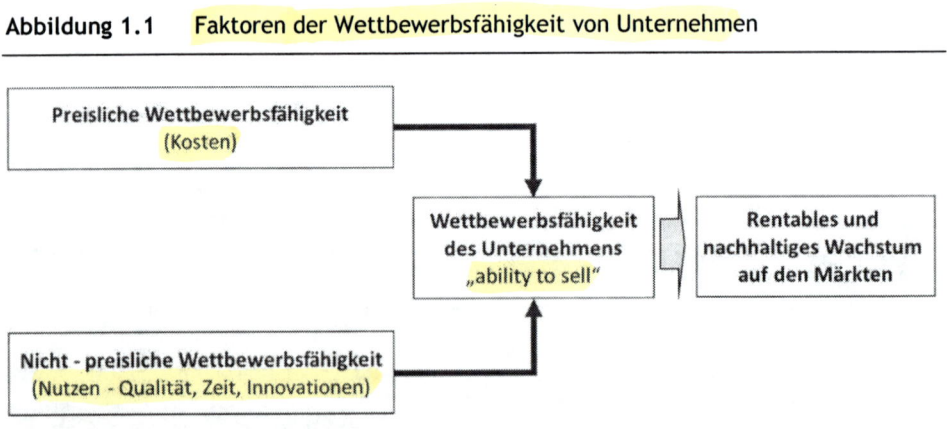

Die Steigerung der Wettbewerbsfähigkeit ist eine Aufgabe für das gesamte Unternehmen. Alle Funktionen – und damit auch die Procurement-Funktion – haben dazu ihren Beitrag zu leisten. Betrachtet man im speziellen die Procurement-Funktion, dann besteht dort die zentrale Aufgabe, leistungsstarke Zuliefernetzwerke zu gestalten. Sie müssen die Versorgung des Unternehmens mit den für die Wertschöpfung benötigten Input-Faktoren zu wettbewerbsfähigen Bedingungen sicherstellen. [16][17][21]. Zum Management dieser Aufgabenstellung hat die Procurement-Funktion in den Beschaffungsmärkten das magische Viereck aus

- Kosten senken,
- Qualität verbessern,
- Geschwindigkeit erhöhen und
- Innovationen treiben

zu steuern. Einfach gesagt, geht es auch auf der Beschaffungsseite des Unternehmens um den simplen Grundsatz: „Mit weniger mehr erreichen." Das ist die zentrale Verantwortung der Procurement-Funktion.

1.2 Erfolgsfaktor Procurement-Funktion

Aufbauend auf diesen Grundsätzen bleibt zu analysieren, welche Rolle die Procurement-Funktion für die Wettbewerbsfähigkeit eines Unternehmens genau spielt und welche Potenziale konkret in ihr liegen. Für diese Analyse wird im Folgenden zunächst eine inhaltliche Abgrenzung und Einordnung der Funktion im Unternehmen vorgenommen. Danach erfolgt eine umfassende Bewertung der Potenziale des „Erfolgsfaktors Procurement".

Die Procurement-Funktion im Unternehmen

Strukturell ist die Procurement-Funktion ein integraler Bestandteil der leistungswirtschaftlichen Funktionen des Unternehmens und stellt ein Bindeglied zwischen den Beschaffungsmärkten und der betrieblichen Wertschöpfung dar [18]. Entsprechend ist sie in der Regel als Organisationseinheit im Unternehmen verankert. Alternativ wird sie oft auch als Purchasing-, Beschaffungs- oder Einkaufsfunktion bezeichnet.

Die Hauptaufgabe der Procurement-Funktion ist die Fremdversorgung des Unternehmens mit den für die Wertschöpfung erforderlichen Input-Faktoren aus den Beschaffungsmärken. Bei den Input-Faktoren handelt es sich im Wesentlichen um materielle Güter, Dienstleistungen, Energieprodukte und Rechte – sie werden im Folgenden als Beschaffungsobjekte bezeichnet [18][43]. Input-Faktoren aus den Arbeits- bzw. Kapitalmärkten fallen in der Regel nicht in die Zuständigkeit der Procurement-Funktion. Zur Versorgung des Unternehmens mit den benötigten Beschaffungsobjekten werden alle dafür notwendigen markt- bzw. unternehmensbezogenen Aktivitäten bis hin zum Abschluss und Management der Lieferantenverträge in die Procurement-Funktion einbezogen [18][20][21]. Es geht also um die Anbahnung, den Abschluss und das Management geschäftlicher Transaktionen [21]. Logistische Aufgaben des Transfers von Beschaffungsobjekten in das Unternehmen hinein gehören nicht mehr zu diesem Aufgabenspektrum und sind in der Logistik-Funktion verankert.

Die hier vorgenommene Abgrenzung der Procurement-Funktion und ihrer Aufgaben folgt dem Verständnis der „Procurement-Definition" nach MONZCKA; TRENT; HANDFIELD [18] sowie der deutschsprachigen Definition des Begriffs „Beschaffung" nach ARNOLD [21]. In diesem Sinne werden die Begriffe „Procurement" und „Beschaffung" in diesem Buch auch synonym verwendet.

Abbildung 1.2   Das integrierte Unternehmen

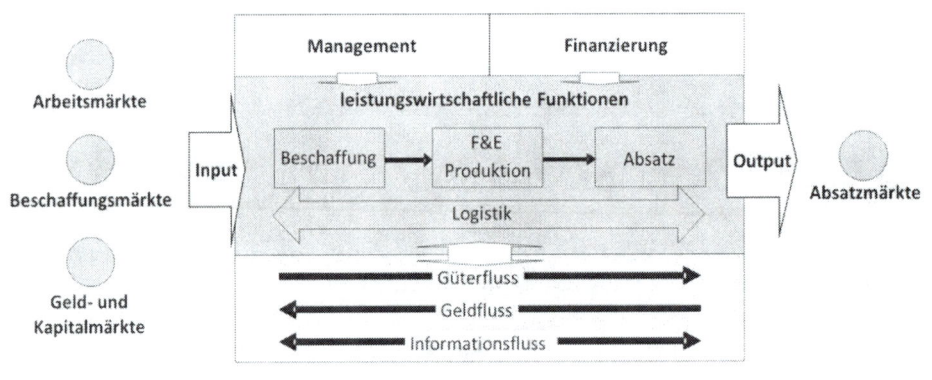

Unternehmerische Relevanz der Procurement-Funktion

Die unternehmerische Relevanz der Procurement-Funktion wird durch einen kurzen Blick auf die Zahlen deutlich. Im Zuge der weit vorangeschrittenen Konzentration auf Kernkompetenzen haben die fremdbezogenen Vorleistungen einen wesentlichen, teilweise sogar dominierenden Anteil an der betrieblichen Wertschöpfung eingenommen. So zeigt beispielhaft die Analyse der Kostenstruktur des Produzierenden Gewerbes, dass der Anteil der typischerweise im Fremdbezug allokierten, zusammengefassten Vorleistungen am Bruttoproduktionswert bei etwa 70% liegt [23]. In einzelnen Branchen, wie z.B. der Automobilindustrie, werden sogar Werte von über 80 % erreicht (siehe Tab. 1.1). Auf der Beschaffungsseite reden wir also über einen betrieblichen Wertschöpfungs- und Kostenschwerpunkt. Diesen Schwerpunkt zu beherrschen ist im Unternehmen erfolgskritisch. Dort kann die Procurement-Funktion die Wettbewerbsfaktoren Kosten, Qualität, Zeit und Innovation wesentlich beeinflussen. Dementsprechend hoch ist ihre unternehmerische Relevanz einzustufen [22].

Tabelle 1.1   Kostenstruktur im produzierenden Gewerbe

	Anteil am Bruttoproduktionswert in [%] Quelle: Statistisches Bundesamt - Statistisches Jahrbuch 2011 [23]			
	Verarbeitendes Gewerbe	Beispiel Kfz-Bau	Beispiel Chemieerzeugnisse	Beispiel Maschinenbau
Materialverbrauch	42,9	55,0	36,0	41,7
Energieverbrauch	2,4	0,9	5,1	1,0
Handelsware	11,1	15,5	15,7	8,6
Lohnarbeit	2,2	1,2	1,1	3,1
Dienstleistungen	1,7	0,9	2,7	1,6
Sonstige Kosten[1]	10,0	8,5	13,2	9,9
Summe:	**70,3**	**82,0**	**73,8**	**65,9**

[1]Werbe- und Vertreterkosten, Provisionen, Prüfungs-, Beratungs- und Rechtskosten, Ausgangsfrachten, Versicherungsprämien u.Ä. [23]

Einflussfaktoren der Procurement-Funktion: Kosten

Der klassische Procurement-Potenzialhebel findet sich auf der Kostenseite des Unternehmens: bei den Einsparungen von direkten Beschaffungskosten. Sie wirken sofort auf den Gewinn des Unternehmens. Und der Hebel der Gewinnwirkung ist enorm. Das kann am Beispiel der Formel nach KOPPELMANN erläutert werden [24]:

GB = (B*K) / UR

GB = Gewinnbeteiligung der Beschaffung, ausgewiesen als vergleichbare Umsatzsteigerung
B = Beschaffungskosten in % vom Umsatz
UR   Umsatzrendite in %
K = Kostensenkungsziel in % der Beschaffungskosten

Bei einem Beschaffungskostenanteil am betrieblichen Umsatz von 60%, einer Umsatzrendite von 5% und einer Senkung der Beschaffungskosten um 1%, würde sich beispielsweise die folgende Rechnung ergeben:

$$GB = \frac{60 * 1}{5} = 12$$

In diesem Fall hätte die Reduzierung der Beschaffungskosten um 1% die gleiche Gewinn-wirkung wie eine Umsatzsteigerung von 12%. Oder plakativ ausgedrückt: Umsatz 500 Mio. EUR; Beschaffungskosten 300 Mio. EUR; Umsatzrendite 5%. Hier hätte eine Senkung der Beschaffungskosten um 3 Mio. EUR die gleiche Gewinnwirkung wie eine Umsatzstei-gerung von 60 Mio. EUR.

Einflussfaktoren der Procurement-Funktion: Innovationen

Neben dem klassischen Potenzialhebel der Beschaffungskosten kann die Procurement-Funktion auch auf der Leistungsseite des Unternehmens die Innovationsstärke und damit indirekt die Erlösseite mit beeinflussen. Hier leistet sie in Zusammenarbeit mit den Ent-wicklungsbereichen einen wichtigen Beitrag im Innovationsmanagement. Durch eine ge-zielte Analyse der Beschaffungsmärkte können Innovationspotenziale identifiziert und Partnerschaften für die Entwicklung neuer Produkte initiiert werden [27]. Wer auf den Märkten frühzeitig technologische Trends, innovative Unternehmen und neue Produkt-chancen erkennt, kann sich einen entscheidenden Wettbewerbsvorsprung erarbeiten. Glo-bale Marktkenntnisse, gut im Unternehmen genutzt, führen zu einer erhöhten Innovati-onsdynamik [28]. Produktentwicklungen wie z.B. der MP3-Player, Smartphones oder das iPad mit innovativen „Software-Apps" seien in diesem Zusammenhang beispielhaft ge-nannt [265].

Neben den Effekten auf der Erlösseite können mit Produktinnovationen aber auch Effekte auf der Kostenseite erzielt werden. So können z.B. der Einsatz neuer Materialien oder die Gestaltung modularer Produktsysteme gezielt für Kostensenkungen genutzt werden. Bei-spielsweise spart in der Automobilindustrie der Einsatz neuer Materialien im Karosserie-bau nicht nur Gewicht und sorgt für einen Beitrag zur Kohlendioxyd-Reduzierung, er trägt darüber hinaus auch zur Senkung der Kosten bei den Einsatzfaktoren in der Fertigung bei. Entsprechende Potenziale sind von der Procurement-Funktion auf den Beschaffungsmärk-ten zu identifizieren und in die Produktentwicklungen einzubringen.

Beim Thema Kosten lohnt sich auch ein Blick auf das Themengespann aus Innovation und Produktion. Auch hier ist die Procurement-Funktion gefordert, gezielt nach Innovationen zu forschen, die eine effizientere und kostengünstigere Fertigung der eigenen Produkte zulassen. Es gilt zu erkennen, welche Entwicklungen im Bereich der Produktionsverfah-ren, -maschinen bzw. -systeme für die Wettbewerbsfähigkeit der Fertigung von entschei-dender Bedeutung sind. Wer seine Wertschöpfung besser und schneller als seine Wettbe-werber für die Zukunft fit machen kann, hat einen klaren Kosten- und Wettbewerbsvorteil bei der betrieblichen Leistungserstellung. Nicht umsonst sind Effizienzgrößen – wie z.B. „Hour per Vehicle (HPV)" in der Automobilindustrie – wichtige Kriterien zur Bewertung der Fertigungs-Performance von Unternehmen.

In Summe stecken also im Thema Innovationen erhebliche Erlös- und Kostenpotenziale, die durch ein geschicktes Agieren auf den Beschaffungsmärkten realisiert werden können.

Einflussfaktoren der Procurement-Funktion: Qualität

Für die Wahrnehmung des Produktnutzens spielt ferner der Faktor Qualität eine wichtige Rolle. Die Qualität der eigenen Produkte wird wesentlich durch die Qualität der Zulieferleistungen mit beeinflusst. Schließlich werden die zugelieferten Güter in der Wertschöpfung vollständig in die eigenen Produkte integriert. Am Ende wird beim Kunden jedoch nur die Qualität des gekauften Produkts bewertet. Er wird dabei nicht weiter zwischen Anbieter- und Lieferantenleistungen differenzieren. Auch Qualitätsmängel, die auf die Lieferanten zurückgehen, werden im Markt direkt dem Anbieter der Endprodukte zugeschrieben. Entscheidet sich beispielsweise ein Hersteller einer hochwertigen Hifi-Anlage aus Kostengründen, einen bewährten Volume-Regler aus Chrom durch einen einfachen chromlackierten Plastikregler zu ersetzen, der dann später im praktischen Betrieb die Qualitätsversprechen des Lieferanten nicht erfüllt – z.B. weil er schnell verkratzt oder nur ungenau zu führen ist – kann dies schnell zu Beschwerden, Rückläufen und Image-Verlusten im Markt führen. Kosten für Kulanz, Garantie, Kundenbindung und Kundenrückgewinnung können die Folge sein und die Kosteneinsparung der Beschaffung bei Weitem übertreffen.

Da der Faktor Qualität ein wichtiges wettbewerbsdifferenzierendes Merkmal ist, wird schnell klar, welche Bedeutung die Auswahl und Integration qualitätsfähiger Lieferanten hat. An dieser Stelle kann die Procurement-Funktion wirken. Durch ihre Marktkenntnisse hat sie in Zusammenarbeit mit den Fachbereichen für ein qualitätsfähiges Zuliefernetzwerk zu sorgen. Neben den positiven Markteffekten wird damit auch auf die Kostenseite des Unternehmens Einfluss genommen. So können etwa Kosten für Ausschuss, Garantie, Kulanz oder auch Nacharbeiten gesenkt werden. Ferner ist es möglich, interne Aufwände für qualitätssichernde Maßnahmen zu reduzieren und die Zusammenarbeit mit den Lieferanten administrativ zu verschlanken.

Einflussfaktoren der Procurement-Funktion: Zeit

Der Nutzen angebotener Leistungen und Produkte ist für die Märkte auch wesentlich vom Faktor Zeit abhängig. Wer schneller als seine Wettbewerber mit Produkten auf die Märkte kommt, hat beim Ringen um Kunden einen klaren Vorteil. An dieser Stelle kann die Procurement-Funktion einen Beitrag zur Erhöhung von Geschwindigkeit und Flexibilität leisten. Im Zuge von Entwicklungsprojekten kann sie z.B. dabei unterstützen, Entwicklungsressourcen zu allokieren und den Entwicklungsbereichen bereitzustellen. Ein Automobilhersteller kann beispielsweise gezielt externe Spezialisten für Design, Berechnung, Konstruktion, Simulation oder Testing in die eigenen Entwicklungsteams integrieren. Durch eine geschickte Aufgabenteilung mit den Lieferanten ist es möglich, die Entwicklungszeiten zu verkürzen und gleichzeitig die Qualität der Entwicklungsergebnisse zu erhöhen, da Spezial-Know-how treffsicher und zum richtigen Zeitpunkt zur Verfügung steht.

Auf der Fertigungsseite sind Lieferanten auszuwählen, die nicht nur kostengünstig, sondern auch flexibel fertigen und pünktlich liefern können. Die Faktoren Flexibilität, Geschwindigkeit und Pünktlichkeit sorgen hier für positive Markteffekte, da man schnell und flexibel am Kunden und seinen Interessen sein kann. Oft können dabei sogar auch Kosten gesenkt werden, beispielsweise durch Bestandsreduzierungen, eine Verkürzung der Durchlaufzeiten oder auch durch den optimierten Einsatz von Personalressourcen. Auch beim Faktor Zeit hat die Procurement-Funktion also wesentlichen Einfluss auf die Wettbewerbsfähigkeit des Unternehmens.

Wirkung der Procurement-Funktion

Reflektiert man die geschilderten Potenzialfelder, dann sind die Möglichkeiten zur Beeinflussung der Kosten- und Nutzenseite des Unternehmens durch die Procurement-Funktion inhaltlich vielseitig und für die Wettbewerbsfähigkeit bedeutend. Ihre Potenziale entfaltet die Funktion aber erst, wenn es ihr gelingt, die vier Stellhebel aus Kosten, Qualität, Zeit und Innovationen gleichzeitig und ausgewogen einzusetzen. Nur wenn Kostenoptimierung einerseits und Nutzenoptimierungen andererseits in einem sinnvollen Gleichgewicht stehen, kann die Wettbewerbsfähigkeit des Unternehmens gesteigert werden. Diese Balance zu finden, ist eine der großen Herausforderungen bei der Gestaltung und Operationalisierung der Procurement-Funktion. Gelingt dies, wird sie zum kraftvollen Werttreiber des Unternehmens und zu einem respektierten Partner.

Abbildung 1.3   Erfolgsfaktor Procurement-Funktion

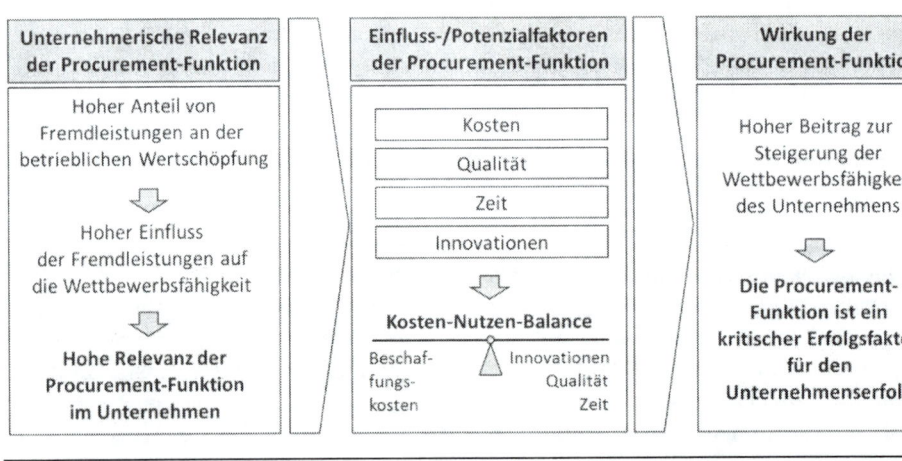

1.3   Power in Procurement

Um die in Kapitel 1.2 aufgezeigten Potenziale zu realisieren, braucht es „Power in Procurement". Doch was bedeutet das konkret? Betrachtet man zunächst den Begriff „Power", so versteht man nach MEEHANE und WRIGHT darunter „ability to influence" [120]. Dieses Verständnis von „Power" bettet sich gut in die gängigen deutschen Übersetzungen des Begriffs wie etwa Einflussmöglichkeit, Fähigkeit, Vermögen, Überzeugungskraft, Stärke, Autorität bzw. Macht ein [29]. Stellt man die Bedeutung von „Power" in den Kontext der Procurement-Funktion, kann man daraus das Verständnis von „Power in Procurement" ableiten: Die Fähigkeit der Procurement-Funktion, ihren Wirkungsbereich so zu beeinflussen, dass sie ihre Ziele erreicht.

Damit „Power in Procurement" entsteht, muss die Funktion so aufgestellt werden, dass sie in ihrer Aufgabe professionell arbeiten und im Ergebnis kompetent, durchsetzungsstark und beziehungsorientiert agieren kann. Nur wem diese Eigenschaften zugeschrieben werden, wird im Kräftespiel der Marktwirtschaft ernst genommen und respektiert. Und nur wer respektiert wird, kann am Ende Geschäftsbeziehungen beeinflussen und nachhaltig gute Ergebnisse erzielen.

In diesem Kontext stellt sich die Frage, was die typischen Merkmale sind, die eine kraftvolle Procurement-Funktion ausmachen. Was muss man am Ende erreichen, um von „Power in Procurement" sprechen zu können? Dazu können grundsätzliche Parameter identifiziert werden, die sogenannten „Stärkefaktoren" der Procurement-Funktion, die für ihre „Power" und damit für ihre Stärke und ihren Erfolg wesentlich sind:

Abbildung 1.4   Power in Procurement: Stärkefaktoren der Procurement-Funktion

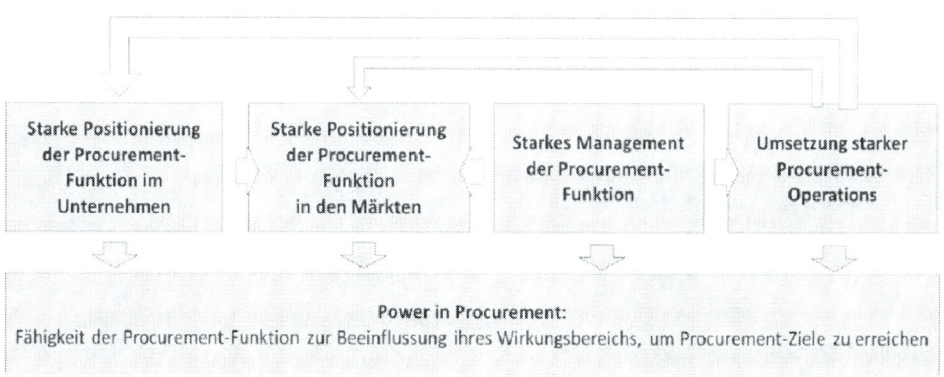

■ **Stärkefaktor 1 – Die Procurement-Funktion ist stark im eigenen Unternehmen verankert:** Die Funktion ist als wichtige, erfolgsrelevante Kraft in den Unternehmensstrukturen platziert, prozessual fest und mit klaren Aufgaben, Kompetenzen und Verantwortungen in die betrieblichen Abläufe integriert sowie personell stark in der Unternehmensführung vertreten. Eine kraftvolle Verankerung der Procurement-Funktion mit „breitem Kreuz" im eigenen Unternehmen ist für einen starken Marktauftritt von ganz entscheidender Bedeutung. Wie sollen die Teilnehmer auf den Beschaffungsmärkten sonst diese Funktion ernst nehmen, wenn sie noch nicht einmal im eigenen Haus etwas „zu sagen" hat. Je stärker die Funktion im eigenen Unternehmen positioniert ist, desto stärker kann sie auch auf den Märkten wirken.

■ **Stärkefaktor 2 – Die Procurement-Funktion ist stark in den Märkten positioniert:** Die Procurement-Funktion genießt durch die Abstrahlung der unternehmensinternen Stärke, ihrer fachlichen und sozialen Handlungskompetenz sowie durch ein konsequentes Marktverhalten umfassenden Respekt in den Beschaffungsmärkten. Da die Procurement-Ergebnisse in den Märkten realisiert werden, ist es für den Erfolg der Procurement-Funktion wichtig, dort als respektierter Partner wahr- und ernstgenommen zu werden.

■ **Stärkefaktor 3 – Die Procurement-Funktion ist stark aufgestellt und geführt:** Innerhalb der Procurement-Funktion sind die Strukturen und Prozesse so ausgestaltet und geführt, dass sie ihre vorgesehene Rolle im Unternehmen und den Märkten effizient und erfolgreich ausfüllen kann. Die innere Organisation der Funktion ist die strategische Basis, um mit Einfluss in den Märkten operieren zu können.

■ **Stärkefaktor 4 – Die Procurement-Funktion setzt Beschaffungsprojekte erfolgreich um:** In den Märkten ist die Procurement-Funktion dazu in der Lage, ihre Beschaffungsprozesse in jedem Beschaffungsprojekt erfolgreich zu operationalisieren und die gesteckten Procurement-Ziele zu erreichen (Procurement-Operations). Durch starke Procurement-Operations erzielt sie in ihrer Kernaufgabe – der Fremdversorgung des Unternehmens – exzellente Ergebnisse, die zu einer direkten Rückkopplung auf die Stärkewahrnehmung der Procurement-Funktion im Unternehmen und den Märkten führt.

Steht die Procurement-Funktion für die Merkmale von „Power in Procurement", kann sie Geschäftsbeziehungen beeinflussen und die Wettbewerbsfähigkeit der eigenen Wertschöpfung sichern.

Eine starke Procurement-Funktion entsteht jedoch nicht von allein. „Power in Procurement" ist kein Geschenk, sondern hart zu erarbeiten. Entsprechend dem betriebswirtschaftlichen Managementzyklus aus Planung, Realisation und Kontrolle sind dazu auch in der Procurement-Funktion die klassischen Aufgabentypen auszugestalten [31][32]:

- **Procurement-Planning:** Strategische Procurement-Aufgaben zur Eröffnung und Sicherung von Erfolgspotenzialen in der Procurement-Funktion.

- **Procurement-Operations:** Operative Procurement-Aufgaben zur Umsetzung konkreter Beschaffungsprojekte in den Märkten und zur Realisierung der Erfolgspotenziale.

- **Procurement-Controlling:** Erfolgsorientierte Steuerung der Aufgaben im Procurement-Planning und den Procurement-Operations.

Die Procurement-Aufgaben wirken dabei in der betrieblichen Praxis als die „Befähiger" für „Power in Procurement". Damit es in der Procurement-Funktion zu einer schlüssigen Aufgaben-Stärke-Kopplung kommt und im Ergebnis „Power in Procurement" entsteht, sind die Aufgaben in ihrer Konzeption und Umsetzung konsequent auf die Stärkefaktoren der Funktion auszurichten.

Abbildung 1.5   Power in Procurement: Aufgaben-Stärke-Kopplung

---

Stärkefaktoren der Procurement-Funktion	**Power in Procurement** Fähigkeit der Procurement-Funktion zur Beeinflussung ihres Wirkungsbereichs, um Procurement-Ziele zu erreichen
Procurement-Aufgaben	

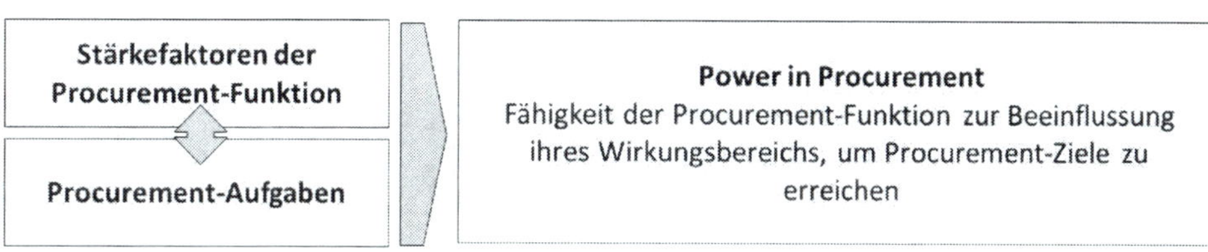

2 Power in Procurement: Das System

Die Bedeutung der Procurement-Funktion für den Unternehmenserfolg wurde mit dem ersten Kapitel klar umrissen – mit „Power in Procurement" als treibender Kraft. Eine wichtige Frage wurde bisher jedoch nur prinzipiell und nicht im Detail beantwortet: Wie kann „Power in Procurement" erzeugt werden? Um systematisch zu „Power in Procurement" zu kommen, braucht es ein schlüssiges Umsetzungs- und Managementkonzept. Hier greift das

PIPS – Power in Procurement System®.

Das PIPS – Power in Procurement System® gibt schlüssige Handlungsstrukturen vor, mit denen man gezielt eine kraftvolle Procurement-Funktion implementieren und operationalisieren kann. Dabei stehen die folgenden Fragestellungen im Mittelpunkt des Systems:

- Welche Stärkefaktoren der Procurement-Funktion sind in welcher Ausprägung für „Power in Procurement" entscheidend?

- Welche Procurement-Aufgaben leisten an welcher Stelle wie und in welchem Umfang einen Beitrag zu „Power in Procurement"?

- Wie wirken die Stärkefaktoren und Aufgaben in ihrem Gesamtkontext zusammen und entfalten durch eine systematische Aufgaben-Stärken-Kopplung „Power in Procurement"?

In den folgenden Kapiteln wird das PIPS – Power in Procurement System® mit seinen Systemelementen und ihren Wechselwirkungen im Gesamtzusammenhang vorgestellt. In Teil II des Buches erfolgt dann eine präzise Detailbeschreibung, wie das System praktisch im Unternehmen ausgestaltet und umgesetzt werden kann. Teil III nimmt abschließend eine zusammenfassende Reflexion der Systemstrukturen und -wirkungen vor. Damit wird dem Leser ein umfassender Leitfaden zur Entwicklung und Operationalisierung einer starken Procurement-Funktion an die Hand gegeben.

2.1   Die Stärkefaktoren der Procurement-Funktion

Das PIPS – Power in Procurement System® setzt bei der Gestaltung der Procurement-Funktion an ihren Zielstellungen an. Demnach stehen die am Ende zu erzielenden Wirkungen am Anfang der Systementwicklung. Denn nur wenn klar ist, was im Ergebnis von der Procurement-Funktion erwartet wird, kann sie treffsicher ausgestaltet werden. Die generellen Erläuterungen der Stärkefaktoren aus Kapitel 1.3 spiegeln die Wirkungsziele der Funktion kompakt wider, sie reichen aber in ihrem Detaillierungsgrad nicht aus, um Procurement-Aufgaben zielgenau ableiten und ausrichten zu können. Daher sind die Stärkefaktoren der Procurement-Funktion, die zu

- einer starken Positionierung im Unternehmen,
- einer starken Positionierung in den Märkten,
- einem starken Funktionsmanagement und
- zu starken Procurement-Operations

führen, weiter zu analysieren. Es braucht an dieser Stelle einen genauen Blick, was die Stärke der Funktion im Detail ausmacht.

Starke Positionierung der Procurement-Funktion im Unternehmen

Eine starke Verankerung der Procurement-Funktion im Unternehmen kann an ihrer strukturellen, prozessualen und personellen Aufstellung sowie ihrer Rolle in der Unternehmensführung festgemacht werden. Im Detail stehen die folgenden Kriterien für eine starke Procurement-Funktion im Unternehmen (Stärkefaktoren SPFU01 – SPFU08):

- **SPFU01-Procurement-Integration:** Die Procurement-Funktion ist direkt in das Top-Management respektive in die Geschäftsleitung des Unternehmens integriert.

- **SPFU02-Procurement-Rolle:** Die Rolle der Procurement-Funktion im Unternehmen ist klar festgelegt. Dazu sind ihre Aufgaben, Kompetenzen und Verantwortungen (AKV) definiert und die Schnittstellen zu den anderen Unternehmensfunktionen geklärt [30].

- **SPFU03-Procurement-Ziele:** Der Procurement-Funktion sind im Unternehmen klare und anspruchsvolle Ziele zugeordnet, für deren Realisierung sie verantwortlich ist.

- **SPFU04-Procurement-Strategie:** Zur Erreichung der Procurement-Ziele sind im Unternehmen klare Sourcing-Strategien verankert und operationalisiert.

- **SPFU05-Procurement-Prozesse:** Die Procurement-Funktion wird systematisch und frühzeitig in die beschaffungsrelevanten Arbeitsabläufe der Fachbereiche eingebunden.

Die Bedarfe des Unternehmens sind der Procurement-Funktion rechtzeitig bekannt, und die Umsetzung von Beschaffungsprojekten erfolgt entsprechend der definierten Rollen in enger Zusammenarbeit von Procurement-Funktion und Fachbereichen.

■ **SPFU06-Procurement-Dialog:** Die Procurement-Funktion ist in alle regulären Kommunikationsstrukturen der Fachbereiche mit Beschaffungsrelevanz eingebunden.

■ **SPFU07-Procurement-Vernetzung:** Die Manager und Mitarbeiter der Procurement-Funktion sind im Unternehmen so vernetzt, dass sie Teil der „informellen Kommunikations- und Entscheidungskreise" sind. Sie werden als Person und in ihrer Rolle im Unternehmen selbsttragend respektiert.

■ **SPFU08-Procurement-Ergebnisse:** In Beschaffungsprojekten werden von der Procurement-Funktion exzellente Ergebnisse realisiert. „Maverick-Buys" (Einkäufe ohne den Einkauf) sowie „Single-Source-Vergaben" ohne Wettbewerb spielen im Unternehmen keine Rolle.

Starke Positionierung der Procurement-Funktion in den Märkten

Zur Beurteilung der Marktpositionierung können die folgenden Detailkriterien zur Präzisierung der Procurement-Stärke genutzt werden (SPFM01 – SPFM08):

■ **SPFM01-Marktwahrnehmung:** Die Märkte nehmen die Procurement-Funktion als starken Unternehmensbereich wahr. Der interne Respekt wird durch einen geschlossenen Auftritt von Procurement-Funktion und Fachbereichen glaubhaft transferiert.

■ **SPFM02-Marktbearbeitungsstruktur:** Die Procurement-Funktion handelt in den Märkten auf Basis marktgerechter Materialgruppenstrukturen.

■ **SPFM03-Marktproduktkenntnisse:** Die Einkäufer der Procurement-Funktion haben umfassende Produktkenntnisse. Sie haben ein grundsätzliches Verständnis für technologische/inhaltliche Zusammenhänge. Sie sind auf der Produktseite qualifizierte Gesprächspartner der Märkte.

■ **SPFM04-Marktlieferantenkenntnisse:** Die Einkäufer der Procurement-Funktion kennen die Märkte auf globaler Ebene. Sie überblicken Lieferantenstrukturen, technologische wie marktspezifische Trends und können Trend-Auswirkungen sicher bewerten.

■ **SPFM05-Marktpräsenz:** Die Einkäufer der Procurement-Funktion sind in den Märkten vor Ort präsent. Sie kennen die marktbestimmenden Spieler. Zu den Entscheidern existiert ein exzellentes Netzwerk mit hervorragenden persönlichen Beziehungen.

■ **SPFM06-Marktstrategien:** Die Procurement-Funktion bearbeitet die Märkte konsequent auf der Basis von Procurement-Zielen und Sourcing-Strategien. Ziel- und Strategieorientierung sorgen in den Märkten für Respekt.

- **SPFM07-Marktprozesse:** Die Zusammenarbeit mit den Märkten erfolgt konsequent auf der Basis transparenter Procurement-Prozesse und eindeutiger Zuständigkeiten.

- **SPFM08-Marktverbindlichkeit:** Verbindlichkeit und Verlässlichkeit prägt das Handeln der Procurement-Funktion. Getroffene Vereinbarungen sind eindeutig, gelten und werden nicht in Frage gestellt. Konflikte werden stringent, fair und konstruktiv – ggf. aber auch mit der erforderlichen und dennoch fairen Härte – ausgetragen.

Starkes Management der Procurement-Funktion

Eine starke Positionierung der Procurement-Funktion im Unternehmen und den Märkten kann weder angeordnet werden noch ist sie ein Selbstläufer. Dafür sind ein professionelles Management der Procurement-Funktion und starke Procurement-Operations erforderlich. Das Funktionsmanagement muss dabei für eine leistungsstarke Organisationseinheit sorgen und die Voraussetzungen dafür schaffen, dass die Funktion ihre vorgesehene Rolle glaubwürdig vertreten kann.

Zur Bewertung der Performance der Management-Strukturen können die folgenden Detailkriterien herangezogen werden (SPFP01 – SPFP07):

- **SPFP01-Prozessorientierung:** Alle in der Procurement-Funktion erforderlichen Aufgabenstellungen sind mit ihren Zielstellungen definiert. Die erforderlichen Prozesse zur Aufgabenbearbeitung sind in einem funktionierenden Prozessnetzwerk festgelegt.

- **SPFP02-Methodenintegration:** In die Prozesse sind die Methoden und Tools eines modernen Einkaufs integriert.

- **SPFP03-Rollenintegration:** In den Prozessen sind die Rollen der Mitarbeiter mit ihren Aufgaben, Kompetenzen und Verantwortungen (AKV) eindeutig festgelegt.

- **SPFP04-Verhaltensintegration:** Für die Prozessumsetzung sind verbindliche ethische Verhaltensstandards vereinbart.

- **SPFP05-Personalintegration:** In den Prozessen werden ausschließlich geeignete Mitarbeiter eingesetzt. Dafür existiert ein systematisches und geeignetes Auswahlverfahren.

- **SPFP06-Funktionsorganisation:** In der Procurement-Funktion ist ein geeignetes Organisationsmodell verankert, um mit den definierten Prozessen im Unternehmen und den Märkten wirkungsvoll agieren zu können.

- **SPFP07-KVP-Prozess:** In der Funktion ist ein kontinuierlicher Verbesserungsprozess zur Optimierung der Prozesse und der strategischen Ausrichtung installiert.

Starke Procurement-Operations

Eine starke Procurement-Funktion muss sich jeden Tag wieder neu im operativen Geschäft bewähren. In ihrer Kernaufgabe, den „Procurement-Operations" – also der Versorgung des Unternehmens mit den benötigten Beschaffungsobjekten – schlägt dabei ihr Herz. Dort werden die strategischen Vorgaben der Funktion in reale Ergebnisse überführt. Nur wenn sie hier in der betrieblichen Praxis einen spürbaren Beitrag zur Steigerung der Wettbewerbsfähigkeit leistet, ist eine wirklich starke Positionierung der Funktion im Unternehmen und den Märkten möglich. Ob eine Procurement-Funktion im operativen Geschäft stark agiert, kann wiederum an typischen „Stärkemerkmalen" festgemacht werden (SPFO01 – SPFO8):

- **SPFO01-Ausschreibungsmanagement:** Das Management von Ausschreibungen ist professionell. Der geforderte Bedarf wird inhaltlich präzise definiert, und die Rahmenbedingungen zur Bedarfsdeckung werden geeignet festgelegt.

- **SPFO02-Zielmanagement:** In Beschaffungsprojekten werden die angestrebten Beschaffungsziele in Kosten, Qualität, Zeit und Innovationen präzise festgelegt.

- **SPFO03-Bieterkreismanagement:** Anfragen im Markt basieren auf einem professionellen Bieterkreismanagement. Die Abstimmung möglicher Anbieter erfolgt bedarfsgerecht und sorgt in den Projekten für angemessenen Wettbewerb.

- **SPFO04-Anfragemanagement:** Die Anfragephasen sind professionell gesteuert, so dass durch eine geeignete Kommunikation eine hohe Angebotsqualität ermöglicht wird.

- **SPFO05-Angebotsmanagement:** Angebote werden professionell ausgewertet und verglichen, so dass ein differenzierter Preis-Leistungsvergleich im Projektmarkt entsteht. Stellhebel für eine Kosten-Nutzen-Optimierung werden systematisch erarbeitet.

- **SPFO06-Verhandlungsmanagement:** Verhandlungen werden als zentraler Punkt der Entscheidung in geschäftlichen Transaktionen professionell vorbereitet und geführt.

- **SPFO07-Vergabemanagement:** Vergabeentscheidungen werden nachvollziehbar nach dem Prinzip der „Bestenauswahl" getroffen. Verträge werden rechtssicher geschlossen.

- **SPFO08-Ergebnismanagement:** Abgeschlossene Verträge sind mit den vereinbarten Rechten und Pflichten für alle im Unternehmen Beteiligten transparent und jederzeit verfügbar. Der Realisierungsgrad der Beschaffungsziele ist nachvollziehbar bewertet.

Power in Procurement

Mit den aufgeführten Detailkriterien kann „Power in Procurement" in der Praxis fassbar gemacht werden. Es wird auf der Arbeitsebene deutlich, was eine starke Procurement-Funktion ausmacht. Damit ist das Bild einer „starken Funktion" klar definiert (vgl. Abbildung 2.1).

Abbildung 2.1   Power in Procurement: Stärkefaktoren

Power in Procurement			
Starke Position im Unternehmen	**Starke Position in den Märkten**	**Starkes Funktions-management**	**Starke Procurement-Operations**
Merkmale (SPFU01-SPFU08)	**Merkmale** (SPFM01-SPFM08)	**Merkmale** (SPFP01-SPFP07)	**Merkmale** (SPFO01-SPFO08)
- Procurement-Integration - Procurement-Rolle - Procurement-Ziele - Procurement-Strategie - Procurement-Prozesse - Procurement-Dialog - Procurement-Vernetzung - Procurement-Ergebnisse	- Marktwahrnehmung - Marktbearbeitungsstruktur - Marktproduktkenntnisse - Marktlieferantenkenntnisse - Marktpräsenz - Marktstrategien - Marktprozesse - Marktverbindlichkeit	- Prozessorientierung - Methodenintegration - Rollenintegration - Verhaltensintegration - Personalintegration - Funktionsorganisation - KVP-Prozess	- Ausschreibungsmanagement - Zielmanagement - Bieterkreismanagement - Anfragemanagement - Angebotsmanagement - Verhandlungsmanagement - Vergabemanagement - Ergebnismanagement

2.2   Die Aufgaben in der Procurement-Funktion

Die erläuterten Stärkefaktoren werden durch die Aufgaben der Procurement-Funktion in Wirkung gebracht [18]. Dazu sind sie im PIPS – Power in Procurement System® geeignet zu strukturieren und auszugestalten.

Bei der Gestaltung der Procurement-Aufgaben steht die Frage im Mittelpunkt, was alles in der Procurement-Funktion zu tun ist und wie diese Aufgabenstellungen sinnvoll geordnet werden können. Im Grundsatz empfiehlt es sich dabei, die Aufgabenstrukturierung entsprechend der Perspektive der Operationalisierung vorzunehmen (vgl. Kapitel 1.3):

- Aufgaben im Procurement-Planning
- Aufgaben in den Procurement-Operations
- Aufgaben im Procurement-Controlling

Aufgaben im Procurement-Planning

Dem Procurement-Planning können alle Aufgaben zur strategischen Positionierung der Procurement-Funktion sowie zur Vorbereitung ihrer Kernaufgabe – der Fremdversorgung des Unternehmens – zugeordnet werden (PP01-PP08). Sie dienen insbesondere der Eröffnung und Sicherung von Erfolgspotenzialen in der Procurement-Funktion [32]:

- **PP01 – Funktionseinordnung:** Hierarchische Einordnung der Funktion im Unternehmen. Klärung der Rolle mit Aufgaben, Kompetenzen und Verantwortungen. Integration der Funktion in die strategischen und operativen Führungsmechanismen.

- **PP02 – Bedarfsstrukturierung:** Inhaltliche Abgrenzung der Bedarfe im Unternehmen. Entwicklung von Bedarfsstrukturen über Materialgruppensysteme. Schlüssige Vernetzung der Materialgruppensysteme mit Fachbereichs- und Marktstrukturen.

- **PP03 – Bedarfs-/Marktanalysen:** Quantitative und qualitative Detailanalyse der Unternehmensbedarfe und der zugehörigen Marktpotenziale auf Materialgruppenebene.

- **PP04 – Procurement-Portfolio:** Entwicklung eines Procurement-Portfolio auf Materialgruppenebene zur Clusterung der Unternehmensbedarfe und Festlegung grundsätzlicher Normstrategien zur Marktbearbeitung.

- **PP05 – Procurement-Ziele:** Festlegung von differenzierten Procurement-Zielen auf Materialgruppenebene in Kosten, Qualität, Zeit und Innovationen.

- **PP06 – Sourcing-Strategien:** Entwicklung detaillierter Sourcing-Strategien auf Materialgruppenebene mit verbindlichen Handlungsvorgaben für konkrete Beschaffungsprojekte.

- **PP07 – Strategisches Lieferantenmanagement:** Gestaltung und Steuerung der Lieferantenbasis des Unternehmens, um Beschaffungsprojekte strategiekonform in den Märkten platzieren zu können.

- **PP08 – Strategisches Organisationsmanagement:** Gestaltung von Prozessen, Methoden, Tools und Strukturen, um die Procurement-Aufgaben effektiv und effizient operationalisieren zu können. Bedarfsgerechte Auswahl und professionelles Management des Procurement-Personals für einen wirkungsvollen Betrieb der Funktion.

Aufgaben in den Procurement-Operations

In den Procurement-Operations geht es um die praktische Umsetzung der Fremdversorgung des Unternehmens. Im Fokus der Operations stehen also „echte" Beschaffungsprojekte, die es auf Basis der strategischen Vorgaben umzusetzen gilt. Betrachtet man die Inhalte der Operations, so können im Wesentlichen die folgenden Teilaufgaben herauskristallisiert werden (PO01-PO08):

- **PO01 – Ausschreibungsdesign:** Generierung qualitativ hochwertiger Ausschreibungen durch Sicherstellung von eindeutigen Vorgaben für Angebotsinhalte, Preisabgabe und Vertragsbedingungen auf der Basis konkreter Beschaffungsziele.

- **PO02 – Bieterkreisabstimmung:** Strategiekonforme Auswahl von Bietern. Generierung eines attraktiven, wettbewerbsintensiven Marktes für dynamische Vergabeprozesse.

■ **PO03 – Anfragekoordination:** Präzise Abwicklung von Anfrageprozessen und dem dazugehörigen Informationsaustausch mit den Bietern. Konsequente Einhaltung von formalen Vorgaben und Terminen. Sicherstellung einer intensiven, aber bewusst gesteuerten fachlichen Bieterkommunikation. Gewährleistung eines chancengleichen und intensiven Wettbewerbs über den gesamten Vergabeprozess.

■ **PO04 – Angebotsauswertung:** Bereitstellung transparenter Kosten-Nutzen-Angebotsvergleiche. Übersichtliche Aufbereitung wichtiger Stellhebel zur Fokussierung von Potenzialfeldern in Verhandlungen.

■ **PO05 – Verhandlungsvorbereitung:** Strukturierte Analyse der Interessen- und Machtverhältnisse der Verhandlungspartner. Bestimmung klarer Verhandlungsziele. Ableitung bedarfsgerechter Verhandlungsstrategien. Auswahl richtiger Verhandlungstaktiken. Geeignete Besetzung von Verhandlungsteams. Professionelle organisatorische Vorbereitung von Verhandlungen.

■ **PO06 – Verhandlungsführung:** Situationsgerechter Einstieg in Verhandlungsgespräche. Konsequente Nutzung der Abtastphase in Verhandlungen. Klare Eröffnung des eigentlichen Interessensausgleichs. Professionelle Gesprächs- und ggf. Konfliktführung im Interessensausgleich. Konsequente Fixierung von Verhandlungsergebnissen.

■ **PO07 – Vergabeentscheidung:** Treffen von inhaltlich nachvollziehbaren Vergabeentscheidungen auf der Basis transparenter Verhandlungsergebnisse.

■ **PO08 – Vertragsmanagement:** Formulierung rechtssicherer Verträge. Sicherstellung eines geregelten Prozesses zur Freigabe von Verträgen. Zuverlässiges Management der Vertragsdokumente und der Vertragsumsetzung.

Aufgaben im Procurement-Controlling

Das Procurement-Controlling hat die Überwachung und Steuerung der Zielerreichung der Procurement-Funktion zum Gegenstand. Die Überwachung geschieht durch einen Abgleich von Zielstellungen und realisierten Ergebnissen. Aus den Erkenntnissen werden Steuerungsmaßnahmen zur Steigerung der Leistungsfähigkeit in den Bereichen Planning und Operations abgeleitet. Dazu dienen die folgenden Teilaufgaben:

■ **PC01 – Operatives Controlling:** Systematisches Controlling der Procurement-Funktion im Hinblick auf die Erreichung der gesteckten Leistungsziele. Ableitung operativer KVP-Programme zur Steigerung der Leistungsfähigkeit in der Umsetzung von Beschaffungsprojekten.

■ **PC02 – Strategisches Controlling:** Systematisches Bewerten, Eröffnen und Sichern der Erfolgspotenziale der Procurement-Funktion durch die Weiterentwicklung der Aufgaben im Procurement-Planning. Gestaltung strategischer KVP-Programme zur Optimierung der strategischen Ausrichtung der Funktion.

Abbildung 2.2 gibt einen zusammenfassenden Überblick über die Struktur der auszuge-staltenden Detailaufgaben in der Procurement-Funktion wieder.

Abbildung 2.2   Procurement-Aufgaben

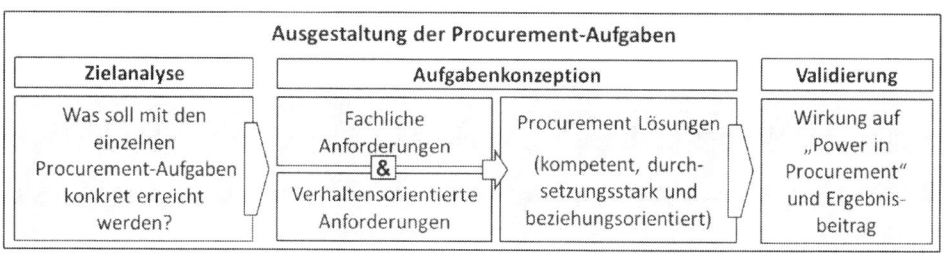

Aufgaben der Procurement-Funktion		
Procurement-Planning	**Procurement-Operations**	**Procurement-Controlling**
Teilaufgaben (PP01-PP08)	**Teilaufgaben** (PO01-PO08)	**Teilaufgaben** (PC01-PC02)
- Funktionseinordnung - Bedarfsstrukturierung - Bedarfs- / Marktanalysen - Procurement-Portfolio - Procurement-Ziele - Sourcing-Strategien - Lieferantenmanagement - Organisationsmanagement	- Ausschreibungsdesign - Bieterkreisabstimmung - Anfragekoordination - Angebotsauswertung - Verhandlungsvorbereitung - Verhandlungsführung - Vergabeentscheidung - Vertragsmanagement	- Operatives Controlling - Strategisches Controlling

Damit die Procurement-Aufgaben „Power in Procurement" entfalten können, sollten sie systematisch entwickelt und operationalisiert werden. Dazu empfiehlt sich eine methodi-sche Vorgehensweise, die nach dem folgenden Muster umgesetzt werden kann:

Abbildung 2.3   Ausgestaltung von Procurement-Aufgaben

Ausgestaltung der Procurement-Aufgaben			
Zielanalyse	**Aufgabenkonzeption**		**Validierung**
Was soll mit den einzelnen Procurement-Aufgaben konkret erreicht werden?	Fachliche Anforderungen **&** Verhaltensorientierte Anforderungen	Procurement Lösungen (kompetent, durch-setzungsstark und beziehungsorientiert)	Wirkung auf „Power in Procurement" und Ergebnis-beitrag

In den folgenden Abschnitten werden die wesentlichen Inhalte dieser Arbeitsschritte grundsätzlich erläutert. In Teil II dieses Buches erfolgt dann eine systematische Ausarbei-tung der einzelnen Procurement-Aufgaben nach dem hier vorgestellten Muster.

Zielanalyse

Die Zielanalyse steht am Anfang der Aufgabenausgestaltung. Nur wer genau abgeklärt hat, was mit einer Tätigkeit bewirkt werden soll, kann sie entsprechend auslegen. Das diszipliniert und gibt für die Konzeption der Procurement-Aufgaben Orientierung. Bei der Zielanalyse spielen zwei Zielbereiche eine wesentliche Rolle: Die Kopplung einer Procurement-Aufgabe mit den Stärkefaktoren der Procurement-Funktion und ihr Ergebnisbeitrag zur Wettbewerbsfähigkeit des Unternehmens. Dazu sind jeweils die folgenden Fragestellungen zu bearbeiten:

- **Aufgaben-Stärke-Kopplung:** Welche der Stärkefaktoren SPFU01-SPFO08 werden mit einer Procurement-Aufgabe konkret unterstützt und was ist dabei ihr konkreter Wirkungsbeitrag?

- **Aufgaben-Ergebnis-Kopplung:** Wie unterstützt eine Procurement-Aufgabe konkret die Steigerung der Wettbewerbsfähigkeit des Unternehmens in den Kategorien Kosten, Qualität, Zeit und Innovationen?

Mit dieser Zielbestimmung werden die Befähiger und die Ergebnisseite der Procurement-Funktion vernetzt.

Aufgabenkonzeption

Wenn die Ziele der Procurement-Aufgaben klar sind, stellt sich die Frage, was jeweils zur Zielerreichung erforderlich ist. Dazu ergibt sich zunächst ein Set fachlicher Lösungsanforderungen, denn es gilt der Grundsatz: Keine Lösung ohne Fachkompetenz. In diesem Sinne sind die Merkmale zu definieren, die für eine fachlich geeignete Procurement-Lösung stehen.

Damit die Fachlösungen ihre Wirkung entfalten können, müssen sie von den handelnden Personen richtig umgesetzt werden. Dies geschieht auch in Interaktionen mit den Partnern der Procurement-Funktion. Man muss also wissen, an welchen Stellen der Lösungsumsetzung welche Interaktionen für den Erfolg von entscheidender Bedeutung sind und auf welche verhaltensorientierten Anforderungen es genau ankommt. Erst wenn auch diese Anforderungen erfüllt werden, kann der Dreiklang aus fachlicher Kompetenz, Durchsetzungsstärke und Beziehungsorientierung entstehen.

Daher müssen die fachlichen und verhaltensorientierten Anforderungen an eine Lösungskonzeption transparent sein und schlüssig ineinander greifen:

- **Fachliche Lösungsanforderungen:** Was muss eine Procurement-Lösung fachlich leisten, um die Ziele der Procurement-Aufgabe realisieren zu können?

■ **Verhaltensorientierte Lösungsanforderungen:** Was ist bei der Procurement-Lösung in Bezug auf die Zusammenarbeit mit den Partnern der Procurement-Funktion zu berücksichtigen? Welche Anforderungen ergeben sich an das Verhalten der handelnden Personen in der Procurement-Funktion?

Wenn Ziele und Lösungsanforderungen einer Procurement-Aufgabe klar sind, geht es um das konkrete „Wie" in der Procurement-Lösung. Dazu kann die klassische prozessuale Schrittfolge zur Lösungsfindung eingesetzt werden:

■ Welche **Input-Faktoren** gehen in die Procurement-Lösung ein und woher stammen sie?

■ Wie sieht das **Lösungskonzept** im Detail aus? Was ist zu tun? Wie ist es zu tun?

■ Welche **Output-Faktoren** (Ergebnisse) werden mit der Procurement-Lösung erzeugt und wo werden diese eingesetzt?

Validierung

Vor Freigabe und Implementierung der Procurement-Aufgaben sind die erarbeiteten Lösungskonzepte praktisch zu testen und in ihrer Wirkung zu bewerten. Am Ende ist einzuschätzen, ob die mit einer Procurement-Aufgabe verbundenen Ziele wirklich erreicht und die Anforderungen an die Lösungskonzepte erfüllt werden. Die Lösungsansätze sind so lange weiter zu optimieren, bis ein tragfähiger Ansatz zur Operationalisierung der Procurement-Aufgabe entsteht. Mit der vorgestellten Methodik entsteht eine schlüssige Kette aus Zielanalyse – Anforderungsanalyse – Lösungskonzeption – Lösungsvalidierung.

2.3   Das PIPS - Power in Procurement System®

Mit der Ausgestaltung der einzelnen Procurement-Aufgaben entsteht ein komplexes Gesamtsystem von Procurement-Lösungen. Neben einer bedarfsgerechten Gestaltung der Einzellösungen kommt es insbesondere auch auf ihr Zusammenwirken an. Dabei ist nicht entscheidend, ob jede Procurement-Aufgabe alle Ziele der Procurement-Funktion unterstützt. Entscheidend ist, dass in Summe alle Ziele unterstützt werden und die Einzelaufgaben mit ihren Lösungen schlüssig ineinander greifen. Auf diese Weise können in der Procurement-Funktion systematisch alle wesentlichen „Power-in-Procurement"-Merkmale gestärkt und auf der Beschaffungsseite des Unternehmens die Faktoren Kosten, Qualität, Zeit und Innovationen optimiert werden. Dieser Gesamtzusammenhang des PIPS - Power in Procurement Systems® wird in der zusammenfassenden Aufgaben-Power-Ergebnis-

Matrix" (APEM) deutlich. Sie ist das Kernstück des Systems und erlaubt die Konzeption und Steuerung der Wirkungszusammenhänge in der Procurement-Funktion.

Abbildung 2.4 Aufgaben-Power-Ergebnis-Matrix (APEM)

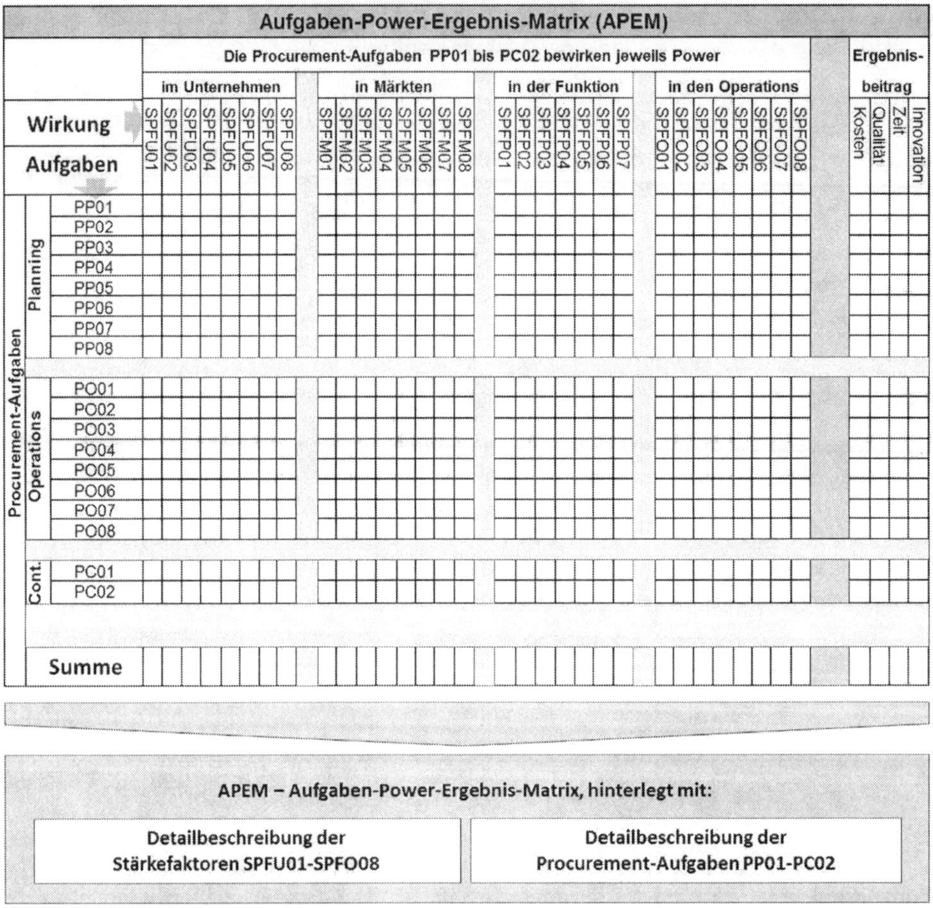
Aufgaben-Power-Ergebnis-Matrix (APEM)
Die Procurement-Aufgaben PP01 bis PC02 bewirken jeweils Power
im Unternehmen
in Märkten
in der Funktion
in den Operations
Ergebnis-beitrag
Wirkung
Aufgaben
SPFU01 SPFU02 SPFU03 SPFU04 SPFU05 SPFU06 SPFU07 SPFU08
SPFM01 SPFM02 SPFM03 SPFM04 SPFM05 SPFM06 SPFM07 SPFM08
SPFP01 SPFP02 SPFP03 SPFP04 SPFP05 SPFP06 SPFP07
SPFO01 SPFO02 SPFO03 SPFO04 SPFO05 SPFO06 SPFO07 SPFO08
Kosten
Qualität
Zeit
Innovation
Procurement-Aufgaben
Planning
PP01 PP02 PP03 PP04 PP05 PP06 PP07 PP08
Operations
PO01 PO02 PO03 PO04 PO05 PO06 PO07 PO08
Cont.
PC01 PC02
Summe
APEM – Aufgaben-Power-Ergebnis-Matrix, hinterlegt mit:
Detailbeschreibung der Stärkefaktoren SPFU01-SPFO08
Detailbeschreibung der Procurement-Aufgaben PP01-PC02

Auf Basis der vorgenommen Ausarbeitungen zu Stärkefaktoren und Procurement-Aufgaben können ihre Wechselwirkungen in der Matrix grafisch veranschaulicht werden. So wird deutlich, welchen Beitrag jede einzelne Procurement-Aufgabe zu Power in Procurement leistet und welche Wirkung das Gesamtsystem erzielt. Bei Schwächen oder Verbesserungspotenzialen kann steuernd eingegriffen und die Procurement-Funktion systematisch weiterentwickelt werden. Abbildung 2.5 macht dieses Prinzip deutlich.

Abbildung 2.5   Managementzyklus im PIPS – Power in Procurement System®

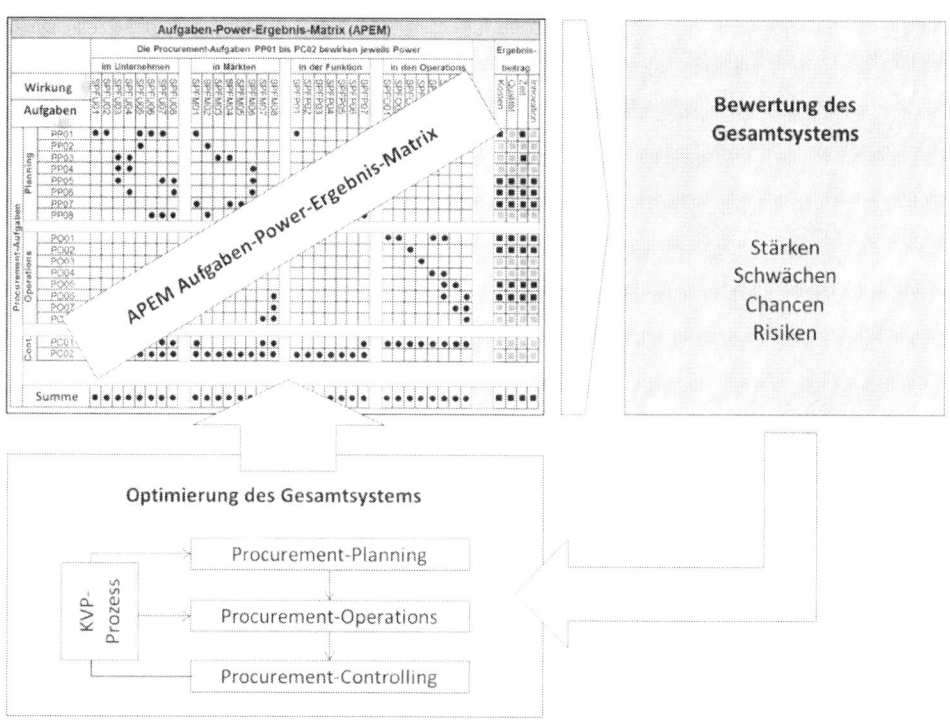

Aufbauend auf den in diesem Kapitel beschriebenen Grundstrukturen des PIPS – Power in Procurement System® werden in Teil II dieses Buches die einzelnen Procurement-Aufgaben im Detail ausgearbeitet und die „Aufgaben-Power-Ergebnis-Matrix (APEM)" schrittweise entwickelt. In Teil III erfolgt dann eine kritische Reflexion des Gesamtsystems und seiner Wirkungen.

Teil 2:

Power in Procurement –
Umsetzung im Unternehmen

3 Procurement-Planning: Erfolgspotenziale eröffnen

Im Procurement-Planning geht es um die Eröffnung und Sicherung der Erfolgspotenziale der Procurement-Funktion. Es sind die Voraussetzungen dafür zu schaffen, dass sie in der Praxis für die wichtigen Attribute Kompetenz, Durchsetzungsstärke und Beziehungsorientierung steht. Das Procurement-Planning hat somit strategischen Charakter und setzt sich aus den folgenden Kernaufgaben zusammen:

- PP01-Funktionseinordnung
- PP02-Bedarfsstrukturierung
- PP03-Bedarfs-/Marktanalysen
- PP04-Procurement-Portfolio
- PP05-Procurement-Ziele
- PP06-Sourcing-Strategien
- PP07-Strategisches Lieferantenmanagement
- PP08-Strategisches Organisationsmanagement

3.1 Einordnung der Procurement-Funktion im Unternehmen

An erster Stelle des Procurement-Planning steht die Einordnung der Procurement-Funktion im Unternehmen: dazu wird sie gezielt in der Aufbau- wie Ablauforganisation platziert. Doch wozu? Welche Wirkungen sollen dabei erreicht werden und was ist dafür konkret zu tun? Auf diese Fragen gibt es in den folgenden Kapiteln Antworten.

3.1.1 Ziele der Funktionseinordnung im Unternehmen

Wer im Unternehmen gestalten will, braucht dazu Stärke. Es muss klar sein, wo und wofür die Procurement-Funktion im Kräftefeld von Einfluss und Macht steht. Dies ist eine grundsätzliche Fragestellung – und mit der Beantwortung dieser Frage beginnt hier die Ausgestaltung der Procurement-Funktion. Die Antwort muss von der Unternehmensleitung gegeben und verantwortet werden. Sie tritt hier als prozessverantwortliche und – treibende Kraft auf. Denn die Antwort determiniert wesentlich, wie später in der Procurement-Funktion Strukturen, Prozesse und Methoden sinnvoll aussehen können.

Was macht aber am Ende eine starke Positionierung der Procurement-Funktion aus? Was ist das Ziel der Funktionseinordnung? Im Ergebnis ist eine starke Funktion kraftvoll in der hierarchischen Organisationsstruktur des Unternehmens eingeordnet. Sie ist direkt in der Geschäftsleitung oder mit direktem Zugang zur Geschäftsleitung verankert. Damit werden ihr die formalen Voraussetzungen für eine starke Rollenwahrnehmung gegeben. Sie wird durch ein Top-Management in der Funktion getragen, das im Unternehmen von allen Bereichen respektiert wird. Darauf aufbauend ist die Rolle selbst durch AKV klar bestimmt und in den Unternehmensprozessen verzahnt.

Wenn strukturelle Macht, eine klare Rolle, exzellente Führung und Kompetenz in der Sache zusammentreffen, sind wichtige Grundvoraussetzungen für eine starke Procurement-Funktion gegeben. Genau dafür ist in der Funktionseinordnung zu sorgen. Gelingt dies, werden wichtige Stärkefaktoren der Procurement-Funktion adressiert:

Stärke der Procurement-Funktion im Unternehmen

- SPFU01 – Procurement-Integration: Die Funktion ist im Top-Management verankert.
- SPFU02 – Procurement-Rolle: Aufgaben, Kompetenzen, Verantwortungen sind klar.
- SPFU05 – Procurement-Prozesse: Die Schnittstellen zu anderen Funktionen sind klar.
- SPFU06 – Procurement-Dialog: Die Kommunikation im Unternehmen ist gesichert.
- SPFU07 – Procurement-Vernetzung: Die Manager sind im Unternehmen gut vernetzt.

Stärke der Procurement-Funktion in den Märkten

- SPFM01 – Marktwahrnehmung: Die Stärke im Unternehmen strahlt in die Märkte ab.

Stärke im Management der Procurement-Funktion

- SPFP01 – Prozessorientierung: Die Rolle der Funktion determiniert ihre Prozesse.

Mit diesen Stärken kann auch die Ergebnisseite der Procurement-Funktion beeinflusst werden. Eine starke Verankerung der Funktion in Strukturen und Prozessen erzeugt eine frühzeitige Einbindung in konkreten Beschaffungsprojekten. Neben dem Faktor Zeit können damit direkt die Projektkosten beeinflusst werden, da der Kostenfokus von Beginn an institutionell im Projektmanagement implementiert ist. Die Zusammenarbeit von Procurement-Funktion und Fachbereichen wirkt ferner auch indirekt auf die Faktoren Qualität und Innovationen, da die unterschiedlichen Kompetenzen strukturell verzahnt werden.

Abbildung 3.1   Ziele der Aufgabe PP01 - Funktionseinordnung

Aufgaben-Power-Ergebnis-Matrix (APEM)																																	Ergebnis-beitrag in			
	Die Procurement-Aufgabe PP01 bewirkt Power																																				
	im Unternehmen								in Märkten								in der Funktion								in den Operations									Kosten	Zeit	Qualität	Innovation
Wirkung / **Aufgaben**	SPFU01	SPFU02	SPFU03	SPFU04	SPFU05	SPFU06	SPFU07	SPFU08	SPFM01	SPFM02	SPFM03	SPFM04	SPFM05	SPFM06	SPFM07	SPFM08	SPFP01	SPFP02	SPFP03	SPFP04	SPFP05	SPFP06	SPFP07	SPFP08	SPFO01	SPFO02	SPFO03	SPFO04	SPFO05	SPFO06	SPFO07	SPFO08				
PP01 – Funktions-einordnung	●	●			●	●	●			●								●															■	■	■	■

3.1.2   Anforderungen an Lösungskonzepte

Aus den diskutierten Zielstellungen leiten sich im Kern drei zentrale Aufgabenstellungen ab, die es clever auszugestalten gilt:

- ■ organisatorisch muss die Procurement-Funktion eine geeignete Positionierung in der Unternehmensstruktur erhalten;
- ■ inhaltlich-prozessual ist ihr Handlungsrahmen über die Implementierung einer Beschaffungsrichtlinie zur Festlegung klarer Aufgaben, Kompetenzen und Verantwortungen (AKV) zu bestimmen;
- ■ personell muss eine bedarfsgerechte Besetzung im Management der Procurement-Funktion erfolgen.

Die erste, organisatorische Aufgabenstellung kann zunächst sachlich angegangen werden. Hier ist zu hinterfragen, welches Strukturkonzept unter Managementgesichtspunkten am besten geeignet ist: eine funktionale, divisionale oder hybride Einordnung der Procurement-Funktion im Unternehmen. Neben diesen Sachaspekten gibt es bei der Lösungsfindung verhaltensorientierte Aspekte zu berücksichtigen. Schließlich ist die Gestaltung von Zuständigkeiten ein hochemotionaler Aspekt, geht es doch auch um individuelle Macht und Einfluss.

Aufbauend auf der gewählten Strukturlösung sind inhaltlich-prozessual die AKV zur Umsetzung von Beschaffungsvorgängen auszugestalten und in einer Beschaffungsrichtlinie festzulegen. Im Prinzip geht es dabei um das konkrete Wechselspiel der einzelnen Funktionen im Unternehmen (wer macht in Beschaffungsvorgängen grundsätzlich was wann mit wem – siehe Kapitel 3.1.4). Bei der Ausarbeitung dieser Regelungen ist darauf zu achten, dass sich die grundsätzliche Rolle der Procurement-Funktion im Unternehmen auch in den operativen Beschaffungsprozessen wiederfindet. Dazu muss sie schlüssig in die gesamte Ablauforganisation des Unternehmens eingebunden sein. Bei dieser Gestaltungsaufgabe ist Führung gefragt. Wird hier auf Führung verzichtet, entsteht ein hohes Risiko des „Funktionskampfes", insbesondere im mittleren Management. Gerade auf diesen Ebenen können sich schnell Konflikte im Sinne einer „Positions-Behauptung" entwickeln. Ein hochgradig ineffizientes und störendes Szenario, das zu hohen Reibungsverlusten führen kann – was nicht sein muss, wenn die Führungsansagen stimmen.

Eine weitere wichtige Rolle bei der Positionierung der Procurement-Funktion spielt die personelle Entscheidung für den „Kopf" des Managements. Hier gilt es, fachliche Anforderungen an das Top-Management im Procurement mit den im Unternehmen erforderlichen Persönlichkeitsmerkmalen zusammenzubringen. Eine starke Position in Struktur und Prozessen wird in der betrieblichen Praxis eben nur dann wirksam, wenn das Management der Funktion in der Unternehmensführung wirklich etwas „zu sagen" hat. Dazu ist sie mit Führungskräften zu besetzen, die ihre Rolle wirkungsvoll ausfüllen: Persönlichkeiten mit selbstsprechender, natürlich anerkannter Autorität, die auch ohne oder abseits ihrer formalen Rolle von allen Partnern respektiert werden – es geht also an der Spitze um Manager(innen) mit „Schwergewicht", die schon im Auftritt ihren Einfluss im Unternehmen „atmen". Daher ist es wichtig einen geeigneten Besetzungsprozess für das Top-Management zu installieren (siehe Kapitel 3.1.5).

Im Folgenden werden für die organisatorischen, prozessualen und personalen Aufgabenbereiche konkrete Lösungskonzepte vorgestellt.

3.1.3   Lösungen: Aufbauorganisation

Die richtige Positionierung der Procurement-Funktion im Unternehmen ist ein wesentlicher Schlüssel für ihren Erfolg. Dazu ist sie passgenau in die betriebliche Aufbauorganisation zu integrieren [33]. Diese Strukturierungsfrage ist Gegenstand der Aufgabe PP01-Funktionseinordnung. Auf dieser Basis erfolgen später die Entwicklung bzw. Optimierung der funktionsinternen Strukturen und Detailprozesse (PP08-Strategisches Organisationsmanagement).

Grundmodelle der strukturellen Einordnung

Basis für die strukturelle Einordnung der Procurement-Funktion sind typische Grundmodelle aus der Organisationslehre. Dort unterscheidet man prinzipiell die funktionale, divisionale oder hybride Ausgestaltung von Aufbauorganisationen [35][267]. Abbildung 3.2 gibt einen kompakten Überblick über die Strukturmuster dieser Grundmodelle wieder und zeigt auf, welche Rolle dabei jeweils die Procurement-Funktion in der betrieblichen Organisation spielt.

Abbildung 3.2   Einordnung der Procurement-Funktion in die Unternehmensstruktur

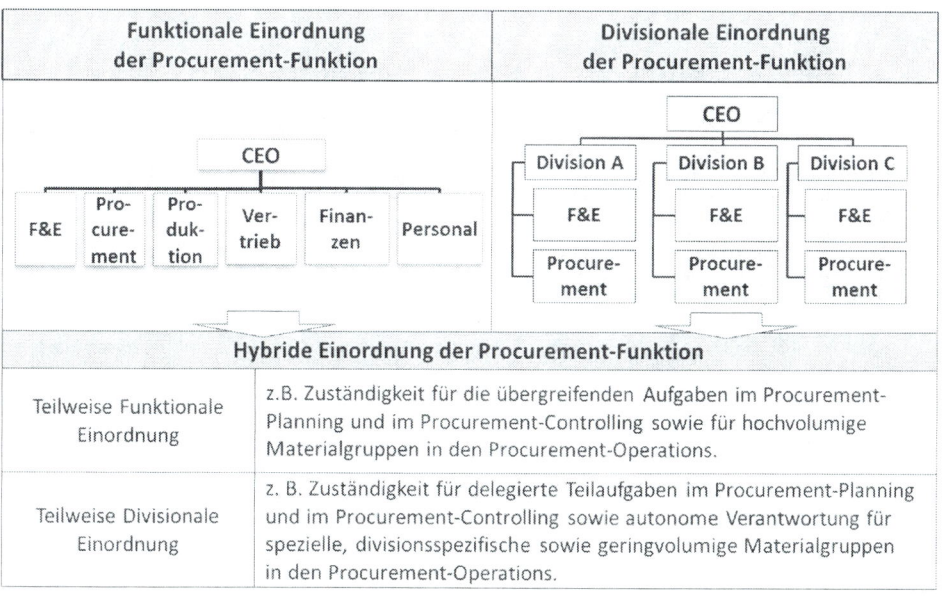

Im konkreten Unternehmensfall kann keine pauschale Antwort darauf gegeben werden, welche Organisationsform typischerweise die beste ist. Für die richtige Einordnung kommt es darauf an, dass sich die Procurement-Funktion nahtlos in die spezifischen Strukturanforderungen des gesamten Unternehmens einfügt. Die richtige Lösung kann von Unternehmen zu Unternehmen sehr unterschiedlich aussehen. Für eine bedarfsgerechte Konzeption braucht es daher zunächst eine Analyse der unternehmerischen Rahmenbedingungen. Dabei stehen die folgenden Fragen im Vordergrund [34]:

- Was sind die strategischen und operativen Ziele des Unternehmens?

- Wie sieht das Leistungs-/Produktspektrum des Unternehmens aus?

- Wie ist die Wertschöpfung organisiert (Ablauforganisation & Aufbauorganisation)?

- Welche Beschaffungsobjekte fließen wann und wo in die Wertschöpfung ein?

- Welche Merkmale prägen die Beschaffungsobjekte (Kosten, Qualität, Zeit, Innovation)?

- Wie sieht das optimale Gesamtzielbild der Unternehmensstruktur aus?

Auf Basis der entwickelten Antworten kann die Procurement-Funktion entsprechend der spezifischen Anforderungen in das Strukturbild des Unternehmens integriert werden. In der Diskussion dazu sind die jeweiligen Vor- und Nachteile der Gestaltungsalternativen umfassend zu reflektieren und bei der Entscheidungsfindung zu berücksichtigen. Im Folgenden werden die Grundmodelle der funktionalen, divisionalen bzw. hybriden Funktionseinbindung mit ihren Auswirkungen auf die Procurement-Funktion skizziert.

Funktionale Einordnung

Die funktionale Organisation der Procurement-Funktion wird häufig auch als „Zentraleinkauf" bezeichnet. In diesem Modell ist die Funktion ein gleichberechtigter Partner der anderen Unternehmensfunktionen in der Unternehmensleitung. Ihr ist dann die Verantwortung für die Gestaltung und Umsetzung der Beschaffungsaufgabe für das gesamte Unternehmen zugeordnet. Dieses Modell kann beispielsweise in Unternehmen beobachtet werden, die insgesamt „straff zentral" geführt sind und bei denen das Leistungs-/Produktspektrum wie auch die Beschaffungsbedarfe relativ homogen für alle Produktbereiche strukturiert sind. Automobilhersteller können exemplarisch genannt werden. Die Vorteile dieses Modells lassen sich kompakt zusammenfassen:

- Bündelung aller Bedarfe in einer Einheit schafft Überblick und Transparenz.

- Verstärkung externer Marktmacht durch Bündelung und „One-face-to-the-supplier".

- Verstärkung interner Macht als gleichberechtigte Funktion in der Geschäftsleitung.

Natürlich gibt es auch Nachteile in einer funktionalen Einordnung, die bei der Bewertung dieser Variante zu berücksichtigen sind. Häufige typische Schwächen sind:

- Risiko starrer Einheitsprozesse, vorbei an differenzierten Bedarfsanforderungen.

- Risiko erhöhter Distanz zu den Bedarfsträgern.

- Risiko langsamer bzw. träger Zentralabläufe.

Divisionale Einordnung

Je vielfältiger Bedarfs-, Leistungs- und Produktstrukturen eines Unternehmens werden, desto größer ist die Wahrscheinlichkeit, dass die oben angeführten Risiken greifen. In diesem Fall wird oft die Alternative einer divisionalen Einordnung der Procurement-Funktion in Betracht gezogen. Diese Organisationsform wird auch häufig als „dezentraler Einkauf" bezeichnet. Im Ergebnis wird dabei im Unternehmen die Verantwortung für die Beschaffungsaufgabe an verschiedene, klar abgegrenzte Gruppen von Bedarfsträgern delegiert. Dort nehmen dann einzelne, divisionale Procurement-Einheiten jeweils ihre Aufgabe in Eigenverantwortung wahr und handeln im Wesentlichen autonom. Zum Austausch zwischen den divisionalen Einheiten können Koordinationsplattformen installiert werden, die jedoch (mangels Weisungsbefugnis) in der Regel nur einen relativ beschränkten Einfluss auf das konkrete Handeln in den Divisionen vor Ort haben.

Die divisionale Einordnung wird insbesondere dann diskutiert, wenn Unternehmen ein stark diversifiziertes Leistungs- oder Beschaffungsspektrum abzudecken haben. Dann können typische Vorteile dieser Organisationsform greifen:

- Starke Ausrichtung der Procurement-Funktion an den operativen Bedürfnissen

- Hohe Variabilität und Flexibilität im Unternehmen

- Hohe Geschwindigkeit und kurze Entscheidungswege

Diesen Vorteilen stehen jedoch auch Nachteile gegenüber, die insbesondere eine Auswirkung auf das Gesamtunternehmen haben können:

- Divisions- oder Bereichsinteressen dominieren übergreifende Unternehmensinteressen

- Im Unternehmen sind ggf. Prozesse inhomogen und Bedarfe intransparent

- Verlust von interner bzw. externer (Markt-)Macht mangels Bündelungspotenzialen

Hybride Einordnung

Hybride Einordnungen vereinen die Vorteile der beiden ersten Grundmodelle und dämpfen die jeweiligen Nachteile. Dies liegt auch darin begründet, dass viele Unternehmen eben nicht nur mit engem Leistungsspektrum zentral strukturiert oder breit diversifiziert mit völlig inhomogenen Bedarfsstrukturen arbeiten. Die Welt ist hier oft komplexer, und von beiden Seiten trifft etwas zu. In hybriden Strukturen werden die Themen zentral gebündelt, bei denen einheitliche Aufgaben und Prozesse für alle Bereiche von Vorteil sind, bzw. wo das Gesamtinteresse des Unternehmens die Bereichsinteressen bewusst dominieren soll. Sie verbleiben in funktionaler, zentraler Verantwortung. Alles andere geht dezentral in die Verantwortung der Divisionen über.

Die hybride Einordnung wird auch häufig als „Matrixorganisation im Einkauf" bezeichnet – mit einem Zentraleinkauf und angegliederten dezentralen Einkaufseinheiten. In dieser Konstellation kann das Procurement zentral als starker Partner in der Geschäftsleitung agieren und wichtige Belange des Procurement im Gesamtunternehmen verankern. So können beispielsweise auf der prozessualen Ebene für alle Bereiche gültige AKV bestimmt werden. Gleichfalls kann festgelegt werden, welche Unternehmensbedarfe zentral gebündelt werden sollten, da sie homogen bzw. strategisch relevant sind. Typische Beispiele hierfür sind die IT; standardisierte Produktionstechnologien oder auch Rohstoffe. Gleichfalls sollten auf Basis der gemeinsamen AKV auch die Bedarfe benannt werden, die konkret in Autonomie der dezentralen Procurement-Bereiche fallen sollen, wie z.B. Spezialtechnologien oder auch Bedarfe, deren Beschaffung nur vor Ort sinnvoll ist, wie etwa der „Malermeister um die Ecke" für Ausbesserungsarbeiten in einem Werk.

In hybriden Strukturen wird es für das Procurement möglich, sowohl eine starke zentrale Rolle zu spielen als auch nah als flexibler Partner an den Bedarfsträgern vor Ort zu bleiben. Wenn dies geschickt organisiert wird, entstehen große Vorteile:

- Bündelung der Bedarfe mit unternehmensweitem Potenzial
- Optimierung der Marktmacht bei Bedarfen mit unternehmensweitem Potenzial
- Verstärkung der internen Macht durch zentrale Verankerung in der Geschäftsleitung
- Homogene unternehmensweite Mindeststandards (AKV) und Prozesse
- Flexibilisierung der Bedarfe mit rein divisionalem Potenzial
- Direkter Kontakt und höhere Geschwindigkeit bei den Bedarfsträgern vor Ort

Die zentralen Nachteile der funktionalen bzw. divisionalen Strukturen können gedämpft werden. Jedoch entstehen in hybriden Strukturen komplexere Führungs- und Steuerungsmechanismen, die es zu beherrschen gilt. Dadurch ergeben sich neuartige Nachteile, insbesondere auf der Arbeitsebene:

- Komplexere Strukturen und Zuständigkeiten im Unternehmen
- Erhöhter Kommunikations- und Abstimmungsbedarf zwischen funktionalen und divisionalen Procurement-Einheiten
- Erhöhte Anzahl von Schnittstellen zu den Märkten und Lieferanten

Auswahl eines Grundmodells

Die Vor- und Nachteile der Strukturalternativen zeigt Abbildung 3.3 noch einmal komprimiert auf. Um bei der konkreten Entscheidungsfindung zu einer passgenauen Einordnung der Procurement-Funktion zu kommen, empfiehlt es sich, anhand der Komplexität des Unternehmens und der Bedarfsstrukturen die notwendigen Schlussfolgerungen zu ziehen. Grundsätzlich kann dabei folgender Leitsatz Orientierung geben:

■ Die Einordnung der Procurement-Funktion sollte so funktional wie möglich und so divisional wie nötig erfolgen.

Diese Orientierung ermöglicht durch Bündelung und Standardisierung eine Erhöhung der Ergebnispotenziale – unter Berücksichtigung der erforderlichen Flexibilitätsansprüche.

Abbildung 3.3   Vor- und Nachteile der Strukturalternativen

Funktionale Eingliederung	Divisionale Eingliederung	Hybride Eingliederung
Zentrale Procurement-Funktion	**Dezentrale Procurement-Funktion**	**Hybride Procurement-Funktion**
organisatorisch zentral Räumlich zentral/dezentral	organisatorisch dezentral Räumlich zentral/dezentral	organisatorisch hybrid Räumlich zentral/dezentral
Vorteil: Potenzial- und Machtbündelung	**Vorteil:** Flexibel und schnell	**Vorteil:** Gute Balance zentral/dezentral
Nachteil: Häufig starr, langsam und inflexibel	**Nachteil:** Geringe Macht- und Potenzial-konzentration	**Nachteil:** Koordinations- und Abstimmungsaufwand

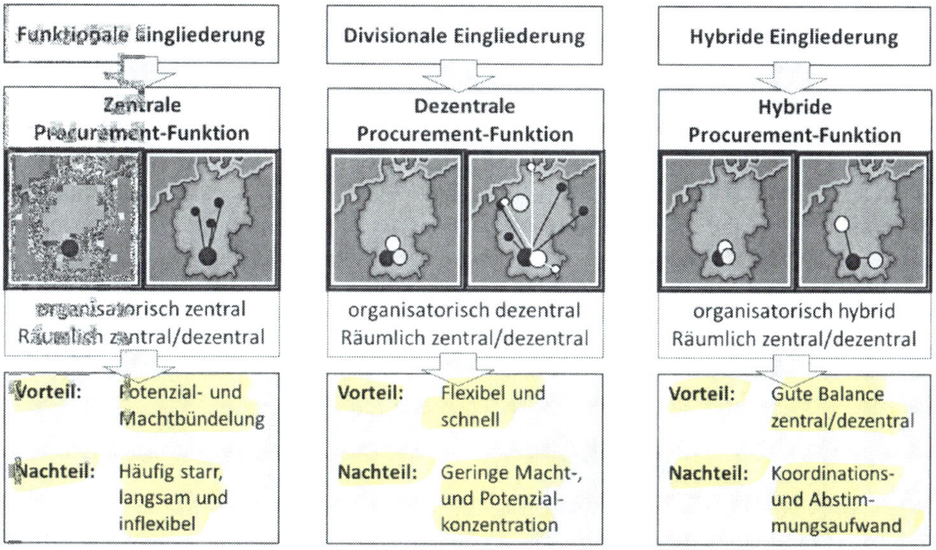

Unabhängig vom genutzten Grundmodell ist sicherzustellen, dass die Procurement-Funktion einen direkten Zugang zur Unternehmensleitung bzw. in divisionalen Strukturen zur Divisions-Leitung hat. In diesem Zusammenhang ist sie auch als integraler Bestandteil in der Regelkommunikation des engen Führungskreises zu verankern. So wird sowohl ein bilateraler Dialog mit dem CEO oder Geschäftsführer einerseits als auch der

Dialog im Führungsteam sichergestellt. Dies ist unmittelbare Voraussetzung dafür, die Interessen der Funktion wirkungsvoll vertreten und in den Kontext der Unternehmensstrategie stellen zu können.

Fachlich betrachtet kann die Einordnung der Procurement-Funktion analytisch gut herausgearbeitet werden. In der Praxis gilt es jedoch, die in Kapitel 3.1.2 „Anforderungen an Lösungskonzepte" besprochenen Einflüsse auf der Verhaltensebene der Beteiligten zu beherrschen. Da es bei der Strukturdiskussion eben auch um individuelle Machtfragen geht, ist das Management solcher „Störfaktoren" als kritischer Erfolgsfaktor zu bewerten. Wenn die Unternehmenskultur auf der Ebene der Geschäftsleitung „Verhaltensstörungen" nicht ausschließen kann, sollte dies im Entscheidungsprozess von Anfang an berücksichtigt werden. Hier kommt es dann wesentlich auf das Design der Diskussionen und die Autorität des CEO oder Geschäftsführers an. Je schwieriger die „Kultur im Führungskreis" ist, desto eher empfiehlt es sich, auf eine professionelle Begleitung von außen für die Gestaltung und Umsetzung dieses Entscheidungsprozesses zurückzugreifen. An diesem Punkt kann eine neutrale Hand besser steuern, verbinden oder auch ausgleichen als die direkt Beteiligten – insbesondere wenn es „hart zur Sache" geht.

3.1.4   Lösungen: Ablauforganisation

Die AKV zur Durchführung von Beschaffungsvorgängen werden im Unternehmen in einer Beschaffungsrichtlinie festgelegt. Dabei wird insbesondere die in der Organisationsstruktur formal verankerte Rolle der Procurement-Funktion und ihr Wechselspiel mit den anderen Unternehmensfunktionen inhaltlich präzisiert und in den betrieblichen Prozessen verankert. Damit erfolgt nach der strukturellen Einordnung auch eine Integration der Procurement-Funktion in die Ablauforganisation des Unternehmens. Zur Konzeption einer Beschaffungsrichtlinie empfiehlt sich ein strukturiertes Vorgehen:

- Klare Definition des Geltungsbereichs der Beschaffungsrichtlinie
- Prozessuale Einordnung der Beschaffung im Unternehmen
- Festlegung der Beschaffungsprozesse und AKV der Unternehmensfunktionen
- Inkraftsetzung der Richtlinie mit Regeln zur Überwachung der Einhaltung

Beschaffungsrichtlinie - Abgrenzung Geltungsbereich

Die Abgrenzung des Geltungsbereichs der Beschaffungsrichtlinie beschreibt durch eine klare Definition der Beschaffungsaufgabe, des Anwendungsbereichs der Richtlinie im Unternehmen sowie ihrer materiellen und finanziellen Eingrenzungen auf der Ebene der

Beschaffungsobjekte das „Spielfeld" der Procurement-Funktion. Für eine erfolgreiche Konzeption der Funktion braucht es eben auch eine klare Abgrenzung der Zuständigkeiten:

■ **Aufgabenbezogener Geltungsbereich:** An dieser Stelle ist der funktionale Anwendungsbereich der Beschaffungsrichtlinie abzugrenzen: Die Aufgabe der Fremdversorgung des Unternehmens mit den für die Wertschöpfung erforderlichen Beschaffungsobjekten.

■ **Struktureller Geltungsbereich:** Strukturell ist festzulegen, in welchen Unternehmensbereichen die Richtlinie Anwendung finden soll. Dabei empfiehlt es sich, grundsätzlich alle Unternehmensbereiche einzuschließen, so dass die Fremdversorgung überall einheitlich geregelt wird. Sollen einzelne Unternehmensbereiche bewusst ausgeklammert werden, sind diese klar zu benennen: So gibt es z.B. Unternehmen, bei denen der Aufsichtsrat vollkommen autonom und unabhängig von den allgemeinen gültigen Beschaffungsregelungen einkauft – z.B. bei der Bestellung der Wirtschaftsprüfer oder der Beauftragung von Due-Dilligence-Prüfungen im Rahmen von Merger & Acquisitions.

■ **Materieller Geltungsbereich – Bedarfe:** Auf der inhaltlichen Ebene der Beschaffungsobjekte ist abzugrenzen, welche Bedarfe unter die Regelungen der Richtlinie fallen sollen. Diese Abgrenzung erfolgt normalerweise nach der Quelle der Beschaffungsobjekte: Dabei werden die aus den Beschaffungsmärkten bezogenen Güter in die Richtlinie einbezogen. Bedarfe aus den Finanz- oder Personalmärkten sind üblicherweise komplett ausgeklammert und werden direkt den zuständigen Unternehmensfunktionen (z.B. Personal, Finanzen, Controlling) mit ihren spezifischen Regelungen zugeordnet. An dieser Stelle können darüber hinaus noch weitere spezifische Ausnahmen für den Geltungsbereich der Richtlinie definiert werden. So kommt es auf Detailebene oft zur Ausklammerung einzelner Beschaffungsobjekte, bei denen es aufgrund ihres besonderen Charakters keinen oder nur einen geringfügigen Einfluss auf Einkaufserfolge in den Märkten gibt – sogenannte Sonderkäufe. Typische Sonderkäufe sind z.B. Gebühren an öffentliche Einrichtungen (Patentgebühren, Gebühren für Genehmigungsbescheide, Zölle, etc.), Versicherungen oder auch Mietverträge. Von der Richtlinie ausgegrenzte Sonderkäufe können später autonom von den Fachbereichen ohne Einbindung der Procurement-Funktion beschafft werden. Entsprechende Ausnahmen sind an dieser Stelle konkret festzulegen. Zur Abwicklung von Sonderkäufen empfiehlt es sich, spezifische Mindeststandards festzulegen, die von den Fachbereichen einzuhalten sind. Dies kann bspw. mit einer „Sonderkaufrichtlinie" erreicht werden oder in einem speziellen Kapitel „Sonderkäufe" in der Beschaffungsrichtlinie mit verankert werden.

■ **Materieller Geltungsbereich – Werte:** Zusätzlich zur materiell-inhaltlichen Abgrenzung kann die Anwendung der Richtlinie nach dem Wert der Beschaffungsobjekte weiter eingeschränkt werden. Diese wertorientierte Eingrenzung dient insbesondere der späteren Fokussierung der Procurement-Funktion auf Beschaffungsobjekte mit monetärem Hebel bei gleichzeitiger Steuerung begrenzter personeller Ressourcen. So können

beispielsweise Wertgrenzen festgelegt werden, ab denen die Regeln der Richtlinie einzuhalten sind. Wertgrenzen von 100 EUR, 250 EUR, 500 EUR und in manchen Unternehmen sogar über 1.000 EUR werden in der Industrie praktisch angewendet. Unterschreitet ein Objekt diese Wertgrenze, handelt es sich um sogenannte „Kleinstbetrag-
Beschaffungen", die auch von den Fachbereichen in Eigenverantwortung als „Sonderkäufe" durchgeführt werden können.

Für dieses „Spielfeld", das die Beschaffungsrichtlinie beschreibt, gelten die im Folgenden
beschriebenen Standardprozesse zur Fremdversorgung des Unternehmens An dieser Stelle
wird wesentlich determiniert, ob die Procurement-Funktion im betrieblichen Alltag eine
wichtige oder unwichtige Rolle spielt: Eine starke Einordnung in der Organisationsstruktur muss also mit einer starken Verankerung in den Unternehmensprozessen einhergehen.

Beschaffungsrichtlinie - Prozessuale Einordnung im Unternehmen

Aufbauend auf der inhaltlichen Abgrenzung, ist die Beschaffungsaufgabe prozessual auszugestalten und an die Unternehmensabläufe anzubinden. Bild 3.4 gibt den Prozess der
Fremdversorgung des Unternehmens im Gesamtzusammenhang schematisch wieder.

Abbildung 3.4   Fremdversorgung im Unternehmensprozess

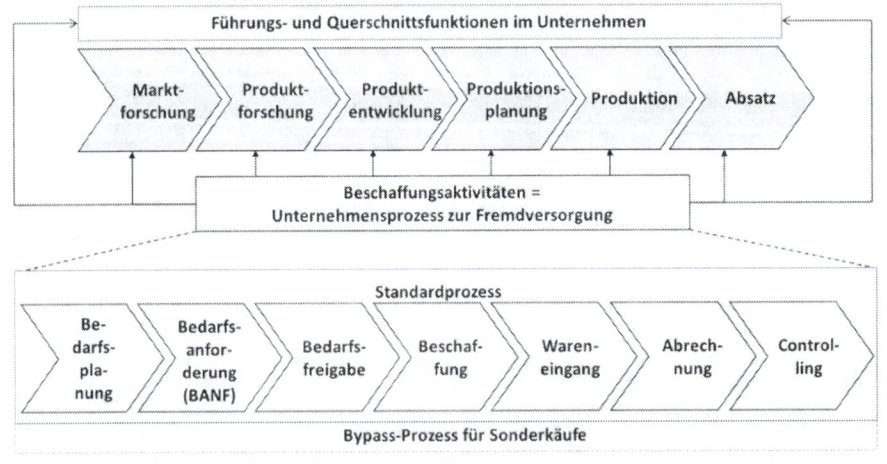

Beschaffungsrichtlinie - Prozessbeschreibung und AKV der Akteure

Schaut man sich den Wertschöpfungsprozess im Unternehmen an, so wird deutlich, dass in der Regel in allen Unternehmensbereichen Beschaffungsvorgänge vorkommen. Daher braucht es eine für alle Unternehmensbereiche transparente Regelung, was dabei von wem und wann genau zu tun ist. Es muss klar sein, welcher Job in den Fachbereichen, im Controlling oder auch im Procurement ansteht. Der in Abbildung 3.4 aufgezeigte Prozess der Fremdversorgung ist dazu weiter zu konkretisieren. Abbildung 3.5 zeigt wesentliche erforderliche Prozessschritte kompakt auf und ordnet typische AKV zu, die für eine wirkungsvolle Prozessabarbeitung wichtig sind. Sie werden im Folgenden weiter erläutert.

Abbildung 3.5 Prozessschritte der Fremdversorgung mit typischen AKV-Zuordnungen

Legende:
V = verantwortlich
T = teilverantwortlich
M = mitwirkend
I = informiert / informierend

Sonderfall
B = „Bypass Option" zur geregelten Überstimmung des Prozessverantwortlichen in Ausnahmefällen

Prozessschritte und AKV	Procurement	Fachbereiche	Controlling	Rechnungswesen	Rechtsabteilung
Bedarfsplanung					
- Planungsprozess Bedarfe		M	V		
- Planungswerte Fachbereiche		V	I		
- Reporting Bedarfsplanung	I	I	V		
Bedarfsmeldung					
-BANF-Erstellung	I	V			
Bedarfsfreigabe					
-BANF-Fachfreigabe		V			
-BANF-Kontierungsfreigabe	I	I	V		
Beschaffung: Standard					
-Ausschreibungsdesign	M / T	V			
-Bieterkreisabstimmung	V	M / B			
-Anfragekoordination	V	M / T			
-Angebotsauswertung	V	M / T			
-Verhandlungsvorbereitung	V	M			
-Verhandlungsführung	V	M			
-Vergabeentscheidung	V	M / B			
-Vertragsmanagement	V	M / T / I	I	I	M / T
Beschaffung: Abschluss					
-BANF-Prüfung auf Abschluss	V				
-Abrufbestellung	V	I	I	I	
Wareneingang					
-Sachprüfung		V			
-Abnahme Lieferung / Leistung		V		I	
Abrechnung					
-Rechnungsprüfung		M		V	
-Zahlungslauf			I	V	
Controlling	I	I	V	I	

Bei der Ausgestaltung der Beschaffungsrichtlinie kommt es darauf an, die zu erledigenden Aufgaben klar zu strukturieren, inhaltlich knapp und präzise zu fassen und die Rollen der Unternehmensfunktionen eindeutig zuzuordnen. Gelingt dies, können später auf der Arbeitsebene die Abläufe zwischen den beteiligten Funktionen im Detail abgestimmt werden, um im Tagesgeschäft für eine reibungslose Operationalisierung der Richtlinie zu sorgen.

Entlang der in Abbildung 3.5 aufgeführten Prozessschritte erfolgt jetzt eine kurze Erläuterung der wichtigsten Regelungsinhalte, die in einer Beschaffungsrichtlinie zu fixieren sind:

■ **Bedarfsplanung:** Bei der Bedarfsplanung handelt es sich um die kurz-, mittel und langfristige Planung der Beschaffungsvorgänge in den Fachbereichen (z.B. 1 Jahres-/ 3 Jahres-/ 5 Jahreszyklus). Dazu ist zu erfassen, welche Beschaffungsvorgänge zu welchem Zeitpunkt konkret budgetiert werden. Neben dem Zeitpunkt ist auch die Höhe der entsprechenden Beschaffungsbudgets zu planen. Inhaltlich ist die Bedarfsplanung von den Fachbereichen verantwortlich auszugestalten. Organisatorisch kann sie in die regulären, rollierenden Projekt- und Budgetplanungen des Unternehmens integriert werden, da diese Daten dort in der Regel sowieso erforderlich sind. Die Steuerung der Planung und das Zusammenfahren der Ergebnisse sollte von der Controlling-Funktion koordiniert werden, so dass eine einheitliche Vorgehensweise in Inhalt und Zeitpunkt gewährleistet wird. Da die Controlling-Funktion der „Halter" der konsolidierten Daten ist, sollte sie auch für das Ergebnis-Reporting in Richtung Procurement verantwortlich zeichnen. Mit den Informationen der Bedarfsplanung können im Procurement dann frühzeitig Schwerpunkte zur Bündelung von Bedarfen gesetzt und Vorbereitungen für Marktaktivitäten getroffen werden. Da Bedarfe, Volumen und Bedarfszeitpunkte frühzeitig bekannt sind, kann auch die operative Zusammenarbeit mit den Fachbereichen rechtzeitig angestoßen werden. Die Bedarfsplanung des Unternehmens ist für die Procurement-Funktion somit aus strategischer Sicht von wichtiger Bedeutung und sollte daher als fixe Aufgabenstellung für Fachbereiche und Controlling in der Beschaffungsrichtlinie verankert sein.

■ **Bedarfsanforderung (BANF):** In der Operationalisierung der Bedarfsplanung kommt es zur systematischen Abarbeitung der Einzelbedarfe. Mit einer BANF meldet ein Fachbereich einen konkreten Bedarf an, der am Markt zu platzieren ist. Die BANF sollte eine kurze Beschreibung des Inhalts, den erforderlichen Zeitpunkt der Lieferung, geeignete Lieferantenvorschläge sowie das maximal vorgesehene Beschaffungsbudget beinhalten. Sofern sich eine BANF auf einen bereits durch das Procurement mit Lieferanten vereinbarten (Liefer-)Abschluss mit vertraglich fixierten Gütern und Konditionen bezieht, ist dieser mit anzugeben. Bezieht sich die BANF nicht auf einen bereitgestellten Abschluss, so hat die BANF-Meldung rechtzeitig und zeitnah zum Bekanntwerden des Bedarfs zu erfolgen. Maßgabe für die Rechtzeitigkeit ist, dass eine Marktvergabe unter Wettbewerb operativ möglich ist. Für die Meldung der BANF ist der Bedarfsträger – also der Abnehmer der Leistung – im Fachbereich verantwortlich. Die Meldung selbst sollte von ihm in Form eines Workflows gestartet werden. Die gängigen ERP-Systeme wie z.B. SAP sehen entsprechende Workflows standardmäßig vor.

■ **Bedarfsfreigabe:** Liegt eine konkrete BANF vor, ist diese im Unternehmen systematisch zu prüfen und freizugeben oder zurückzuweisen. Die Freigabe selbst sollte dabei die fachliche wie budgetmäßige Freigabe berücksichtigen.

– Die **fachliche Freigabe** kann dabei im Fachbereich selbst erfolgen, z.B. durch die Linienvorgesetzten der Anforderer. Ihre Prüfung sollte sowohl die sachliche Zweckmäßigkeit der BANF als auch eine Bestätigung der Budgetplanung aus Fachbereichssicht beinhalten.

– Nach fachlicher Freigabe hat eine ausdrückliche **Kontierungs- und Budgetprüfung** (nach Möglichkeit) außerhalb des Fachbereichs zu erfolgen. Dies kann z.B. durch das Controlling durchgeführt werden. Dabei ist zu prüfen, ob die BANF inhaltlich korrekt einem Planungsbudget zugeordnet wurde und ob das Budget in der Höhe gedeckt ist.

Erfolgt auch hier die Freigabe, kann die BANF in den weiteren Bearbeitungsablauf eingesteuert werden. Bei der Gestaltung des Freigabeprozesses ist zu empfehlen, sich an Freigabegrundsätzen zu orientieren:

– Es ist darauf zu achten, dass „Vier-Augen-Prinzip" einzuhalten. D.h., es sind mindestens zwei Personen im Genehmigungsworkflow auf Fachbereichs- wie auf Kontierungsebene vorgesehen.

– Es sollte eine angemessene Genehmigungshierarchie im Freigabe-Workflow vorgesehen werden, die der monetären Wertigkeit einer BANF gerecht wird. Hier kann wiederum mit Wertgrenzen gearbeitet werden. Ihre Ausgestaltung hängt wesentlich von Größe und Branche des spezifischen Unternehmens ab und ist durch die Geschäftsleitung festzulegen. Diese Wertgrenzen definieren den Verantwortungsrahmen der beteiligten Führungskräfte und Mitarbeiter. In großen Unternehmen der Automobilindustrie sind z.B. Wertgrenzen zur BANF-Freigabe in den folgenden Dimensionen im Praxiseinsatz: Teamleiter bis 25.000 EUR; Abteilungsleiter bis 150.000 EUR; Direktoren bis 500.000 EUR und die Geschäftsführung bei Werten von über 500.000 EUR. Hier muss jedes Unternehmen für sich die geeigneten Dimensionen finden und in der Beschaffungsrichtlinie verankern.

Beschaffung - Standard: Nach Freigabe der BANF wird diese der Procurement-Funktion übermittelt. Die Procurement-Funktion verantwortet den Gesamtprozess der Beschaffung auf den Märkten bis hin zum Vertragsschluss und dem anschließenden Dokumentenmanagement – in Aufgabenteilung und Zusammenarbeit mit den Fachbereichen. Der Beschaffungsprozess kann dabei in folgende Schritte unterteilt werden:

- **Schritt 1 – Ausschreibungsdesign:** Mit der freigegebenen BANF hat der Fachbereich der Procurement-Funktion eine präzise fachliche Beschreibung des Bedarfs für die weiteren Arbeitsschritte bereitzustellen. Auf dieser Basis legen Procurement-Funktion und Fachbereich in Abstimmung und gemeinsamer Verantwortung die Ziele des Beschaffungsvorgangs in Kosten, Qualität, Zeit und Innovationen fest.

- **Schritt 2 – Bieterkreisabstimmung:** Auf Vorschlag vom und in Abstimmung mit dem Fachbereich legt die Procurement-Funktion verantwortlich den Bieterkreis fest, der in der Lage ist, unter Wettbewerb die Ziele zu erfüllen. Sollte der Fachbereich ausdrücklich auf einen konkreten Lieferanten ohne Wettbewerb bestehen, so ist hierzu eine gesonderte Verantwortungsübernahme des Fachbereichs vorzusehen – ein sogenannter „Single-Source-Letter".

- **Schritt 3 – Anfragekoordination:** Die Procurement-Funktion steuert die Anfrage bei den Bietern ein und gestaltet den Prozess bis hin zur Angebotsabgabe. Sie ist insbesondere für die Einhaltung fairer Wettbewerbsbedingungen im Prozess zuständig. Ferner steht sie für die Beantwortung von Bieterfragen in der Angebotsphase mit kaufmännischen Inhalten zur Verfügung. Für die Beantwortung von Fragen mit fachlichen Inhalten sind die Fachbereiche verantwortlich. Die Procurement-Funktion koordiniert diesen Dialog mit den Bietern.

- **Schritt 4 – Angebotsauswertung:** Die fachliche Freigabe und Bewertung von Angeboten verantworten die Fachbereiche. Die kaufmännische Bewertung verantwortet die Procurement-Funktion. Der Prozess zur Zusammenführung der Ergebnisse zu einer integrierten Kosten-Nutzen-Bewertung der Angebote ist in der Zuständigkeit der Procurement-Funktion, in enger Abstimmung und Zusammenarbeit mit den Fachbereichen.

- **Schritt 5 – Verhandlungsvorbereitung:** Die Verhandlungsvorbereitung steht in der Verantwortung der Procurement-Funktion – in Zusammenarbeit mit Fachbereich, Controlling und Rechtsbereich.

- **Schritt 6 – Verhandlungsführung:** Die Verhandlungsführung liegt in der Verantwortung der Procurement-Funktion. In Verhandlungen arbeitet sie gezielt und bedarfsgerecht mit Fachbereichen, Controlling und Rechtsbereichen zusammen. Gegenüber den Lieferanten erfolgt der Auftritt als Team unter Führung der Procurement-Funktion.

- **Schritt 7 – Vergabeentscheidung:** Die Procurement-Funktion ist für die Vergabe des Auftrags an das wirtschaftlich beste und fachlich freigegebene Angebot verantwortlich. Sollte der Fachbereich ausdrücklich auf Vergabe an einen anderen Bieter bestehen, ist hierzu eine gesonderte Verantwortungsübernahme des Fachbereichs vorzusehen – die sogenannte „Verantwortungsübernahme für Mehrkosten". Nach der Vergabeentscheidung ist die Procurement-Funktion für die Ergebnisbewertung im Hinblick auf die Zielerreichung in den Kategorien Kosten, Qualität, Zeit und Innovationen verantwortlich. Falls erforderlich, nimmt sie die Ergebnisbewertung in der Vergabe gemeinsam mit den Fachbereichen vor, um zu schlüssigen Einschätzungen zu kommen. Die Ergebnisbewertungen werden von der Procurement-Funktion in das betriebliche Berichtswesen eingesteuert.

– **Schritt 8 – Vertragsmanagement:** Die Procurement-Funktion zeichnet für die Freigabe der kaufmännischen, die Fachbereiche für die Freigabe inhaltlicher und der Rechtsbereich für die Freigabe juristischer Vertragsinhalte verantwortlich. Dabei koordiniert die Procurement-Funktion den Prozess der Vertragserstellung und der internen Freigabe. Ferner obliegt dem Procurement der Dialog mit den Lieferanten zur externen Abstimmung der Vertragstexte. Die anschließende Zeichnung der Verträge liegt ebenfalls in Verantwortung der Procurement-Funktion. Hierbei sollten dieselben Prinzipien greifen wie im Punkt Bedarfsfreigabe beschrieben: Vier-Augen-Prinzip und Vertragszeichnung auf Basis von Wertgrenzen. Für die interne Zeichnung von Verträgen im Procurement sind in großen Unternehmen der Automobilindustrie z.B. Wertgrenzen in folgender Größenordnung in Anwendung: Sachbearbeiter bis 25.000 EUR; Teamleiter bis 500.000 EUR; Abteilungsleiter bis 1,5 Mio. EUR; Direktoren bis 2,5 Mio. EUR; Einkaufsleitung bis 15 Mio. EUR und die Geschäftsführung bei Vorgängen über 15 Mio. EUR. Auch hier gilt: Die Wertgrenzen sollten in Abhängigkeit von Branche und Unternehmensgröße angemessen gestaltet werden. Nach interner Vertragszeichnung bleibt die Procurement-Funktion auch für die Koordination der Gegenzeichnung durch die Lieferanten bis hin zur Vertragswirksamkeit verantwortlich. Nach Vertragsschluss ist die Procurement-Funktion auch für die Verteilung, Ablage und Überwachung der Vertragsdokumente an die betroffenen Stellen im Unternehmen (Fachbereich, Controlling, Rechnungswesen) zuständig. Die beschriebenen Funktionalitäten im Vertragsmanagement können in der Regel über betriebliche ERP-Systeme standardisiert gesteuert werden.

■ **Beschaffung-Abschluss:** Existiert für die freigegebene BANF ein gültiger Lieferabschluss oder eKatalog mit vertraglich fixierten Gütern und Konditionen, kann vom vorgenannten Standardprozess abgewichen werden. In diesem Fall ist nach BANF-Freigabe lediglich zu prüfen, ob der Lieferabschluss bzw. eKatalog tatsächlich Gültigkeit hat und der gemeldete Bedarf inhaltlich und nach dem Wertbetrag durch das Abschluss- oder Katalogkontingent gedeckt ist. Nach positiver Prüfung kann direkt eine Bestellung beim Lieferanten erfolgen. Dieser Vorgang wird auch häufig „Abruf" oder „Abrufbestellung" genannt. Die Prüfung und Bestellschreibung erfolgt in der Regel automatisch über ERP-Systeme – ohne „körperliche Einbindung" der Procurement-Funktion. Die Verantwortung für diesen Prozess bleibt jedoch formal bei der Procurement-Funktion, die auch nach außen als Vertragsunterzeichner auftritt. Fällt die beschriebene Prüfung einer BANF negativ aus, weil z.B. kein gültiger Abschluss existiert, wird die BANF auf Basis des oben beschriebenen Standardprozesses bearbeitet. Die Verträge zu Lieferabschlüssen und eKatalogen selbst werden auf Basis wiederholt auftretender Bedarfe, wie z.B. Standardgüter, Büromaterialien etc., gemäß dem geschilderten Standardprozess vereinbart. Der Anstoß hierzu kann von der Procurement-Funktion selbst oder von Fachbereichen ausgehen.

- **Wareneingang:** Die für den jeweiligen Wareneingang zuständigen Fachbereiche sind für die Prüfung der eingehenden Lieferungen bzw. Leistungen verantwortlich. Ihnen obliegen insbesondere die Prüfung im Hinblick auf sachliche Richtigkeit (Güter, Menge, Qualität) und die formelle Abnahme der Vertragserfüllung. Für die fachliche Freigabe empfiehlt sich ebenfalls ein Workflow-Prozess im betrieblichen ERP-System.

- **Abrechnung:** Für den Abrechnungs- und Zahlungslauf ist das betriebliche Rechnungswesen verantwortlich. Auf Basis der Verträge der Procurement-Funktion, der dokumentierten und freigegebenen Lieferungen, erfolgt eine kaufmännische Prüfung der Rechnungsdaten. Die Prüfung umfasst insbesondere die Vollständigkeit sowie die kaufmännische und rechnerische Richtigkeit der Rechnungen. Nach erfolgter Freigabe kann der Zahlungslauf angestoßen werden. Bei Unrichtigkeiten ist das Rechnungswesen für den Prozess der Rechnungskorrektur in Zusammenarbeit mit Fachbereichen, Controlling, Procurement und Lieferanten verantwortlich.

- **Controlling:** Das Controlling verantwortet die Überwachung der Budgeteinhaltung im Beschaffungsprozess. Es erfolgt somit eine Rückkopplung von Aufträgen hin zu den legitimierten BANF- Freigaben. Die Einhaltung der freigegebenen Budgets wird systematisch überwacht.

Entsprechend der Abgrenzung des Geltungsbereichs der Richtlinie kann ergänzend zu den erläuterten Standardabläufen ein ergänzender Prozess **Sonderkäufe** in die Richtlinie eingefügt werden. Hierbei empfiehlt sich folgendes Vorgehen: Die Prozessschritte Bedarfsplanung und –freigabe können wie im Standardprozess bestehen bleiben. Gleiches gilt für die Schritte Abrechnung, Wareneingang und Controlling. Die Bedarfsmeldung an den Einkauf entfällt, da dieser bei den Sonderkäufen nicht involviert wird. Die Beschaffung selbst kann ohne besondere Regeln für Wettbewerb und Verhandlung vom Fachbereich direkt vorgenommen werden. Hier ist dafür auf Mindeststandards zur Dokumentation der Sonderkäufe zu achten, so dass die für die Kontierung und Abrechnung erforderlichen Basisdaten vorliegen. Ferner ist in der Dokumentation darauf zu achten, dass die individuellen Handlungen der Fachbereiche zur Abwicklung der Sonderkäufe jederzeit nachvollziehbar und im Hinblick auf Plausibilität überprüfbar sind. Entsprechende Vorgaben sind an dieser Stelle konkret auszugestalten. Ferner empfiehlt es sich, über das Controlling alle Sonderkäufe mit Objekt, Lieferant und Auftraggeber zu erfassen und regelmäßig in einem „Sonderkaufreport" an die Geschäftsleitung und die Procurement-Funktion zu berichten. So kann auch im Bereich Sonderkäufe für Transparenz gesorgt werden.

In der Praxis ist der Gesamtprozess der Fremdversorgung (ggf. inklusive der Sonderkaufprozesse) in der Beschaffungsrichtlinie unternehmensspezifisch auszugestalten und festzulegen. Die oben aufgeführten Inhalte bilden eine gute Grundlage zur Ausformulierung eines umfassenden und dennoch effizienten Regelwerks. Damit werden die grundsätzlichen Spielregeln aller Beteiligten und ihr Zusammenwirken übergreifend festgelegt und koordiniert.

Beschaffungsrichtlinie - Inkraftsetzung und Überwachung

Die Beschaffungsrichtlinie sollte von der Geschäftsleitung des Unternehmens geprüft, freigegeben, kommuniziert und in Kraft gesetzt werden. So wird sie von Anfang an für alle sichtbar mit der erforderlichen Ernsthaftigkeit platziert.

Mit der Inkraftsetzung sollte gleichzeitig die Kommunikation und Vorgabe eines Überwachungskonzeptes einhergehen. Dazu sollten Corporate Audit bzw. die Revision ermächtigt werden, ein systematisches Auditing durchzuführen. Das Auditing sollte die Einhaltung der Beschaffungsprozesse mit allen AKV überwachen. Ein besonderes Augenmerk liegt hier insbesondere auf der ordnungsgemäßen inhaltlichen Arbeit in den Prozessen sowie der Einhaltung von Freigabeprozeduren und Wertgrenzen. Das Auditing kann durch gezielte Einzelfallprüfungen oder auch durch Bereichs-Assessments umgesetzt werden. Bei der Durchführung ihrer Aufgabe haben Corporate Audit bzw. die Revision vollständig unabhängig zu sein. Auf Basis ihrer Erkenntnisse sind Defizite aufzuzeigen und in der Geschäftsleitung Vorschläge zur Optimierung der Richtlinie und ihrer Einhaltung zu unterbreiten.

Beschaffungsrichtlinie - Format

Das Format der Beschaffungsrichtlinie sollte den unternehmensüblichen Standards für Richtlinien entsprechen. Strukturell kann innerhalb des Formats die folgende Mustergliederung Orientierung geben, die auf den besprochenen Inhalten basiert:

- Kapitel 1: Geltungsbereich

- Kapitel 2: Fremdversorgung im Unternehmen – Prozess im Überblick

- Kapitel 3: Prozessbeschreibung und AKV

- Kapitel 4: Sonderregelungen (z.B. Sonderkäufe)

- Kapitel 5: Auditing

- Kapitel 6: Inkraftsetzung

3.1.5   Lösungen: Funktionsmanagement

Die Besetzung des Top-Managements im Procurement ist eine unternehmerische Aufgabenstellung mit nachhaltiger Wirkung für die Leistungsfähigkeit der Funktion. Gerade an der Spitze der Procurement-Funktion ist die richtige Personalentscheidung für den Erfolg wichtig. Das Top-Management muss nach innen wie außen erfolgreich agieren. So sind die

Interessen des Procurement geschickt in der Geschäftsleitung wie den Märkten zu positionieren – durchsetzungsstark aber auch gleichzeitig integrativ. Ferner muss die innere Führung der Procurement-Funktion die Aufgaben auf der Arbeitsebene so steuern, dass die politische Positionierung durch gute Ergebnisse dauerhaft tragfähig ist. In Summe ist das eine sehr anspruchsvolle Aufgabe. Für den Erfolg ist dazu eine geschickte Managementhand nötig, die den richtigen Führungsmix aus Position, Integration und Steuerung findet – ganz im Sinne des Unternehmenserfolgs.

Die Methoden und Verfahren zur Auswahl von Führungspersonal sind in der einschlägigen Literatur zum Human-Ressource-Management sowie der generellen Managementlehre verankert [36][37][38] und sind nicht Gegenstand dieses Buches. Vielmehr wird an dieser Stelle auf wichtige Einzelfaktoren eingegangen, die in diesen Verfahren im Bereich Procurement eine wichtige Rolle spielen:

- Erfahrungshintergrund Fachkompetenzen

- Erfahrungshintergrund führungsmethodischer Kompetenzen

- Führungsrelevante Sozial- und Selbstkompetenzen

Faktoren der Management Besetzung - Fachkompetenzen

Um die Procurement-Funktion erfolgreich führen zu können, ist eine umfassende Erfahrung in den leistungswirtschaftlichen Prozessen des Unternehmens von großem Vorteil. Ein fachlicher Hintergrund aus den Bereichen Forschung, Entwicklung, Produktionsplanung, Produktion oder auch Absatz hilft bei einer sachgerechten Ausgestaltung der Procurement-Funktion.

Wer bereits in den leistungswirtschaftlichen Funktionen Führungsverantwortung übernommen hat, kennt ihre besonderen strategischen und operativen Herausforderungen. Dann ist klar, worauf es dort in der Praxis ankommt, welche Probleme existieren und wie die Handlungsmuster für ein erfolgreiches Management des dort so wichtigen Tagesgeschäfts aussehen. Dies gilt auch für den Bereich der Fremdversorgung in diesen Funktionen. Nur wer dort die Bedeutung der Faktoren Geschwindigkeit, Flexibilität und Zuverlässigkeit von Lieferanten selbst gespürt hat, kann den besonderen Charakter dieser Aufgabenstellung im Fachbereich nachvollziehen. Denn die Fremdversorgung kann für das Fachbereichsmanagement großen „Stress" bedeuten – hängt doch ihr eigener Erfolg wesentlich von einer guten Zusammenarbeit mit den Lieferanten ab.

Wer also im Procurement die Sichtweise der Fachbereiche kennt und die Argumentationslinien für eine erfolgreiche Beschaffung beherrscht, kann sich im Dialog mit den Fachbereichen auf eine konstruktive und zielführende Zusammenarbeit einstellen. Wenn Sprache, Denkansätze und Handlungsmuster zueinander passen, stimmt am Ende auch die „Chemie" und das erforderliche Vertrauen kann entstehen. Dies fördert unmittelbar die Akzeptanz der Procurement-Funktion und seiner Führung im Unternehmen und erlaubt einen Zugang zu den so wichtigen „informellen Netzen" im Management.

Dieser Fachbereichshintergrund braucht jedoch auch eine fachliche Abrundung aus dem Procurement selbst. Direkte Erfahrungen aus dem Einkauf oder zumindest aus einer intensiven Zusammenarbeit mit dem Einkauf sind wichtig für einen klaren Blick auf die zentrale Herausforderung der Procurement-Rolle: Dem Management des magischen Vierecks aus Kosten, Qualität, Zeit und Innovationen in den Märkten – auch unabhängig von tagesaktuellen Fachbereichsproblemen. Wenn also eine breite Kenntnis für die Problemstellungen der Fachbereiche mit einem genauen Gefühl für die Aufgaben, Prozesse und Methoden der Procurement-Funktion zusammenkommt, entsteht eine gute fachliche Basis für die Ausgestaltung und Führung.

Oder kurz gefasst: Die Procurement-Führung braucht Manager, die mit den Herausforderungen der Fachbereiche konkret etwas anfangen können, ein gutes Grundverständnis für die Procurement-Rolle und ihre Aufgaben haben und es schaffen, beide Sichtweisen in einen gleichberechtigten Interessenausgleich zu integrieren.

Faktoren der Management Besetzung - Methodenkompetenz

Zum erfolgreichen Management der Procurement-Funktion braucht es neben dem fachlichen Hintergrund auch umfassende methodische Führungskompetenzen.

In der eigenen Linie bedeutet dies die Fähigkeit, systematisch Orientierung zu geben, Verantwortung und Verbindlichkeit zu erzeugen sowie Ehrgeiz zu entfachen. Um Orientierung zu geben, haben die Procurement-Manager selbst strategisch zu handeln: So sind z.B. die Procurement-Ziele systematisch aus den Unternehmenszielen abzuleiten, Strategien zur Zielerreichung zu entwickeln und zu operationalisieren sowie die Zielerreichung konsequent zu steuern. Auf der Umsetzungsebene sind alle Organisationseinheiten und Mitarbeiter zu einer klaren Übernahme von Verantwortung für Aufgaben und Ziele zu verpflichten sowie zu einer Kultur der Verbindlichkeit zu führen. Für diese Aufgaben braucht es auf der Managementebene umfassende Methodenkompetenzen. Nur so können die strategisch gestalterischen wie auch operativ steuernden Aufgabenstellungen gezielt ausgefüllt werden.

In Richtung Unternehmen bzw. Geschäftsleitung sind politisch-methodische Kompetenzen gefordert. Es braucht Erfahrungen, um Macht- und Interessenslagen zu erkennen, Strukturen und Netzwerke zu verstehen, Allianzen zu bilden und zu beeinflussen und das Beziehungs- wie Machtgeflecht für die eigenen Interessen zu nutzen. In der Management-Besetzung kommt es daher darauf an zu hinterfragen, welche Netzwerke und machtpolitischen Erfahrungen in die Funktion eingebracht werden können.

Schaut man auf die Märkte, so braucht es auch dort Methodenkompetenzen zur Ausgestaltung eines starken Auftritts. Gruppen, Orte, Zeitpunkte und Botschaften des Auftritts in den Märkten sind gezielt zu konzipieren und zu steuern. Erneut sind vorwiegend politische Kompetenzen gefragt, allerdings an dieser Stelle mit unternehmensexternem Fokus.

In Summe ist ein umfassendes Methoden-Know-how im Management der Procurement-Funktion erforderlich: gestalterische und steuernde Kompetenzen zum Management der Linie sowie politische Methodenkompetenzen zur Interessenvertretung nach innen wie außen.

Faktoren der Management Besetzung - Sozial- und Selbstkompetenzen

Fachliche und methodische Kompetenzen erlangen in der Führungsaufgabe nur dann Durchschlagskraft, wenn sie durch den „Menschen Führungskraft" in Wirkung gebracht werden können. Hier zählt der persönliche Auftritt und wie die Führungskraft sich durch Verhalten und Wort in das Netzwerk der Kollegen, Mitarbeiter und Lieferanten einbringt. Es geht um die so genannten „Soft-Aspekte", die entscheidend für den Erfolg sind, wenn fachliche und methodische Kompetenzen als Grundvoraussetzung mitgebracht werden.

Die speziellen Anforderungen an die Sozial- und Selbstkompetenzen von Führungskräften können nicht pauschal oder allgemein formuliert werden. Sie müssen auf die spezifischen Gegebenheiten im Unternehmen, in der Procurement-Funktion und zu den Märkten passen. Dabei können je nach Situation spezifische Anforderungsprofile erstellt werden, deren Abdeckungsgrad bei den Kandidaten zu validieren ist. Anforderungsprofile können z.B. entlang der folgenden Struktur aufgestellt werden [39]:

- Anforderungen an den Auftritt und die Ausdrucksfähigkeit (Charisma, Rhetorik)

- Anforderungen an das Dialog-/Konfliktverhalten (Durchsetzungs-/Integrationsstärke)

- Anforderungen an das Sozialverhalten (Chef, Kollegen, Mitarbeiter, Lieferanten)

- Anforderungen an die intellektuellen Fähigkeiten (Analytik, Kreativität, Abstraktion)

Der Anspruch bzw. die Anforderungen an Fach-, Methoden-, Sozial- und Selbstkompetenzen im Top-Management der Procurement-Funktion müssen ein stimmiges Bild ergeben. Existiert ein entsprechend klares Bild, kann die Personalauswahl systematisch und auf Basis klarer Zielvorstellungen vorgenommen werden. Wenn dies gelingt, ist die Chance hoch, eine gute Besetzung vorzunehmen.

3.1.6   Validierung der Lösungen

Die Validierung der strukturellen Einordnung der Procurement-Funktion sollte in die generelle strategische Organisationsentwicklung des Unternehmens eingebunden werden. Hier ist im Kontext unternehmerischer Veränderungen zu hinterfragen, welche Organisationsstruktur für das Unternehmen in Zukunft die richtige ist und welche Rolle dabei die Procurement-Funktion spielen soll. Entsprechend können bei Bedarf systematisch Änderungen abgestimmt und strukturelle Veränderungen zielsicher im Unternehmen umgesetzt werden.

Beschaffungsprozesse und zugeordnete AKV sind ebenfalls systematisch zu hinterfragen. Veränderte Rahmenbedingungen des Unternehmens, neue Produkte oder auch neugestaltete Unternehmensprozesse können Veränderungen in der Aufgabe der Fremdversorgung nach sich ziehen. Diese Veränderungen sollten dann gezielt ausgestaltet und umgesetzt werden. Dazu ist es möglich, diese grundsätzliche Validierungsaufgabe mit in das reguläre Auditing der Beschaffungsrichtlinie einzubeziehen (siehe Kapitel 3.1.4).

Ob das Top-Management der Procurement-Funktion richtig besetzt ist, wird inhärenter Bestandteil des regulären Management-Assessments im Unternehmen sein. Hier wird in den regelmäßigen Gesprächen zwischen Geschäftsführung und Procurement-Leitung ein Bild darüber entwickelt, in welchem Maß die Funktion die in sie gesteckten Erwartungen erfüllt. Auf dieser Basis können dann im üblichen Rahmen Entscheidungen getroffen werden, wie die Arbeit fortgesetzt wird: in unveränderter Weise, mit neuen Zielstellungen und gleicher Besetzung oder gegebenenfalls mit neuem Führungspersonal. So wird das Top-Management regelmäßig im Hinblick auf den Erfolg belastet.

3.2 Bedarfsstrukturierung

Nach erfolgter Einordnung der Procurement-Funktion im Kräftefeld des Unternehmens, ist sie auf inhaltlicher Ebene strategisch klug auszurichten und auf ihre operativen Aufgaben vorzubereiten. Der erste Schritt liegt dabei in der Bedarfsstrukturierung. Sie gibt auf der inhaltlichen Ebene einen zentralen Ordnungsrahmen für die weitere Ausgestaltung der Procurement-Funktion vor.

3.2.1 Ziele der Bedarfsstrukturierung

Die im Unternehmen entstehenden Bedarfe sind vielfältig. So besteht das Bedarfsspektrum eines Unternehmens nicht selten aus mehreren 100.000 verschiedenen Beschaffungsobjekten, die von den Beschaffungsmärkten zu allokieren sind [18][21]. In dieser Vielfalt ist ein jederzeit bedarfsgerechtes Marktverhalten erforderlich, um im Procurement erfolgreich agieren zu können.

Abbildung 3.6 macht die Bedarfsvielfalt im Unternehmen beispielhaft deutlich und zeigt die Komplexitätsanforderungen auf, die es in der Procurement-Funktion zu beherrschen gilt:

Abbildung 3.6   Bedarfsvielfalt im Unternehmen

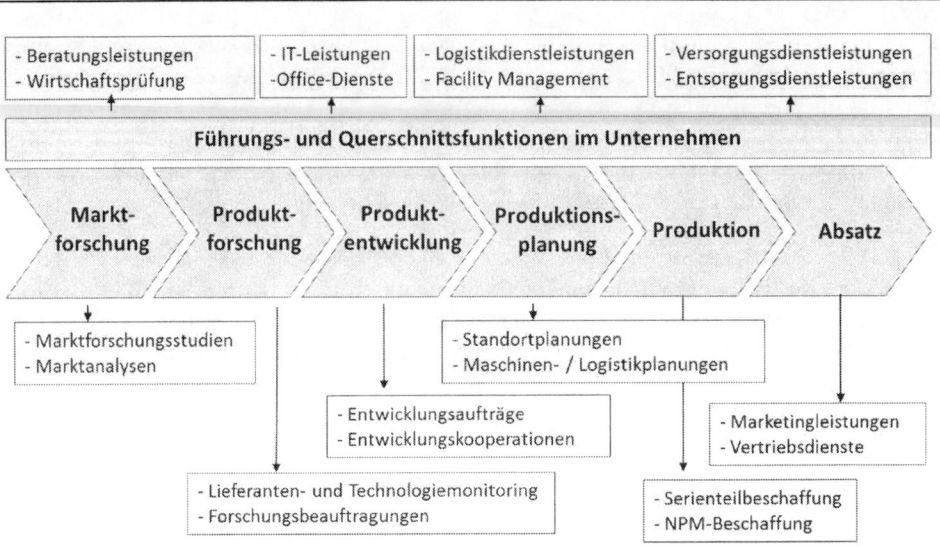

An dieser Stelle greift die Aufgabenstellung der Bedarfsstrukturierung. Um die Vielfalt der Beschaffungsobjekte sinnvoll und effektiv managen zu können, ist eine systematische Clusterung der Beschaffungsobjekte in Materialgruppen erforderlich. Einer Materialgruppe werden die Beschaffungsobjekte zugeordnet, die sich hinsichtlich ihrer Eigenschaftsausprägung ähneln [40]. Für sie können im Folgenden materialgruppenorientiert Vorgehensweisen zur Bearbeitung der spezifischen Beschaffungsmärkte entwickelt werden. Im Ergebnis haben richtig strukturierte Materialgruppen als zentrales Ordnungssystem eine erfolgreiche Ausgestaltung der strategischen wie operativen Procurement-Aufgaben zu ermöglichen [41][42]:

- ■ Materialgruppenspezifische Bedarfs-/Marktanalysen (PP03)

- ■ Materialgruppenspezifische Einordnungen im Procurement-Portfolio (PP04)

- ■ Materialgruppenspezifische Festlegung von Beschaffungszielen (PP05)

- ■ Materialgruppenspezifische Formulierung von Beschaffungsstrategien (PP06)

- ■ Materialgruppenspezifische Gestaltung des Lieferantenmanagements (PP07)

- ■ Materialgruppenorientierte Gestaltung der internen Procurement-Organisation (PP08)

- ■ Strategiekonforme Durchführung der Operations (PO01-PO08)

- ■ Materialgruppenspezifisches Controlling der Zielerreichung (PC01)

Neben diesen inhaltlichen Zielen können mit der Bedarfsstrukturierung jedoch auch politische Zielstellungen adressiert werden. Wenn die Zusammenarbeit von Procurement-Funktion und Fachbereichen funktionieren soll, ist es wichtig, dass sie ein gemeinsames Verständnis über die Bedarfe des Unternehmens haben und in abgestimmten Strukturen arbeiten: Wie sehen die benötigten Beschaffungsobjekte in den verschiedenen Fachbereichen aus? Was sollte wie und warum differenziert werden? Welche Materialgruppen werden sinnvollerweise gebildet? Welche Ziele werden dort verfolgt? Wer ist im Fachbereich bzw. Procurement wofür zuständig, und in welchen Gremien werden Beschaffungsvorhaben entschieden? Das alles sind wichtige Fragen für eine erfolgreiche Zusammenarbeit. Daher ist ein gemeinsamer Konsens zur Gestaltung und zum Management von Materialgruppen wichtig.

Im Folgenden kann die Procurement-Funktion intern ihre Strukturen und Prozesse materialgruppenspezifisch organisieren und an Fachbereiche wie Märkte anbinden. Auf der Arbeitsebene lässt sich ein regelmäßiger Dialog zwischen Fachbereich und Procurement organisieren. Oder noch besser: Die Procurement-Funktion wird materialgruppenorientiert in die Regelkommunikation der Fachbereiche eingebunden. Das sorgt für eine frühzeitige Integration der Procurement-Funktion in aktuelle Beschaffungsprojekte.

Durch das richtige Vorgehen bei der Ausgestaltung der Bedarfsstrukturen werden in Summe wichtige Stärkefaktoren der Procurement-Funktion adressiert:

Stärke der Procurement-Funktion im Unternehmen

■ SPFU05 - Procurement-Prozesse: Fachbereichs- und Materialgruppenstrukturen sind schlüssig aufeinander abgestimmt.

Stärke der Procurement-Funktion in den Märkten

■ SPFM02 – Marktbearbeitungsstruktur: Materialgruppen- und Marktstrukturen sind schlüssig aufeinander abgestimmt.

Stärke im Management der Procurement-Funktion

■ SPFP06 – Funktionsorganisation: Materialgruppenstrukturen geben ein Ordnungssystem zur Durchführung und Steuerung der Procurement-Prozesse vor.

Erst ein gutes Materialgruppensystem ermöglicht eine reibungslose Zusammenarbeit der Procurement-Funktion mit Fachbereichen und Märkten. Das wirkt sich in konkreten Projekten auch indirekt auf die Ergebnisseite aus. Bild 3.7 fasst die Ziele der Procurement-Aufgabe „Bedarfsstrukturierung" noch einmal kompakt zusammen.

Abbildung 3.7   Ziele der Aufgabe PP02 - Bedarfsstrukturierung

Aufgaben-Power-Ergebnis-Matrix (APEM)																																			
	Die Procurement-Aufgabe PP02 bewirkt jeweils Power																																Ergebnis-		
	im Unternehmen								in Märkten								in der Funktion								in den Operations								beitrag in		
Wirkung **Aufgaben**	SPFU01	SPFU02	SPFU03	SPFU04	SPFU05	SPFU06	SPFU07	SPFU08	SPFM01	SPFM02	SPFM03	SPFM04	SPFM05	SPFM06	SPFM07	SPFM08	SPFP01	SPFP02	SPFP03	SPFP04	SPFP05	SPFP06	SPFP07	SPFP08	SPFO01	SPFO02	SPFO03	SPFO04	SPFO05	SPFO06	SPFO07	SPFO08	Kosten	Qualität	Zeit	Innovation
PP02 Bedarfs-strukturen					●				●												●												■	■	■	■

3.2.2   Anforderungen an Lösungskonzepte

Für eine passgenaue Bedarfsstrukturierung sind die Materialgruppen fachlich genau zu definieren und präzise voneinander abzugrenzen. Über eine geeignete Verschlüsselungssystematik ist für eine schnelle Orientierung innerhalb der Materialgruppen zu sorgen und eine Bedarfsbündelung für die Märkte sicherzustellen. Gleichzeitig ist ein Detaillierungsgrad einzuhalten, der eine ausreichende Differenzierung der einzelnen Beschaffungsobjekte abbildet. Die in der Praxis dazu erforderliche Granularität kann nicht pauschal bestimmt werden. Vielmehr ist unternehmensspezifisch die richtige Balance zwischen Detailgenauigkeit und Überblick zu finden. Lösungskonzeptionen können dabei auf Basis drei grundsätzlicher Gestaltungsalternativen entworfen werden:

■ Nutzung von eigenentwickelten Materialgruppen

■ Nutzung von Materialgruppenstandards

■ Nutzung von hybriden Materialgruppensystemen

Bei den Lösungen kommt es darauf an, dass sie von Fachbereichen und Procurement gemeinsam getragen werden. Dazu ist es wichtig, den Prozess der Erarbeitung als eine Aufgabenstellung gleichberechtigter Partner zu gestalten. Man kann z.B. ein gemeinsames Projekt initiieren, indem auf Workshop-Basis die Materialgruppen entworfen und abgestimmt werden. Die Procurement-Funktion kann dabei neben der inhaltlichen Rolle auch Treiber, Organisator und Berichterstatter sein. Bei der Besetzung der Workshop-Teams ist darauf zu achten, dass die Procurement-Mitarbeiter so ausgewählt werden, dass sie von Anfang an in den Fachbereichen als kompetenter und sozial akzeptierter Gesprächspartner anerkannt werden.

Innerhalb der Procurement-Funktion ist zu beachten, dass es beim Design von Materialgruppen auch um Einfluss und Macht geht. Schließlich werden nicht nur Bedarfe, sondern auch die zugehörigen Umsätze gebündelt. Es entstehen aufgrund unterschiedlicher Marktsituationen attraktive oder auch weniger attraktive Materialgruppen. Bei der Ausgestaltung der Materialgruppen ist folglich darauf zu achten, dass persönliche Interessen nicht als Störfaktoren die Sacharbeit überlagern. Daher ist der Prozess der Materialgruppendefinition im Führungskreis zu beobachten. Wenn erforderlich, hat das Top-Management der Procurement-Funktion regulierend einzugreifen.

3.2.3   Lösungen: Eigenentwickelte Materialgruppenstrukturen

Um die spezifischen Anforderungen und Bedürfnisse eines Unternehmens in der Bedarfsstrukturierung vollständig abbilden zu können, sind eigenentwickelte Materialgruppen ein geeigneter Lösungsansatz. Hier kann die Clusterung der Beschaffungsobjekte, ihre Benennung und die Systematik der Verschlüsselung völlig frei gewählt werden. Dabei empfehlen sich folgende Arbeitsschritte, die im Weiteren erläutert werden:

- Grundsätzliche Differenzierung der Beschaffungsobjekte

- Materialgruppenbildung – „Produktionsmaterial"

- Materialgruppenbildung – „Nicht-Produktionsmaterial und Dienstleistungen"

- Verschlüsselung der Materialgruppen und Beschaffungsobjekte

- Integration der Materialgruppen in ERP-Systemen

Die hohe Flexibilität dieses Lösungsansatzes führt zu einer starken Akzeptanz der Strukturierung im Unternehmen. Das ist ein wesentlicher Vorteil. Nachteilig wirkt sich aus, dass externe Unternehmen und Märkte gegebenenfalls ein abweichendes Verständnis von diesen Materialgruppen haben. Dies kann zu Missverständnissen führen und macht eine Kopplung der internen Materialgruppenstruktur mit den externen gängigen Strukturen erforderlich.

Grundsätzliche Differenzierung der Beschaffungsobjekte

Um die Vielfalt der Beschaffungsobjekte managen zu können, werden sie systematisch geclustert. Die erste wesentliche Differenzierung kann dabei nach einer Zuordnung zu „Produktionsmaterialien" bzw. „Nicht-Produktionsmaterialien und Dienstleistungen" erfolgen [43][44]:

■ **Produktionsmaterialien** sind materielle Güter, die direkt in das zu produzierende Gut eingehen (z.B. Stahlbleche im Automobil) und damit inhärenter Bestandteil des zu fertigenden Produktes werden. In der Literatur werden die Produktionsmaterialien alternativ auch als „Direkte Güter" oder „Direktes Material" bezeichnet.

■ **Nicht-Produktionsmaterialien und Dienstleistungen** sind materielle Güter und Dienstleistungen, die nicht in das zu produzierende Gut eingehen (z.B. Produktionsanlagen, Energieprodukte, Rechte und Beratungsdienstleistungen). In der Literatur werden die Nicht-Produktionsmaterialien und Dienstleistungen alternativ auch als „Indirekte Güter" oder „Indirektes Material" bezeichnet.

Materialgruppenbildung - Produktionsmaterialien

Bei der Materialgruppenbildung im Produktionsmaterial kommt es wesentlich auf zwei Aspekte an:

- schnelle Orientierung im „Dschungel" der Beschaffungsobjekte
- präzise Bündelung von Beschaffungsobjekten mit ähnlichen Eigenschaftsausprägungen

Durch eine gute Orientierung soll sichergestellt werden, dass der Anwender schnell einzelne Objekte im Materialgruppensystem identifizieren kann. Nur wenn hier eine hohe Praktikabilität erreicht wird, findet das System in der Praxis Akzeptanz.

Eine geeignete Variante, diese Anforderung zu erfüllen, ist eine Anlehnung der Materialgruppenstruktur an das Produktportfolio des Unternehmens. Denn im Regelfall arbeiten Entwicklungs-, Produktions-, Vertriebs- und Einkaufsbereiche produktorientiert und finden sich auf dieser Ebene schnell zurecht.

Beim Aufbau produktorientierter Materialgruppen kann hierarchisch vorgegangen werden, z.B. nach dem Abstufungsmuster Produktgruppe, -systeme, -module und –komponenten. Dieses Abstufungsmuster lässt auf Materialgruppenebene hierarchisch organisierte Klassifizierungen zu: Sachgebiete, Hauptgruppen, Gruppen und Untergruppen. Auf der untersten Hierarchieebene, können dann die einzelnen Beschaffungsobjekte (Zukaufteile) konkret zugeordnet werden. Ein Beispiel macht in Abbildung 3.8 das Prinzip deutlich.

Abbildung 3.8   Systematik zur Bildung produktorientierter Materialgruppenstrukturen

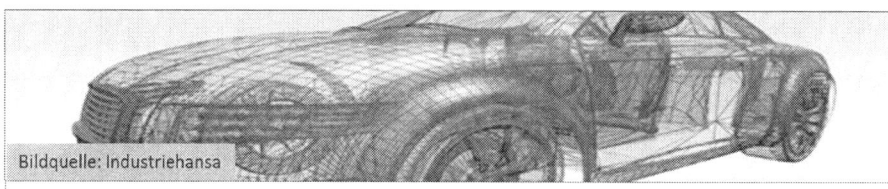

Bildquelle: Industriehansa

Beispiel für Materialgruppen-Hierarchie:

Sachgebiete: Produktionsmaterial (PKW/LKW/VANS/BUS)
Hauptgruppen: Produktsysteme (z.B. Powertrain, Karosserie, etc.)
Gruppen: Produktmodule (z.B. Motor, etc.)
Untergruppen: Produktkomponenten (z.B. Zylinder, etc.)

Beschaffungsobjekte:
Materialgruppe: Produktionsmaterial/PKW/Powertrain/Motor/Zylinder
(PMPKW-01-02-23)

Zugeordnete Sachnummern:
SN 346785678543 – Zylinder 52a
SN 596960969483 – Zylinder 52b

Wie im Beispiel dargestellt, könnten bei einem OEM (Original Equipment Manufacturer) der Automobilindustrie die Produktgruppen Pkw, Trucks, Vans und Busse als Sachgebiete differenziert werden. Dort wäre es möglich, jeweils die Produkt(teil)systeme zu differenzieren, aus denen sich die Endprodukte strukturell zusammensetzen, z.B. die Hauptgruppen Body, Powertrain, Exterieur, Interieur, Elektrik/Elektronik und Produktdokumentation. Die Produktsysteme setzten sich aus Modulen zusammen, die wiederum unterschieden werden können. So ließen sich z.B. im System Powertrain die Module Motor, Getriebe, Antriebsstrang und Fahrwerk als einzelne Gruppen abbilden. Zu den einzelnen Produktmodulen lassen sich dann die Produktkomponenten zuordnen, aus denen sich das jeweilige Modul zusammensetzt, z.B. wären die Komponenten Zylinder, Zylinderkopf und Zylinderkopfdichtungen typische Untergruppen des Moduls Motor. Auf der Komponentenebene ist es dann möglich, die einzelnen, spezifischen Bauteile zuzuordnen, also die konkreten Beschaffungsobjekte.

Geht man bei der produktorientierten Materialgruppenbildung geschickt vor, wird der zweite kritische Faktor – die Bündelung von Beschaffungsobjekten mit ähnlichen Eigenschaftsausprägungen – direkt mit erfüllt. Denn die Ausgestaltung der Komponentenebene kann so vorgenommen werden, dass sich dort gezielt die „verwandten Beschaffungsobjekte" wiederfinden. Darüber hinaus können die Beschaffungsobjekte selbst mit Attributen versehen werden, die ihre inhaltliche Ausprägung weiter abgrenzen [43]:

■ **Abnehmerspezifisches Produktionsmaterial:** Die Beschaffungsobjekte können nur vom Abnehmer verwendet werden, da sie individuell für ihn auf Basis von konkreten Vorgaben gestaltet und produziert werden, z.B. spezifische Zeichnungsteile.

■ **Anbieterspezifisches Produktionsmaterial:** Die Beschaffungsobjekte werden von einer begrenzten Anzahl von Lieferanten unter Verwendung eines spezifischen Know-hows für einen bestimmten Zweck gefertigt und können von unterschiedlichen Abnehmern verwendet werden, z.B. Standard-Elektromotoren.

■ **Unspezifisches Produktionsmaterial:** Die Beschaffungsobjekte sind standardisiert und werden auf Basis von nationalen bzw. internationalen Normen produziert und geliefert, z.B. Normteile wie Schrauben oder auch Rohstoffe.

Die geschilderte Vorgehensweise führt systematisch zu Lösungen, die einen guten Überblick über die Beschaffungsobjekte ermöglichen. Alternativ kann man sich bei der Eigenentwicklung auch an anderen Maßstäben orientieren als dem Produktportfolio, z.B. an Branchen oder Marken, bei grundsätzlich gleicher Vorgehensweise.

Materialgruppenbildung - Nicht-Produktionsmaterialien und Dienstleistungen

Auch bei Nicht-Produktionsmaterialien und Dienstleistungen kann im Prinzip analog vorgegangen werden. Jedoch sind einige Besonderheiten zu berücksichtigen. So ist in der Regel die Bandbreite der Beschaffungsobjekte noch vielfältiger als im Produktionsmaterial und Orientierungsstrukturen wie das Produktportfolio greifen nicht. Dafür kann man sich an der folgenden Orientierungsstruktur mit vier Sachgebieten anlehnen [43][45][46][270]:

Abbildung 3.9   Nicht-Produktionsmaterial und Dienstleistungen: Sachgebiete

Nicht-Produktionsmaterial und Dienstleistungen			
	Investitionsgüter	Investitionsgüter sind Einrichtungen und Anlagen, welche die technische Voraussetzung betrieblicher Leistungserstellung bilden.	Anlagevermögen, z.B. Gebäude, Maschinen, IT
	Dienstleistungen	Dienstleistungen sind nicht lagerbare, immaterielle Güter. Erzeugung und Verbrauch fallen zusammen.	z.B. Logistikleistungen, Reinigung, Beratung
	Betriebsstoffe	Betriebsstoffe sind zur Durchführung der Wertschöpfung erforderlich, gehen aber nicht in das Produkt ein.	z.B. Energie, Kühlmittel, Verpackungsmaterial
	Handelswaren	Handelswaren sind Güter, die bezogen und ohne Durchführung von Bearbeitungsprozessen weiterveräußert werden	z.B. Reparaturwerkzeug für Maschinen, Ersatzteile

Die Sachgebiete grenzen die Nicht-Produktionsmaterialien und Dienstleistungen mit grundsätzlich unterschiedlichem Charakter voneinander ab. Sie sind im Folgenden hierarchisch zu unterfüttern. Die Hauptgruppen präzisieren dabei die Sachgebiete (vgl. Abbildung 3.10). An dieser Stelle kann kein allgemeingültiger Gliederungsvorschlag gemacht werden. Vielmehr sollte man sich an den realen Bedarfen im Unternehmen orientieren und pragmatisch eine realitätsnahe Clusterung erarbeiten. Die einzelnen Hauptgruppen können dann wiederum in Gruppen und Untergruppen untergliedert und präzisiert werden.

An dieser Stelle greift eine weitere Besonderheit. Nicht-Produktionsmaterialien und Dienstleistungen sind entgegengesetzt zu den Produktionsmaterialien oft nicht unverwechselbar zu definieren. So kann beispielsweise eine strategische Beratungsdienstleistung oder die Leistung eines Projektmanagers grundsätzlich als „Beratungsleistung" umschrieben werden. Eine exakte Definition wie eine Produktionsmaterialzeichnung ist hier jedoch nicht möglich. Daher gilt es, bei der Beschreibung der Gruppen bzw. Untergruppen möglichst exakt die Abgrenzungen zu formulieren, so dass in der Praxis auftretende Bedarfe widerspruchsfrei zugeordnet werden können. Dies ist insbesondere dann wichtig, wenn zwischen inhaltlichen Abgrenzungen auch Zuständigkeitswechsel in der Procurement-Funktion verlaufen. Häufig entstehen an dieser Stelle Auseinandersetzungen, z.B. bei der Vereinnahmung attraktiver oder Abwehr unattraktiver Beschaffungsvorgänge.

Abbildung 3.10   Nicht-Produktionsmaterial und Dienstleistungen: Hauptgruppen

Nicht-Produktionsmaterial und Dienstleistungen

Investitionsgüter
- Gebäude/-einrichtungen, Infrastruktur
- Produktionsmaschinen, Anlagen, Werkzeuge
- Lager- und Transportmittel
- IT Hard- und Software, Telekommunikation

Betriebsstoffe
- Gas, Wasser, Elektrizität, Mineralöle
- Kühlmittel, Schmiermittel, sonst. Betriebsstoffe
- Verpackungsmaterialien

Handelswaren
- Ersatzteile
- Elektrotechnik, elektrische Geräte
- Büromaterialien

Dienstleistungen
- Versorgung, Entsorgung, Reinigung, Logistik
- Forschungs- und Entwicklungsleistungen
- Beratungs-, Projektmanagementleistungen

...etc., weitere Details in 4. Hierarchieebene.

Anforderungen an einen Materialgruppenschlüssel:

Schneller Überblick
über das Beschaffungsobjektspektrum eines Unternehmens

Angemessener Detaillierungsgrad
(ausreichende Differenzierung vs. Verlust des Überblicks durch zu viel Differenzierung).

Über die beschriebene Vorgehensweise können auch bei den Nicht-Produktionsmaterialien und Dienstleistungen schlüssige Materialgruppenstrukturen entwickelt werden. Folgende Beispiele verdeutlichen die Systematik:

Tabelle 3.1   Beispiele einer Materialgruppenbildung

	Nicht-Produktionsmaterial und Dienstleistungen		
Sachgebiet	Investitionsgüter	Betriebsstoffe	Dienstleistungen
Hauptgruppe	Produktionsmaschinen	Verpackungsmaterial	Beratungen
Gruppe	Roboter	Kunststoffe	Strategieberatungen
Untergruppe	Schweißroboter	Folien	Marktgestaltung

Verschlüsselung von Materialgruppen und Beschaffungsobjekten

Soll im Unternehmen mit Materialgruppen effizient gearbeitet werden, ist ein Verschlüsse-
lungssystem erforderlich, das die Klassifizierungshierarchie der Materialgruppen abbildet
und Beschaffungsobjekte eindeutig identifiziert.

Abbildung 3.11   Verschlüsselung von Materialgruppen und Beschaffungsobjekten

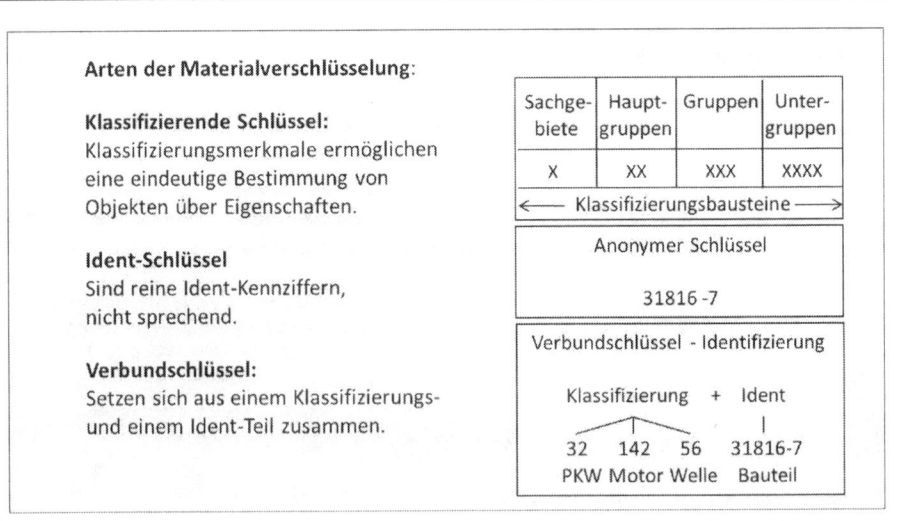

Zur Verschlüsselung der Materialgruppenhierarchie eignen sich klassifizierende Schlüssel.
Sie ermöglichen eine eindeutige Zuordnung von Beschaffungsobjekten zu Materialgrup-

pen. Grundsätzlich können klassifizierende Schlüssel über beliebig viele Klassifizierungshierarchien abgestuft werden. Im Procurement sind jedoch Schlüssel mit drei bzw. vier Hierarchiestufen eine gängige Variante. Die Beschaffungsobjekte selbst können über Ident-Schlüssel bestimmt werden. Sie setzen sich aus Buchstaben-, Ziffern- oder Buchstaben-Ziffern-Folgen zusammen, die eindeutig vergeben werden. D.h., einem Ident-Schlüssel wird jeweils nur ein Beschaffungsobjekt zugewiesen. Durch die Zuweisung eines Ident- zu einem Klassifizierungsschlüssel entstehen Verbundschlüssel. Sie identifizieren ein Beschaffungsobjekt und ordnen es gleichzeitig einer Materialgruppe zu. Kann ein Beschaffungsobjekt mehreren Materialgruppen zugeordnet werden, entstehen mehrere Verbundschlüssel, die auf ein Objekt verweisen.

Integration der Verschlüsselung in ERP-Systeme

In der Regel haben ERP-Systeme umfassende Funktionen zur systematischen Gestaltung und Abbildung von Schlüsselsystemen. Die Logik klassifizierender Schlüssel kann dabei frei definiert werden, oder man greift auf Standardschlüssel (siehe Kapitel 3.2.4) zurück. Die Vergabe von Ident-Schlüsseln bzw. von Schlüsselvorschlägen erfolgt üblicherweise automatisch, gegebenenfalls auf Basis vorgegebener Grundmuster.

Die Integration der Materialgruppenschlüssel in ERP-Systeme ist eine wichtige Voraussetzung für die weitere Arbeit im Procurement. Auf Basis der Schlüsselsysteme können umfangreiche Analysen durchgeführt werden, wie z.B. zu Umsätzen, Märkten und Lieferanten. Bündelungspotenziale im Unternehmen werden sichtbar.

Bei der Zusammenarbeit mit den Märkten ist die ERP-Schlüsselintegration wichtig, um Daten und Informationen gezielt austauschen zu können. Werden Standardschlüssel verwendet, kommuniziert das Unternehmen mit den Märkten quasi in einer abgestimmten Sprache. Da bei eigenentwickelten Materialgruppen massive Abweichungen zu Standardschlüsseln die Regel sind, ist ein Matching mit den Standards notwendig. Dazu können z.B. Referenztabellen eingesetzt werden, die interne wie externe Strukturalternativen synchronisieren.

3.2.4   Lösungen: Materialgruppenstandards

Als Alternative zur Eigenentwicklung können auch Materialgruppenstandards genutzt werden. Zu diesem Zweck sind von übergreifenden Institutionen verschiedene Verschlüsselungen entwickelt worden. Der wesentliche Vorteil der Standardschlüssel liegt in einer unternehmensübergreifenden Anwendung, einem gemeinsamen Verständnis bezgl. der Materialgruppen sowie höherer Geschwindigkeit und Fehlerfreiheit in der Zusammenarbeit von Unternehmen. Dazu kommt eine zentral gesteuerte Pflege des Schlüsselsystems, so dass Veränderungen im Unternehmen lediglich übernommen werden müssen. Nachteilig ist, dass Standards in der Regel nur zu einem gewissen Teil auf die Besonderheiten eines spezifischen Unternehmens abgestimmt sind. Dies kann insbesondere zu internen

Akzeptanzproblemen führen. An dieser Stelle werden beispielhaft die Standardschlüsselsysteme eCl@ss und UNSPSC kurz vorgestellt [42].

eCl@ss

Der eCl@ss-Schlüssel ist ein offener, branchenübergreifender Schlüssel zur Klassifizierung von Warengruppen. Träger ist der eCl@ass e.V., eine Non-Profit-Organisation, in der verschiedenste Branchen und Institutionen der Wirtschaft vertreten sind und die mit dem Bundesministerium für Wirtschaft und Technologie kooperieren. Entsprechend breit ist der Schlüssel aufgebaut. Hierarchisch setzt sich der eCl@ss-Schlüssel aus vier Hierarchieebenen zusammen: Sachgebieten (26), Hauptgruppen (564), Gruppen (4.982) und Untergruppen (27.952). Den Untergruppen sind zu einem großen Teil Schlagworte (>50.000) zugeordnet, so dass auch über Begriffe (z.B. „Schraube") im Schlüssel gesucht und navigiert werden kann. Ferner können auf der Ebene der Untergruppen einzelne Beschaffungsobjekte genau zugeordnet und spezifiziert werden. Dazu stehen in mehr als 50% der Untergruppen Merkmalslisten bereit, mit denen Beschaffungsobjekte einer Untergruppe genau voneinander abgegrenzt werden können. Ein Beispiel:

So könnte unter dem Schlagwort „Kreuzschlitzschraube" die eCl@ss-Materialgruppe „23-11-01-02 Schraube, flach aufliegend, Innenantrieb" identifiziert und einzelne Schraubentypen zugeordnet werden. Dazu könnte die dieser eCl@ss-Untergruppe unterlegte Merkmalsliste genutzt werden, um z.B. folgende Merkmale zuzuordnen: Artikelbezeichnung, Hersteller-Name, Hersteller-Artikelnummer, Gewindeausführung, Gewindegröße, Gewindelänge, Gewindeinnendurchmesser, Gewinderichtung und Gewindesteigung. Der eCl@ass-Schlüssel ist unter www.eclass.de ausführlich dokumentiert und online in mehreren Sprachen verfügbar [42].

UNSPSC - United Nations Standard Products and Services Code

Der UNSPSC-Schlüssel der Vereinten Nationen zur Klassifizierung eines Warengruppenstandards ist ebenfalls als branchenübergreifender Code konzipiert. Er ist öffentlich zugänglich und neben Englisch in verschiedenen Sprachen verfügbar, so auch in Deutsch. Der Schlüssel ist streng hierarchisch in vier Stufen aufgebaut: Segmente, Familien, Klassen, Commodities. Die Segmente geben grundsätzliche Orientierung im Schlüssel: Raw Materials, Industrial Equipment, Components & Supplies, End-Use-Products und Services. Die Segmente sind mit mehreren Hundert Familien, über 2.000 Klassen und mehr als 18.000 Commodities untersetzt. Die Dokumentation findet sich unter www.unspsc.org [42].

Weitere Standardschlüsselsysteme

Da sich das Grundsystem bei den verschiedenen Standardschlüsseln sehr ähnelt, wird an dieser Stelle auf eine weitere Detailerläuterung anderer Schlüssel verzichtet. Die Inhalte und Strukturen dieser Schlüssel sind im Internet zugänglich und dokumentiert. Daher erfolgt an dieser Stelle lediglich ein Verweis auf weitere Standards [42]:

- proficl@ss – branchenübergreifender Code mit Schwerpunkt Bau (www.proficlass.de)

- ETIM – Code der Elektrobranche (www.etim.de)

- NCS – Nato Code (www.nato.int)

- NIGP – Code amerikanischer Behörden (www.nigp.com)

- CPV – Code europäischer Behörden (www.simap.europa.eu)

3.2.5   Lösungen: Hybride Materialgruppensysteme

Reflektiert man die Nutzung eigenentwickelter Materialgruppen bzw. den Einsatz von Standardschlüsseln, sind beide Varianten mit Vor- und Nachteilen verbunden. Während bei der eigenentwickelten Variante eine hohe Flexibilität und die Erfüllung unternehmensspezifischer Anforderungen für eine hohe Akzeptanz im Unternehmen stehen, ist die Entwicklung mit einem erheblichen Arbeits- und Pflegeaufwand verbunden. Ferner wird die Kommunikation mit externen Organisationen schwieriger. Standardschlüsselsysteme bestechen durch ihre Einheitlichkeit, geringen Pflegeaufwand und durch eine gute Kommunikationsbasis nach außen. Dafür sind sie oft nicht in den Denk- und Handlungsmustern des eigenen Unternehmens konstruiert und stoßen auf Akzeptanzprobleme.

In hybriden Lösungskonzepten können die Vorteile beider Grundvarianten miteinander vernetzt und die Nachteile gedämpft werden. So ist es zum Beispiel möglich, in den Bereichen Materialgruppen selbst zu entwickeln, wo besondere Unternehmensspezifika auftreten: Bedarfe, die eine große wirtschaftliche Bedeutung haben oder wo man bewusst einen eigenen Blick auf die Strukturierung von Beschaffungsobjekten legen will. Für andere Beschaffungsbereiche, könnte auf Standardschlüssel zurückgegriffen werden. Hier können zum Beispiel Standardgüter wie Office-Equipment, Normteile oder auch Güter des Facility-Managements genannt werden. Durch eine geeignete Kombination von Unternehmensspezifika einerseits und Industriestandards andererseits kann für Akzeptanz gesorgt und der Aufwand begrenzt werden.

3.2.6   Validierung der Lösungen

Am Ende der Aufgabe „PP02 Bedarfsstrukturierung" muss ein schlüssiges Materialgruppensystem stehen. Nach innen hat es die Anforderungen an einen kompakten Überblick über die Beschaffungsobjekte, eine bedarfsgerechte Detailabstufung und eine zielgenaue Bündelungsfunktion zu erfüllen. Nach außen ist dafür zu sorgen, dass eine reibungslose, schnelle und fehlerfreie Kommunikation mit den Märkten zu den benötigten Beschaffungsobjekten erfolgt. Da sich Bedarfe kontinuierlich verändern, zum Beispiel durch neue Produkte, Technologien oder auch Unternehmensstrukturen, ist das Materialgruppensystem in regelmäßigen Abständen auf den Prüfstand zu stellen. Neben den Bedarfsänderungen sollten auch „Störungen" in der Anwendung erfasst und in den Anpassungsprozess eingesteuert werden. Auf dieser Basis kann ein jährlicher Anpassungsprozess angestoßen und durch die Procurement-Funktion koordiniert wie umgesetzt werden.

3.3   Bedarfs- und Marktanalysen

Für eine erfolgreiche Marktbearbeitung kommt es darauf an, Bedarfe und Märkte richtig einzuschätzen [47]. Dazu braucht die Procurement-Funktion als Handlungsgrundlage eine fundierte Faktenanalyse.

3.3.1   Ziele der Bedarfs- und Marktanalysen

Mit Bedarfs- und Marktanalysen soll auf Materialgruppenebene eine valide Bewertung der eigenen Position in den Beschaffungsmärkten ermöglicht werden. Inhaltlich benötigt man dazu im ersten Schritt einen strukturierten Blick auf das eigene Unternehmen. Es ist ein belastbares Gefühl dafür zu entwickeln, mit welcher Nachfragemacht man in den Märkten agieren kann. Die Stärke der eigenen Position wird in den Beschaffungsmärkten jedoch nicht nur durch die Nachfragemacht bestimmt. Sie steht auch im Spannungsverhältnis zum Angebot der Märkte. Daher ist im zweiten Schritt auch die Angebotsmacht der Lieferanten zu bewerten. Im Ergebnis der Analysen muss eine systematische Einschätzung des Kräftespiels zwischen Abnehmern und Lieferanten stehen. Damit werden an dieser Stelle die folgenden Stärkefaktoren der Procurement-Funktion angesprochen:

Stärke der Procurement-Funktion im Unternehmen

■ SPFU03 – Procurement-Ziele: Ziele basieren auf Bedarfs- und Marktfakten.

■ SPFU04 – Procurement-Strategie: Strategien basieren auf Bedarfs- und Marktfakten.

Stärke der Procurement-Funktion in den Märkten

■ SPFM03 – Marktproduktkenntnisse: Die Einkäufer kennen ihre Beschaffungsobjekte.

■ SPFM04 – Marktlieferantenkenntnisse: Die Einkäufer kennen ihre Beschaffungsmärkte.

Mit einer fundierten Einschätzung der Märkte können in Ausschreibungen Zeitvorteile realisiert werden, da alle erforderlichen Informationen für die Marktbearbeitung bereit stehen. Ergänzend sind auch indirekte Einflüsse auf die Faktoren Kosten, Qualität und Innovationen möglich, da die Markttransparenz auch diese Erfolgsfaktoren professioneller Vergaben unterstützt.

Abbildung 3.12 Ziele der Aufgabe PP03 - Bedarfs-/Marktanalysen

Aufgaben-Power-Ergebnis-Matrix (APEM)

Die Procurement-Aufgabe PP03 bewirkt jeweils Power

Wirkung / Aufgaben	im Unternehmen							
	SPFU01	SPFU02	SPFU03	SPFU04	SPFU05	SPFU06	SPFU07	SPFU08
PP03 Bedarfs- und Marktanalyen			●	●				

Wirkung / Aufgaben	in Märkten							
	SPFM01	SPFM02	SPFM03	SPFM04	SPFM05	SPFM06	SPFM07	SPFM08
PP03 Bedarfs- und Marktanalyen			●	●				

Wirkung / Aufgaben	in der Funktion						
	SPFP01	SPFP02	SPFP03	SPFP04	SPFP05	SPFP06	SPFP07
PP03 Bedarfs- und Marktanalyen							

Wirkung / Aufgaben	in den Operations							
	SPFO01	SPFO02	SPFO03	SPFO04	SPFO05	SPFO06	SPFO07	SPFO08
PP03 Bedarfs- und Marktanalyen								

Wirkung / Aufgaben	Ergebnisbeitrag in			
	Kosten	Qualität	Zeit	Innovation
PP03 Bedarfs- und Marktanalyen	░	░	■	░

3.3.2 Anforderungen an Lösungskonzepte

Damit die Bedarfs- und Marktanalysen eine valide Einschätzung der eigenen Stärke ermöglichen, haben die Analysekonzepte spezifische Anforderungen zu erfüllen. Auf der fachlichen Ebene sind zunächst die für die Analysen bereitstehenden Datenquellen zu identifizieren, zu bewerten und auszuwählen. Da eine breite Datenbasis eine „unendliche Vielfalt" von Analysemöglichkeiten eröffnet, gilt es sich auf die Quellen zu fokussieren, die für eine Bewertung der Nachfrage- und Angebotsmacht wirklich wesentlich sind.

Auf Basis einer präzisen Datenbasis ist dann zu entscheiden, welche inhaltlichen Auswertungen konkret durchgeführt werden sollen. Betrachtet man die Nachfragemacht, so sind markt- wie objektbezogene Analysen erforderlich. Bei der marktbezogenen Nachfragemacht geht es um die Bewertung der grundsätzlichen Marktstärke des Unternehmens. Hier kommt es insbesondere auf den eigenen Anteil am Nachfragemarkt und die Attraktivität der Vergabepakete an. Die marktbezogene Nachfragemacht steht im engen Kontext zur objektbezogenen Nachfragemacht. Hier wird differenziert, wie flexibel man auf den Beschaffungsmärkten agieren kann, z.B. durch die Möglichkeit inhaltlicher Variationen von Beschaffungsobjekten oder aber auch deren Substitution. Sind Materialien oder Zukaufteile flexibel austauschbar, so macht dies das eigene Unternehmen auf dem Markt unabhängig. Für eine Bewertung der korrespondierenden Angebotsmacht der Lieferanten sind ebenfalls spezifische markt- und objektbezogene Analysen notwendig. So spielen grundsätzlich Konjunktur und Wettbewerb auf der Marktseite eine wesentliche Rolle für die Lieferantenstärke. Objektbezogen führen z.B. Patente zur Exklusivität und damit zur Angebotsmacht der Lieferanten.

Die für eine Einordnung der betrieblichen Nachfrage- bzw. Angebotsmacht erforderlichen Analysen sind mit Bewertungsmaßstäben zu hinterlegen, um die Auswertungsergebnisse später operationalisieren zu können. Im Kern geht es also bei der Ausgestaltung der Bedarfs- und Marktanalysen um folgende Lösungsansätze:

- ■ Auswahl und Abgrenzung der Daten-/Datenquellen für Bedarfs- und Marktanalysen
- ■ Festlegung des Analysespektrums zur Bewertung der Unternehmens-Nachfragemacht
- ■ Festlegung des Analysespektrums zur Bewertung der Lieferanten-Angebotsmacht
- ■ Operationalisierung der Analysen

Um die aufgezeigten Lösungsansätze erfolgreich ausgestalten und umsetzen zu können, kommt es auch an dieser Stelle wieder darauf an, das richtige Personal einzusetzen. So braucht es bei der Auswahl von sinnvollen Quellen, Analyseschwerpunkten und bei der Interpretation von Ergebnissen auf der Procurement-Seite Personen mit ausgeprägtem inhaltlichen Sachverstand, die mit den Fachbereichskollegen auf Augenhöhe eine gemeinsame Bewertung von Analysegrundlagen und Analyseergebnissen vornehmen können. Analytik einerseits und Sozialkompetenz andererseits zur Vernetzung unterschiedlicher Sichtweisen sind hier besonders gefordert. Die Durchführung der Informationsauswertungen – also die Datenrecherche und -verarbeitung – braucht umfassende Kompetenzen in analysemethodischer Hinsicht wie auch in der Bewertung von Analyseergebnissen, insbesondere unter dem Blickwinkel der Datenqualität. Nur so kann sichergestellt werden, dass aus der Informationsbasis wirklich belastbare Bewertungen und Schlussfolgerungen abgeleitet werden.

3.3.3   Lösungen: Daten und Datenquellen

Als Grundlage zur Durchführung von Analysen ist eine geeignete Datenbasis festzulegen. Grundsätzlich können dabei unternehmensinterne wie –externe Daten unterschieden werden, die jeweils in quantitative wie qualitative Daten zu differenzieren sind. Eine allgemeingültige Datenbasis für Bedarfs- und Marktanalysen kann in diesem Buch nicht bestimmt werden, da sowohl die erforderlichen Daten wie auch die verfügbaren Datenquellen in den Betrieben unternehmensspezifisch ausgeprägt sind. Daher werden an dieser Stelle ausgewählte Datentypen und Datenquellen vorgestellt, die in der Praxis eine wichtige Rolle spielen und unternehmensspezifisch präzisiert werden können.

Ausgewählte unternehmensinterne Daten - quantitativ

Im Fokus stehen an dieser Stelle sowohl vergangenheitsbasierte als auch zukunftsorientierte Daten zu den Beschaffungsaktivitäten des Unternehmens. In den ERP-Systemen finden sich in der Regel alle erforderlichen Informationen zu bereits durchgeführten Beschaffungstransaktionen. Für jede Transaktion wären folgende Hauptdaten abgreifbar: Bestellnummer, Einkäufer, Bedarfsanforderer, Materialgruppe, Beschaffungsobjekt, Lieferant, Bestellwert, Bestelldatum, Vertragskonditionen, Rechnungsdatum und Abrechnungswert. Ferner können aus den Planungsdaten des Unternehmens zukünftige Beschaffungsprojekte auf Materialgruppenebene mit Bedarfsträgern, Projekt-Budgetierung, Terminierung und ggf. Plan-Lieferanten herausgefiltert werden. Auf dieser Datenbasis lässt sich für die Vergangenheit ein präzises Bild der Beschaffungslandschaft zeichnen und für die anstehenden Planungsperioden Beschaffungsschwerpunkte herausfiltern.

Ausgewählte unternehmensinterne Daten - qualitativ

Neben den quantitativen Daten liegen im Unternehmen normalerweise auch qualitative Erfahrungen und Informationen zur Leistungsbewertung der Lieferanten vor. Dabei sind insbesondere die folgenden Aspekte hervorzuheben: Qualität der Leistungserbringung; Innovationsfähigkeit der Lieferanten; Termintreue und Serviceverhalten der Lieferanten. Wird die Leistungsfähigkeit der Lieferanten bereits systematisch im Rahmen eines professionellen Lieferantenmanagements bewertet, so sind in der Regel dann auch quantitative Werte vorhanden, die z.B. über Scoring-Verfahren ermittelt werden (siehe Kapitel 3.7 – PP07 Lieferantenmanagement). Diese Daten sollten dann in den ERP-Systemen für einen Abruf zur Verfügung stehen. Wird noch kein professionelles Lieferantenmanagement umgesetzt, so sind die Erfahrungen zur Lieferantenleistung dennoch vorhanden. Sie müssten in einem strukturierten Dialog mit den Fachbereichen erfasst und bewertet werden.

Darüber hinaus sind für eine Bewertung zukünftiger Herausforderungen auch unternehmensinterne Daten zur Entwicklung des Bedarfsspektrums für das Procurement wichtig. Informationen zu Trends in Technologien, Märkten und logistischen wie qualitativen Anforderungen sind hier besonders zu nennen. Diese Daten sind häufig in den Funktionalstrategien des Unternehmens verankert, wie z.B. den Marktstrategien, den Produktstrategien oder auch den Technologiestrategien. Ist die Procurement-Funktion mit ihrer Rolle gut im Unternehmen verzahnt, so ist sie auch informativ/inhaltlich in die Erstellung dieser Funktionalstrategien eingebunden oder zumindest über die Inhalte informiert – und hat somit auch einen Zugriff auf diese Datenquellen.

Ausgewählte unternehmensexterne Daten - quantitativ

Der Umfang an quantitativen Daten zur Analyse von Konjunktur, Branchen, Märkten, Unternehmen und Produkten ist groß. Daher sollen an dieser Stelle ausgewählte wichtige Datentypen und -quellen kurz vorgestellt werden. Da sind zum einen übergreifende Daten zur Beschreibung wichtiger Megatrends, wie z.B. zu den Faktoren Wachstum, Preisentwicklung, Beschäftigung oder auch branchenspezifischen Besonderheiten. Verlässliche Quellen hierzu stellen beispielsweise die Statistikbehörde der EU (EUROSTAT) und das

Statistische Bundesamt (DESTATIS) dar [48][49]. Ergänzend hierzu können die Datenbanken der Wirtschaftsverbände wie z.B. die des Bundesverbands der Deutschen Industrie e.V. genutzt werden [50]. Ferner stehen eine Vielzahl von kommerziellen Unternehmens-, Markt- und Branchendatenbanken zur Verfügung, die präzise Informationen zu einzelnen Unternehmen zur Verfügung stellen [51]-[54].

Abbildung 3.13   Ausgewählte externe Datenquellen im Internet

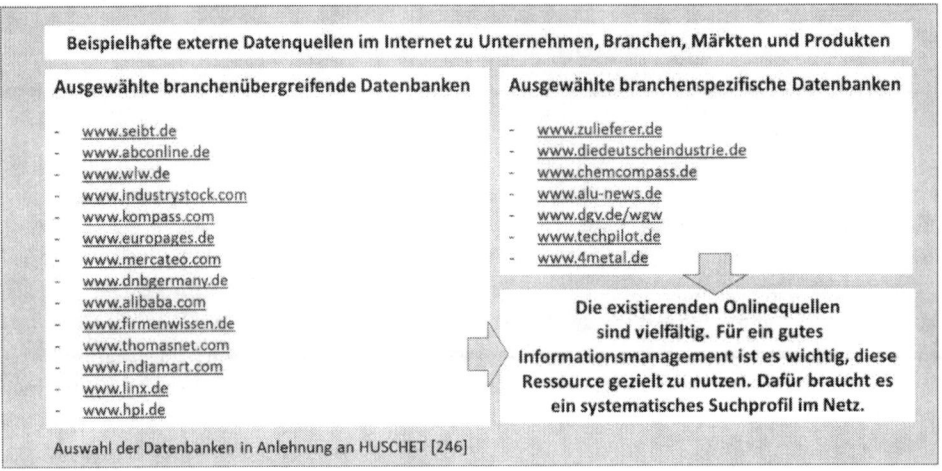

Ausgewählte unternehmensexterne Daten - qualitativ

Für die Bewertung der inhaltlichen Leistungsfähigkeit von Lieferanten und der Entwicklung von Märkten und Technologien sind weitere externe Informationen wichtig, die technologische Trends widerspiegeln und eine Identifizierung der „Know-how-Führer" ermöglichen. Dazu gibt es noch eine Vielzahl weiterer Quellen, wie z.B.:

■ Studien, Berichte, Veröffentlichungen von Wissenschaft, Verbänden und Unternehmen

■ Artikel, Aufsätze in Fachzeitschriften und der Wirtschaftspresse

■ Vorträge und Paper auf Fachkonferenzen, Symposien und Fachmessen

■ Diskussionsforen und Veranstaltungen von Berufs- und Wirtschaftsverbänden

■ Internetportale von Unternehmen, Verbänden, Instituten

Auch diese Quellen sind systematisch dahingehend zu untersuchen, ob es auf Material-gruppenebene wichtige Informationen gibt, die bei der Bewertung der heutigen wie zu-künftigen Nachfrage- bzw. Angebotsmacht von Abnehmern und Lieferanten eine Rolle spielen. Wie in Abbildung 3.14 dargestellt, ergibt sich in Summe ein breites Spektrum externer wie interner Daten und Datenquellen:

Abbildung 3.14 Datenbasis der Bedarfs- und Marktanalyse

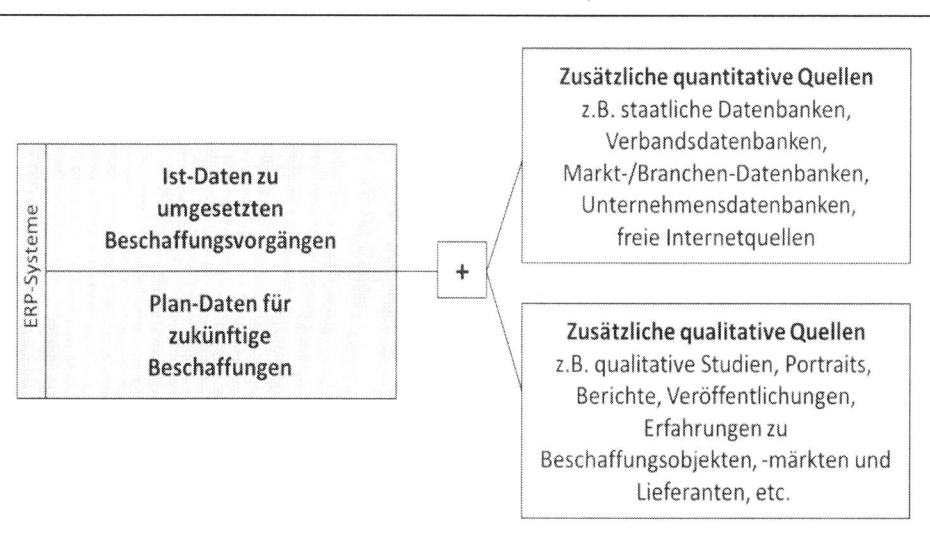

3.3.4 Lösungen: Nachfragemacht des Unternehmens

Der richtigen Einschätzung der Nachfragemacht des Unternehmens kommt im Procure-ment eine Schlüsselbedeutung zu. Denn das Wissen um die eigene Nachfragemacht ist einer der zentralen Einflussfaktoren zur Gestaltung und Umsetzung von Beschaffungsstra-tegien. Wie gehen wir als Unternehmen in die Märkte: durchsetzungsorientiert und dispo-sitiv, gleichberechtigt kooperativ oder vielleicht defensiv? Nur bedarfsgerechte Strategien sind in der Praxis erfolgreich – und dazu braucht es einen realistischen Blick für die eigene Stärke, in jeder Materialgruppe.

Kann man aber Nachfragemacht exakt bestimmen? Gibt es hier einen mathematischen Algorithmus? Nein. Hier braucht es eine Kopplung aus Erfahrung der handelnden Perso-nen und eine gute Faktenbasis. Kommt beides zusammen, kann eine valide Einschätzung über die eigene Stärke entwickelt werden – systematisch und gelenkt, nicht zufällig. Eine Einschätzung mit einer guten Chance auf Belastbarkeit in den Märkten, jedoch ohne hundertprozentige Sicherheit. Fehleinschätzungen lassen sich nicht vollkommen ausschließen, aber ihr Eintrittsrisiko kann durch strukturiertes Vorgehen gedämpft werden.

Wie kann aber eine Einschätzung der Nachfragemacht konkret vorgenommen werden? Die Faktoren, die Nachfragemacht determinieren, sind so vielfältig, dass sie nicht alle berücksichtigt werden können. Es gibt also nicht „die objektiv richtige" oder „die abschlie-ßende" Analyse. Der Schlüssel liegt in der Fokussierung auf die richtigen Analysefragen und in einer durch breites wie tiefes Erfahrungswissen getragenen Interpretation der Ana-lyseergebnisse. Wichtige Analysefragen zur Nachfragemacht können dabei aus zwei grundsätzlichen Richtungen gestellt werden:

- Analysefragen zur Bewertung der marktorientierten Nachfragemacht
- Analysefragen zur Bewertung der objektorientierten Nachfragemacht

Analysefragen zur marktorientierten Nachfragemacht: Generelle Marktstärke

Der erste Blick richtet sich auf die generelle Marktstärke des Unternehmens. Dazu wird hinterfragt, wie hoch das per anno vom Unternehmen auf den Märkten platzierte Auf-tragsvolumen in der analysierten Materialgruppe ist. Dieses Auftragsvolumen wird in das Verhältnis zum gesamten Markvolumen gesetzt. Dieses Verhältnis spiegelt den Marktan-teil des Unternehmens im Nachfragemarkt wider. Je höher dieser Anteil ist, desto höher ist auch die Nachfragemacht. Je größer dabei der Gesamtmarkt, umso gewichtiger kann die eigene Marktstärke eingestuft werden, da die Attraktivität des Geschäfts auch mit dem Gesamtvolumen ansteigt. Neben diesem aktuellen „Blitzlicht" des Marktanteils sind auch die Entwicklungen von Marktanteil und Marktvolumen zu betrachten. Sie können die Einschätzung der eigenen Marktstärke auf Basis der aktuellen Marktanteile verstärken oder auch dämpfen.

Auch wenn an dieser Stelle konkrete Zahlen berechnet und Trends belegt werden können, empfiehlt es sich nicht, daraus auch die generelle Marktstärke in Form einer Kennzahl mathematisch abzuleiten. Ein Algorithmus auf Basis monetärer Faktoren würde eine Exaktheit widerspiegeln, die es in den meisten Fällen in der Wirklichkeit nicht gibt. Er würde darüber hinaus die psychologischen Aspekte der Marktbewertung vernachlässigen – nämlich dass Marktstärke eben auch eine individuelle Wahrnehmung ist. Daher ist zur Einschätzung der Marktstärke eine Experten-Interpretation der Zahlen, Daten und Fakten erforderlich, gekoppelt mit einem Bewertungsmaßstab, der leicht verständlich ist und die möglichen Kernbotschaften der Analyse anschaulich wiedergibt.

Zur Umsetzung können zum Beispiel Scoring-Modelle verwendet werden, die von 1 – 5 eine abstrakte, aber dennoch strukturierte Differenzierung der Marktstärkenbewertung erlauben:

- 1 – Keine Wahrnehmung des Unternehmens in den Märkten

- 2 – Wahrnehmung der Unternehmensexistenz in den Märkten

- 3 – Wahrnehmung des Unternehmens als marktbedeutende Kraft

- 4 – Wahrnehmung des Unternehmens als marktführende Kraft

- 5 – Wahrnehmung des Unternehmens als marktbeherrschende Kraft

Auf diese Weise wird einerseits durch Abstraktion eine „mathematische Entschärfung" der Bewertung bewirkt und andererseits eine „valide Richtungsdeutung" der Sachlage ermöglicht. Dem vorgestellten Prinzip der „scharfen Unschärfe" folgen auch die weiteren Analysen und Bewertungen.

Analysefragen zur marktorientierten Nachfragemacht: Auftragsattraktivität

Neben der generellen Markstärke ist für die Nachfragemacht auch die Attraktivität der spezifischen Aufträge von wichtiger Bedeutung. Sie hängt sowohl von der inhaltlichen Attraktivität der Beschaffungsobjekte als auch von der Auftragswertigkeit ab.

Hier wird zunächst der Aspekt der Wertigkeit näher beleuchtet, der über die Durchführung einer ABC/XYZ-Analyse bewertet werden kann. Bei der ABC-Teilanalyse erfolgt zunächst eine systematische Bewertung der in einer Materialgruppe vorliegenden Auftragsvolumina:

- A-Materialen: sehr hochwertig

- B-Materialen: mittlere Wertigkeit

- C-Materialen: niedrige Wertigkeit

Darauf aufbauend wird in einer XYZ-Teilanalyse die Auftragsfrequenz beurteilt, also die Regelmäßigkeit ihrer Beauftragung.

- X-Materialen: Hohe Frequenz und hohe Vorhersagegenauigkeit

- Y-Materialien: Mittlere Frequenz und mittlere Vorhersagegenauigkeit

- Z-Materialien: Sporadische Bedarfe mit geringer Vorhersagegenauigkeit

Auftragswert und –frequenz ermöglichen die Zuordnung einer Materialgruppe im ABC/XYZ-Portfolio (siehe Abbildung 3.15):

Abbildung 3.15   ABC/XYZ-Analyse: Auftragsattraktivität von Materialgruppen

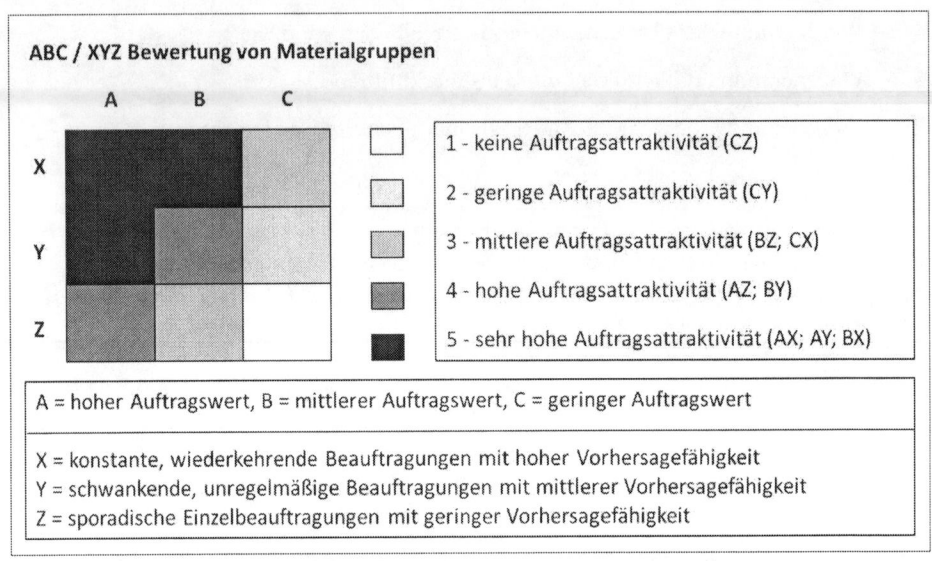

ABC / XYZ Bewertung von Materialgruppen

1 - keine Auftragsattraktivität (CZ)

2 - geringe Auftragsattraktivität (CY)

3 - mittlere Auftragsattraktivität (BZ; CX)

4 - hohe Auftragsattraktivität (AZ; BY)

5 - sehr hohe Auftragsattraktivität (AX; AY; BX)

A = hoher Auftragswert, B = mittlerer Auftragswert, C = geringer Auftragswert

X = konstante, wiederkehrende Beauftragungen mit hoher Vorhersagefähigkeit
Y = schwankende, unregelmäßige Beauftragungen mit mittlerer Vorhersagefähigkeit
Z = sporadische Einzelbeauftragungen mit geringer Vorhersagefähigkeit

Analysefragen zur marktorientierten Nachfragemacht: Markttransparenz

Bei der Platzierung von Aufträgen in den Märkten spielt auch die Transparenz der Märkte eine wesentliche Rolle. Je mehr fähige Lieferanten in einer Materialgruppe auf den Märkten zur Verfügung stehen und je homogener Leistungserbringung und Preiskalkulationen gestaltet sind, desto stärker ist die Basis für einen harten Wettbewerb.

Transparenz auf der Anbieterseite führt zu Vergleichbarkeit. Es können die Stärken und Schwächen der einzelnen Marktspieler gezielt identifiziert und im Wettbewerb zur Steigerung der Marktdynamik genutzt werden. So lassen sich z.B. lieferantenspezifische Schwächen einsetzen, um mit den Lieferanten über Optimierungspotenziale zu diskutieren. Bekannte Stärken anderer Lieferanten können anonymisiert in diese Diskussion um die Wettbewerbsfähigkeit eingebracht werden. Es entsteht im Markt eine Orientierung am besten Preis-Leistungsverhältnis.

Dazu muss man jedoch die Märkte und ihre Angebote genau kennen. Es ist also eine Bewertung vorzunehmen, wie gut man die Märkte mit ihren Leistungen und ihren Preisbildungsmechanismen kennt. Je höher Anbieter- und Preistransparenz eingestuft werden können, desto größer ist in Beschaffungsprojekten der Einfluss auf die Gestaltung eines dynamischen Wettbewerbs.

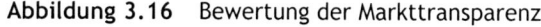

Abbildung 3.16 Bewertung der Markttransparenz

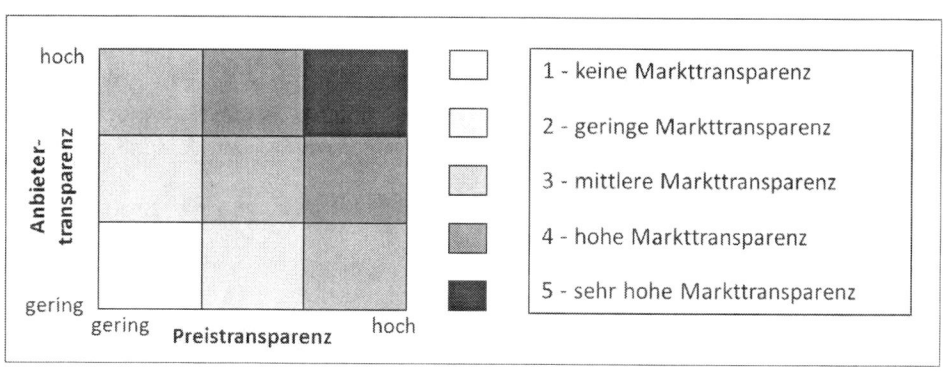

Analysefragen zur marktorientierten Nachfragemacht: Gestaltungseinfluss

Ein weiteres Indiz für die eigene Nachfragemacht ist die Fähigkeit, Veränderung in spezifischen Beschaffungsmärkten aktiv steuern zu können. An dieser Stelle ist der Einfluss zu bewerten, mit dem man im Rahmen der Lieferantenentwicklung in der Lage ist, Lieferanten für neue Themen aufzubauen. Kann man Lieferanten motivieren, selbst ins Risiko zu gehen, um Technologien und Lösungen zu entwickeln? Gelingt dies, ist das ein starkes Zeichen für eine starke Nachfragemacht. Voraussetzung für das Gelingen ist, dass man als langfristig attraktiver Partner mit Perspektive wahrgenommen wird. Zur Beurteilung der Einflussmöglichkeiten können sowohl die Erfahrungen aus der Zusammenarbeit als auch der aktuelle Dialog mit Lieferanten herangezogen werden. Am Ende lassen sich verschiedene Abstufungen zur Bewertung der Einflussmöglichkeit auf Lieferanten differenzieren:

■ 1 – Kein Gestaltungseinfluss – Keine Aktivität auf Lieferantenseite initiierbar

■ 2 – Geringer Gestaltungseinfluss – Aktivitäten ohne Investbedarf initiierbar

■ 3 – Mittlerer Gestaltungseinfluss – Aktivitäten mit geringem Investbedarf initiierbar

■ 4 – Hoher Gestaltungseinfluss – Aktivitäten mit hohem Investbedarf initiierbar

■ 5 – Sehr hoher Gestaltungseinfluss – Langfristige Hoch-Invest-Aktivitäten initiierbar

Aus den Blickwinkeln Marktstärke, Auftragsattraktivität, Markttransparenz und Gestaltungseinfluss kann ein Bild über die marktbezogene Nachfragemacht gezeichnet werden. Sie ist in den Kontext der objektbezogenen Nachfragemacht zu stellen.

Analysefragen zur objektorientierten Nachfragemacht: Objektattraktivität

Auch die inhaltliche Attraktivität von Beschaffungsobjekten kann wesentlich zur eigenen Nachfragemacht beitragen. Dabei spielt in erster Linie der Innovationsgrad der Beschaffungsobjekte eine große Rolle. Von ihm hängt ab, wie weit sich für einen Lieferanten durch den Auftrag Wettbewerbsvorteile auf den Märkten ableiten lassen. Dies ist z.B. dann der Fall, wenn in einem gemeinsamen Produktprojekt wichtige Know-how-Vorteile für den Lieferanten entstehen. Vorteile, die zu einer generellen Stärkung des Lieferanten auf den Märkten führen können.

Abbildung 3.17   Bewertung der Objektattraktivität

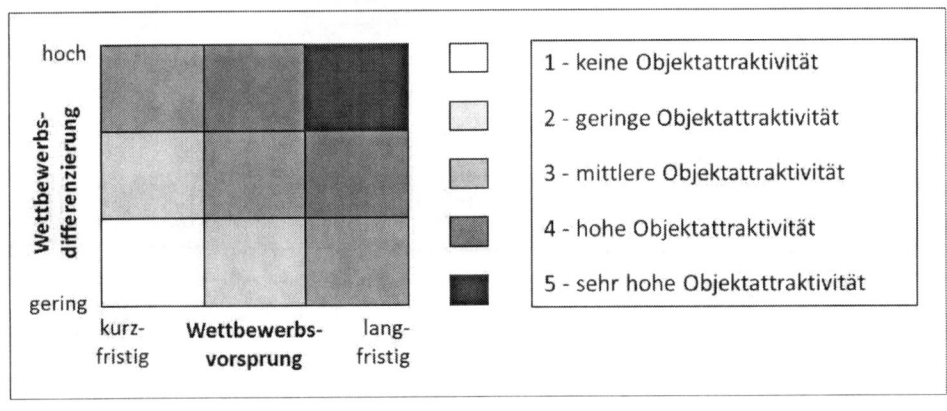

Analysefragen zur objektorientierten Nachfragemacht: Funktionserfordernis

Verzicht macht stark – auch im Procurement. Wenn in einer Materialgruppe komplett auf Beschaffungsobjekte bzw. deren Funktionen verzichtet werden kann, bedeutet dies Nachfragemacht – denn man ist unabhängig von der Versorgung. So können beispielsweise Beschaffungsobjekte genannt werden, deren Funktion lediglich „nice to have" ist. Spiegel oder Bilderrahmen für die Büroeinrichtung seien exemplarisch genannt. Auch unter dem Aspekt der Entbehrlichkeit können Beschaffungsobjekte und ihre Funktionen differenziert bewertet werden:

■ 1 - Alle Funktionen der Beschaffungsobjekte sind unentbehrlich.

■ 2 - Nur Nebenfunktionen der Beschaffungsobjekte sind entbehrlich.

■ 3 - Einzelne Hauptfunktionen der Beschaffungsobjekte sind entbehrlich.

■ 4 - Alle Funktionen der Beschaffungsobjekte sind mit Aufwand entbehrlich.

■ 5 - Alle Funktionen der Beschaffungsobjekte sind ohne Aufwand entbehrlich.

Analysefragen zur objektorientierten Nachfragemacht: Substituierbarkeit

Kann auf die Funktion eines Beschaffungsobjektes nicht verzichtet werden, stellt sich die Frage nach der Austauschbarkeit. Je besser man in einer Materialgruppe Beschaffungsobjekte durch andere Objekte mit gleicher Funktion substituieren kann, desto unabhängiger kann im Markt agiert werden. Gleiches gilt auch, wenn man erforderliche, zunächst nicht substituierbare Funktionen so vereinfachen kann, dass sie dennoch ausreichend sind und infolge der Vereinfachung substituierbar werden. Diese Handlungsoptionen beeinflussen ebenfalls die Nachfragemacht (vgl. auch [94]):

■ 1 – Erforderliche Funktionen sind nicht substituierbar und nicht veränderbar.

■ 2 – Erforderliche Funktionen sind nicht substituierbar, aber teilweise veränderbar.

■ 3 – Erforderliche Funktionen sind teilweise direkt substituierbar.

■ 4 – Erforderliche Funktionen sind vollständig substituierbar, aber nicht veränderbar.

■ 5 – Erforderliche Funktionen sind vollständig substituierbar und veränderbar.

Analysefragen zur objektorientierten Nachfragemacht: Kostenrisiko

Die Nachfragemacht, die sich aus der Entbehrlichkeit von Funktionen bzw. aus der Substituier- oder Veränderungsfähigkeit von Beschaffungsobjekten prinzipiell ableitet, kann durch das Risiko entstehender Kosten bei einem Versorgungsausfall bzw. bei der Objektumstellung erheblich eingeschränkt werden.

Ein Versorgungsstillstand kann zu Produktionsausfällen und enormen Folgekosten führen. Nicht selten verursachen solche Szenarien in großen Fabriken Kosten von mehreren 10.000 EUR pro Minute und mehr. Neben Produktionsstillständen durch Versorgungsausfälle können auch durch die Umstellung von Beschaffungsobjekten erhebliche Kosten entstehen. So kann z.B. der Austausch von Werkzeugen in der Produktion zu erhöhtem Wartungsbedarf oder längeren Bearbeitungszeiten und damit zu Kosten führen. In jedem Fall sollte in einer Materialgruppe das Kostenrisiko eines möglichen Versorgungsausfalls oder einer Objektumstellung kritisch bewertet werden. Dieses Risiko ergibt sich aus der

Eintrittswahrscheinlichkeit eines Schadens und der möglichen Schadenshöhe. Dieser Risikofaktor ist mit großer Aufmerksamkeit zu bewerten und in die Gesamtbetrachtung der objektorientierten Nachfragemacht einzubeziehen.

Abbildung 3.18   Kostenrisiko des Versorgungsausfalls/der Versorgungsumstellung

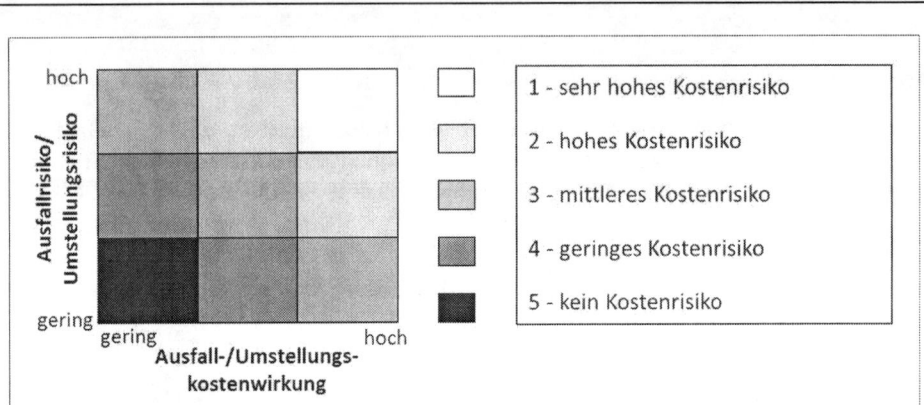

Profil der Nachfragemacht: Procurement-Power

In den vergangenen Absätzen wurden verschiedene Aspekte der Nachfragemacht des Unternehmens diskutiert. Um zu einer validen Einschätzung der Nachfragemacht zu kommen, sind die Einzelaspekte jedoch ergänzend in ihrem Gesamtzusammenhang zu betrachten. Dazu kann ein wie in Abbildung 3.19 dargestelltes Profil der „Procurement-Power" erarbeitet werden.

Dieses Profil gibt zunächst die Einzelaspekte im Überblick wieder. Hier ist auf Widerspruchsfreiheit zu achten. Ggf. sind Anpassungen vorzunehmen. So würde z.B. die Einschätzung einer „vollständigen Substituierbarkeit von Beschaffungsobjekten" mit einem „sehr hohen Kostenrisiko" nicht zusammenpassen. Wenn in diesem Sinne ein schlüssiges Bild vorliegt, kann über die Gewichtung der Einzelaspekte nachgedacht werden. Wie wichtig sind also Faktoren wie Marktstärke, Auftragsattraktivität oder auch Kostenrisiko im Vergleich untereinander? Da sich die verschiedenen Materialgruppen fundamental unterscheiden, ist hier keine generelle Gewichtung sinnvoll. Vielmehr sollten die Experten materialgruppenspezifisch die Bedeutung der einzelnen Aspekte umfassend diskutieren, ihre Wechselwirkungen reflektieren und dann zu einer Gewichtung der Einzelaspekte kommen. Aus den vorgenommenen Bewertungen der Einzelaspekte und ihrer Gewichtung kann im Folgenden eine Verdichtung der Einzelaspekte erfolgen. Diese Verdichtung wird hier als „Procurement-Power" im Sinne von Nachfragemacht bezeichnet.

Abbildung 3.19 Einschätzung der Nachfragemacht (Procurement-Power)

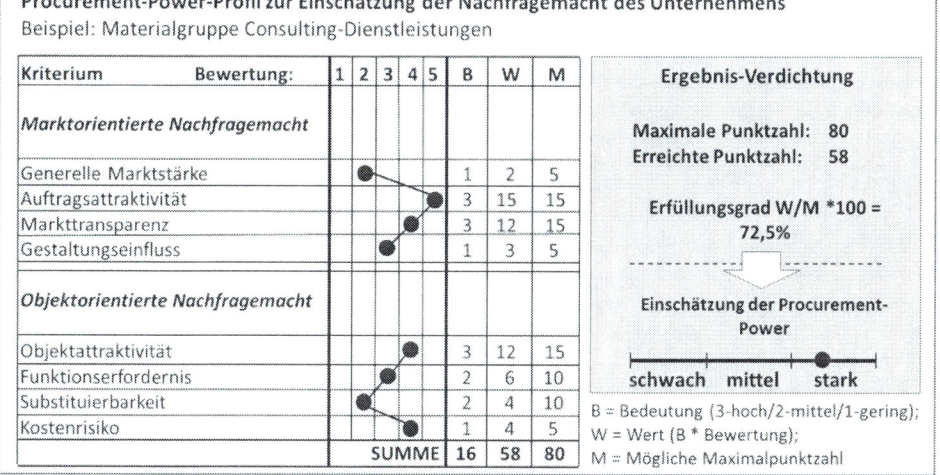

Procurement-Power-Profil zur Einschätzung der Nachfragemacht des Unternehmens
Beispiel: Materialgruppe Consulting-Dienstleistungen

Kriterium	Bewertung:	1	2	3	4	5	B	W	M
Marktorientierte Nachfragemacht									
Generelle Marktstärke							1	2	5
Auftragsattraktivität							3	15	15
Markttransparenz							3	12	15
Gestaltungseinfluss							1	3	5
Objektorientierte Nachfragemacht									
Objektattraktivität							3	12	15
Funktionserfordernis							2	6	10
Substituierbarkeit							2	4	10
Kostenrisiko							1	4	5
	SUMME						16	58	80

Ergebnis-Verdichtung

Maximale Punktzahl: 80
Erreichte Punktzahl: 58

Erfüllungsgrad W/M *100 =
72,5%

Einschätzung der Procurement-Power

schwach mittel stark

B = Bedeutung (3-hoch/2-mittel/1-gering);
W = Wert (B * Bewertung);
M = Mögliche Maximalpunktzahl

Wenn diese Verdichtung wie erläutert mathematisch untersetzt wird, ist dies keine Abkehr vom vorher erläuterten Prinzip der „scharfen Unschärfe". Der ermittelte Wert hat keinen Anspruch auf Exaktheit. Vielmehr gibt er – wie auch die Bewertungen der Einzelaspekte – lediglich Orientierung zur Einstufung der Nachfragemacht des Unternehmens. Der Wert kann interpretiert und die Procurement-Power des Unternehmens einer von drei Klassen zugeordnet werden: starker, mittlerer oder schwacher Procurement-Power.

3.3.5   Lösungen: Angebotsmacht der Lieferanten

Für die Stärke des Unternehmens im Markt kommt es neben der eigenen Nachfragemacht auch auf die korrespondierende Angebotsmacht der Lieferanten an. Beispielsweise wird sich ein starker Einkauf in der Zusammenarbeit mit starken Lieferanten anders verhalten als mit schwachen Lieferanten. Erst der klare Blick für das Wechselspiel der Kräfte erlaubt es, die richtigen Schlussfolgerungen für das Markverhalten zu ziehen. Ist aber die Angebotsmacht der Lieferanten exakt bestimmbar? Hier gelten die gleichen Voraussetzungen wie bei der Beurteilung der Nachfragemacht. Es sind die richtigen Analysefragen zu stellen und zu bewerten:

■ Analysefragen zur Bewertung der marktorientierten Angebotsmacht von Lieferanten

■ Analysefragen zur Bewertung der objektorientierten Angebotsmacht von Lieferanten

Analysefragen zur marktorientierten Angebotsmacht: Wettbewerbsintensität

Die Wettbewerbsintensität in einem Markt ist ein wichtiger Faktor zur Bewertung der Angebotsmacht von Lieferanten. Steht ein Lieferant mit seinen Wettbewerbern im harten Kampf um Marktanteile und Wachstum, ist aus der Marktperspektive seine Angebotsmacht eher als gering einzustufen. Dies ist z.B. häufig in klassischen Standardmärkten der Fall, wie bei DIN-Materialien, Standardmaschinen oder auch Dienstleistungen wie Wachdiensten, Gebäudereinigungen, Logistikdienstleistungen oder auch Unternehmensberatungen. Das Gleiche gilt für Märkte, in denen das Angebot die Nachfrage signifikant übersteigt. Werden jedoch Marktnischen bedient, in denen ein Lieferant „ein unangetastetes Revier" hat, so hat dies eine relativ hohe Angebotsmacht zur Folge. Hier kann beispielsweise der Spezialmaschinenbau genannt werden, wo einzelne Anbieter spezielle Teilmärkte ohne große Konkurrenz abdecken. Gleiches gilt auch für Märkte, in denen genug Platz für alle Lieferanten ist – also wenn die Nachfrage das Angebot bei weitem übersteigt. Beispielsweise können hier Rohstoff- und wachsende Technologiemärkte genannt werden.

Zur Bewertung der Wettbewerbsintensität empfiehlt es sich, materialgruppenspezifisch einzelne Marktvolumina aus Nachfrage- und Angebotsperspektive, Lieferanten mit ihren Marktanteilen, die Marktpreisbildung und das M&A-Übernahmeverhalten der Marktteilnehmer zu analysieren. Dabei ist auch die Entwicklung dieser Parameter genau zu beobachten. Neben der aktuellen Ist-Situation spielen Trends und Trenddynamik eine wichtige Rolle. Marktveränderungen und Marktdynamik sind wichtige Indikatoren, um beurteilen zu können, wie hart ein Markt umkämpft ist. Darauf aufbauend kann eine Clusterung der Wettbewerbsintensität vorgenommen werden:

■ 1 – Höchste Wettbewerbsintensität: Lieferantenangebot übersteigt Nachfrage stark

■ 2 – Starke Wettbewerbsintensität: Lieferantenangebot übersteigt Nachfrage

■ 3 – Mittlere Wettbewerbsintensität: Lieferantenangebot und Nachfrage sind in Balance

■ 4 – Geringe Wettbewerbsintensität: Nachfrage übersteigt das Lieferantenangebot

■ 5 – Keine Wettbewerbsintensität: Nachfrage übersteigt das Lieferantenangebot stark

Analysefragen zur marktorientierten Angebotsmacht: Beziehungskompetenz

Neben der Wettbewerbsintensität prägt insbesondere die Beziehungskompetenz der Lieferanten zu ihren Abnehmern ihre Angebotsmacht. Auch wenn im Markt eine hohe Wettbewerbsintensität existiert, ist noch nicht gesagt, dass diese auch beim Vergabeverhalten von Unternehmen zur Wirkung kommt. Häufig wird das Vergabeverhalten wesentlich durch die Beziehungen von Kunden und Lieferanten beeinflusst. Gelingt es einem Lieferanten, eine sehr gute Beziehung zu den Leistungsnehmern und deren Entscheidern aufzubauen, kann sich der Lieferant ggf. vom Wettbewerb abschirmen oder diesen zumindest dämpfen. Beziehungen sind hier das „halbe Leben". Je stärker die Wettbewerbsintensität ausgeprägt ist, desto wichtiger wird das Beziehungsmanagement. Dadurch kann vom Lieferanten im Idealfall das Entscheidungsverhalten der Abnehmer gesteuert werden – denn ein Geschäft ist auch Vertrauenssache. Daher empfiehlt es sich, die Beziehungsintensität von Lieferanten in das eigene Unternehmen – zu den formellen und informellen Entscheidern – zu beurteilen und in die Betrachtung der Angebotsmacht zu integrieren:

- 1 – Keine oder nur zufällige Kontakte zwischen Lieferant und Entscheidern

- 2 – Sporadischer, unsystematischer Dialog zwischen Lieferant und Entscheidern

- 3 – Regelmäßiger, systematischer Dialog zwischen Lieferant und Entscheidern

- 4 – Vertrauensvolle Beziehung vom Lieferanten zu den Entscheidern

- 5 – Intime Beziehungen vom Lieferanten zu den Entscheidern

Analysefragen zur marktorientierten Angebotsmacht: Kapazitätsauslastung

In Vergabeverfahren spielen neben der Marktlage auch die zum Vergabezeitpunkt verfügbaren Kapazitäten eine wesentliche Rolle. Denn häufig kommt es darauf an, die Leistung eines Lieferanten zu einem ganz bestimmten Zeitpunkt erhalten zu können. So sind z.B. in Entwicklungsvorhaben Ingenieure genau in einen Produktentstehungsprozess einzuphasen. Zur Beurteilung der projektspezifischen Angebotsmacht ist also die kurzfristige Verfügbarkeit der Kapazitäten zu bewerten. Je höher die zeitpunktbezogene Auslastung ist, desto größer ist auch die individuelle Angebotsmacht eines Lieferanten:

- 1 – Kapazitäten sind weitestgehend nicht ausgelastet

- 2 – Kapazitäten sind nicht vollständig ausgelastet

- 3 – Kapazitäten sind nicht vollständig ausgelastet, aber Kapazitätsanfragen liegen vor

- 4 – Kapazitäten sind vollständig ausgelastet

- 5 – Kapazitäten sind vollständig ausgelastet und weitere Kapazitätsanfragen liegen vor

Analysefragen zur marktorientierten Angebotsmacht: Wirtschaftsstärke

Wettbewerbsintensität, Beziehungsintensität und Kapazitätsauslastung sind wesentliche marktorientierte Stärken-/Schwächefaktoren von Lieferanten. Sie werden jedoch begleitet von ihrer grundsätzlichen wirtschaftlichen Substanz. Ist ein Lieferant beispielsweise durch eine hohe Eigenkapitalquote stark finanziell ausgestattet und verfügt er über eine hohe Liquidität, kann er im Markt anders agieren, als wenn er vor der Insolvenz steht. Finanzi-

elle Kraft macht auf der Anbieterseite im Markt unabhängig – zu einem Geschäft kann
auch „Nein" gesagt werden. Zur Bewertung der finanziellen Stärke können Bonitätsdiens-
te, wie z.B. „Creditreform" oder „D&B", in Anspruch genommen werden. Sie analysieren
regelmäßig die Geschäftsstruktur, den Geschäftsverlauf und auch das Zahlungsverhalten
von Unternehmen [53][54].

In kritischen Geschäften lohnt sich vielleicht auch ein „double/triple check of information".
Hier kann die Bonität eines Lieferanten gleichzeitig bei verschiedenen Rating-Agenturen
angefragt werden, um zu erkennen, wo Einstufungen homogen bzw. inhomogen sind.
Dies erlaubt eine valide Einschätzung der Lage und gibt Anhaltspunkte, an welchen Stellen man weitere Informationen, z.B. von der Hausbank des Lieferanten oder von Refe-
renzkunden, einholen sollte. Durch dieses Vorgehen kann die häufig genannte Kritik an
der Verwendung von „rückwärtsgewandten Daten" bzw. des „blinden Vertrauens" auf
einzelne Rating-Dienstleister sinnvoll kompensiert werden. Richtig eingesetzt und interpretiert, können die angebotenen Rating-Dienstleistungen ein wichtiges Instrument bei der
Einschätzung der Angebotsmacht von Lieferanten sein:

- 1 – Lieferant ist zahlungsunfähig

- 2 – Lieferant ist insolvenzgefährdet

- 3 – Lieferant hat eine stabile finanzielle Kraft

- 4 – Lieferant hat eine sehr gute Bonität

- 5 – Lieferant ist durch seine wirtschaftliche Stärke auftragsunabhängig

Für die Angebotsmacht der Lieferanten sind die aufgezeigten marktorientierten Gesichtspunkte von großer Wichtigkeit. Im Kern steht jedoch ihre inhaltliche Leistungsfähigkeit,
aus der am Ende Marktstärke resultiert. Daher ist auch ein besonderes Augenmerk auf die
objektorientierte Angebotsmacht der Lieferanten zu legen.

Analysefragen zur objektorientierten Angebotsmacht: Objekt-Exklusivität

Im Kern der objektorientierten Angebotsmacht steht die Exklusivität der Leistung von
Lieferanten. Welche Alleinstellungsmerkmale weist die Lieferantenleistung auf und wie
hoch sind die Barrieren zur Substitution dieser Merkmale? Je stärker monopolistisch ein
Angebot geprägt ist, desto höher ist die Macht der Lieferanten. So können wir beispielsweise monopolistische Strukturen bei Leistungen sehen, die durch Patente geschützt und
inhaltlich nicht austauschbar sind. Spezielle Arzneimittel zur Krebsbekämpfung seien hier
beispielhaft im Gesundheitswesen genannt. Monopolistische Strukturen können aber auch
entstehen, wenn Produkte als „Anbieter-Standard" eine marktbeherrschende Rolle eingenommen haben, auch wenn sie grundsätzlich ersetzbar wären. Betriebssysteme wie
„Microsoft Windows" können hier genannt werden. Auch in oligopolistischen Märkten

kann in der Regel von einer starken Angebotsmacht der Lieferanten ausgegangen werden. Je enger das Oligopol und je höher die Markteintrittsbarrieren für Konkurrenten sind, z.B. durch einen hohen Investitionsbedarf oder einen erforderlichen Know-how- und Ressourcenaufbau, desto ausgeprägter ist die Angebotsmacht der Oligopolisten. Rohstofflieferanten, Stahlproduzenten oder Spezial-Anbieter im Motoren-Engineering könnten beispielhaft für diese Lieferantengruppe genannt werden. Sehen wir jedoch Leistungsangebote mit polypolen Lieferantenstrukturen, so ist die Objekt-Exklusivität der Anbieter und somit ihre Angebotsmacht als gering einzustufen. Hersteller von Normprodukten sind typische Beispiele für diese Lieferantengruppe.

In Summe kann die Angebotsmacht der Lieferanten auch durch eine Abstufung ihrer Leistungs- bzw. Objektexklusivität mit beschrieben werden:

- ■ 1 – Objekte mit polypolen Lieferantenstrukturen

- ■ 2 – Objekte mit breiten oligopolistischen Lieferantenstrukturen

- ■ 3 – Objekte mit engen oligopolistischen Lieferantenstrukturen

- ■ 4 – Objekte mit monopolistischen Lieferantenstrukturen durch Marktstandards

- ■ 5 – Objekte mit monopolistischen Lieferantenstrukturen durch Patentschutz etc.

Neben dem reinen Objektcharakter spielen für die Angebotsmacht jedoch auch jene Faktoren eine wichtige Rolle, die in der operativen Arbeit zur Leistungserstellung führen. So ist es wichtig, welche Entwicklungs- und Produktionsfähigkeiten vorhanden sind und über welche Kompetenzen das handelnde Personal auf der Arbeitsebene verfügt. Diese Aspekte werden im Folgenden diskutiert.

Analysefragen zur objektorientierten Angebotsmacht: Entwicklungsfähigkeit

Werden Lieferanten im Zuge von Entwicklungs- bzw. Planungsaktivitäten in die eigene Wertschöpfung integriert, kommt es auf ihre Fähigkeit an, sich reibungslos und effizient in Produktentstehungsprozesse einfügen zu können. Dazu sind ein exzellentes fachliches Know-how und eine ausgeprägte Projektmanagement-Kompetenz gefordert. Kommt beides zusammen, führt dies zu „Development-Excellence". In Entwicklungsprojekten ist sie ein wichtiger Faktor für die Angebotsmacht, denn sie gibt dem Abnehmer Sicherheit.

Abbildung 3.20   Development-Excellence von Lieferanten

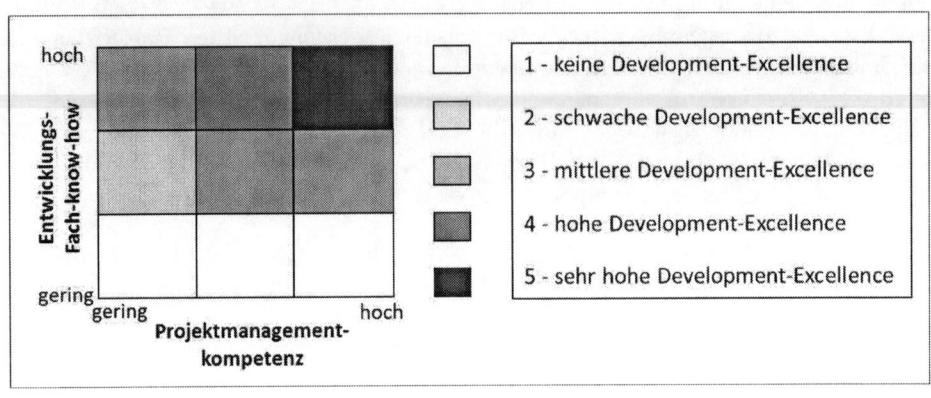

Analysefragen zur objektorientierten Angebotsmacht: Produktionsfähigkeit

Arbeitet man mit Lieferanten in der Serienfertigung zusammen, ist ihre Fähigkeit, exzellent zu produzieren und zu liefern, von entscheidender Bedeutung. Kosteneffizienz, Qualitätsfähigkeit und Flexibilität sind die Treiber von „Operational-Excellence".

Abbildung 3.21   Operational-Excellence von Lieferanten

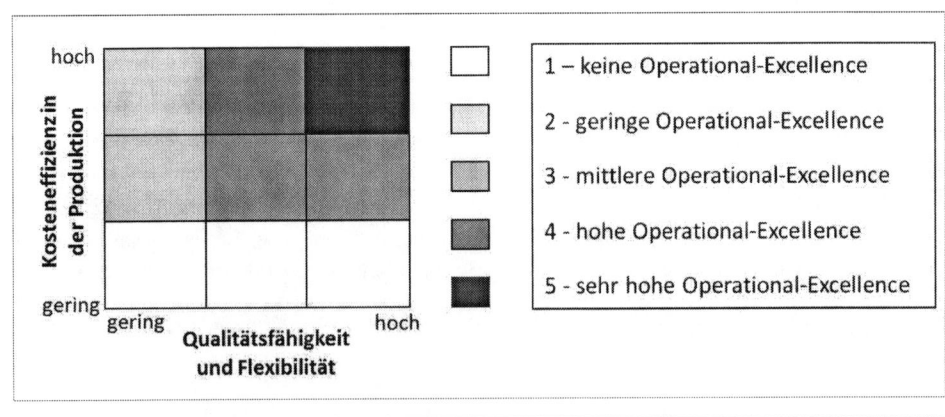

Analysefragen zur objektorientierten Angebotsmacht: Personalverhalten

Wichtig für die Angebotsmacht von Lieferanten ist auch das persönliche Verhalten von Mitarbeitern, die bei der Umsetzung von Aufträgen direkt mit dem Abnehmer zusammenarbeiten. Unter diesem Aspekt spielt sowohl das fachliche Know-how als auch das Sozialverhalten der Mitarbeiter eine wichtige Rolle. Das fachliche Know-how ist Grundlage für eine akzeptable Zusammenarbeit. Doch wie verhalten sich die Mitarbeiter in der Zusammenarbeit? Fügen sie sich reibungslos in Projekte ein? Sind sie offen und zugänglich? Sind sie flexibel? Wie ist ihr Verhalten in Konflikten? Wie variabel agieren sie bei der Bewältigung von Krisen? Hier geht es also um den Faktor Mensch – der „Personal-Excellence" – auf der Arbeitsebene. Entsteht auch auf der Arbeitsebene durch Leistung und Verhalten Vertrauen, stärkt dies die Angebotsmacht des Lieferanten:

- ■ 1 – keine Personal-Excellence aufgrund schlechter Zusammenarbeit/keiner Erfahrung

- ■ 2 – geringe Personal-Excellence durch Konflikte in Know-how/Beziehungen

- ■ 3 – mittlere Personal-Excellence durch solide, konfliktfreie Zusammenarbeit

- ■ 4 – hohe Personal-Excellence durch anerkanntes Know-how und Verhalten

- ■ 5 – sehr hohe Personal-Excellence durch krisenbewährtes Know-how und Verhalten

Profil der Angebotsmacht: Supplier-Power

Nachdem in den Materialgruppen die Nachfragemacht des eigenen Unternehmens untersucht wurde, ist entsprechend der vorgestellten Einzelaspekte die Angebotsmacht der Lieferanten zu untersuchen. Um zu einer validen Einschätzung der Angebotsmacht zu kommen, sind je Lieferant die Einzelaspekte in ihrem Gesamtzusammenhang zu betrachten. Dazu kann ein wie in Abbildung 3.22 dargestelltes lieferantenspezifisches Profil die „Supplier-Power" erarbeitet werden.

Es entsteht je Materialgruppe ein Set von Lieferantenanalysen. Jede einzelne Analyse zeichnet dabei ein Bild über die Stärken und Schwächen spezifischer Lieferanten. Über die Summe der Lieferanten entsteht ein kompakter Überblick über die Angebotssituation in einer Materialgruppe. Dieser Überblick kann mit der eigenen Nachfragemacht in einen engen Kontext gestellt werden. Damit wird das Wechselspiel aus Nachfragemacht und korrespondierender Angebotsmacht der Lieferanten sichtbar. Diese Aufgabenstellung ist Gegenstand des Kapitels 3.4 „Procurement-Portfolio". Dort werden für die unterschiedlichen Kräfteverhältnisse Markt-Cluster gebildet und mit ersten Normstrategien untersetzt. Diese Markt-Cluster und Normstrategien sind die Basis für Festlegung differenzierter Beschaffungsziele und –strategien, so dass in den Märkten ein differenziertes Sourcing möglich wird (siehe Kapitel 3.5; 3.6).

Abbildung 3.22   Einschätzung der Angebotsmacht (Supplier-Power)

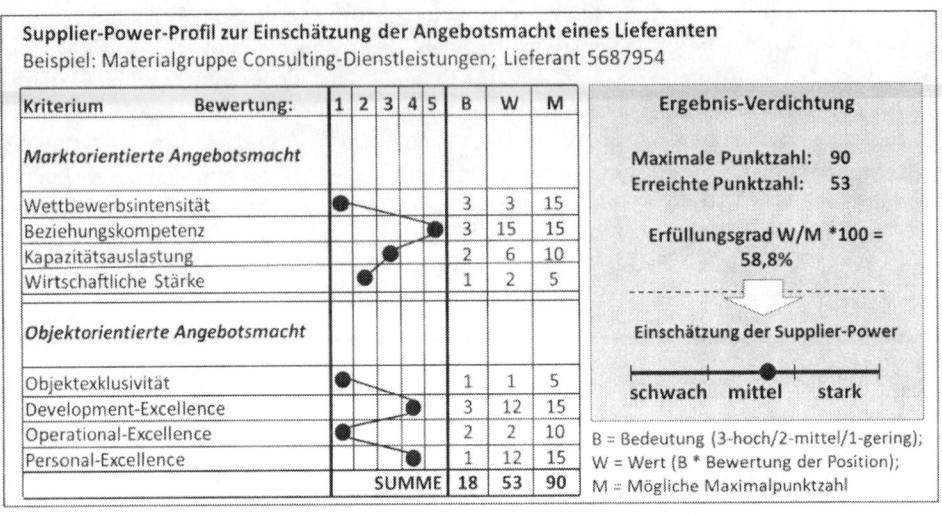

Die Durchführung von konkreten Bedarfs- und Marktanalysen sollte weitestgehend DV-gestützt erfolgen. Dazu sind im Unternehmen geeignete Analyse-Tools zu implementieren. Die klassischen ERP-Systeme wie SAP oder ORACLE bieten dazu Analysemöglichkeiten an. Darüber hinaus gibt es eine Vielzahl von weiteren Tool-Anbietern, die ergänzende Lösungsmöglichkeiten bereitstellen. Dabei sind Anbieter zu differenzieren, die wie SAS aus dem klassischen „Data-Mining" kommen oder auch Anbieter, die einen Schwerpunkt auf spezifische Procurement-Lösungen gelegt haben. Beispielhaft zu nennen wären hier ARIBA, Ketera, CamelotITLab, SupplyOn, Pool4Tool oder auch Poet [56].

Eine allgemeine Empfehlung für ein spezielles Tool kann hier jedoch nicht gegeben werden. Es ist vielmehr erforderlich, individuelle Voraussetzungen eines Unternehmens im Hinblick auf Daten, Datenquellen, gewünschte Analysen, Analyseflexibilität und Investitionsbereitschaft herauszuarbeiten, um zu einer passenden Tool-Lösung zu kommen. Einen Überblick über mögliche Anbieter lässt sich gut durch Internet-Recherchen, Informationen des BME e.V. (Bundesverband Einkauf, Materialwirtschaft und Logistik), Fachsymposien oder auch auf Messen gewinnen. Ferner stellen Toolanbieter immer wieder ihr Leistungsspektrum auch in der Fachpresse vor, z.B. in der „Beschaffung aktuell".

3.3.6   Validierung der Lösungsansätze

Die festgelegten Daten, Datenquellen, Analysen und Analyseergebnisse sind regelmäßig zu hinterfragen. Entscheidend ist, ob die gewählten Analysen ausreichende und zielgenaue Informationen bereitstellen, um die im Folgenden beschriebenen Aufgabenstellungen zur Erarbeitung eines Procurement-Portfolios sowie zur Festlegung von Beschaffungszielen und –strategien, erfolgreich bearbeiten zu können. Bleiben hier Fragen zur Bedarfs- oder Marktsituation offen, ist das Analysespektrum entsprechend anzupassen. Die Ergebnisse der durchgeführten Bedarfs- und Marktanalysen sind regelmäßig zu aktualisieren.

3.4 Procurement-Portfolio

Mit der in Kapitel 3.2 vorgestellten Bedarfsstrukturierung wird im Procurement-Planning Ordnung in den Warenkorb des Unternehmens gebracht. Darauf aufsetzend werden mit Bedarfs- und Marktanalysen Verfahren bereitgestellt, die auf Materialgruppenebene eine kompakte Bewertung der wirtschaftlichen Rahmenbedingungen der Beschaffungssituation ermöglichen (siehe Kapitel 3.3). Im nächsten Schritt geht es jetzt darum, dieses Wissen einzusetzen: Hier dient die Portfolio-Technik als Instrument zur weiteren Informationsverdichtung, um Beschaffungsziele und -strategien auf Materialgruppenebene konkret formulieren zu können (siehe Kapitel 3.5 und 3.6) [57]-[64].

3.4.1 Ziele bei der Erstellung des Procurement-Portfolios

Das „Procurement-Portfolio" ist ein zentrales strategisches Instrument, um die Beschaffungssituationen des Unternehmens bedarfsgerecht zu clustern und für die Umsetzung der Procurement-Operations Zielschwerpunkte abzuleiten sowie Normstrategien vorzugeben. Konkret sind dazu die für eine Materialgruppe ermittelten Einschätzungen zur „Procurement-Power" und „Supplier-Power" in einen gemeinsamen Kontext zu stellen und im Hinblick auf ihre Wechselwirkungen zu analysieren. Es ist ein Portfolio abzuleiten, in dem Markt-Cluster abgegrenzt werden, die jeweils für spezifische Typen von Kräfteverhältnissen in Kunden-Lieferanten-Beziehungen stehen. Die einzelnen Materialgruppen können dann mit ihren Lieferanten diesen Clustern zugeordnet werden. Mit dem „Procurement-Portfolio" sind so durch Vereinfachung und Komplexitätsreduktion die generellen Leitplanken für eine differenzierte Beschaffung zu setzen. Die Kernaufgabe der Procurement-Funktion – die Fremdversorgung des Unternehmens – bekommt an dieser Stelle Richtung.

Neben den fachlichen Zielen wird mit der Erarbeitung des „Procurement-Portfolios" insbesondere auch die gegenseitige Akzeptanz zwischen Fachbereichen und Procurement gefördert. Wenn die Zuordnungen von Materialgruppen und Lieferanten im Portfolio von beiden Seiten getragen und Schlussfolgerungen zu Ziel- und Handlungsschwerpunkten gemeinsam gezogen werden, ist eine gute Basis für die weitere Zusammenarbeit gelegt.

Mit der Festlegung von Normstrategien und Zielschwerpunkten wird auch indirekt auf die Ergebnisseite der Procurement-Funktion Einfluss genommen. In Summe werden somit wieder wichtige Stärkefaktoren der Procurement-Funktion adressiert:

Stärke der Procurement-Funktion im Unternehmen

■ SPFU03 – Procurement-Ziele: Zielschwerpunkte geben Materialgruppen Richtung.

■ SPFU04 – Procurement-Strategie: Normstrategien legen Handlungsschwerpunkte fest.

Stärke der Procurement-Funktion in den Märkten

■ SPFM07 – Marktstrategien: Normstrategien sind Basis für konkrete Marktstrategien.

Abbildung 3.23   Ziele der Aufgabe PP04 – Procurement-Portfolio

---

Aufgaben-Power-Ergebnis-Matrix (APEM)					
	Die Procurement-Aufgabe PP04 bewirkt jeweils Power				Ergebnisbeitrag in
	im Unternehmen	in Märkten	in der Funktion	in den Operations	
Wirkung / **Aufgaben**	SPFU01 SPFU02 SPFU03 SPFU04 SPFU05 SPFU06 SPFU07 SPFU08	SPFM01 SPFM02 SPFM03 SPFM04 SPFM05 SPFM06 SPFM07 SPFM08	SPFF01 SPFF02 SPFF03 SPFF04 SPFF05 SPFF06 SPFF07 SPFF08	SPFO01 SPFO02 SPFO03 SPFO04 SPFO05 SPFO06 SPFO07 SPFO08	Kosten Qualität Zeit Innovation
PP04 – Procurement-Portfolio	● ● (SPFU03, SPFU04)	● (SPFM07)			▪ ▪ ▪ ▪

3.4.2   Anforderungen an Lösungskonzepte

Entsprechend der aufgezeigten Zielstellungen ergeben sich die Anforderungen an tragfähige Lösungskonzepte:

■ Bildung eines „Procurement-Portfolios" mit abgegrenzten Markt-Clustern

■ Festlegung von Zielschwerpunkten in den Markt-Clustern

■ Ableitung von Normstrategien als „Handlungsleitplanken" zur Zielerreichung

3.4.3   Lösungen: Procurement-Portfolio

Zur Ermittlung eines geeigneten Portfolios kann in der Praxis auf eine Vielzahl von Portfolio-Ansätzen zurückgegriffen werden. Tabelle 3.2 gibt hierzu einen Überblick zu ausgewählten Ansätzen:

Tabelle 3.2   Portfolio-Ansätze in der Beschaffung

Portfolio	Schlüsselfaktor 1	Schlüsselfaktor 2	Autor / Quelle
Einkaufsportfolio	Lieferantenmacht	Nachfragemacht	Kraljic [60]
Marktmacht-Portfolio	Stärke Abnehmer	Stärke Lieferant	Heege [61]
Versorgungsrisiko-ABC-Portfolio	ABC Ausprägung	Versorgungsrisiko	Heege [61]
Beschaffungsgüter-/-quellenportfolio	Beschaffungsgüterportfolio	Beschaffungsquellenportfolio	Wildemann [62]
Lieferanten-Erfolgspotenzial-Portfolio	Kostenpotenzial	Erlöspotenzial	Large [64]
Material-Erfolgspotenzial-Portfolio	Kostenpotenzial	Erlöspotenzial	Large [64]
Leistungspotenzial-Portfolio	Leistungspotenzial	Leistungsrisiko	Heß [63]

Teilweise überschneiden sich diese Ansätze, bauen aufeinander auf oder sind in ihrer Struktur und den abgeleiteten Normstrategien ähnlich. Das in diesem Buch entwickelte und vorgestellte „Procurement-Portfolio" weist insbesondere eine inhaltliche Nähe zu den Portfolio- bzw. Normstrategie-Ansätzen nach KRALJIC, HEEGE und WILDEMANN auf [60][61][62]. Daher wird an dieser Stelle ausdrücklich auf die entsprechenden Quellen als Referenz verwiesen.

Das hier in Abbildung 3.24 vorgestellte „Procurement-Portfolio" kann aus den in der Bedarfs- und Marktanalyse (siehe Kapitel 3.3) vorgenommenen Einschätzungen zur Procurement- bzw. Supplier-Power in einer Materialgruppe entwickelt werden.

Abbildung 3.24   Procurement-Portfolio

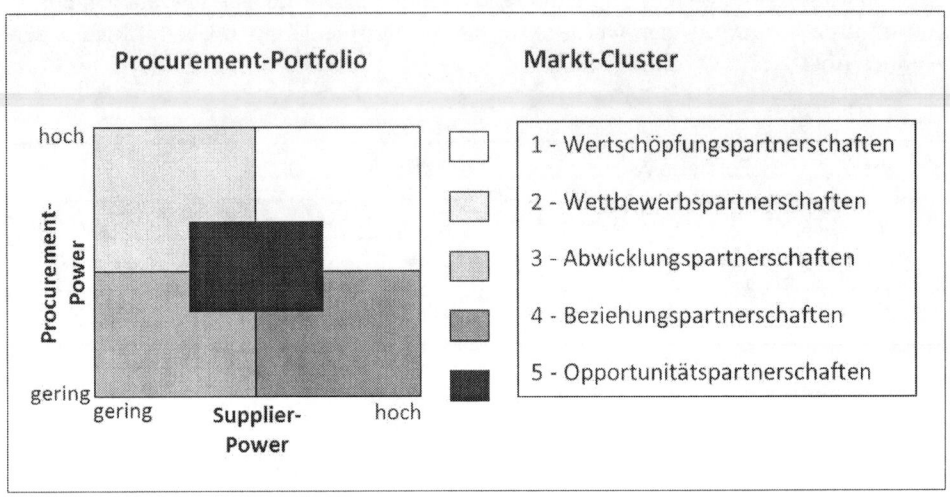

Die einzelnen Lieferanten einer Materialgruppe lassen sich im Portfolio konkret den verschiedenen Clustern zuordnen. Durch die Lage der Lieferanten im Portfolio unterscheidet sich der grundsätzliche Charakter der Geschäftsbeziehung. Dabei werden zur Differenzierung Wertschöpfungspartnerschaften, Wettbewerbspartnerschaften, Abwicklungspartnerschaften, Beziehungspartnerschaften und Opportunitätspartnerschaften unterschieden. Die Charakteristika der Markt-Cluster – und damit ihre Differenzierung – lassen sich kompakt zusammenfassen:

■ **Wertschöpfungspartnerschaften:** Diese Geschäftsbeziehungen sind durch starke Partner mit jeweils hoher, relativ ausgeglichener Nachfrage- bzw. Angebotsmacht geprägt. Die Interessen und Stärken der Partner ergänzen sich, so dass beide Parteien von einer Zusammenarbeit langfristig profitieren. In der Regel wird in hochvolumigen und inhaltlich anspruchsvollen Projekten mit gegenseitiger Abhängigkeit zusammengearbeitet. Eine spätere Substitution von Lieferanten im laufenden Geschäft ist oft nur unter großen Schwierigkeiten möglich, da die Wechselbarrieren sehr hoch sind. Allerdings hat auch der konkrete Bedarf wichtige Differenzierungseigenschaften für den Lieferanten am Markt, so dass für ihn ein Auftragsverlust mit erheblichen Nachteilen verbunden wäre. Beispielhaft zu nennen sind exklusive Technologieentwicklungen.

■ **Wettbewerbspartnerschaften:** Diese Geschäftsbeziehungen sind durch attraktive Vergabevolumina und einen Machtüberschuss auf der Procurement-Seite gekennzeichnet. Die Attraktivität der Vergabepakete und die Wettbewerbssituation auf den Märkten erlauben in der Lieferantenauswahl einen starken Einsatz von Marktkräften, getragen durch offene und umkämpfte Vergaben. Oft handelt es sich dabei auch um inhaltlich anspruchsvolle Themen, jedoch bleiben die Lieferanten hier nach einer Vergabe grundsätzlich leichter substituierbar als in Wertschöpfungspartnerschaften. Die Wechselbarrieren sind hier deutlich geringer, da eingesetzte Technologien vergleichbar und auf dem Markt gut verfügbar sind. Wegen der hohen Volumina und teilweise auch anspruchsvollen Inhalte werden aber dennoch nach einer harten Wettbewerbsvergabe oft langfristige Partnerschaften angestrebt. Das erhöht weiter die Attraktivität der Vergaben für die Lieferanten und verstärkt den Wettbewerbsdruck. Beispielhaft für dieses Geschäftsmodell sei die Vergabe eines Flurförderzeug-Fuhrparks für einen großen Produktionsbetrieb genannt.

■ **Abwicklungspartnerschaften:** In diesen Geschäftsbeziehungen ist die Zusammenarbeit für beide Partner nur wenig attraktiv. Oft sind diese Geschäfte durch geringe Volumina und technisch wenig anspruchsvolle Standardleistungen geprägt. Ferner bestehen zwischen Kunden und Lieferant keine bindenden Abhängigkeiten. Wechsel sind schnell und problemlos möglich. Hier geht es im Kern um eine aufwandsarme Zusammenarbeit und schnelle Abwicklung der benötigten Bedarfe – zu vertretbaren Preisen für beide Seiten. Beispielhaft können Büromaterialien wie Papier, Kugelschreiber oder Hefter aufgeführt werden.

■ **Beziehungspartnerschaften:** Bei dieser Konstellation handelt es sich um vom Lieferanten dominierte Geschäftsbeziehungen. Beim Lieferanten liegt ein massiver Machtüberschuss vor, und der Abnehmer hat aktuell keine Möglichkeiten auszuweichen. Typischerweise besteht diese Konstellation bei engen Märkten, wie bei „seltenen Erden" in der IT-Industrie. Ferner kann es durch ein Spezial-Know-how auf Lieferantenseite, einen umfassenden Leistungsschutz durch Patente oder auch durch vom Lieferanten geprägte Marktstandards zu Beziehungspartnerschaften kommen. Monopolistische oder enge oligopolistische Märkte prägen dieses Cluster. Beispiele hierzu wurden bereits in vorangegangenen Kapiteln genannt. Es kommt aber auch vor, dass sich Abnehmer von Lieferanten selbst abhängig gemacht haben, indem auf Speziallösungen gesetzt wurde, ohne dass dies technologisch erforderlich war. So entstehen selbstgemachte Monopole. Beispielhaft seien hier individuelle Softwarelösungen für Standardprozesse genannt, die nur vom Ersteller gepflegt und weiterentwickelt werden können. In diesen Geschäftsbeziehungen kann der Lieferant das Geschäft diktieren. Der Wille zur Durchsetzung von Macht oder die Bereitschaft zum Verzicht auf Machtausübung ist oft von der Beziehungsebene zwischen Auftraggeber und Lieferant determiniert.

■ **Opportunitätspartnerschaften:** Lieferanten in diesem Cluster können keinem der vorher genannten vier „Grund-Cluster" zugeordnet werden. Es kristallisieren sich keine eindeutigen Macht- und Einflussverhältnisse von Kunde und Lieferant heraus. Oft werden diese Einschätzungen vorgenommen, wenn über Nachfrage- und Angebotsmacht keine wirkliche Klarheit besteht. In diesen Fällen kann bei der Einschätzung nicht selten ein „Hang zur Mitte" beobachtet werden, da die Mitte scheinbar noch alle Optionen zum Handeln offen lässt. In der Praxis führt dieser „Hang zur Mitte" aber eher zu einer unklaren Einschätzung der Lage und zur Unsicherheit über das weitere Vorgehen.

3.4.4   Lösungen: Zielschwerpunkte

In Abhängigkeit der Markt-Cluster können in Geschäftsbeziehungen grundsätzlich unterschiedliche Schwerpunkte in der Zusammenarbeit gelegt werden. Wesentliche Schwerpunktsetzungen werden im Folgenden beispielhaft genannt. Sie dienen als Orientierung, von denen im Einzelfall bedarfsgerecht abgewichen bzw. mit denen variiert werden kann.

- **Wertschöpfungspartnerschaften:** In Wertschöpfungspartnerschaften kann der Hauptfokus der Zielstellungen auf den Feldern Innovationen und Zeit liegen. Hier kommt es wesentlich darauf an, durch die Zusammenarbeit mit Lieferanten einen technologischen Fortschritt zu erarbeiten, der eine Differenzierung der eigenen Produkte auf den Märkten ermöglicht. Je schneller diese Innovationen erarbeitet werden können, umso besser ist es. Die Kosten müssen dabei im Gleichgewicht zum erwarteten Wettbewerbsvorteil bleiben, ferner ist auf Produzierbarkeit (im Sinne Qualität) zu achten, so dass diese Faktoren begleitend gestaltet werden.

- **Wettbewerbspartnerschaften:** In Wettbewerbspartnerschaften sind die Marktkräfte eines starken Wettbewerbs voll auszuspielen. Hier steht der Faktor Kosten im Fokus, auf Basis eines definierten Qualitätsanspruchs. Das Thema Zeit begleitet diese Faktoren, in funktionierenden Märkten kann eine schnelle und flexible Lieferung jedoch in der Regel problemlos adressiert werden und stellt nur in Ausnahmefällen ein echtes Problem dar. Der Faktor der Innovationen steht bei klassischen Wettbewerbspartnerschaften eher im Hintergrund.

- **Abwicklungspartnerschaften:** In Abwicklungspartnerschaften steht die reibungslose Abwicklung von Transaktionen im Fokus. Die Faktoren Zeit und Aufwand determinieren wesentlich das Handeln. Abgeleitet aus dem Faktor Aufwand geht es in der Zielkategorie Kosten an dieser Stelle weniger um eine Optimierung der Einstandskosten als vielmehr um eine Optimierung der Abwicklungskosten, begleitet von der Zielkategorie Zeit durch automatisierte Prozesse. Innovationen und Qualität spielen eher eine untergeordnete Rolle.

- **Beziehungspartnerschaften:** In Beziehungspartnerschaften spielen insbesondere die Faktoren Kosten, Qualität und Zeit eine wesentliche Rolle – allerdings unter einem neuen Blickwinkel. Beim Faktor Zeit geht es darum, die benötigte Versorgung überhaupt sicherzustellen. Qualität kann bei fachlich schwachen Lieferanten ein wesentlicher Aspekt sein. Hier muss man den Fokus auf die inhaltliche Leistungserfüllung legen, um mit der Versorgung weiter arbeiten zu können. Beim Thema Kosten geht es in erster Linie um den Versuch der Schadensbegrenzung. Damit soll erreicht werden, dass der Lieferant seinen einseitigen Machtüberschuss nicht vollständig zur Wirkung kommen lässt.

- **Opportunitätspartnerschaften:** Für diese Partnerschaften lassen sich keine generellen Schwerpunktbereiche identifizieren. Hier ist von Fall zu Fall eine Schwerpunktsetzung erforderlich.

Auf Basis der vorgestellten Orientierung können für alle Materialgruppen Zielschwerpunkte erarbeitet werden. Sie sind in der Procurement-Aufgabe PP05 Procurement-Ziele zu konkretisieren, so dass glasklar ist, was in einer Materialgruppe in den Märkten konkret erreicht werden soll (siehe Kapitel 3.5)

3.4.5   Lösungen: Normstrategien

Die im „Procurement-Portfolio" abgebildeten Marktverhältnisse und die daraus abgeleiteten Zielschwerpunkte prägen auch die Normstrategien in den Markt-Clustern. Die Normstrategien geben grobe Handlungsorientierungen vor, die den grundsätzlichen Charakter der späteren Marktbearbeitung prägen.

- **Wertschöpfungspartnerschaften:** Wertschöpfungspartnerschaften sind durch eine langfristige, integrativ kooperative Zusammenarbeit zwischen Kunde und Lieferant auf Augenhöhe geprägt. Im Fokus steht die inhaltliche Zusammenarbeit unter Umsetzung der aufgezeigten Zielschwerpunkte. Der Hebel dieser Partnerschaft liegt im Know-how und dem technischen Fortschritt zu beiderseitigem Nutzen.

- **Wettbewerbspartnerschaften:** Wettbewerbspartnerschaften sind durch eine harte, dispositive Wettbewerbsvergabe von Aufträgen in funktionierenden Märkten geprägt. Im Fokus steht die Aktivierung der Wettbewerbskräfte zur Realisierung von Kosteneinspa-rungen unter Einhaltung von Qualitäts- und Zeitanforderungen. Auch in einer längerfristigen Zusammenarbeit bleibt der Auftraggeber vom Lieferanten unabhängig.

- **Abwicklungspartnerschaften:** Abwicklungspartnerschaften sind durch eine Optimierung und Automatisierung der Zusammenarbeit von Abnehmern und Lieferanten geprägt. Die Prozesskostenoptimierung steht im zentralen Fokus der Zusammenarbeit. Die Realisierung von akzeptablen Einstandskosten und die Einhaltung von Qualitäts- und Zeitvorgaben begleiten diesen Fokus mit untergeordneter Priorität.

- **Beziehungspartnerschaften:** Beziehungspartnerschaften sind primär durch eine Absicherung der Versorgung (Zeit) unter Verwirklichung einer größtmöglichen Schadensbegrenzung in den Faktoren Kosten und Qualität geprägt. Die Beziehungen zum Lieferanten beeinflussen wesentlich den Erfolg der Zusammenarbeit. Begleitet wird diese Normstrategie von der Nebenstrategie der Substitution – der Befreiung aus dem Abhängigkeitsverhältnis. Die Substitution kann dabei durch eine Vereinfachung des Bedarfs, z.B. über Standards, erfolgen. Alternativ kann eine Substitution durch eine Attraktivierung der Bedarfe angesteuert werden. Dazu ist der Bedarf so in größere Vergabepakete zu integrieren, dass es für andere Lieferanten interessant wird, in ein Angebot zu investieren.

- **Opportunitätspartnerschaften:** Die Normstrategie heißt adäquates Verhalten im Einzelfall durch Anlehnung an eine der bereits erläuterten Normstrategien. Sie wird be-

gleitet durch die Nebenstrategie der weiteren Differenzierung. Dabei sind Nachfragemacht bzw. Angebotsmacht durch eine Veränderung des Bedarfs und/oder des Liefe-
rantensets so zu schärfen, dass zukünftig eine Zuordnung der Kunden-Lieferanten-
Verhältnisse in die Marktklassen Wettbewerbs-, Wertschöpfungs- oder Abwicklungs-
strategie möglich wird.

Die aus den Zielschwerpunkten abgeleiteten konkreten Materialgruppenziele und die hier
aufgezeigten Normstrategien sind die Basis zur Erarbeitung konkreter Beschaffungsstrategien (siehe Kapitel 3.6). In der Procurement-Aufgabe PP06 Sourcing-Strategien werden mit
Hilfe eines „Strategie-Profils" konkrete Handlungsvorgaben festgelegt, mit der die hier
aufgezeigten Normstrategien für die Umsetzung weiter konkretisiert werden.

3.4.6   Validierung der Lösungskonzepte

Die materialgruppenspezifisch erarbeiteten „Procurement-Portfolios" sind regelmäßig zu
überprüfen. Dabei ist zu bewerten, ob die Materialgruppen- und Lieferantenzuordnung zu
den Portfoliofeldern sowie die abgeleiteten Zielschwerpunkte und Normstrategien jeweils
aktuell sind. Ggf. müssen Anpassungen vorgenommen werden. Dies ist insbesondere
dann der Fall, wenn die Einschätzung zur Procurement- oder Supplier-Power auf Basis
von Markt- oder Bedarfsveränderungen anzupassen sind. So können Bedarfe z.B. über
ihren Lebenszyklus durch verschiedene Portfoliofelder wandern, da sich die Kräfteverhältnisse zwischen den Lieferanten und Kunden über die Zeit verändern (können).

3.5   Procurement-Ziele

Ziele geben einer Organisation Richtung und Dynamik. Das gilt auch für die Procurement-
Funktion. Wurden im Procurement-Portfolio mit Zielschwerpunkten bereits erste „Rich-
tungsvorgaben" verankert, so sind diese weiter zu konkretisieren. Materialgruppe für
Materialgruppe ist festzulegen, woran man eine erfolgreiche Procurement-Funktion misst.

3.5.1   Zielsetzungen in der Procurement-Funktion

Basis der Procurement-Ziele sind die Unternehmensziele. Sie drücken sich im Ergebnis in
der Wettbewerbsfähigkeit des Unternehmens aus. Bei der Zielbestimmung ist daher zu
hinterfragen, welchen Beitrag die Procurement-Funktion konkret zur Steigerung der Wettbewerbsfähigkeit des Unternehmens leisten kann und leisten soll. Im Ergebnis hat ein

präzises Ziels-Set zu stehen, das die Erfolgskriterien Kosten, Qualität, Zeit und Innovationen für die Procurement-Funktion genau beschreibt und mit konkreten Zielgrößen fassbar macht. In der Funktion entsteht eine schlüssige Zielorientierung, mit der über die Ergebnisseite direkt wichtige Stärkefaktoren der Procurement-Funktion adressiert werden:

Stärke der Procurement-Funktion im Unternehmen

■ SPFU03 – Procurement-Ziele: Ziele werden materialgruppenspezifisch festgelegt.

■ SPFU07 – Procurement-Vernetzung: Ziele sorgen im Management für Vernetzung.

■ SPFU08 – Procurement-Ergebnisse: Ziele unterstützen gute Operations-Ergebnisse.

Stärke der Procurement-Funktion in den Märkten

■ SPFM06 – Marktstrategien: Procurement-Ziele lenken die Marktbearbeitung.

Stärke im Management der Procurement-Funktion

■ SPFP07 – KVP-Prozess: Ziele fördern kontinuierliche Verbesserungsprozesse.

Abbildung 3.25 Ziele der Aufgabe PP05 - Procurement-Ziele

Aufgaben-Power-Ergebnis-Matrix (APEM)																																			
	Die Procurement-Aufgabe PP05 bewirkt jeweils Power																															Ergebnis-			
	im Unternehmen								in Märkten								in der Funktion							in den Operations								beitrag in			
Wirkung / Aufgaben	SPFU01	SPFU02	SPFU03	SPFU04	SPFU05	SPFU06	SPFU07	SPFU08	SPFM01	SPFM02	SPFM03	SPFM04	SPFM05	SPFM06	SPFM07	SPFM08	SPFP01	SPFP02	SPFP03	SPFP04	SPFP05	SPFP06	SPFP07	SPFO01	SPFO02	SPFO03	SPFO04	SPFO05	SPFO06	SPFO07	SPFO08	Kosten	Qualität	Zeit	Innovation
PP05 - Procurement-Ziele			●				●	●						●									●									■	■	■	■

3.5.2 Anforderungen an Lösungskonzepte

Aus den erläuterten Zielstellungen lassen sich direkt konkrete fachliche Anforderungen an Lösungskonzepte ableiten. Im Kern geht es dabei um folgende Aufgabenstellungen:

■ Geeignete Festlegung von Effektivitätszielen

■ Geeignete Festlegung von Effizienzzielen

■ Generierung einer Procurement-Scorecard

Im ersten Schritt kann man sich dieser Fragestellung durch einen Blick auf die Kernaufgabe der Funktion nähern. Es ist wichtig zu erkennen, welche Ziele (Zielinhalt = Richtungswirkung von Zielen) und Zielausprägungen (Zielanspannung in Höhe und Zeitpunkt = Dynamikwirkung von Zielen) bei der Marktbearbeitung in den einzelnen Materialgruppen wesentlich sind. Es ist genau zu klären, was man in der Zusammenarbeit mit den Lieferanten in den Kategorien Kosten, Qualität, Zeit und Innovationen erreichen will. Diese Materialgruppenziele sollten gemeinsam von Fachbereichen und Procurement-Funktion erarbeitet werden. Gelingt eine gemeinsame Sicht auf die Ziele und übernehmen beide Seiten Zielverantwortung, z.B. über gegenseitig in Scorecards verankerten „mutual goals", wird die Basis der Zusammenarbeit weiter gefestigt: konsequent eingebunden in den Ziel- und Erfolgsmechanismus des Unternehmens. Das diszipliniert und schweißt in der täglichen Arbeit zusammen. Werden diese Ziele dann bei der Arbeit in den Märkten erreicht, hat die Procurement-Funktion ihre Aufgabe effektiv erfüllt. Entsprechend werden diese Ziele auch als „Effektivitätsziele" bezeichnet.

Neben der Effektivität kommt es für den Erfolg der Procurement-Funktion auch auf ihre Effizienz an. Welcher Aufwand wird betrieben, um die gesteckten Effektivitätsziele zu erreichen? Daher ist im zweiten Schritt der Blick auf ein Input-Output-Optimum zu richten. Wie können in der Procurement-Funktion selbst Kosten gesenkt und die Qualität der Arbeit verbessert, die Arbeitsgeschwindigkeit erhöht und methodische Innovationen vorangebracht werden? Eine Procurement-Funktion ist eben nur dann erfolgreich, wenn sie ihre Effektivitätsziele auch effizient erreicht. Dazu sind sogenannte „Effizienzziele" zu definieren.

Im dritten Schritt sind die Effektivitäts- und Effizienzziele in ein gemeinsames Steuerungsinstrument zu integrieren. Im Ergebnis entstehen materialgruppenspezifische Procurement-Scorecards mit der die Effektivität und Effizienz der Procurement-Funktion gezielt gesteuert werden kann.

Bei der Erarbeitung geeigneter Zielgrößen und der Festlegung von Zielwerten handelt es sich im Unternehmen nicht nur um einen rein „intellektuellen Vorgang". Vielmehr spielen die Interessen der unterschiedlichen Funktionen und ihrer Manager eine wichtige Rolle. Im innerbetrieblichen Wettbewerb wird es zu Interessens- bzw. Zielkonflikten kommen. Schließlich geht es bei der Zielfindung auch um Einfluss, Profilierung und Macht. Streit- und Diskussionsfragen sind programmiert: Welche Ziele sind für das Unternehmen wichtig? Wer setzt welche Schwerpunkte? Wo gibt es Überschneidungen bzw. Widersprüche? Wer kann welche Stärken in der Diskussion zur Geltung bringen? Widersprüche und unterschiedliche Sichtweisen sind an dieser Stelle selbstverständlich und auch gut. Sie sind in einem strukturierten und offenen Zielfindungsprozess auszubalancieren – ganz im Sinne des Unternehmens. Ob es zu einem ausbalancierten Ergebnis kommt, hängt wesentlich von den Akteuren ab. Wer ist wie durchsetzungsstark? Wer ist kompetent? Wer hat welche Beziehungen? Alles Faktoren, die das Ergebnis mitbestimmen. Daher kommt es in dieser Aufgabenstellung darauf an, dass die Procurement-Funktion in der Führung – die auf Geschäftsleitungsebene die Zielvorgaben vereinbart – entsprechend stark ist. Bei der Abstimmung zur Zielverantwortung im Top-Management wird sichtbar, ob die Führung der Procurement-Funktion gut besetzt wurde.

3.5.3   Lösungen: Effektivitätsziele

Die Bandbreite zur Beschreibung und Festlegung von Effektivitätszielen ist groß. Daher kann an dieser Stelle keine allgemeingültige Auswahl einzelner Ziele vorgeschlagen werden. Dennoch erfolgt in Abbildung 3.26 eine Übersicht zu ausgewählten Zielen, die in der Unternehmenspraxis heute vielfach Anwendung finden [64]-[70]:

Abbildung 3.26   Effektivitätsziele im Procurement

Ausgewählte Effektivitätsziele im Procurement			
Kosten senken	**Qualität verbessern**	**Geschwindigkeit erhöhen**	**Innovationen treiben**
- Einsparungen Einmalbedarfe - Einsparungen Wiederhole-darfe - TCO-Einsparung / TCO-Quote - Best-Value-Sourcing-Quote - Lieferanten-Set-Quote - Maverick-Buy-Quote - Single-Source-Quote	- QM-Zertifikatsquote - CAx-Quote / PDM-Quote - QGK-Quote - Erstbemusterungsquote - Lieferreklamationsquote - Lieferqualität/Fehlerquote - Garantie-/Kulanzquote - Produktoptimierung - Produktstandardisierung - Produktmodularisierung - Mitarbeiter-Qualität	- Entwicklungszeitreduktion - QGZ-Quote - Lieferanfragezeitreduktion - Kapazitätsverfügbarkeit - Losgrößenreduzierung - Lieferzeitenreduzierung - Lieferzeitentreue - Lieferantenverfügbarkeit - Problem-Antwortzeiten - Bypass-Versorgungszeiten	- Technologieziele - Technologie-Know-how - Entwicklungsprozesse - Entwicklungssysteme - Patentrate - Innovationsproduktanteil - Innovationsdynamik - Innovations-Lokalisierung - Innovationsbedingungen
Querschnittziel: Über Sourcing-Strategien abgedeckter Umsatzanteil			
Querschnittziel: Über Lieferanten-Management-Programme abgedeckter Umsatzanteil			

Eine Auswahl, Schärfung, Variation oder Ergänzung von einzelnen Zielen ist ohne Probleme möglich. Das Design eines Ziel-Sets sollte unternehmens- und materialgruppenspezifisch erfolgen, um es individuell an die jeweiligen Rahmenbedingungen anpassen zu können. Im Folgenden werden die ausgewählten Ziele näher erläutert.

Effektivitätsziele - Kosten senken

Bei der Diskussion um Procurement-Ziele steht die Kostensenkung mit dem „Klassiker-Thema" Einsparungen oft zuerst im Fokus. Das Thema sieht zunächst simpel aus, ist aber komplizierter, als es scheint. Denn was sind Einsparungen? Hierzu gibt es verschiedene Sichtweisen. So kann man Einsparungen bei Einmal- bzw. Erstbedarfen und bei Wiederholbedarfen differenzieren. Bei Einmal- bzw. Erstbedarfen gibt es keinen „echten Vergleichspreis" aus einer Vorperiode. Einsparungen kann man hier als Differenz zwischen dem als Vergleichsbasis verwendeten Ausgangspreis und dem verhandelten Endpreis definieren. Als verwendeter Ausgangspreis können z.B. der beste vorliegende Angebotspreis, das zur Verfügung stehende Budget oder auch die ermittelten Ist-(Eigen)kosten herangezogen werden. Alle genannten Vergleichsbasen finden in der Praxis Anwendung. Hier sollte im Unternehmen eine klare und einheitliche Festlegung erfolgen. Damit ist klar, auf welche Basis sich ausgewiesene Einsparungen beziehen. Die ermittelten Einsparungen können nominal in EUR ausgewiesen oder auch prozentual auf die Vergabesumme bezogen werden. Bei der prozentualen Betrachtung wird die Einsparrelation zum Volumen deutlich, bei der Nominalbetrachtung die direkte Geldwirkung. Beides zusammen veranschaulicht die Bedeutung der erzielten Einsparungen für das Unternehmen.

Betrachtet man Wiederholbedarfe, so existieren hier echte Vergleichspreise aus der vorangegangenen Betrachtungsperiode. Auch hier wird die Einsparung als Differenz aus Vergleichsbasis und verhandeltem Preis ermittelt. Im Regelfall erfolgt ein direkter Vergleich zwischen altem und neuem Preis. Nominale und relative Betrachtungsweisen sind dabei möglich. Verteuerungen werden durch „negative Einsparungen" transparent. Darüber hinaus sind in der Praxis weitere Variationen der Einsparungsbewertung im Einsatz. Einsparungen werden dabei rein relativ auf Basis des Vergleichs von Preisveränderungsverläufen betrachtet. Eine erzielte Preisveränderung kann in den Vergleich zur Entwicklung eines Preisindexes oder zur Veränderung eines selbst erstellten Branchenmixindexes gestellt werden. Dabei steht im Fokus, ob man sich in der Preisentwicklung besser oder schlechter als der Vergleichstrend entwickelt hat. Die Betrachtungsweise zur Bewertung von Einsparungen bzw. Preisverläufen sollte klar definiert werden.

In der Vergangenheit wurde bei der Ermittlung von Einsparungen oft – wie oben beschrieben – ausschließlich auf Einstandspreise referiert. In modernen Ansätzen folgt man aber hier dem Total-Cost-of-Ownership-Ansatz (TCO), der nicht nur Einstandspreise, sondern alle anfallenden Kosten einer Transaktion in den Mittelpunkt stellt. Preis und Vergleichsbasis werden um ergänzende Kostenfaktoren wie z.B. Lagerkosten, Betriebskosten für Energie und Personal, Wartungskosten, Entsorgungskosten etc. ergänzt. Es werden alle Kostenfaktoren einbezogen, die bei der Beschaffung und Nutzung eines Gutes zu Ausgaben führen. Dies lenkt den Blick auf die Gesamtkosten einer Beschaffung und stellt eine umfassendere Betrachtung der Wirtschaftlichkeit dar. Also können neben den klassischen Einsparzielen auf der Einstandspreisseite auch Einsparungsziele auf der Ebene der TCO-Kosten festgelegt werden.

Teilweise fällt es Unternehmen schwer, für eine TCO-Berechnung alle wesentlichen TCO-Kosten schnell, zuverlässig und exakt ermitteln zu können. Dies führt dann zu einer Unschärfe in der Ermittlung von TCO-Einsparungen. Exakte Ergebnisinterpretationen werden schwieriger. In diesem Fall können alternativ Zielstellungen formuliert werden, mit denen eine TCO-Quote gemessen wird: Sie gibt den Anteil an durchgeführten Transaktionen bzw. am Vergabevolumen wieder, der unter Durchführung von TCO-Bewertungen am Markt platziert wurde. Die TCO-Quote ist ein Indikator, inwieweit die Gesamtkostensicht die Vergabeentscheidungen des Unternehmens prägen.

In einigen Unternehmen erfolgen Vergaben nach einem nochmals erweiterten Konzept, dem Best-Value-Sourcing (BVS). Beim BVS wird die Kostenperspektive des TCO-Ansatzes um die Nutzenperspektive der Angebote erweitert. Dabei werden besondere positive bzw. negative Leistungsinhalte eines Angebotes monetär nach ihrem geldwerten Vor- bzw. Nachteil bewertet. Beispiel: Einkauf Softwarelizenzen – Angebot A.

■ Einstandspreis Software-Lizenz	2.550 EUR
■ TCO - Kosten Installation	15 EUR
■ TCO - Kosten Schulungsaufwand	350 EUR
■ TCO - Kosten Wartung	250 EUR
■ TCO - Kosten Service-Hotline	50 EUR
■ Kosten	**3.215 EUR**

Zum Angebot A liegen weitere Konkurrenzangebote mit vergleichbaren Kosten vor. Bei der Bewertung des Angebotes A wurde erkannt, dass der Softwareanbieter bereits die Nutzung der „Vorgängersoftware" begleitet hat und somit die Anwendungsfälle und Probleme der Mitarbeiter genau kennt. Daraus wird abgeleitet, dass die Schulungen präziser und die Hotline genauer auf die Bedürfnisse der Mitarbeiter zugeschnitten sind als bei den Wettbewerbern – bei gleichen Schulungs- und Hotlinekosten.

Im Ergebnis wird erwartet, dass die Arbeitsprobleme der Mitarbeiter durch den Erfahrungshintergrund des Anbieters A im ersten Lizenzjahr schneller gelöst werden können als beim Wettbewerb. Die erwartete Zeitersparnis beträgt zwei Manntage je Lizenznehmer. Damit ist ein effektiver Gewinn von ca. 1% der jährlichen produktiven Arbeitszeit erreicht. Diese Zeit wird mit einer Summe von 450 EUR je Tag bewertet. Dadurch ergibt sich ein Bonus von 900 EUR.

Im Best-Value-Ansatz ist der ermittelte geldwerte Vorteil bei der Vergabeentscheidung zu berücksichtigen: Der Angebotspreis wird um diesen Vorteil bereinigt. Daraus folgt eine neue Bewertung des Angebotes:

■ Einstandspreis	2.550 EUR
■ TCO-Kosten	665 EUR
■ Kosten	**3.215 EUR**
■ Bonus- / Malus	- 900 EUR
■ BVS-Bewertung (Vergleichspreis)	**2.315 EUR**

Die geschilderte BVS-Vorgehensweise berücksichtigt neben der Gesamtkostensicht explizit die bewerteten Nutzenunterschiede von Angeboten. Damit erfolgen Vergaben unter einem nochmals erweiterten Blickfeld der Wirtschaftlichkeit. Auf der Ebene der Procurement-Ziele kann – analog zur TCO-Quote – eine BVS-Quote ermittelt werden, aus der erkennbar wird, inwieweit diese Wirtschaftlichkeitsmethode im Unternehmen implementiert ist.

Bei der Betrachtung der Kostenseite werden in der Regel wie aufgezeigt Einsparungsziele klassisch bezogen auf Einstandspreise formuliert und vorgegeben. Sie sind am einfachsten und exaktesten zu bestimmen. Oft werden diese Ziele um TCO-Ziele oder BVS-Ziele ergänzt. Klassische Einsparungsziele, TCO-Ziele und BVS-Ziele geben im Mix einen schlüssigen, aber dennoch konzentrierten Blick auf die Zielstellung „Kosten senken".

Darüber hinaus können drei weitere Zielbereiche genannt werden, die indirekt zur Beeinflussung der Kostenseite beitragen. Da ist etwa das im Markt genutzte Lieferanten-Set. Hier kann gemessen werden, ob das im Rahmen einer „Sourcing-Strategie" für eine Materialgruppe definierte Lieferanten-Set (siehe Kap. 3.6) in der Praxis wirklich genutzt wird oder ob es Abweichungen gibt. Eine Lieferanten-Set-Quote gibt an, bei welchem Volumen- bzw. Transaktionsanteil die Ziellieferanten genutzt wurden. Ein weiterer wichtiger Faktor ist der Anteil der Vergaben im Wettbewerb. Wie hoch ist der Anteil des Vergabevolumens, der ohne Wettbewerb direkt über „Single-Source-Vergaben" beauftragt wird? Eine volumenbezogene Single-Source-Quote ist ein guter Indikator für den Wettbewerbsstatus einer Materialgruppe. Je geringer die Single-Source-Quote, desto höher die Wettbewerbsintensität. Eng verwandt mit der Single-Source-Quote ist die Maverick-Buy-Quote. Sie bildet den Anteil des Vergabevolumens ab, bei dem die Procurement-Plan-Funktion entgegen ihrer Zuständigkeit nicht in die Vergabe eingebunden wurde: Es geht um den Einkauf ohne Einbindung der Procurement-Funktion. Da sie jedoch ohne Einbindung auch keine Wirkung in Sachen „Kosten senken" erzielen kann, ist eine niedrige Maverick-Buy-Quote ein kritischer Faktor für ihren Erfolg – und auch ein Maß für den Respekt, der ihr im Unternehmen entgegengebracht wird.

Qualität verbessern

Beim Thema Qualität können drei wesentliche Zielstellungen in der Zusammenarbeit mit Lieferanten adressiert werden: Eine hohe grundsätzliche Qualitätsfähigkeit, eine starke operative Qualitätsleistung sowie der Beitrag der Lieferanten zur Produktoptimierung.

Die Qualitätsfähigkeit von Lieferanten bringt zum Ausdruck, ob sie in der Lage sind, Kundeninteressen in den Mittelpunkt zu stellen, Prozesse konsequent darauf auszurichten und zuverlässig angestrebte Ergebnisse zu erzielen. Basis zur Gestaltung qualitätsfähiger Systeme sind moderne QM-Ansätze, die in die Normung eingegangen sind, wie z.B. in die DIN EN ISO 9000ff oder die ISO/TS 16949 [71][72]. Für die Zusammenarbeit mit den Lieferanten kann man materialgruppenabhängige Mindestanforderungen an die Qualitätsfähigkeit von Lieferanten stellen, deren Erfüllung über Zertifizierungen nachzuweisen ist. Mit einer QM-Zertifikatsquote kann ein Zielwert vorgegeben werden, der den Anteil der Lieferanten wiedergibt, die in einer Materialgruppe die gewünschten Zertifikatsanforderungen erfüllen müssen.

Die operative Qualitätsleistung von Lieferanten – also ihr Output – zeigt sich entlang der Wertschöpfungskette. Am Anfang steht die Qualität in Entwicklungsprozessen. Bei den Entwicklungsprozessen kommt es darauf an, dass die Zusammenarbeit mit den Lieferanten auf Basis gemeinsamer Entwicklungs-Systeme, also einer homogenen DV-Welt erfolgt. Dies ist ein wichtiger Indikator für eine gemeinsame Know-how-Basis und eine optimale Schnittstellengestaltung. Sie steht für eine gemeinsame Sprache von Entwicklern auf beiden Seiten des Auftrags. Die Zusammenarbeit kann z.B. über eine CAx-Quote gemessen werden. Sie gibt den Anteil der Lieferanten wieder, die mit den gewünschten Entwicklungssystemen arbeiten und direkt mit dem Auftraggeber vernetzt sind. In der laufenden Entwicklungsarbeit kommt es auch auf einen reibungslosen Austausch von Entwicklungsdaten und Arbeitsständen in den Systemen an. Werden immer die richtigen Daten übermittelt oder kommt es zu Fehlern? Dies kann ein großes Problem sein, wenn andere Entwickler mit fehlerhaft übermittelten Daten weitergearbeitet haben. Die Qualität des Datenaustauschs kann über eine Product-Data-Management-Quote (PDM-Quote) bewertet werden. Sie gibt an, wie hoch der Anteil an fehlerhaft vorgenommenen Dateneinspielungen beim Auftraggeber ist, gemessen an allen Datentransfers. Betrachtet man die Entwicklungsergebnisse, so kann im Entwicklungsprozess mit der Quality-Gate-Konformitäts-Quote (QGK-Quote) gemessen werden, wie hoch der Anteil der Entwicklungsmeilensteine ist, der von Lieferanten beim ersten Versuch „in quality" bestanden wird. Am letzten Quality Gate, der Freigabe des entwickelten Produkts, kann mit einer Erstbemusterungsquote festgestellt werden, welcher Anteil der vorgestellten Entwicklungs(end)ergebnisse ohne Beanstandung für die Produktion freigegeben werden kann.

In der laufenden Produktion wird der Blick auf die Qualität der gelieferten Produkte gelegt. Mit der Lieferreklamationsquote kann gemessen werden, welcher Anteil der Lieferungen pünktlich, am richtigen Ort, in der richtigen Menge, mit korrekten Begleitpapieren und ohne Beschädigung beim Wareneingang vereinnahmt werden kann. Über Fehlerraten wie ppm (parts per million) wird gemessen, welcher Anteil der angelieferten Güter inhaltlich nicht der geforderten Spezifikation entspricht. Hier liegt der Fokus direkt auf der Produktqualität. Die Zielstellung einer niedrigen Fehlerrate kann begleitet werden von den Zielen einer hohen Feldqualität der gelieferten Güter. Sie kann über eine Garantie- bzw. Kulanzquote bewertet werden. Sie adressiert die Langzeitqualität der gelieferten Produkte. Mit ihr wird der Anteil an Garantie- bzw. Kulanzfällen im Feld gemessen, der auf Ausfälle bzw. nachgelagert festgestellte Fehler der Lieferungen zurückzuführen ist.

Neben diesen hart messbaren Zielen können auch qualitative Zielgrößen auf Materialgruppenebene formuliert werden. Da geht es etwa um generelle Produktoptimierungen
zur Bekämpfung von bekannten Produkt-Schwachstellen, z.B. durch die Verwendung
neuer Materialien. Mit ihnen soll konzeptionell auf „ppm-Highlights" eingegangen werden. Desweiteren kann über die Standardisierung und Modularisierung von komplexen
Produkten oder Produktfunktionen der Leistungserstellungsprozess vereinfacht und besser beherrscht werden. Im Fokus dieser Zielstellungen stehen weniger neue Produktinnovationen, sondern die Komplexitätsreduktion bzw. das Komplexitätsmanagement bei
bestehenden Produkten. Beide Faktoren haben direkten Einfluss auf die Wirtschaftlichkeit
und Qualität der Leistungserstellung – bei den Lieferanten und in der eigenen Wertschöpfung. Konkrete Standardisierungs- und Modularisierungsziele können auf Materialgruppenebene formuliert und an die Lieferanten adressiert werden. Als letzter Aspekt sei an
dieser Stelle die Mitarbeiterqualität der Lieferanten genannt. Über Scoring-Modelle können die Faktoren gemessen werden, die in der Zusammenarbeit eine wichtige Rolle auf der
Arbeitsebene spielen, wie z.B. Fach-Know-how, Ergebnisqualität, Flexibilität, Zuverlässigkeit und soziale Kompetenzen.

Geschwindigkeit erhöhen

Zeit ist Geld. Dies gilt auch für die Zusammenarbeit mit den Lieferanten. Es können wichtige Zielstellungen adressiert werden, z.B. die Geschwindigkeit in Entwicklungsprojekten;
die Liefergeschwindigkeit und –flexibilität in der Produktion sowie das Zeitverhalten der
Lieferanten in Krisensituationen.

In Entwicklungsprojekten kann gemessen werden, wie stark die Entwicklungszeiten reduziert werden können. Betrachten wir die Automobilindustrie, wurden dort in der Vergangenheit Entwicklungszeiten von 80 Monaten und mehr für ein Fahrzeugprojekt gemessen.
Durch die massive Integration von Entwicklungsdienstleistern ist es gelungen, Zeiten von
30+x Monaten zu ermöglichen. Sicher kann die Messgröße Entwicklungszeitenreduktion
nicht isoliert auf Lieferanten bezogen werden, da auch die internen Prozesse für solche
Reduktionen bedeutend verändert werden müssen. Dennoch gibt der Wert eine geeignete
Zielvorgabe im Sinne eines integrierten Unternehmens wieder, da alle Funktionen hier
einen Beitrag leisten müssen. Eine weitere wichtige Zielgröße ist die Quality-Gate-Zeit-
Quote (QGZ-Quote). Mit ihr wird gemessen, wie hoch der Anteil der Entwicklungsmeilensteine ist, die durch die Lieferanten „in quality and time" bestanden wurden – also mit
akzeptiertem Ergebnis zum vorgesehenen Zeitpunkt.

Auf der Produktionsseite geht es sowohl um Geschwindigkeit als auch um Flexibilität. Ein
wichtiger Faktor ist dabei die Lieferanfragezeit. Wie lange braucht ein Lieferant, bis eine
Lieferanfrage bearbeitet und bestätigt wurde? Lieferanfragezeitreduktionen machen die
Zusammenarbeit schneller. Die Verfügbarkeit von Kapazitätsressourcen ist sowohl für die
Flexibilität wie auch für die Geschwindigkeit wichtig: Wie hoch ist der Anteil der Lieferan-
fragen, für den keine Kapazitäten bei den Lieferanten zur gewünschten Zeit zur Verfügung standen, und wie lange waren die Wartezeiten? Ferner ist unter dem Aspekt Geschwindigkeit interessant, inwieweit Losgrößenreduzierungen als Mindestbestellmengen

und Lieferzeitenreduzierungen für die operative Versorgung möglich sind. Neben den Lieferzeiten spielt auch die Lieferzeittreue eine wichtige Rolle. Denn nur in Verbindung aus Lieferzeittreue, geringen Losgrößen und Lieferzeiten können schlanke Materialfluss- konzepte entwickelt werden.

Zur Bewertung der operativen Zusammenarbeit mit Lieferanten ist es von großer Bedeu- tung, ob die Ansprechpartner beim Lieferanten immer verfügbar sind, wenn sie gebraucht werden. Wenn sie verfügbar sind, kommt es darauf an, wie lange die Ansprechpartner brauchen, um Fragen oder Probleme zu lösen. Für Lieferantenverfügbarkeit und Problem- Antwortzeiten können Service-Level-Agreements (SLA) vereinbart und die Erfüllungsquo- te gemessen werden.

Besonders kritisch ist für Produktionsbereiche das Krisenverhalten von Lieferanten bei Engpässen. Hierzu können „Bypass-Prozesse" vereinbart werden, um abweichend von der laufenden Zusammenarbeit Notfallversorgungskonzepte zu erarbeiten. Im Ergebnis ist entscheidend, wie kurz in einer Materialgruppe Bypass-Versorgungszeiten dimensioniert werden können, um die Versorgung jederzeit sicherzustellen. Hier können materialgrup- penspezifische Zeitvorgaben festgelegt und ihre Einhaltung im Notfall gemessen werden.

Innovationen treiben

Die Zusammenarbeit mit Lieferanten soll nicht nur dazu dienen, kostengünstig, qualitativ hochwertig und in hoher Geschwindigkeit Märkte zu versorgen. Das Know-how der Liefe- ranten soll darüber hinaus gezielt genutzt werden, um Innovationen in den eigenen Pro- dukten voranzubringen. Dazu braucht es ein genaues Bild, was in den einzelnen Material- gruppen dazu erforderlich ist. Darauf aufbauend können je Materialgruppe konkrete In- novationsziele abgeleitet werden.

Auf der inhaltlichen Seite sind zunächst qualitative Innovationsvorgaben auszugestalten. Es ist zu definieren, welche Technologieziele in der Materialgruppe verfolgt werden und welche Know-how-Schwerpunkte für die Zielerreichung erforderlich sind. Zur Umsetzung von Innovationen sollte ferner festgelegt werden, mit welchen Entwicklungs-Systemen zukünftig gearbeitet werden soll und wie die Prozesse der Zusammenarbeit in Entwick- lungsprojekten aussehen. Es kann in jeder Materialgruppe ein Innovationsprofil aus Inno- vationszielen, Innovations-Know-how, Entwicklungssystemen und Entwicklungsprozes- sen erarbeitet werden. In der Arbeit mit den Lieferanten kann gemessen werden, ob das Profil zur Generierung von Innovationen erfüllt wird.

Diese qualitativen Vorgaben können mit quantitativen Innovationsvorgaben gekoppelt werden. So kann über eine Patentrate adressiert werden, in welchen Innovationsfeldern, welche Schutzrechte in welcher Anzahl entstehen sollen. Darüber hinaus könnte ein Inno- vationsproduktanteil festgelegt werden. Er bildet den Anteil am eigenen Produktspektrum ab, der durch Lieferanteninnovationen weiterentwickelt wurde. Interessant ist auch die Zielgröße der Innovationsdynamik. Hier kann gemessen werden, wie hoch der Anteil an innovativen Produkten am Produktspektrum ist, die z.B. jünger als zwei Jahre sind.

Betrachtet man die Marktseite, können Ziele zur Innovations-Lokalisierung und zu Innovationsbedingungen festgelegt werden. Bei der Innovations-Lokalisierung geht es um die Auswahl der Märkte, in denen man mit Lieferanten bei Innovationsthemen zusammenarbeiten möchte. Gilt hier grundsätzlich „global sourcing" oder gibt es ein differenziertes Verhalten? Es wäre z.B. möglich, bestimmte Innovationsthemen global freizugeben und andere zu begrenzen. So könnte man beispielsweise Innovationsthemen mit hohem wettbewerbsdifferenzierenden Potenzial und kritischer Bedeutung für den Know-how-Schutz in klassischen Märkten lokalisieren. Unkritische Innovationsthemen dürften global platziert werden. Es sollte ein Lokalisierungsprofil für das Unternehmen erstellt werden, mit dem definiert wird, was man wo machen kann und will. Die Umsetzung dieses Profils kann gemessen werden. Eng vernetzt ist das Lokalisierungsprofil mit den Vorstellungen zu Innovationsbedingungen, Bedingungen zum Know-how-Schutz, zu Nutzungs- und Verwertungsrechten und Ähnlichem. Auch hierzu kann ein Bedingungsprofil erarbeitet werden. Lokalisierungs- und Bedingungsprofil können in einer Matrixform kombiniert werden. Was wird wo zu welchen Bedingungen gemacht? Die Einhaltung dieser Vorgabe kann gemessen werden.

Querschnittziele

In den vergangenen Absätzen wurden umfassende Ansatzpunkte aufgezeigt, um in der Zusammenarbeit mit Lieferanten Kosten senken, Qualität verbessern, Geschwindigkeit erhöhen und Innovationen treiben zu können. Im Unternehmen gilt es, auf Materialgruppenebene passende Zielaspekte auszuwählen, durch Kenngrößen zu konkretisieren, mit Zielwerten zu belegen und in Scorecards zu verankern (siehe Kapitel 3.5.5). Zur Umsetzung der Ziele werden dann Maßnahmen eingeleitet, die in den Procurement-Operations zum Tragen kommen. Diese Maßnahmen adressieren einerseits die Bearbeitung der Märkte, andererseits das Management der beauftragten Lieferanten bei der Auftragserfüllung.

Zur Bearbeitung der Märkte werden Sourcing-Strategien aufgesetzt (siehe Kapitel 3.6). In Sourcing-Strategien wird auf Materialgruppenebene im Detail festgelegt, wie man Vergaben grundsätzlich in den Märkten platzieren will, um die gesetzten Ziele zu erreichen. Daher ist es wichtig, das Vergabevolumen zu steuern, das unter den Vorgaben von Sourcing-Strategien vergeben wird. Dazu können in jeder Materialgruppe Volumenziele bzw. Volumenanteile vorgegeben werden.

Auf Basis konkreter Beauftragungen geht es um die Zielerreichung in der Praxis. Dazu ist auf Lieferantenebene zu konkretisieren, welchen Zielbeitrag sie konkret zur Erreichung von Materialgruppenzielen leisten. Im Rahmen von Lieferanten-Management-Programmen kann die Performance von Lieferanten über Lieferanten-Scorecards und/oder Lieferantenpläne gesteuert werden (siehe Kapitel 3.7). An dieser Stelle geht es also um die Zielumsetzung nach Auftragsvergabe. Daher ist es wichtig, das Vergabevolumen zu maximieren, das mit Lieferanten-Management-Programmen gesteuert wird. Analog zu den Sourcing-Strategien können Volumenziele bzw. Volumenanteile vorgegeben werden.

3.5.4   Lösungen: Effizienzziele

Die Effektivitätsziele stellen die Herausforderungen der Procurement-Funktion in der Fremdversorgung des Unternehmens dar. Erreicht sie dort ihre Ziele, findet das im Unternehmen und Management Anerkennung. Schafft sie dies unter Einsatz möglichst geringer Ressourcen, entsteht Respekt. Effizienz bei der Zielerreichung gehört zum Erfolg der Procurement-Funktion. Dazu sind Effizienzziele zu gestalten, die die Leistungsfähigkeit der Funktion weiter stimulieren.

Auch in diesem Zielbereich ist die Bandbreite möglicher Ziele groß. Daher kann auch an dieser Stelle keine allgemeingültige Auswahl einzelner Ziele vorgeschlagen werden. Dennoch erfolgt analog zum vorangegangenen Kapitel in Abbildung 3.27 eine Übersicht zu ausgewählten Zielen, die in der Unternehmenspraxis heute vielfach Anwendung finden [64]-[70].

Abbildung 3.27   Effizienzziele im Einkauf

Ausgewählte Effizienzziele im Procurement			
Kostenziele:	**Nutzenziele:**		
Kosten senken	**Qualität verbessern**	**Geschwindigkeit erhöhen**	**Innovationen treiben**
- Personalkosten	- Personalqualität	- BANF-Rückstandquote	- Prozessveränderungen
- Reisekosten	- Prozessqualität	- Abschlussquote	- Rollenveränderungen
- Trainingskosten	- Methoden-/Toolqualität	- eBusiness-Quoten	- Strukturveränderungen
- Büro-/IT-Kosten	- Kundenzufriedenheit	- Durchlaufzeiten	- Kommunikationsveränderungen
- Transaktionskostensatz	- Prozess-Compliance	- Genehmigungszeiten	- Verhaltensveränderungen
- Transaktionskostenquote	- Vertrags-Compliance	- Antwortzeiten	- Methodenveränderungen
- Einsparungskostenquote	- Verhaltens-Compliance	- Vertragsaktualitätsquote	- IT-Systemveränderungen
Querschnittziel: Mitarbeiterzufriedenheit			

Kosten senken

Die Kosten der Procurement-Funktion sind wesentlich durch die Faktoren Personal und Ausstattung geprägt. Größter Kostenblock sind in der Regel die Personal- bzw. die damit verbundenen Folgekosten. Zur Einsparung von Kosten können Zielvorgaben zur Reduzierung der Personalkosten vorgegeben werden. Reduzierungen sind z.B. möglich, indem bei rein abwicklungsorientierten Aufgaben und Materialgruppen Personal durch Technik substituiert wird. eProcurement ist hier das Stichwort. In den Materialgruppen, in denen es für den Erfolg jedoch auf das Personal ankommt, sollte darauf geachtet werden, das richtige Personal richtig einzusetzen. Hier gibt es Gestaltungsmöglichkeiten. Der Mix aus hoch-, mittel- und geringqualifiziertem Personal ist optimal zu konzipieren. Die Personaleinsatz- und die Vergütungsstrukturen müssen stimmen. Die wichtigsten Materialgruppen mit dem größten Zielbeitrag in den Effektivitätszielen sollten in der eigenen Kernkompetenz liegen – mit der entsprechenden Personalausstattung. Andere wichtige Materialgruppen, die außerhalb der eigenen Expertise liegen, könnten dagegen an Consulting-Dienstleister gegeben werden, die auf diese Materialgruppen spezialisiert sind. Beispielhaft genannt seien Einkaufsbereiche wie Business-Travel-Management oder spezielle Rohstoffsegmente. Dort werden Consulting-Dienstleister ggf. bessere Ergebnisse erzielen können als die eigene Mannschaft. Gesteuert werden die Dienstleister und ihre Ergebnisse dann durch eigenes Personal: Einkaufsprofis, die die Dienstleister „im Griff" haben. Unbedeutende Materialgruppen könnten an externe „Procurement-Offices" ausgelagert werden, die für verschiedene Unternehmen diese Aufgaben bündeln und komplett durchführen. Das ist sinnvoll, wenn sich dadurch Kostenvorteile in der Praxis einstellen und die internen Prozessanforderungen erfüllt werden.

Im Prinzip geht es bei der Reduzierung der Personalkosten zunächst nicht um ein generelles „Head-Cutting", sondern um die Gestaltung eines geeigneten Mix aus eigenem und fremdem Personal. Natürlich muss auch die gesamte Personalanzahl überprüft und der Aufgabe angemessen sein – „Head-Cutting" ist also kein Tabu. Auf Basis der richtigen Personalanzahl und dem richtigen Personalmix sind häufig erhebliche Einsparpotenziale möglich. Gleichzeitig kann der Mitteleinsatz und damit der Personaleinsatz flexibilisiert werden, im Sinne einer jederzeit bedarfsgerechten Personallokation. Das senkt Kosten und steigert die Qualität. Diese Flexibilität braucht jedoch ein stabiles Fundament – eine stabile, gut bezahlte und motivierte Kernmannschaft. Die Zielvorgabe von Personalkostenbudgets ist ein zentrales Instrument zur Steuerung der Kosteneffizienz im Procurement.

Eng verbunden sind die Personalkosten auch mit dem Thema Reisekosten, denn die Mitarbeiter bewegen sich in den Märkten. An dieser Stelle können Kostenreduzierungen einerseits durch ein professionelles Travel-Management auf Basis definierter Reisestandards erreicht werden, z.B. durch Vereinbarung von Hotel-, Flug-, Bahn und Mietwagenkontingenten. Darüber hinaus können der Einsatz neuer Technologien und die „Organisation von Arbeit" den Reiseaufwand reduzieren. Gutes Reise- und Terminmanagement, die Nutzung von Medien wie Web- und Videokonferenzen oder auch das „Cloud-Computing" seien beispielhaft genannt. Die Vorgabe von Reisekostenzielen bzw. -budgets kann das Reiseverhalten maßgeblich steuern und zur Kosteneffizienz beitragen.

Häufig können auch auf der Trainingsseite Kosteneffekte erzielt werden. Dabei geht es nicht um eine Reduzierung von Trainingskosten durch das simple Streichen von Trainingsmaßnahmen – schließlich ist das Know-how der Einkäufer der Schlüssel zu ihrem Erfolg. Kostensenkungen sind durch eine intelligente Gestaltung von Trainingskonzepten zu realisieren. Dazu braucht es eine genaue Analyse des Bedarfs, ein bedarfsgerechtes Programm, eine wettbewerbsorientierte Allokation qualifizierter Trainer, eine gute Koordination der Trainingsauslastung, eine optimale Auswahl der Trainingslokationen und vielleicht auch die unternehmensübergreifende Zusammenarbeit mit Verbänden und befreundeten Unternehmen. Gemeinsame Trainingsprogramme senken die Kosten für alle und fördern den Austausch über die Unternehmensgrenzen hinweg. Durch die Vorgabe von Trainingsbudgets kann hier das Verhalten der Organisation gesteuert werden.

Ein weiterer Aspekt zur Kostensenkung ist die Reduzierung von Büro- und IT-Kosten. Bürokosten lassen sich durch die Einführung von Bürostandards reduzieren. Sie sollten angemessen zur Aufgabe definiert sein – jedoch ohne ein „Recht auf Luxus": Funktional und attraktiv, beziehbar zu geringen Kosten. Dieser Grundsatz kann bei der Gestaltung von Bürostandards das Handeln lenken. Darüber hinaus könnten Konzepte wie „Shared Offices" genutzt werden. Flexible Büros ohne feste Arbeitsplätze, aber mit einer definierten Anzahl identischer Arbeitsplätze – von den Mitarbeitern fest buchbar, die vor Ort sind. Rollcontainerkonzepte für die individuelle Ausstattung machen das heute bereits möglich. Flächen werden optimal genutzt, und sich wandelnde Strukturen fördern den Austausch in der Mannschaft. Ähnliches gilt bei den IT-Kosten. Auch hier sollten Standards definiert und eingehalten werden. Je stärker auf Basis von gängigen IT-Standards gearbeitet wird, desto flexibler bleibt das System, und umso kostengünstiger können die Ressourcen allokiert und betrieben werden. Sowohl bei den Bürokosten als auch bei den IT-Kosten greift erneut das Werkzeug der Budgetsteuerung.

Neben den dargestellten direkten Faktoren zur Kostenbeeinflussung werden auch indirekte Erfolgsgrößen zur Steuerung eingesetzt. Da ist etwa der Transaktionskostensatz. Hier werden die in der Procurement-Funktion entstehenden Kosten kumuliert und in das Verhältnis zur Transaktionsanzahl gesetzt. Es ergeben sich die durchschnittlichen Kosten je Transaktion. Alternativ findet auch die Transaktionskostenquote Anwendung. Dabei werden die Transaktionskosten in das Verhältnis zum Transaktionsvolumen gesetzt. Alternativ können die Procurement-Kosten auch ins Verhältnis zu den erzielten Einsparungen gesetzt werden. Es entsteht eine Ergebniskostenquote, die den Aufwand am erzielten Ergebnis widerspiegelt. Entsprechende Zielstellungen bauen Druck auf die Kosten auf.

Qualität verbessern

Der Schlüssel zum Erfolg ist das Personal. Daher ist es besonders wichtig, ein Augenmerk auf die Personalqualität zu legen – in Personalauswahl und –entwicklung. Zur Personalauswahl können Kompetenzprofile entwickelt werden, die bei der Vergabe von Jobs eingehalten werden müssen. Ihre Einhaltung kann über Erfüllungsgrade gemessen werden. In der Personalentwicklung sind für alle Mitarbeiter Qualifizierungsmatrizen aufzustellen, bei der es um die Erschließung individueller Entwicklungspotenziale geht. Auf ihrer Basis sollten persönliche Weiterbildungsprogramme entwickelt und umgesetzt werden. Wird ihre Aufstellung und Einhaltung über Zielsetzungen gesteuert, bedeutet dies ein aktives Management der Personalqualität im Procurement.

Die operative Arbeit der Mitarbeiter erfolgt in Prozessen. Dort nutzen sie Methoden und Tools zur Erfüllung ihrer Aufgaben. Daher sollte die Prozess-, Methoden- und Tool-Qualität in der Procurement-Funktion regelmäßig bewertet werden. Dabei ist zu hinterfragen, ob die Prozesse der Procurement-Funktion geeignet sind, ihren Zweck zu erfüllen. Gleiches gilt für die eingesetzten Methoden und Tools. Eine Bewertung kann über Audits in Verbindung mit Scoring-Modellen erfolgen. In diesem Zusammenhang können Zielvorgaben für die Durchführung von Audits (Anzahl) und die Umsetzung von Auditempfehlungen (Erfüllungsgrad) festgelegt werden.

Im Ergebnis führt die Arbeit der Procurement-Funktion zu Transaktionen mit den Lieferanten. In Verträgen werden die Bedingungen der Fremdversorgung – mit der Arbeit der Procurement-Funktion und den erzielten Ergebnissen zufrieden sind. Um dies zu messen, lassen sich standardisierte Befragungen zur Kundenzufriedenheit durchführen. In diesem Zusammenhang können Ziele definiert werden, in welchem Umfang Kundenzufriedenheitsanalysen durchzuführen sind und welcher Zufriedenheitsgrad erreicht werden soll. Damit behält die Procurement-Funktion auch auf der Arbeitsebene ein kritisches Ohr am internen Kunden.

Ein übergreifendes Qualitätsthema stellt der Bereich „Compliance" dar. In welchem Umfang werden bei der Durchführung der Procurement-Aufgaben vorgegebene Gesetze, Regeln und Standards eingehalten? Dabei können u.a. die Teilbereiche Prozess-, Vertrags- und Verhaltens-Compliance differenziert werden. Im Segment Prozess-Compliance wird die Einhaltung definierter Prozessstandards adressiert. Für alle regelmäßig wiederkehrenden Aufgabenstellungen sind Prozesse zu definieren, und ihre Einhaltung ist sicherzustellen. Auf der Ebene der Vertrags-Compliance ist zu überwachen, ob mit Dritten nur Verträge eingegangen werden, die von der Rechtsabteilung des Unternehmens freigegeben wurden. Das kann z.B. über die grundsätzliche Einhaltung von Vertragsstandards und Vertragsbausteinen erfolgen. Wird von diesen Standards abgewichen, sollte in jedem Einzelfall eine explizite Freigabe durch die Rechtsabteilung erfolgen. Ein weiterer wichtiger Aspekt ist die Verhaltens-Compliance. In diesem Zusammenhang sollten Standards definiert sein, wie sich die Procurement-Mitarbeiter gegenüber Lieferanten verhalten, um jede Art von Korruption zu vermeiden. Wie wird mit Lieferantengeschenken umgegangen? Was passiert bei Einladungen zu Events? Welche Regeln gelten bei Geschäftsessen oder anderen Geschäftsterminen? Im Rahmen der Compliance ist systematisch zu überprüfen, ob diese Standards von den Mitarbeitern konsequent eingehalten werden.

Die Überprüfung von Compliance-Anforderungen kann über Audits erfolgen. Dabei ist auf Stichprobenbasis zu hinterfragen, in welchem Umfang und in welcher Schwere Compliance-Vorgaben verletzt wurden. Maßnahmen zur Abstellung der Missstände sind einzuleiten und umzusetzen. Auf der Zielebene können Vorgaben zur Durchführung von Compliance-Audits im Hinblick auf den Prüfungsumfang (Stichprobenanzahl) und die Prüfergebnisse (Compliance-Erfüllungsgrad, Verletzungsschwere) formuliert werden.

Geschwindigkeit erhöhen

Der Faktor Zeit ist ein wichtiger Indikator, ob die Arbeit in der Procurement-Funktion gut organisiert ist und reibungslos läuft. Im Faktor Zeit stehen eine Vielzahl von Zielaspekten zur Verfügung. Da ist die Anzahl unbearbeiteter Bedarfsanforderungen (BANF). Der BANF-Rückstand (Anzahl offener BANFEN) ist ein guter Indikator, ob die Kapazitätssteuerung in der Procurement-Funktion gut eingestellt ist. Die Abschlussquote zeigt auf, wie viele Bedarfsanforderungen, gemessen an allen Anforderungen, durch (Liefer-)Abschlüsse abgedeckt sind. Auf diese Abschlüsse kann der Fachbereich direkt ohne weitere Einschaltung des Einkaufs zugreifen, da Leistung und Konditionen bereits vereinbart sind. Für Wiederholbedarfe sollte diese Quote möglichst hoch sein. Oft werden in Verbindung mit der Abschlussquote auch weitere Quotenziele im eProcurement eingesetzt, da diese ebenfalls das Thema Automatisierung von Prozessen adressieren:

- **eRFQ-Quote:** Anteil der elektronisch gestellten Anfragen
- **eBuy-Quote:** Anteil der vollautomatisch abgewickelten Bestellungen (Katalogware)
- **eNegotiation-Quote:** Anteil des Vergabevolumens mit elektronischen Verhandlungen
- **eContracting-Quote:** Anteil der elektronisch übermittelten Vertragsdokumente
- **eInformation:** Anteil der automatischen Wiedervorlage offener Vorgänge

Im Ergebnis sollen hohe Bearbeitungsgeschwindigkeiten erreicht werden. Die Zielgrößen Durchlauf- und Genehmigungszeiten sind gute Indikatoren für die Prozesseffizienz in der Procurement-Funktion. Die Durchlaufzeiten geben an, wie lange sich ein Vorgang in der Arbeitshoheit der Procurement-Funktion befindet – also der Zeitraum vom BANF-Eingang bis zur Vertragsunterzeichnung. Diese Zeit sollte möglichst gering sein, insbesondere bei der Beschaffung von Standardgütern. Oft erfolgt die eigentliche Marktbearbeitung auf der Arbeitsebene gut und schnell, doch dann gibt es zögerliches Verhalten der Entscheider, ob ein Arbeitsergebnis freigegeben wird. Dies kann an der Zeit gemessen werden, die ein Genehmiger braucht, um einen Vorgang zu prüfen. Auch hier sollte eine zügige Bearbeitung „kultureller Standard" im Unternehmen sein.

Aus der Perspektive der Zusammenarbeit mit den Fachbereichen können ergänzend die Zielsetzungen einer schnellen Antwort- bzw. Problemlösungszeit sowie einer hohen Vertragsaktualitätsquote genannt werden. Bei der Antwortzeit wird gemessen, wie lange der Einkauf braucht, um auf eine Anfrage der Fachbereiche zu antworten bzw. ein angefragtes Problem zu lösen (Problemlösungszeit). Im Rahmen von Zielvorgaben können Mindeststandards definiert werden, die zu überwachen sind. Die Vertragsaktualitätsquote gibt einen Überblick, wie viele der in den ERP-Systemen eingestellten Vertragsdokumente aktuell und gültig sind. Nur wenn die Vertragsdaten aktuell sind, können die Fachbereiche damit arbeiten. Also sollte an dieser Stelle jederzeit ein hohes Aktualitätsniveau sichergestellt werden.

Innovationen treiben

Damit die Procurement-Funktion auch in der Zukunft ihre Aufgaben und Ziele bedarfsgerecht erfüllen kann, hat sie sich weiterzuentwickeln. So wie sich Rahmenbedingungen, Märkte und auch das Bedarfsprofil im Unternehmen ändern, muss sich die Procurement-Funktion auf die Zukunft einstellen. Dazu können auf Basis von strategischen Entscheidungen zur Organisationsentwicklung konkrete inhaltliche Maßnahmen zur Veränderung angestoßen werden. Diese sollten jeweils im Einzelfall genau definiert und in der Procurement-Funktion über konkrete Zielvorgaben verankert werden. Dabei kann es sich z.B.

um Veränderungsprojekte in den folgenden Bereichen handeln, in denen Veränderungs-
dynamik wichtig für die Entwicklung der Procurement-Funktion ist:

- Prozessveränderungen

- Rollenveränderungen

- Strukturveränderungen

- Kommunikationsveränderungen

- Verhaltensveränderungen

- Methodenveränderungen

- IT-Systemveränderungen

Querschnittziel

Die Leistung und Veränderung einer Funktion wird am Ende bei aller Planung von den
Mitarbeitern getragen und nur durch sie ermöglicht. Will man hohe Ansprüche an Effekti-
vitäts- und Effizienzziele in die Realität überführen, braucht man dazu leistungswillige
und motivierte Mitarbeiter. Daher ist es von existenzieller Wichtigkeit, sich regelmäßig mit
der Sicht der Mitarbeiter auf die Procurement-Funktion, ihre Prozesse und ihre Führung
auseinanderzusetzen. Dazu kann das Instrument der Mitarbeiterbefragung genutzt werden. Die Ergebnisse sollten kritisch im Führungskreis und gemeinsam mit den Mitarbeitern reflektiert werden. Aus der Reflexion sollten gezielt Maßnahmen zur Optimierung der
Procurement-Funktion abgeleitet und umgesetzt werden, so dass sich die Mitarbeiter mit
ihr und ihren Zielen identifizieren können. Die Durchführung von Mitarbeiterbefragungen
und die Generierung bzw. Umsetzung von Maßnahmen kann mit in das Ziel-Set der Procurement-Funktion aufgenommen werden.

3.5.5   Lösungen: Procurement-Scorecard

In den vorangegangenen beiden Kapiteln wurden ausgewählte Effektivitäts- und Effizienzziele vorgestellt. Würde man alle Zielsetzungen zur Steuerung der Procurement-
Funktion und ihrer Materialgruppen gleichzeitig einsetzen, wäre dies unübersichtlich und
unfokussiert. Daher ist für die Steuerung der Procurement-Funktion auf Materialgruppenebene jeweils ein geeignetes Ziel-Set zu formulieren – konzentriert und steuerungsorien-
tiert:

■ Auswahl und Ordnung der Ziele

■ Generierung von Kennzahlen und Zielwerten

■ Scorecard-Design

Auswahl und Ordnung der Ziele

Bei der Auswahl der Ziele geht es darum, der Steuerung der Procurement-Funktion und seiner Materialgruppen Richtung zu geben. Einige Procurement-Ziele werden dabei nicht nur in einzelnen Materialgruppen Relevanz haben, sondern sind für die Procurement-Funktion von genereller Bedeutung – und damit in allen Materialgruppen wichtig. Im ersten Schritt sind daher die „materialgruppenübergreifenden Effektivitätsziele" zu identifizieren und auszuwählen. In diesem Zusammenhang könnten Ziele wie z.B. Einsparungen, Maverick-Buy-Quote oder auch der durch Sourcing-Strategien abgedeckte Umsatzanteil beispielhaft genannt werden. Für sie werden später in allen Materialgruppen Zielwerte festgelegt und gemessen. Die Anwendung dieser Ziele ist somit überall homogen, die Ausprägung ihrer Zielwerte im Sinne eines vergleichbaren Anspannungsgrades jedoch nicht. Der Anspannungsgrad ist materialgruppenspezifisch entsprechend der im Procurement-Portfolio festgelegten Zielschwerpunkte differenziert auszugestalten. Ein beispielhaftes Verfahren hierzu wird weiter unten erläutert.

In den Materialgruppen können die übergreifenden Effektivitätsziele dann um weitere, individuelle „materialgruppenspezifische Effektivitätsziele" ergänzt werden. Dabei ist für jede Materialgruppe inhaltlich zu entscheiden, wo und wie man spezielle Effektivitätsziele steuern möchte. Basis für die Zielauswahl ist die Lage der Materialgruppe im Procurement-Portfolio und die dort zugeordneten Zielschwerpunkte. An dieser Stelle könnten beispielsweise für Entwicklungslieferanten Erstbemusterungsquoten genannt werden. Ferner wären für Materialgruppen in der Serienbelieferung spezifische Vorgaben zur Gestaltung von Lieferzeiten und Losgrößen möglich. Für erforderliche Innovationen könnten etwa materialgruppenspezifische Technologieziele präzisiert werden.

Im Anschluss an die Effektivitätsziele werden die Effizienzziele betrachtet. Bei der inhaltlichen Auswahl sollte man sich auch hier zunächst auf die Zielstellungen konzentrieren, die für die gesamte Procurement-Funktion effizienzkritisch sind, bzw. bei denen man in allen Materialgruppen steuern und ggf. wesentliche Veränderungen erreichen möchte. Dabei handelt es sich um die „materialgruppenübergreifenden Effizienzziele". Typische Zielstellungen hierzu sind Personalkosten, IT-Kosten, Transaktionskosten, Personalqualität, Kundenzufriedenheit, Compliance und auch Durchlaufzeiten. Diese übergreifenden Ziele können um weitere „materialgruppenspezifische Effizienzziele" ergänzt werden, die dort das Handeln speziell unterstützen. eBusiness-Lösungen im Markt-Cluster Abwicklungspartnerschaften seien beispielhaft genannt. Entsprechend dem geschilderten Vorgehen kann für jede Materialgruppe ein Ziel-Set abgebildet werden, das der folgenden Struktur entspricht:

■ **Effektivitätsziele**

- Materialgruppenübergreifende Effektivitätsziele
- Materialgruppenspezifische Effektivitätsziele

■ **Effizienzziele**

- Materialgruppenübergreifende Effizienzziele
- Materialgruppenspezifische Effizienzziele

Die übergreifenden Ziele können später über alle Materialgruppen der Procurement-Funktion hinweg verdichtet und gemanagt werden. Sie sind Gegenstand der zentralen Steuerung der Procurement-Performance im Top-Management. Dabei gilt: Konzentration auf das Wesentliche! Fünf bis sieben wichtige übergreifende Ziele sollten in jedem Fall ausreichen, um der Procurement-Funktion insgesamt Richtung zu geben.

Die ergänzenden materialgruppenspezifischen Ziele dienen dem Management auf der Arbeitsebene. Mit ihnen wird die Richtung der Procurement-Funktion auf Detailebene weiter präzisiert. Auch hier sollten maximal fünf bis sieben spezifische Ziele ausreichen, um in einer Materialgruppe das konkrete Handeln speziell ausrichten zu können. In Summe sollte das Ziel-Set einer Materialgruppe nicht zehn bis zwölf Zielwerte übersteigen. Weniger ist hier oft mehr.

Generierung von Kennzahlen und Zielwerten

Die ausgesuchten Ziele sind mit Dynamik zu koppeln. Dynamik entsteht durch konkrete Zielwerte, die es in einem vorgegebenen Zeitrahmen zu erreichen gilt. Zur Festlegung und Messung von konkreten Zielwerten sind Kennzahlen zu definieren. Dies geht natürlich nur bei den Zielen, die quantitativ gemessen werden können. Bei der Definition von Kennzahlen kann wie folgt vorgegangen werden – Beispiel: Einsparung Wiederholbedarf

■ **Zielstellung**

- Vorgabe und Messung der zu erzielenden relativen Einsparungen für Wiederholbedarfe

■ **Definition der Eingangsgrößen in die Kennzahl**

- Bezugseinheit [Stück]
- Einstandspreis je Bezugseinheit in der Vorgängerperiode [EUR]
- Einstandspreis je Bezugseinheit in der aktuellen Periode [EUR]

■ **Definition der Datenquelle**

  – ERP-System: SAP

■ **Definition der Kennzahl**

$$\text{Einsparung} = 1 - \frac{\text{Einstandspreis je Bezugseinheit in der aktuellen Periode}}{\text{Einstandspreis je Bezugseinheit in der Vorgängerperiode}} * 100\%$$

Nachdem die Kennzahlen definiert wurden, sind konkrete Zielwerte festzulegen. Bei den materialgruppenübergreifenden Zielen ist ein Gesamtziel für die Procurement-Funktion vorzugeben, das top-down auf die Materialgruppen herunterzubrechen ist. Dabei ist darauf zu achten, dass die im Procurement-Portfolio gesetzten Zielschwerpunkte berücksichtigt werden. Hier geht es daher nicht um eine proportionale Gleichverteilung eines übergeordneten Ziels auf alle untergeordneten Materialgruppen. Vielmehr sind die Zielanspannungen in den Materialgruppen präzise in Bezug auf ihre Zielschwerpunkte auszudifferenzieren. So können in Materialgruppen mit Wertschöpfungspartnerschaften, wie z.B. in der Entwicklung von Motorsteuergeräten, in erster Linie Innovations- und Zeitziele eine besondere Anspannung erfahren. Bei Wettbewerbspartnerschaften, wie z.B. dem Kauf von Standard-Laptops, wird die Anspannung auf Kosten und Qualität liegen. In der Addition aller Zielwerte müssen die Gesamtziele der Procurement-Funktion erfüllt werden.

Der Prozess der materialgruppenübergreifenden Zielwertfestlegung ist durchaus komplex. Ein geeignetes Verfahren zur Bestimmung von Zielwerten bietet das „Gegenstromverfahren". Bei diesem Verfahren wird ein übergreifender Gesamtzielwert top-down vom Management an die Materialgruppen ausgegeben. In den Materialgruppen werden die jeweiligen Zielschwerpunkte reflektiert und ein möglicher Zielbeitrag bottom-up zurückgemeldet. Wird das Gesamtziel durch die Rückmeldung nicht gedeckt, wird ein horizontaler Interessenausgleich zwischen den Materialgruppen initiiert. Dort wird zwischen den Materialgruppen diskutiert, welche Zielbeiträge wo anzupassen sind, um insgesamt zur Deckung zu kommen. Kann nach der zweiten Anpassungsschleife keine Deckung erzielt werden, verteilt das Top-Management die (Rest-)Deckungslücke per Direktive an die Materialgruppen – unter Berücksichtigung der spezifischen Zielschwerpunkte.

Bei den materialgruppenspezifischen Zielen ist die Ermittlung quantitativer Zielwerte einfacher, da sie in der Materialgruppe autonom durch das Materialgruppenmanagement vorgenommen werden können. Dabei sollten die Zielwerte jedoch vom Top-Management freigegeben werden, damit auch hier Richtung und Anspannungsgrad stimmen.

Im Bereich der qualitativen Ziele können keine klassischen Kennzahlen und konkreten Zielwerte vorgegeben werden. An dieser Stelle sind die Ziele exakt auszuformulieren, so dass man hinterher klar feststellen kann, ob ein Ziel auch wirklich erreicht wurde. Spezifische Ziele werden in den Materialgruppen konkret ausformuliert und mit dem Management bottom-up abgestimmt.

Die erarbeiteten Ziele sollten abschließend validiert werden. Dabei kann man sich an der SMART-Methodik orientieren [73]. Ziele sollten die folgenden Eigenschaften reflektieren:

- Specific (spezifisch)

- Measurable (messbar)

- Attainable (erreichbar)

- Reliable (zuverlässig)

- Time-bound (zeitgebunden)

Scorecard Design

Die ausgearbeiteten Ziele sind zu operationalisieren und steuerbar zu machen. Dazu kann das Instrument der Scorecard genutzt werden. Dort werden je Materialgruppe die vereinbarten Ziele kompakt zusammengefasst, die Zielerreichung im Controlling gesteuert sowie Maßnahmen zur Zielerreichung festgelegt (siehe Kapitel 5.1). Um der Scorecard im Sinne der hier vorgestellten Zielsystematik Struktur zu geben, kann dort zunächst zwischen Effektivitäts- und Effizienzzielen unterschieden werden. In diesen Gruppen erfolgt dann eine weitere Untergliederung in materialgruppenübergreifende bzw. materialgruppenspezifische Ziele, so dass vier geordnete Zielgruppen entstehen. Innerhalb dieser Gruppen können die Einzelziele entsprechend ihrer jeweiligen Kosten- und Nutzenwirkung nach den Kriterien Kosten, Qualität, Zeit und Innovationen sortiert werden. Im Ergebnis entsteht ein kompakter Überblick, was man in den Märkten und der eigenen Organisation erreichen will und wie diese Teilziele in ihrer Wirkung jeweils die Erfolgsfaktoren der Procurement-Funktion unterstützen.

Die Materialgruppen-Scorecards bilden ein schlüssiges Gerüst konkreter Procurement-Ziele ab und erlauben sowohl die Ableitung konkreter Sourcing-Strategien als auch die Steuerung der Procurement-Operations in den Märkten. Die übergreifenden Zielstellungen können verdichtet und zur Steuerung der Gesamtfunktion genutzt werden. Um diese Steuerung mit Kraft auszustatten, ist es sinnvoll, wenn Fachbereich und Procurement-Funktion „mutual goals" vereinbaren. Dann werden diese Ziele in den Scorecards beider Bereiche verankert. Das stärkt die Zusammenarbeit im Hinblick auf die Zielerfüllung.

Abbildung 3.28   Beispiel einer Procurement-Scorecard

Materialgruppen-Procurement-Scorecard: Materialgruppe NP040822			
Materialgruppenübergreifende Effektivitätsziele	**Soll**	**Ist**	**Maßnahme**
Kosten: Einsparungen Wiederholbedarfe [%]	5,4 %		
Kosten: Einsparungen Einmalbedarfe [EUR]	23 Mio.		
Qualität: Fehlerquote [ppm]	14 ppm		
Qualität: QM Zertifikatsquote [%]	95 %		
Querschnitt: Volumenanteil Sourcing Strategie [%]	80 %		
Materialgruppenspezifische Effektivitätsziele	**Soll**	**Ist**	**Maßnahme**
Kosten: TCO-Kosten [EUR]	-850TEUR		
Qualität: Standardisierung Einspritzdüse	2 Varianten		
Zeit: Lieferzeitenreduzierung [d]	-2 d		
Innovation: Innovationsbedingungen	Exklusivität		
Materialgruppenübergreifende Effektivitätsziele	**Soll**	**Ist**	**Maßnahme**
Kosten: Personal-, Reise-, Trainingsbudget [EUR]	875 TEUR		
Qualität: Kundenzufriedenheitsindex [%]	>95%		
Qualität: Compliance-Grad [%]	100%		
Zeit: Durchlaufzeiten [d]	3 d		
Materialgruppenspezifische Effizienzziele	**Soll**	**Ist**	**Maßnahme**
Innovation: Volumen eNegotiation [EUR]	5 Mio.		

3.5.6   Validierung der Lösungskonzepte

Die festgelegten Procurement-Ziele sind kontinuierlich zu hinterfragen und ggf. anzupassen. Es ist in regelmäßigen Abständen zu überprüfen, ob die Ziele im Einklang mit den Unternehmenszielen stehen und richtig dimensioniert sind. Ferner ist es wichtig, dass die Procurement-Ziele die aktuellen Herausforderungen in den Materialgruppen und Märkten reflektieren.

Die Validierung sollte jedoch nicht dazu führen, ein komplett instabiles Zielsystem zu schaffen. Ziele sollen Orientierung geben, und dazu ist auch Stabilität erforderlich. Es braucht einen Kern langfristiger Ziele. Typische Themenfelder hier sind Einsparungen, Maverick-Buy, Fehlerquoten oder Compliance etc. Um diesen Kern herum können und sollten sich Ziele dynamisch verändern. Hier sind in Scorecards aktuelle Probleme und Herausforderungen zu adressieren, die in den Mittelpunkt des Managements gerückt werden sollen. Sind die Probleme oder Herausforderungen gelöst, können sie durch andere Ziele substituiert werden. Gelingt ein entsprechend statisch-dynamisches Zielmanagement, können gute Voraussetzungen geschaffen werden, um der Procurement-Funktion mit Zielen Richtung und Dynamik zu geben.

3.6   Sourcing-Strategien

Um die Procurement-Ziele realisieren zu können, ist es wichtig systematisch zu agieren. Dazu braucht es Orientierung. Es muss sowohl für die Procurement-Funktion wie auch für die Fachbereiche Klarheit bestehen, wie man die Vergaben grundsätzlich in den Märkten platzieren will. Diese Klarheit wird durch die Entwicklung und Implementierung von Sourcing-Strategien hergestellt.

3.6.1   Ziele der Implementierung von Sourcing-Strategien

Sourcing-Strategien haben demnach auf Materialgruppenebene eine erfolgreiche Gestaltung und Umsetzung von Vergabeprojekten zu ermöglichen. Aufsetzend auf den bisher durchgeführten Bedarfs- und Marktanalysen, den Materialgruppeneinordnungen im Procurement-Portfolio und den definierten Procurement-Zielen (vgl. Kapitel 3.3 - 3.5) sind konkrete Handlungsvorgaben zu entwickeln, die zu einer bedarfsgerechten Marktbearbeitung führen. Im Ergebnis soll eine logische Kette aus Materialgruppenanalyse, Zielvorgaben und Handlungsmustern entstehen, mit der die Procurement-Funktion in den Märkten stark und erfolgreich handeln kann.

Abbildung 3.29 Einordnung von Sourcing-Strategien

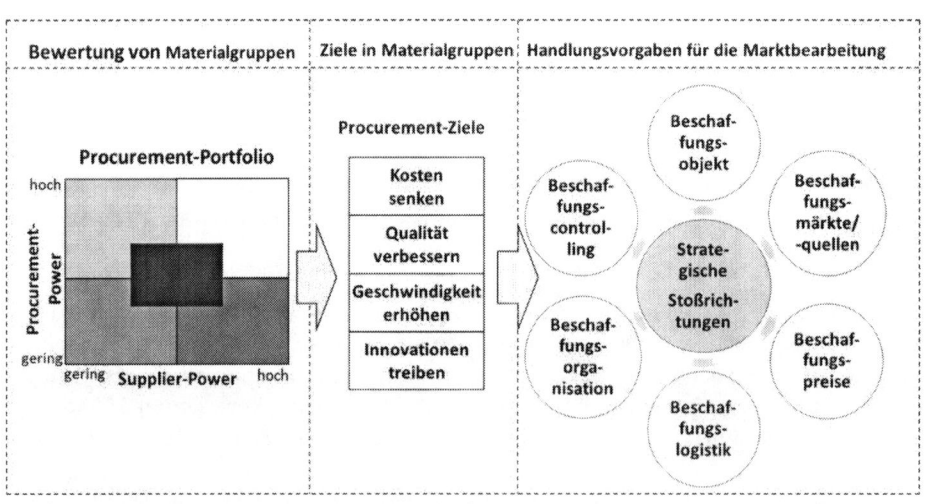

Werden Sourcing-Strategien von der Procurement-Funktion und den Fachbereichen zusammen entworfen, entstehen gemeinsame Vorstellungen über das richtige Handeln in den Märkten. Hier liegt ein kritischer, nicht zu unterschätzender Erfolgsfaktor. Wird mit einer abgestimmten Strategie operiert, wird diese in der Regel auch in den Märkten wahrgenommen. Das sorgt für Respekt und Ernsthaftigkeit in der Zusammenarbeit. Damit werden erneut wichtige Stärkefaktoren der Procurement-Funktion adressiert, die einen direkten Einfluss auf ihren Erfolg und damit auf die Ergebnisseite der Procurement-Operations haben:

Stärke der Procurement-Funktion im Unternehmen

■ SPFU04 – Procurement-Strategie: Strategien sind materialgruppengerecht ausgestaltet.

■ SPFU08 – Procurement-Ergebnisse: Strategische Vorgaben führen zur Zielerreichung.

Stärke der Procurement-Funktion in den Märkten

■ SPFM06 – Marktstrategien: Die Marktbearbeitung erfolgt streng strategisch gelenkt.

Stärke im Management der Procurement-Funktion

■ SPFP07 – KVP-Prozess: Sourcing-Strategien geben KVP-Prozessen gezielt Richtung.

Abbildung 3.30 Ziele der Aufgabe PP06 - Sourcing Strategien

Aufgaben-Power-Ergebnis-Matrix (APEM)																																			
	Die Procurement-Aufgabe PP06 bewirkt jeweils Power																																Ergebnis-beitrag in			
	im Unternehmen								in Märkten								in der Funktion								in den Operations											
Wirkung / **Aufgaben**	SPFU01	SPFU02	SPFU03	SPFU04	SPFU05	SPFU06	SPFU07	SPFU08	SPFM01	SPFM02	SPFM03	SPFM04	SPFM05	SPFM06	SPFM07	SPFM08	SPFP01	SPFP02	SPFP03	SPFP04	SPFP05	SPFP06	SPFP07	SPFP08	SPFO01	SPFO02	SPFO03	SPFO04	SPFO05	SPFO06	SPFO07	SPFO08	Kosten	Qualität	Zeit	Innovation
PP06 - Sourcing-Strategien				●				●						●									●										■	■	■	■

3.6.2   Anforderungen an Lösungskonzepte

Die strukturierte Erarbeitung und Implementierung von Sourcing-Strategien sollte die folgenden Arbeitsschritte durchlaufen:

- ■ Zusammenfassung von Materialgruppenanalysen und Procurement-Zielen

- ■ Formulierung strategischer Stoßrichtungen für die Marktbearbeitung

- ■ Festlegung eines abgestimmten Strategie-Profils mit Umsetzungsmaßnahmen

- ■ Festlegung der Ziel-Lieferanten zur Operationalisierung der Strategie

- ■ Festlegung eines Control-Sets zur Steuerung der Strategieumsetzung

Bei der Zusammenfassung von Materialgruppenanalysen und Procurement-Zielen kann auf die Arbeitsergebnisse der Kapitel 3.3 – 3.5 zurückgegriffen werden. Sie sind so zu verdichten, dass ein schneller Überblick über die Faktenlage einer Materialgruppe und die damit verbundenen Kernerkenntnisse entsteht. Dieser Überblick stellt die Ausgangslage einer Materialgruppe dar und ist Basis für die Strategieentwicklung.

Zur konkreten Formulierung einer Sourcing-Strategie steigt man in die Details einer Materialgruppe ein. Dazu werden ihre Rahmenbedingungen unter verschiedenen Perspektiven reflektiert und strategische Stoßrichtungen für das Handeln in den Märkten formuliert. Wie ist in einer Materialgruppe die Komplexität der Beschaffungsobjekte einzuschätzen? Wie hoch ist der Anteil von Entwicklungsaufgaben, und von wem werden diese erbracht? Welche Anforderungen müssen in der Produktion der Objekte berücksichtigt werden? Über die Klärung dieser und weiterer Aspekte entsteht ein klares Bild über die fachlichen Anforderungen an die Fähigkeiten der Lieferanten. Auf dieser Basis sind geeignete Märkte auszuwählen und Vergabegrundsätze zu gestalten: soll man Güter beispielsweise im „global-sourcing" oder im „local-sourcing" beziehen, und mit wie vielen Lieferanten will man zusammenarbeiten? Welche Rolle kommt dem Anlieferkonzept zu? Geht es um „Just-in-time"-Anforderungen zur direkten Produktionsversorgung oder wird mit Lägern gearbeitet? Im Ergebnis können auf Basis der gefundenen Antworten die strategischen Stoßrichtungen des eigenen Handelns festgelegt werden.

Wie oben beispielhaft aufgezeigt wird, sind die Betrachtungsperspektiven auf eine Materialgruppe sehr vielfältig. Zur Erstellung einer Sourcing-Strategie sind die wesentlichen Betrachtungsperspektiven zu identifizieren, zu strukturieren und mit ihren jeweils zutreffenden Ausprägungen und den daraus resultieren Handlungsvorgaben zu hinterlegen. Aus der Summe der Betrachtungsmerkmale und der ihnen zugeordneten Ausprägungen bzw. Handlungsvorgaben ergibt sich das Strategie-Profil einer Materialgruppe. Dieses Profil ist das Herzstück einer Sourcing-Strategie. Es fasst kompakt die strategischen Stoßrichtungen für die Marktbearbeitung zusammen und gibt Orientierung.

Analog zur Struktur in Abbildung 3.31 werden in den Kapiteln 3.6.4 – 3.6.9 die wesentlichen strategischen Stoßrichtungen der Materialgruppenbearbeitung vorgestellt.

Abbildung 3.31   Strategie-Profil - Beispiele

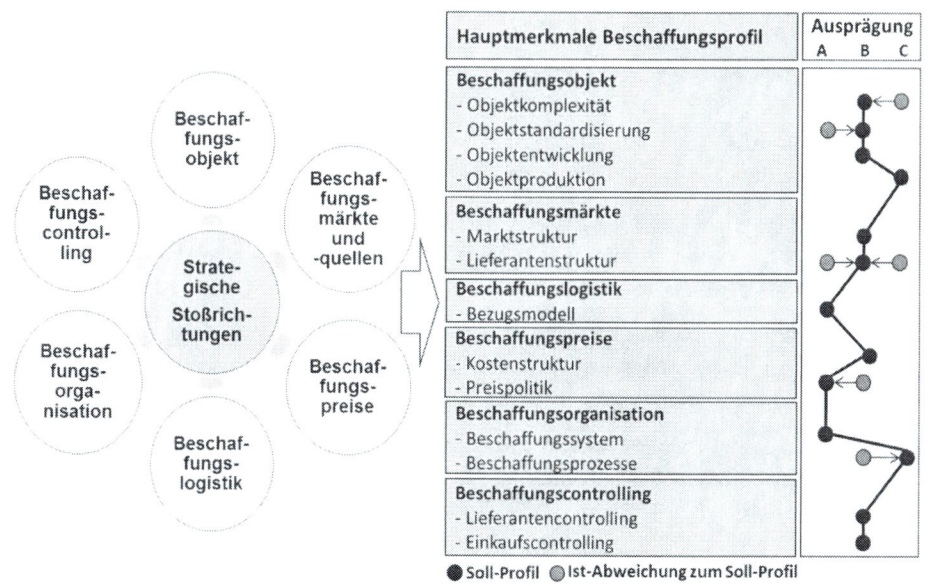

Zur Operationalisierung eines Strategieprofils ist schließlich ein konkretes Lieferanten-Set festzulegen, mit dem man im Sinne der strategischen Vorgaben zusammenarbeiten will. Aus diesem Lieferanten-Set ergibt sich der Veränderungsbedarf einer Materialgruppe im Hinblick auf die bestehende Lieferantenbasis. Zur Umsetzung des Strategieprofils und der Anpassung des Lieferanten-Sets sind in der Regel eine Vielzahl spezifischer Umsetzungsmaßnahmen erforderlich. Daher ist ein konkreter Maßnahmenplan erforderlich, der das Umsetzungsprogramm zur Implementierung einer Sourcing-Strategie vollständig wiedergibt. Über einen systematischen Controlling-Ansatz ist am Ende nachzuhalten, ob die Strategieimplementierung funktioniert hat und die damit verbundenen Zielstellungen in der Praxis erreicht werden.

Bei den aufgezeigten Arbeitsschritten zur Entwicklung und Implementierung von Sourcing-Strategien kommt es bei den Mitarbeitern wesentlich auf die Fachkompetenz an, um materialgruppengerecht die richtigen Lösungsansätze für die Marktbearbeitung zu entwickeln. Die Fachbereichsvertreter können dabei den Fokus auf das Beschaffungsobjekt und seine Eigenschaften legen. Die Procurement-Vertreter bringen die Perspektive der Märkte und der Procurement-Prozesse in die Diskussionen ein.

3.6.3   Lösungen: „Status quo" einer Materialgruppe

Um in einer Materialgruppe die relevanten Fragestellungen für eine bedarfsgerechte Marktbearbeitung stellen und zielsicher beantworten zu können, ist eine Vielzahl von Detailaspekten zu berücksichtigen. Daher ist am Anfang der Strategieentwicklung zunächst ein klarer Blick für den „Status quo" erforderlich. Dazu können für eine Materialgruppe die wesentlichen Erkenntnisse aus den bisher vorgestellten Procurement-Aufgaben kompakt zusammengefasst und mit Detailinformationen hinterlegt werden. Im Kern geht es dabei um die folgenden Inhalte:

■ **Kernerkenntnisse aus den Markt- und Bedarfsanalysen (vgl. Kapitel 3.3):** Begründete Bewertung der Nachfrage- bzw. Angebotsmacht in einer Materialgruppe.

■ **Einordnung der Materialgruppe im Procurement-Portfolio (vgl. Kapitel 3.4):** Positionierung der aktuellen Lieferantenbeziehung im Procurement-Portfolio, unterlegt mit aktuellen Daten zum Geschäftsverlauf.

■ **Zuordnung der Materialgruppe zu einer dominierenden Normstrategie (vgl. Kapitel 3.4):** Festlegung der generellen Richtung und des strategischen Charakters für die Formulierung einer detaillierten Sourcing-Strategie.

■ **Zieltransparenz in einer Materialgruppe (vgl. Kapitel 3.5):** Aufbereitung der aktuellen Procurement-Scorecard einer Materialgruppe mit Zielen, Ist-Stand und Ist-Erwartung.

Die aufgezeigten Informationen geben einen Überblick über die aktuelle Ausgangslage in einer Materialgruppe und ermöglichen zielführende Diskussionen zur Entwicklung einer Sourcing-Strategie.

In der Praxis kann der aufgezeigte „Status quo" beispielsweise über einen „Management-One-Pager" in die Strategiearbeit integriert werden. Ein One-Pager sollte grundsätzlich die folgenden Kriterien erfüllen:

■ Einheitliche Struktur für alle Materialgruppen

■ Konzentration qualitativer und quantitativer Kerninformationen

■ Kombination von Texten und Grafiken zur Informationsvermittlung

■ Schnelle Lesbarkeit von grafischen Darstellungen

■ Homogener Abstraktionsgrad von Texten

■ Strikte Trennung von Information und Bewertung

Abbildung 3.32   Beispiel – Kompakte Zusammenfassung von Analysen und Zielen

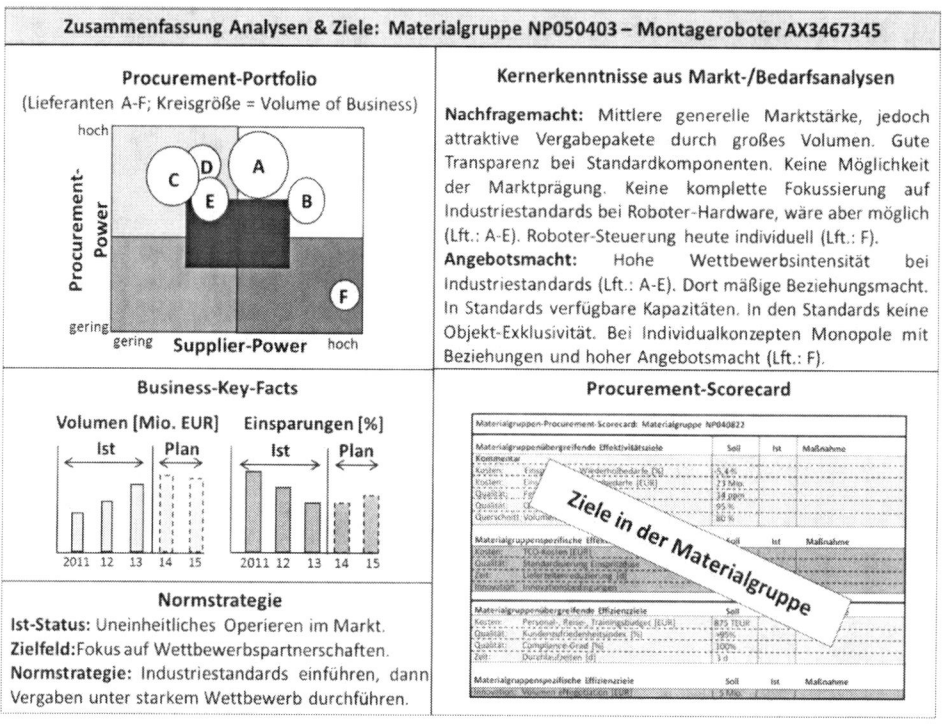

3.6.4   Lösungen: Strategische Stoßrichtungen – Objekt

Das richtige Vorgehen in den Märkten ist stark von den Eigenschaften der Beschaffungsobjekte einer Materialgruppe geprägt. Daher wird zunächst auf diesen Aspekt der Fokus
gelegt. Dazu rücken folgende Gesichtspunkte in den Mittelpunkt:

- Objektkomplexität
- Objektstandardisierung
- Objektentwicklung
- Objektproduktion

Objektkomplexität

Beschaffungsobjekte können anhand ihrer Komplexität unterschieden werden. Sie gehen entweder als Komponenten, Module oder Systeme in die eigene Wertschöpfung ein. Mit steigendem Komplexitätsgrad nimmt die Intensität der Zusammenarbeit zwischen Lieferant und Abnehmer zu, genau wie ihre gegenseitige Abhängigkeit. Daher ist es wichtig, zunächst den Komplexitätsgrad der Beschaffungsobjekte richtig einzuschätzen. Von ihm hängen später wesentliche Handlungsalternativen in den Märkten ab, z.B. bei der Gestaltung der Lieferantenbasis oder der Festlegung einer geeigneten Preispolitik [74][75]:

■ **Ausprägung A – Komponenten:** Bei Komponenten handelt es sich um autarke und klar abgegrenzte Einzelbestandteile eines Produkts bzw. um sehr einfache Baugruppen. Sie werden vom Abnehmer direkt in der Produktion verwendet. Ihr Wertschöpfungsbeitrag ist aufgrund ihrer Einfachheit generell gering. Häufig können Komponenten flexibel an verschiedenen Stellen der Wertschöpfung eingesetzt werden und sind tendenziell einfach austauschbar. Typische Komponenten sind z.B. Schrauben, Normteile oder Zeichnungsteile. Die Abhängigkeit von Lieferanten ist aufgrund ihrer Einfachheit als gering einzustufen. Anders verhält es sich im Sonderfall der Spezialkomponenten, wie bei patentgeschützten Bauteilen. Hier ist die Abhängigkeit von den Lieferanten wegen enger Märkte groß, trotz ihrer prinzipiellen Einfachheit.

■ **Ausprägung B – Module:** Module stellen mehrteilige Produktbestandteile dar, die abgegrenzte Produktfunktionen oder Teilfunktionen vollständig abbilden und in der Regel in komplexe Produktsysteme integriert werden. Beispielhaft genannt sei das Frontmodul im Fahrzeugbau: Die „Frontschnauze" des Fahrzeugs wird für den Einbau in das Gesamtfahrzeug mit allen Einzelteilen gefertigt, vormontiert und der Endmontage bereitgestellt. Module können in Produktsystemen unterschiedlich gestaltet werden, um z.B. differenzierte Produktfunktionen oder Funktionsausprägungen darzustellen. Sie können flexibel ausgewählt, miteinander kombiniert und in das Gesamtprodukt eingebracht werden. Frei wählbare Ausstattungsvarianten eines Fahrzeugs sind hierfür ein Beispiel. Der Wertschöpfungsbeitrag der Lieferanten ist in Modulen höher einzuschätzen als bei Komponenten. Darüber hinaus ist die Zusammenarbeit mit den Lieferanten enger. Module müssen genau zu den Gesamt-Produktsystemen passen. Dazu braucht es zwischen Abnehmer und Lieferant eine enge Vernetzung, die bereits zu einer begrenzten gegenseitigen Abhängigkeit führt. Der Austausch von Modullieferanten ist zwar möglich, bedeutet aber Aufwand. Dies gilt nicht für den Sonderfall, dass es sich um genormte Module handelt, die durch allgemeingültige Marktstandards von vielen Lieferanten schnell zu produzieren wären.

Ausprägung C – Systeme: Systeme stellen komplexe Produktfunktionen vollständig dar. Hier können mechatronische Systeme, wie z.B. das elektronische Stabilitätsprogramm ESP, genannt werden. Systeme können individuell gestaltet werden oder auch durch die Kombination von individuellen und modularisierten Produktbestandteilen entstehen. Die Entwicklung und Produktion von Systemen verlangt umfassendes

Know-how und eine enge Zusammenarbeit zwischen Lieferant und Abnehmer. Der Wertschöpfungsbeitrag des Lieferanten ist sehr hoch und die gegenseitige Abhängigkeit auch. Eine Substitution bestehender Partnerschaften wird mit zunehmender Systemkomplexität schwieriger. Gleiches gilt auch für die Zusammenarbeit mit mehreren Lieferanten in einem System. Bei Systemen liegt der Fokus der Beschaffung eher darauf, sich auf ausgewählte Wertschöpfungspartnerschaften zu konzentrieren und weniger auf Wettbewerbspartnerschaften. Die Zuordnung von Beschaffungsobjekten zu Modulen oder Systemen ist nicht immer einfach, da die Übergänge fließend sind. Es empfiehlt sich bei der Abgrenzung eine Orientierung am Komplexitätsgrad. Zur richtigen Entscheidung gehört auch Fingerspitzengefühl.

Die Komplexität der Beschaffungsobjekte hat großen Einfluss auf die Auswahl von Lieferanten und Märkten sowie die Möglichkeit zur Aktivierung von Wettbewerbskräften. Je geringer die Komplexität eines Objektes, desto stärker kann der Fokus auf einen harten Wettbewerb gelegt werden. Je höher die Komplexität, desto intensiver rücken Lieferantenfähigkeiten und inhaltliche Produktaspekte in den Vordergrund.

Objektstandardisierung

Neben der Objektkomplexität sollte auch der Standardisierungsgrad von Beschaffungsobjekten beurteilt werden. Dabei gilt die Faustformel, dass mit abnehmender Komplexität die Verfügbarkeit von Standards im Markt zunimmt. Dies gilt jedoch nicht immer. Grundsätzlich könnte auch ein hochkomplexes System standardisiert am Markt verfügbar sein, wenn es auf Grund von vielen Gebrauchsfällen einen Marktstandard darstellt. Umgekehrt wären auch Spezialkomponenten denkbar, für die eine Standardisierung wegen begrenzter Nachfrage nicht in Frage kommt. Trotz der Faustformel sollte man sich folglich nicht auf eine generelle, allgemeingültige Korrelation verlassen, sondern den Standardisierungsgrad in einer Materialgruppe konkret bewerten. Der Standardisierungsgrad wird in drei Kategorien unterschieden: In Materialgruppen mit überwiegend abnehmerspezifischen, anbieterspezifischen oder standardisierten Beschaffungsobjekten [76][77].

■ **Ausprägung A – Abnehmerspezifisch:** Abnehmerspezifische Beschaffungsobjekte werden ausschließlich für einen konkreten Kunden entwickelt bzw. produziert. Auf dem Markt gibt es keine weiteren Abnehmer. Beispielhaft genannt sind Windschutzscheiben für konkrete Automodelle. Diese passen nur in die Modelle, für die sie produziert wurden und sind nicht anders verwendbar. Dies führt zu einem engen bilateralen Verhältnis zwischen Lieferant und Abnehmer. Die Verhandlungsmöglichkeiten für den Abnehmer hängen wesentlich davon ab, wie attraktiv das Objekt unter Nachfrage- wie Know-how-Gesichtspunkten auf dem Markt zu platzieren ist. Abnehmerspezifische Objekte sollten nur dort angestrebt werden, wo dies die eigenen Produkte im Wettbewerb differenziert, ein großer Wertschöpfungsbeitrag des Lieferanten zu erwarten ist oder es einfach keine andere Möglichkeit gibt.

■ **Ausprägung B – Anbieterspezifisch:** Anbieterspezifische Objekte bilden definierte Produktfunktionen ab, die in der Regel von verschiedenen Herstellern angeboten werden und von unterschiedlichen Abnehmern auf dem Markt nachgefragt werden. Sie zeichnen sich dadurch aus, dass in die Produktfunktionen spezifisches Know-how der Anbieter zur Marktdifferenzierung eingeht. Die Produkte selber sind marktgängig und von einer breiten Klientel nutzbar. Beispielhaft genannt sind hier Gabelstapler. Klare Produktfunktionen und verschiedene Anbieter erhöhen die Möglichkeit eines intensiven Wettbewerbs. Diese Tendenz gilt jedoch nur, wenn keine anbieterspezifischen Monopole existieren. Betrachten wir z.B. „Microsoft Windows", so sehen wir ein anbieterspezifisches Produkt, jedoch in einem monopolartig strukturierten Markt.

■ **Ausprägung C – Standardisiert:** Standardisierte Beschaffungsobjekte zeichnen sich durch allgemeingültige Produktspezifikationen aus, die z.B. in Normen und Richtlinien fest verankert und frei zugänglich sind. Sie können durch eine Vielzahl von Lieferanten für ein breites Spektrum von Abnehmern produziert werden. Typische Objekte sind Normteile oder auch Industriechemikalien. Häufig sind standardisierte Beschaffungsobjekte durch hart umkämpfte Märkte mit hohem Angebotsüberschuss gekennzeichnet. Dies gilt nicht für spezielle Märkte, wie z.B. Rohstoffmärkte.

In Verbindung mit der Objektkomplexität determiniert die Objektstandardisierung wesentlich die Auswahl von Märkten und potenziellen Lieferanten mit. Je höher der Standardisierungsgrad, desto intensiver kann der Wettbewerb gestaltet werden.

Objektentwicklung

In vielen Projekten geht es nicht nur um die Produktion und Lieferung von Gütern. Es werden auch Entwicklungsaufgaben an die Lieferanten vergeben. Engere Märkte und Konzentration auf starke Partner sind die Folge. Unter dem Aspekt der erforderlichen Entwicklungskompetenzen können ebenfalls drei Ausprägungen differenziert werden [77]:

■ **Ausprägung A – Keine Fremdentwicklung:** Bei diesen Beschaffungsobjekten werden die Lieferanten nicht in der Entwicklung für den Abnehmer aktiv. Es handelt sich entweder um fertige Marktobjekte oder um die rein produktive Umsetzung von Entwicklungsergebnissen. Es bedarf keiner besonderen Entwicklungskompetenzen der Lieferanten.

■ **Ausprägung B – Anbieterentwicklung:** Der Lieferant nimmt für den Abnehmer im Auftrag komplette Entwicklungsaufgaben selbstständig wahr. Er steuert den gesamten Entwicklungsprozess in voller Eigenverantwortung und liefert am Ende ein valides Entwicklungsergebnis. Je höher die Komplexität der Entwicklungsaufgabe, desto höher ist der Anspruch an die Entwicklungskompetenzen der Lieferanten.

■ **Ausprägung C – Gemeinsame Entwicklung:** In diesem Fall erfolgt die Umsetzung von Entwicklungsaufgaben gemeinsam durch Lieferant und Abnehmer – in Aufgabenteilung und/oder in enger Kooperation. Dies ist insbesondere bei sehr komplexen Entwicklungsvorhaben der Fall. Hier koordiniert der Abnehmer oft ein ganzes Netzwerk von Lieferanten in ihren jeweiligen Entwicklungsaufgaben und sorgt für einen „getakteten" Entwicklungsfortschritt. Dies geschieht im Rahmen gemeinsamer Zusammenarbeit in standardisierten Produktentstehungsprozessen. Hier kommt es neben dem Entwicklungs-Know-how insbesondere auf die Projektmanagement-Kompetenz der Lieferanten und ihre Fähigkeit zur Zusammenarbeit in Entwicklungsnetzwerken an.

Die erforderlichen Entwicklungskompetenzen grenzen die Möglichkeiten zur Marktbearbeitung in einer Materialgruppe weiter ab. Je höher die Anforderungen gestaltet sind, desto enger sollten die Märkte gewählt und die Lieferantenbeziehungen gestaltet werden.

Objektproduktion

Unter dem Aspekt der Objektproduktion werden in einer Materialgruppe die erforderlichen Fähigkeiten der Lieferanten zur Herstellung der Beschaffungsobjekte betrachtet. Dabei wird insbesondere der Anspruch an die Produktqualität der gefertigten Güter adressiert. Dieser Qualitätsanspruch kann wie folgt differenziert werden:

■ **Ausprägung A – Geringer Qualitätsanspruch:** Bei diesen Beschaffungsobjekten ist der Einfluss der Produktqualität auf die Qualität der eigenen Produkte als gering einzustufen. Beispielhaft genannt sei ein Fixierband zur Arretierung der Kofferraumverkleidung im Auto. In diesen Fällen können oft größere Fertigungstoleranzen akzeptiert und in einer großzügigen Toleranzbandbreite auch Prozessschwankungen bzw. – instabilitäten hingenommen werden.

■ **Ausprägung B – Mittlerer Qualitätsanspruch:** Beschaffungsobjekte mit mittlerem Qualitätsanspruch haben kundenwirksamen Einfluss auf die eigene Produktqualität. Der zu erreichende Qualitätsstandard ist klar definiert, es gibt transparente, eingegrenzte Toleranzbereiche, die jedoch in stabilen Produktionssystemen zuverlässig erreicht und eingehalten werden können. Beispielhaft genannt seien die Regler einer HiFi-Anlage oder der Lautstärkenregler im Autoradio. Sie müssen für das Gesamtprodukt passgenau ausgeführt und optisch perfekt im Produkt eingefügt sein. Dieses Verhalten ist über die Einhaltung geometrischer Bauteiltoleranzen und spezifikationskonforme Materialien sicherzustellen. Die Überwachung qualitätskritischer Prozessparameter kann systematisch in die Produktion integriert werden.

■ **Ausprägung C – Hoher Qualitätsanspruch:** Produkte mit hohem Qualitätsanspruch beeinflussen die eigene Produktqualität unmittelbar und in hohem Ausmaß. Dies ist z.B. bei sicherheitsrelevanten Produkten wie dem Airbag im Auto oder anderen für den Kunden prioritären Produktfunktionen der Fall. Oft zeichnen sich diese Produkte durch enge Toleranzen und einen hohen technischen Anspruch in der Fertigung aus. Produktfehler sind nicht tolerabel und haben direkte Wirkung auf die Kundenwahrnehmung der Produktqualität. Gehören Beschaffungsobjekte in diese Kategorie, ist eine 100%-Beherrschung der Produktionsprozesse und –ergebnisse erforderlich.

Objektprofil

Aus der Komplexität der Beschaffungsobjekte, ihres Standardisierungspotenzials sowie den Anforderungen an Entwicklungs- und Produktionskompetenzen ergibt sich ein differenziertes Profil für die Beschaffungsobjekte einer Materialgruppe. Das Profil sollte in seinen Teilausprägungen widerspruchsfrei sein. Das erarbeitete Profil ist ein Soll-Profil und ist mit der aktuellen Ist-Situation abzugleichen. So wird der Handlungsbedarf in einer Materialgruppe sichtbar und kann konkret adressiert werden. Abbildung 3.33 zeigt für das Beispiel Montage-Roboter ein mögliches Objektprofil mit beispielhaften Handlungsbedarfen auf.

Abbildung 3.33   Beispiel Objektprofil

| Hauptmerkmale Beschaffungsprofil | Montage-Roboter | |
	Ausprägung A B C	Handlungsbedarf / Maßnahmen
Beschaffungsobjekt - Objektkomplexität - Objektstandardisierung - Objektentwicklung - Objektproduktion		→Spezifikationen der Roboter-Hardware umstellen auf Industriestandards. →Anlagen über Standards modularisieren. →Individuelle Steuerungssoftware substituieren durch Standardsoftwaresysteme.

3.6.5   Lösungen: Strategische Stoßrichtungen - Markt

Nachdem die Beschaffungsobjekte einer Materialgruppe bzgl. ihrer Objekteigenschaften charakterisiert wurden, können die richtigen Märkte und Lieferantenstrukturen bestimmt werden. Dazu sind folgende Aspekte zu berücksichtigen [74][75][78]:

■ Marktstruktur

■ Lieferantenstruktur

Marktstruktur

Bei der Markstruktur geht es um die Auswahl der richtigen Märkte. Dabei können drei grundsätzliche Marktkategorien differenziert werden, die in einer Sourcing-Strategie als Zielmärkte in Frage kommen:

- **Ausprägung A – Lokale Märkte:** Bei diesen Märkten handelt es sich um Märkte in unmittelbarer Nachbarschaft zum Abnehmer. Sie bieten den Vorteil, dass die Lieferanten in der Regel schnell und flexibel verfügbar sind. Interessant sind sie für Bedarfe, bei denen es um relativ geringe Werte geht und/oder es besonders auf Flexibilität ankommt. Beispielhaft genannt sei der Elektriker, der kurzfristig eine Reparatur vor Ort vornehmen muss. Andererseits sind diese Märkte in der Regel eng und bieten nur sehr eingeschränkte Wettbewerbsmöglichkeiten.

- **Ausprägung B – Regionale Märkte:** Hier handelt es sich um die Märkte, die mit Logistikkonzepten an die eigene Wertschöpfung anzubinden sind. Betrachtet man Deutschland, können in der „Ausprägung B" drei Subkategorien differenziert werden:

  - **(B-D):** In der B-D-Kategorie handelt es sich um den Heimatmarkt „**Deutschland**" (domestic market) als größte Volkswirtschaft in Europa.

  - **(B-K):** In der B-K-Kategorie handelt es sich um die „**Europäischen Kernmärkte**", die industriellen Märkte im „alten Europa": Frankreich, England, Holland, Belgien, Schweiz, Österreich, Spanien, Italien, Dänemark, Schweden, Norwegen, Finnland.

  - **(B-E):** In der B-E-Kategorie handelt es sich um die sich schnell entwickelnden Märkte, die „**Europäischen Emerging Markets**". In Westeuropa sind Portugal und Irland, in Osteuropa die Beitrittsstaaten zur EU sowie Russland, die Ukraine und die Balkanstaaten zu nennen.

Im deutschen Markt (B-D) sind viele wesentliche Materialgruppen gut verfügbar. Er ist geprägt durch umfassendes Know-how, hohe Produktivität und hohe Qualitätsstandards, große Kapazitäten und eine exzellente Infrastruktur. Begleitet werden diese Eigenschaften durch relativ hohe Kostenstrukturen. Er eignet sich insbesondere für die Allokation wissens- und kapitalintensiver Güter. Ähnliche Strukturen weisen die „Europäischen Kernmärkte" (B-K) mit materialgruppenspezifischen Differenzierungen auf, insbesondere im Hinblick auf Kapazitäten, Produktivität und Qualität. Mit ihrer Entfernung zum Abnehmer ändern sich jedoch auch ihre logistischen Anbindungskosten. In den „Europäischen Emerging Markets" (B-E) entstehen in hoher Dynamik neue Produktionskapazitäten. Sie sind geprägt durch relativ günstige Kostenstrukturen vor Ort und stabile Qualität. Sie spielen im Zulieferbereich von „einfachen oder begrenzt anspruchsvollen Produkten" bereits heute eine wesentliche Rolle. Technologie, Qualität und Produktivität weisen eine positive Tendenz auf, wenn auch das Niveau der B-

D- bzw. B-K-Märkte teilweise noch nicht erreicht ist. Ausgesuchte B-E-Märkte, wie Russland oder die Baltischen Staaten, weisen darüber hinaus für die Zukunft große Potenziale für intellektuelle Dienstleistungen auf. Ferner stehen die B-K- und B-E-Märkte auch für Bedarfe zur Verfügung, um in dort ansässigen Werken die Bedarfe vor Ort im sogenannten „local content" zu decken.

■ **Ausprägung C – Globale Märkte:** Bei den globalen Märkten handelt es sich um die Beschaffungsmärkte außerhalb Europas. Sie können für die transkontinentale Versorgung im Rahmen von Lang-Distanz-Lieferungen oder auch zur Belieferung von internationalen Fertigungsstätten im „local content" genutzt werden. Bei der Betrachtung der globalen Märkte können vier zentrale Subkategorien gebildet werden:

– **(C-K):** In der C-K-Kategorie handelt es sich um die klassischen **„globalen Kernmärkte"** Japan, USA, Kanada, Australien und Neuseeland. Sie sind durch ein vergleichbares Leistungsspektrum wie die B-D- bzw. B-K-Märkte gekennzeichnet und bestechen durch Know-how, Kapazität und Qualität, jedoch bei relativ teuren Kostenstrukturen.

– **(C-A):** In der C-A-Kategorie handelt es sich um die aufstrebenden **„Asienmärkte"**, insbesondere China, Indien, Korea, Singapur und Indonesien. Diese Märkte sind durch die größte Wachstumsdynamik, sehr niedrige Kostenstrukturen, wachsende Kapazitäten, ein produktabhängig mittleres bis exzellentes Qualitätsniveau und eine leistungsmotivierte Gesellschaft gekennzeichnet. Ferner zeichnet sich ein rasanter Zuwachs an Know-how ab, so dass diese Märkte auch in Innovationsprojekten eine wichtige Rolle spielen.

– **(C-L):** In der C-L-Kategorie handelt es sich um die **„Lateinamerika-Märkte"**. Sie weisen ähnliche Grundstrukturen auf wie die Asienmärkte, jedoch in einer geringeren Dynamik und Marktgröße. Besonders hervorzuheben sind hier die Märkte Brasilien, Mexiko, Chile und Argentinien.

– **(C-X):** Unter die C-X-Kategorie fallen alle bisher nicht genannten Märkte, die **„sonstigen Märkte"**.

Bei der Marktauswahl kommt es darauf an, das Objektprofil genau zu bewerten und geeignete Märkte zu priorisieren. Bei Standardprodukten und Gütern mit geringem Automatisierungsgrad in der Fertigung kann es sich lohnen, die Möglichkeiten „globaler Märkte" oder der „Europäischen-Emerging-Märkte" zu nutzen. Für High-Tech-Fertigung mit einem hohen Anspruch stehen die klassischen B-D-, B-K- oder auch C-K-Märkte zur Verfügung. Ferner ist es für Entwicklungsprojekte möglich, sowohl die B-D-, B-K- und C-K-Märkte als auch die C-A-, C-L- bzw. B-E-Märkte zu aktivieren. So könnten Teilentwicklungen mit hohem Know-how-Zugewinn und großen Anforderungen an den Know-how-Schutz in den klassischen Märkten vergeben werden. Für Aufgaben an der Entwicklungsperipherie oder in eng begrenzten Entwicklungsbereichen können Entwicklungskapazitäten aus den Asien-, Lateinamerika- bzw. „Europäischen Emerging Märkten" integriert werden.

Lieferantenstruktur

In Abhängigkeit vom Profil der Beschaffungsobjekte einer Materialgruppe und den priorisierten Märkten ist im nächsten Schritt festzulegen, nach welchen Prinzipien die Lieferantenstruktur ausgestaltet werden soll. Dafür gibt es drei Grundmuster [74][75][84]:

- ■ **Ausprägung A – Single Sourcing/Sole Sourcing:** Beim „**Single-Sourcing**" wird ein Beschaffungsobjekt in einer Materialgruppe nur von einem Lieferanten geliefert. Dies ist insbesondere dann der Fall, wenn in hochkomplexen Systemen Wertschöpfungspartnerschaften eingegangen werden. Bei einer Single-Source-Vergabe entsteht eine große Abhängigkeit von Lieferanten. Folglich ist ein gutes Vergabeverfahren wichtig, um die negativen Wirkungen der Abhängigkeit zu minimieren. Ein hohes Vertrauensverhältnis der Partner ist meist die Folge. Hier ist also der (langfristig) beste Anbieter auf Basis eines intensiven Wettbewerbs auszuwählen. Dazu ist ein qualifiziertes Lieferanten-Set erforderlich. Nach Vertragsschluss braucht es dann eine intensive Steuerung der Lieferanten-Performance im Rahmen von Lieferanten-Management-Programmen (siehe Kapitel 3.7). Ein Sonderfall des Single-Sourcing ist das „**Sole-Sourcing**". Hierbei handelt es sich um Vergaben, die mit Monopolisten abgeschlossen werden. Besonders kritisch sind in diesem Zusammenhang auch „selbst gemachte Monopole". Sie entstehen, wenn Single-Source-Vergaben bewusst ohne Wettbewerb durchgeführt werden, obwohl ein Markt existiert.

- ■ **Ausprägung B – Quote-Sourcing:** Beim Quote-Sourcing entscheidet man sich auf Beschaffungsobjektebene bewusst für die Zusammenarbeit mit mehreren Lieferanten. Dies ist insbesondere im Segment der „Wettbewerbspartnerschaften" möglich. Die Wechselbarrieren sind gering, der Wettbewerb der Bieter ist hoch, und nach einem intensiven Wettbewerb können mehrere Anbieter anteilig die gewünschten Objekte liefern. Typisch dafür sind die Produktion und Lieferung von Komponenten oder einfachen Modulen in der Fertigung. Im Automobilbau könnten beispielsweise für Serienreifen unterschiedliche Lieferanten und Produkte ausgewählt werden. Die Vergabe erfolgt im harten Wettbewerb. In Abhängigkeit der erzielten Konditionen werden Quoten an die Lieferanten vergeben. Üblich sind dabei sogenannte „**Dual-Source-Vergaben**" an zwei Lieferanten, z.B. im Verhältnis 80:20, 70:30 oder 60:40, oder auch „**Triple-Source-Vergaben**" im Verhältnis von z.B. 70:20:10 oder 60:30:10 an drei Lieferanten. Die bestehenden Lieferanten können regelmäßig – auch mit neuen Kandidaten – in den Wettbewerb gestellt und Quoten angepasst werden.

- ■ **Ausprägung C – Multiple-Sourcing:** Beim Multiple-Sourcing gibt es keine konkrete Vorgabe zur Zusammenarbeit mit Lieferanten. Bei jeder Vergabe wird neu entschieden, niemand ist gesetzt. Das potenzielle Lieferantenset ist offen, kann jederzeit verändert und flexibel genutzt werden. Es existieren keine langfristigen, stabilen Partnerschaften und Abhängigkeiten. Oft handelt es sich bei Multiple-Sourcing-Vergaben um sehr geringwertige Güter oder Güter mit minimalem Qualitätsanspruch. Sie sind insbesondere in „Abwicklungspartnerschaften" zu finden, wo pragmatische Lösungen zur Zusammenarbeit im Vordergrund stehen.

Marktprofil

Markt- und Lieferantenstruktur ergeben ein Handlungsprofil, auf welchen Märkten man mit welchem Grundmuster agieren will.

Abbildung 3.34   Beispiel Marktprofil

Hauptmerkmale Beschaffungsprofil	Montage-Roboter	
	Ausprägung A B C	Handlungsbedarf / Maßnahmen
Beschaffungsmärkte - Marktstruktur - Lieferantenstruktur	Soft- ●—●—● Hard- ware ware	→B-D/K Märkte: Lieferanten-Set Technologieführer für Hardware gestalten; Wettbewerb verstärken. →Software: Standard der Lieferanten nutzen.

3.6.6   Lösungen: Strategische Stoßrichtungen - Logistik

In der Zusammenarbeit mit Märkten und Lieferanten spielt auch der Aspekt der operativen Versorgung eine wichtige Rolle. Aus den spezifischen Logistikanforderungen können sich unterschiedliche Kostenfaktoren ergeben, die bei der Marktbearbeitung berücksichtigt werden sollten. Insgesamt werden in der Beschaffungslogistik drei grundsätzliche Bezugsmodelle unterschieden [74][75][79][80][84]:

- ■ **Ausprägung A – Bedarfsprinzip:** In diesem Modell werden die Güter zu dem Zeitpunkt bereitgestellt, zu dem sie individuell gebraucht werden. In der Regel handelt es sich um Einmalbedarfe, wie z.B. Maschinen und Anlagen, oder um sporadische Wiederholbedarfe und Dienstleistungen, wie die Gebäudereinigung. Üblicherweise treten sie gemäß der ABC/XYZ-Systematik (siehe Kapitel 3.3.4) bei AZ-, BZ- und CZ-Gütern auf. Ausnahme hiervon sind z.B. Maschinenersatzteile, die als Z-Güter in der Regel nach dem Lagerprinzip beschafft werden, da sie im Notfall vor Ort sein müssen. Da die Versorgung nach dem Bedarfsprinzip individuell erfolgt, sind auch die dabei entstehenden Logistikkosten individuell auf Relevanz zu prüfen. Die Kostentreiber liegen in diesem Modell auf der Seite der Transportkosten.

■ **Ausprägung B – Lagerprinzip:** Nach dem Lagerprinzip werden die Güter beschafft, für die wiederholt Bedarf besteht und die aus dem Lager heraus der Verbrauchsstelle zugeführt werden. In der Regel handelt es sich um eher kapitalextensive Güter mit schnellem oder mäßigem Umschlag. Daher finden sich auf Lägern üblicherweise CX-, CY- und teilweise auch BY-Güter. Einfache Normteile sind z.B. klassische Lagerwaren. Hochwertige Güter werden nur in Sonderfällen auf Lager gehalten, wenn dies für die Wertschöpfung erforderlich ist. Die Lagerhaltung wird insgesamt kritisch gesehen, da in der Regel niedrigen Transportkosten (durch gut ausgelastete Transportkapazitäten und niedrige Transportfrequenzen) sehr hohe Bestandskosten (Kapitalbindung und operative Lagerhaltung) gegenüberstehen.

■ **Ausprägung C – Synchronisationsprinzip (JIT/JIS):** Nach dem Synchronisationsprinzip werden alle Güter „Just in Time" bzw. „Just in Sequence" bereitgestellt, für die der Grundsatz der einsatzsynchronen Beschaffung gilt. Auf Läger und Bestände wird weitestgehend verzichtet, was zu geringen Lager- und Kapitalbindungskosten führt. In der Regel stehen AX-, BX- und ggf. auch BY-Güter im Fokus der einsatzsynchronen Beschaffung. Den niedrigen Bestandskosten stehen hohe Transportkosten entgegen, die durch kleine Mengen mit häufigen Transporten einhergehen.

Umschlaghäufigkeit, Materialwert, Transport-, Kapitalbindungs- und Lagerhaltungskosten sowie Lieferzeiten sind bei der Entscheidung für das richtige Bereitstellungskonzept kritisch zu reflektieren. Entsprechend der gewählten Bereitstellungsart und den ausgewählten Beschaffungsmärkten müssen in der Marktbearbeitung bei den Themen Preispolitik bzw. Preisbewertung entsprechende Kostenfaktoren mit berücksichtigt werden.

Für unser Beispiel des „Montage-Roboters" kommt das Bedarfsprinzip zum Tragen. Die Roboter werden zum Starttermin der geplanten Produktion betriebsbereit gebraucht.

Abbildung 3.35   Beispiel Logistikprofil

Hauptmerkmale Beschaffungsprofil	Montage-Roboter		
	Ausprägung A B C	Handlungsbedarf / Maßnahmen	
Beschaffungslogistik - Bezugsmodell	●	→Projektplanung weiter optimieren, um Liefertermine und Inbetriebnahme der Anlagen abzusichern	

3.6.7   Lösungen: Strategische Stoßrichtungen - Preis

Zu einem erfolgreichen Agieren in den Märkten gehört am Ende auch immer eine präzise Vorstellung zum Thema Kosten. Es braucht Klarheit darüber, unter welchen Prämissen man in einer Materialgruppe die Preisbildung angehen will. Um auch unter diesem Gesichtspunkt erfolgreich zu sein, sollte das Thema Konditionen strategisch aufgesetzt werden. Dabei spielen zwei grundsätzliche Aspekte eine wesentliche Rolle:

■ Kostenstruktur

■ Preispolitik

Kostenstruktur

Unter dem Blickwinkel der Kostenstruktur sind in einer Materialgruppe die Parameter zu definieren, die am Ende zu einer Bewertung von Angeboten führen und Basis für einen monetären Angebotsvergleich sind. Dabei können drei Grundprinzipien greifen [77]:

■ **Ausprägung A – Einstandspreismodell:** Bei diesem Modell spielen bei der monetären Bewertung von Angeboten keine weiteren Kostenfaktoren als der Einstandspreis eine Rolle. Dieses Modell eignet sich z.B. für einfache, standardisierte Güter, für die keine weiteren nennenswerten Kostenelemente, wie z.B. Betriebskosten, zu erwarten sind. Typische Beispiele wären Bezüge aus den lokalen Märkten, etwa Verbrauchsmaterial oder Dienstleistungen.

■ **Ausprägung B – TCO-Kostenmodell:** Kommen zum Einstandspreis weitere Kostenfaktoren hinzu, die für die Wirtschaftlichkeit von Bedeutung sind, ist das TCO-Kostenmodell zu empfehlen (siehe Kapitel 3.5.3). Das TCO-Kostenmodell ist interessant, wenn Nebenkosten die Gesamtbezugskosten von Beschaffungsobjekten wesentlich beeinflussen. Dies ist z.B. dann der Fall, wenn große Mengen von Gütern konserviert und gelagert werden müssen. Ferner ist das TCO-Kostenmodell gut bei Bedarfen einsetzbar, die in der weiteren Nutzung Folgekosten im Betrieb verursachen. Werden z.B. Maschinen beschafft, kommen auch Betriebskosten wie Personal-, Wartungs-, Energie- und Rohstoffkosten hinzu. Sie können über die Lebensdauer kumuliert und verglichen werden. Oft entscheiden TCO-Kosten über die Wirtschaftlichkeit von Beschaffungsalternativen und nicht die Einstandspreise. Das zunächst am günstigsten erscheinende Angebot muss nicht das günstigste sein.

■ **Ausprägung C – BVS-Kostenmodell:** Treten neben TCO-Kosten erhebliche Nutzenunterschiede in den Angeboten hervor, können diese über Bonus- und Malus-Bewertungen mit in die Wirtschaftlichkeitsbetrachtung integriert werden. Es entstehen komplexe Kosten-/Nutzen-Vergleiche, die im Rahmen von Best-Value-Sourcing-

Ansätzen (siehe Kapitel 3.5.3) zu Vergabeentscheidungen führen. Typische Beschaffungsobjekte wären beispielsweise komplexe Produktionseinrichtungen.

Das gewählte Kostenmodell muss zu den bisher erarbeiteten Objekt-, Markt- und Logistikprofilen passen. So würde beispielsweise der sporadische Einkauf kleiner Mengen von Standardschrauben für das Ersatzteillager bei einem lokalen Großhändler nach dem Einstandspreismodell sinnvoll sein.

Preispolitik

Wenn die Kostenstruktur klar ist, kommt es darauf an, in Vergaben den Lieferanten im Thema Preis richtig gegenüber zu treten. Auch unter diesem Aspekt können drei Grundkonzepte das Handeln prägen [77]:

- **Ausprägung A – Minimalpreismodell:** Bei diesem Preismodell wird in der Verhandlung der Fokus klar auf den Faktor Preis gelegt. Es wird mit hohem Preisdruck agiert. Der Preis dominiert die Vergabeentscheidung und soll unter möglichst massivem Wettbewerbsdruck gebildet werden.

- **Ausprägung B – Fairpreismodell:** In diesem Modell geht es um einen komplexen Interessensausgleich zwischen Abnehmer und Lieferant. Der Anspruch an die Leistung des Lieferanten und die Bedeutung seiner Leistungsfähigkeit dominieren die Vergaben – unter der wichtigen Nebenbedingung akzeptabler und nachvollziehbarer Preise. Preise spielen somit eine wichtige Rolle, aber sie sind nicht der ausschließliche Vergabefaktor.

- **Ausprägung C – Durchschnittspreismodell:** Geht es um geringe Volumina und einfache Güter mit geringem Qualitätsanspruch, steht die Optimierung der Abwicklungskosten im Fokus, da diese häufig höher sind als die Kosten für das Beschaffungsobjekt selbst. Beispielhaft sind hier Büromaterialien wie Papier und Schreibgeräte genannt. In der Preisbildung wird darauf geachtet, dass ein vorher definiertes und analysiertes Marktpreisniveau eingehalten wird.

Je stärker in Vergaben die Prinzipien der Wertschöpfungspartnerschaften gelten, desto stärker bewegt man sich bei der Preisbildung in Richtung Fairpreismodell. Finden Vergaben in standardisierten, wettbewerbsintensiven Märkten statt, kann das Minimalpreismodell angewendet werden. Geht es in Abwicklungspartnerschaften um schnelle Prozesse, ist häufig das Durchschnittspreismodell angemessen. In Beziehungspartnerschaften ist der eigene Einfluss auf den Preisbildungsmechanismus gering. Hier ist das Vorgehen opportunistisch und situationsgerecht zu gestalten. Der Lieferant sitzt am „längeren Hebel".

Preisbildungsprofil

Kostenstruktur und Preispolitik geben ein Preisbildungsprofil vor, unter welchen Prämissen man sich in den Märkten auf der Preisbildungsebene bewegen will.

Abbildung 3.36   Beispiel Preisbildungsprofil

Hauptmerkmale Beschaffungsprofil	Montage-Roboter	
	Ausprägung A B C	Handlungsbedarf / Maßnahmen
Beschaffungspreise - Kostenstruktur - Preispolitik	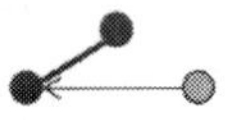	→TCO-für Anlagen weiter optimieren. →Wettbewerbsdruck erhöhen. →Best-Price-Vergaben über Industriestandards.

Objekt-, Markt-, Logistik- und Preisprofil stellen einen schlüssigen Rahmen zur Arbeit in den Märkten dar. Im Folgenden kann der Blick auf die Procurement-Funktion selbst gerichtet werden: Wie will man die Arbeit in den Märkten organisieren und steuern, um effektiv und effizient zu arbeiten? Dafür sind ebenfalls strategische Stoßrichtungen zu formulieren.

3.6.8   Lösungen: Strategische Stoßrichtungen - Organisation

In der strategischen Stoßrichtung Organisation geht es auf Materialgruppenebene darum, die grundsätzlich besten Kräfte für Vergabeprojekte in den Märkten zu aktivieren und zu steuern. Im Kern spielen dabei zwei Aspekte eine entscheidende Rolle [74]:

■ Das Beschaffungssystem

■ Die Beschaffungsprozesse

Mit dem Beschaffungssystem wird festgelegt, wer Vergabeprojekte in einer Materialgruppe operativ durchführt. Dies können interne Kräfte der Procurement-Funktion oder auch Fremdkräfte bzw. verbundene Unternehmen sein. In den Beschaffungsprozessen wird differenziert, unter welchen Prämissen die Durchführung der Vergabeprojekte am sinnvollsten abläuft: automatisiert, aufwandsorientiert oder ergebnisoptimiert.

Beschaffungssystem

Die Durchführung von Vergabeprojekten kann in Abhängigkeit der Marktherausforderungen, der Nachfragemacht und der Expertise der Procurement-Funktion individuell, kollektiv oder fremdvergeben umgesetzt werden [80][82][83]:

- **Ausprägung A – Individuelle Beschaffung:** Bei der individuellen Beschaffung werden Vergabeprojekte durch die Procurement-Funktion selbst durchgeführt. Dort besitzt man die erforderliche Marktexpertise, und die Materialgruppen lassen erwarten, dass ein optimales Aufwand-Nutzen-Verhältnis erzielt wird. Dieses Modell findet klassisch in den Kernkompetenzen des Unternehmens Anwendung. In vielen Unternehmen ist dies auch das „einzige angewendete Modell".

- **Ausprägung B – Kollektive Beschaffung:** In der kollektiven Beschaffung geht es um die Verbesserung der Nachfragemacht auf den Märkten durch unternehmensübergreifende Bedarfsbündelung. Vergleichbare bzw. gleiche Güter können von mehreren Firmen gemeinsam im Paket eingekauft werden. Dies bietet sich z.B. bei nicht wettbewerbsdifferenzierenden Gütern an. Beispiele finden sich in der Automobilindustrie, wo man z.B. Scheibenwischerblätter oder andere Komponenten gemeinsam einkaufen kann. Bei der kollektiven Beschaffung werden geeignete Beschaffungsobjekte identifiziert, Bedarfe gebündelt und die Beschaffung jeweils an das Unternehmen delegiert, das die größte Expertise und Marktkraft besitzt. Beim kollektiven Einkauf sind natürlich kartellrechtliche Grenzen zu beachten. Ferner sind beim „Einkauf im Namen und auf Rechnung anderer Unternehmen" genaue Spielregeln der Einkaufspartner zu definieren, damit Rechte und Pflichten in der Einkaufskooperation klar sind.

- **Ausprägung C – Fremdvergebene Beschaffung:** Die fremdvergebene Beschaffung kann in Materialgruppen interessant sein, die ein hohes Beschaffungsvolumen aufweisen, aber in denen man keine ausreichende Markt-Expertise im eigenen Unternehmen hat. Typische Materialgruppen hierzu sind z.B. das Travel-Management; HR-Services; Rohstoffe oder auch Energie. In der Regel finden wir diese Charakteristika am Rande der eigenen Kernkompetenzen oder in Querschnittsbereichen. In diesen Feldern finden sich Sourcing-Spezialisten, die über eine tiefe Markt- und Verhandlungsexpertise verfügen und den Einkauf dieser Materialgruppen als Dienstleistung anbieten. Zur Expertise kommt in der Regel ein unternehmensübergreifender Bündelungseffekt hinzu. Eine weitere Alternative stellt die fremdvergebene Beschaffung in Materialgruppen dar, die den Abwicklungspartnerschaften zugeordnet werden. Hier geht es um schnelle Transaktionen. Die Volumen sind eher gering, und der Qualitätsanspruch ist begrenzt. Diese Aufgaben können durch externe Procurement-Offices wahrgenommen werden, die darauf spezialisiert sind. Ein weiterer Sonderfall sind die IPO – International Procurement Offices. Das sind externe Beschaffungsbüros, die sich auf Länder bzw. Regionen spezialisiert haben, insbesondere in den globalen Märkten. Sie haben dort Expertise und können den Zugang zu den Procurement-Potenzialen vor Ort eröffnen.

Bei der Auswahl des Beschaffungssystems ist kritisch zu hinterfragen, welche Variante sowohl den besten Zugang zur Potenzialrealisierung in den Märkten eröffnet und gleichfalls die Effizienzziele der Procurement-Funktion am wirkungsvollsten bedient. An dieser Stelle kann es sinnvoll sein, ganz gezielt mit externen Kräften – sei es kollektiv oder fremdvergeben – zusammenzuarbeiten. Diese Handlungsalternativen zur „Eigenlösung" werden in vielen Unternehmen bis heute nur unzureichend geprüft.

Beschaffungsprozess

Eine weitere Perspektive auf Vergabeprojekte bietet die Ausgestaltung der Beschaffungsprozesse. Dabei geht es insbesondere um den richtigen, angemessenen Aufwandsgrad im operativen Geschäft:

■ **Ausprägung A – Automatisierte Prozesse:** Kommt es bei Vergaben im Wesentlichen auf die Senkung abwicklungsorientierter Prozesskosten an, dann sollte dieser Aspekt bei der Ausgestaltung der Beschaffungsprozesse im Mittelpunkt stehen. An dieser Stelle ist zu prüfen, wie die Abläufe mit eProcurement-Tools weitestgehend zu automatisieren sind. Werkzeuge wie eRFQ, eNegotiation, eContracting oder Katalogsysteme seien beispielhaft genannt.

■ **Ausprägung B – Ergebnisoptimierte Prozesse:** In Materialgruppen, in denen ein großer Beitrag zur Erreichung der Procurement-Ziele, insbesondere der Effektivitätsziele, geleistet werden soll, sind entsprechende Ressourcen vorzusehen und einzusetzen. Insbesondere bei Wertschöpfungspartnerschaften und hochwertigen Wettbewerbspartnerschaften spielt dieses Modell eine bedeutende Rolle. Hier geht es darum, im Beschaffungsprozess genau und im Detail zu arbeiten, um alle Potenziale wirklich zu realisieren. Das bedeutet in der Regel viel Arbeit, aber auch entsprechende Erfolge. Da die Ressourcen in der Procurement-Funktion jedoch auch begrenzt sind, ist darauf zu achten, sich in diesem Modell auf die wirklich strategisch wichtigen Materialgruppen zu konzentrieren.

■ **Ausprägung C – Aufwandsreduzierte Prozesse:** Ist in Materialgruppen keine Automatisierung möglich bzw. sinnvoll und sind gleichzeitig keine überproportionalen Zielbeiträge zu erwarten, kann aufwandsoptimiert gearbeitet werden. Innerhalb der Beschaffungsprozesse können Ressourcen genau auf die Aufgaben konzentriert werden, die für den Erfolg besonders wichtig sind. Andere Aufgaben werden bewusst schlank abgewickelt. In diesem Modell kann flexibel gesteuert werden, wie viel Ressourcen man im Beschaffungsprozess wo einsetzen will.

Beschaffungssystem und Prozessintensität geben auf Materialgruppenebene eine wichtige Richtungsvorgabe für die Organisation des eigenen Handelns in den Märkten. Das bereits mehrfach angeführte Beispiel des „Montage-Roboters" zeigt auf, wie im beschriebenen Kontext dort der Fokus in Beschaffungsprojekten gelegt wird.

Abbildung 3.37 Beispiel Organisationsprofil

Hauptmerkmale Beschaffungsprofil	Montage-Roboter	
	Ausprägung A B C	Handlungsbedarf / Maßnahmen
Beschaffungsorganisation - Beschaffungssystem - Beschaffungsprozesse		→Betreuungsaufwand anpassen. →Aufwand-/Ergebnisrelation optimieren. →Commodity-Manager-Funktion einführen.

3.6.9 Lösungen: Strategische Stoßrichtungen - Controlling

Der Erfolgsbeitrag von Materialgruppen zu den Procurement-Zielen kann sehr unterschiedlich ausgeprägt sein. Daher auch ist das Controlling differenziert zu gestalten:

■ Controlling der Lieferanten

■ Controlling der Procurement-Funktion

Controlling der Lieferanten

Die Effektivitätsziele der Procurement-Funktion werden mit den Lieferanten realisiert. Die Zielerreichung ergibt sich aus den vereinbarten Verträgen und der Vertragsumsetzung. Da aber nicht alle Materialgruppen für den Erfolg der Procurement-Funktion gleichbedeutend sind, kann die Intensität im Controlling differenziert werden [119]:

■ **Intensitätsstufe A – Mindestanforderungen:** In allen Materialgruppen sollten alle Lieferanten zumindest allgemeine Mindeststandards einhalten. Das können z.B. Bonitäts-Rankings sein. Diese Standards sollten unternehmensübergreifend im Lieferantenmanagement festgelegt werden (siehe Kapitel 3.7). Die übergreifenden Standards können durch weitere materialgruppenspezifische Anforderungen ergänzt werden, beispielhaft sind behördliche Genehmigungen zur Überlassung von Leiharbeitskräften für Personaldienstleister. Die Einhaltung der Standards ist ein K.o.-Kriterium für die Zusammenarbeit und im Lieferantenmanagement zu überwachen.

■ **Intensitätsstufe B – Externe Scorecards:** Ergänzend zu den Mindeststandards können in Materialgruppen mit hohem Zielbeitrag die Effektivitätsziele der Procurement-Funktion auf die Lieferanten und ihre Projekte herunter gebrochen werden. Es entstehen externe Scorecards für Lieferanten, mit denen ihre operative Leistungsfähigkeit gemessen und gesteuert wird. Der Einsatz externer Scorecards empfiehlt sich insbesondere für Wettbewerbs- und Wertschöpfungspartnerschaften und ist im Lieferantenmanagement zu steuern.

■ **Intensitätsstufe C – Lieferantenpläne:** Beim Arbeiten in Wertschöpfungspartnerschaften kommt es auf eine enge Zusammenarbeit zwischen Lieferant und Abnehmer an. In langfristigen Partnerschaften steckt aber auch die Gefahr, dass es zu Spannungen, Missverständnissen oder sogar zu Machtkämpfen kommt, wenn die gemeinsame Linie aus den Augen verloren wird. Die Bedeutung dieser Störungen nimmt zu, wenn die Wechselbarrieren des Abnehmers mit der Zeit immer höher werden. In diesem Umfeld können Lieferantenpläne genutzt werden, um zusätzlich zur Scorecard-basierten Leistungssteuerung die Inhalte der Zusammenarbeit zu managen. Die gemeinsamen Perspektiven sind aufzuarbeiten und aufeinander abzustimmen. Dies hält die Zusammenarbeit im Fluss und sorgt für eine dauerhafte Balance der Interessen der Partner.

In Abhängigkeit der Erfolgspotenziale ist materialgruppenspezifisch die richtige Intensität des Lieferantencontrollings zu wählen. Für Wertschöpfungs-, Wettbewerbs- und Abwicklungspartnerschaften ist dies problemlos möglich. Beziehungspartnerschaften stellen einen Sonderfall dar, da hier die Abhängigkeit vom Lieferanten groß ist. Man kann versuchen, dort Controlling-Instrumente zu nutzen, um das Verhältnis positiv zu beeinflussen. Dies hängt aber wesentlich von der Bereitschaft der Lieferanten zum Mitmachen ab, denn sie sitzen hier am „längeren Hebel".

Controlling der Procurement-Funktion

Die zweite Controlling-Perspektive richtet sich nach innen. Wie werden in der Procurement-Funktion die Erfüllung der Effektivitäts- und Effizienzziele gesteuert? Da auch unter diesem Blickwinkel der Erfolgsbeitrag in den Materialgruppen sehr unterschiedlich sein kann, ist das Controlling angemessen auszulegen:

■ **Intensitätsstufe A – Prozesscontrolling:** Beim Prozesscontrolling wird überwacht, ob bei der Durchführung von Vergabeprojekten die gesetzten Prozessvorgaben eingehalten werden. Es stehen die Compliance-Anforderungen im Vordergrund. Sie sind in allen Prozessen und in allen Materialgruppen einzuhalten. Dies kann bspw. durch Audits überwacht werden. In Materialgruppen, die quasi keine oder nur ganz geringfügige weitere Zielbeiträge leisten, kann man sich im Controlling auf diesen Aspekt beschränken. Alle anderen Materialgruppen würden mit den Intensitätsstufen der Ausprägung B oder C bedarfsgerecht ergänzt.

■ **Intensitätsstufe B – Procurement-Scorecard:** Ergänzend zu den unter Ausprägung A aufgeführten Basisanforderungen wird die Procurement-Scorecard (siehe Kapitel 3.5) gemanagt. Auf Materialgruppenebene kann gesteuert werden, dass die Effektivitäts-

und Effizienzziele wirklich erreicht werden. Durch Leistungstransparenz werden Schwachstellen sichtbar und rechtzeitige Eingriffe durch die Procurement-Führung möglich. Das Scorecard-Management sollte der Standard sein.

■ **Intensitätsstufe C – Performance-Management:** In Materialgruppen mit besonders hohem Zielbeitrag ist es zusätzlich möglich, durch Benchmarks mit anderen Unternehmen die eigene Leistungsfähigkeit, Entwicklungstendenzen und Zukunftsherausforderungen in einen breiteren Kontext zu stellen. Diese Reflexion führt zu einer Weiterentwicklung der strategischen Materialgruppenansätze und zu einer Schärfung der Procurement-Ziele. Das Performance-Management empfiehlt sich insbesondere in Wertschöpfungspartnerschaften oder sehr hochwertigen Wettbewerbspartnerschaften.

Mit der Festlegung der Controlling-Intensität auf der Ebene der Lieferanten und der Procurement-Funktion ergibt sich das Controlling-Profil einer Materialgruppe.

Abbildung 3.38   Beispiel Controlling-Profil

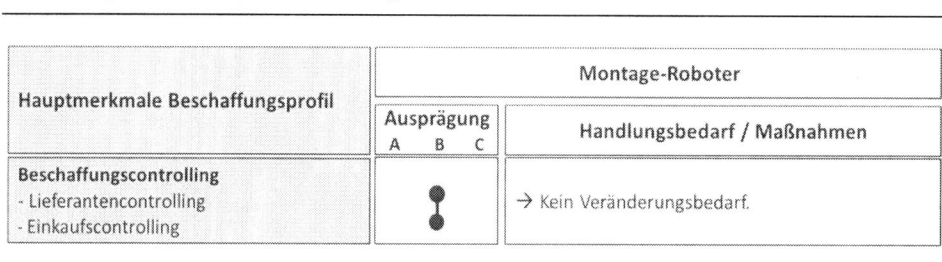

3.6.10   Lösungen: Strategie-Profil

Die strategischen Stoßrichtungen ergeben in ihrem Gesamtkontext ein komplexes „Strategie-Profil". Es zeigt auf, nach welchen Grundsätzen man in einer Materialgruppe zur Realisierung der Procurement-Ziele operieren will. Die einzelnen strategischen Stoßrichtungen führen für sich allein genommen nicht zum Erfolg. Es kommt auf ihr Gesamtbild bzw. ihr Zusammenwirken an [81]. Wenn insgesamt ein schlüssiges Handlungsprofil entsteht, ist die Procurement-Funktion auf Materialgruppenebene bedarfsgerecht für die Beschaffungsaufgaben eingestellt.

Ein solches „Strategie-Profil" ist das Herzstück einer Sourcing-Strategie und legt die Handlungsvorgaben für die Procurement-Funktion fest. In diesen grundsätzlichen Leitplanken kann in der Praxis agiert werden. Abbildung 3.39 gibt beispielhaft ein „Strategie-Profil" wieder.

Abbildung 3.39   Beispiel: Strategische Stoßrichtungen

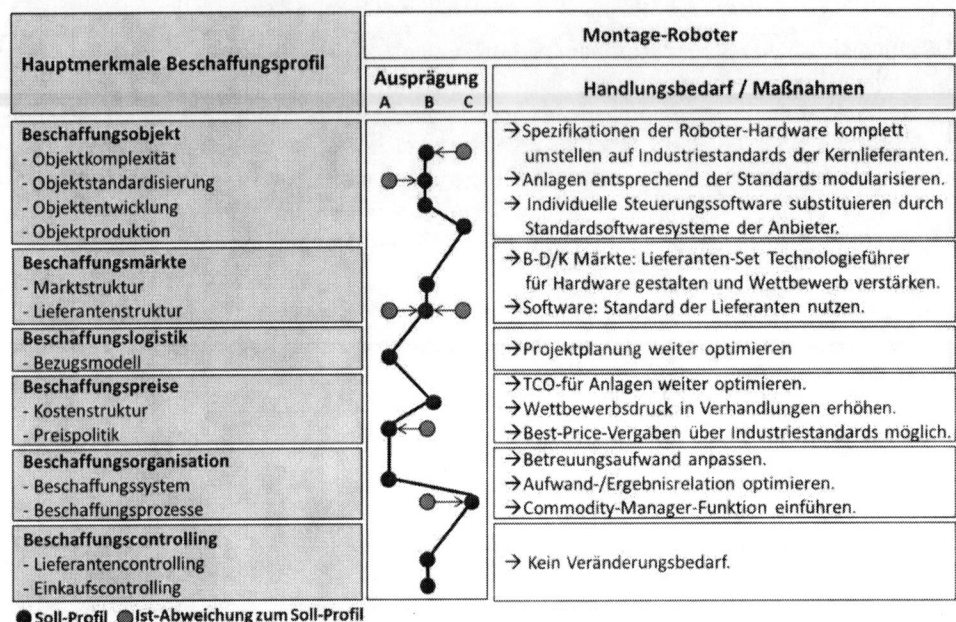

● Soll-Profil ◉ Ist-Abweichung zum Soll-Profil

Da das Strategie-Profil einen entscheidenden Vorgabecharakter für die Marktbearbeitung hat, ist es vor der Freigabe kritisch zu validieren. Die Validierung kann dabei in fünf Schritten erfolgen:

■ **Schritt 1 – Validierung der strategischen Stoßrichtungen mit dem Fokus Markt:** Passen die Vorgaben zu Beschaffungsobjekt, -markt, -logistik und -preis zusammen oder ergeben sich Widersprüche?

■ **Schritt 2 – Validierung der strategischen Stoßrichtungen mit dem Fokus Procurement-Funktion:** Passen die Vorgaben zu Beschaffungsorganisation und –controlling zusammen oder sind Anpassungen erforderlich?

■ **Schritt 3 – Validierung der Durchgängigkeit der Teilprofile aus Markt- und Procurement-Perspektive:** Es ist kritisch zu hinterfragen, ob die Handlungsvorgaben zu Beschaffungsorganisation und –controlling dazu geeignet sind, die Stoßrichtungen aus der Marktperspektive zu operationalisieren. Es geht an dieser Stelle also um die Schlüssigkeit des Strategie-Profils insgesamt.

■ **Schritt 4 – Spiegelung des Strategie-Profils am Procurement-Portfolio:** Werden in der Materialgruppe durch das Strategie-Profil die Grundsätze der zugehörigen Normstrategie (Wertschöpfungspartnerschaft, Wettbewerbspartnerschaft, Abwicklungspartnerschaft, Beziehungspartnerschaft) ausreichend adressiert? Wenn nein, ist das Strategie-Profil erneut zu justieren.

■ **Schritt 5 – Validierung des Strategie-Profils an den Procurement-Zielen:** Es ist zu hinterfragen, ob die strategischen Handlungsvorgaben geeignet sind, die Erreichung der Effektivitäts- wie auch der Effizienzziele sicherzustellen.

Nach positiver Validierung kann das Strategie-Profil freigegeben werden. Im Folgenden sind die identifizierten Handlungsschwerpunkte, die als Voraussetzung zur Strategieumsetzung abzuarbeiten sind, über konkrete Maßnahmen zu präzisieren (siehe Kapitel 3.6.11). Ferner ist ein Lieferanten-Set für die Strategieumsetzung festzulegen (siehe Kapitel 3.6.12) und ein Control-Set zur Steuerung der Strategieumsetzung zu entwerfen (siehe Kapitel 3.6.13).

3.6.11   Lösungen: Strategieumsetzung

Bei der Erarbeitung der strategischen Stoßrichtungen wurden Handlungsbedarfe identifiziert, die für eine erfolgreiche Strategieumsetzung Voraussetzung sind. Sie wurden im „Strategie-Profil" bereits zusammengefasst und thematisch entlang der verschiedenen strategischen Stoßrichtungen geordnet. Diese Handlungsbedarfe sind nun in konkrete Einzelmaßnahmen zu überführen und umzusetzen.

Wie an den Beispielen in Abbildung 3.40 deutlich wird, sind die identifizierten Handlungsbedarfe aufzugreifen und in konkrete Maßnahmen zu transferieren. Sie sind mit

■ inhaltlicher Beschreibung,

■ Zielergebnissen,

■ Zieltermin

■ und Verantwortlichkeiten

präzise auszuarbeiten. Dies hat für jeden Handlungsbedarf entlang des Strategie-Profils zu geschehen.

Im Ergebnis entsteht ein strukturiertes Maßnahmenpaket, mit dem die inhaltlichen Voraussetzungen für die Strategieumsetzung geschaffen werden können.

Abbildung 3.40   Beispiel Maßnahmenpaket

Maßnahmenpaket – Strategische Stoßrichtung: Objekt		
Aktionen	Verantwortlich/Termin	Ergebnis
#1 Durchführung von Technologie-Workshops zur Analyse der Technologietrends in der Robotertechnik.	#1 V-Produktion T-30/03	#1 Technologie-Roadmap Roboter
#2 Bewertung der Technologietrends im Hinblick auf die Auswirkungen für das Unternehmen und die in der Fertigung eingesetzten Anlagenkonzepte.	#2 V-Produktion T-30/04	#2 Anlagen-Roadmap Roboter
#3 Modularisierung der Roboteranlagen auf Basis zukunftsfähiger Industriestandards. Anpassung der Anlagenspezifikationen. Neugestaltung der Ausschreibungen.	#3 V-Produktion (Support Procurement) T-30/07	#3 Muster-Spezifikationen Muster-Ausschreibungen
#4 Überführung der Robotersteuerung auf Industriestandards.	#4 V-Produktion T30/07	#4 Neue Steuerungen sind implementiert

3.6.12   Lösungen: Lieferanten-Set

In den Märkten ist ein Set von Ziel-Lieferanten zu bestimmen, mit denen man später strategiekonform zusammenarbeiten will [85]. In die Gestaltung des Lieferanten-Sets gehen die Zuordnung der Materialgruppe im Procurement-Portfolio sowie die im „Strategie-Profil" gewählte Lieferantenstruktur ein. Diese Eingangsgrößen beeinflussen wesentlich den Charakter der späteren Lieferantenbasis.

Entlang der in Tabelle 3.3 aufgezeigten Orientierung ist im Lieferantenmanagement das Lieferanten-Set festzulegen (vgl. Kapitel 3.7). Die aufgezeigten Orientierungen sind dabei kein Dogma. Vielmehr spiegeln sie typische Kunden-Lieferanten-Konstellationen auf den Märkten wider.

Tabelle 3.3   Grundsatzorientierung zur Gestaltung eines Lieferanten-Sets

Portfolio-Feld	Lieferantenstruktur	Lieferanten-Set
Wertschöpfungs-partnerschaft	Sole-Sourcing	Monopol-Lieferant mit Spezial-Know-how
	Single-Sourcing	Enges, hochqualifiziertes Lieferanten-Set in den gewählten Märkten zur Auswahl eines strategischen Wertschöpfungs-Partners im Projekt-Wettbewerb
	Quote-Sourcing	Enges, hochqualifiziertes Lieferanten-Set in den gewählten Märkten zur Auswahl eines strategischen Wertschöpfungsnetzwerks im Projekt-Wettbewerb
Wettbewerbs-partnerschaft	Single-Sourcing	Breites, qualifiziertes Lieferanten-Set in den gewählten Märkten zur projektbezogenen Auswahl eines Lieferanten in hartem Wettbewerb. Kontinuierliche Belastung des Lieferanten im Wettbewerb
	Quote-Sourcing	Breites, qualifiziertes Lieferanten-Set in den gewählten Märkten zur projektbezogenen Auswahl eines abgegrenzten Lieferantennetzes in hartem Wettbewerb. Kontinuierliche Belastung des Lieferantennetzes im Wettbewerb
Abwicklungs-partnerschaft	Multiple-Sourcing	Offenes Lieferanten-Set in gewählten Märkten, ggf. Positionierung von „preferred suppliern" mit breitem Sortiment und geringen Transaktionskosten als Kern des offenen Lieferanten-Sets. Das Lieferanten-Set bleibt jedoch in jeglicher Hinsicht variabel.
Beziehungs-partnerschaft	Sole-Sourcing	Monopol-Lieferant ohne Bedeutung und Rolle eines Wertschöpfungspartners
	Single-Sourcing	Sehr enges oligopolistisches Netz beziehungsstarker Lieferanten mit direkten Projektvergaben, in der Regel ohne Wettbewerb. Ggf. dabei auch Vergaben in „selbst erzeugten Monopolen" mit Fokussierung auf einen Lieferanten bei existierendem Markt.

Im Lieferanten-Set können den einzelnen Lieferanten jeweils angestrebte Vergabevolumen zugewiesen werden. Auf dieser Basis ist eine detaillierte Einzelanalyse der Lieferanten hinsichtlich ihrer spezifischen Angebotsmacht vorzunehmen. Zielvolumina und Angebotsmacht erlauben im Kontext der Nachfragemacht des eigenen Unternehmens eine genaue Positionierung der Ziel-Lieferanten im Procurement-Portfolio. Es entsteht ein „Soll-Procurement-Portfolio", das den Ziel-Markt in einer Materialgruppe konkret abbildet und mit dem Ist-Status gegenübergestellt werden kann (vgl. Abbildung 3.41).

3.6.13   Lösungen: Strategie-Control-Set

Die Formulierung strategischer Stoßrichtungen, die Ableitung erforderlicher Umsetzungsmaßnahmen und die Definition von Ziel-Lieferanten ist nur dann etwas wert, wenn in der Praxis entsprechend gehandelt wird. Daher ist ein Control-Set zu entwickeln, mit dem die Strategieumsetzung gesteuert werden kann. Abbildung 3.41 zeigt beispielhaft ein Control-Set auf, mit dem die Strategieumsetzung beispielsweise quartalsweise im Procurement-Management einem Review unterzogen werden kann.

Abbildung 3.41   Beispiel Control-Set

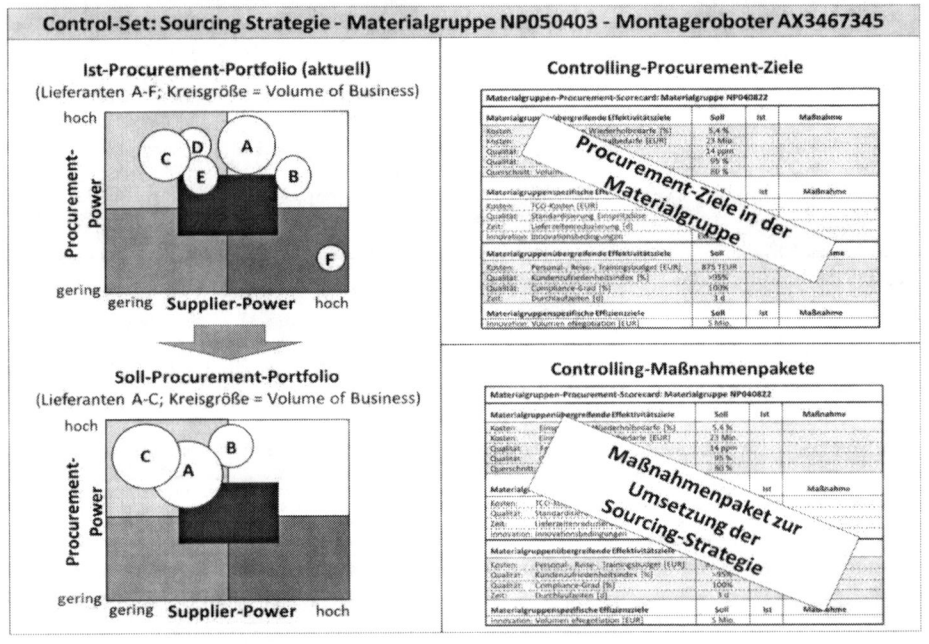

3.6.14   Zusammenfassung der Lösungen: Sourcing-Strategien

Aus dem in den vorangegangenen Kapiteln dargestellten Lösungsansätzen können pragmatisch Sourcing-Strategien entwickelt werden. Es entstehen Handlungsvorgaben, mit denen in den Materialgruppen gearbeitet werden kann: zielorientiert und strategisch gelenkt. Bei der Entwicklung von Sourcing-Strategien kann ein Standardformat mit folgenden Inhalten helfen:

- 01 Deckblatt (Festlegung und Beschreibung der Materialgruppe)

- 02 Materialgruppenanalyse und –ziele

- 03 Materialgruppen-Strategie-Profil

- 04 Materialgruppen-Maßnahmenpaket

- 05 Materialgruppen-Control-Set

3.6.15   Validierung der Lösungskonzepte

Eine Sourcing-Strategie gibt, wenn sie richtig und fundiert gestaltet wurde, Orientierung für das Handeln in den Märkten. Die Validierung und Freigabe der Strategie – inkl. der Maßnahmen und des Control-Sets – sollte durch die Führungsebene von Procurement-Funktion und Fachbereichen gemeinsam erfolgen. Dann ist sie ein zentrales Arbeits- und Führungsinstrument mit gemeinsamen Zielen und Handlungsschwerpunkten.

Darüber hinaus sollte die Strategie in regelmäßigen Abständen einem Review unterzogen werden. Es geht darum, sich ändernden Rahmenbedingungen und/oder Zielstellungen anzupassen. Dazu ist die Strategie durch Fachbereich und Procurement-Funktion weiter-zuentwickeln. Das ist in der Regel mit relativ geringem Aufwand möglich, wenn die Sour-cing-Strategie zu einem Arbeitspapier der Praxis geworden ist. Der Review-Zeitpunkt kann materialgruppenspezifisch variieren. Sich schnell verändernde Materialgruppen könnten ggf. einmal jährlich einem Review unterzogen werden. Sehr stabile Materialgrup-pen wären ggf. im Dreijahresrhythmus zu entwickeln.

3.7   Strategisches Lieferantenmanagement

Operationalisiert werden Sourcing-Strategien in den Märkten. Dazu ist das Lieferanten-Set des Unternehmens strategiekonform zu gestalten und leistungsorientiert zu führen. In der Praxis wird dies erst durch einen einheitlichen Steuerungsansatz möglich, insbesondere wenn mehrere tausend Lieferanten simultan geführt werden müssen [85]. Diese Aufga-benstellung ist Gegenstand des strategischen Lieferantenmanagements.

3.7.1   Ziele im strategischen Lieferantenmanagement

Die Lieferanten sind die Potenzialträger der Procurement-Funktion. Nur mit ihnen können in Beschaffungsprojekten die Procurement-Ziele auf den Märkten realisiert werden. Eine wesentliche Aufgabenstellung im strategischen Lieferantenmanagement ist daher die jederzeitige Bereitstellung eines leistungsstarken Lieferanten-Sets. Darüber hinaus wird auch das operative Geschäft fokussiert. Dort kann nur dann effizient zusammengearbeitet werden, wenn die Prozesse und Zuständigkeiten für alle Beteiligten klar und gegenseitig anerkannt sind. Wird ferner an den richtigen Stellen gefordert und gefördert, führt dies zur erfolgreichen Umsetzung der Beschaffungsprojekte. Um dies zu gewährleisten sind geeignete Steuerungsinstrumente zu installieren, die eine umfassende Bewertung und Entwicklung der Lieferanten-Performance in den „Procurement-Operations" ermöglichen. In Summe werden so erneut wesentliche Stärkefaktoren des Unternehmens adressiert, um „Power in Procurement" zu ermöglichen:

Stärke der Procurement-Funktion in den Märkten

■ SPFM01 – Marktwahrnehmung: Der Auftritt im Markt erfolgt selbstbewusst.

■ SPFM04 – Marktlieferantenkenntnisse: Die Einkäufer kennen die Lieferanten im Markt.

■ SPFM05 – Marktpräsenz: Die Einkäufer sind im Markt vor Ort aktiv.

■ SPFM06 – Marktstrategien: Das Lieferanten-Set entspricht den strategischen Vorgaben.

■ SPFM07 – Marktprozesse: Die Zusammenarbeit mit den Lieferanten ist klar geregelt.

■ SPFM08 – Marktverbindlichkeit: Die Regelungen werden konsequent eingehalten.

Abbildung 3.42   Ziele der Aufgabe PP07 - Lieferantenmanagement

Aufgaben-Power-Ergebnis-Matrix (APEM)																																		
	Die Procurement-Aufgabe PP07 bewirkt jeweils Power																															Ergebnis-beitrag in			
	im Unternehmen								in Märkten								in der Funktion							in den Operations											
Wirkung / Aufgaben	SPFU01	SPFU02	SPFU03	SPFU04	SPFU05	SPFU06	SPFU07	SPFU08	SPFM01	SPFM02	SPFM03	SPFM04	SPFM05	SPFM06	SPFM07	SPFM08	SPFP01	SPFP02	SPFP03	SPFP04	SPFP05	SPFP06	SPFP07	SPFO01	SPFO02	SPFO03	SPFO04	SPFO05	SPFO06	SPFO07	SPFO08	Kosten	Qualität	Zeit	Innovation
PP07 - Lieferanten-management									●			●	●	●	●	●																■	■	■	■

3.7.2   Anforderungen an Lösungskonzepte

Die Anforderungen an die Lösungskonzepte lassen sich schlüssig aus den aufgezeigten Zielstellungen ableiten:

■ Identifizierung des Veränderungsbedarfs im Lieferanten-Set

■ Anpassung des Lieferanten-Sets: Lieferantenabwicklung

■ Anpassung des Lieferanten-Sets: Volumentransformation

■ Anpassung des Lieferanten-Sets: Lieferantenakquise und -implementierung

■ Management der operativen Lieferantenprozesse

■ Strategische Lieferantenbewertung und –entwicklung

Zur Identifizierung des Veränderungsbedarfs kann in einer Materialgruppe die Sourcing-Strategie als Basis herangezogen werden. Dort sind Lieferanten- und Marktstrukturen vorgegeben und der Soll- wie Ist-Zustand des Lieferanten-Sets definiert. Auf dieser Grundlage kann zielsicher abgeleitet werden, welche Lieferanten abgewickelt, im Volumenanteil verändert oder neu im Lieferanten-Set aufgenommen werden sollen.

In der Anpassung des Lieferanten-Sets braucht es dann systematische Prozesse. Für die Abwicklung von Lieferanten ist es erforderlich, die kritischen Aspekte eines Lieferantenwechsels zu beherrschen. Es sollte nicht übersehen werden, dass besonders bei der Beendigung von Lieferantenbeziehungen auch Machtbereiche und Interessen innerhalb des eigenen Unternehmens berührt sein können. Diese dürfen nicht unterschätzt werden, um einen friktionsfreien Lieferantenwechsel organisieren zu können. Beim Transfer von Volumenanteilen ist sicherzustellen, dass sich die Lieferanten auf eine Ab- bzw. Zunahme ihres Volumens einstellen können. In der Akquise neuer Lieferanten braucht es einen präzisen Auswahl- und Integrationsprozess.

Für die Zusammenarbeit im operativen Geschäft sind die Grundregeln der Partnerschaft transparent zu machen und deren Einhaltung sicherzustellen. Dazu braucht es Klarheit über die Zuständigkeiten in der Procurement-Funktion und den Fachbereichen sowie über den Beschaffungsprozess und die dort einzuhaltenden Regeln. Ferner sind zu Steuerung der Leistungsfähigkeit der Procurement-Operations die Anforderungen an das Controlling der Lieferanten-Performance zu definieren. Es ist ein abgestimmtes Steuerungsmodell zu entwickeln, dessen Erkenntnisse direkt in das Control-Set der Sourcing-Strategien einfließen und eine Weiterentwicklung des Lieferanten-Sets ermöglichen.

Mit den angeführten Aufgabenfeldern kann ein systematisches Lieferantenmanagement installiert werden. Dabei stand in der Vergangenheit oft rein klassisch die Chancenorientierung im Zentrum der Ausgestaltung. Beim Management der Lieferantenbeziehungen wurden in der Regel die klassischen Erfolgsfaktoren fokussiert: Kosten senken, Geschwindigkeit erhöhen, Qualität verbessern und Innovationen treiben. Diese Aspekte sind auch weiterhin die treibenden Kräfte im Lieferantenmanagement. Sie werden heute aber um die Aspekte der Risikoorientierung ergänzt. So gehen insbesondere Risikofaktoren aus den Rubriken Markt-, Lieferanten-, Prozess- und Finanzrisiken in ein modernes Lieferantenmanagement ein [90]-[93].

Für die Realisierung der Chancen ist es wichtig, dass auch die korrespondierenden Risiken erkannt und beherrscht werden. Durch eine Synthese aus chancen- und risikoorientierter Sichtweise soll so ein ganzheitlicher Ansatz im Lieferantenmanagement entstehen.

Abbildung 3.43   Chancen- und Risikoorientierung im Lieferantenmanagement

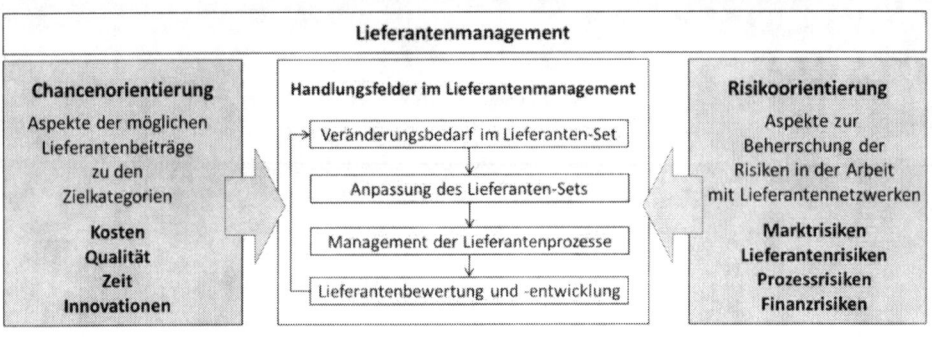

Im ganzheitlichen Ansatz begleiten aus Sicht der klassischen Chancenorientierung dabei die folgenden Fragestellungen das Lieferantenmanagement:

- **Chancenidentifikation:** Was ist in den Zielkategorien zu erreichen?
- **Chancenanalyse und –bewertung**: Wo liegen konkret welche Potenziale?
- **Chancensteuerung:** Werden die Procurement-Effektivitätsziele konsequent adressiert?
- **Chancencontrolling:** Werden die Effektivitätsziele in der Praxis realisiert?

Aus der Perspektive des Risikomanagements werden folgende Fragestellungen aufgeworfen [96][97]:

- **Risikoidentifikation:** Welche Risiken existieren in den einzelnen Aufgabenstellungen?
- **Risikoanalyse und –bewertung**: Wie hoch ist ihre Eintrittshäufigkeit/Folgeschwere?
- **Risikosteuerung:** Wie werden Risiken vermieden, gemindert oder beherrscht?
- **Risikocontrolling:** Welche Risiken sind in Wirkung gekommen?

Gegenstand der risikoorientierten Fragen sind dabei die bereits adressierten Markt-, Lieferanten-, Prozess- und Finanzrisiken. Da diese bisher nicht ausführlich erläutert wurden, folgt an dieser Stelle eine Abgrenzung der Risikorubriken gemäß ihrer Verwendung in diesem Buch [90]-[93][96][97]:

■ **Marktrisiken:** Bei den Marktrisiken handelt es sich um unternehmensübergreifende Risiken in spezifischen Märkten, die dort eine Zusammenarbeit mit Lieferanten grundsätzlich negativ beeinflussen können. Beispielhaft hierfür sind Risikofaktoren wie politische Stabilität, Korruptionsanfälligkeit, Steuerpolitik, Zollpolitik, Währungsstabilität, Geschäftskultur oder auch die Rechtsprechungspraxis in der Justiz genannt.

■ **Lieferantenrisiken:** Bei den Lieferantenrisiken handelt es sich um unternehmensspezifische Risiken, die die wirtschaftliche Stabilität eines Lieferanten betreffen. Zur Beurteilung können z.B. Risikofaktoren wie Liquidität, Eigenkapitalquote, Zahlungsverhalten, Wettbewerbsfähigkeit und bilanzielle Substanz herangezogen werden. Ein weiterer wichtiger Indikator ist auch die Abhängigkeit des Lieferanten vom Abnehmer. Dominiert der Abnehmer den Umsatz des Lieferanten oder ist er sogar der einzige Kunde, ist dies ein Indiz dafür, dass der Lieferant kein wettbewerbsfähiges Leistungsspektrum am Markt platzieren kann. Sein Umsatzanteil ist somit auch ein wichtiger Risikofaktor.

■ **Prozessrisiken:** Bei den Prozessrisiken handelt es sich um spezifische Risiken in der operativen Zusammenarbeit mit Lieferanten. Es geht also in der Hauptsache um ihre Fähigkeiten zur auftragskonformen Abwicklung von Aufträgen. Die Risikofaktoren und die Risikoschwerpunkte hängen dabei wesentlich von den Beschaffungsobjekten ab. Entsprechend ihrer Ausprägung sind die erforderlichen Fähigkeiten der Lieferanten zur Entwicklung, Produktion und Lieferung von Leistungen kritisch zu reflektieren.

■ **Finanzrisiken:** Bei den Finanzrisiken handelt es sich im hier betrachteten Zusammenhang um die finanziellen Auswirkungen einer gestörten Zusammenarbeit. Werden Markt-, Lieferanten- oder Prozessrisiken in der Praxis wirksam, führt das in der Regel zu Ausfällen oder Störungen in der Lieferbeziehung. Die Folge sind finanzielle Konsequenzen, wie z.B. Ausfall- oder auch Umstellungskosten. Können auf Grund von Versorgungsstörungen eigene Produkte nicht erzeugt und Kunden nicht beliefert werden, entstehen ferner Schäden auf der Absatzseite des Unternehmens. Am Ende kulminieren Markt-, Lieferanten- und Prozessrisiken in ihrer Wirkung in Finanzrisiken, womit insbesondere monetäre Risikowirkungen von Lieferbeziehungen auf den Punkt gebracht werden.

Fachlich sind bei der Ausgestaltung der Aufgaben im strategischen Lieferantenmanagement Lösungen zu entwickeln, die eine systematische Ausnutzung der Chancen ermöglichen und gleichzeitig zu einer sicheren Beherrschung der Risiken von Lieferantenbeziehungen führen.

Für die Gestaltung und Umsetzung der Aufgaben im strategischen Lieferantenmanagement braucht es dazu Einkäufer, die durch ihre materialgruppenspezifische Fachkompetenz ein abgesichertes Fundament einbringen. Die Lieferanten würden hier Schwächen schnell erkennen und sich darauf einzustellen wissen. Zwischen Procurement-Funktion und Lieferanten geht es immer auch um Machtverhältnisse, die Preise und Leistungen beeinflussen. Neben den Fachkompetenzen braucht es ferner im Dialog auch umfassende Sozialkompetenzen. Auf Basis einer „grundsätzlich natürlichen Standfestigkeit" der Einkäufer, die erst ein Agieren auf Augenhöhe möglich macht, sind ausdifferenzierte Verhaltensfähigkeiten in den Materialgruppen in Wirkung zu bringen. Dabei gibt das Procurement-Portfolio Orientierung.

Kommt es beispielsweise in Wertschöpfungspartnerschaften bei der Diskussion um Lösungen verstärkt auf konstruktive Offenheit an, ist in Wettbewerbspartnerschaften die Fähigkeit, konstruktiv motivierenden Druck aufzubauen, von besonderer Wichtigkeit. In Abwicklungspartnerschaften spielen Pragmatiker auf der Ebene von Prozesslösungen eine wichtige Rolle. In Beziehungspartnerschaften geht es um die geschickte Öffnung der Gegenseite für Zugeständnisse, die nicht selbstverständlich sind. Je nach Marktlage sind also unterschiedliche Stärken von Vorteil. Die erforderlichen Stärken sollten in jeder Materialgruppe ausgearbeitet und das Personal passgenau ausgewählt werden.

3.7.3   Lösungen: Veränderungsbedarf im Lieferanten-Set

Der Veränderungsbedarf im Lieferanten-Set einer Materialgruppe wird in der zugehörigen Sourcing-Strategie formuliert (siehe Kapitel 3.6). Sichtbar wird er im Ergebnis durch die Gegenüberstellung des Ist- und Soll-Procurement-Portfolios. Im strategischen Lieferantenmanagement werden die erforderlichen Veränderungen dann operationalisiert. Dazu ist zunächst eine Kategorisierung der notwendigen Anpassungen sinnvoll:

■ **Abwicklung von Lieferanten aus dem Lieferanten-Set:** Bei Abwicklungen werden Lieferanten aus dem Lieferanten-Set entfernt. Dabei kann grundsätzlich zwischen einer Abwicklung mit oder ohne Lieferantensubstitution unterschieden werden. Eine Abwicklung ohne Substitution kann erforderlich werden, wenn im Unternehmen zukünftig auf einen spezifischen Bedarf komplett verzichtet wird. Typischerweise tritt dieser Sachverhalt bei Technologiewechseln oder Veränderungen im eigenen Produktportfolio auf. Bei Abwicklungen mit Lieferantensubstitution werden einzelne Lieferanten gezielt durch einen oder mehrere Lieferanten ersetzt. Dies kann erforderlich werden, wenn eine Lieferanten-Performance keine weitere Zusammenarbeit empfiehlt oder ein bestehender Lieferant in Insolvenz geht.

■ **Volumentransfer im Lieferanten-Set:** Bei einem Volumentransfer werden Volumenanteile bestehender Lieferanten verändert. Dies kann dadurch begründet sein, dass Abnahmemengen insgesamt zunehmen oder absinken. Dann sind die entsprechenden Änderungen im Lieferanten-Set zu implementieren. Eine weitere Notwendigkeit zum Handeln ist es, bewusst Volumenanteile zu verändern, um neue Schwerpunkte zu setzen. Dies kann der Fall sein, wenn Performance-Entwicklungen einzelner Lieferanten Veränderungen erforderlich machen, innerhalb einer Materialgruppe technologische Entwicklungen für eine Anpassung sprechen oder die Wettbewerbslage insgesamt verändert werden soll.

■ **Aufnahme neuer Lieferanten in das Lieferanten-Set:** Oft wird es erforderlich, bewusst neue Lieferanten in das Lieferanten-Set aufzunehmen, um die Leistungsfähigkeit des Lieferantennetzwerks zu erhöhen. In dieser Aufgabenstellung geht es um die Akquise und Bindung leistungsfähiger neuer Partner. Die Aufnahme neuer Lieferanten spiegelt häufig die technologischen Veränderungen der Märkte und des eigenen Produktportfolios wider.

Zur Präzisierung des Veränderungsbedarfs ist im strategischen Lieferantenmanagement eine konkrete Liste der vorzunehmenden Anpassungen aufzustellen:

■ Welche Lieferanten sollen ohne Substitution abgewickelt werden (Auflösungsbilanz)?

■ Welche Lieferanten werden mit Substitution abgewickelt? Wer substituiert dabei welches Volumen von wem (Substitutionsbilanz)?

■ Wie verändern sich durch Volumentransfer die Volumenanteile der einzelnen Lieferanten? Wer liefert zukünftig wie viel? Wie groß sind die Veränderungen bei den einzelnen Lieferanten (Transferbilanz)?

■ Welche neuen Lieferanten werden in das Lieferanten-Set aufgenommen? Welche Volumenanteile bekommen diese Lieferanten zugeteilt (Integrationsbilanz)?

Durch die Abwicklung von Lieferanten, durch den Volumentransfer sowie Erweiterungen des Lieferanten-Sets wird das Lieferantennetz des Unternehmens dynamisch weiterentwickelt. Damit die erforderlichen Veränderungen reibungslos vorgenommen werden können, empfiehlt es sich, mit strukturierten Anpassungsprozessen zu arbeiten, wie sie in den Kapiteln 3.7.4 bis 3.7.6 erläutert werden.

3.7.4   Lösungen: Abwicklung von Lieferanten

Bei der Durchführung von Lieferantenabwicklungen können sich unterschiedliche Schwierigkeitsgrade und Herausforderungen ergeben. Sie hängen in erster Linie davon ab, ob in der Abwicklung eine Lieferantensubstitution erforderlich wird oder nicht. Wenn der Bedarf an einem Beschaffungsobjekt erlischt und lediglich planmäßig ausläuft, ist eine Abwicklung der Lieferanten ohne Substitution möglich. Dieser Vorgang ist in der Regel problemlos umzusetzen. Wird jedoch für einen andauernden Versorgungsbedarf ein Lieferantenwechsel erforderlich, muss die Lieferantensubstitution präzise geregelt werden. Dies ist eine komplexe Aufgabenstellung.

In beiden aufgeführten Grundkategorien kann darüber hinaus nach einer planmäßigen oder unplanmäßigen Lieferantenabwicklung differenziert werden. Auch diese Parameter beeinflussen die Komplexität der Abwicklungsaufgabe mit. In unplanmäßigen Abwicklungen ist z.B. mit erhöhtem Zeitdruck und Störfaktoren zu rechnen.

Lieferantenabwicklung ohne Substitution (planmäßig)

Bei einer planmäßigen Lieferantenabwicklung ohne Substitution müssen im Regelfall die bestehenden Verträge abgearbeitet werden. Ggf. ist eine vertragsgemäße, ordentliche Kündigung der Lieferbeziehung erforderlich. Die Kündigungs- und damit Auslaufbedingungen der Versorgung sind in diesem Fall vertraglich vereinbart und bedürfen lediglich der Operationalisierung. Nach Auslauf der Verträge wird die Versorgung durch den Lieferanten beendet. Dieser Prozess kann aus Sicht des Abnehmers normalerweise problemlos umgesetzt werden. Unter Umständen müssen Vereinbarungen mit Lieferanten getroffen werden, wie eine spätere Nachlieferung (kleiner Mengen) oder eine Wiederaufnahme der Belieferung erfolgen kann. Das kann z.B. bei Produktionsmaterialien erforderlich sein, bei denen nach Produktions- und Vertriebsauslauf in den Märkten die Ersatzteilversorgung abgesichert werden muss. Das Risiko der geschilderten Form der Lieferantenabwicklung kann allgemein als gering eingestuft werden. Entsprechend niedrig ist der Anspruch an das Projektmanagement zur Organisation der Abwicklung.

Lieferantenabwicklung ohne Substitution (unplanmäßig)

Schwierigkeiten können entstehen, wenn die Abwicklung eines Lieferanten unplanmäßig erfolgen muss. Dieser Fall kann eintreten, wenn etwa ein Produkt früher als geplant vom Markt genommen wird und eine planmäßige Kündigung der Lieferung vertraglich nicht möglich ist oder auch nicht erfüllte Abnahmegarantien greifen. Diese Umstände können in Geschäftsbeziehungen vorkommen, die auf Langfristigkeit und gegenseitiges Vertrauen aufbauen, dann aber in der Praxis vom Markt nicht angenommen werden. Der Bedarf erlischt in diesem Fall unplanmäßig. Die vereinbarten Prozesse der Zusammenarbeit sind also im Ergebnis gestört. Ist eine entsprechende Entwicklung abzusehen, sollte rechtzeitig mit den Lieferanten in Verhandlungen zur Vertragsauflösung eingestiegen werden. Dabei geht es insbesondere um Schadensbegrenzung im Hinblick auf finanzielle Risiken. Im Zentrum solcher Verhandlungen stehen häufig Fragen nach einer fairen Teilung von Trennungskosten. Hat der Lieferant beispielsweise in Vertrauen auf die Vertragserfüllung in Infrastruktur, Personal und Materialien investiert, sind Forderungen nach einer Kompensation gerechtfertigt. Entstehende bzw. verbleibende Trennungskosten sollten transparent aufbereitet und diskutiert werden. Dabei stehen insbesondere die folgenden Aspekte im Mittelpunkt der Kostenanalysen:

- Fixkosten, wie z.B. Mieten, Leasingraten etc.

- Sprungfixe Kosten, wie z.B. für Facility Management, Maschinenwartungen etc.

- Variable Kosten, wie z.B. für Materialien, Energie, Personal etc.

Auf Basis einer transparenten Kostenaufbereitung können Möglichkeiten zur Senkung der Trennungskosten erarbeitet werden, wie z.b. die vorzeitige Kündigung von Verträgen auf Lieferantenseite oder der Transfer von Ressourcen auf andere Projekte. Die Teilung der verbleibenden (Rest-)Kosten kann ggf. verhandelt werden. Gibt es keine attraktive Geschäftsperspektive, kann der Lieferant seinen Anspruch auf einen Ausgleich des Schadens „hart vertreten" – und oft auch durchsetzen. Es ist hier zu prüfen, ob durch neue Projekte oder Aufträge eine Perspektive aufgezeigt werden kann. Dann ist häufig auch eine Lastenteilung im Dialog erreichbar.

Insbesondere bei ungeplanten Lieferantenabwicklungen können emotionale Schwierigkeiten die Trennung erschweren. Je lukrativer das Geschäft für einen Lieferanten war, desto größer kann der Trennungsschock auch Konsequenzen in seinem Verhalten nach sich ziehen. An dieser Stelle ist es wichtig zu erkennen, ob der Lieferant für eine spätere Geschäftsbeziehung von Relevanz ist und ob man berechtigten Regressansprüchen gegenübersteht. Je größer die Bedeutung der späteren Beziehung und/oder die berechtigten finanziellen Ansprüche des Lieferanten sind, desto wichtiger ist es, den Trennungsprozess rechtzeitig, strukturiert und so einfühlsam wie möglich anzustoßen. In diesen Prozessen kommt es insbesondere auf eine hohe Sozialkompetenz der handelnden Akteure an.

Lieferantenabwicklung mit Substitution (planmäßig)

Bei einer planmäßigen Lieferantenabwicklung mit Substitution kommt es zu einer Übertragung der Lieferleistung auf einen neuen Lieferanten. Dazu kann es kommen, wenn man sich z.B. aufgrund der Lieferanten-Performance entschlossen hat, einen Lieferanten auszutauschen. Im planmäßigen Fall werden die bestehenden Verträge abgearbeitet bzw. ordentlich gekündigt und vertragskonform beendet – ganz analog zur planmäßigen Abwicklung ohne Substitution.

Durch die Substitution erfolgt hier jedoch eine Lieferübernahme durch einen anderen Lieferanten. Dabei kann es sich im Lieferanten-Set um einen bestehenden oder neu aufgenommenen Lieferanten handeln. Zur Auswahl der Substitutionslieferanten sind zunächst geeignete Kandidaten unter Leistungsgesichtspunkten zu priorisieren. Anschließend sollten die Top-Kandidaten gezielt unter den Aspekten der Markt-, Lieferanten- und Prozessrisiken ausgewählt werden, um unter dem Blickwinkel einer tragfähigen Chancen-Risiko-Balance dem richtigen Kandidaten den Zuschlag zu geben.

Im Substitutionsprozess ist dann sicherzustellen, dass die Versorgung im Unternehmen reibungslos weiterläuft. Zur Ausgestaltung des Leistungsübergangs können zwei Kategorien unterschieden werden, die sich im Schwierigkeitsgrad differenzieren:

■ **Unmittelbarer Lieferübergang**: Bei einem unmittelbaren Lieferübergang schließt sich die erste Lieferung des neuen Lieferanten direkt an die letzte Lieferung des alten Lieferanten an. Es erfolgt ein vollständiger Lieferantenwechsel zu einem festgelegten Stichtag. Diese Variante kann als „Standardform" der Lieferantensubstitution bezeichnet werden. Damit dieser Vorgang funktioniert, ist ein stringentes Projektmanagement bei der Vorbereitung des Substitutionslieferanten zu gewährleisten. Es ist sicherzustellen, dass er zum Stichtag voll lieferfähig ist. Ferner sind die Logistikprozesse für den neuen Lieferanten anzupassen und zum Stichtag umzustellen.

■ **Gleitender Lieferübergang**: Beim gleitenden Lieferübergang erfolgt in der Versorgung eine sukzessive Rückführung des Alt-Lieferanten, in Verbindung mit einem gleichzeitigen Aufbau des Substitutionslieferanten. Für eine Übergangsphase liefern sowohl Alt- als auch Substitutionslieferant gleichzeitig, mit geplant abnehmenden bzw. ansteigenden Mengen. Nach Ende der Übergangszeit ist die gesamte Liefermenge auf den Substitutionslieferanten übergegangen. Zu diesem Zeitpunkt ist der Alt-Lieferant abgewickelt. Ein gleitender Übergang ermöglicht so einen „fließenden Wechsel" und kann eine kontinuierliche Versorgung in Wechselszenarien zusätzlich absichern, da der alte Lieferant solange im Geschäft bleibt, bis der Substitutionslieferant „funktioniert".

Dieses Konzept findet besonders bei versorgungskritischen Produktionsmaterialien oder auch komplexen Dienstleistungen Anwendung – also in Fällen, in denen man auf die Sicherheit durch den Alt-Lieferanten in keinem Fall verzichten will bzw. verzichten kann. Beispielhaft genannt ist in der Beschaffungslogistik der Wechsel eines Wareneingangslagers. Die sofortige, vollständige Stichtag-Umschaltung von einem alten auf ein neues Lager kann in der Regel nur unter großen Schwierigkeiten erfolgen. Vielmehr ist das alte Lager gezielt herunterzufahren – durch Produktionsverbrauch und einen systematischen, geordneten Warentransfer in das neue Lager. Gleichzeitig ist das neue Lager durch eine Umsteuerung des Wareneingangs und eine beschaffungsobjektspezifische Umstellung der Verbraucherversorgung hochzufahren. Unterscheiden sich beim alten wie neuen Lager die Betreiber, so erfolgt nicht nur ein komplexer Lagerwechsel, sondern auch ein komplexer Lieferantenwechsel.

Wie das Beispiel deutlich macht, sind die Übergabe-Prozesse in gleitenden Lieferantenwechseln komplex. Das erhöht die Prozessrisiken weiter. In solchen Verfahren müssen beide Lieferanten präzise gesteuert und eine kooperative Zusammenarbeit abgesichert werden. Dies kann unter Umständen schwierig werden, wenn Alt- und Neu-Lieferanten ihre Aufgabenstellung nach unterschiedlichen Konzepten gestalten und umsetzen. Ferner sind auch Spannungen auf emotionaler Ebene möglich, was die Zusammenarbeit zusätzlich erschwert.

Der gleitende Übergang stellt demnach hohe Anforderungen an das fachliche Projektmanagement und setzt darüber hinaus ein exzellentes Beziehungsmanagement zur Steuerung aller Beteiligten voraus.

Lieferantenabwicklung mit Substitution (unplanmäßig)

Die unplanmäßige Abwicklung von Lieferanten mit Substitution läuft prozessual grundsätzlich genauso ab wie die geschilderte planmäßige Abwicklung – allerdings unter nochmals erschwerten Bedingungen. Typische Gründe für unplanmäßige Substitutionen sind akute Schlechtleistungen, Korruption oder auch (drohende) Insolvenzen. In diesen Fällen bleibt häufig wenig Zeit für die Auswahl und Vorbereitung von Substitutionslieferanten sowie für die Konzeption und Durchführung von Übergabeprojekten. Dadurch erhöhen sich die fachlich bereits geschilderten Prozessrisiken in der Leistungsübergabe nochmals. Auch auf Seiten der Finanzrisiken erhöht sich das finanzielle Risiko weiter. Da man für einen Übergang auf eine enge Kooperation mit dem Alt-Lieferanten angewiesen ist, ist dieser in ungeplanten Übergängen häufig in einer starken Position, wenn es um die Verhandlung von Trennungs- und Übergangskosten geht. Mit steigendem Risiko wird exzellentes Projekt- und Beziehungsmanagement noch wichtiger.

3.7.5   Lösungen: Volumentransfer zwischen Lieferanten

Um in einer Materialgruppe die Ergebnispotenziale vollständig ausschöpfen zu können, werden in Sourcing-Strategien auch grundlegende Anpassungen im Lieferanten-Set vorgenommen. Während die Abwicklung und Neuaufnahme von Lieferanten abgegrenzte Maßnahmen zur Weiterentwicklung der Lieferantenbasis darstellen, kann es durch Anpassungen der Volumenanteile zu bedeutenden Strukturveränderungen kommen. So ergeben sich im Lieferanten-Set neue Partnerschaftsschwerpunkte. Durch derartige Strukturveränderungen soll der Wettbewerb im Lieferanten-Set gesteuert und die speziellen Leistungsfähigkeiten einzelner Lieferanten berücksichtigt werden. Neben Wettbewerbsaspekten können aber auch neue technologische Trends, die Veränderung des eigenen Produktportfolios oder Veränderungen der Leistungs-Performance von Lieferanten Ursache für solche Volumentransfers sein.

Geplanter Volumentransfer

Der geplante Volumentransfer ist der Standardfall zur Veränderung von Lieferanteilen. In diesem Fall werden die in Sourcing-Strategien verabschiedeten Veränderungen systematisch umgesetzt. Kommt es bei Lieferanten zu einer Erhöhung der Volumina, verspricht man sich davon in erster Linie eine Verbesserung bei der Erfüllung von Effektivitätszielen. In der Umsetzung sind die Geschäftspartner rechtzeitig darauf vorzubereiten. Stichtagsbezogen müssen höhere Liefermengen zu den vereinbarten Konditionen verfügbar sein. Ggf. sind Prozesse und Strukturen auf größere Volumina anzupassen. Um die mit der Volumenerhöhung verbundenen Chancen in der Praxis realisieren zu können, sind in erster Linie die operativen Prozessrisiken im Volumenaufbau abzusichern. So müssen beispielsweise Kapazitäten, Prozesse und Logistiknetzwerke rechtzeitig auf die anstehenden Volumina vorbereitet werden.

Mit der Erhöhung von Volumina gehen in der Regel an anderer Stelle auch Absenkungen einher. Auch beim Absenkungsprozess ist es wichtig, den Geschäftspartner darauf vorzubereiten. Es ist alles dafür zu tun, dass der betroffene Lieferant seine eigene Organisation und die eingesetzten Ressourcen frühzeitig auf das niedrigere Lieferniveau abstimmen kann. Das reduziert seine Kosten im Transfer und lässt auch emotionale Aspekte negativer Geschäftsentwicklungen beherrschbarer steuern. Geschieht dies im Rahmen einer vertraglich vereinbarten Flexibilität, sind sowohl die Prozess- als auch die Finanzrisiken der Reduzierung als gering einzustufen.

Ungeplante Volumenänderungen

Ungeplante Volumenänderungen können greifen, wenn Prozess-, Lieferanten- oder Marktrisiken wirksam werden. So können z.B. plötzlich auftretende Qualitätsprobleme in der Produktion, Naturkatastrophen oder auch steuerliche Maßnahmen von Regierungen zu ungeplanten Volumentransfers führen. Sie laufen grundsätzlich analog zu den geplanten Volumentransfers ab. Jedoch kommt es hier in der Umsetzung zu einer Erhöhung der Risiken. Bei der ungeplanten Reduzierung von Volumina erfolgt quasi ein Ausstieg aus „Abnahmevereinbarungen". Hier können analog zu den in Kapitel 3.7.4 geschilderten Zusammenhängen Finanzrisiken greifen. Im Fall der ungeplanten Erhöhung von Volumina könnten sich zusätzliche Prozessrisiken aufgrund kurzfristiger Vorbereitungs- und Anpassungszeiten beim Lieferanten ergeben. Unplanmäßige Veränderungen verlangen also ein intensives Projektmanagement und ein gutes Beziehungsmanagement.

3.7.6   Lösungen: Akquise und Integration neuer Lieferanten

Ein weiteres wichtiges Element im strategischen Lieferantenmanagement ist die Akquise und Integration neuer Lieferanten. Nur so können systematisch neue Kompetenzen für das Unternehmen nutzbar gemacht und die Leistungsfähigkeit in der Unternehmensversorgung gesteigert werden. Während im Bereich von Standardgütern für die Generierung neuer Lieferanten wesentlich Kostengründe eine Rolle spielen, stehen im Bereich aufzubauender Wertschöpfungspartnerschaften auch Innovationsfragen im Fokus. Der Lieferant muss die technologischen Herausforderungen der Zukunft beherrschen und gleichzeitig auch Vertrauen im Unternehmen genießen.

Damit kann die Lieferantenintegration zu einer komplexen Aufgabe werden, deren Arbeitsschritte in Abbildung 3.44 kompakt aufgezeigt und im Folgenden erläutert werden.

Abbildung 3.44   Arbeitsschritte zur Akquise und Integration von Neu-Lieferanten

---

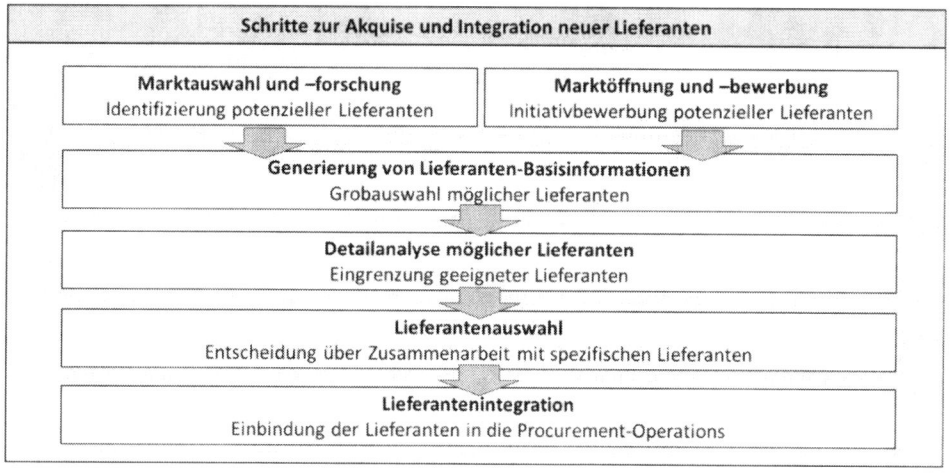

Marktauswahl und -forschung

Die Akquise neuer Lieferanten beginnt mit der Initiierung von Beschaffungsmarktaktivitäten. Dazu braucht es zunächst eine „chancenorientierte Auswahl" der Zielmärkte. Hierzu können konkrete Vorgaben für Zielmärkte gemacht werden, die eine geeignete Auswahl spezifischer Märkte möglich machen:

- **Kosten:** Niedrige Lohnkosten und gedämpfte Lohnkostenentwicklungen, niedrige Materialkosten, gut verfügbare Rohstoffe, niedrige Abgabenquoten, hohe Subventionen, geringe Logistikkosten etc.

- **Qualität:** Gutes Bildungs-/Ausbildungsniveau, moderne Fertigungstechnologien, fundierte Fertigungserfahrungen, vernetzte Industrien, motiviertes Personal etc.

- **Zeit:** Freie Produktionskapazitäten, hohe Marktflexibilität, gute physische Infrastruktur und logistische Marktanbindung, stark ausgebaute Mobilitäts- und Kommunikationsinfrastruktur etc.

- **Innovationen:** Qualifizierte Hochschul- und Forschungseinrichtungen, gutes Innovationsklima, stabile Innovationsrahmenbedingungen (Patente), hohe Marktdynamik etc.

Ergänzend zur Chancenbetrachtung hat eine Analyse der korrespondierenden Marktrisiken zu erfolgen [90]-[93]:

■ **Politische Marktrisiken:** Politische Stabilität, soziale Spannungen, Korruption, Büro-
kratie, Steuerpolitik, Zollpolitik, Subventionspolitik, Enteignungspolitik, Boykottver-
halten etc.

■ **Ökonomische Marktrisiken:** Inflation, Währungsrisiken, Konjunkturentwicklung,
Wettbewerbsfähigkeit, Lohn- und Gehaltsentwicklungen, Streikverhalten etc.

■ **Strukturelle Marktrisiken:** Infrastruktur, Bildungsniveau, ethische Standards, Techno-
logiestandard, Rohstoffverfügbarkeit, Kapazitätsverfügbarkeit etc.

■ **Juristische Marktrisiken:** Vertragsverhalten, Patentschutz, Rechtsprechung etc.

Werden Marktrisiken erkannt, sind diese Risikofaktoren bei der Lieferantenauswahl in den
Zielmärkten mit zu berücksichtigen. Soll beispielsweise in einem korruptionsgefährdeten
Markt operiert werden, so wäre in den Auswahlkriterien sicherzustellen, dass Lieferanten
z.B. eine regelmäßige Compliance-Prüfung durch anerkannte Wirtschaftsprüfer zu bestehen haben. In einem instabilen Währungsumfeld wäre beispielsweise die Bereitschaft von
Lieferanten zur Abwicklung von Geschäften in EUR oder US-$ ein mögliches K.o.-
Kriterium. In diesem Sinne sind alle wesentlichen Marktrisiken aufzuarbeiten. Daraufhin
ist zu entscheiden, ob (und wenn ja welche) Bedingungen bei der Lieferantenauswahl zu
berücksichtigen sind, um eine Risikobeherrschung zu gewährleisten.

Im Folgenden ist in den Zielmärkten eine detaillierte Marktforschung mit dem Ziel der
Lieferantenidentifizierung vorzunehmen. Dazu können im Rahmen einer Sekundärforschung, also der Auswertung vorliegender Informationen, die in Kapitel 3.3 aufgeführten
Datenquellen und Daten analysiert werden [40][87][88]. Die Sekundärforschung ist aber in
der Regel nicht ausreichend. Sie sollte daher um Instrumente der Primärforschung ergänzt
werden [87][88]. Dabei geht es darum, selbst aktiv neue Daten zu Märkten und Lieferanten
zu gewinnen. Hier können z.B. Marktexkursionen durchgeführt und/oder Interviews mit
Marktexperten geführt werden. Interviewpartner können unternehmensintern z.B. Pro-
duktverantwortliche sein, die neue Erkenntnisse zu Lieferanten oder weiteren Sekundär-
quellen versprechen. Extern können Experten, Institutionen oder Berater angesprochen
werden, die sich in den Zielmärkten genau auskennen.

Marktöffnung und -bewerbung

Eine weitere Möglichkeit der Lieferantenidentifizierung besteht in der eigenen Marktöff-
nung. Dazu kann ein Unternehmen im Internet, in Medien oder auf Messen und anderen
Plattformen die eigenen Bedarfe bewerben. Man richtet sich also an die Marktforscher des
Vertriebs. Je präziser und attraktiver die Potenziale einer Zusammenarbeit platziert werden, desto höher ist die Chance, dass sich fähige Lieferanten als Partner melden. Hier greifen die Instrumente des klassischen Marketings. Dabei sollte eine intensive Marktkommunikation mit einem strukturierten Zugang für die Kontaktaufnahme gekoppelt werden.
Diese Schnittstelle kann beispielsweise via Internet über Supplier-Portale ausgestaltet
werden [95]. Im Ergebnis stehen Initiativbewerbungen möglicher Lieferanten.

Generierung von Lieferantenbasis-Informationen

Nachdem Lieferanten identifiziert wurden, bzw. Lieferanten selbst aktiv eine Kontaktaufnahme initiiert haben, ist der Lieferanten-Dialog zu starten. Im ersten Schritt sollten dabei Lieferantenbasis-Informationen ermittelt werden, die eine erste Grobeinschätzung von Chancen und Risiken ermöglichen. Für die Abwicklung eines entsprechenden Dialogs eignen sich erneut Supplier-Portale. Unabhängig davon, ob die Kontaktaufnahme vom Unternehmen oder aus den Märkten heraus erfolgt, kann die Datenerfassung über dieses Instrument gelenkt werden. Für den Erfolg der Informationsgenerierung kommt es natürlich auf die Inhalte an. Der Informationsdialog muss geeignet aufgebaut sein. Dazu können insbesondere folgende Informationen erfasst werden:

- **Unternehmensstammdaten:** Unternehmensbezeichnung, Rechtsform, Adresse, Referenzen zu Wirtschaftsauskunftsdateien (z.B. D-U-N-S ® Nummer bei D&B) etc.

- **Unternehmensführung:** Namen und Funktionen, Zugehörigkeit zum Unternehmen, anstehende Veränderungen, laufende/abgeschlossene Rechtsverfahren gegen geschäftsführende Personen bzw. leitende Angestellte, Führungsgrundsätze wie z.B. Corporate-Governance-Codex oder unternehmensspezifischer Code-of-Conduct etc.

- **Unternehmensstruktur:** Mutterunternehmen bzw. Eigentümer, ggf. Schwesterunternehmen, Tochterunternehmen und Beteiligungen etc.

- **Unternehmenskennzahlen:** Anzahl Mitarbeiter, Umsatz, Bilanzsumme, Eigenkapital, Jahresüberschuss, Gewinn vor Steuern, F&E Aufwand, Investitionsquote etc., jeweils für die vergangenen drei Jahre.

- **Unternehmenszertifizierungen:** QM-Zertifizierungen; Umweltschutzzertifizierungen, Arbeitsschutzzertifizierungen, behördliche Genehmigungen und Auflagen etc.

- **Leistungsspektrum:** Produkt- und Leistungsbeschreibungen, Konkretisierung des Know-hows, eigenes Stärken-Schwächen-Profil, Kundenprofil

- **Leistungskapazitäten:** Standorte, Standortprofil, Mitarbeiterprofil, Kapazitäten und Kapazitätsauslastung etc.

- **Leistungsmanagement:** Eingesetzte Technologien, eingesetzte Management-Techniken in der Leistungserbringung, wie z.B. Lean-Management, Six-Sigma etc.

- **Präzisierung der gewünschten Geschäftsverbindung:** Genaue Beschreibung der zukünftig geplanten Zusammenarbeit, Bereitstellung einer präzisen inhaltlichen Abgrenzung der angebotenen Bedarfe mit den zugehörigen Kompetenzen.

- **Referenzen:** Ausgewählte Produkte, Projekte und Kunden mit Ansprechpartnern

Die so gewonnenen Lieferanten-Basisinformationen können kompakt einem ersten Chancen-Risiko-Check unterzogen werden:

Abbildung 3.45　　Vorlage für einen Lieferanten-Chancen-Risiko-Check

Zusammenfassung Lieferanten-Chancen-Risiko-Check	
Bewerber: **Lieferantenbasisinformationen vom:**	
Chancen einer Zusammenarbeit	**Risiken einer Zusammenarbeit**
Kosten:	Marktrisiken:
Qualität:	Lieferantenrisiken:
Zeit:	Prozessrisiken:
Innovationen: ―	Finanzrisiken:

Empfehlung: (x)

▨ „short list"-Lieferant　　　　　▨ Ersatz-/Reservelieferant　　　　　▨ K.-o.-Kandidat

Bei diesem Check bewerten Fachleute aus der Procurement-Funktion und den Fachbereichen gemeinsam, ob ein Lieferant grundsätzlich für weitere Analysen interessant ist. Eine solche Grob-Bewertung kann über Workshops auf Basis standardisierter „Check-Charts" erfolgen (siehe Abbildung 3.45). Am Ende dieser Bewertung steht eine „Short-list" der Lieferanten, die einer weiteren Detailanalyse unterzogen werden sollen.

Detailanalyse möglicher Lieferanten

Mit der Detailanalyse werden die Kandidaten einer Lieferantenpartnerschaft auf Herz und Nieren geprüft. Dazu können Lieferantenbesuche, Tiefeninterviews und Unternehmensbesichtigungen durchgeführt werden. Es ist systematisch zu hinterfragen, wie ein Unternehmen vorgeht, um seine eigenen Stärkefaktoren in Wirkung zu bringen und gleichzeitig die existierenden Markt-, Lieferanten-, Prozess- und Finanzrisiken zu beherrschen.

Zur Ausgestaltung eines entsprechenden „Kandidaten-Assessments" kann man sich an der **FOKUS-Systematik** orientieren. Die FOKUS-Systematik bringt die chancen- wie risikoorientierte Sichtweise auf ein Unternehmen kompakt zusammen und strukturiert die Inhalte einer Unternehmensanalyse nach den Kriterien Führungssystem, operative Fähigkeiten, Kostenmanagement, Unternehmensnetzwerk und strategisches Risikomanagement.

Abbildung 3.46   FOKUS-Systematik

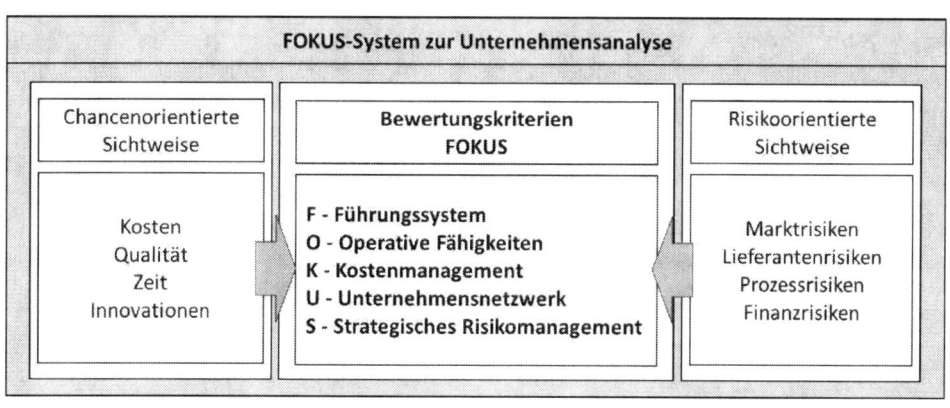

Entlang der FOKUS-Kriterien sind gezielt Fragenkataloge zu entwickeln, die eine ganz-heitliche Chancen-Risiko-Betrachtung von Unternehmen zulassen. Im Folgenden sind beispielhaft mögliche FOKUS-Kriterien aufgezeigt:

■ **F – Führungssystem:** Das Führungssystem ist ein wichtiger Indikator für die Erfolgs-orientierung eines Unternehmens, denn es gibt ihm Richtung und Dynamik. Gleichzei-tig ist es aber auch ein wichtiger Bestandteil des Risikomanagements. Eine professio-nelle Führung erkennt auch die Risiken eines Erfolgskonzeptes und weiß diese zu steuern – so dass sie den Erfolg nicht gefährden. Zur Hinterfragung des Führungssys-tems können z.B. folgende Kriterien genutzt werden:

– Existiert eine konkrete, tragfähige Unternehmensvision/-mission?
– Gibt es eine klare strategische Ausrichtung zur Realisierung der Vision/Mission?
– Existieren strategische / operative Ziele zur Steuerung der Strategieumsetzung?
– Gewährleisten Vision, Strategie und Ziele eine tragfähige Chancen-Risiko-Balance?
– Gibt es für Strategien und Ziele eine klare Übernahme von Verantwortung?
– Existiert im Unternehmen eine glaubhafte Leistungskultur?
– Ist das Management erfahren und agiert es glaubwürdig?
– Existiert ein konsequentes Controlling der Strategieumsetzung/Zielerreichung?
– Werden im Controlling Chancen- und Risikoaspekte gesteuert?
– Ist das Unternehmen in seinen Ergebnissen nachhaltig auf dem Zielpfad?
– Passt das Führungssystem des Unternehmens schlüssig zum eigenen Haus?

■ **O – Operative Fähigkeiten:** Die operativen Fähigkeiten adressieren die „nicht-preisliche Wettbewerbsfähigkeit" eines Unternehmens – also die Leistungsseite (siehe Abbildung 1.1). Die Erfolgsfaktoren Qualität, Zeit und Innovationen werden in allen Bereichen ihrer Wertschöpfung maßgeblich durch sie determiniert. Daher ist es wichtig, sich Gewissheit über die Leistungsfähigkeit eines Unternehmens in Entwicklung, Beschaffung, Produktion und Vertrieb zu verschaffen, um die Chancen einer Zusammenarbeit bewerten zu können. Gleichzeitig ist diese Analyse auch ein Teil des Risikomanagements. So können die kritischen Prozessrisiken vorab bestimmt und die zur Risikobeherrschung erforderlichen Fähigkeiten geprüft werden. Zur Analyse der operativen Fähigkeiten eines Unternehmens eignen sich z.B. die folgende Kriterien:

- Gibt es entlang der geforderten Entwicklungskompetenzen exzellentes Know-how?
- Sichert das Know-how eine führende Position in diesen Entwicklungsfeldern ab?
- Sind die Entwicklungskapazitäten für die geplanten Projekte ausreichend?
- Sind Entwicklungskompetenzen und -kapazitäten langfristig abgesichert?
- Sind die in Projekten eingesetzten Entwicklungssysteme kompatibel?
- Sind die Entwicklungsprozesse kompatibel?
- Werden die Entwicklungsprozesse zuverlässig eingehalten?
- Gibt es entlang der operativen Beschaffungsprozesse exzellentes Know-how?
- Ist eine quantitativ flexible Versorgung des Unternehmens abgesichert?
- Ist eine qualitativ hochwertige Versorgung des Unternehmens abgesichert?
- Gibt es entlang der geforderten Produktionskompetenzen exzellentes Know-how?
- Entsprechen die eingesetzten Fertigungstechnologien den Anforderungen?
- Entsprechen die eingesetzten Fertigungsverfahren den Anforderungen?
- Entspricht das in der Fertigung eingesetzte Personal den Anforderungen?
- Existieren ausreichende Fertigungskapazitäten?
- Sind die erforderlichen Fertigungskapazitäten langfristig abgesichert?
- Entspricht die Fertigung den Flexibilitätsanforderungen?
- Entsprechen die gefertigten Produkte den Qualitätsanforderungen?
- Entsprechen die logistischen Fähigkeiten den Anforderungen?
- Entspricht die logistische Anbindung den Anforderungen?

■ **K – Kostenmanagement:** Das Kostenmanagement rückt im Unternehmen die „preisliche Wettbewerbsfähigkeit" in den Mittelpunkt (siehe Abbildung 1.1). Operative Fähigkeiten und Kostenmanagement sind im gemeinsamen Kontext die zentralen Einflussgrößen für die Wettbewerbsfähigkeit in der Leistungserstellung. Daher ist es auf der Chancenseite einer Partnerschaft von entscheidender Bedeutung, ob ein Unternehmen seine Kosten im Griff hat. Gleichzeitig ist ein gutes Kostenmanagement aber auch ein Teil des Risikomanagements, denn schlechte Kostenstrukturen gefährden die Unternehmensexistenz und führen zu Lieferantenrisiken. Das Kostenmanagement eines Unternehmens kann z.B. anhand der folgenden Kriterien analysiert werden:

- Sind die Einsatzfaktoren des Unternehmens transparent?
- Sind die Einsatzfaktoren des Unternehmens richtig strukturiert und dimensioniert?
- Entsprechen die Kostenstrukturen der Einsatzfaktoren den Anforderungen?
- Ermöglichen die Kostenstrukturen ein dauerhaft rentables Arbeiten?
- Existiert im Unternehmen eine Mentalität der kontinuierlichen Verbesserung?
- Werden Effizienzprogramme durchgeführt?
- Sind Effizienzprogramme anspruchsvoll ausgestaltet?
- Werden in Effizienzprogrammen alle Unternehmensbereiche eingeschlossen?
- Werden in Effizienzprogrammen die Supply-Chain-Partner einbezogen?
- Werden die Ziele von Effizienzprogrammen erreicht?
- Wirken die Ergebnisse der Effizienzprogramme nachhaltig?
- Gibt es klare Vorstellungen zur weiteren Optimierung der Kostenstrukturen?
- Gibt es einen Vergleich zu den Kostenstrukturen der Wettbewerber?
- Sind die Kostenstrukturen im Vergleich wettbewerbsfähig?
- Entspricht das Kostenmanagement insgesamt den Anforderungen und erlaubt es den langfristigen Aufbau einer wettbewerbsfähigen Zusammenarbeit?

■ **U – Unternehmensnetzwerk:** Erfolgreiche Unternehmen sind heute eingebettet in ein komplexes Netzwerk bilateraler Beziehungen, um ihre Wettbewerbskraft in den Märkten zu platzieren. Anteilseigner, Lieferanten und Kunden beschreiben das Spielfeld des Unternehmens. Ein gutes Netzwerk bietet Chancen für stabile Geschäfte. Das Netzwerk eines Unternehmens kann aber auch ein Risiko sein. Je nach Struktur der Partnerschaften können Markt- und Lieferantenrisiken entstehen, z.B. durch instabile Eigentümer. Zur Bewertung der Chancen und Risiken eines Unternehmens gehört damit auch eine Bewertung seines Netzwerks. Dabei können z.B. die folgenden Kriterien genutzt werden:

- Wie sind die Eigentümerverhältnisse des Unternehmens strukturiert?
- Welche Beteiligungsverhältnisse hält das Unternehmen?
- Entsprechen Eigentums- und Beteiligungsverhältnisse den Anforderungen?
- Wie ist die Lieferantenbasis des Unternehmens strukturiert?
- Wie ist die Kostenstruktur der Lieferanten einzuschätzen?
- Entspricht das Lieferantenmanagement den Anforderungen?
- Wie ist das Kundenportfolio des Unternehmens strukturiert?
- Mit wem wird in welchen Feldern zusammengearbeitet?
- Wer sind die Key-Kunden, und wird mit direkten Wettbewerbern gearbeitet?
- Wie funktionieren das Kundenmanagement und die Kundenkommunikation?
- Wie variabel verhält sich das Unternehmen in Verhandlungssituationen?
- Wie ist das Verhalten gegenüber Kunden in Krisensituationen?
- Spielt das Unternehmen in den Märkten dauerhaft eine wichtige Rolle?
- Wie ist der Ruf des Unternehmens in den Märkten?

■ **S – Strategisches Risikomanagement:** Beim strategischen Risikomanagement geht es explizit um das Verhalten des Unternehmens im Umgang mit den Risiken im konkreten Bezug zur geplanten Geschäftsbeziehung. Aus den bisherigen Informationen und Analysen kann ein konkretes Bild über die Risiken einer Partnerschaft gezeichnet werden. Dazu sind die relevanten Markt-, Prozess-, Lieferanten- und Finanzrisiken herauszuarbeiten und Anforderungen an das Management der Risiken zu stellen. Auf dieser Basis kann bewertet werden, ob die Maßnahmen zur Risikobeherrschung angemessen sind. Folgende Fragestellungen können für die Analyse Orientierung geben:

- Welche Risiken existieren?
- Welche dieser Risiken sind für eine erfolgreiche Geschäftsbeziehung kritisch?
- Werden diese Risiken systematisch im Unternehmen erkannt?
- Werden diese Risiken systematisch vermieden, gedämpft oder beherrscht?
- Reichen die Maßnahmen des Unternehmens aus, um eine stabile Geschäftsbeziehung aufbauen und langfristig absichern zu können?

In Abhängigkeit der angestrebten Komplexität einer Partnerschaft können nach der FOKUS-Systematik Assessments einfach oder intensiv durchgeführt werden. Entscheidend ist, wie man die Bedeutung des möglichen Lieferanten aus der bisherigen Analyse einschätzt. Geht man in Wertschöpfungspartnerschaften oder großvolumige Wettbewerbspartnerschaften, ist Tiefgang gefordert. In Abwicklungspartnerschaften auf Basis polypoler Märkte kann das vorgestellte Verfahren drastisch „abgespeckt" werden. [84]. Das FOKUS-System soll daher als variables Instrument verstanden werden, das individuell an die jeweilige Lieferantensuche angepasst werden kann. Je nach Erfordernis mit mehr oder weniger Tiefgang in Design und Durchführung.

Lieferantenauswahl

Aus dem Kreis der geeigneten Lieferanten ist eine konkrete Auswahl zu treffen. Dazu ist zunächst eine Einschätzung der mit den Lieferanten jeweils verbundenen Nachfrage- und Angebotsmacht vorzunehmen. Das geschieht nach den in Kapitel 3.3 (Bedarfs- und Marktanalysen) vorgestellten Methoden. Im Ergebnis erfolgt analog zum Verfahren nach Kapitel 3.4 eine Einordnung der Lieferanten im Procurement-Portfolio. Darauf aufbauend kann entschieden werden, welcher der Kandidaten mit welchem Volumen und welchen Lieferbedarfen in das Lieferanten-Set aufgenommen wird.

Lieferantenintegration

Zur operativen Integration der neuen Lieferanten sind weitere Schritte zu durchlaufen. Zum einen sind die Neu-Lieferanten über die Ansprechpartner sowie die einzuhaltenden Lieferantenprozesse und ethischen Standards zu informieren bzw. zu verpflichten (siehe Kapitel 3.7.7). Ferner sind die Verfahren zur zukünftigen Lieferantenbewertung und -entwicklung abzustimmen (siehe Kapitel 3.7.8). Wenn die formellen Grundlagen für eine

Zusammenarbeit stehen, können die Lieferanten systematisch über Anfragen in die Procurement-Operations (siehe Kapitel 4) eingebunden werden. Dort haben sie sich dann im Wettbewerb zu behaupten.

3.7.7   Lösungen: Steuerung operativer Lieferantenprozesse

Für die Steuerung der regulären Zusammenarbeit sind „Spielregeln" festzulegen. Nur wenn mit den Lieferanten unter gemeinsamen Standards zusammengearbeitet wird, können wirkungsvolle Partnerschaften entstehen. Partnerschaft und Regeln gehören somit als fest verbundenes Paar eng zusammen.

Überblick über den Beschaffungsprozess

Daher ist im ersten Schritt der Beschaffungsprozess in seiner Struktur transparent aufzubereiten und den Lieferanten zu vermitteln. Auf Basis der Beschaffungsrichtlinie werden dort alle Aufgaben und Rollen der Akteure bestimmt. Entsprechend kann in konkreten Beschaffungsprojekten die Abwicklung der Unternehmensversorgung in acht Hauptschritten erfolgen (siehe Kapitel 4):

- ■ Prozessschritt 1: **Ausschreibungsdesign**
- ■ Prozessschritt 2: **Bieterkreisabstimmung**
- ■ Prozessschritt 3: **Anfragekoordination**
- ■ Prozessschritt 4: **Angebotsauswertung**
- ■ Prozessschritt 5: **Verhandlungsvorbereitung**
- ■ Prozessschritt 6: **Verhandlungsführung**
- ■ Prozessschritt 7: **Vergabeentscheidung**
- ■ Prozessschritt 8: **Vertragsmanagement**

Grundregeln der Arbeit im Beschaffungsprozess

Im Beschaffungsprozess sind mit den Lieferanten die Prozessschritte abzustimmen, die eine gegenseitige Interaktion beinhalten. Für sie sind präzise Abwicklungsstandards festzulegen, damit sie in der Praxis wie geplant ablaufen. Dies betrifft insbesondere die folgenden Prozessschritte:

■ **Bieterkreisabstimmungen:** In komplexen Vergabeprojekten können im Vorfeld konkreter Anfragen fachliche Sondierungen mit Lieferanten aufgenommen werden, die ihre inhaltliche Fähigkeit für eine Angebotsabgabe betreffen (RFI – Request for Information). Grundsätzlich sollten diese Sondierungen über die Procurement-Funktion initiiert werden. Der fachliche Austausch erfolgt daraufhin mit den Fachbereichen. Dieser darf sich ausschließlich auf die Klärung grundsätzlicher fachlicher Fragen bzgl. der Machbarkeit einer validen Angebotserstellung beschränken. Dies kann z.B. Fragen über die Verfügbarkeit eines speziellen Know-hows oder zu Erfahrungen von Referenzprojekten umfassen. Der Versand spezifischer Anfragedetails, die Erstellung konkreter Angebote oder gar das Führen von Vorverhandlungen sollte dabei konsequent unterbleiben.

■ **Anfragekoordination:** Anfragen dienen in Projekten der Aufforderung zur Angebotsabgabe. Sie beinhalten alle dafür erforderlichen Informationen und erfolgen über die Procurement-Funktion. In den Anfragen sind auch die einzuhaltenden Rahmenbedingungen, wie z.B. die Angebotsfrist oder die Angebotsform, fest verankert. Darüber hinaus wird konkret festgelegt, wie die Kommunikation mit den Lieferanten gestaltet wird. So werden projektspezifisch Ansprechpartner in Procurement und Fachbereichen benannt und die Kommunikationsprozesse bestimmt. Die Lieferanten haben sich in Projekten strikt an diese Anfragevorgaben zu halten.

■ **Verhandlungsführung:** Im Thema Verhandlungsführung sind die Lieferanten darauf zu verpflichten, dass der Verhandlungsprozess ausschließlich über die Procurement-Funktion geführt wird. Die Procurement-Funktion ist gegenüber Dritten die einzige legitimierte Stelle zur Initiierung und Führung von Verhandlungsgesprächen. Die Einbindung der Fachbereiche erfolgt dabei unter Steuerung der Procurement-Funktion.

■ **Vertragsmanagement:** Kommt es zu einer Vergabe, ist die Procurement-Funktion der einzige Ansprechpartner der Lieferanten zur Gestaltung, Zeichnung und zum Management von Vertragsdokumenten. Hierfür sind im Lieferantenmanagement Abwicklungsstandards zu entwickeln und die Einhaltung zu kontrollieren.

Generelle Ansprechpartner

Um den Dialog zwischen Unternehmen und Lieferanten auch außerhalb konkreter Einzelprojekte zu kanalisieren, sollten generelle Ansprechpartner auf beiden Seiten benannt werden. Auf Lieferantenseite können „Key-Account-Manager" für die grundsätzliche Kommunikation verantwortlich sein. Auf Seite der Procurement-Funktion kann auf Materialgruppenebene die Kommunikation über zentrale Ansprechpartner gesteuert werden. Liefert ein Unternehmen in mehrere Materialgruppen, empfiehlt sich ggf. eine koordinierende Stelle, z.B. über die Materialgruppe mit dem höchsten Volumen.

Generelle Verhaltensstandards

Projektübergreifend sollten in der Zusammenarbeit ethische Standards die Geschäftsbeziehung prägen. Hierzu entwickeln Unternehmen Verhaltensrichtlinien, die für alle Mitarbeiter verbindlich gelten. Teilweise greifen sie auch auf firmenübergreifende Standards zurück, wie z.B. den „Code-of-Conduct" des Bundesverbands Materialwirtschaft, Einkauf und Logistik (BME e.V.) [98]. Dort werden Verhaltensstandards zu Themen wie

- **Allgemeinen Grundsätzen, Recht und Gesetz:** Korruption, Kartellrecht, Kinderarbeit, Zwangsarbeit etc.,
- **Grundsätzen zur sozialen Verantwortung:** Menschenrechten, Diskriminierung, Gesundheitsschutz, Arbeitsbedingungen, Umweltschutz, Geschäftsgeheimnissen sowie
- **Grundsätzen zum Verhalten gegenüber Lieferanten:** Übertragung der eigenen Verhaltensstandards in Anforderungen an die Lieferanten

formuliert. Standards, die im Unternehmen für die eigenen Mitarbeiter gelten, sollten auch Basis für die Zusammenarbeit mit Lieferanten sein. In der Lieferantenkommunikation sollte eindeutig vermittelt werden, dass diese Standards ernst genommen werden und ohne sie keine Grundlage für eine Zusammenarbeit existiert.

Generelles Konfliktmanagement

In langfristigen Geschäftsbeziehungen und/oder komplexen Projekten kann es zu Konflikten kommen. Typischerweise sind Langfristprojekte konfliktgeladen, wenn sich Ziele, Inhalte, Ergebnisansprüche oder auch handelnde Personen verändern und Anpassungen in der Zusammenarbeit erforderlich werden. Häufig führen auch Aufträge mit unklaren Spezifikationen zu Konflikten, weil am Ende der Leistungserbringung die Meinungen über die Zielstellungen eines Auftrags auseinandergehen.

In ihrer Wirkung verursachen Konflikte oft jedoch nur Ressourcenverzehr oder sind für beide Parteien „Vergangenheitsbewältigung ohne Mehrwert". Dies trifft insbesondere zu, wenn Konflikte eskalieren, sich hinziehen und zunehmend emotionalisiert werden. Daher ist es von Anfang an wichtig, für entstehende Konflikte eine standardisierte Plattform zu schaffen, z.B. über Eskalationsprozesse, in denen von beiden Seiten frühzeitig Schwierigkeiten in der Auftragsabwicklung platziert werden. Je früher entsprechende Prozesse im Konfliktfall greifen, desto größer ist die Chance, Emotionalisierungen zu dämpfen, Folgeschäden zu begrenzen und sachliche Kompromisse und Lösungen zu finden. Geschieht dies in professioneller Art und Weise, ermöglichen Konflikte in komplexen Projekten oft auch neue Sichtweisen und Perspektiven auf Problemstellungen, so dass gemeinsam sogar bessere Lösungen gefunden werden können als ursprünglich vorgesehen.

Umsetzung operativer Lieferantenprozesse

Für eine wirksame Umsetzung der gemeinsamen „Handlungsspielregeln" ist es wichtig, Verstöße schnell, direkt und konsequent zu sanktionieren. Der kommunizierte Ausschluss von Lieferanten aus Bieterverfahren oder das „öffentliche" De-Listing aus einem Lieferanten-Set hinterlässt Wirkung in den Märkten. Verbindlichkeit im Handeln und gegenseitiger Respekt zwischen Lieferanten und Procurement-Funktion entsteht eben nur, wenn konsequent gehandelt wird – innerhalb der vereinbarten Regeln oder auch bei Regelverstoß.

3.7.8   Lösungen: Lieferantenbewertung und -entwicklung

In der operativen Zusammenarbeit kommt es darauf an, die gesteckten Effektivitätsziele zu realisieren. Dazu ist das Lieferanten-Set „im Betrieb" zu steuern und weiter zu entwickeln. Dazu sind die folgenden Arbeitsschritte auszugestalten:

- Festlegung der erforderlichen Steuerungsintensität im Lieferanten-Set
- Überwachung von Lieferantenmindestanforderungen (Steuerungsintensität I)
- Management der Lieferanten-Performance (Steuerungsintensität II)
- Implementierung von strategischen Lieferantenprogrammen (Steuerungsintensität III)
- Einsteuerung von Erkenntnissen in die Weiterentwicklung von Sourcing-Strategien

Festlegung der erforderlichen Steuerungsintensität

Steigt man in das Thema der Lieferantenentwicklung ein, würde das Bild einer präzisen Leistungssteuerung aller Lieferanten zunächst als valides Ziel erscheinen. Wenn man aber genau hinschaut, stellt sich die Frage, ob das wirklich sinnvoll wäre. Denn die Steuerung der Lieferanten bindet Ressourcen und kostet somit auch Geld. An dieser Stelle greifen die Effizienzziele der Procurement-Funktion. Die Funktion ist nur stark, wenn sie ihre Effektivitätsziele unter einem Aufwand-Nutzen-Optimum erreicht. Daher sind die Kräfte zu bündeln und fokussiert im Lieferanten-Set einzusetzen. Das bedeutet im Ergebnis ein differenziertes Vorgehen, bedarfsgerecht und zielorientiert [84]. Eine Möglichkeit, dies zu tun, ist eine Segmentierung der Lieferantensteuerung in drei Intensitätsstufen:

- In der **Intensitätsstufe I** geht es darum, dass in der Praxis ausschließlich mit Lieferanten gearbeitet wird, die einen definierten Mindeststandard einhalten. Dieser Standard wird z.B. durch Risikokriterien definiert, die in jedem Fall eingehalten werden müssen. Leistungsaspekte spielen hier weniger eine Rolle. Wenn im Procurement-Portfolio das Feld „Abwicklungspartnerschaften" in polypolen Märkten betrachtet wird, reicht dort diese geringe Intensität der Lieferantensteuerung sogar oft vollständig aus.

■ Betrachtet man die Wettbewerbs- oder Wertschöpfungspartnerschaften, ist hier der Wertbeitrag zur Zielerreichung wesentlich größer. Daher braucht es dort zusätzlich ein intensives Management der Lieferanten-Performance. In der **Intensitätsstufe II** sind aus den Effektivitätszielen der Procurement-Funktion die lieferantenspezifischen Teilziele abzuleiten und über Lieferanten-Scorecards zu steuern. Für Wettbewerbspartnerschaften reicht diese Intensitätsstufe der Steuerung aus, da sie grundsätzlich substituierbar sind und über das Performance-Management ihr Wettbewerbsverhalten gelenkt werden kann.

■ In Wertschöpfungspartnerschaften – also der Königsklasse der Lieferantenbeziehungen – geht es um langfristige Zusammenarbeitsmodelle mit hoher gegenseitiger Abhängigkeit und hohen Wechselbarrieren. Dies ist Chance und Risiko zugleich. Das Ausschöpfen der Lieferantenpotenziale sorgt auf der Leistungsseite für das Erreichen strategischer Wettbewerbsvorteile. Gleichzeitig nimmt mit der Dauer der Partnerschaft die Angebotsmacht der Lieferanten durch steigende Wechselbarrieren zu. Daher empfiehlt sich hier eine Lieferantensteuerung der **Intensitätsstufe III**, in der mit zusätzlichen Lieferantenplänen die bilaterale Zusammenarbeit strategisch abgestimmt wird. Angestrebt wird ein Arbeiten „Hand in Hand" mit gemeinsamen Zielen und einer strukturierten Rollenverteilung – laufend überwacht und im Einvernehmen validiert.

Die Portfolio-Felder der Beziehungs- und Opportunitätspartnerschaften wurden bisher noch nicht unter dem Fokus der Lieferantenbewertung und –entwicklung betrachtet. Sie stellen dort Sonderfälle dar:

■ Bei **Opportunitätspartnerschaften** richtet sich die Auswahl der Intensitätsstufe nach dem gewählten Handlungsmuster der Geschäftsbearbeitung. Dementsprechend sind alle Stufen möglich.

■ In **Beziehungspartnerschaften** dominieren die Lieferanten die Geschäftsbeziehung, und der Abnehmer ist von ihnen abhängig. Daher hat der Lieferant auch die Kraft, die Form des Lieferantenmanagements zu diktieren, wenn er will. Es kann also passieren, dass der Lieferant jegliche Steuerung ablehnt und diese Haltung auch durchsetzt. Hier kann es nur über ein gutes persönliches Beziehungsmanagement gelingen, den Lieferanten in ein Performance-Management oder gar einen Lieferantenplan zu integrieren.

Abbildung 3.47   Intensitätsstufen der Lieferantenbewertung

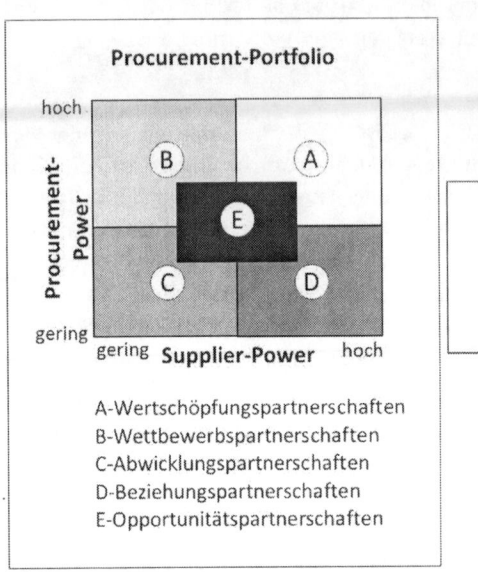

Procurement-Portfolio

A-Wertschöpfungspartnerschaften
B-Wettbewerbspartnerschaften
C-Abwicklungspartnerschaften
D-Beziehungspartnerschaften
E-Opportunitätspartnerschaften

Intensitätsstufe I:
Nur Lieferantenmindestanforderungen werden überwacht
(i.d.R. in allen Portfolio-Feldern)

Intensitätsstufe II:
Zusätzlich zu den Lieferantenmindestanforderungen werden Ziele definiert und die Leistungsfähigkeit über Scorecards gesteuert. (i.d.R. in den Feldern „Wettbewerbs- und Wertschöpfungspartnerschaften)

Intensitätsstufe III:
Zusätzlich zu den Lieferantenmindestanforderungen und Scorcards werden Lieferantenpläne zur strategischen Entwicklung erstellt. (i.d.R. im Feld „Wertschöpfungspartnerschaft")

Intensitätsstufe I - Lieferantenmindestanforderungen

Lieferantenmindestanforderungen setzen sich in der Regel aus Risikokriterien zusammen, die standardmäßig von allen Lieferanten als K.-o.-Kriterium einzuhalten sind. Bei ihrer Ausgestaltung kann zwischen materialgruppenübergreifenden und materialgruppenspezifischen Kriterienkatalogen unterschieden werden. Typische übergreifende Kriterien sind z.B.:

- Ausgeschlossene Märkte
- Ausgeschlossene Lieferanten-Eigentümer
- Ausgeschlossene Lieferanten-Beteiligungen
- Nachweis der Lieferantenbonität
- Absicherung der Lieferantenhaftung (Kapital/Deckung)
- Maximaler Umsatzanteil des Lieferanten
- Einhaltung ethischer Standards
- Einhaltung der Beschaffungsprozesse

Auf Materialgruppenebene können weitere Kriterien definiert werden, die in den spezifischen Bedarfsfeldern typische Risiken darstellen, wie z.B.:

■ Zertifizierungen und behördliche Genehmigungen

■ Eingesetzte Technologien/Verfahren

■ Qualifikation des eingesetzten Personals

■ Grundsätzliche Verfügbarkeit von Kapazitäten

Wird mit modernen IT-Systemen gearbeitet, kann die Überprüfung der Einhaltung von Lieferantenmindeststandards weitestgehend automatisiert und im jährlichen Zyklus durchgeführt werden. Allgemeingültige und materialgruppenspezifische Mindeststandards werden in Datenbanken hinterlegt und gepflegt. In Abhängigkeit der Materialgruppen, in die ein Lieferant liefert, können dann automatisch lieferantenspezifische Kriteriensätze generiert werden.

Die Abfrage der Einhaltung von Kriterien kann mittels Workflow, z.B. über ein Supplier-Portal, bei den Lieferanten eingesteuert werden. Sie müssen die Einhaltung der Kriterien im System bestätigen und ggf. erforderliche Nachweise wie Zertifikate, Genehmigungen, beglaubigte Firmenstammdaten in einem Upload hinterlegen. Das System kann den Antwortprozess terminlich steuern und die Antworten automatisch auswerten. Lieferanten, die nicht termingerecht antworten oder die Kriterien nicht erfüllen, werden gesperrt und den für das Lieferantenmanagement zuständigen Einkäufern mit allen Informationen übermittelt. Sie können die Lieferanten durch Bestätigung der Sperrung endgültig auslisten oder ggf. eine Nachfrist zur Kriterienerfüllung aktivieren. Darüber hinaus kann eine Quote für einen stichprobenhaften „Tiefencheck" von Lieferanten bestimmt werden. Entsprechend wählt das System nach einem Zufallsverfahren Lieferanten aus, die die Einhaltung aller Kriterien bestätigt haben. Dort erfolgt von Einkäufern oder ggf. auch über beauftragte Wirtschaftsprüfer eine Detailüberprüfung der Angaben und eingereichten Belege vor Ort. Dieser „double check of information" ist sinnvoll, um den Wahrheitsgehalt des automatisierten Workflows zusätzlich abzusichern.

Intensitätsstufe II - Lieferanten-Performance-Management

Lieferanten mit einem hohen Wertbeitrag zur Erreichung der Effektivitätsziele sollten aktiv in ihrer operativen Performance gesteuert werden. Dies kann mit Lieferanten-Scorecards erfolgen. Hier werden, wie in Abb. 3.48 dargestellt, aus den Effektivitätszielen der Procurement-Funktion Lieferantenziele abgeleitet und mit den Lieferanten als verbindliche Vorgaben vereinbart [89][90].

Abbildung 3.48   Prinzip der Ableitung lieferantenspezifischer Ziele

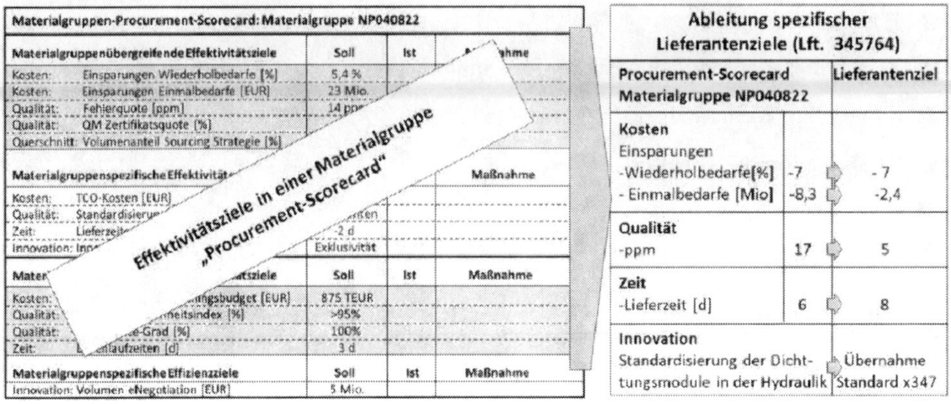

Die Zielsetzungen sollten dabei sowohl zu einer Erfüllung der Procurement-Ziele führen als auch Anreize zur Weiterentwicklung der Lieferantenleistungen setzen. So werden Lieferanten systematisch gefordert und gefördert. Abschließend sollte mit den Lieferanten eine Diskussion über ihre Zielvorgaben geführt und erforderliche Maßnahmen zur Zielerreichung abgestimmt werden. Im Ergebnis steht eine von beiden Seiten unterschriebene Lieferanten-Scorecard, untersetzt mit einem schlüssigen Maßnahmenpaket.

Im operativen Geschäft ist die Zielerreichung der Lieferanten in regelmäßigen Zyklen zu bewerten. In der Umsetzung kann dieser Controlling-Prozess mit IT-Systemen weitestgehend automatisiert werden. Mit eProcurement-Lösungen lassen sich z.B. lieferantenspezifisch Scorecards definieren, mit Zielen belegen und die Zielerreichung durch Auswertung der erreichten Ergebnisse messen. Die Messung kann in weiten Bereichen automatisiert erfolgen, wenn das eProcurement-System schlüssig mit den ERP-Systemen des Unternehmens vernetzt ist. So können z.B. Einsparungen direkt aus den Daten zu abgeschlossenen Transaktionen aufbereitet und berechnet werden. Qualitätsraten wie „ppm" lassen sich ebenfalls aus betrieblichen ERP-Systemen generieren. Zeitziele wie Lieferzeiten können durch eine Auswertung von Zieldaten aus dem Beschaffungsauftrag und den Wareneingangsdaten ermittelt werden.

Natürlich gibt es auch Ziele, die nicht direkt aus den ERP-Systemen heraus gemessen werden können. Dies trifft insbesondere auf die qualitativen Ziele zu, die einer individuellen Bewertung bedürfen. An dieser Stelle ist es aber möglich, indirekt ein IT-gestütztes Zielcontrolling zu gestalten. Für qualitative Ziele können z.B. über Datenbanken „Checkboxen" aufgesetzt werden. So könnte beispielsweise ein Dialog „Wurde mit dem Fachbereich ein KVP-Workshop erfolgreich durchgeführt?" in einer Datenbank abgebildet und mit einer ja/nein Box beantwortet werden. Für Ziele, die einem Scoring-System unterliegen, können Fragen mit Bewertungsskalen in Datenbanken hinterlegt werden. Für die Realisierung entsprechender web-basierter Bewertungsdatenbanken gibt es heute ein breites Spektrum an IT-Tools.

Das mit der Lieferantenbewertung verbundene Zielcontrolling ist in der Praxis jedoch nur dann ein wirksames Instrument, wenn es mit einem Handlungsprozess zur Lieferantenentwicklung verknüpft ist, sofern Ziele nicht erreicht werden. Dazu kann beispielsweise ein standardisierter Eskalationsprozess installiert werden:

Abbildung 3.49   Eskalationsprozess im strategischen Lieferantenmanagement

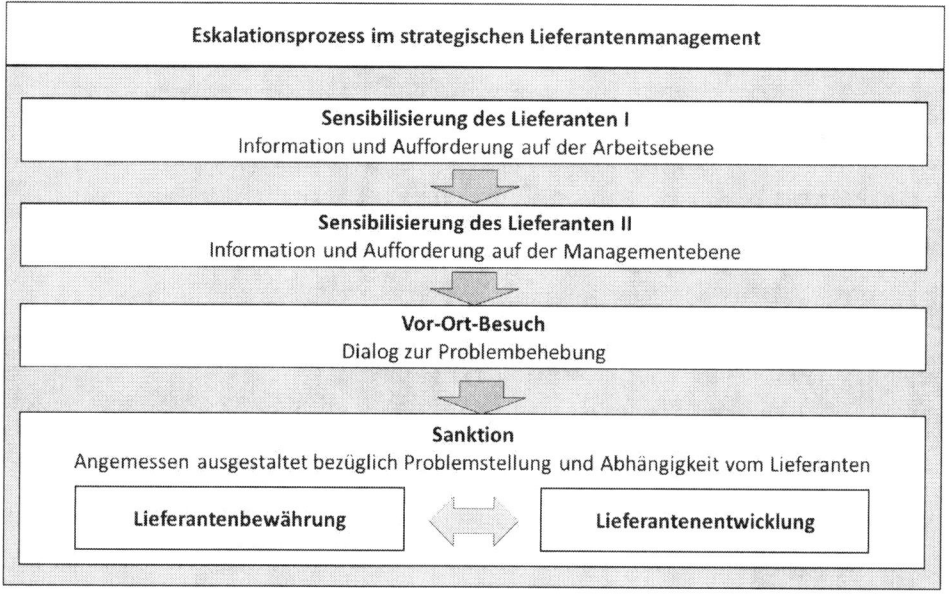

Werden im Eskalationsprozess Zielabweichungen festgestellt, erfolgt eine direkte Information des Lieferanten, verbunden mit der Aufforderung, Korrekturmaßnahmen zur Problemabstellung zu realisieren. Ist das Problem nach Fristablauf nicht gelöst, wird der Vorgang in das Management eskaliert. Es erfolgt eine Managementsensibilisierung mit Besuch vor Ort. Gekoppelt wird das Treffen mit der Kommunikation möglicher Sanktionen, falls das Problem dennoch bestehen bleibt. Die Art der Sanktionen kann von der Schwere des Problems und dem Machtverhältnis zum Abnehmer abhängen. Sanktionen können von einer gemeinsamen Entwicklung des Lieferanten bis hin zu einer Trennung reichen. Harte Sanktionen sind dabei natürlich nur möglich, wenn diese auch durchsetzbar und wirtschaftlich sinnvoll sind. Eine unangemessene Härte kann sogar zu einem „Eigentor" werden. Wenn beispielsweise in einer Beziehungspartnerschaft ohne Alternativlieferanten die Beendigung der Geschäftsbeziehung angedroht wird, kann es sein, dass dies auch passiert.

Lieferanten A

Intensitätsstufe III – Strategische Lieferantenpläne

Werden mit Lieferanten in Wertschöpfungspartnerschaften enge, langfristige Kooperation mit hohem Volumen und großer technologischer Relevanz eingegangen, so empfiehlt es sich, in der Lieferantensteuerung weiter zu gehen als im Lieferanten-Performance-Management. In diesen Partnerschaften kommt es auf mehr an als auf Leistungsorientierung. Vielmehr braucht es hier Vertrauen, gegenseitiges Verständnis und einen intensiven Dialog, um den strategischen Weg der Lieferantenbeziehung gleichberechtigt gehen zu können. Dies hilft auch, die gegenseitige Abhängigkeit zu beherrschen. Um diesen Prozess der Partnerschaftsentwicklung strukturiert ausgestalten zu können, helfen strategische Lieferantenpläne als Instrument der Dialogsteuerung. Sie haben folgende Inhalte:

- ■ **Kapitel I – Stammdaten:** Lieferant, Gültigkeit des Lieferantenplans (z.B. drei Jahre).

- ■ **Kapitel II – Basisdaten:** Firmenbezeichnung, Sitz, Geschäftsführung, Eigentümer, Beteiligungen, Umsatz, Gewinn, Eigenkapital, Investitionsquote, F&E-Quote.

- ■ **Kapitel III – Standorte:** Zentrale, Entwicklungsstandorte, Produktionsstandorte, Vertriebsstandorte.

- ■ **Kapitel IV – Kernkompetenzen:** Auflistung aller wesentlichen Kompetenzfelder.

- ■ **Kapitel V – Interne Kunden:** Auflistung aller für die Geschäftsbeziehung relevanten Fachbereiche und Ansprechpartner beim Abnehmer.

- ■ **Kapitel VI – Status der Geschäftsbeziehung:** Materialgruppen, Volumen, realisierte Einsparungen, Erfüllung der Lieferantenmindestanforderungen, Lieferanten-Scorecard mit aktuellem Stand der Zielerreichung, Ist-Erwartung für das Ende der Gesamtperiode sowie der Trend der Zielerreichung.

- ■ **Kapitel VII – Projekte und Strategien:** Auflistung aller aktuellen und geplanten Projekte, Zusammenfassung der Strategie des Lieferanten in seinen Kernkompetenzen, Abgleich der Lieferantenstrategie mit der Strategie des Abnehmers, Schlussfolgerung des Strategieabgleichs zur gegenseitigen Strategieanpassung.

- ■ **Kapitel VIII – SWOT-Analyse:** Detaillierte Analysen der Chancen, Risiken, Stärken und Schwächen der Partnerschaft. Identifizierung des Haupt-Handlungsbedarfs.

- ■ **Kapitel IX – Gesamtbewertung der Partnerschaft:** Überführung der Ergebnisse der SWOT-Analyse in ein kompaktes Bewertungsprofil der Geschäftsbeziehung. Bewertung des Ist-Standes. Festlegung des Soll-Standes. Konkretisierung und Strukturierung des Haupt-Handlungsbedarfs.

- ■ **Kapitel X – Maßnahmenpaket:** Überführung des Haupt-Handlungsbedarfs in ein konkretes Maßnahmenpaket zur Erreichung des Soll-Zustandes. Präzisierung aller erforderlichen Maßnahmen mit Maßnahmenziel, Inhalt, Verantwortlichen und Umsetzungstermin inklusive Control-Chart zur Steuerung der Maßnahmenumsetzung.

Wird eine Lieferantenbeziehung mit entsprechendem Tiefgang von beiden Seiten analysiert, entsteht Transparenz. Die Kapitel VII und IX stellen dabei das Herzstück dar. In
Kapitel VII werden neben dem aktuellen Stand der Zusammenarbeit insbesondere die
strategischen Zielstellungen beider Partner gegenübergestellt. Dies erlaubt einen kritischen
Diskurs über die individuellen Strategiekonzepte und ihre Bedeutung für die Zusammenarbeit. Gehen Strategieansätze auseinander, entsteht ein Risiko, dass die Partnerschaft
nicht langfristig hält. Daher ist es in Wertschöpfungspartnerschaften von entscheidender
Bedeutung, dass Abnehmer und Lieferant strategisch widerspruchsfrei und im Hinblick
auf grundsätzliche Interessen konfliktfrei aufgestellt sind. In einem Lieferantenplan kann
dieser Abgleich wie in Abbildung 3.50 beispielhaft dargestellt, in einem „One-Pager" zusammengefasst werden.

Abbildung 3.50   Beispiel One-Pager für einen Strategieabgleich

---

Projektübersicht und Strategieabgleich der Wertschöpfungspartner

Projekte	Kunden	VoB
Simulation Motorabgasnachbehandlung	E/PT 152	2,0 Mio. EUR
CO2-Reduktionsprogramm Verbrennungsoptimierung	E/PT 152	10,0 Mio. EUR
Motorapplikation Baureihen 12-16	E/PT 152	3,5 Mio. EUR
Motorsteuergeräte HiL/SiL und Dauerlauftests (geplant)	PROD125/R	1,0 Mio. EUR
Motormontagesimulation und –training (geplant)	AGR154	0,5 Mio. EUR

Strategie des Lieferanten in Kernkompetenzen

→ Modularisierung im Motorengineering vorantreiben
→ Technologie-Fokus auf Applikation und CO2 setzen,
   Restumfänge mit Tier2-Unterstützung umsetzen
→ Spezifikations Know-how und Analytik stärken,
   Standard Leistungen mit Partnern realisieren
→ Offshore stärken: LowCostCountry Standard Engineering
→ Nearshore stärken: HiL/SiL/DL-Prüfstände
→ Systemkonzeption & -integration
→ Gesamtprojektmanagementfähigkeit stärken

Abgleich mit Strategie des Abnehmers

→ Interner Fokus auf Motorspezifikation legen,
   Rolle auf Innovationstreiber konzentrieren
→ Systemgestaltung und Systemintegration als
   Kernkompetenz, Engineering bei Partnern
→ Gesamtprojektvergaben an Systemmanager
→ Know-how Schutz und Exklusivität absichern
→ Bei Partnern Onshore fokussieren.
→ Management der Systempartner fokussieren

Schlussfolgerungen für die Partnerschaft
→ Gemeinsame Technologie-Roadmap entwickeln und Aufgabenteilung besser harmonisieren / synchronisieren
→ Zusammenarbeit des Lieferanten mit Off-/Nearshore -Tier2 aktiv steuern. Modularisierung und IP Management
   für Regionalisierung gemeinsam konzipieren. Für Kernbedarfe Engineering Ressourcen beim Lieferanten garantieren.

In Kapitel IX erfolgt eine Fokussierung der Stärken- und Schwächenanalyse (SWOT-
Analyse) der Geschäftsbeziehung auf kritische Handlungsfelder. Hier werden themenbe-
zogen Soll- und Ist-Stände der Partnerschaft zueinander gebracht und in eine kompakte
Gesamtbewertung überführt. Die Entwicklungsfelder zur Umsetzung der gemeinsamen
strategischen Linie werden deutlich und können priorisiert werden.

Abbildung 3.51   Beispiel One-Pager für ein Bewertungsprofil einer Geschäftsbeziehung

Gesamtbewertung der Geschäftsbeziehung

Kriterium	schwach	i.O.	gut	sehr gut	Kommentar
Technologiefähigkeit					gut, aber Egineering-kompetenz behalten
Globalisierung					über Tier2 Steuerung erforderlich
Kapazitäten Verfügbarkeit					OK
Vernetzung mit Kunden					OK
Aktiver Projektanteil					zu wenig
Durchführung Projektmanagement					zu optimieren
Operative Zielerreichung KQZT					Kosten überwachen
Strategieabgleich					OK

● Ist → Globalisierung in der Partnerschaft professionalisieren und dabei Risiken beherrschen
→ Projektmanagement in Projekten optimieren, dadurch auch Zieloptimierung möglich
○ Soll → Strategien besser aufeinander abstimmen (Modularisierung, Regionalisierung, Eigenleistung)

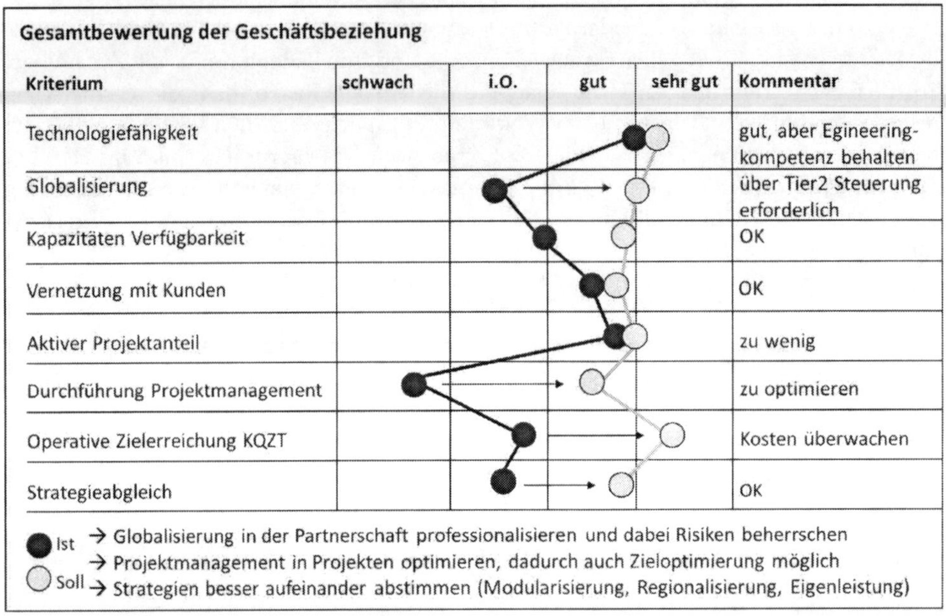

Die Erstellung eines Lieferantenplans sollte gemeinsam durch beide Parteien auf der operativen Managementebene erfolgen. Zum Abschluss dieses Prozesses empfiehlt sich dann eine formelle Freigabe des Papiers auf Top-Management-Ebene. Die darauf folgende Umsetzung des Lieferantenplans kann erneut auf der Ebene des operativen Managements gesteuert werden, begleitet durch ein z.B. quartalsweise durchgeführtes Review im Top-Management. Neben der Bearbeitung konkreter Projekte entsteht ein regulärer Management-Dialog, der die Partnerschaft inhaltlich voranbringen kann und die Risiken der gegenseitigen Abhängigkeit für beide Seiten beherrschbar macht.

Begleitet werden sollte diese Zusammenarbeit durch besondere gegenseitige Privilegien. Diese unterstreichen die besondere Qualität der Kooperation und heben die Beziehung sichtbar von anderen Lieferantenverhältnissen ab:

■ **Kommunikation:** Installation einer Regelkommunikation auf Top-Management-Ebene

■ **Eskalation:** Direkter gegenseitiger Zugang zum Executive-Level in Krisensituationen

■ **Transparenz:** Offene Kalkulationen als Basis-Standard der Geschäftsbeziehung

■ **Information:** Vorzeitige Lieferanteninformation über neue Projekte

■ **Marktauftritt:** Gemeinsamer partnerschaftlicher Auftritt in der Öffentlichkeit

Nutzung der Erkenntnisse des strategischen-Lieferantenmanagements

Die im strategischen Lieferantenmanagement gewonnenen Erkenntnisse zu den Stärken und Schwächen des Lieferanten-Sets sollten bedarfsgerecht aufbereitet und in die Weiterentwicklung der Sourcing-Strategien eingebracht werden. Dort werden die Markterfahrungen in den Kontext aller wichtigen Veränderungen einer Materialgruppe gestellt und bei den Anpassungsprozessen berücksichtigt.

3.7.9   Validierung der Lösungskonzepte

Der richtige Einsatz der Instrumente des strategischen Lieferantenmanagements zeigt sich in den Ergebnissen auf den Märkten. Die Erreichung der Effektivitätsziele ist dabei ein guter Indikator, ob man richtig aufgestellt ist. Sollten die Ziele nicht erreicht werden, stellt sich die Frage nach Veränderungsbedarf im Lieferantenmanagement. Im operativen Bereich können z.B. Veränderungen in den Lieferantenprozessen vorgenommen werden, um durch angepasste Arbeitsstandards den Leistungsaustausch weiter zu optimieren. Begründen sich Leistungsdefizite in strukturellen Schwächen, können Anpassungen im Lieferanten-Set oder auch Veränderungen in der Lieferantenentwicklung das Ergebnis sein.

3.8   Strategisches Organisationsmanagement

Die richtige Aufstellung und Führung der Procurement-Funktion ist die zentrale Aufgabenstellung im strategischen Organisationsmanagement. Um im Unternehmen und den Märkten die beschriebenen Potenziale realisieren zu können, ist eine schlagkräftige Aufbau- und Ablauforganisation innerhalb der Funktion erforderlich. Nur sie ermöglicht im betrieblichen Alltag die Umsetzung der strategischen Vorgaben und die Durchführung wirkungsvoller Procurement-Operations.

3.8.1   Ziele im strategischen Organisationsmanagement

Für effiziente Procurement-Operations reicht die bisher aufgezeigte interne wie externe Ausrichtung der Funktion nicht aus. Sie ist notwendige Voraussetzung, aber nicht hinreichend für das erfolgreiche Agieren in den Beschaffungsmärkten. Es ist zusätzlich eine optimale Operationalisierung der strategischen Ausrichtung erforderlich; und genau darum geht es im strategischen Organisationsmanagement: alle in der Procurement-Funktion umzusetzenden Aufgabenstellungen sind zielorientiert auszugestalten und zu steuern. In den Prozessen sind die Rollen der Mitarbeiter klar zu definieren und die Methoden und

Tools eines modernen Einkaufs bedarfsgerecht zu integrieren. Für die Summe der Arbeitsabläufe sind schließlich geeignete Führungsstrukturen zu organisieren, so dass im Unternehmen eine schlagkräftige Organisation entsteht.

Durch eine professionelle Gestaltung der Aufbau- und Ablauforganisation werden somit wichtige Stärkefaktoren der Funktion adressiert:

Stärke der Procurement-Funktion im Unternehmen

■ SPFU06 – Procurement-Dialog: Einkäufer sind Teil der Fachbereichskommunikation.

■ SPFU07 – Procurement-Vernetzung: Einkäufer sind mit eng Fachbereichen vernetzt.

■ SPFU08 – Procurement-Ergebnisse: Organisationsstrukturen fördern Top-Ergebnisse.

Stärke der Procurement-Funktion in den Märkten

■ SPFM02 – Marktbearbeitungsstruktur: Materialgruppen & Organisation harmonieren.

Stärke im Management der Procurement-Funktion

■ SPFP01 – Prozessorientierung: Procurement-Aufgaben und -Abläufe sind transparent.

■ SPFP02 – Methodenintegration: Methoden sind bedarfsgerecht in Prozesse integriert.

■ SPFP03 – Rollenintegration: Die Rollen in den Prozessen sind definiert.

■ SPFP04 – Verhaltensintegration: Ethische Arbeitsstandards sind implementiert.

■ SPFP05 – Personalintegration: Das Personal ist bedarfsgerecht ausgewählt.

■ SPFP06 – Funktionsorganisation: Das Prozessmanagement erfolgt effizient.

■ SPFP07 – KVP-Prozess: Das Organisationsmanagement unterliegt einem KVP-Prozess.

Auf der Ergebnisseite der Procurement-Funktion leistet das strategische Organisationsmanagement damit ebenfalls einen wichtigen Beitrag. Prozesse und Strukturen wirken als Treiber indirekt auf die Realisierung der Effektivitätsziele in den Märkten ein und unterstützen ferner die Effizienzziele der Procurement-Funktion.

Abbildung 3.52 macht adressierte Stärkefaktoren und Ergebnisbeiträge im Gesamtzusammenhang deutlich.

Abbildung 3.52   Ziele der Aufgabe PP08 – Strategische Organisationsentwicklung

Aufgaben-Power-Ergebnis-Matrix (APEM)																																			
	Die Procurement-Aufgabe PP08 bewirkt jeweils Power																																Ergebnis-beitrag in			
	im Unternehmen								in Märkten								in der Funktion								in den Operations											
Wirkung	SPFU01	SPFU02	SPFU03	SPFU04	SPFU05	SPFU06	SPFU07	SPFU08	SPFM01	SPFM02	SPFM03	SPFM04	SPFM05	SPFM06	SPFM07	SPFM08	SPFP01	SPFP02	SPFP03	SPFP04	SPFP05	SPFP06	SPFP07	SPFP08	SPFO01	SPFO02	SPFO03	SPFO04	SPFO05	SPFO06	SPFO07	SPFO08	Kosten	Qualität	Zeit	Innovation
Aufgaben																																				
PP08 – Strat. Organsations-entwicklung						●	●	●		●							●	●	●	●	●	●	●	●									▨	▨	▨	▨

3.8.2   Anforderungen an Lösungskonzepte

Die Anforderungen an die Lösungskonzepte lassen sich auch im strategischen Organisationsmanagement schlüssig aus den aufgezeigten Zielstellungen ableiten:

■ Bedarfsgerechte Gestaltung aller Prozesse in der Procurement-Funktion

■ Integration innovativer Methoden und Tools in die Procurement-Prozesse

■ Festlegung der Mitarbeiter-Rollen in den Prozessen

■ Implementierung ethischer Standards für die Prozessumsetzung

■ Bedarfsgerechte Personalauswahl für die Mitarbeiter in den Prozessen

■ Festlegung einer geeigneten Funktionsstruktur für das Prozessmanagement

■ Umsetzung eines gezielten KVP-Prozesses zur Weiterentwicklung der Funktion

Zur Festlegung der Procurement-Prozesse sind alle in der Procurement-Funktion erforderlichen Aufgabenstellungen zu identifizieren und in ihren Abläufen zu beschreiben. Auf dieser Basis ist gezielt zu hinterfragen, welche Methoden und Tools eines modernen Einkaufs dann Top-Ergebnisse in den Procurement-Prozessen unterstützen können. Dabei handelt es sich sowohl um IT-Tools, wie ERP-Systeme zur Abbildung von Workflows, als auch um fachliche Methoden, wie den Einsatz von Procurement-Portfolios, Strategie-Profilen oder die Anwendung spezifischer Verhandlungsmethoden. Im strategischen Organisationsmanagement sind die richtigen Methoden und Tools auszuwählen und in die Procurement-Prozesse zu integrieren.

Darüber hinaus sind die verschiedenen Rollen der Mitarbeiter in den Prozessen mit ihren AKV zu definieren. Mit dieser Aufgabenstellung wird klar, welche Rolle welche Bedeutung in den Prozessen hat. Begleitet wird die Entwicklung der AKV von der Setzung ethischer Standards, die das Handeln der Personen in den Prozessen prägen. Sie bilden das Wertegerüst ab, für das die Procurement-Funktion steht. Um die Rollen in der Praxis wirksam ausfüllen zu können, kommt es dann auf das handelnde Personal an. In diesem Zusammenhang ist ein geeignetes Auswahlverfahren zu etablieren. Dieser Besetzungsaspekt ist besonders wichtig, da die verhaltensorientierten Anforderungen an die Mitarbeiter eine wesentliche Rolle für den Erfolg der Procurement-Funktion spielen.

Stehen Prozesse, Methoden, Tools, Rollen, Werte und Personal, braucht es innerhalb der Funktion eine geeignete Aufbauorganisation, die ein effektives wie effizientes Prozessmanagement ermöglicht. Für das Zusammenspiel aller Beteiligten sind geeignete Strukturen, Verantwortungsbereiche und Managementregeln zu entwickeln. In einem kontinuierlichen Verbesserungsprozess ist schließlich für eine dynamische Weiterentwicklung der Aufbau- und Ablauforganisation zu sorgen.

3.8.3   Lösungen: Transparente Procurement-Prozesse

Prozessorientierung ist heute Standard in der Organisation und Führung komplexer Arbeitsabläufe. Dies gilt auch für die Procurement-Funktion. Zur Beschreibung der Prozesse kann systematisch vorgegangen werden. Stark vereinfacht sollten dazu die folgenden Aufgabenstellungen abgearbeitet werden:

- Aufgabenidentifikation – Was ist zu tun?
- Prozess-Input – Was sind die Eingangsgrößen einer Aufgabenstellung?
- Prozessbeschreibung – Wie wird eine Aufgabenstellung konkret erledigt?
- Prozess-Output – Was ist das Ergebnis des Prozesses bzw. einer Aufgabenstellung?
- Prozessvisualisierung – Dokumentation der Einzelprozesse.
- Prozessvernetzung – Vernetzung der Einzelprozesse zu einem Prozessmodell.

Die methodischen Schritte einer schlüssigen Prozessaufnahme, und –vernetzung sind Gegenstand der einschlägigen Literatur des Prozessmanagements [99]-[102]. Dort werden die wesentlichen Prozessmanagement-Methoden umfassend beschrieben. An dieser Stelle wird nicht weiter auf diese speziellen Techniken eingegangen, sondern vielmehr auf die Besonderheiten des Prozessmanagements im Procurement.

Da ist zum ersten die Identifikation aller erforderlichen Procurement-Aufgaben. Es ist zu klären, welche Aufgabenstellungen konkret im Prozessmanagement zu berücksichtigen sind. In diesem Zusammenhang gibt Kapitel 2.3 dieses Buches eine Übersicht aller erforderlichen Aufgaben wieder. In den Kapiteln 3 bis 5 erfolgt ihre konkrete Beschreibung. Tabelle 3.4 gibt hierzu nochmals einen zusammenfassenden Überblick.

Tabelle 3.4   Im Prozessmanagement zu berücksichtigende Procurement-Aufgaben

Planning		Operations		Controlling	
Aufgabe	Kap.	Aufgabe	Kap.	Aufgabe	Kap.
Funktionseinordnung	3.1	Ausschreibungsdesign	4.1	Operativ	5.1
Bedarfsstrukturierung	3.2	Bieterkreisabstimmung	4.2	Strategisch	5.2
Bedarfs-/Marktanalyse	3.3	Anfragekoordination	4.3		
Procurement-Portfolio	3.4	Angebotsauswertung	4.4		
Procurement-Ziele	3.5	Verhandlungsvorbereitung	4.5		
Sourcing-Strategien	3.6	Verhandlungsführung	4.6		
Lieferantenmanagement	3.7	Vergabeentscheidung	4.7		
Organisationsentwicklung	3.8	Vertragsmanagement	4.8		

Im zweiten Schritt sind die Inhalte der Procurement-Aufgaben unternehmensspezifisch in Procurement-Prozessen abzubilden. Zur Operationalisierung der Procurement-Aufgaben können mit den Methoden des Prozessmanagements die einzelnen Geschäftsprozesse mit Inputfaktoren, Prozessschritten und Outputfaktoren abgeleitet werden. Die Prozesse beschreiben, wie die Aufgaben im Unternehmen praktisch umgesetzt werden sollen.

Zur Aufbereitung bzw. Visualisierung der Procurement-Prozesse können dabei gängige Prozessmodellierungstools wie z.B.

- ARIS,

- MicrosoftVisio oder

- ProcessModeler

genutzt werden [104]-[106]. Weitere Tools sind in der einschlägigen Literatur und der Fachpresse zum Thema Prozessmanagement beschrieben. Später sind die Prozess mit ERP-Systemen – wie etwas SAP – zu operationalisieren [271].

Abbildung 3.53   Systematik einer transparenten Prozessaufbereitung

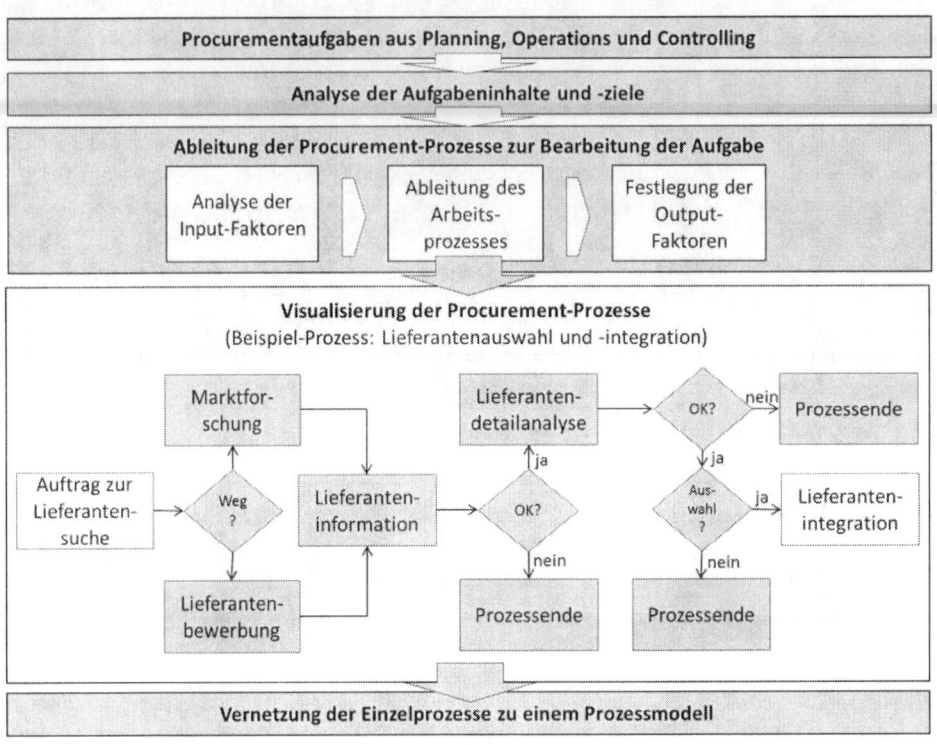

Mit dieser Modellierung entsteht ein Überblick, wie die erforderlichen Arbeitsschritte einer Aufgabenstellung konkret ablaufen und ineinander greifen. Die einzelnen Prozessbeschreibungen sind mit den zugehörigen Detailregelungen für die Prozessumsetzung zu hinterlegen. Für jeden Prozess ergibt sich so eine transparente und schlüssige Vorgabedokumentation. Aus der Summe der einzelnen Prozessbeschreibungen entsteht durch Vernetzung im dritten Schritt ein Prozessmodell, in dem die Ablauforganisation der Procurement-Funktion im Gesamtzusammenhang sichtbar wird. Prozessmodelle können in der Regel web-basiert im Unternehmen bereitgestellt werden, so dass eine für alle Mitarbeiter transparente Dokumentation entsteht.

3.8.4   Lösungen: Wirksame Methoden und Tools

Ein wichtiger Treiber für den Erfolg der Procurement-Prozesse ist die richtige Prozessumsetzung. Um dabei die Prozess-Potenziale voll ausschöpfen zu können, werden gezielt Hilfsmittel eingesetzt, um gute Ergebnisse abzusichern [99]. Zur Auswahl geeigneter Methoden und Tools sind zunächst die Herausforderungen der einzelnen Prozesse genau zu analysieren. Je nach Arbeitsablauf kommt es z.B. auf effiziente Workflows, strukturierte Arbeitsvorgaben oder auch auf bedarfsgerechte Vorgehensweisen an. Entsprechend den Prozessanforderungen kann entschieden werden, mit welchen Hilfsmitteln die Mitarbeiter in den Prozessen bestmöglich unterstützt werden können.

Im Rahmen dieses Buches werden ausgewählte, wichtige Instrumente vorgestellt. Dies erfolgt integrativ in den Erläuterungen zu den Beschaffungsaufgaben und ihren Lösungskonzepten. Den verschiedenen Aufgaben – und den damit verbundenen Prozessen – werden so direkt ausgewählte Tools und Methoden zugeordnet, die sich in der Praxis bewährt haben. Im Procurement-Planning wurden bereits viele Instrumente und ihre Anwendung ausführlich besprochen. Tabelle 3.5 gibt dazu einen zusammenfassenden Überblick:

Tabelle 3.5   Ausgewählte Methoden und Tools im Procurement-Planning

PP01 Funktionseinordnung	Methoden/Tools	Kap.
Aufbauorganisation	Funktionale, divisionale, hybride Strukturmodelle	3.1.3
Ablauforganisation	Beschaffungsprozesse/Beschaffungsrichtlinien	3.1.4
Funktionsmanagement	Auswahlfaktoren für das Top-Management	3.1.5
PP02 Bedarfsstrukturierung	Methoden/Tools	Kap.
Materialgruppenstrukturen	Eigenentwickelte, standardisierte und hybride Materialgruppensysteme	3.2.3 3.2.4 3.2.5
Materialgruppenschlüssel	Klassifizierende Schlüssel, Ident-Schlüssel, Verbundschlüssel	3.2.3
IT-Integration von Materialgruppenschlüsseln	ERP-Systeme, Procurement-Systeme (z. B. SAP, ORACLE, ARIBA, Ketera, Pool4Tool, SupplyOn etc.)	3.2.3 3.3.6
PP03 Bedarfs-/Marktanalysen	Methoden/Tools	Kap.
Datenquellen	ERP-Systeme, Datenbanken, Internetquellen, Studien, Berichte, Veröffentlichungen, Messen, Kongresse, etc.	3.3.3
Nachfrage-/Angebotsmacht	Procurement-Power-Profil, Supplier-Power-Profil	3.3.4-6
PP04 Procurement-Portfolio	Methoden/Tools	Kap.
Procurement-Portfolio	Portfolioansätze, Normstrategien, Zielschwerpunkte	3.4.3-5
PP05 Procurement-Ziele	Methoden/Tools	Kap.
Effektivitätsziele	Ziel-Set Effektivitätsziele	3.5.3
Effizienzziele	Ziel-Set Effizienzziele	3.5.4
Zielmanagement	Procurement-Scorecard	3.5.5

PP06 Sourcing-Strategien	Methoden/Tools	Kap.
Beschaffungsstrategien	Materialgruppen-One-Pager, strategische Stoßrichtungen, Strategie-Profil, Maßnahmenpakete, Lieferanten-Set, Control-Set, Strategie-Template	3.6.3-14

PP07 Lieferantenmanagement	Methoden/Tools	Kap.
Veränderungsbedarf	Procurement-Portfolio	3.7.3
Abwicklung/Volumentransfer	Spezielle Projektmanagementanforderungen	3.7.4-5
Lieferantenakquise /-integration	Marktforschungsmethoden, Supplier-Portale, Chancen-Risiko-Check, FOKUS-Detailanalysen	3.7.6
Lieferantensteuerung	Ausgewählte Procurement-Operations-Prozesse	3.7.7
Lieferantenentwicklung	Lieferanten-Mindestanforderungen, External Scorecards, Eskalationsprozesse, Supplier-Pläne, Lieferanten-Privilegien	3.7.8

PP08 Organisationsmanagement	Methoden/Tools	Kap.
Transparente Prozesse	Prozessbeschreibungen und Prozessmodelle	3.8.3
Methoden & Tools	Aufgaben-Methoden/Tool-Matrix	3.8.4
Rollen der Mitarbeiter	Procurement-Management-Modell (PMM)	3.8.5
Ethische Prozess-Standards	Verhaltensrichtlinien	3.8.6
Personalintegration	Mitarbeiter Besetzungs- und Auswahlfaktoren	3.8.7
Interne Funktionsstruktur	Verrichtungs-/Objekt-/Matrixprinzip	3.8.8
Operativer KVP	KVP-Standardanforderungen	3.8.9

Wichtige, in den Procurement-Operations eingesetzte Tools- und Methoden werden in Kapitel 4 erläutert. Tabelle 3.6 gibt hier bereits einen Überblick zu den dort vorgestellten Instrumenten und ihrer Zuordnung zu den Procurement-Aufgaben. Mit ihnen kann die Performance der Procurement-Operations wesentlich unterstützt werden.

Tabelle 3.6   Ausgewählte Methoden und Tools in den Procurement-Operations

PO01 Ausschreibungsdesign	Methoden/Tools	Kap.
Leistungsverzeichnis	Klassische/funktionale/hybride Spezifikationsstandards	4.1.3
Bietermindestanforderungen	Prüf-/Nachweislisten für Bieteranforderungen	4.1.4
Preisabfrage	TargetCosting, Preismodelle, TCO, Open-Book	4.1.5
Vertragsbedingungen	Vertragsbedingungen, Vertragsstandards	4.1.6
Transaktionsziele	Transaktions-Scorecard	4.1.8

PO02 Bieterkreisabstimmung	Methoden/Tools	Kap.
Lieferantenbasis	Lieferanten-Long-List	4.2.3
Bieterkreisabstimmung	RFQ-List	4.2.4
PO03 Anfragekoordination	**Methoden/Tools**	**Kap.**
Anfrageinhalte	Ausschreibungsunterlagen	4.1.7
Anfrageprozess	Anfragebedingungen	4.2.4
Anfrageumsetzung	ERP-Systeme (z. B. SAP, ORACLE, ARIBA, eDocs, etc.)	4.2.5
PO04 Angebotsauswertung	**Methoden/Tools**	**Kap.**
Einfache Preisvergleiche	K.-o.-Kriterien-Check, Einstandspreis-Vergleich	4.4.3
Kosten-Nutzen-Vergleiche	Integrierte Kosten-Nutzen-Analysen, Scoring-Verfahren, Target-Costing, Partielle Preisstrukturanalysen, LPP, multivariate Kostenregressionsanalysen	4.4.4
Best-Value-Analysen	Bonus-/Malus-Systeme	4.4.5
PO05 Verhandlungsvorbereitung	**Methoden/Tools**	**Kap.**
Verhandlungsinteressen	Eigeninteressen- und Fremdinteressenanalyse	4.5.3
Verhandlungsmacht	Procurement-Portfolio- und Machtmittel-Management	4.5.4
Verhandlungsziele	Aspirationsziele, Reservationsziele, Verhandlungsspielraum, Bewegungsalternativen	4.5.5
Verhandlungsstrategien	Strategie-Grundtypen und Anwendungs-Cluster	4.5.6
Verhandlungstaktiken	Ergebnis-, Interaktions- und Beziehungstaktiken	4.5.7
Verhandlungsteam	Teamrollen und -strukturen	4.5.8
Verhandlungsorganisation	Ort-, Raum-, Agenda-, Durchführungsorganisation, etc.	4.5.9
PO06 Verhandlungsführung	**Methoden/Tools**	**Kap.**
Eröffnungsphase	Klimamanagement, Agenda-Setzung	4.6.3
Analysephase	Sach-, Interessens- und Rollenklärung	4.6.4
Verhandlungsphase	Eröffnung, Konstruktives Geben und Nehmen, Verhandeln mit Widerständen, Verhandeln in Konflikten, Eskalation von Konflikten, konsequentes Entscheiden	4.6.5
Entscheidungsphase	Ergebnis-/Protokollmanagement	4.6.6
PO07 Vergabeentscheidung	**Methoden/Tools**	**Kap.**
Ergebnisaufbereitung	Integrierter Angebotsvergleich nach Verhandlung, Standardisierte Vergabeempfehlung	4.7.3 4.7.4 4.7.5
Vergabeentscheidung	Standardisierter-Freigabe-Workflow, strukturierter Bypass-Prozess, Single-Source-Letter, Ergebnisbericht	4.7.6 4.7.7
Operationalisierung	ERP-Systeme	4.7.6

PO08 Vertragsmanagement	Methoden/Tools	Kap.
Vertragserstellung	Vertragsanalyse, Strukturierte Genehmigungswork-flows, ERP-Systeme	4.8.3
Vertragsabschluss	BANF-Richtlinie, Kommunikationsrichtlinien, Doku-mentenworkflow, Supplier-Portale	4.8.4
Dokumentenmanagement	ERP-Systeme; Dokumentenmanagementsysteme	4.8.5
Vertragsumsetzung	Prozess- und Projektmanagement, Krisenprävention	4.8.6

Die im Procurement-Controlling eingesetzten Tools und Methoden sind Gegenstand der in Kapitel 5 erläuterten Procurement-Aufgaben. Auch für diesen Bereich gibt Tabelle 3.7 einen Überblick über Procurement-Aufgaben und zugeordnete Werkzeuge wieder.

Tabelle 3.7   Ausgewählte Methoden und Tools im Procurement-Controlling

PC01 Operatives Controlling	Methoden/Tools	Kap.
Scorecards	Procurement-Scorecard, Transaktions-Scorecard, Lieferantenmanagement, ERP-Systeme	3.5.5 3.7.8 4.1.8 5.1.3
Assessments	Procurement-Assessment	5.1.4
Audits	Prozess-Audits	5.1.5
Benchmarking	Prozess-Benchmarking, Preis-Benchmarking	5.1.6
Operatives KVP-Programm	Maßnahmenmanagement	5.1.7
PC02 Strategisches Controlling	Methoden/Tools	Kap.
Audits	Procurement-Systemaudits	5.2.3
Benchmarking	System-Benchmarking	5.2.4
Trendanalysen	Trendanalysen im Unternehmen, Externe Trendana-lysen	5.2.5
Strategisches KVP-Programm	Veränderungsportfolio, Maßnahmenprogramm, Veränderungsmanagement	5.2.6

Fasst man die Tabellen 3.5 – 3.7 zusammen, entsteht eine zusammenfassende Aufgaben-Methoden/Tool-Matrix aus der Procurement-Aufgaben und zugeordnete Procurement-Instrumente entnommen werden können.

3.8.5 Lösungen: Klare Rollen und AKV

Die inhaltlich ausgestalteten Procurement-Aufgaben und Prozesse werden in der Praxis durch Mitarbeiter umgesetzt. Daher braucht es in den Prozessen eine klare Definition der unterschiedlichen Mitarbeiterrollen. Grundsätzliche Orientierung gibt dabei zunächst das Procurement-Management-Modell (PMM). Es definiert typische Rollen, die für eine bedarfsgerechte Bearbeitung der Procurement-Aufgaben erforderlich sind. Die Rollen bauen dabei auf bekannten Ansätzen auf, wie z.B. dem „Lead-Buyer-Konzept", dem „Commodity-Manager-Modell" oder auf weiteren in der Literatur beschriebenen Rollen wie „Einkaufsleiter", „operativer Einkäufer", „strategischer Einkäufer" oder „Einkaufsassistenz" [107]-[111]. Im PMM werden die unterschiedlichen Rollen der Procurement-Funktion jedoch noch einmal im Sinne des Procurement-Ansatzes dieses Buches abgegrenzt, so dass ein für den „Power in Procurement"-Ansatz schlüssiges Rollenmodell entsteht:

■ **Procurement-Manager (PM):**

- **Aufgaben:** Führung der Procurement-Funktion. Vertretung der Funktion nach innen und außen. Insbesondere: Gestaltung von Strategie, Politik und Zielen der Procurement-Funktion, Implementierung einer effizienten Aufbau- und Ablauforganisation, Sicherstellen des operativen Betriebs der Funktion, Steuerung von Budget und Ergebnissen, Sicherstellung der Compliance, Führung und Entwicklung des Personals, Gestaltung der strategischen und operativen Weiterentwicklung der Funktion. Bericht an die Unternehmensleitung.
- **Kompetenzen:** Abschließende Entscheidungskompetenz für alle Belange der Procurement-Funktion. Delegation und Controlling von abgegrenzten AKV an Commodity-Manager, Commodity-Einkäufer, Procurement-Assistenz und Procurement-Controller.
- **Verantwortungen:** Gesamtverantwortung für die Procurement-Funktion. In großen Procurement-Funktionen kann die Rolle des Procurement-Managers auch hierarchisch über mehrere Ebenen aufgegliedert werden, so dass eine klare, aber dennoch differenzierte Führungsorganisation entsteht. Beispielhaft genannt seien eine Aufteilung in einen gesamtverantwortlichen Procurement-Manager sowie nachgeordnete bereichsverantwortliche Procurement-Manager für Produktionsmaterialien bzw. Nicht-Produktionsmaterialien und Dienstleistungen.

■ **Commodity-Manager (CM)**

- **Aufgaben:** Versorgung des Unternehmens in den vom Procurement-Manager zugeordneten Materialgruppen (Commodities). Insbesondere: Wahrnehmung aller wesentlichen materialgruppenspezifischen Aufgabenstellungen des Procurement-Planning, wie die Durchführung von Bedarfs- und Marktanalysen, Erstellung eines Procurement-Portfolios, Vereinbarung von Materialgruppenzielen mit dem Procurement-Manager, Erarbeitung von Sourcing-Strategien, Abstimmung der Sourcing-

Strategien mit dem Procurement-Manager, Umsetzung der Sourcing-Strategien, Umsetzung der Aufgaben des strategischen Lieferantenmanagements. Wahrnehmung aller Aufgaben der Procurement-Operations in konkreten Beschaffungsprojekten inkl. der Zusammenarbeit mit Fachbereichen und den Märkten. Führung und Einsatz der zugeordneten Commodity-Einkäufer durch Delegation und Controlling von Teilaufgaben. Einsatz der zugeordneten Procurement-Assistenten zur unmittelbaren administrativen Unterstützung. Unterstützung des Procurement-Controllers durch Bereitstellung erforderlicher Informationen. Sicherstellung einer vorgabekonformen Operationalisierung der Aufbau- und Ablauforganisation der Procurement-Funktion und Einhaltung der Compliance-Standards. Bericht an den Procurement-Manager.

- **Kompetenzen:** Im Rahmen der vom Procurement-Manager delegierten Materialgruppen umfassende Entscheidungskompetenz für alle Belange der Procurement-Funktion. Eigenständige Delegation von Teilaufgaben an zugeordnete Commodity-Einkäufer und Controlling der Ergebnisse. Führung von Procurement-Assistenten.
- **Verantwortungen:** Ergebnis- und Compliance-Verantwortung für die zugeordneten Materialgruppen. Fachliche und personelle Führungsverantwortung für die zugeordneten Commodity-Einkäufer und Procurement-Assistenten.

■ **Commodity-Einkäufer (CE)**

- **Aufgaben:** Unterstützung der Commodity-Manager. Insbesondere Wahrnehmung delegierter Teilaufgaben des Commodity-Managers. Im Procurement-Planning Unterstützung bei der Durchführung von Bedarfs- und Marktanalysen, der Erstellung von Procurement-Portfolios, der Arbeit in Sourcing-Strategien sowie in der Umsetzung von Aufgaben des strategischen Lieferantenmanagements. In den Procurement-Operations eigenständige Durchführung von Beschaffungsprojekten im Rahmen des delegierten Umfangs. Hier können z.B. Wertgrenzen definiert werden, bis zu denen ein Commodity-Einkäufer Projekte vollständig selbst durchführt bzw. ab denen er Bieterkreis, Vergabeziele und Verhandlungsergebnisse vom Commodity-Manager freigeben lassen muss. Wertgrenzen können in den Operations die Zusammenarbeit von Commodity-Manager und Commodity–Einkäufer steuern. Einsatz der zugeordneten Procurement-Assistenten zur administrativen Unterstützung. Sicherstellung der Compliance-Standards.
- **Kompetenzen:** Im Procurement-Planning eigenständige fachliche Ausgestaltung der Lösungskonzepte zu den delegierten Unterstützungsaufgaben. In den Procurement-Operations Entscheidungskompetenz entsprechend der delegierten Wertgrenzen. Fachliche Führung von zugeordneten Procurement-Assistenten.
- **Verantwortungen:** Ergebnis- und Compliance-Verantwortung für die delegierten Aufgaben in den Procurement-Operations. Fachverantwortung für die delegierten Aufgabenstellungen im Procurement-Planning. Bericht an den Commodity-Manager.

■ **Procurement-Assistent (PA)**

- **Aufgaben:** Administrative Unterstützung der Procurement-Manager, Commodity-Manager, Commodity-Einkäufer und Procurement-Controller, z.B. Ausführung organisatorischer Aufgaben wie Zeitplanung und -controlling, Durchführung von Recherchen, Datenpflege, Unterlagenaufbereitungen, etc. Umsetzung dispositiver Aufgabenstellungen im operativen Tagesgeschäft, wie etwa die Durchführung von Kontraktabrufen, Auftragsverfolgungen und die Abwicklung der Lieferantenkommunikation.
- **Kompetenzen:** Ausführung der unmittelbar zugeordneten Aufgabenstellung unter Beachtung der Vorgaben für Durchführung und Ergebnisse.
- **Verantwortungen:** Zuverlässige und vorgabekonforme Ausführung aller delegierten Aufgaben.

■ **Procurement-Controller (PC)**

- **Aufgaben:** Unterstützung der Procurement- und Commodity-Manager durch Bereitstellung führungsrelevanter Informationen. Insbesondere: Steuerung des Procurement-Scorecard-Prozesses zur Festlegung der Procurement-Ziele. Bereitstellung von Procurement- und Lieferanten-Scorecards zur Steuerung der Zielerreichung im operativen Geschäft. Koordinierung von Audit- und Benchmarkingaktivitäten. Koordinierung aller Aktivitäten zur Überwachung der Compliance-Standards. Koordinierung der strategischen wie operativen KVP-Prozesse. Führung und Einsatz der zugeordneten Procurement-Assistenten.
- **Kompetenzen:** Generierung und Einforderung aller erforderlichen Informationen zur Wahrnehmung der Controlling-Aufgaben. Unabhängige und eigenverantwortliche Aufbereitung und Verteilung von Führungsinformationen – in Abstimmung mit dem Procurement-Manager.
- **Verantwortungen:** Sicherstellung einer umfassenden Leistungs- und Compliance-Transparenz in der Procurement-Funktion. Berichterstattung an und Unterstützung von Procurement-Manager und Commodity-Managern. Bei Bedarf Unterstützung der Commodity-Einkäufer und Procurement-Assistenten.

In den einzelnen Procurement-Aufgaben sind die verschiedenen Rollen den einzelnen Prozessen bzw. Prozessschritten zuzuordnen. Es entsteht ein kompakter Überblick über die Ablauforganisation einer Procurement-Aufgabe. Aufgabe, Prozess, Methoden und Tools sowie Rollen der Mitarbeiter in der Prozessumsetzung ergeben eine schlüssige Einheit. Abbildung 3.54 macht dies beispielhaft deutlich.

Abbildung 3.54   Beispiel: Procurement-Aufgabe, -Prozess, -Methoden und -Rollen

Procurement-Aufgabe: PP06 – Sourcing-Strategien

Prozessschritte	Methode/Tool	Rolle (PM/CM/CE/PA/PC)
Auftrag Strategie erstellen	Procurement-Scorecard	PM: Zielvorgabe in Procurement-Scorecard an CM
Projektplan erstellen	Projektmanage-ment-Plan	CM: Plan erstellen und freigeben PA: Plan überwachen und steuern
Material-gruppenanalyse durchführen	Materialgruppen-One-Pager	CM: Verantwortlich / Freigabe CE: Paper erstellen PC: Informationen bereitstellen
Strategische Stoßrichtungen festlegen	Strategie-Profil	CM: Profil-Erstellung/Freigabe CE: Unterstützung / Draft
Umsetzungs-maßnahmen entwickeln	Maßnahmenpaket	CE: Maßnahmen entwickeln CM Paket freigeben
Lieferanten-Set bestimmen	Procurement-Portfolio	CM: Lieferanten-Set freigeben CE: Lieferanten-Set vorschlagen
Control-Set festlegen	Control-Set	CM: Control-Set Daten vorgeben PC: Control-Set aufsetzen
Sourcing-Strategie freigeben	Strategie-Papier	CM: Strategie vorstellen PM: Strategie freigeben i.V.m. Fachbereichsmanagement
Sourcing-Strategie umsetzen	Maßnahmenpaket	CM: Aufgabendelegation CO: Maßnahmenumsetzung PA: Unterstützung
Sourcing-Strategie überwachen	Control-Set	PC: Control-Set erstellen CM: Umsetzung steuern PM: Ergebnisse validieren

Werden für alle in diesem Buch beschriebenen Procurement-Aufgaben nach der Systematik der Kapitel 3.8.3 bis 3.8.5 die Procurement-Prozesse ausgearbeitet, Methoden und Tools zielgerichtet in die Prozesse integriert und die Rollen der Procurement-Mitarbeiter zugeordnet, entsteht ein komplexes Prozessmodell, das die Ablauforganisation der Procurement-Funktion in ihrem Gesamtzusammenhang abbildet. Dies ermöglicht eine effektive und effiziente Steuerung der Procurement-Aufgaben im Linienmanagement der Funktion.

Abbildung 3.55   Ablauforganisation der Procurement-Funktion

3.8.6   Lösungen: Verbindliche Verhaltensregeln

Klare Prozesse und AKV-Zuordnungen sind eine wichtige Grundlage für eine wirkungsvolle Procurement-Funktion. Dies gilt jedoch nur, wenn sie auf einem Fundament ethischer Standards fußt, die in den Arbeitsabläufen verbindlich das Handeln aller Beteiligten prägen.

Dies klingt zunächst wie eine Selbstverständlichkeit. Schaut man jedoch auf Themen wie Korruption, machen nicht nur aktuelle Zeitungsberichte deutlich, dass auch in „reifen Industriestaaten" dieses Thema weiterhin ein reales Problem darstellt. Auch wissenschaftliche Studien und Indizes unterstreichen dies. So zeigen Werte des aktuellen „CPI Corruption Perception Index", der insbesondere die Korruptionsanfälligkeit öffentlicher Bereiche betrachtet, dass Korruption eine aktuelle Dimension auch für Deutschland hat und nicht unterschätzt werden darf. (Deutschland 2010: Rang 15) [112]. Vergleichbare Einschätzungen können auch dem „GCB Global Corruption Barometer" entnommen werden, der auch die Korruptionswahrnehmung im privaten Sektor betrachtet [113]. Entsprechend ist es erforderlich, verbindliche Verhaltensstandards zu implementieren und ihre Einhaltung konsequent zu überwachen.

Regelungsinhalte zu Grundsätzen in den Bereichen Recht und Gesetz, der sozialen Verantwortung und im Verhalten gegenüber Lieferanten wurden bereits in Kapitel 3.7.7 im Abschnitt „Generelle Verhaltensstandards" vorgestellt. Konkrete Regelungen finden sich im Internet, z.B. in den Supplier-Portalen großer Unternehmen. Darüber hinaus werden auch branchen- und firmenübergreifende Standards von Berufsverbänden entwickelt. So hat der BME Bundesverband Materialwirtschaft, Einkauf und Logistik e.V. mit Mitgliedsunternehmen einen übergreifenden Standard formuliert und in einem „Code of Conduct" zusammengefasst. Der „Code of Conduct" kann über die Homepage www.bme.de eingesehen und als Basis für unternehmensspezifische Lösungen herangezogen werden [98]. Unternehmen können diesen Standard auch als für sie verbindlich übernehmen.

3.8.7   Lösungen: Bedarfsgerechte Personalauswahl

In der Umsetzung der Procurement-Prozesse ist es ferner erforderlich, das richtige Personal auszuwählen. Um eine bedarfsgerechte Personalauswahl vornehmen zu können, sind zunächst die wesentlichen Einflussfaktoren auf die geforderten Fach-, Methoden-, Sozial- und Selbstkompetenzen der Mitarbeiter unter die Lupe zu nehmen. Auf dieser Basis können dann konkrete Anforderungsprofile erstellt und geeignete Mitarbeiter ausgewählt werden.

Einflussfaktoren auf die Anforderungen an Fach- und Methodenkompetenzen

Wesentlich für die Anforderungen an die Fach- und Methodenkompetenzen der Mitarbeiter sind die unterschiedlichen Procurement-Aufgaben, Materialgruppen und Rollen in der Procurement-Funktion. So können z.B. in den Aufgabenbereichen Planning, Operations und Controlling ganz unterschiedliche fachliche Grundanforderungen herauskristallisiert werden. Braucht es beispielsweise für Controlling-Aufgaben abstrakt analytische Fähigkeiten, so sind in der Erarbeitung von Sourcing-Strategien grundsätzliche Technologieaffinitäten und praktische Markterfahrungen erforderlich. Geschärft werden können diese fachlichen Grundanforderungen durch die spezifischen fachlichen Herausforderungen, die sich aus den Materialgruppen ergeben. So käme es z.B. in der Materialgruppe Rohbau eines Automobilherstellers speziell auf Know-how im Bereich Metall- und Metallverarbeitung an, um adäquate Sourcing-Strategien entwickeln zu können. Für einen Tätigkeitsbereich im Umfeld von IT-Dienstleistungen würden sich komplett andere Anforderungen ergeben. Hier ginge es um das Verständnis von Hard- und Software-Konzepten in Verbindung mit einer klaren Vorstellung und einem guten „Gefühl" für die zukünftigen Technologietrends und ihre jeweiligen Herausforderungen.

Durch die geplanten Rollen der Mitarbeiter sind neben den rein fachlichen weitere methodische Grundanforderungen erforderlich. So benötigt ein Commodity-Manager umfassende fachlich-methodische Kenntnisse zur Gestaltung von Projekten und zur Führung von Fachkräften. Ein Procurement-Assistent wäre dementgegen fachlich-methodisch eher im Bereich der Steuerung und Umsetzung operativer Aufgaben gefordert.

Einflussfaktoren auf die Anforderungen an Sozial- und Selbstkompetenzen

Für die Wahrnehmung von „Durchsetzungsstärke und Beziehungsorientierung" sind die Anforderungen an die Sozial- und Selbstkompetenzen der Mitarbeiter herauszuarbeiten. Hier spielen insbesondere die Rolle des Mitarbeiters und die Einordnung seines Aufgabengebietes im Procurement-Portfolio eine wichtige Rolle. Werden z.B. von einem Commodity-Manager klare Führungseigenschaften gefordert, so sollte ein Commodity-Einkäufer oder ein Procurement-Assistent insbesondere ein guter Team-Spieler sein – der Einkäufer dabei eher mit einem Schwerpunkt auf Kreativität, Ideenreichtum und Ergebnisorientierung, der Assistent ggf. eher mit einem Fokus auf Genauigkeit, Präzision und Geschwindigkeit. Betrachtet man neben den Mitarbeiterrollen ihr spezifisches Einsatzgebiet im Procurement-Portfolio, so können die Rollenanforderungen weiter ausdifferenziert und konkretisiert werden. Werden die Mitarbeiter z.B. in Wettbewerbspartnerschaften tätig, so sollten sie in der Lage sein, konsequent eigene Interessen adressieren und durchsetzen zu können. In Beziehungspartnerschaften käme es dementgegen auf die Fähigkeit an, persönliche Bindungen aufbauen zu können.

Abbildung 3.56   Einflussfaktoren auf Personalanforderungen

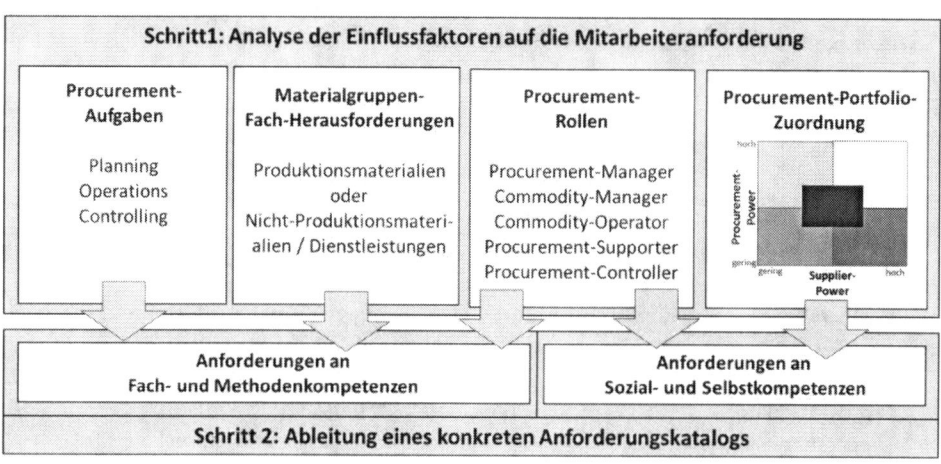

Entsprechend der Rolle und der Position der Aufgabe im Procurement-Portfolio braucht es demnach „bedarfsgerechte Persönlichkeitsausprägungen". Die Betrachtung von Procurement-Aufgaben, Mitarbeiterrollen, ihrer materialgruppenspezifischen Einsatzgebiete und

deren Zuordnung im Procurement-Portfolio macht eine Gesamteinschätzung der Herausforderungen möglich. Auf dieser Basis sind konkrete Anforderungsprofile zu entwickeln und Mitarbeiter auszuwählen. Dabei können jeweils Teilprofile für Fach- und Methodenkompetenzen sowie für die Sozial- und Selbstkompetenzen gestaltet werden.

Anforderungsprofil für Fach- und Methodenkompetenzen

Bei der Erarbeitung eines fachlich-methodischen Anforderungsprofils kann standardisiert vorgegangen werden. Basis des Profils kann eine Checkliste grundsätzlicher Anforderungskategorien sein. Hier eignen sich Kompetenzfelder, wie sie z.B. von KERKHOFF und MICHALAK im Rahmen des von ihnen entwickelten „EPI Einkäufer-Performance-Index" herausgearbeitet wurden (hier in enger Anlehnung an die IFK-Kompetenzen des EPI) [114]:

- Produktkompetenzen

- Marktkompetenzen

- Ausschreibungskompetenzen

- Lieferantenmanagement-Kompetenzen

- Verhandlungskompetenzen

- Controllingkompetenzen

Im Kontext der spezifischen Stelle müssen konkrete Anforderungen in den einzelnen Kompetenzfeldern herausgearbeitet, strukturiert und gewichtet werden. Ferner sollten K.-o.-Kriterien sowie ein Bewertungsmaßstab mit einer differenzierenden Skala der Kandidateneignung entwickelt werden. Dazu eignen sich z.B. Scoring-Modelle. Am Ende kann auf dieser Basis entschieden werden, ob ein Kandidat grundsätzlich fachlich-methodisch für die vorgesehene Position geeignet ist.

Anforderungsprofil für Sozial- und Selbstkompetenzen

Während das fachlich-methodische Anforderungsprofil relativ leicht intellektuell abgeleitet und rational bewertet werden kann, wird die Formulierung und Bewertung eines geeigneten Persönlichkeitsprofils aus Sozial- und Selbstkompetenzen sehr viel schwieriger und auch unschärfer. Oft beherrschen hier „Bauchgefühl" oder mechanische „Soft-Skill-Standardfragen" nach Eigenschaften wie Teamfähigkeit, Kommunikationsverhalten, Auftreten oder auch Argumentationsstärke das Geschehen im Auswahlprozess – ohne dass klar ist, was darunter verstanden wird bzw. was in der konkreten Situation wirklich sinnvoll und gewollt ist. Die Bewertung der Sozial- und Selbstkompetenzen geschieht in der Praxis also nicht selten in großer Unsicherheit, nicht zuletzt auch durch den engen Zeitrahmen, der für eine Beurteilung einer Person bleibt. Ferner ist das schnelle und systematische Beurteilen von Persönlichkeiten oft auch nicht das Kerngeschäft der Gesprächsleiter oder Entscheider – obwohl von richtigen Personalentscheidungen viel für den Erfolg der Procurement-Funktion abhängt.

Helfen können in diesem Zusammenhang bei der Vorbereitung und Bewertung von Auswahlgesprächen spezielle Persönlichkeits- bzw. Verhaltensmodelle wie z.B. das DISG®-Modell. Das DISG®-Modell differenziert grundsätzliche Persönlichkeitseigenschaften von Menschen mit ihren besonderen Neigungen und Verhaltensausprägungen [115]:

- **D-Dominant:** Direkt und bestimmt. Entschlossen, durchsetzungsstark, willensstark, risikobereit, Herausforderungen annehmend, Aktionen setzend, entscheidungsfreudig und resultatorientiert.

- **I-Initiativ:** Optimistisch und aufgeschlossen. Teamorientiert, Ideen teilend, andere Personen unterhaltend, begeisternd, anregend, kommunikativ, kreativ, vielseitig.

- **S-Stetig:** Einfühlsam und kooperativ. Hilfsbereit, in zweiter Reihe agierend, gleichmäßig, beständig, vorhersehbar arbeitend, tiefgründig, loyal, geduldig, ordnungssuchend, regelkonform.

- **G-Gewissenhaft:** Bedacht und korrekt. Qualitäts-, detail- und faktenorientiert, analytisch, kritisch hinterfragend, vorausplanend, systematisch, präzise, sicherheitsbewusst.

In der Vorbereitung des Auswahlprozesses können auf Basis der Grundtypen konkrete Persönlichkeitsanforderungen formuliert werden. Eine entsprechende Vorbereitung wird auf jeden Fall zu einer differenzierten Beobachtung der Verhaltenseigenschaften der Kandidaten führen. Die Erfüllung der Profilanforderungen kann dann im Auswahlgespräch bewertet werden. Dazu kann man das Verhalten des Kandidaten in Bezug auf die Eigenschaftsanforderungen spiegeln und auch Reaktionen durch gezielte Gesprächssituationen provozieren. Für besonders herausfordernde oder wichtige Positionen kann die Durchführung einer tiefergehenden Analyse des Persönlichkeitsprofils vorgenommen werden, wie z.B. die Durchführung eines DISG®-Tests.

Auch Methoden wie das DISG®-Modell sind am Ende nicht „100% scharf", sondern eher als schwerpunktbildend für eine Persönlichkeitseinschätzung zu bewerten. Sie können damit das Risiko einer Fehlbeurteilung nicht ausschließen, aber das Risiko zumindest dämpfen. Neben dem DISG®-Modell existieren noch zahlreiche verwandte Modelle bzw. Verfahren, wie z.B. der „STAB-Test" oder das „STUFEN-ZUM-ERFOLG-Konzept", die sich ebenfalls für entsprechende Systematisierungsansätze eignen [116][117].

Personalentscheidungen

Für eine strukturierte Personalentscheidung ist es wichtig, dass beim Kandidaten die erforderlichen Fach- und Methodenkompetenzen vorhanden sind, denn ohne sie könnte auch ein sozial starker und selbstbewusster Mitarbeiter nicht erfolgreich arbeiten. Sind diese jedoch vorhanden, geht es um einen Abgleich des Persönlichkeitsprofils des Kandidaten mit den Anforderungen der Stelle. Hier geht es nicht um gut oder schlecht, sondern um passend oder unpassend. Im Ergebnis braucht es eine passgenaue Persönlichkeit, so dass fachliche Kompetenz, Durchsetzungsstärke und Beziehungsorientierung für die geplanten Aufgaben bedarfsgerecht ausgeprägt sind. Hier sollten nach Möglichkeit keine Kompromisse gemacht werden, denn es geht um den „Erfolgsfaktor Mensch".

3.8.8   Lösungen: Kompakte Funktionsstrukturen

Die Kapitel 3.8.3 bis 3.8.7 haben sich intensiv mit der Ablauforganisation der Procurement-Funktion beschäftigt [35]. Auf dieser Grundlage stellt sich im strategischen Organisationsmanagement die Frage nach einer geeigneten Aufbauorganisation. Sie regelt die Beziehungen zwischen Personen, Abteilungen und Betriebsmitteln der Funktion, die zu wirtschaftlich sinnvollen Einheiten zusammengefasst werden [35]. Die kleinste Einheit bildet eine Stelle. Stellen werden wiederum zu Teams, Abteilungen oder auch Bereichen aggregiert. Im Ergebnis entsteht durch die Bildung wirtschaftlich sinnvoller (Teil)einheiten eine Organisationsstruktur, mit der die Ablauforganisation der Procurement-Funktion effizient betrieben werden kann. Im Folgenden werden die wesentlichen Aufgabenstellungen zur Gestaltung einer geeigneten Aufbauorganisation besprochen:

- Analyse der Anbindung der Procurement-Funktion im Unternehmen

- Gestaltung der Organisationsstruktur innerhalb der Procurement-Funktion

- Organisatorische Vernetzung der Procurement-Funktion mit den Fachbereichen

- Organisatorische Vernetzung innerhalb der Procurement-Funktion

Analyse der Anbindung der Procurement-Funktion im Unternehmen

Erster wichtiger Haltepunkt bei der Gestaltung der Aufbauorganisation ist die Analyse der Einordnung der Procurement-Funktion im Gesamtunternehmen (siehe Kapitel 3.1.3). In Abhängigkeit davon, ob die Funktion funktional, divisional oder hybrid eingeordnet ist, entstehen im Unternehmen eine zentrale Procurement-Organisationseinheit oder mehrere verteilte Procurement-(Teil-)Organisationseinheiten:

- **Funktionale Einordnung:** Die Procurement-Funktion wird durch einen Procurement-Manager in der Geschäftsleitung im Unternehmen vertreten. Nachfolgend existiert eine durch den Procurement-Manager zentral geführte Organisationseinheit.

■ **Divisionale Einordnung:** In jeder Division wird die Procurement-Funktion durch eine eigenständige, unabhängige Procurement-Organisationseinheit vertreten und auch durch einen eigenen Procurement-Manager geführt. Zwischen den divisionalen Procurement-Organisationen gibt es keine gegenseitige Weisungsbefugnis. Alle Einheiten handeln in ihrer Division voll autonom.

■ **Hybride Einordnung:** In der hybriden Einordnung ist ein Teil der Procurement-Funktion funktional und ein Teil divisional im Unternehmen verankert. Die funktional verankerten Teile werden in einer zentralen Procurement-Organisationseinheit zusammengefasst. Sie ist in der Geschäftsführung vertreten und wird durch einen zentralen Procurement-Manager geführt. Für die divisionalen Teile entstehen divisionale Procurement-Organisationseinheiten mit jeweils einem eigenen Procurement-Manager. Die Autonomie dieser Einheiten ist auf die an die Division delegierten Procurement-Kompetenzen beschränkt. Die divisionalen Einheiten können fachlich über eine „dotted-line" an die zentrale Procurement-Organisationseinheit angebunden werden, so dass eine Vernetzung funktionaler und divisionaler Einheiten abgesichert wird.

Gestaltung der Organisationsstruktur innerhalb der Procurement-Funktion

Die Gestaltung der internen Procurement-Aufbauorganisation kann sich ferner nach den Grundsätzen der verrichtungsorientierten, objektorientierten oder matrixorientierten Stellen- und Bereichsbildung richten:

■ **Verrichtungsorientierte Stellen-/Bereichsbildung:** Die verrichtungsorientierte Stellen- und Bereichsbildung richtet sich nach den Procurement-Aufgaben und den damit verbundenen Prozessen bzw. Tätigkeiten. So könnte z.B. jeweils ein Bereich Procurement-Planning, Procurement-Operations und Procurement-Controlling entstehen. In diesem Fall würde ein Bereich Procurement-Operations für die Durchführung aller Beschaffungsprojekte in allen Materialgruppen zuständig sein. Ein Bereich Procurement-Planning wäre entsprechend für die Erstellung aller Sourcing-Strategien für alle Materialgruppen verantwortlich.

■ **Objektorientierte Stellen-/Bereichsbildung:** Die objektorientierte Stellen- und Bereichsbildung richtet sich nach den Beschaffungsobjekten respektive den zu beschaffenden Materialgruppen. Innerhalb des Objektbezugs werden sämtliche Aufgabenstellungen vom zuständigen Bereich durchgeführt. So könnte z.B. bei einem Automobilhersteller ein Bereich „Procurement-Materialgruppe Stahl" entstehen. Er wäre zuständig für alle Procurement-Aufgaben in dieser Materialgruppe, wie z.B. für die Erstellung von Sourcing-Strategien, die Durchführung von Beschaffungsprojekten, das Controlling der Leistungsfähigkeit des Bereichs und auch für die Gestaltung der Procurement-Prozesse.

■ **Matrixorientierte Stellen-/Bereichsbildung:** In der matrixorientierten Stellen- und Bereichsbildung kommt es zu einem Mix aus verrichtungs- und objektorientiertem Ansatz. So kann z.B. für die Materialgruppen festgelegt werden, dass sämtliche direkt versorgungsspezifischen bzw. -relevanten Aufgaben des Procurement-Plannings, wie z.B. die Generierung eines Procurement-Portfolios, die Definition der Procurement-Ziele und das Erarbeiten von Sourcing-Strategien, objektorientiert organisiert werden – genauso wie alle Operations einer Materialgruppe. Organisatorische, koordinierende Aufgaben, wie z.B. das Controlling, der Check von Lieferantenmindestanforderungen, das Überarbeiten von Materialgruppenstrukturen oder auch die Weiterentwicklung von Procurement-Prozessen und Tools, könnten verrichtungsorientiert organisiert und von einem Querschnittsbereich verantwortet werden. Auf diese Art und Weise entstehen objektorientierte Procurement-Bereiche in den Procurement-Kernkompetenzen, die von Querschnittsbereichen materialgruppenübergreifenden unterstützt werden.

In der Procurement-Praxis finden sich heute in der Regel die matrixorganisierte Stellen- und Bereichsbildung. Abbildung 3.57 gibt einen beispielhaften Überblick über eine matrixorientierte Bereichs- / Stellenbildung wieder.

Abbildung 3.57   Systematik einer matrixorientierten Stellen-/Bereichsbildung

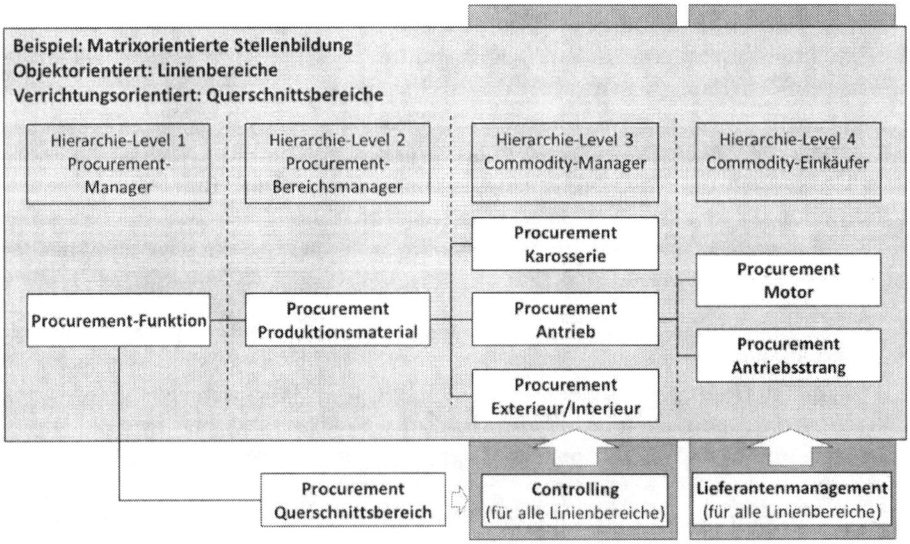

Entsprechend der gewählten Stellen- und Bereichsbildung entsteht – im Rahmen der unternehmensspezifischen Funktionseinordnung – eine Organisationsstruktur, die in einem

Organigramm zusammengefasst werden kann. In dieser Struktur kann dann die Ablauforganisation der Procurement-Aufgaben operativ betrieben und gesteuert werden. Je besser Aufbau- und Ablauforganisation zusammen passen, desto effizienter können in der Regel die Aufgaben der Procurement-Funktion operationalisiert werden.

Abbildung 3.58   Wirkungskette der Aufbau- und Ablauforganisation

---

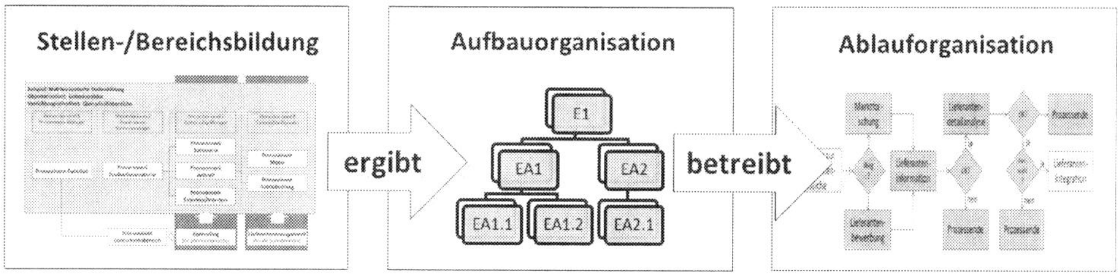

Organisatorische Vernetzung der Procurement-Funktion mit Fachbereichen

Steht die Aufbauorganisation, ist sie mit der Organisation der Fachbereiche zu vernetzen. Die Zusammenarbeit mit den anderen Unternehmensbereichen ist für den Erfolg der Procurement-Funktion kritisch. Zur Vernetzung der Aufbauorganisation eignen sich insbesondere die folgenden Instrumente:

- **Commodity-Manager-Vernetzung:** Die Commodity-Manager identifizieren systematisch ihre Key-Ansprechpartner in den Fachbereichen und nehmen an der Fach-Regelkommunikation dieser Bereiche teil. Durch die Integration in die entscheidenden Regelkommunikationen sind die Commodity-Manager auf der Arbeitsebene darüber informiert, „was läuft" und welche Beschaffungsprojekte anstehen.

- **Kompetenz-Team-Vernetzung:** Darüber hinaus können Commodity-Manager materialgruppenspezifische Kompetenz-Teams aufsetzen. Diese Teams setzen sich aus den Fachbereichsvertretern einer Materialgruppe zusammen, und zwar aus Vertretern der verschiedenen Disziplinen, wie z.B. Entwicklung, Produktion, Planung, Logistik und QM etc. Der fachbereichsübergreifende Austausch fördert eine frühzeitige Einbindung der Procurement-Funktion in Beschaffungsprojekte und verbindet die Interessen der unterschiedlichen Disziplinen. So wird die Procurement-Funktion auf Objektebene institutionell mit den Fachbereichen verzahnt.

Organisatorische Vernetzung innerhalb der Procurement-Funktion

Genauso wichtig wie die Vernetzung mit den Fachbereichen ist der interne Austausch innerhalb der Procurement-Funktion – insbesondere wenn viele unterschiedliche Abteilungen existieren oder durch hybride bzw. divisionale Unternehmensstrukturen sogar mehrere Procurement-Organisationseinheiten. Auch hierfür können Instrumente verankert werden, um die verschiedenen Bereiche in einen regelmäßigen Dialog zu bringen:

- **Commodity-Council:** Werden in divisionalen oder hybriden Organisationsformen einzelne Materialgruppen parallel von verschiedenen Procurement-Organisationseinheiten eingekauft, so ist eine regelmäßige Abstimmung erforderlich. Die Commodity-Manager der einzelnen Divisionen können ein Commodity-Council bilden, in dem ein Fachaustausch organisiert wird. Der Leiter des Councils kann ferner als zentrale Informationsstelle fungieren, über die alle laufenden Aktivitäten in einer Materialgruppe berichtet werden. Gelingt dies, entsteht an zentraler Stelle ein kompakter Überblick über das, was in einer Materialgruppe im gesamten Unternehmen läuft.

- **Procurement-Council:** In einem Procurement-Council kann materialgruppenübergreifend über aktuelle Trends und Handlungsbedarfe zur Weiterentwicklung der Procurement-Funktion diskutiert werden. Entsprechende Councils können über die verschiedenen Hierarchiestufen der Aufbauorganisation etabliert werden. In divisionalen bzw. hybriden Organisationen kann z.B. ein Procurement-Manager-Council etabliert werden, um etwa Führungsansätze und –ziele in der Procurement-Funktion abzugleichen. Ein Commodity-Manager-Council kann die Verantwortlichen unterschiedlicher Materialgruppen miteinander verzahnen, um z.B. über generelle Marktentwicklungen oder Prozessfragen, wie etwa den Umgang mit Lieferanteninsolvenzen, zu diskutieren und abgestimmte Maßnahmen auf den Weg zu bringen.

3.8.9   Lösungen: Stringente KVP-Prozesse

Eine funktionierende Aufbau- und Ablauforganisation, die heute den aktuellen Herausforderungen entspricht, muss morgen nicht unbedingt die richtige Lösung sein. Das Unternehmen, die Märkte und auch die eigene Organisation entwickeln sich dynamisch weiter, so dass auch die Procurement-Funktion ggf. wieder neu ausgerichtet werden muss. Dazu ist ein stringenter KVP-Prozess zu initiieren; ein KVP-Prozess, der einerseits die operative Leistungsfähigkeit der Funktion im Tagesgeschäft im Auge behält und andererseits ihre strategische Weiterentwicklung forciert. Die Umsetzung dieser Aufgabe ist ein Teil des strategischen Organisationsmanagements und gehört formal an dieser Stelle eingeordnet. Die Koordination und Steuerung der KVP-Prozesse kann dem Procurement-Controlling zugeordnet werden. Daher – und auch weil die KVP-Prozesse wesentlich mit auf den Werkzeugen der Controlling-Aufgaben basieren – werden die Instrumente eines systematischen KVP-Prozesses in Kapitel 5 „Procurement-Controlling" erläutert.

3.8.10 Validierung der Lösungskonzepte

Der Erfolg des strategischen Organisationsmanagements kann an den Ergebnissen der Procurement-Funktion gemessen werden. Die Konzepte der Aufbau- und Ablauforganisation führen am Ende in den Procurement-Operations zu Ergebnissen in den Zielfeldern Kosten, Qualität, Zeit und Innovation. Stimmen die Ergebnisse und lassen sich auch für die Folgeperioden valide exzellente Ergebnisse prognostizieren, kann von einer aktuell bedarfsgerechten Ausrichtung der Procurement-Funktion ausgegangen werden. Werden jedoch Ziele nicht erreicht oder gibt es Anzeichen für einen Änderungsbedarf, so ist auch die Procurement-Funktion anzupassen. Dies ist eine kontinuierliche Aufgabenstellung.

3.9 Procurement-Planning: Zusammenfassung

Mit dem Procurement-Planning werden sämtliche Stärkefaktoren der Procurement-Funktion im Unternehmen, den Märkten und der Funktion selbst im „PIPS-Power in Procurement System®" adressiert. Durch die Aktivierung dieser Stärkefaktoren wird die Funktion strategisch ausgerichtet und auf der Ergebnisseite werden wichtige Grundlagen für das Erreichen der Procurement-Ziele gelegt. Das Procurement-Planning eröffnet und sichert so die Erfolgspotenziale der Procurement-Funktion insgesamt. Abbildung 3.62 macht diese Wirkung im Gesamtzusammenhang deutlich:

Abbildung 3.59 Procurement-Planning im „PIPS - Power in Procurement System®"

Aufgaben-Power-Ergebnis-Matrix (APEM)

Die Procurement-Aufgaben PP01 bis PP08 bewirken jeweils Power

Wirkung → / Aufgaben ↓	im Unternehmen								in Märkten							
Procurement-Planning	SPFU01	SPFU02	SPFU03	SPFU04	SPFU05	SPFU06	SPFU07	SPFU08	SPFM01	SPFM02	SPFM03	SPFM04	SPFM05	SPFM06	SPFM07	SPFM08
PP01	●	●			●	●	●		●							
PP02					●					●						
PP03			●	●							●	●				
PP04			●	●										●		
PP05			●				●	●						●		
PP06				●				●						●		
PP07									●			●	●	●	●	●
PP08						●	●	●		●						
SUMME	●	●	●	●	●	●	●	●	●	●	●	●	●	●	●	●

Wirkung → / Aufgaben ↓	in der Funktion							in den Operations								Ergebnisbeitrag in			
Procurement-Planning	SPFP01	SPFP02	SPFP03	SPFP04	SPFP05	SPFP06	SPFP07	SPFO01	SPFO02	SPFO03	SPFO04	SPFO05	SPFO06	SPFO07	SPFO08	Kosten	Qualität	Zeit	Innovation
PP01	●															■	□	■	□
PP02						●										□	□	□	□
PP03																□	□	■	□
PP04																□	□	□	□
PP05							●									■	■	■	■
PP06							●									■	■	■	■
PP07																■	■	■	■
PP08	●	●	●	●	●	●	●									□	□	□	□
SUMME	●	●	●	●	●	●	●									■	■	■	■

Im Detail werden die im Folgenden aufgeführten strategischen Voraussetzungen geschaffen, damit die Procurement-Funktion in den Procurement-Operations ihre Wirkung voll entfalten kann: Erfolgreich einkaufen, Wettbewerbsvorteile sichern, Gewinne steigern.

- Die Procurement-Funktion ist optimal im Unternehmen eingeordnet (PP01).

- Die Unternehmensbedarfe sind für die Operationalisierung der Beschaffung fachbereichs- und marktkonform strukturiert (PP02).

- In den Bedarfsstrukturen herrscht umfassende Transparenz über die Nachfragemacht des Unternehmens und die Angebotsmacht der Lieferanten (PP03).

- Über Procurement-Portfolios werden in den Bedarfsstrukturen aus Nachfrage- und Angebotsmacht Normstrategien für die Marktbearbeitung abgeleitet (PP04).

- Entsprechend der Normstrategien werden bedarfsgerechte Procurement-Ziele verankert (PP05).

- Sourcing-Strategien präzisieren die Normstrategien und ermöglichen eine differenzierte Beschaffung zur Erreichung der Procurement-Ziele (PP06).

- Die Zusammenarbeit mit den Lieferanten wird über ein strategisches Lieferantenmanagement professionell geführt (PP07).

- Durch ein strategisches Organisationsmanagement werden systematisch Aufbau- und Ablaufstrukturen für erfolgreiche Procurement-Operations bereitgestellt (PP08).

4 Procurement-Operations: Erfolgspotenziale realisieren

In den Procurement-Operations geht es um die Durchführung konkreter Beschaffungsprojekte. Dort werden die strategischen Vorgaben des Procurement-Plannings umgesetzt und die Ziele der Procurement-Funktion realisiert. Für erfolgreiche Operations sind die folgenden Kernaufgaben auszugestalten und umzusetzen:

- PO01-Ausschreibungsdesign
- PO02-Bieterkreisabstimmung
- PO03-Anfragekoordination
- PO04-Angebotsauswertung
- PO05-Verhandlungsvorbereitung
- PO06-Verhandlungsführung
- PO07-Vergabeentscheidung
- PO08-Vertragsmanagement

4.1 Ausschreibungsdesign

Bei der Durchführung von Beschaffungsprojekten steht das Ausschreibungsdesign an erster Stelle. Dort werden die Anforderungen an die Beschaffungsmärkte festgelegt und wichtige Voraussetzungen für einen intensiven Wettbewerb geschaffen.

4.1.1 Ziele des Ausschreibungsdesigns

Um Bedarfe erfolgreich in den Märkten platzieren zu können, ist eine klare Kommunikation wichtig. Dabei geht es sowohl um inhaltliche Klarheit als auch um die machtstrategische Vorbereitung einer starken Verhandlungsposition. Auf der inhaltlichen Ebene steht zunächst die Transparenz der Leistungsanforderungen im Vordergrund:

■ Was wird im Detail aus den Beschaffungsmärkten benötigt?

■ Welche Ziele sollen vom Auftragnehmer erreicht werden?

■ Was muss der Auftragnehmer inhaltlich können?

■ Wie erfolgt die Preisbildung in der Vergabe?

■ Welche vertraglichen Spielregeln sollen in der Projektumsetzung gelten?

Eng vernetzt mit diesen inhaltlichen Aspekten ist die machtstrategische Bedeutung von Ausschreibungen. Der Auftraggeber kann hier seine spätere Verhandlungsposition schon im Beginn von Vergabeprojekten stark beeinflussen. Gelingt es, die Anbieter in ihrer Angebotserstellung zu lenken, bestimmt er wesentlich die Denkstrukturen aller Beteiligten mit. Das ist ein wichtiger strategischer Vorteil für die späteren Verhandlungen.

Dieser Ansatz folgt im Prinzip dem Strategem Nr. 15 aus der chinesischen Strategemkunde: „Den Tiger vom Berg in die Ebene locken" [121]. SENGER beschreibt dieses Strategem in seinem Werk „36 Strategeme für Manager" wie folgt: „Es handelt sich um ein Isolationsstrategem. Es geht darum, das Gegenüber von seinem Stützpunkt/von seinen wichtigsten Helfern zu trennen. Man veranlasst den Opponenten, sein angestammtes, ihm vertrautes und daher für ihn günstiges Terrain zu verlassen, und lenkt ihn in ein unbekanntes Terrain, das man selbst gut kennt, um ihn hier zu überwinden oder/und um sein Territorium zu besetzen [121]." Um dieses strategische Machtpotenzial in Verhandlungen nutzen zu können, müssen bereits im Ausschreibungsdesign die richtigen Voraussetzungen geschaffen werden:

■ Der Auftraggeber bestimmt die Leistungsinhalte im Projekt

■ Der Auftraggeber bestimmt die Erfolgskriterien für das Projekt.

■ Der Auftraggeber bestimmt die Verantwortung der Auftragnehmer im Projekt.

■ Der Auftraggeber bestimmt die Kalkulationsstrukturen für die Angebote.

■ Der Auftraggeber bestimmt durch Transparenz die Vergleichbarkeit von Angeboten.

■ Der Auftraggeber bestimmt die einzuhaltenden Vertragsbedingungen.

■ Der Auftraggeber bestimmt die Denkstrukturen für die Verhandlung.

Richtig umgesetzt können mit Ausschreibungen demnach erneut wichtige Stärkefaktoren und Ergebnisziele der Procurement-Funktion unterstützt werden:

Stärke der Procurement-Funktion in den Operations

- SPFO01 – Ausschreibungsmanagement: Die Bedarfe sind transparent und klar.
- SPFO02 – Zielmanagement: Die Projektziele sind definiert.
- SPFO05 – Angebotsmanagement: Vorgaben ermöglichen vergleichbare Angebote.
- SPFO06 – Verhandlungsmanagement: Die Verhandlungsposition ist gestärkt.

Abbildung 4.1 Ziele der Aufgabe PO01 - Ausschreibungsdesign

Aufgaben-Power-Ergebnis-Matrix (APEM)

	Die Procurement-Aufgabe PO01 bewirkt jeweils Power																															Ergebnisbeitrag in			
	im Unternehmen								in Märkten								in der Funktion							in den Operations											
Wirkung / Aufgaben	SPFU01	SPFU02	SPFU03	SPFU04	SPFU05	SPFU06	SPFU07	SPFU08	SPFM01	SPFM02	SPFM03	SPFM04	SPFM05	SPFM06	SPFM07	SPFM08	SPFP01	SPFP02	SPFP03	SPFP04	SPFP05	SPFP06	SPFP07	SPFO01	SPFO02	SPFO03	SPFO04	SPFO05	SPFO06	SPFO07	SPFO08	Kosten	Qualität	Zeit	Innovation
PO01 - Ausschreibungsdesign																								●	●			●	●			■	■	■	■

4.1.2 Anforderungen an Lösungskonzepte

Um die Potenziale einer Vergabe voll ausschöpfen zu können, sollten Ausschreibungen mit den in Tabelle 4.1 aufgeführten Elementen operationalisiert werden. Damit an dieser Stelle die geforderte Qualität entsteht, kommt es auf eine intensive Zusammenarbeit von Procurement-Funktion und Fachbereich an. Ihre unterschiedlichen Interessen und Kompetenzen müssen in der Ausschreibung schlüssig miteinander vernetzt werden. Dazu sind in der Procurement-Funktion Mitarbeiter einzusetzen, die durch ihr Know-how in den Fachbereichen als Gesprächspartner akzeptiert werden.

Tabelle 4.1 Strukturelemente im Ausschreibungsdesign

Elemente	Inhalt der Anforderung
Leistungsverzeichnis	Im Leistungsverzeichnis werden die Ausprägungen eines Beschaffungsobjekts präzise bestimmt und mit den erwarteten Qualitätsanforderungen hinterlegt. Ferner sind Liefermenge, Lieferzeitpunkt und die Verantwortungen von Auftragnehmer und Auftraggeber in der Leistungserbringung festzulegen.

Bietermindestanforderungen	Die Bietermindestanforderungen legen die Anforderungen an die Lieferanten fest, die als Mindeststandard einzuhalten sind. Sie führen zu einer Eingrenzung des Anbietermarktes.
Preisblatt	Mit dem Preisblatt wird das Kalkulationsmuster festgelegt, nachdem die Bieter ihr Preisangebot abzugeben haben.
Vertragsbedingungen	Mit den Vertragsbedingungen werden die vertraglichen Spielregeln zur Abwicklung des Vergabeprojekts festgelegt.
Transaktionsziele	Auf Basis von Leistungsverzeichnis, Preisblatt und Vertragsbedingungen sowie den projektübergreifenden Zielen einer Materialgruppe sind die wesentlichen Vergabekriterien zu bestimmen und mit Transaktionszielen zu präzisieren.

Im Folgenden werden die vorgestellten Systemelemente einer anspruchsvollen Ausschreibung im Detail weiter erläutert.

4.1.3   Lösungen: Leistungsverzeichnis

Nur wer eine klare Vorstellung davon hat, was er von den Beschaffungsmärkten beziehen will, wird im Ergebnis gute Angebote erhalten. In Anlehnung an die DIN 69901-5 beschreibt ein Leistungsverzeichnis ergebnisorientiert die Gesamtheit der Forderungen an die Lieferungen und Leistungen eines Auftragnehmers [122]:

- **Titel:** Identifizierung des Vergabeprojekts/Bedarfs.

- **Zielbestimmung:** Kurze Erläuterung, worum es bei dem Bedarf geht.

- **Produkt-/Leistungseinsatz:** Erläuterung der Einsatzgebiete des Produkts/der Leistung. Klärung der Anwender, Anforderer und Einkäufer.

- **Produktfunktionen/Leistungspositionen:** Klare Abgrenzung und Ordnung der unterschiedlichen Leistungsbestandteile, die vom Auftragnehmer zu erbringen sind.

- **Produkt-/Leistungserbringung:** Genaue inhaltliche Beschreibung jeder einzelnen Produktfunktion bzw. Leistungsposition, insbesondere mit:

  - **Input des Auftraggebers in die Leistungspflichten:** Klärung der Voraussetzungen, die dem Auftragnehmer vom Auftraggeber für die Leistungserbringung zur Verfügung gestellt werden.
  - **Leistungspflichten des Auftragnehmers:** Präzise Beschreibung der Anforderungen und Aufgaben, die der Auftragnehmer zu erfüllen hat.

- **Leistungspflichten des Auftraggebers:** Präzise Aufbereitung der korrespondierenden Pflichten des Auftraggebers, sofern dies die Komplexität der Vergabe erfordert.
- **Mitgeltende Unterlagen:** Benennung aller bei der Leistungsumsetzung durch den
  Auftragnehmer zu beachtenden Regeln, Vorschriften etc.
- **Output der Produkt-/Leistungserbringung:** Festlegung der geforderten Produkt-
  bzw. Leistungsergebnisse sowie der Abnahmekriterien für eine erfolgreiche Auftragserfüllung.

■ **Mengengerüst:** Festlegung der Liefer- bzw. Leistungsmengen.

■ **Zeitplan:** Bestimmung des Endtermins der Leistungserbringung. In komplexen Projekten kann gegebenenfalls ein Projektplan mit definierten Meilensteinen und zugehörigen Abnahmekriterien erforderlich werden.

■ **Formalvorgaben zur Angebotsabgabe:** Präzisierung konkreter Vorgaben zur Form der
Angebotsabgabe, z.B. durch Angebotsformulare.

Der Umfang eines Leistungsverzeichnisses ist in der Praxis von der Komplexität des Bedarfs abhängig [123]. So würden beispielsweise Leistungsverzeichnisse zur Bestellung von
Büromaterialien knapp und einfach ausgestaltet sein. Ein Leistungsverzeichnis zur Lieferung einer automatisierten Fertigungsanlage wäre dementgegen komplex. Die Ausprägung der inhaltlichen Elemente sollte daher entsprechend des konkreten Bedarfs ausgestaltet werden. Die wesentlichen Differenzierungsmöglichkeiten liegen dabei im Detaillierungsgrad und dem Vorgabecharakter der Leistungsverzeichnisse. Dabei kann man sich
an den folgenden Methoden orientieren:

■ Leistungsverzeichnisse: Präzise Spezifikationen } + stärken u. Schwächen

■ Leistungsverzeichnisse: Funktionalverzeichnisse }

■ Leistungsverzeichnisse: Hybride Verzeichnisse

■ Leistungsverzeichnisse: Operationalisierung über Ausschreibungsstandards

Leistungsverzeichnisse - Präzise Spezifikationen

Die Charakteristika präziser Spezifikationen zeichnen sich durch eine exakte Vorgabe aller
geforderten Produkt- bzw. Leistungsdetails aus. Typischerweise werden präzise Spezifikationen bei Standardgütern, wie z.B. Normteilen oder auch Bedarfen aus dem Bereich der
IT-Hardware, verwendet. Weitere übliche Anwendungsfelder sind auch komplexere
Vergaben aus dem Bereich der Bauwirtschaft oder die Vergabe der Fertigung klar definierter Produktionsmaterialien.

Im Bereich der Produktionsmaterialien erlauben genaue Spezifikationen die gezielte Gestaltung von Produktstandards. So können ausgewählte Produktkomponenten vereinheitlicht und gezielt über verschiedene Produktlinien eingesetzt werden, wie etwa Navigationssystemen im Automobilbau. Die Gestaltung von Produktplattformen, die flexibel mit standardisierten Produktmodulen und –systemen umfassende Variantenbildungen ermöglichen, sind weitere Beispiele für den Einsatz von Produktstandards [124][269]. Flexible Produktkonzepte lassen sich jedoch nur dann realisieren, wenn Komponenten, Module und Systeme bis ins Detail spezifiziert und schlüssig aufeinander abgestimmt sind. Dann werden Kostenreduzierungen durch Komplexitätsreduktion und Skaleneffekte möglich.

In der Ausschreibungspraxis sind mit dem Einsatz präziser Spezifikationen zentrale Vor- und Nachteile verbunden. Als wesentliche Vorteile lassen sich die Faktoren herauskristallisieren, die auf der Schärfe der Bedarfsbeschreibungen beruhen:

- Die Anforderungen an die Lösungskonzepte sind bis ins Detail klar.

- Die inhaltlichen Anforderungen an die Leistungsfähigkeit der Bieter sind transparent.

- Die monetäre Vergleichbarkeit von Angeboten ist hoch.

Die Nachteile präziser Spezifikationen resultieren aus den engen Vorgaben des Auftraggebers:

- Die Innovationspotenziale der Anbieter werden nicht voll ausgeschöpft.

- Der Blick im Wettbewerb wird auf den reinen Preisfokus verengt.

- Der Auftraggeber übernimmt durch die genauen Leistungsvorgaben eine hohe Mitverantwortung für den Leistungserfolg der Anbieter.

Leistungsverzeichnisse - Funktionalverzeichnisse

Funktionalverzeichnisse adressieren in erster Linie den Leistungserfolg. Den Weg zum Erfolg lassen sie offen. Bei der Beschreibung der Bedarfsanforderungen stehen daher die Erfolgsparameter der Leistung im Vordergrund.

Demnach werden Funktionalverzeichnisse auch typischerweise dort eingesetzt, wo die Innovationskraft und Kreativität von Lieferanten gefragt sind. Einsatzgebiete sind z.B. Beratungsdienstleistungen, Engineering-Dienstleistungen, Gesamtproduktentwicklungen, Fertigungsanlagen, Infrastrukturprojekte oder auch so genannte „Turn-Key-Projekte", bei denen es um komplexe Gesamtlösungen für umfassende Aufgabenstellungen geht.

Damit Funktionalverzeichnisse zu guten Angeboten führen, sollten die Erfolgsparameter und Rahmenbedingungen der Ausschreibung präzise ausgearbeitet sein. Im Maschinenbau können beispielsweise die konkreten Erfolgsparameter, wie Stückzahl, Bearbeitungszeit, Bearbeitungstoleranzen oder auch der Energieverbrauch einer Anlage definiert werden. Das ist erforderlich, damit die Anbieter ihr Innovations- und Leistungspotenzial auf die Erfolgskriterien des Auftraggebers ausrichten können. Zur Ausarbeitung dieser Kriterien erfolgt eine Funktionsanalyse der Bedarfe. So kann man einen Bedarf zunächst hinsichtlich seiner geplanten Funktionstypen – den Gebrauchs- und Geltungsfunktionen – analysieren. Ein Handy würde im Sinne einer Gebrauchsfunktion der Kommunikation dienen, gleichzeitig hätte das Handy aber auch eine Geltungsfunktion für den Nutzer, z.B. als Statussymbol. Sind die wesentlichen Gebrauchs- und Geltungsfunktionen identifiziert, können diese jeweils nach Funktionsklassen weiter ausdifferenziert werden [125]:

- **Hauptfunktionen:** Eigentlicher Zweck des Beschaffungsobjektes und damit hauptwertbildend.

- **Nebenfunktionen:** Ergänzung oder Unterstützung der Hauptfunktionen („nice to have", wertergänzend, wertfördernd). Sie können weggelassen werden, ohne den eigentlichen Zweck des Beschaffungsobjektes zu beeinflussen, nutzen jedoch der Erfüllung der Hauptfunktion und sind eingeschränkt wertbildend.

- **Unnötige Funktionen:** Überflüssige Objektausprägungen ohne Einfluss auf die Wertbildung.

Mit der Funktionsanalyse werden den Anbietern klare Vorgaben gegeben, was wofür als Leistung erwartet wird. Es entsteht ein strukturierter Funktions- bzw. Kriterienkatalog, an dem man später die Angebote messen kann. Die Ausführung der Funktionen bleibt dabei offen, hier lässt man den Bietern Freiheit für einen intensiven Wettbewerb.

Zur Erarbeitung eines Funktionskatalogs kann man sich standardisierter Methoden bedienen. So haben beispielsweise Wertanalysen das „systematische analytische Durchdringen von Funktionsstrukturen mit dem Ziel einer abgestimmten Beeinflussung von deren Elementen (z.B. Kosten, Nutzen) in Richtung einer Wertsteigerung" zum Gegenstand [126]. Die DIN EN 12973 „Value Management" enthält umfassende Anleitungen zur Durchführung von Wert- und Funktionsanalysen, weiter konkretisiert durch Arbeitspläne, z.B. in der VDI-Richtlinie 2800 [127][128].

So sieht etwa ein Arbeitsplan nach DIN EN 12973 zehn grundsätzliche Arbeitsschritte zur Durchführung einer Wertanalyse vor. Im Kontext der Beschaffung können die Arbeitsschritte 0 bis 4 gezielt zur Erarbeitung von Funktionskatalogen genutzt werden. Die Arbeitsschritte 5 bis 9 können später zur Bewertung von Angeboten eingesetzt werden:

- **Schritt 0:** Wertanalyse-Projekt vorbereiten

- **Schritt 1:** Wertanalyse-Projekt und Analyseobjekt definieren

- **Schritt 2:** Wertanalyse-Projekt planen

- **Schritt 3:** Umfassende Daten zum Analyseobjekt sammeln

- **Schritt 4:** Funktionen- und Kostenanalyse durchführen. Erfolgsparameter festlegen

- **Schritt 5:** Lösungsideen sammeln

- **Schritt 6:** Lösungsideen bewerten

- **Schritt 7:** Ganzheitliche Lösungsvorschläge entwickeln

- **Schritt 8:** Lösungsvorschläge präsentieren und entscheiden

- **Schritt 9:** Lösungsvorschläge realisieren

Neben der exemplarisch umrissenen Methode der Wertanalyse nach DIN EN 12973 existieren weitere standardisierte Methoden zur Analyse und Bewertung von Funktionen. So befasst sich etwa die VDI-Richtlinie 2803 explizit mit der Durchführung von Funktionsanalysen, genau wie die DIN EN 16271 „Value Management – Funktionale Beschreibung der Bedürfnisse und Funktionale Leistungsbeschreibung" [129][130].

In der Praxis ist die Nutzung von Funktionalverzeichnissen mit zentralen Vor- und Nachteilen verbunden. Die Vorteile basieren dabei im Wesentlichen auf der Aktivierung der Innovations- und Kreativitätspotenziale der Lieferanten:

- Die reine Vorgabe von Erfolgskriterien führt zu Innovationsdynamik in der Vergabe.

- Die Kosten-Nutzen-Perspektive rückt in den Mittelpunkt der Vergabe.

- In der Konzeption und Umsetzung von Lösungskonzepten wird die Verantwortung für den Erfolg umfassend auf die Lieferanten delegiert.

Mit den Vorteilen einer integrierten Kosten-Nutzen-Betrachtung und einer Aktivierung der Lieferantenpotenziale gehen jedoch auch Nachteile einher:

- Die qualifizierte Bewertung unterschiedlicher Lösungskonzepte ist ggf. nur eingeschränkt möglich, da nicht für alle Lösungsvarianten Know-how zur Verfügung steht.

- Angebote in Form differenzierter Lösungskonzepte sind schwieriger zu vergleichen.

- Die Fokussierung auf Ergebnisse ist mit zunehmenden Abhängigkeiten verbunden.

Leistungsverzeichnisse - Hybride Leistungsverzeichnisse

In vielen Vergabeprojekten lässt sich ein Bedarf nicht eindeutig einem der beiden aufgezeigten Schwerpunkte zuordnen. So kann es z.B. bei der Beschaffung einer Produktkomponente darauf ankommen, einerseits zentrale Vorgaben wie etwa zu Materialien, Form, Größe oder Gewicht klar einzuhalten und andererseits in die Komponente neue Funktionen für den Gebrauch zu integrieren. In diesem Fall wären vom Lieferanten klare Spezifikationsvorgaben zu erfüllen und gleichzeitig Innovationen einzubringen. Diese Mischung macht eine hybride Anwendung der vorgestellten Ansätze erforderlich. Das Leistungsverzeichnis ist entsprechend auszugestalten: klar, präzise und steuernd bei Spezifikationsumfängen, ergebnisorientiert und offen bei Innovationsumfängen.

Leistungsverzeichnisse - Operationalisierung über Standards

Zur Operationalisierung von Leistungsverzeichnissen stellt sich die Frage, in welcher Ausprägung (präzise Spezifikation, Funktionalverzeichnis, hybrides Verzeichnis) in den unterschiedlichen Materialgruppen verfahren werden soll. Dabei kann man sich an der Sourcing-Strategie einer Materialgruppe orientieren (vgl. Kap. 3.6). Hier wurden bereits umfassend die Charakteristika der Beschaffungsobjekte untersucht. Unter Rückgriff auf diese Ergebnisse kann abgeleitet werden, ob es im Wesentlichen um ausführende oder innovative Leistungen geht. Auf dieser Basis können zur effizienten Erstellung eines Leistungsverzeichnisses materialgruppenspezifische Standards entwickelt werden.

Abbildung 4.2 Ausgewählte Musterstrukturen für Standard-Leistungsverzeichnisse

Standard-Leistungsverzeichnis Produktionsmaterial

1. Materialbezeichnung und Sachnummern-Identifikation
2. Verwendung
3. Bild / Zeichnung
4. Datenblatt-Spezifikation
5. Zu beachtende Normen, Regeln, Gesetze, etc.
6. Mengengerüst
7. Liefermanagement (Zeit)

Beispielhafte Ansätze für Materialgruppen Standard-Leistungsverzeichnisse

Standard-Leistungsverzeichnis Beratungsdienstleistung

1. Gegenstand Beratungsprojekt
2. Ausgangslage und Ziel
3. Leistungsphasen / Inhalte
4. Input je Phase
   Rolle AN je Phase
   Rolle AG je Phase
   Output je Phase
5. Leistungphasen / Volumen und Zeit
6. Skill-Level-Anforderungen

Zur Entwicklung von Standards sind die wesentlichen, für eine Materialgruppe entscheidenden Aspekte der Leistungsbeschreibung zu identifizieren und zu strukturieren. Es entstehen Musterstrukturen, die eine feste Gliederung für den Aufbau eines Leistungsverzeichnisses vorgeben. In konkreten Vergabeprojekten muss die Struktur dann inhaltlich gefüllt werden. In der Praxis gibt es Softwarelösungen, die eine Erstellung von Standardverzeichnissen unterstützen.

Auf längere Sicht führt die Nutzung von Standards zu effizienten Arbeitsprozessen. Die Inhalte eines Leistungsverzeichnisses sind klar, die Aufgaben zur Ausfüllung der Inhalte transparent und geübt. Darüber hinaus entsteht ein ganzer Fundus vergleichbar strukturierter Ausschreibungen, auf die zurückgegriffen werden kann. In Summe führt dies zu höherer Geschwindigkeit und Qualität in der Erstellung von Leistungsverzeichnissen.

Schon auf (wenn seite 170 geregelt)

4.1.4   Lösungen: Bietermindestanforderungen

Bietermindestanforderungen stellen Selektionskriterien zur Eingrenzung der Wettbewerbsbasis dar. Bieter, die Mindeststandards nicht erfüllen, können nicht im Vergabeverfahren berücksichtigt werden. Für die Gestaltung dieser Mindestanforderungen wurden im strategischen Lieferantenmanagement bereits die wesentlichen Vorarbeiten geleistet (siehe Kapitel 3.7.8). In konkreten Vergabeprojekten sind diese Anforderungen herauszuarbeiten und als „Prüf-Checkliste" in die Bieterkreisabstimmung einzubringen.

Bei besonders kritischen Projekten kann die Checkliste im Einzelfall um projektspezifische Aspekte ergänzt werden. In der Praxis spielt dabei insbesondere die Bonität der Lieferanten eine besondere Rolle. Hier könnte man neben den standardmäßig durchgeführten Ratinganfragen gezielt weitere Anzeichen für Insolvenzrisiken in die „Prüf-Checkliste" aufnehmen. Typische Warnanzeichen hat der Bundesverband Materialwirtschaft, Einkauf und Logistik (BME) in einer „Checkliste für Insolvenzrisiken" zusammengefasst [131]:

- Bezahlt der Lieferant seine Löhne und Gehälter?
- Gleicht der Lieferant die Rechnungen der Zulieferer aus?
- Werden vom Lieferanten Zahlungsfristen eingehalten (Zahlungsziele, Skontofristen)?
- Wird vom Lieferanten Vorkasse verlangt?
- Liegen Umsatzeinbrüche beim Lieferanten vor oder verliert er Schlüsselkunden?
- Wechselt der Lieferant seine Finanzinstitutionen (Bank, Steuerberater, etc.)?
- Kündigt der Lieferant seinen Mitarbeitern und/oder gehen Führungskräfte?
- Gibt es Wechsel in den Gesellschafterstrukturen des Unternehmens?

Kommt es in Technologie- oder Innovationsprojekten auf spezifische Leistungsfähigkeiten an, können auch hierzu die speziellen Anforderungen in die Prüf-Checkliste mit aufgenommen werden. Dabei spielen insbesondere die folgenden Parameter eine Rolle:

- Detailspezifikation des erforderlichen Know-hows

- Auflistung der erforderlichen Patente/Nutzungsrechte

- Formulierung von Referenzanforderungen (durchgeführte Projekte)

- Ausschluss von Vergleichsprojekten mit direkten Konkurrenten

- Garantie der kurzfristigen Verfügbarkeit technischer und personeller Ressourcen

Im Vergabeverfahren sind die Nachweise zur Erfüllung der Mindeststandards von den Lieferanten beizubringen, sofern diese nicht bereits vorliegen.

Abbildung 4.3   „Prüf-Checkliste" und „Nachweisliste zu Bietermindestanforderungen"

„Prüf-Checkliste" Bietermindestanforderungen		Nachweisliste zu Bietermindestanforderungen (Durch die Bieter beizubringen)
Anforderungen aus dem strategischen Lieferantenmanagement	**Projektspezifische Zusatzanforderungen**	Marktnachweise Eigentümernachweis
[ ] Lieferant nicht aus gesperrtem Markt [ ] Eigentümerstrukturen i. O. [ ] Beteiligungsstrukturen i. O. [ ] Lieferantenrating Creditreform < 250 [ ] Haftungskapitalnachweis >3 Mio. EUR [ ] Umsatzanteil ist <= 30% [ ] BME-Ethikstandards anerkannt	[ ] _____ [ ] _____ [ ] _____	Beteiligungsnachweise Creditreform-Auskunft Nachweis Haftungskapital Nachweis Umsatzanteil Nachweis Verhaltensrichtlinie Zertifizierungsurkunden Technologiepräsentation Personalstrukturnachweis Kapazitätsnachweis
[ ] ISO 9001 Zertifizierung [ ] Technologiekompetenz i. O. [ ] Personalstruktur i. O [ ] Kapazitätsbasis i. O.	Alle Mindeststandards erfüllte: [ ] _____	Projektspezifische Nachweise

4.1.5   Lösungen: Preisblatt

Das kommerzielle Angebot der Bieter wird im Vergabeverfahren mit Hilfe eines Preisblatts abgefragt. Dort werden die Kostenstrukturen für die angefragten Leistungen festgelegt und den Bietern ein Schema für die Preisabgabe vorgegeben. Die Gestaltung des Preisblattes hat dabei eine große strategische Bedeutung für die anstehenden Verhandlungen. Je nachdem, wie ein Preis angefragt wird, kann dies die eigene Verhandlungsposition stärken oder schwächen.

Fragt man beispielsweise in einem Vergabeprojekt um einen großen Maschinenpark einen Pauschal- oder Fixpreis an, kann man wettbewerbsintensive Anbieter gut über das Gesamtvolumen unter Druck setzen: Was ist es den Bietern wert, in dieses attraktive Projekt einzusteigen? Bei starkem Wettbewerb sind direkt große Preissprünge möglich, ohne in die Details abtauchen zu müssen. Würde man dementgegen eine Sondermaschine in einem engen Markt anfragen, wären ggf. viele Einzelpositionen in der Preisabfrage sinnvoll. Über technische Details und Handlungsalternativen könnte man im Verhandlungsgespräch auf der Detailebene zu Preisveränderungen kommen, inhaltlich nachvollziehbar und in der Höhe begründet.

Zur richtigen Preisanfrage gehört demnach ein klarer Blick für die Vergabesituation. Der Anspruch an die Qualität der Leistung und die sich aus der Wettbewerbssituation ergebenden Kräfteverhältnisse der Verhandlungspartner prägen die Gestaltung geeigneter Preisanfragen. Um in diesem Kontext gezielt zu guten Lösungen zu kommen, empfiehlt sich ein strukturiertes Vorgehen:

- **Schritt1:** Strukturierte Zielpreisbestimmung

- **Schritt2:** Festlegung der Preisanfragestruktur

- **Schritt3:** Gestaltung des Preisblatts

- **Schritt4:** Ggf. Gestaltung einer Preisblatt-Anlage Open-Book

- **Schritt5:** Ggf. Gestaltung einer Preisblatt-Anlage TCO-Kosten

Strukturierte Zielpreisbestimmung - „Target Costing"

Im ersten Schritt rückt eine solide Einschätzung über den angestrebten Zielpreis und die Kostenstrukturen in den Mittelpunkt. Es muss klar sein, was man für eine Leistung bezahlen will. Der Zielpreis legt das Kostenziel einer Transaktion fest und muss im Einklang mit den Anforderungen der Leistungsseite stehen. Ein valides Preis-Leistungs-Gefühl ist also eine wichtige Grundlage, um die konkrete Preisabfrage bei Anbietern clever ausgestalten zu können.

Eine geeignete Methode zur Zielpreisbestimmung ist das so genannte „Target-Costing". Sie geht von dem für ein Endprodukt im Absatz zu erzielenden Preis aus und leitet daraus die Kostenziele für die Beschaffung ab. Diese Methode ist in der Literatur gut beschrieben, wobei hier insbesondere auf die Beschreibung der Quellen [132]-[137] referenziert wird:

Abbildung 4.4   Wesentliche Arbeitsschritte im „Target-Costing"

Arbeitsschritte im Target-Costing
Ermittlung des „Target-Prices" für das eigene Produkt Welcher Preis kann auf dem Markt erzielt werden?
Ermittlung der „Allowable-Costs" für die Produkterstellung Welche Kosten dürfen bei der Produktentstehung maximal anfallen?
Ermittlung der Nutzwerte des eigenen Produkts Welche Funktionen und Produktbestandteile haben für den Kunden welchen Nutzwertanteil?
Ermittlung der „Target-Costs" für das eigene Produkt Welche Funktionen und Produktbestandteile dürfen wieviel kosten?
Ermittlung der „Standard-Costs" für die Produkterstellung Welcher Kosten entstehen heute für die Funktionen und Produktbestandteile?
Ermittlung der „Drifting-Costs" des eigenen Produkts Welche Kostenreduktionen sind erforderlich, um die Target-Cost zu erreichen?
Ermittlung der Zielkostenindizes für das eigene Produkt In welchen Funktionen und Produktbestandteilen liegen die zentralen Kostensenkungsbedarfe?

Die einzelnen Arbeitsschritte des „Target-Costings" werden im Folgenden anhand eines einfachen Beispiels exemplarisch erläutert [132]-[137]:

- **Ermittlung „Target-Price":** Die Analyse beginnt mit dem Blick auf das eigene Endprodukt: Welcher Preis ist mit dem eigenen Produkt auf dem Markt erzielbar? Der erzielbare Verkaufspreis ist der „Target-Price". So könnte beispielsweise für einen „eleganten Füller" ein „Target-Price" von 160 EUR erzielt werden.

- **Ermittlung „Allowable-Cost":** Aus dem „Target-Price" werden durch Subtraktion der angestrebten Marge die maximal für die Produkterstellung möglichen Kosten abgeleitet, die „Allowable-Cost". Im Beispiel des Füllers bleiben bei einer angestrebten Marge von 60 EUR für die „Allowable-Cost" 100 EUR übrig.

■ **Nutzwertanalyse:** An dieser Stelle wird hinterfragt, welche Produktfunktionen bzw. Produktpositionen für den Käufer welchen Nutzwertanteil am Produkt haben. Der Nutzwert des Produktes wird im ersten Schritt über alle Produktfunktionen ausdifferenziert. So könnten beispielsweise die Kunden des eleganten Füllers die Gebrauchsfunktion „Schreiben" mit 40 % und die Geltungsfunktion „Statussymbol" mit 60 % des Nutzwertes einstufen. Ist die grundsätzliche Nutzwertdifferenzierung erfolgt, können den einzelnen Funktionen die Produktpositionen zugeordnet werden, die der Erfüllung der Funktion dienen. So ist beim Beispiel Füller die Feder eine wichtige Produktposition zur Erfüllung der Funktion „Schreiben". Die Produktpositionen werden dann mit ihren Teil-Nutzwerten zur Erfüllung der Funktionen bewertet. Im Beispiel Füller könnte die Feder für die Funktion „Schreiben" mit einem Teil-Nutzwert von 75% belegt werden. Der 75%-Teil-Nutzwert der Feder am 40%-Nutzwert der Funktion „Schreiben" ergibt einen Nutzwert der Feder in Höhe von 30% für das Gesamtprodukt (75% * 40% = 30%). In präzisen Spezifikationen können die Nutzwertanteile der einzelnen Produktpositionen ermittelt und in tabellarischer Form aufbereitet werden. Bei Ausschreibungen mit Funktionalverzeichnissen erfolgt die Ermittlung der Nutzwerte zunächst nur bis auf die Ebene der Produktfunktionen, da die Ausgestaltung der Produktlösungen noch offen ist.

■ **Ermittlung „Target-Cost":** Die „Allowable Cost" sind die Zielkosten des Gesamtprodukts. Im Beispiel Füller sind dies 100 EUR. Sie sind über die einzelnen Produktfunktionen bzw. –positionen aufzuspalten. Es ergeben sich „Target-Cost" auf Funktionsbzw. Produktpositionsebene. Diesen Schritt der Kostenaufteilung nennt man auch Zielkostendekomposition. Jeder Funktion bzw. Produktposition werden „Target-Cost" zugeordnet, die in ihrer Höhe dem Anteil ihres Nutzwertes am Gesamtprodukt entsprechen. Die einzelnen „Target-Cost" richten sich also nach dem relativen Nutzwert einer Funktion bzw. Produktposition. So würde in unserem Beispiel Füller der Gebrauchsfunktion „Schreiben" ein Kostenanteil von 40 % aus den „Allowable-Cost" von 100 EUR zugeordnet. Die „Target-Cost" für die Funktion „Schreiben" wären demnach 40 EUR. Die Funktion „Schreiben" würde durch das Zusammenwirken unterschiedlicher Produktpositionen umgesetzt, z.B. der Feder. Die Feder wurde mit einem Teil-Nutzwert von 75% für die Funktion „Schreiben" bewertet. Demnach ergäben sich für die Feder „Target-Cost" in Höhe von 75% bezogen auf die 40 EUR. Der Zielpreis der Feder läge demnach bei 30 EUR. Bei präzisen Spezifikationen kann eine Ermittlung der „Target-Cost" für alle Produktpositionen vorgenommen werden. Kommen Funktionalverzeichnisse zur Anwendung, erfolgt an dieser Stelle die Ermittlung der „Target-Cost" zunächst nur bis auf die Ebene der Produktfunktionen. Liegen später Angebote vor, können auch bei funktionalen Ausschreibungen die Nutzwerte und „Target-Cost" auf Basis der angebotenen Lösungen bzw. Lösungspositionen ergänzt werden.

■ **Ermittlung „Standard-Cost":** Bei den „Standard-Cost" handelt es sich um die Kosten, die aktuell für die analysierte Funktionen bzw. Produktpositionen real bezahlt bzw. angeboten werden. Dazu können bestehende Preisvereinbarungen bzw. –angebote genutzt oder Analogien zu identischen/vergleichbaren Produkten gezogen werden. So kann in unserem Beispiel Füller z.B. für ein vergleichbares Produkt ein belastbarer Erfahrungswert von 35 EUR für die Feder vorliegen. Liegen keine belastbaren „Standard-Cost" aus Erfahrungswerten, Preisvereinbarungen oder Preisangeboten vor, erfolgt mit Hilfe der Vollkostenrechnung (siehe Absatz „Open-Book") eine Kalkulation der „Standard-Cost" über Einsatzfaktoren.

■ **Ermittlung „Drifting-Cost":** Bei den „Drifting-Cost" handelt es sich im Verständnis dieses Buches um die Differenz aus „Standard-Cost" und „Target-Cost". Im aufgezeigten Beispiel Feder wären die „Drifting-Cost" 5 EUR, abgeleitet aus den „Standard-Cost" von 35 EUR und den „Target-Cost" von 30 EUR. Aus den „Drifting-Cost" wird auf Funktions- bzw. Positionsebene der Handlungsbedarf zur Kostsenkung bzw. das Potenzial zur Abschöpfung zusätzlicher Marge deutlich. Sind die Drifting-Cost über alle Funktionen bzw. Produktpositionen in Summe > 0, besteht Kostensenkungsbedarf, da die „Allowed-Cost" des Produkts nicht erreicht werden. Bei Summenwerten < 0 werden die „Allowed-Cost" unterschritten, was direkt zur Steigerung der Marge führt.

In der Literatur werden abweichend vom hier vorgestellten Verständnis teilweise die die Begriffe „Standard-Cost" und „Drifting-Cost" synonym im Sinne der hier vorgestellten „Standard-Cost" verwendet, und auf eine Berechnung der Differenz zu den „Target-Cost" verzichtet. An dieser Stelle wird jedoch dem Vorgehen nach WANNENWETSCH gefolgt, der die Kostendifferenz zwischen „Standard-Cost" und „Target-Cost" explizit als „Drifting-Cost" ausweist [134][135]. Dieses Vorgehen unterstützt nach Ansicht der Verfasser die transparente Aufbereitung des Handlungsbedarfs in einer Vergabe wesentlich mit.

■ **Berechnung „Zielkostenindex":** Zur Steuerung von Vergaben und Verhandlungsschwerpunkten können ferner Zielkostenindizes gebildet werden. Der Zielkostenindex einer Funktion/Produktposition setzt ihre Kosten- und Nutzenanteile am Gesamtprodukt in Relation und errechnet sich wie folgt:

$$\text{Zielkostenindex} = \frac{\textit{Nutzwertanteil einer Funktion oder Produktposition am Gesamtnutzwert [\%]}}{\textit{Kostenanteil einer Funktion oder Produktposition an den Gesamtkosten [\%]}}$$

Betrachtet man die ermittelten „Target-Cost" und setzt diese in die Formel ein, ergibt sich immer ein „Zielkostenindex" von 1, denn der Kostenanteil einer Produktposition an den Gesamtkosten entspricht immer exakt dem jeweiligen Nutzwertanteil am Produkt. Setzt man die realen „Standard-Cost" in die Formel ein, so erhält man ggf. von 1 abweichende Werte. Ist der Indexwert <1, ist der relative Kostenanteil der Produktposition höher als ihr relativer Nutzwert. Kostet die Feder in unserem Beispiel 35 EUR, bei Füller-Gesamtkosten von aktuell 104 EUR, so beträgt der Kostenanteil der Feder 33,6%. Der Nutzwert wurde jedoch mit nur 30% bestimmt. Es ergibt sich ein „Zielkostenindex" von 0,89. Kostensenkungen wären erforderlich. Über den „Zielkostenindex" lassen sich Funktionen und Produktpositionen identifizieren, die überproportionale Kosten gemessen an ihren Nutzwerten aufweisen.

In der Regel werden in Vergaben Korridore für Zielkostenindizes vorgegeben, die eingehalten werden müssen. Je höher dabei der Nutzwertanteil einer Funktion oder Produktposition ist, desto enger sollte der Zielkorridor ausgestaltet sein. Ein Zielkostenindex-Korridor kann, wie in Abbildung 4.5 dargestellt, grafisch abgebildet werden.

Abbildung 4.5   Elemente eines „Zielkostenindex-Kontroll-Charts"

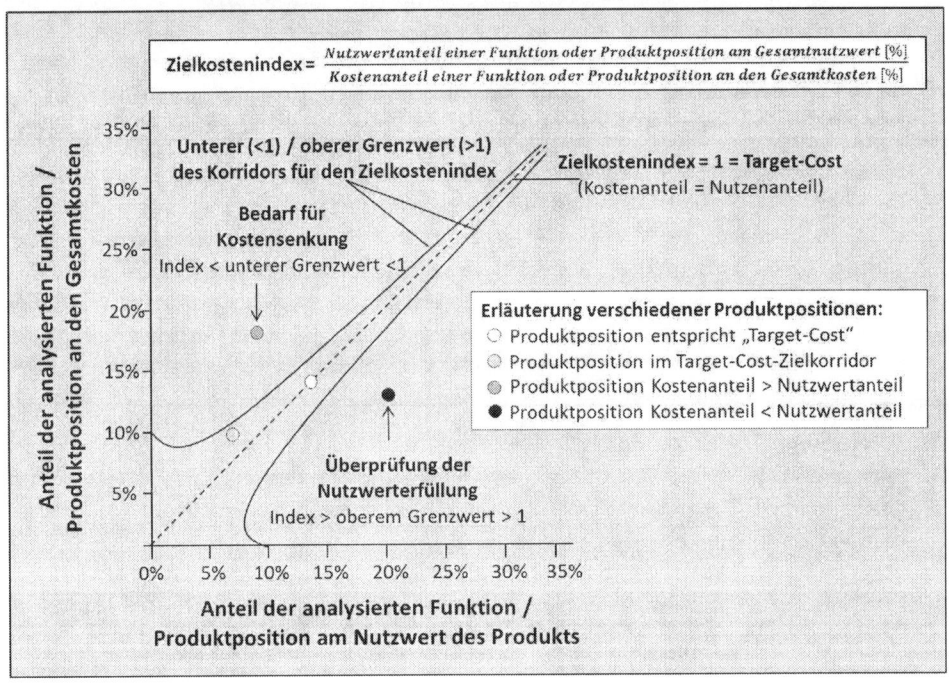

Im Ergebnis führt das „Target-Costing" zu einer intensiven Auseinandersetzung mit den Preisbildungsmechanismen und den Stellhebeln für ein Beschaffungsobjekt. Es ergibt sich ein begründeter Zielpreis für das Vergabeprojekt insgesamt sowie für seine Produktfunktionen und -positionen. Die Zielkosten erlauben dann durch einen Abgleich mit den aktuellen „Standard-Cost" die Ermittlung der „Drifting-Cost". Sie machen deutlich, wie hoch der Handlungsbedarf zur Kostensenkung ist, um die Zielkosten zu erreichen. Die Analyse des „Zielkostenindex" erlaubt darauf aufbauend die Identifizierung inhaltlicher Schwerpunkte, bei denen Kostenrisiken bzw. Kostensenkungsbedarfe bestehen. Die Ergebnisse des „Target-Costings" können abschließend kompakt in einem „Target-Costing-Chart" zusammengefasst werden.

Abbildung 4.6   Target-Costing-Chart

Target-Costing-Chart

Ausschreibung/Produkt: A3467876
Preissituation Gesamtprodukt

Target-Price:	140 EUR (Erzielbarer Marktpreis)
Allowable-Cost:	100 EUR (Zielkosten Gesamtprodukt)
Standard-Cost:	120 EUR (Aktuelle Kostenbasis)
Drifting-Cost:	20 EUR (Handlungsbedarf)

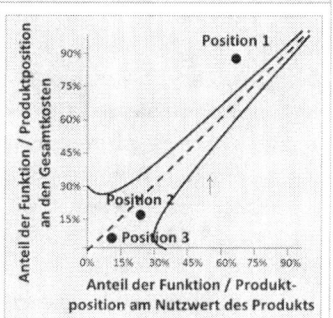

Erkenntnisse aus der Target-Cost-Analyse auf Positionsebene:
Kostenoptimierung im Projekt um 20 EUR erforderlich
Position 1 ist kostenkritisch

Detailanalyse auf Funktions-/Positionsebene

	NWF	TC	SC	DC	Produktposition 1					Produktposition 2					Produktposition3				
					TNW	NWP	TC	SC	DC	TNW	NWP	TC	SC	DC	TNW	NWP	TC	SC	DC
Funktion 1	60%	60	85	15	100%	60%	60	85	15										
Funktion 2	40%	40	35	-5	25%	10%	10	12	2	50%	20%	20	17	-3	25%	10%	10	6	-4
SUMME FUNKTION	100	120	20		∑ P1	70%	70	97	17	∑ P2	20%	20	17	-3	∑ P3	10%	10	6	-4
					ZKI P1 = 70%/80,8% = 0,86					ZKI P2 = 20%/14,2% = 1,41					ZKI P3 = 10% / 5% = 2,0				

NWF: Nutzwertanteil der Funktion am Gesamtprodukt; TNW: Teilnutzwert der Produktposition an einer Funktion;
NWP: Nutzwertanteil der Produktposition am Gesamtprodukt; TC: Target-Cost; SC: Standard-Cost; DC: Drifting-Cost;
ZKI: Zielkostenindex

Neben der harten „Faktenanalyse" ist das Ergebnis des „Target-Costing" auch ein „belastbarer Blick" für die Struktur der wesentlichen Kostentreiber einer Vergabe. Das erlaubt in der Preisabfrage eine Konzentration auf die wirklich wichtigen Kostenbestandteile einer Ausschreibung und ermöglicht die Gestaltung eines bedarfsgerechten Preisblatts.

Festlegung der Preisanfragestruktur

Zur Gestaltung einer Preisabfrage kommen vier grundsätzliche Strukturvarianten in Frage, die jeweils im Detail auszugestalten sind:

Tabelle 4.2   Strukturvarianten zur Gestaltung von Preisblättern

Variante 1	Variante 2	Variante 3	Variante 4
Preisblatt Einstandspreis	Preisblatt Einstandspreis	Preisblatt Einstandspreis	Preisblatt Einstandspreis
	+ Anlage Open-Book	+ Anlage TCO	+ Anlage TCO
			+ Anlage Open-Book

Variante 1 ist Grundlage einer jeden Preisanfrage. Sie erlaubt es, die direkten Gesamtkosten einer Transaktion zu vergleichen. Bei einfachen Vergaben reicht dies häufig aus. Ist es bei komplexen Vergaben erforderlich, auch die Kalkulationsmuster und Kostentreiber der Lieferanten genau zu verstehen, kann in Variante 2 die Preisabfrage um eine „Anlage Open-Book" erweitert werden. In dieser Anlage, die zunächst auf den Kalkulationsstrukturen des „Target-Costing" aufsetzt, wird genau hinterfragt, wie die Bieter zu ihrer Preisbildung kommen. Geht es um Vergaben, bei denen nach Durchführung der Transaktion weitere Folgekosten entstehen (z.B. beim Betrieb von Maschinen), sollten neben dem Einstandspreis nach Variante 3 auch die Total-Cost-of-Ownership-Kosten (TCO-Kosten) abgefragt werden. Erst Einstandspreis und TCO-Kosten ergeben den Überblick zu den gesamten Kosten und machen eine wirtschaftliche Vergabe möglich. In sehr komplexen Vergaben, wie z. B. bei der Errichtung und dem Betrieb eines Logistikzentrums, kann es erforderlich werden, ergänzend zur Abfrage des Einstandspreises sowohl die TCO-Kosten als auch eine Open-Book-Kalkulation abzufragen. Dann greift Variante 4.

Preisblatt - Einstandspreis

Der Einstandspreis ist eine wichtige Größe zur Bewertung unterschiedlicher Angebote. Der Einstandspreis geht dabei über den reinen Angebotspreis eines Gutes hinaus. Während der Angebotspreis lediglich den Verkaufspreis der Güter reflektiert, beinhaltet der Einstandspreis alle wesentlichen Elemente zur Durchführung einer Transaktion. In der Literatur ist der Begriff des Einstandspreises gut beschrieben und mit Kalkulationsschemata hinterlegt. In diesem Buch wird im Wesentlichen den Definitionen nach BENDER/MAYER; MELZER-RIDINGER und WANNENWETSCH gefolgt, die vergleichbare Kalkulationsschemata anwenden, sich jedoch teilweise in der Nomenklatur oder der Anordnung der Kalkulationspositionen differenzieren [135]-[139]. Hier wird folgendes Kalkulationsschema zur Bestimmung des Einstandspreises verwendet:

Abbildung 4.7   Kalkulationsschema Einstandspreis

  Angebotspreis für die angefragte Leistung[*]
  - Rabatt
  - Skonto
  + Transportkosten
  + Verpackungskosten
  + Versicherungskosten
  + Zollkosten
  = **Einstandspreis**

  * Angebotspreis inkl. aller Zu- und Abschläge für Mengen, Materialien etc.

Betrachtet man die dargestellte Kalkulation, wäre die Abfrage eines Einstandspreises im Prinzip einfach. Man bräuchte lediglich eine Position abzufragen: den Einstandspreis inklusive aller kostenwirksamen Faktoren. Alternativ könnte man die oben dargestellten Positionen auch einzeln abfragen und ggf. noch weiter ausdifferenzieren. Für die Formulierung eines Preisblatts besteht somit Gestaltungsspielraum. Dieser Spielraum äußert sich insbesondere in den Möglichkeiten, die Position des „Angebotspreises" abzufragen. Für diese Abrageposition ist ein geeignetes Preismodell auszuwählen. Dabei kann zwischen Festpreis-, Preisanpassungs- und Preisdynamisierungsmodellen unterschieden werden.

Bei Festpreismodellen werden für Leistungspakete oder Leistungeinheiten Fixpreise vereinbart. Festpreismodelle geben Planungssicherheit und eignen sich insbesondere für Vergaben, die nicht von volatilen Preisbestandteilen geprägt sind:

■ **Fixpreis-/Pauschalpreismodelle:** Bei Fix- bzw. Pauschalpreismodellen wird für das Gesamtpaket einer angefragten Leistung ein Komplettpreis abgefragt. Dieses Modell wird z.B. bei sehr hochwertigen Anfragen eingesetzt. Ein weiteres Anwendungsfeld sind komplexe Konzeptwettbewerbe, bei denen ganz unterschiedliche Lösungsansätze in einen harten Preiswettbewerb gebracht werden sollen. Der Hebel dieses Preismodells liegt in der Attraktivität großer Pakete. In der Verhandlung lenkt die Sicht auf das Gesamtpaket das Handeln der Akteure. Der Wettbewerb der Bieter sorgt für große Preisbewegungen, wenn jeder den Auftrag realisieren will. Wichtigste Voraussetzungen für dieses Preismodell sind daher attraktive Vergabepakete und ein ausgesprochen harter Wettbewerb unter den Bietern.

■ **Stück-/Einheitspreismodelle:** Stück- bzw. Einheitspreismodelle finden in der Regel bei überschaubaren und standardisiert beschriebenen Leistungsanforderungen Anwendung. Beispielhaft genannt sind Katalogwaren, klar definierte Bauleistungen, einfache Produktionsmaterialien oder auch standardisierte Dienstleistungen. In diesem Modell werden standardisierte Leistungseinheiten definiert, für die jeweils ein Preis durch die Bieter abgegeben wird. So können beispielsweise für Reinigungsdienstleistungen die Leistungseinheiten „Reinigung/m² Boden", „Reinigung/m Fensterbank" oder „Leerung eines Papierkorbs" definiert werden. Ist in einem Leistungsverzeichnis ein Raumbuch mit einer Zuordnung der Leistungseinheiten entwickelt worden, kann über die Abfrage der Einheitspreise schnell ein Angebotsvergleich der Bieter und ein intensiver Wettbewerb innerhalb der Leistungsstandards initiiert werden. Hebel dieses Modells ist die Standardisierung von Leistungseinheiten.

■ **Aufwandspreismodelle:** Diese Preismodelle werden häufig bei intellektuellen Dienstleistungen, wie z.B. bei Beratungsleistungen, im Projektmanagement oder auch in Forschungs- und Entwicklungsaufträgen eingesetzt. Beim Aufwandspreismodell werden für definierte Leistungseinheiten – in der Regel Zeiteinheiten – vereinbarte Preise abgerechnet. Für die unterschiedlichen Dienstleistungen können Anforderungsprofile entwickelt werden, sogenannte „Skill-Level". So wären zum Beispiel in der Beratung „Skill-Level" wie Partner, Projektleiter, Senior-Consultant, Junior-Consultant oder Assistent definierbar. Zur Auftragsrealisierung werden dann von den Bietern Kapazitäten der unterschiedlichen „Skill-Levels" angeboten, z.B. Manntage oder Stunden. Der Hebel dieses Preismodells liegt in der richtigen Gestaltung von „Skill-Levels", der Steuerung des richtigen „Skill-Level-Mix", den insgesamt im Auftrag benötigten Zeiteinheiten und der Bepreisung der „Skill-Level" in Euro/Manntag oder Euro/Stunde.

■ **Vollkosten- und Deckungsbeitragsmodelle:** Vollkosten- und Deckungsbeitragsmodelle können in Partnerschaften mit hoher Vertrauensbasis und großen Projekten angewendet werden. Basis ist hier, dass ein Angebotspreis für das Gesamtprojekt angefragt wird, hinterlegt mit einer offenen Kalkulation (Anlage „Open-Book"). Die offene Kalkulation beinhaltet dabei eine entsprechend dem Target-Costing durchgeführte, nutzwertorientierte Preisbildung, die durch eine vollkostenbasierte Kalkulation der erforderlichen Einsatzfaktoren abgesichert ist. Die Vollkostenrechnung wird ferner mit einer Deckungsbeitragsrechnung untersetzt. Dabei geht es darum zu erkennen, wie sich die Kostenpositionen auf fixe und variable Kosten verteilen [141]. Dieses im „Gegenstromverfahren" umgesetzte Kalkulationsmuster macht Preisbildung einerseits und Kostenstrukturen andererseits transparent. Ziel dieser Vorgehensweise ist es, später in einem fairen Austausch ein Kosten-Nutzen-Optimum mit systematischen Anpassungen an Leistungs- und Kostenpositionen zu verhandeln. Die Systematik der offenen Kalkulation wird im Abschnitt „Open-Book" dieses Kapitels vorgestellt. Der Hebel dieses Modells liegt in der Transparenz der Kosten-Nutzen-Beziehungen und im offenen, partnerschaftlichen Umgang der Verhandlungspartner.

■ **Kosten-Plus-Modelle:** Bei Kosten-Plus-Modellen wird der Anbieter aufgefordert, im Rahmen einer Vollkostenrechnung seine Kostenstrukturen offenzulegen. Im Vergabeverfahren werden die Kosten plausibilisiert und am Ende von beiden Vertragspartnern freigegeben. Auf dieser Kostenbasis schlägt der Bieter eine prozentuale Gewinnmarge auf [142]. Die Marge ist dann Gegenstand der Verhandlung. Hebel dieses Modells ist wiederum die Kostentransparenz. Nachteilig wird sich auswirken, dass der Anbieter im Geschäftsverlauf nur wenig Interesse haben wird, Kosten zu senken, da sich seine nominale Marge entsprechend verringern würde. Häufig findet dieses Modell Anwendung, wenn der Lieferant die Beziehung dominiert und kein Wettbewerb möglich ist.

Transaktionen werden auch in volatilen Märkten durchgeführt. Dies gilt zum Beispiel beim Einkauf von Rohstoffen. Zum Umgang mit volatilen Märkten wurden ebenfalls verschiedene Preismodelle entwickelt:

■ **Indexpreismodelle:** Indexpreismodelle orientieren sich an anerkannten Marktindizes. Änderungen eines Marktindexes führen zeitgleich zu proportionalen Preisanpassungen. In der Vergabe geht es darum, für ein Produkt einen aktuellen Basispreis festzulegen und einen Marktindex zu vereinbaren, nach dem Preiserhöhungen –oder auch Preissenkungen vorgenommen werden. Der Hebel dieses Modells liegt in der Festlegung des Basispreises, wobei z.B. ein Rabatt zum aktuellen Marktpreis vereinbart werden kann. Weitere Hebel können darin liegen, Indexveränderungen gegebenenfalls nur gedämpft in Anwendung zu bringen. Eine Preisveränderung von 10 % auf den Rohstoffmärkten könnte beispielsweise mit einem Dämpfungsfaktor von 0,8 in Wirkung gebracht werden. Gleichzeitig können Faktoren verhandelt werden, die die zeitliche Wirkung von Preisveränderungen hinauszögern.

■ **Spannungsklauselmodelle:** Spannungsklauselmodelle sind eine Sonderform der Indexpreismodelle. Sie orientieren sich ebenfalls an Marktindizes. Preisänderungen erfolgen dabei jedoch nicht zeitlich unmittelbar und auch nicht in der Höhe direkt proportional zur Indexveränderung. Sie werden in der Höhe stufenweise und im Zeitpunkt zu Stichtagen vereinbart. So können beispielsweise für einen Rohstoff zwei Preisintervalle festgelegt werden: Intervall 1 – [70EUR-90EUR] und Intervall 2 – [91EUR-110EUR]. Befindet sich der Marktpreis für den Rohstoff in einem dieser Intervalle, greift eine entsprechende Intervall-Preisvereinbarung. Für das Intervall 1 kann z.B. ein Preis von 80 EUR und für das Intervall 2 ein Preis von 100 EUR festgelegt werden. Auf dieser Basis kann die Preisfindung zu Stichtagen durchgeführt werden. Es könnte vereinbart werden, zu Beginn eines Quartals den Intervallpreis festzuschreiben und für das gesamte Quartal anzuwenden. Der Hebel dieses Modells liegt insbesondere in der Stabilisierung volatiler Märkte.

■ **Elementpreismodelle:** Elementpreismodelle finden Anwendung, wenn sich die Kostenstrukturen eines Produkts aus volatilen und nicht volatilen Preisbestandteilen zusammensetzen. Über die Lieferzeit können für die nicht volatilen Preisbestandteile Festpreise und für die volatilen Bestandteile Regeln zur Preisanpassung vereinbart werden. Es entstehen Preisgleitklauseln, z.B. nach folgendem Muster [143]:

$$ P = \frac{Po}{100} * (FPA + MPA * \frac{M}{Mo} + LPA * \frac{L}{Lo}) $$

mit

P	= Aktueller Tagespreis
Po	= Preis am Tag des Vertragsschlusses
FPA	= Prozentualer Festpreisanteil
MPA	= Prozentualer Materialpreisanteil
M	= Materialpreis am festgelegten (Endwert-) Stichtag
Mo	= Materialpreis am Tag des Vertragsschlusses
LPA	= Prozentualer Lohnpreisanteil
L	= Lohn am festgelegten (Endwert-)Stichtag
Lo	= Lohn am Tag des Vertragsschlusses

Der Hebel dieses Modells liegt in der Trennung der volatilen und nicht volatilen Kostenbestandteile. In vielen Märkten wird versucht, Preissteigerungen eines volatilen Kostenelements auf das gesamte Produkt zu übertragen. Dieser Tendenz kann man mit Elementpreismodellen entgegentreten.

■ **Forward-Pricing-Modelle:** Forward-Pricing-Modelle können zum Tragen kommen, wenn ein langfristig konstanter Bedarf eines Produkts mit volatiler Preisbildung vorliegt. In diesem Fall ist es möglich, bereits heute für Bedarfsanteile einen Preis zu fixieren, die erst zu einem späteren Zeitpunkt geliefert werden. Geschieht dies regelmäßig und systematisch, entsteht langfristig ein rotierendes System, bei denen jeweils für kleine Tranchenmengen Preise und Abnahmen verbindlich vereinbart werden: jeweils für die noch offene, nicht preislich fixierte Restmenge des aktuellen Bedarfs und für die Tranchenmengen der zukünftigen Bedarfszeitpunkte. Ziel dieses kontinuierlichen Trancheneinkaufs ist eine zeitliche Glättung der volatilen Preisbasis. Es entsteht ein gleitender Mittelwert der Einstandspreise, der die Preisausschläge im Unternehmen dämpft und so für Planungssicherheit sorgt.

■ **Ergänzende Preissicherungsmodelle:** Neben den vorgestellten Grundmodellen zur Preisbildung kommen in volatilen Märkten noch weitere Preissicherungsmodelle zum Einsatz. Besonders hervorzuheben sind hier die Instrumente SWAP, Call-Optionen und Natural Hedging [143]-[146][268]:

– **SWAP:** Bei einem SWAP-Geschäft kauft ein Unternehmen ein volatiles Gut, z.B. einen Rohstoff, zum variablen Tagespreis bei seinem Lieferanten ein. Die bezogenen Volumina werden durch ein finanzielles Sicherungsgeschäft ohne physischen Materialfluss abgesichert. Dieses Sicherungsgeschäft wird in der Regel mit Banken abgeschlossen. Dazu kauft das Unternehmen einen Rohstoff SWAP „fix gegen variabel". Über die SWAP-Periode zahlt das Unternehmen einen Fixpreis für den Rohstoffbedarf an die Bank (z.B. Fixpreis EUR/Tonne). Im Gegenzug zahlt die Bank für die getätigten Transaktionen jeweils zum Transaktionstag den tagesaktuellen, variablen Preis (EUR/Tonne) an das Unternehmen zurück, also genau die Summe, die das Unternehmen auch an seine Lieferanten bezahlt. Somit werden für das Unternehmen Festpreise abgesichert, obwohl variable Preise an die Lieferanten gezahlt werden. Der Nachteil dieses Modells sind gegebenenfalls fallende Preise, da der Fixpreis, der an die Bank gezahlt werden muss, konstant bleibt. Dazu kommen SWAP-Gebühren für die Bank als Risikoprämie für steigende Kurse.

– **Call-Optionen:** Bei einem Call-Optionsgeschäft kauft ein Unternehmen ein volatiles Gut, z.B. einen Rohstoff, zum variablen Tagespreis bei seinem Lieferanten ein. Zur Absicherung kauft das Unternehmen eine Call-Option bei seiner Bank. In dieser Option wird ein maximaler Preis für den Rohstoff abgesichert, der sogenannte Basispreis (z.B. EUR/Tonne). Steigt der Marktpreis über den abgesicherten Basispreis, so zahlt die Bank dem Unternehmen einen Ausgleich für die Differenz. Für diese Absicherung zahlt das Unternehmen der Bank eine Risikoprämie, die vom Basispreis, der Laufzeit und der Volatilität des Rohstoffs abhängig ist. In diesem Modell profitiert das Unternehmen von fallenden Preisen und sichert sich gleichzeitig gegen die Risiken aus Marktpreiserhöhungen ab.

- **Natural Hedging:** Beim Natural Hedging geht es um die Absicherung von Währungsrisiken in Fremdwährungsgeschäften. Dabei versucht das Unternehmen, so viele Güter in Fremdwährungen einzukaufen, wie es auch in diesen Fremdwährungen absetzt. Da dann der Saldo aus Fremdwährungseinnahmen und -ausgaben gleich Null ist, wird das Währungsrisiko eliminiert. Um diesen Effekt erzielen zu können, ist es möglich, Geschäfte bewusst in Fremdwährungen abzuwickeln.

Ein weiterer wichtiger Aspekt bei der Gestaltung von Preismodellen ist die Preisdynamisierung. So können Mengenanpassungen zu Preisveränderungen führen. Gleichzeitig entstehen über eine längere Geschäftsbeziehung auch bei den Lieferanten Rationalisierungspotenziale, um die Kosten der Leistungserstellung zu reduzieren. Diese Effekte sollten bei der Konzeption durch Preisdynamisierungsmodelle berücksichtigt werden:

■ **Staffelpreismodelle:** Bei Staffelpreisen werden zu Beginn einer Lieferbeziehung Mengenkorridore festgelegt, bei denen es zu Kostendegressionseffekten kommt. Es werden Preisstaffeln in Abhängigkeit von Abnahmemengen vereinbart. Der Hebel der Kostendegression kann mit Zeitpunktfaktoren gekoppelt werden. So ist es z.B. möglich, bei Überschreitung einer Liefermenge sofort den niedrigeren Preis zu bezahlen. Andererseits wäre es möglich, den Preis für die Standardmenge über das ganze Jahr hinweg zu bezahlen, um am Jahresende einen Mengenausgleich durchzuführen, d.h. eine Gutschrift auf die letzte Rechnung zu erzeugen.

■ **KVP-Modelle:** In Dauerschuldverhältnissen können Preisdegressionen in Abhängigkeit des zeitlichen Geschäftsverlaufs vereinbart werden. Dabei geht man davon aus, dass während der Zusammenarbeit Verbesserungspotenziale in der Leistungserstellung entdeckt und realisiert werden können. Dazu können Erfahrungskurvenanalysen durchgeführt werden, die transparent machen, welche Rationalisierungseffekte bei gleichen oder vergleichbaren Gütern in der Vergangenheit realisiert wurden [147]. Auf dieser Basis können Prognosen für Rationalisierungseffekte vorgenommen und in Verträgen eine sogenannte KVP-Rate (KVP-kontinuierlicher Verbesserungsprozess) vereinbart werden. Diese KVP-Rate sieht vor, dass zu den festgelegten Zeitpunkten der Angebotspreis abgesenkt wird, zum Beispiel 3 % nach einem Jahr, weitere 2 % nach zwei Jahren und ein weiteres Prozent im dritten Jahr der Vertragslaufzeit. Der Hebel dieses Modells liegt in der Teilung von Rationalisierungseffekten zwischen Auftraggeber und Auftragnehmer. Allerdings besteht auch die Gefahr, dass Lieferanten ihre KVP-Rate direkt mit einpreisen und die Ausgangsbasis des Preises „still" erhöhen. Um diesem Effekt entgegenzuwirken, kann alternativ auch die Durchführung eines jährlichen KVP-Workshops vereinbart werden. Dieser Workshop soll in gemeinsamer Arbeit die Rationalisierungspotenziale beim Lieferanten herausarbeiten und bewerten

[148][149]. Für die erarbeiteten Rationalisierungseffekte kann dann im Vertrag eine Teilungsrate z.B. von 50:50 vereinbart werden. Das reduziert für den Auftraggeber die Kosten im Bezug und erhöht gleichzeitig beim Auftragnehmer die Marge.

Im Ausschreibungsdesign kommt es darauf an, die Anwendung der verschiedenen Preismodelle kritisch zu reflektieren. Dazu sollten die Wirkungen, Chancen und Risiken der einzelnen Modelle diskutiert und gegeneinander abgewogen werden. Am Ende der Reflexion muss die Auswahl eines Preismodells stehen. Dabei können auch mehrere Preismodelle miteinander kombiniert werden. Je besser im Vorfeld der Ausschreibung der Blick für die Marktlage ist und je schärfer die relevanten Kostenstrukturen und –treiber im „Target-Costing" herausgearbeitet wurden, desto besser können die Vor- und Nachteile der einzelnen Preismodelle bewertet werden. Abbildung 4.8. fasst noch einmal die wesentlichen Preismodelle zusammen.

Abbildung 4.8   Preismodelle

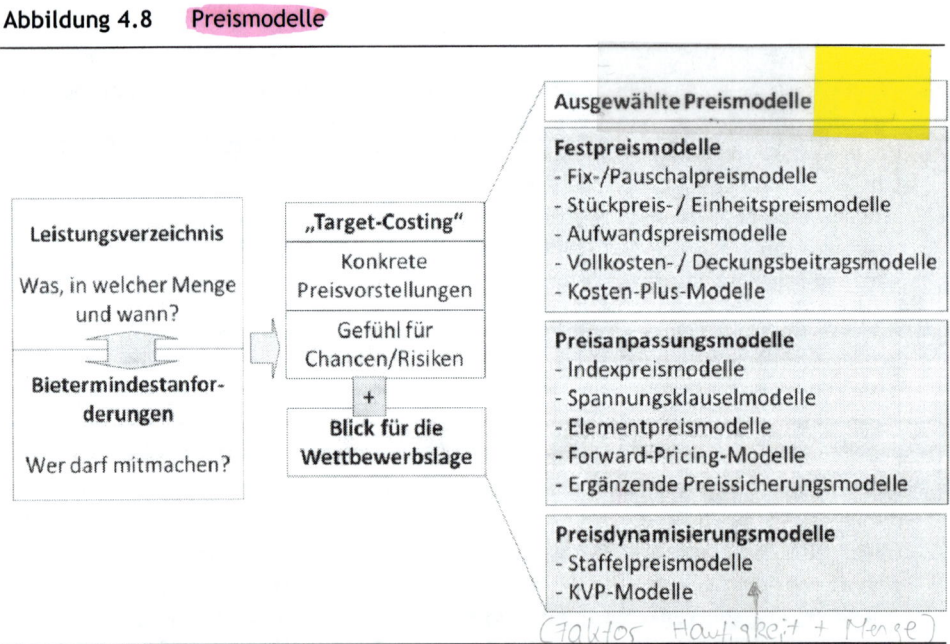

Hat man sich für ein Preismodell entschieden, sind die einzelnen Preisfaktoren zu konkretisieren und ein Preisblatt zu entwickeln. Das Preisblatt wird für die Bieter zur verbindlichen Vorgabe, um ihre kommerziellen Angebote abzugeben. Die Gestaltung eines Preisblatts kann mit DV-Unterstützung erfolgen. Procurement-Softwarelösungen haben diese Funktionalität in der Regel eingebaut. Aber auch mit Excel können schnell projektindividuelle Lösungen geschaffen werden.

Abbildung 4.9   Preisblatt - Beispielformular für ein Aufwandspreismodell

Preisblatt
Ausschreibung A23475863/332 - Beratungsdienstleistung Geschäftsfeldoptimierung

Preismodell: Aufwandspreismodell

Geben Sie je Skill-Level den Grundpreis je Manntag (MT) in EURO an. Basis des Preisbildung sind die Skill-Level-Definitionen gemäß Leistungsverzeichnis §4.1. Geben sie je Projektphase den Kalkulierten MT-Aufwand an.

Skill-Level/ Andere Einsatzfaktoren	EUR	Phase I MT	Phase II MT	Phase IV MT	Manntage SUMME	SUMME EUR
Partner						
Projektleiter						
Experte						
Senior Consultant						
Junior Consultant						
Analysten						
SUMME						

Manntage: _____

Angebotspreis:_____

- Strategischer Rabatt:__%

+ Reisekosten: _____

Gesamtsumme:_____

alle Kosten aufzeigen die wichtig sind

Preisblatt - Anlage „Open-Book"

Eine „Open-Book-Kalkulation" soll es ermöglichen, die Preisbildung der Anbieter im Detail nachvollziehen zu können. In diesem Kontext kommt es insbesondere auf die folgenden Strukturelemente an, die dem Preisblatt in Form von Abfrageformularen als Anlage beigefügt werden können:

Abbildung 4.10   Strukturelemente der Preisblatt - Anlage „Open-Book"

Strukturelemente einer Open-Book-Kalkulation
Formular „Target-Costing" Nachweis der funktionsorientierten Preisbildung
Formular „Vollkosten- und Deckungsbeitragsrechnung" Identifizierung der Kostentreiber und -strukturen
Formular „KVP-Rate" Identifizierung von Rationalisierungspotenzialen

Zum Nachweis einer nutzwertorientierten Preisbildung kann auf die Methode des „Target-Costing" zurückgegriffen werden. Bei der intern durchgeführten Zielpreisermittlung wurden bereits detaillierte Strukturen zur Preisbildung erarbeitet. Diese Strukturen können den Anbietern auf Basis eines „Blanko-Target-Cost-Charts" in Formularform (vgl. Abbildung 4.6) zur Verfügung gestellt werden, z.B. als „Anlage 1.1 Open-Book" zum Preisblatt. Dort können die Bieter auf Funktions- und Produktpositionsebene ihre Nutzwerteinschätzungen und Preisbildungen („Target-Cost") zu ihrem Angebot offen legen. Im Ergebnis entsteht ein Überblick, wie sie ihre Leistungen im Detail bewerten. So wird deutlich, an welchen Stellen es zwischen den eigenen Kalkulationen und den Bieter-Kalkulationen zu Abweichungen kommt und wo es Bewertungsunterschiede zwischen den Bietern gibt.

Mit Offenlegung der nutzwertorientierten Preisbildung bleibt jedoch weiter unklar, wie die Anbieter konkret ihre Einsatzfaktoren kalkulieren, um auf die dargelegten Preise zu kommen. Diese Erkenntnislücke ist durch eine Vollkostenrechnung zu schließen. Sie kann standardisiert auf Basis von Formularvorgaben durchgeführt werden (vgl. Abbildung 4.11). Im Rahmen einer Zuschlagskalkulation ist von den Lieferanten aufzuarbeiten, wo und wie welche Einsatzfaktoren zum Einsatz kommen. Zur Bestimmung der Herstellkosten sind für die einzelnen Produktpositionen die direkt zuordnungsfähigen Material- und Fertigungseinzelkosten zu bestimmen und die prozentualen Zuschläge für Material- und Fertigungsgemeinkosten hinzuzurechnen. Die Herstellkosten werden zur Errechnung der Selbstkosten um die Verwaltungs- und Vertriebsgemeinkostensätze ergänzt. Auf die Selbstkosten wird ein prozentualer Gewinnaufschlag kalkuliert, so dass sich in Summe der „Angebotspreis" ergibt [140].

Beim „Angebotspreis" der Vollkostenrechnung handelt es sich in der Systematik des vorangegangenen „Target-Costings" um die dort anzusetzenden „Standard-Costs", da sie die aktuelle Kostensituation der Anbieter wiedergeben. Wenn sich in Summe die Vollkosten der Leistungserstellung und die Zielkosten des „Target-Costings" decken, spricht das für eine stimmige und durchdachte Angebotskalkulation der Anbieter.

Auf Basis der Ergebnisse der Vollkostenrechnung kann ferner nach der folgenden Formel eine Deckungsbeitragsrechnung abgeleitet werden [141]:

Umsatz eines Produktes – variable Kosten = Deckungsbeitrag

und

Deckungsbeitrag – fixe Kosten = Gewinn

Die Deckungsbeitragsrechnung folgt dem Gedanken der Kostenauflösung. Danach entstehen in der Leistungserstellung variable Kosten, die direkt den gefertigten Produkten zugeordnet werden können und sich proportional mit der Ausbringungsmenge verändern – typischerweise die Material- und Fertigungseinzelkosten. Die Fixkosten sind unabhängig von der Ausbringungsmenge, z.B. die Kosten für ein Maschinenwerkzeug. Typischerweise sind die Gemeinkosten den Fixkosten zugeordnet. Sie gehen als Kosten der Betriebsbereitschaft direkt in die Betriebsergebnisrechnung ein und müssen durch den Deckungsbeitrag finanziert werden.

Vollkosten- und Deckungsbeitragsrechnung erlauben einen tiefgehenden Blick in die Kostenstrukturen der Anbieter. Kostenschwerpunkte und Kostentreiber werden auf Seite der Einsatzfaktoren deutlich. Ferner lässt die Auflösung von variablen und fixen Kosten eine Analyse der Auswirkung von Mengenänderungen oder auch von Preisveränderungen im Material- und Lohnkostenbereich der Lieferanten zu. In Summe werden die Stärken und Schwächen der Lieferanten in der Leistungskalkulation transparent. Dies ermöglicht eine fundierte Diskussion zur Optimierung von Kosten-Nutzen-Relationen. Abbildung 4.11 zeigt beispielhaft ein Formular zur Abfrage einer Vollkosten- und Deckungsbeitragsrechnung auf, das dem Preisblatt als „Anlage 1.2 Open-Book" beigefügt werden kann.

Abbildung 4.11 Beispielformular Vollkosten-/Deckungsbeitragsrechnung ([140][141])

Preisblatt – Anlage 1.2 Open-Book: Vollkosten-/Deckungsbeitragsrechnung

Produktposition:____________________

Vollkostenrechnung		**Deckungsbeitragsrechnung**	
Materialeinzelkosten	______	Stückzahl	______
+ Materialgemeinkosten	______	**Umsatz**	______
= Materialkosten	______	- variable Kosten	______
Fertigungseinzelkosten	______	**= Deckungsbeitrag**	______
+ Fertigungsgemeinkosten	______	- fixe Kosten	______
=Fertigungskosten	______	**= Gewinn**	______
= Herstellkosten	______		
+Verwaltungsgemeinkosten	______	**Kommentar:**	
+ Vertriebsgemeinkosten	______		
= Selbstkosten	______		
+ Gewinnzuschlag	______		
= Angebotspreis	______		

Wenn es bei Vergaben um langfristige Zulieferbeziehungen geht, wie z.B. bei hochwertigen Produktionsmaterialien, interessieren auch die Rationalisierungspotenziale in der Geschäftsentwicklung, die sogenannten KVP-Potenziale. Dazu können die Anbieter gezielt angefragt werden, an welchen Stellen der Leistungserbringung sie Rationalisierungspotenziale sehen und wie sich diese auf die Kostenkalkulation auswirken.

Liegen keine konkreten Erfahrungen zum ausgeschriebenen Produkt vor, können auch Analogien zu vergleichbaren Produkten gezogen werden. Am Ende steht eine bewertete Auflistung von Rationalisierungspotenzialen [147]. Daraus lassen sich konkrete KVP-Raten ableiten. Die KVP-Potenziale können erneut über eine „Anlage 1.3 Open-Book" zum Preisblatt bei den Bietern abgefragt werden.

Abbildung 4.12   Beispielformular KVP-Rate

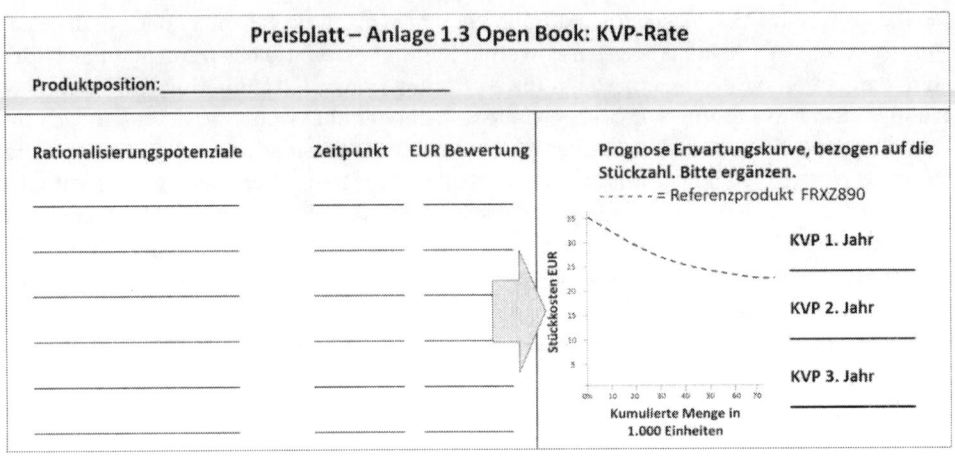

Soll in einer Vergabe strukturell mit einer „Open-Book-Kalkulation" gearbeitet werden, so ist das Preisblatt um eine Anlage „Open-Book" zu ergänzen. Die aufgezeigten Formulare

■ Anlage 1.1 Open-Book: „Target Costing"

■ Anlage 1.2 Open-Book: „Vollkosten-/Deckungsbeitragsrechnung"

■ Anlage 1.3 Open-Book: „KVP-Rate"

ermöglichen dabei bei den Lieferanten eine strukturierte Offenlegung ihrer Preisbildungsmechanismen und Kostenstrukturen. Damit wird eine fundierte Basis für faire Verhandlungen zur Optimierung von Kosten-Nutzen-Relationen gelegt.

Preisblatt - Anlage „TCO-Kosten"

Entstehen aus einer Beschaffung Folgekosten, sind die Lebensdauerkosten für eine Auftragsvergabe entscheidend. Unter den sogenannten TCO-Kosten werden grundsätzlich alle Kosten verstanden, die unter die folgenden Kategorien fallen [150]-[152][270]:

■ **TCO-Kosten vor der Durchführung einer Transaktion:** Kosten für Bedarfsanalysen, Lieferantenanalysen, Lieferantenbewertungen, Lieferantenanbindungen, etc.

■ **TCO-Kosten in der Durchführung einer Transaktion:** Angebotspreis, Transportkosten, Verpackungskosten, Versicherungskosten, Zollkosten, Qualitätssicherung, etc.

■ **TCO-Kosten nach Durchführung der Transaktion:** Kosten für Lagerung, Verpackung, Weitertransport, Entsorgung, Bereitstellung, Schulung, Servicedienste, Ersatzteile, Instandhaltung, Wartung, Störungen, Energie, Personal etc.

Kosten zur Vorbereitung einer Transaktion sind im Wesentlichen interne Kosten. Die Kosten zur Durchführung einer Transaktion wurden bereits im Preisblatt-Einstandskosten berücksichtigt. Unter dem Aspekt „TCO" werden im Ausschreibungsdesign die TCO-Kosten betrachtet, die nach Auftragsvergabe entstehen. Dabei kann es sich zum Beispiel um die Energiekosten handeln, die eine Maschine zur Herstellung eines Produkts benötigt.

Entsprechend dem Beispiel können alle wesentlichen TCO-Kostenfaktoren herausgearbeitet und in einer „Anlage 2 TCO-Kosten" zum Preisblatt beim Anbieter abgefragt werden. Abbildung 4.13 gibt exemplarisch ein vom Lieferanten bearbeitetes TCO-Formular wieder. Zur Plausibilisierung der Bieterangaben sollte parallel auch eine eigene Einschätzung der TCO-Kosten vorgenommen werden.

Abbildung 4.13   Beispielformular „TCO-Kosten"

Preisblatt – Anlage 2 „TCO-Kosten"				
Produktposition: Maschine AX45736583657				
TCO-Position	Einheit/a	Kommentar	Kosten/Einheit [EUR]	Summe [EUR]
Bedienpersonal	3	1 Maschinenführer je Schicht	60.000	180.000
Energie	85000 kwh	3-Schichtbetrieb	0,20	17.000
Fläche	150qm	Standfläche in Halle	90	13.500
Schulungsmaßnahmen	1	Weiterbildung Maschinenupdates	3.000	3.000
Wartungsmaßnahmen	12	12 Regelprüfungen pro Jahr	1.200	14.400
Verschleißteil x3465	4	quartalsweiser Regelaustausch	700	2.800
Verschleißteil y4657	12	monatlicher Regelaustausch	2.000	24.000
Verschleißteil y 4554	1	jährlicher Regelaustausch	1.500	1.500
			TCO-Kosten / Jahr	256.200 EUR
			Lebensdauer	6 Jahre
			TCO-Kosten	1.537.200 EUR

Auf Basis der geschilderten Ansätze kann im Ausschreibungsdesign ein bedarfsgerecht abgestimmtes Formular-Set zusammengestellt werden – bestehend aus Preisblatt und optionalen Anlagen zu „Open-Book" und „TCO-Kosten".

4.1.6   Lösungen: Vertragsbedingungen

Nachdem im Ausschreibungsdesign die Anforderungen an die Leistung und an die Preisgestaltung herausgearbeitet wurden, folgt im nächsten Schritt die Festlegung der „Spielregeln" für die Vertragsumsetzung. Die Vertragsbedingungen regeln dabei die Rechte und
Pflichten der Vertragspartner. Darüber hinaus haben die Vertragsbedingungen auch monetäre Wirkungen. So können beispielsweise die Zahlungsbedingungen durch Liquiditäts-
und Zinseffekte Einfluss auf die Kosten einer Leistung haben. Daher ist auch unter wirtschaftlichen Gesichtspunkten eine Abwägung der Vertragsbedingungen wichtig.

Aus verhandlungsstrategischen Gesichtspunkten ist es von großer Bedeutung, den Anbietern die eigenen Vorstellungen schon zu Beginn des Ausschreibungsverfahrens vorzugeben. Zu keinem Zeitpunkt ist die Chance größer, eigene Vertragsbedingungen durchzusetzen. Denn ganz am Anfang werden die Bieter um den Zuschlag kämpfen und bereit sein,
Konditionen zu akzeptieren, die sie später vielleicht nicht mehr akzeptieren würden. Das
bereits geschilderte Strategem „Den Tiger vom Berg in die Ebene locken" prägt diesen
Punkt des Ausschreibungsdesigns [121]. Damit das gelingt, ist eine systematische Ausarbeitung der Vertragsbedingungen erforderlich. In diesem Kapitel wird im Folgenden eine
Übersicht über wichtige, typische Regelungsbedarfe gegeben. Dabei stehen nicht die juristische Ausformulierungen von Vertragsklauseln im Vordergrund, sondern ihre grundsätzlichen Inhalte und auch die damit verbundenen monetären Wirkungen:

- ■ Übersicht wichtiger Vertragsbedingungen

- ■ Regelungsinhalte – Vertragskopf

- ■ Regelungsinhalte – Vertragliche Hauptpflichten

- ■ Regelungsinhalte – Vertragliche Nebenpflichten

- ■ Umsetzung der Vertragsbedingungen in Vertragstexte

Übersicht wichtiger Vertragsbedingungen

Bei der Formulierung von Verträgen herrscht Vertragsfreiheit. Dementsprechend vielfältig
sind die Handlungsmöglichkeiten zur Vertragsgestaltung. In diesem Buch werden wichtige typische Vertragsinhalte aus dieser Vielfalt ausgewählt und in eine beispielhafte Ordnung gebracht. Umfang und Ordnungsmuster (vgl. Abbildung 4.14) sind dabei weder
abschließend noch strukturell gesetzt. Die gewählte Ordnung dient lediglich der themati-
schen Orientierung. Im Einzelfall sollten Vertragsstrukturen und -inhalte immer an die
spezifischen Gegebenheiten des Vergabeprojekts angepasst und mit juristischem Sachverstand abgesichert werden [153][155].

Abbildung 4.14   Auswahl typischer Vertragsbestandteile in Geschäftsverträgen

Vertragsgegenstand	Vertragsnebenpflichten Leistungsübergang	Vertragsnebenpflichten Vertragsabwicklung
Vertragtitel	Gefahrenübergang	Lieferbedingungen
Vertragsgegenstand	Abnahme	Zahlungsbedingung
Vertragspartner	Mängelrüge	Subunternehmer
Hauptpflichten des Vertrags	**Vertragsnebenpflichten Risikomanagement**	**Vertragsnebenpflichten Rechte**
Pflichten Auftraggeber	Rücktritt/Kündigung	Geheimhaltung
Pflichten Auftragnehmer	Gewährleistung	Nutzungsrechte
Vergütung	Garantie	**Vertragsnebenpflichten Regelwerke**
Nebenkosten	Haftung	
Liefertermin	Versicherung	Recht
Laufzeit	Vertragsstrafen	Gerichtsstand
Auftragsveränderungen	Sicherheiten	Mitgeltende Unterlagen

Regelungsinhalte Vertragskopf

Der Vertragskopf dient der Festlegung grundsätzlicher Vertragsparameter Es ist klarzustellen, worum es prinzipiell geht und wer beteiligt ist:

■ **Vertragstitel:** Mit dem Vertragstitel erfolgt eine Einordnung des Vertragstyps, z.B. nach den Typen Kauf-, Werk-, Dienst-, Miet- oder Leasingvertrag. Für eine juristische Bewertung ist später im Zweifelsfall jedoch nicht der Vertragstitel, sondern der materielle Vertragsinhalt entscheidend.

■ **Vertragsgegenstand:** Im Vertragsgegenstand wird eine kurze und prägnante Zusammenfassung der Vertragsinhalte vorgenommen, z.B. „Betrieb eines Logistikleistungszentrums LLZ Musterstadt".

■ **Vertragspartner:** Zur Feststellung der Verantwortlichkeiten werden Auftragnehmer und Auftraggeber mit ihren juristischen Rahmendaten benannt.

Regelungsinhalte - vertragliche Hauptpflichten

In diesem Vertragsteil geht es um die originären Pflichten zur Vertragserfüllung. Sie bilden den materiellen Kern des Vertrags.

■ **Pflichten Auftraggeber/Auftragnehmer:** Die Pflichten der Vertragspartner ergeben sich im Wesentlichen aus dem Leistungsverzeichnis und dem korrespondierenden Angebot zur Leistungserstellung. In diesen Dokumenten sollten die gegenseitigen Vertragspflichten exakt und vollständig bestimmt sein. Im Vertrag können diese Dokumente direkt oder in Form einer Anlage als Vertragsinhalt aufgenommen werden.

■ **Vergütung:** Die Vergütung ergibt sich aus dem endverhandelten Preis für die vereinbarte Leistung. Im Preisblatt sollten sämtliche Vergütungsbestimmungen festgelegt sein. Das Preisblatt kann ebenfalls als Anlage mit in den Vertrag aufgenommen und referenziert werden.

■ **Nebenkosten:** Bei Verträgen mit intensiven Reisetätigkeiten, wie z.B. bei Beratungs- und Ingenieurdienstleistungen, werden häufig ergänzend zur Vergütung der Hauptpflichten weitere Nebenkostenvereinbarungen getroffen. Hotelübernachtungen, Flüge, Zugfahrten, Mietwagennutzung, Verpflegungspauschalen oder auch die Fakturierung von Reisezeiten bedürfen der Regelung. Üblich sind entweder Vereinbarungen über prozentuale Vergütungssätze, die als Nebenkostenposition der Auftragssumme zugeschlagen werden, oder Abrechnungen nach realem Aufwand und auf Nachweis. Die monetären Vereinbarungen sollten integraler Bestandteil des Preisblatts sein. Ergänzend dazu sollten jedoch an dieser Stelle auch Reisestandards definiert werden. Mit ihnen werden Regelungen zu Hotel- und Mietwagenkategorien oder zur Buchung von Reiseklassen in Flugzeugen bzw. Zügen vorgegeben. Reisestandards können als Anlage im Vertrag verankert werden. Sie sind nicht nur ein wichtiges Instrument des Kostenmanagements, sondern auch ein zentraler Baustein des „Hygienemanagements". Es sollte sichergestellt werden, dass eigene Mitarbeiter und externe Berater nicht nur unter gleichen Bedingungen arbeiten, sondern auch unter gleichen Bedingungen reisen. Dies ist ein wichtiger Punkt, damit in der Vertragsumsetzung alle Beteiligten auf einer Augenhöhe zusammenarbeiten.

■ **Liefertermin/Laufzeit:** Mit dem Liefertermin wird festgelegt, bis zu welchem Zeitpunkt die vertraglichen Pflichten zu erbringen sind. Bei Dauerschuldverhältnissen legt die Laufzeit fest, über welchen Zeitraum ein Liefervertrag eingegangen wird. In der

Vertragsgestaltung kommt es darauf an, klare und interpretationsfreie Zeitpunkte bzw. Zeiträume festzulegen, z.B. über ein Fixdatum. In der Verhandlung ist dieser Punkt ein wichtiger Stellhebel, um die Vergütungshöhe mit zu beeinflussen. Werden kurzfristige Lieferzeitpunkte benötigt, hat der Anbieter eine gute Verhandlungsposition. Er ist bereit, dem Auftraggeber kurzfristig zu liefern und stellt ggf. andere Aufträge zurück. Das hat seinen Preis. Im Gegenzug würde zeitliche Flexibilität den Auftraggebern eine starke Position bringen. Denn wenn man den Auftrag in auslastungsschwache Perioden des Lieferanten legen kann, unterstützt dies seine Wirtschaftlichkeit. Diese Auslastungsoptimierung sollte dem Auftragnehmer etwas wert sein. In Dauerschuldverhältnissen führen lange Vertragslaufzeiten zu Planungssicherheit und längeren Amortisationsdauern für getätigte Investitionen. Das senkt die Kosten je Leistungseinheit. Voraussetzung dafür ist natürlich eine stabile, langfristige und präzise Bedarfsprognose des Auftraggebers.

■ **Auftragsveränderungen:** In komplexen Verträgen kann es vorkommen, dass sich die Inhalte eines Auftrags während der Auftragsbearbeitung verändern. In diesem Fall spricht man von „unvollkommenen Verträgen". So kann es bei der Entwicklung und dem Bau einer Produktionsmaschine dazu kommen, dass sich während der Vertragserfüllung durch Produktänderungen auch Änderungsbedarf am Maschinenkonzept ergibt. Nur durch eine veränderte Fertigungsmechanik wäre auch das geänderte Produkt auf der Anlage herstellbar. „Unvollkommene Verträge" sollten soweit wie möglich vermieden werden. Dies ist aber nicht immer möglich. Daher sollten für den Fall der Auftragsveränderung klare Prozesse vereinbart werden, wie Anpassungen grundsätzlich durchzuführen sind. Entsprechende Regelungen reduzieren den „Stress" in der Anpassungsphase und dämpfen die Macht eines sich bereits im Auftrag befindlichen und damit „verhandlungsstarken" Lieferanten.

Neben den geschilderten Hauptpflichten sind ferner die Nebenpflichten der Vertragsumsetzung festzulegen. Dabei greifen insbesondere die in den folgenden Abschnitten vorgestellten Themenbereiche.

Regelungsinhalte – vertragliche Nebenpflichten: Leistungsübergang

Der Leistungsübergang ist in der Vertragsumsetzung ein kritischer Punkt. An dieser Stelle wird die Leistungserfüllung des Auftragnehmers durch den Auftraggeber geprüft und abgenommen. In der Vertragsgestaltung ist sicherzustellen, dass es einen klaren Prozess zur Leistungsabnahme gibt. Die betriebliche Praxis zeigt die Fehleranfälligkeit dieses Punktes. Bei komplexen Leistungen, wie z.B. dem Einkauf von Produktionsanlagen, kommt es vor, dass Maschinen aufgebaut und ohne klare Abnahme in Betrieb genommen werden. Im Anlauf werden ggf. sogar noch Änderungen an der Maschine vorgenommen. Die Inbetriebnahme erfolgt im fließenden Übergang vom Auftragnehmer hin zum Auftraggeber. Probleme sind programmiert, wenn es dann nach einiger Zeit zu Mängeln oder Störungen im Anlagenbetrieb kommt. Wie kann der Auftraggeber einer Anlage ihre Funktionsfähigkeit reklamieren, wenn er eventuell schon monatelang damit gearbeitet hat? In welchen Bereichen der Anlage hat der Auftraggeber vielleicht selbst Änderungen vorgenommen? Wo hat sich der Auftraggeber durch Anweisung in die Leistungsverantwortung des Auftragnehmers eingemischt? Es entsteht eine Gemengelage, aus der massive Konflikte entstehen können. Nicht selten führen diese Konflikte im Schadensfall dann zu gegenseitigen Schuldzuweisungen. Im Ergebnis investieren alle Beteiligten ihre Ressourcen in Vergangenheitsbewältigung und nicht in Zukunft. Dieser Zustand sollte und kann vermieden werden. Dazu sind eindeutige vertragliche Regelungen für den Leistungsübergang zu definieren:

- ■ **Gefahrenübergang:** Der Gefahrenübergang legt fest, an welcher Stelle die Verantwortung für die Leistung vom Auftragnehmer auf den Auftraggeber übergeht. Der klassische Gefahrenübergang erfolgt bei der Übernahme der Ware vom Auftragnehmer beim Auftraggeber. Diese Standardvariante ist in vielen Fällen gut und sinnvoll. In komplexen Beschaffungen können aber auch andere Varianten vereinbart werden. So ist es z.B. möglich, dass ein Maschinenhersteller die beauftragte Anlage bei sich im Unternehmen entwickelt und baut. Der Anlagentest kann dann ebenfalls bei ihm erfolgen, wenn der Auftraggeber Serienteile dafür zur Verfügung stellt. Nach erfolgreichem Test kann der Auftraggeber die Leistungsfähigkeit der Anlage beim Maschinenhersteller abschließend überprüfen und dort die Anlage abnehmen (vgl. Abnahme). In diesem Fall erfolgt der Gefahrenübergang noch beim Maschinenhersteller. Nach Abnahme wird die Maschine demontiert und beim Auftraggeber wieder aufgebaut. Würde der Auftraggeber bei der Abnahme Mängel erkennen, könnten diese direkt beim Maschinenhersteller beseitigt werden. Das wäre vermutlich günstiger, als wenn die Anlage bereits beim Auftraggeber stehen würde. Im Zuge der Gestaltung der Vertragsbedingungen ist daher die wirtschaftlichste Variante für einen Gefahrenübergang festzulegen.

- ■ **Abnahme:** Nachdem mit dem Gefahrenübergang festgelegt wurde, wann und wo der Verantwortungsübergang zwischen Auftragnehmer und Auftraggeber stattfindet, regeln die Abnahmebedingungen, wie dies geschieht. Dazu ist ein Abnahmeprozess festzulegen. Dieser sollte die folgenden Aspekte regeln:

    - Zeitpunkt der Abnahme, z.B. maximal vier Wochen nach Fertigstellung der Leistung
    - Vereinbarung eines Abnahmetermins, z. B auf schriftlichen Antrag des Auftragnehmers mit einer Frist von zwei Wochen zur Durchführung
    - Abnahmepflicht des Auftraggebers, z.B. durch Vereinbarung einer automatisch erfolgten Abnahme, falls der Auftraggeber einen Abnahmetermin mindestens dreimal verweigert hat
    - Verantwortung für die Abnahme, z.B. durch Vereinbarung einer gemeinsamen Abnahmepflicht
    - Abnahmekriterien, z.B. durch Festlegung eines Kriterienkatalogs auf Basis des Leistungsverzeichnisses
    - Abnahmedurchführung, z.B. durch Festlegung eines Prüfplans

- Abnahmeprotokoll, z.B. durch Vereinbarung einer Dokumentationspflicht der Abnahmeergebnisse auf dem Prüfplan
- Voraussetzung zur Abnahme, z.B. die vollständige Mängelfreiheit der Leistung
- Form der Abnahme, z.B. schriftlich durch beidseitige Unterschrift eines mängelfreien Abnahmeprotokolls mit ausdrücklicher Abnahmeerklärung

■ **Mängelrüge, Mängelbeseitigung:** Ergänzend zur Abnahme sollte auch ein Prozess zur Rüge und Beseitigung von Mängeln definiert werden, der die folgenden Aspekte berücksichtigt:

- Mängeldokumentation, z.B. durch ein standardisiertes Mängelprotokoll, das als Anlage im Vertrag verankert wird
- Mängelbearbeitung, z.B. durch einen standardisierten Arbeitsplan zur Abarbeitung von Mängeln, der als Anlage im Vertrag verankert wird
- Folgeabnahme, z.B. durch Vereinbarung, dass der Auftragnehmer nach erfolgter Mängelbeseitigung einen neuen Abnahmetermin beantragen kann

Wenn es in den Vertragsbedingungen gelingt, einen klaren Gefahrenübergang und einen schlüssigen Abnahme- wie Mängelbeseitigungsprozess zu installieren, werden wichtige Voraussetzungen für einen reibungslosen Leistungsübergang geschaffen. Das erspart Konflikte und trägt dazu bei, dass keine internen Kosten für Vergangenheitsbewältigung entstehen.

Regelungsinhalte - vertragliche Nebenpflichten: Risikomanagement

Vertragsumsetzungen laufen nicht immer reibungsfrei, auch nicht bei gutem Willen und guter Vorbereitung aller Beteiligten. Risiken können den Erfolg der Vertragsumsetzung gefährden. Beispielsweise kann der Auftraggeber bei der Schätzung seiner Abnahmemengen danebenliegen. Genauso kann es den Auftragnehmer treffen. Auftragseinbrüche können ihn in die Insolvenz führen. Ferner kann es passieren, dass in der Auftragsumsetzung Fehler passieren, die zu Vermögens-, Umwelt-, Sach- oder Personenschäden führen.

Die aufgezeigten Beispiele machen deutlich, dass es eine Vielzahl von Risiken gibt, die es zu beherrschen gilt. Treten die Risiken ein, greifen nicht nur inhaltliche Probleme, sondern auch finanzielle Folgen. Um in der Vertragserfüllung mit Risiken professionell umgehen zu können, sollten entsprechende Regelungen vereinbart werden:

■ **Kündigung:** Bei einer Kündigung handelt es sich um eine geregelte Vertragsauflösung unter Berücksichtigung vereinbarter Kündigungsbedingungen. Typischerweise können verschiedene Arten von Kündigungsrechten vereinbart werden:

– **Ordentliche Kündigung**: Es können reguläre Kündigungszeitpunkte und –fristen festgelegt werden, zu denen beide Vertragspartner schriftlich und ohne weitere Konsequenzen aus dem Vertrag aussteigen können. In einfachen Kaufverträgen könnten z.B. Kündigungsfristen von 14 Tagen vor vereinbartem Liefertermin vereinbart werden. In Dauerschuldverhältnissen können Regelkündigungstermine festgelegt werden. So ließe sich vereinbaren, dass ein Vertrag erstmals nach zwölf Monaten Laufzeit und danach halbjährlich mit einer Frist von drei Monaten von beiden Vertragsparteien gekündigt werden kann.

– **Kündigung aus wichtigem Grund**: Neben den Rechten zur ordentlichen Kündigung werden in der Regel auch wichtige Gründe mit einem Recht zur jederzeitigen, fristlosen Kündigung versehen. Typischerweise wird den Vertragspartnern dieses Recht eingeräumt, wenn einer der Vertragspartner in Insolvenz geht oder die Zahlungsunfähigkeit droht.

– **Sonderkündigungsrechte**: Darüber hinaus können weitere Sonderkündigungsrechte vereinbart werden, die es einem oder beiden Partnern erlauben, aus einem Vertrag auszusteigen, wenn dazu festgelegte Bedingungen erfüllt sind. Dazu können z.B. Kriterien für „Schlechtleistungen" definiert werden. Mit einem Betreiber eines Logistikzentrums könnte man beispielsweise vereinbaren, dass eine kündigungsberechtigende Schlechtleistung vorliegt, wenn eine Produktionsanlage in einem Jahr mehr als dreimal für 15 Minuten stillsteht und der Stillstand auf eine mangelhafte Versorgung zurückzuführen ist.

Betrachtet man das Recht zur Kündigung aus Sicht der beiden Vertragspartner, ergeben sich teilweise unterschiedliche Wünsche. Der Auftraggeber will möglichst flexibel aus einem Vertrag aussteigen können. Der Auftragnehmer wünscht dementgegen eine möglichst enge Bindung des Auftraggebers an den Vertrag. Bei der Vereinbarung von Kündigungsbedingungen geht es darum, die berechtigten Interessen beider Seiten angemessen zu berücksichtigen. Aus Sicht des Auftraggebers bedeutet dies, zunächst genau zu prüfen, wie viel Flexibilität für den Vertragsausstieg überhaupt erforderlich ist. Je umfassender die Flexibilität gestaltet wird, desto höher ist das Risiko für den Auftragnehmer. Der wird dieses Risiko in Form einer Risikoprämie in seine Preise einkalkulieren. Das richtige Maß an Kündigungsflexibilität ist demnach auch ein Stellhebel, der die Preisbildung mit beeinflusst.

Sind die Kündigungsmöglichkeiten grundsätzlich geklärt, sollte der Blick auf die Lastenteilung infolge einer Kündigung gerichtet werden. Im Fall einer ordentlichen Kündigung oder einer Kündigung aus wichtigem Grund erfolgt in der Regel keine gesonderte Lastenteilung. Anders kann dies aussehen, wenn Sonderkündigungsrechte vereinbart werden. In diesen Fällen ist es wichtig, dass es klare (Schuld-)Verantwortungen gibt, die zur Auslösung einer Sonderkündigung führen. Kommt es dann zu einer Sonderkündigung, sollten die offenen Lasten bei dem Vertragspartner verbleiben, der die Sonderkündigung schuldhaft zu verantworten hat. Da es aber auch zu einer verteilten

(Schuld-)Verantwortung kommen kann, entsteht ein Konfliktpotenzial. Daher sollten Vereinbarungen getroffen werden, die ein Verfahren zur Aufteilung der Verantwortung festlegen, falls ein Dissens hierzu besteht. Dazu können zum Beispiel Schiedsgerichtsverfahren vereinbart werden, deren Ergebnis ausdrücklich von beiden Vertragspartnern im Vorhinein anerkannt wird.

- **Gewährleistung:** Die Gewährleistungspflichten von Auftragnehmern sind gesetzlich geregelt. Die Anwendung dieser Bestimmungen sollte vertraglich klargestellt werden. Existieren im gesetzlichen Rahmen Gestaltungsmöglichkeiten, wird empfohlen, diese unter Risikogesichtspunkten zu reflektieren und ggf. zu nutzen. So kann es bei der Beschaffung einer einfachen Maschine sinnvoll sein, die Gewährleistungspflicht auf ein Jahr abzubedingen, wenn dies gesetzlich möglich ist und Erfahrungswerte belegen, dass ein Gewährleistungsfall äußerst unwahrscheinlich ist. Im Gegenzug wäre der Lieferant in die Pflicht zu nehmen, diese Risikominderung bei der Preisbildung zu berücksichtigen.

- **Garantie:** In vielen Angeboten werden zusätzlich zur Gewährleistung weitere Garantien platziert, um den Auftraggeber abzusichern und das Angebot attraktiv zu gestalten. Beispielsweise können langjährige Garantien für die Standzeiten von Maschinenteilen oder die Haltbarkeit von Materialbeschichtungen genannt werden. In diesem Kontext ist zu bedenken, dass das Risiko einer Garantieleistung in die Preisbildung einfließt. Daher ist es erforderlich, genau zu überprüfen, welche Garantieleistungen wirklich sinnvoll und notwendig sind. Sie sind zu definieren und zu vereinbaren. Werden nach einer Risikoabwägung Garantiebedingungen als überflüssig eingeschätzt, sollten sie aus dem Angebot genommen werden. Aufgrund der damit verbundenen Risikominderung für den Auftragnehmer erscheint eine Diskussion zur Preisbildung sinnvoll.

- **Haftung:** Bei der Umsetzung der Vertragspflichten können Fehler passieren. So könnte beispielsweise ein Ingenieur aus Versehen einen falschen Datensatz in eine Entwicklungsdatenbank einspielen, mit der dann weitergearbeitet wird. Das Spektrum möglicher Vermögens-, Sach-, Umwelt- oder Personenschäden, die eine Haftpflicht verursachen, ist groß. Bei der Gestaltung der Vertragsbedingungen kommt es darauf an, die Haftungsrisiken genau zu analysieren, angemessen zu dimensionieren und die Haftungsanforderungen präzise festzulegen. Denn auch hier gilt der Grundsatz, dass Sicherheit kein Geschenk ist. Am Ende wird der Auftragnehmer für eine Deckung der Haftungsrisiken geradestehen müssen, entweder durch Haftungskapital, durch Sicherheiten oder über eine Versicherungsdeckung. Für diese Deckung wird er eine angemessene Risikoprämie in seine Preisbildung einbauen.

- **Versicherungen:** Eng verknüpft mit den Regelungen zu den Haftungsansprüchen ist das Thema Versicherungen. Sie sind das klassische Instrument, um Haftungsansprüche auch wirklich durchsetzen zu können. Die reine Formulierung einer Haftungsbedingung ist nichts wert, wenn kein Zugriff auf Haftungskapital besteht. Wird beispielsweise mit einer kleinen GmbH eine Haftung für Vermögensschäden in Höhe von 1 Million Euro vereinbart, ist diese Regelung in der Praxis nicht viel wert, wenn dem Haftungsanspruch nur ein Haftungskapital von 25.000 EUR gegenübersteht, das sich gegebenenfalls mehrere Gläubiger teilen müssen. Daher ist es sinnvoll, entsprechend der vereinbarten Haftungsbedingungen kongruente Versicherungsbedingungen zu vereinbaren. Berücksichtigt man, dass Versicherungsprämien mit der Deckungssumme nicht linear sondern exponentiell ansteigen, wird die Bedeutung einer richtigen Haftungsdimensionierung nochmals deutlich. Schließlich werden die Versicherungsprämien als Baustein in die Preisbildung einfließen. Oft lohnt sich hier auch ein Blick auf die Standardversicherungen der Auftragnehmer. Wenn diese bereits im Wesentlichen die geforderten Risiken abdecken, ist zu überlegen, ob man überhaupt eine weitere Deckung verlangt. Denn für die Deckung eines vielleicht kleinen verbleibenden Restrisikos wären unter Umständen hohe Prämien erforderlich.

■ **Vertragsstrafen:** In komplexen Aufträgen, wie z.B. Bauprojekten oder auch in Dauerschuldverhältnissen, können in der Vertragsumsetzung immer wieder auch operative Fehler passieren. So kann sich zum Beispiel der Fertigstellungstermin eines Gewerks verzögern. Wenn typische Fehler einer Leistung bekannt sind, empfiehlt es sich, einen Fehlerkatalog zu entwickeln und mit Vertragsstrafen zu belegen. Dies vermeidet eine Auseinandersetzung der Vertragspartner im Tagesgeschäft in Bezug auf den Schadenseintritt und die Schadenshöhe. Ferner diszipliniert ein entsprechender „Bußgeldkatalog" von Anfang an in der Vertragsumsetzung.

■ **Sicherheiten:** In großen Projekten oder in Dauerschuldverhältnissen ist es auch wichtig, dass der Auftragnehmer jederzeit über ausreichend finanzielle Mittel verfügt, um den Auftrag ordnungsgemäß abarbeiten zu können. Zur Absicherung dieses Tatbestands kann es sinnvoll sein, Sicherheiten zu vereinbaren. In diesem Kontext sind Auftragserfüllungsbürgschaften oder Patronatserklärungen typische Instrumente:

– **Auftragserfüllungsbürgschaften:** Zur Absicherung eines Auftrags kann vereinbart werden, dass der Auftragnehmer von seiner Hausbank eine Auftragserfüllungsbürgschaft beibringt. Diese Bürgschaft sichert die Finanzierung des Auftrags beim Auftragnehmer ab, so dass der Auftrag in jedem Fall zu Ende bearbeitet werden kann – auch bei eintretenden Zahlungsschwierigkeiten. Die Ausstellung dieser Bürgschaft ist üblicherweise mit einer Risikoprämie verbunden, die der Auftragnehmer an die Hausbank zu zahlen hat und in seiner Preisbildung berücksichtigt. Daher kommt es auch an dieser Stelle darauf an, genau zu überprüfen, ob eine Bürgschaft erforderlich und sinnvoll ist.

– **Patronatserklärungen:** Eine Alternative zur Auftragsabsicherung ist die Vereinbarung einer Patronatserklärung mit einer dritten Partei. Der „Patron" verpflichtet sich, im Zweifelsfall beim Lieferanten, die Auftragserfüllung finanziell abzusichern oder selbst in vollem Umfang in die Vertragspflichten einzusteigen. Patronatserklärungen können zum Beispiel mit vermögenden Inhabern von Kapitalgesellschaften vereinbart werden, so dass indirekt auch ein Zugriff auf ihr Privatvermögen entsteht. Alternativ können Patronatserklärungen in Konzernstrukturen mit einer Konzernmutter vereinbart werden.

Betrachtet man die vorgestellten Regelungsinhalte zum Risikomanagement, wird eine große Bandbreite an Handlungsmöglichkeiten sichtbar. Wichtig ist es zu erkennen, dass es Sicherheit in diesem Kontext nicht zum „Nulltarif" gibt. Vielmehr ist die Risikoabsicherung ein aktiver Baustein bei der Preisbildung. Daher ist es erforderlich, das richtige Maß an Risikoabsicherung zu finden und zu vereinbaren.

Regelungsinhalte - vertragliche Nebenpflichten: Vertragsabwicklung

Die Gestaltung von Liefer- und Zahlungsbedingungen sowie der bedarfsgerechte Umgang mit dem Thema Subunternehmer sind weitere wichtige Punkte zur effizienten Abwicklung von Vertragspflichten. Auch in diesem Themenbereich können die Kostenstrukturen einer Transaktion mit beeinflusst werden:

■ **Lieferbedingungen:** Die physische Lieferung von Waren kostet Geld. Transport, Lagerung, Verzollung und Versicherung der Güter seien beispielhaft genannt. Da diese Lasten aber in die Vergütung eingepreist werden, ist es sinnvoll, genau zu reflektieren, wie die Lieferkette am kostengünstigsten ausgestaltet werden kann. Wenn man beispielsweise selbst ein Netz von Gebietsspediteuren für Zulieferleistungen verpflichtet hat, können die Logistikkosten durch eine optimierte Dimensionierung und Auslastung von Lieferketten ggf. erheblich niedriger ausfallen, als wenn man den Auftragnehmer diese Aufgabe organisieren lässt.

Um nicht jedes Mal wieder neu die Lieferbedingungen individuell aushandeln zu müssen, wurden dazu global anerkannte Standardbedingungen formuliert, die so genannten INCOTERMS® [154]. Die INCOTERMS® werden von der internationalen Handelskammer ICC herausgegeben und stellen verschiedene Mustervarianten zur Aufteilung von Rechten und Pflichten zwischen den Vertragspartnern bereit. Im Zentrum dieser Regelungen steht die Geschäftsabwicklung, insbesondere Regelungen zum Übergang von Transportkosten, Transportrisiken und Geschäftsabwicklungspflichten, wie z.B. der Beschaffung von Warendokumenten oder auch der Verzollung von Gütern. So legt zum Beispiel die INCOTERM-Klausel EXW (Ex Works) sinngemäß fest, dass der Lieferant seine Ware „ab Werk" zur Verfügung stellt. Die Verantwortung und Kosten für den Transport liegen vollumfänglich beim Auftraggeber. Nach der Klausel DDP (Delivery Duty Paid) verantwortet der Auftragnehmer die Lieferung, bis er die Ware auf dem ankommenden Beförderungsmittel entladebereit am Bestimmungsort zur Verfügung stellt. Insgesamt sind in den INCOTERM2010® elf Klauseln definiert worden. Sie können auf der Homepage des ICC unter www.icc-deutschland.de tagesaktuell und im Detail eingesehen werden [154].

Durch die Festlegung der INCOTERMS® können bei der Ermittlung des Einstandspreises die wesentlichen Kostenanteile für Transport, Zoll etc. inhaltlich definiert werden. In der Ausschreibung kann man im Preisblatt die Kosten für verschiedene INCOTERMS® anfragen, so dass dieser Kostenblock vom eigentlichen Angebotspreis der angefragten Güter separiert wird. Durch diese Separation kann dann auch die kostengünstigste Liefervariante ermittelt werden. Gibt es jedoch klare Vorstellungen über die gewünschten Lieferbedingungen, so sollten diese dem Anbieter direkt über IN-COTERMS® vorgegeben werden. Nur dann finden diese Bedingungen auch in der Bepreisung des Angebots sicher Anwendung.

- **Zahlungsbedingungen:** Ein weiterer wichtiger Baustein zur Vertragsabwicklung sind die operativen Regelungen zur Vergütung der Leistungen. Die Zahlungsbedingungen steuern den Abfluss von Liquidität aus dem Unternehmen und sind somit ein aktiver Baustein des Liquiditäts- und Risikomanagements:

  - **Zahlung nach Leistungserbringung:** Dies ist die klassische Standardform der Zahlungsbedingung. Der Vergütungsanspruch entsteht, wenn die Leistung vollständig erbracht und abgenommen wurde. Bis dahin trägt der Auftragnehmer das Risiko. In der Ausführung dieser Zahlungsbedingung kann dann zwischen sofortiger Fälligkeit und fristgebundenen Zahlungszielen differenziert werden. Lange Zahlungsziele unterstützen das Liquiditätsmanagement des eigenen Unternehmens. Optimal ist es, wenn die Vergütung erst dann fällig wird, sobald die eigenen Leistungen abgesetzt und die Entgelte eingenommen sind. Ob dies immer durchgesetzt werden kann, ist wiederum fraglich. Schließlich hängt die Gestaltung von Zahlungszielen auch wesentlich von den gegenseitigen Machtverhältnissen der Vertragspartner ab.

  - **Teilzahlungen:** In komplexen Projekten, bei denen der Lieferant mit hohen Summen in Vorleistung gehen muss, können auch Zahlungsbedingungen mit Teilzahlungen vereinbart werden. So ist es beispielsweise im Maschinenbau üblich, eine Zahlungsstaffel zu vereinbaren, etwa 30 % der Zahlung nach Auftragserteilung, 30 % nach Meilenstein 1 der Auftragserfüllung, 30 % nach Meilenstein 2 und 10 % nach Abnahme der Maschine. Teilzahlungen sind insbesondere dann sinnvoll, wenn die Vorfinanzierung des Auftrags für den Auftragnehmer mehr kostet als die vorzeitige Auszahlung den Auftraggeber durch Zinsverluste. Diese Finanzierungsdifferenz kann in Verhandlungen zum Gegenstand der Preisbildung gemacht werden. Ein weiterer Grund kann z.B. sein, dass die Kreditlinie des Lieferanten für eine Vollfinanzierung des Auftrags nicht ausreicht. Bei der Gestaltung von Teilzahlungsbedingungen ist unbedingt darauf zu achten, dass die Höhe der Teilzahlungen immer auch dem Anteil der Wertsteigerung während der Auftragserfüllung entspricht. Ansonsten besteht das Risiko, dass geleisteten Zahlungen kein realer Gegenwert entgegensteht.

  - **Vorkasse:** Bei Vorkasse erhält der Auftragnehmer seine Vergütung vor Leistungserbringung. Dies kann zum Beispiel dann sinnvoll sein, wenn ein insolvenzbedrohter Lieferant bewusst gestützt werden soll. Diese Zahlungsbedingung beinhaltet immer auch das Risiko des Leistungsausfalls. Diesem Risiko kann mit Sicherheiten entgegengewirkt werden.

Zahlungsbedingungen sollten mit einem klaren Prozess zur Rechnungsstellung gekoppelt werden. Dieser ist Voraussetzung für den reibungslosen Rechnungsdurchlauf. Dies sind ein weiterer kritischer Punkt der Zusammenarbeit und eine „heiße Quelle" für überflüssige Konflikte.

■ **Subunternehmer:** Der Einsatz von Subunternehmern kann wesentlich zur Gestaltung wirtschaftlicher Vergaben beitragen. Daher kann man diesem Aspekt der Auftragsgestaltung offen gegenüberstehen. Es sollte aber geklärt werden, für welche Bereiche des Auftrags Subunternehmer eingesetzt werden dürfen. Geht es beispielsweise um Know-how-intensive Aufgabenstellungen, wäre dort eher die Leistung des Auftragnehmers selbst gefragt. In administrativen, unterstützenden Tätigkeiten oder auch in unkritischen Projektteilen kann der Einsatz von Subunternehmern positive Wirkung auf die Kosten-Nutzen-Relationen haben. Daher ist den Auftragnehmern präzise vorzugeben, in welchen Auftragsbereichen Subunternehmer akzeptiert werden und in welchen nicht. Ein weiterer wichtiger Aspekt ist auch die Auswahl und Freigabe von Subunternehmern. In diesem Kontext sollte den Auftragnehmern vorgegeben werden, wie eine gemeinsame Selektion und Freigabe durchgeführt wird, ohne dass der Auftraggeber sich in die Vertragspflichten des Auftragnehmers einmischt.

Die geschilderten Vereinbarungen zur Vertragsabwicklung sind für einen reibungslosen und kostenoptimalen Ablauf in der Vertragsumsetzung wichtig.

Regelungsinhalte - vertragliche Nebenpflichten: Rechte

Beim Eintritt in den Leistungsaustausch erhalten die Vertragspartner in anspruchsvollen Projekten in der Regel auch Kenntnisse über vertrauliche Geschäftsdaten des jeweils anderen. Ferner können im Ergebnis der Zusammenarbeit schutzwürdige Produkte oder Erkenntnisse stehen. Daher ist es von Anfang an wichtig, wie mit diesen Themenstellungen umgegangen wird:

■ **Geheimhaltung:** Ist zu erwarten, dass die Vertragspartner in Kenntnis oder Besitz vertraulicher Informationen kommen, können Geheimhaltungsvereinbarungen getroffen werden. In der Ausschreibungsphase lassen sich vorvertragliche Geheimhaltungsvereinbarungen treffen. Mit dem Vertragsabschluss können Geheimhaltungsvereinbarungen als Anlage in den Vertrag aufgenommen werden, die die Vertraulichkeitsverpflichtungen während und nach der Auftragserfüllung regeln. Grundsätzlich können dabei zwei Vereinbarungstypen unterschieden werden:

  – **Einseitige Geheimhaltungsvereinbarungen:** Der Anbieter/Auftragnehmer wird einseitig zu Geheimhaltung verpflichtet.

- **Wechselseitige Geheimhaltungsvereinbarungen:** Der Anbieter/der Auftragnehmer und der Auftraggeber sichern sich gegenseitig zu gleichen Bedingungen Geheimhaltung zu.

■ **Nutzungsrechte:** Ist in der Vertragsumsetzung damit zu rechnen, dass schutzwürdige Produkte oder Erkenntnisse entstehen, sollten die damit verbundenen Nutzungsrechte vertraglich geklärt werden. Dabei können drei grundsätzliche Varianten unterschieden werden:

- **Exklusives Nutzungsrecht:** Der Auftraggeber erhält ein unbeschränktes, zeitlich unbefristetes und alleiniges Nutzungsrecht an den Ergebnissen des Auftrags.

- **Einfaches Nutzungsrecht:** Der Auftraggeber erhält ein einfaches, zeitlich befristetes oder unbefristetes Nutzungsrecht an den Ergebnissen des Auftrags. Alle weiteren Nutzungsrechte verbleiben beim Auftragnehmer.

- **Hybride Teilung der Nutzungsrechte:** Auftraggeber und Auftragnehmer vereinbaren individuell eine Struktur zur Teilung der Nutzungsrechte. Einer der Vertragspartner erhält das exklusive Nutzungsrecht. Der andere Vertragspartner erhält als Basis das einfache Nutzungsrecht. Das einfache Nutzungsrecht wird um Teilbausteine des exklusiven Nutzungsrechtes erweitert. Der Nutzungsgrad für diesen Vertragspartner wird damit systematisch erhöht.

Der Umgang mit Nutzungsrechten hat nicht nur eine inhaltliche Bedeutung. Er wirkt sich unmittelbar auf den Preisbildungsprozess in der Verhandlung aus. Werden exklusive Nutzungsrechte verlangt, so hat dies seinen Preis. Der Auftragnehmer kann seine Erkenntnisse nicht anderweitig verwerten. Diese Variante ist insbesondere vernünftig, wenn man sich mit den Ergebnissen des Auftrags direkt von seinen Wettbewerbern differenzieren kann. Trägt ein Arbeitsergebnis jedoch nicht zu einem Wettbewerbsvorteil bei, kann überlegt werden, ob man auf Exklusivität verzichtet. Bei Exklusivitätsverzicht bleibt dem Auftraggeber das einfache Nutzungsrecht. Der Auftragnehmer kann die Ergebnisse uneingeschränkt verwerten. Diese Variante eröffnet dem Auftragnehmer neue Vermarktungsmöglichkeiten. Entwickelt beispielsweise eine Softwarefirma eine DV-Lösung zur Abwicklung einer administrativen Arbeitsaufgabe in einer Unternehmensverwaltung, so hat das exklusive Nutzungsrecht für den Auftraggeber nur einen geringen Wert. Die Softwarefirma könnte aber ggf. dieselbe Lösung als Programmmodul auch in anderen Firmen vermarkten. Das sollte dem Auftragnehmer im Rahmen von Verhandlungen etwas wert sein. Entscheidet man sich für eine hybride Variante, kommt es für die Preiswirkung darauf an, wie die Rechteverteilung im Detail aussieht. Je geringer der Exklusivitätsgrad und je höher die Verwertbarkeit der Arbeitsergebnisse auf dem Markt ist, desto besser ist bei einem Exklusivitätsverzicht die Möglichkeit, Druck auf die Preisseite auszuüben.

Regelungsinhalte - vertragliche Nebenpflichten: Regelwerke

Im Vertragsteil Regelwerke wird die grundsätzliche, übergeordnete Referenzbasis für die Zusammenarbeit festgelegt. Damit wird der Vertrag mit seinen Anlagen in einen größeren Kontext gestellt:

- **Anzuwendendes Recht:** An dieser Stelle wird festgelegt, welche Rechtsgrundlage für die Durchführung des Vertrags gelten soll. Dies ist insbesondere interessant, wenn im internationalen Raum Verträge abgeschlossen werden. Im Rahmen des Zulässigen sollten die Vor- und Nachteile unterschiedlicher Rechtsräume analysiert und dem Auftragnehmer klare Vorgaben über das anzuwendende Recht gemacht werden. Bei der Beurteilung der möglichen Rechtsgrundlagen spielen aus Einkaufssicht insbesondere Fragestellungen zu den Themen der Haftungs-, Liefer- und Zahlungsverpflichtungen sowie zur Handhabung von Schutzrechten eine wesentliche Rolle.

- **Gerichtsstand:** Neben der Wahl des anzuwendenden Rechts spielt auch die Wahl des Gerichtsstands eine Rolle. Den Auftragnehmern sollten klare Vorgaben gemacht werden, an welchem Gerichtsort im Streitfall die Gerichtsverfahren anhängig sind.

- **Mitgeltende Unterlagen:** Sollten neben den gesetzlichen Bestimmungen und dem Vertragswerk weitere Unterlagen für die Durchführung eines Auftrags von Bedeutung sein, so sollten diese unter dem Punkt „Mitgeltende Unterlagen" eindeutig benannt werden. Dabei kann es sich beispielsweise um generelle technische Regelwerke, Normen, Werksnormen oder auch spezifische Arbeitsanweisungen handeln. Gleichzeitig sind dem Auftragnehmer diese Unterlagen verfügbar zu machen.

Umsetzung von Vertragsbedingungen in Vertragstexte

Die Auflistung und Bearbeitung von Vertragsbedingungen könnte beliebig weitergeführt werden. An dieser Stelle wurde jedoch der Fokus exemplarisch auf typischerweise kaufmännisch relevante und regelmäßig vorkommende Regelungsbedarfe abgestellt.

Zur konkreten Ausgestaltung und Umsetzung von Vertragsbedingungen in Vertragstexten kommt es auf eine enge Zusammenarbeit von Fachbereichen, Procurement-Funktion und Juristen an. Im Ausschreibungsdesign haben Fachbereich und Procurement-Funktion zunächst inhaltlich zu klären, was sie wie regeln wollen. Dazu können die einzelnen Vertragsbedingungen durchgegangen, ihre materielle Ausgestaltung diskutiert und Vorgabebedingungen für die potenziellen Auftragnehmer definiert werden. Diese Inhalte haben Juristen in Vertragsklauseln zu „übersetzen" [153][155]. Im Ergebnis entsteht ein juristisch formulierter Vertragstext, der alle wesentlichen Vertragsbedingungen eindeutig im gewünschten Sinne regelt und den Anbietern im Ausschreibungsverfahren als Vorgabedokument „Vertragsbedingungen" ausgegeben werden kann.

Um diesen Prozess effizient operationalisieren zu können, sollte mit Vertragsstandards gearbeitet werden. Bedingungskombinationen, die immer wieder gleich in allen Aufträgen in Anwendung gebracht werden, können in AGBs bzw. AEBs (Allgemeine Einkaufsbedingungen) überführt werden. Die gesetzlichen Beschränkungen des Regelumfangs von AGB/AEB sind dabei zu berücksichtigen. Für alle anderen Vertragsbedingungen sollten jeweils standardisierte Vertragsklauseln entworfen werden. Aus diesen Vertragsklauseln gilt es, materialgruppenspezifisch Standardverträge mit optionalen, vordefinierten Klauselvarianten zu entwickeln. Dies kann durch die Rechtsabteilung geschehen und z.B. über „Clause-Datenbanken" in gängigen Procurement-Softwaresystemen des Unternehmens abgebildet werden. Ein entsprechender Workflow sorgt dafür, dass immer nur mit freigegebenen Standardverträgen bzw. Vertragsbausteinen gearbeitet wird. In diesem Verfahren ist eine direkte juristische Beteiligung in der Vertragserstellung nur erforderlich, wenn von den freigegebenen Standards abgewichen werden soll. Abweichungen haben Individualtexte bzw. Individualverträge zur Folge, die juristischen Sachverstand erfordern.

Abbildung 4.15   Vorgangsschema zur Gestaltung von Vertragstexten

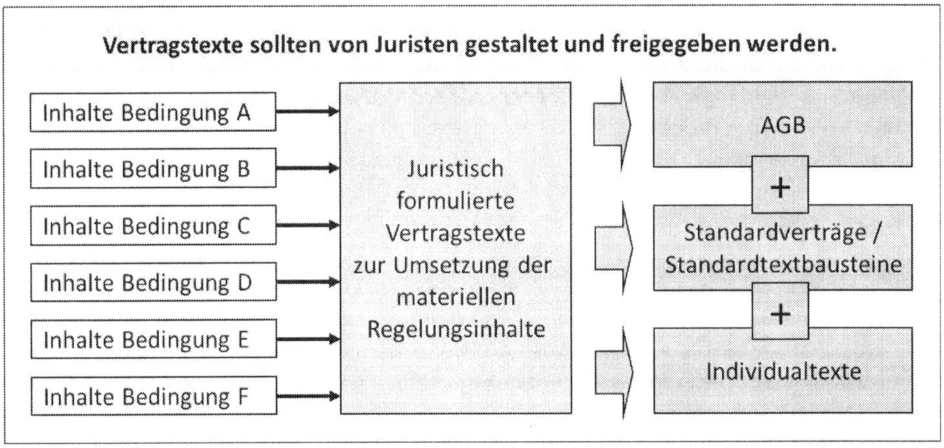

4.1.7   Lösungen: Ausschreibungsunterlagen-Set

Die Arbeitsergebnisse des Ausschreibungsdesigns können zusammengefasst und in ein Set von Ausschreibungsunterlagen überführt werden. Es entsteht ein schlüssiges, qualitativ hochwertiges Paket von Informations- und Vorgabeunterlagen, auf deren Basis die Anbieter ihre Angebote erstellen können. Dazu gehören die folgenden Unterlagen:

- Leistungsverzeichnis

- Nachweisliste Bietermindestanforderungen

- Preisblatt Einstandspreis inklusive aller erforderlichen Anlagen

- Vertragsbedingungen & AEB

In Vergabeverfahren werden die Anbieter die Qualität der Ausschreibung erkennen und Rückschlüsse auf die Stärke des Auftraggebers ziehen: Denn nur starke Unternehmen sind in der Lage, starke Ausschreibungsunterlagen zu erstellen und die Bieter im Wettbewerb zu führen. Diese Erkenntnis wird sich in der Ernsthaftigkeit der Anbieter, in ihrer Angebotsqualität und in ihrem Wettbewerbswillen niederschlagen. Lässt man aber in der Ausschreibung den Bietern Raum, die Richtung der Vergabe zu bestimmen, haben sie die Möglichkeit, den „Einkauf von der Ebene in die Berge zu locken". Dort, wo sie sich auskennen und sich sicher bewegen, können sie den Einkauf schlagen: Sie machen „individuelle Angebote" – intransparent, schlecht vergleichbar und schwierig verhandelbar. Dann haben die Anbieter gute Chancen, den alten Wettstreit zwischen Vertrieb und Einkauf, also den Wettstreit zwischen „abgeschirmter Individualität" und „standardisierter Transparenz", für sich zu entscheiden. Bei der Gestaltung von Ausschreibungsunterlagen handelt es sich demnach auch um eine für den Verhandlungserfolg machtstrategische Aufgabenstellung.

4.1.8   Lösungen: Transaktionsziele

Um später die im Wettbewerb eingehenden Angebote sinnvoll vergleichen und valide Vergabeempfehlungen aussprechen zu können, sollten die wichtigsten Vergabekriterien eines Projekts mit den zugehörigen Transaktionszielen festgelegt werden. Die Vergabekriterien stellen dabei die Art einer Anforderung und die Transaktionsziele ihre gewünschte Ausprägung dar.

Die wesentlichen inhaltlichen Vergabekriterien und Transaktionsziele können direkt aus dem Leistungsverzeichnis entnommen werden. Das Leistungsverzeichnis beschreibt die Erwartungen an die Nutzenseite eines Projekts und legt die geforderten Anforderungen an die Auftragserfüllung fest. Bei der Auswahl der Vergabekriterien kann zwischen K.-o.-Kriterien und Leistungskriterien unterschieden werden. K.-o.-Kriterien stellen inhaltliche Mindeststandards dar, die ein Angebot unbedingt erfüllen muss. Leistungskriterien kommen zum Tragen, wenn die K.-o.-Kriterien erfüllt sind. Sie präzisieren die Wunschausprägung der ausgeschriebenen Leistung. Mit den Leistungskriterien werden folglich insbesondere die Zielkategorien Qualität, Zeit und Innovationen adressiert.

Die geforderten Leistungsinhalte korrespondieren unmittelbar mit den Kosten für die Leistungserbringung. Sie sind ein weiteres wichtiges Vergabekriterium. Im Ausschreibungsdesign wurden durch die Anwendung analytischer Methoden die Kostentreiber eines Vergabeprojekts systematisch untersucht und konkrete Kostenziele festgelegt. Sie sind ebenfalls in der Zusammenfassung der Transaktionsziele zu berücksichtigen.

Neben den geschilderten Kosten- und Nutzenfaktoren haben auch die Vertragsbedingungen Einfluss auf den Vergabeerfolg, denn sie legen die Spielregeln für die Auftragsabwicklung fest. Diese Steuerungswirkung kann man grundsätzlich der Nutzenseite einer Transaktion zuordnen. Darüber hinaus haben sie aber auch eine indirekte Wirkung auf die Kostenseite, da ihre Ausgestaltung eng mit der Preisbildung der Anbieter verbunden ist. Daher sind auch die für den Vergabeerfolg wesentlichen Vertragsbedingungen aus den Ausschreibungsunterlagen herauszuarbeiten, falls erforderlich mit K.-o.-Bedingungen zu belegen und in ihrer Wirkung den Zielkategorien Kosten, Qualität, Zeit und Innovationen zuzuordnen.

Die ausgewählten Vergabekriterien und Transaktionsziele können abschließend übersichtlich in einer Transaktions-Scorecard zusammengefasst werden:

Abbildung 4.16   Transaktions-Scorecard

Transaktionsziele		
Ausschreibung:	Produktionsmaschine zum Fügen zweier Maßbleche durch Präzisionsnieten	
K.-o.-Kriterien der Vergabe:		
K.-o.-Kriterien-Leistungsverzeichnis:	Bieter und Angebot sind grundsätzlich technisch vom Fachbereich freigegeben (Konzept-feasibility); Produktionskapazität mind. 40 Stück pro Minute; Fehlerrate ppm.	
K.-o.-Kriterien-Vertragsbedingungen:	Faktura in EUR; Geheimhaltungsvereinbarung ist unterzeichnet; Auftragserfüllungsbürgschaft der Bank wird im Angebot beigebracht.	
Leistungsverzeichnis (Ziele mit direkter Wirkung auf: Q-Qualität / Z-Zeit / I-Innovationen)		
Q/Z/I	**Vergabekriterien - Leistungsverzeichnis**	**Zielwert**
Z	Produktionskapazität [Stück/Minute]	50
Q	Fehlerrate [ppm]	10
Q	Energieverbrauch [kwh/Stück]	1,25
I	Materialeinsatz pro Bauteil [Anzahl Nieten]	5
I	Produktionsverfahren [Art]	Radialnieten
Vertragsbedingungen (Ziele mit indirekter Wirkung auf: K-Kosten / Q-Qualität / Z-Zeit / I-Innovationen)		
K/Q/Z/I	**Vergabekriterien - Vertragsbedingungen**	**Zielwert**
K	Zahlungsziel [Tage]	90
K	Haftung [EUR]	3 Mio EUR
Q	Gewährleistung [Jahre]	2
K	Versicherung [EUR]	3 Mio EUR
I	Nutzungsrechte [Art]	Exklusiv
Z	Liefertermin [Datum]	30. Dez
Kosten		
K	**Vergabekriterien - Kostenpositionen**	**Zielwert**
K	Einstandspreis Maschine	750.000
K	TCO-Kosten-Schulung & Produktions-Set-up	15.000
K	TCO-Kosten-Energie	125.000
K	TCO-Kosten-Wartung/Instandhaltung	250.000
Gesamtkosten		**1.140.000**

Vor Abschluss des Ausschreibungsdesigns kann die Transaktions-Scorecard auch genutzt werden, um das Leistungsverzeichnis nochmals zu validieren. Dabei ist kritisch zu hinterfragen, ob die inhaltlichen Anforderungen so gestaltet wurden, dass die Transaktionsziele in der Praxis auch erreicht werden können. Gleichzeitig ist zu prüfen, ob die Ziele realistisch sind und im Einklang mit der Sourcing-Strategie der Materialgruppe stehen. Durch diese wechselseitige Betrachtung soll ein Gleichgewicht zwischen den inhaltlichen Anforderungen einer Ausschreibung, den dabei erwarteten Zielstellungen sowie den strategischen Vorgaben der Procurement-Funktion abgesichert werden.

4.1.9   Validierung der Lösungen

Die Qualität des Ausschreibungsdesigns äußert sich am Ende in der Qualität der Angebote. An dieser Stelle sollte ein Auge darauf geworfen werden, in welcher Präzision in der Praxis Angebote eingehen, wie gut die angefragten Preisstrukturen später im Angebotsvergleich für Transparenz sorgen und in welchem Umfang die eigenen Vorstellungen zu Vertragsbedingungen im Markt durchsetzbar sind.

Auf Basis der Analyseergebnisse können mögliche Veränderungen zur konkreten Ausgestaltung von Leistungsverzeichnissen, Bietermindestanforderungen, Preisblättern und Vertragsbedingungen abgeleitet und ihre Wirkung kritisch bewertet werden. Am Ende stehen Schlussfolgerungen zur Verbesserung des Ausschreibungsdesigns. Wird dieser Zyklus der Selbstreflexion regelmäßig durchlaufen, erfolgt eine kontinuierliche Weiterentwicklung der Ausschreibungsqualität.

4.2   Bieterkreisabstimmung

In der Bieterkreisabstimmung geht es um die Selektion der potenziellen Lieferanten für ein Vergabeprojekt. Damit wird der Projektmarkt festgelegt und die Voraussetzungen für Wettbewerb geschaffen.

4.2.1   Ziele der Bieterkreisabstimmung

Die zentrale Herausforderung der Bieterkreisabstimmung besteht darin, wirklich qualifizierte Anbieter auszuwählen und gleichzeitig einen intensiven Wettbewerb initiieren zu können. Fachlich müssen die Bieter dabei den folgenden Ansprüchen genügen:

- Sichere Erfüllung der Qualitätsanforderungen einer Ausschreibung

- Sichere Erfüllung der Zeit- bzw. Flexibilitätsanforderungen einer Ausschreibung

- Sichere Erfüllung der Innovationsanforderung einer Ausschreibung

Eine professionelle Bieterkreisabstimmung soll in Summe einen starken Projektwettbewerb ermöglichen und die Generierung eines Kosten-Nutzen-Optimums unterstützen. Damit wird ein wichtiger Stärkefaktor in den Procurement-Operations adressiert und die Ergebnisseite direkt unterstützt:

Stärke der Procurement-Funktion in den Operations

- SPFO03 – Bieterkreismanagement: Ein starker Projektmarkt befördert Wettbewerb.

Abbildung 4.17 Ziele der Aufgabe PO02 – Bieterkreisabstimmung

Aufgaben-Power-Ergebnis-Matrix (APEM)																																				
	Die Procurement-Aufgabe PO02 bewirkt jeweils Power																																	Ergebnis-		
	im Unternehmen								in Märkten								in der Funktion								in den Operations								beitrag in			
Wirkung / **Aufgaben**	SPFU01	SPFU02	SPFU03	SPFU04	SPFU05	SPFU06	SPFU07	SPFU08	SPFM01	SPFM02	SPFM03	SPFM04	SPFM05	SPFM06	SPFM07	SPFM08	SPFP01	SPFP02	SPFP03	SPFP04	SPFP05	SPFP06	SPFP07	SPFO01	SPFO02	SPFO03	SPFO04	SPFO05	SPFO06	SPFO07	SPFO08	Kosten	Qualität	Zeit	Innovation
PO02 - Bieterkreis- abstimmung																										●						■	■	■	■

4.2.2 Anforderungen an Lösungskonzepte

Zur Auswahl qualifizierter Lieferanten ist es erforderlich, auf Basis der Ausschreibungsanforderungen ein Lieferanten-Pooling vorzunehmen, aus dem die konkrete Bieterauswahl erfolgen kann. Realisiert man aber, dass jede Vergabe für die Fachbereiche auch ein Risiko darstellt, wird deutlich, dass emotionale und „weiche Faktoren" eine wichtige Rolle bei dieser Aufgabe spielen. Daher setzt man bei der Lieferantenauswahl gerne auch auf persönliche Erfahrungen und Vertrauen. Diese „nicht-rationalen Faktoren" prägen in der Praxis die Bieterkreisabstimmung wesentlich mit und müssen beherrscht werden. Daher sind im Auswahlverfahren alle Beteiligten in die Abstimmung zu integrieren.

Entsteht ein Bieter-Set, in dem alle Bieter wirklich Vertrauen genießen, ist die Basis für einen echten Wettbewerb gelegt. Werden diese Erfolgskriterien nicht ausreichend berücksichtigt, entsteht die Gefahr eines Scheinwettbewerbs. In der Praxis führt das nicht selten zu einer „Hidden-Agenda". Lieferanten bekommen in der Bieterkreisabstimmung ihre Freigabe, obwohl diese Freigabe nicht ehrlich gemeint ist. Sie wird nur ausgesprochen, um im internen Interessensgeflecht für „Frieden" zu sorgen oder um formale Unternehmensregeln einzuhalten. Nach erfolgter Bieterkreisabstimmung ist dann hinter vorgehaltener Hand die Wahrheit zu hören: „Wir mussten die Bieter im Bieter-Set aufnehmen, damit wir Wettbewerb haben – das Unternehmen will es ja so." „Eigentlich können es Bieter zwei und drei nicht." „Bieter vier wird sich sicher durchsetzen, das ist doch klar."

Kommt es zu einer „Hidden-Agenda", hat das für die anstehenden Verhandlungen eine fatale Wirkung. Man kann davon ausgehen, dass im Vergabeverfahren der Bieter durch die Fachbereiche starkgemacht wird, den man haben möchte. Alle anderen werden schwachgeredet. Der favorisierte Bieter soll dann – mit voller Stärke ausgestattet – später in der Verhandlung wieder unter Bewegungsdruck gesetzt werden. Schlechtere Voraussetzungen für Verhandlungen kann man sich nicht selber schaffen. Daher ist es aus der Perspektive der Verhandlungsmacht wichtig, nur mit einem wirklich akzeptierten Bieterkreis in das weitere Verfahren einzusteigen.

Damit es zu einer guten Bieterkreisabstimmung kommt, braucht es in der Procurement-Funktion Mitarbeiter, die in der Lage sind, die unterschiedlichen Interessen im Unternehmen zu verbinden und Brücken zu bauen, die von allen akzeptiert werden.

4.2.3   Lösungen: Lieferanten-Pooling

Die Zusammenstellung möglicher Lieferanten erfolgt im Lieferanten-Pooling. In der Regel werden zunächst die Fachbereiche ihre Wunschlieferanten benennen. Sachlich wird die Benennung dabei maßgeblich von folgenden Fragestellungen gelenkt:

- ■ Wird der Lieferant unsere konkreten Anforderungen als Fachbereich verstehen?

- ■ Hat der Lieferant das erforderliche Know-how?

- ■ Hat der Lieferant die erforderlichen Kapazitäten?

- ■ Welchen Stellenwert haben wir als Fachbereich beim Lieferanten im Problemfall?

- ■ Haben wir mit dem Lieferanten Erfahrungen/Beziehungen, die uns Sicherheit geben?

Die Lieferantenvorschläge werden insbesondere von den letzten beiden Fragestellungen stark beeinflusst. Sie prägen das Gefühl, ob man sich als Fachbereich in der Zusammenarbeit in Sicherheit oder in ein nicht beherrschbares Risiko begibt. Hinzu kommt, dass viele Lieferanten ein professionelles Vertriebsmanagement betreiben und somit in die Fachbereiche ein gutes Netzwerk haben, das am Ende in „generelles Vertrauen" mündet. All das sind gute Gründe, die die Formulierung von Lieferantenvorschlägen nachvollziehbar beeinflussen, aber auch mit Risiken behaftet sind. Dominieren nämlich operatives Risikomanagement und persönliche Beziehungen die Vorschläge, kann sich hieraus eine verengte Sicht für Alternativen und Potenziale ergeben. Darüber hinaus können Abhängigkeiten entstehen oder Compliance-Anforderungen verletzt werden. Oft verläuft der Übergang zu korruptem oder korruptionsnahem Verhalten fließend.

Daher ist es sinnvoll, die Sichtweise der Fachbereiche in den Kontext der Wettbewerbsperspektive zu stellen. Unter dem Fokus Wettbewerb kann die Procurement-Funktion die vorgeschlagenen Lieferanten bewerten und ggf. die Streichung von Lieferanten befürworten oder auch weitere Vorschläge hinzufügen. Dies sollte in kooperativer Diskussion mit den Fachbereichen geschehen. Am Ende ist eine gemeinsame Sicht auf das Lieferanten-Set wichtig.

Basis dieser Diskussion ist das in der Sourcing-Strategie erarbeitete Lieferanten-Set einer Materialgruppe. Wurde an dieser Stelle gut zusammengearbeitet, sollte eine große Deckung zwischen den Vorstellungen von Fachbereich und Procurement-Funktion bestehen. Wurde dort nicht – oder nur scheinbar – gut zusammengearbeitet, treten im Tagesgeschäft spätestens an dieser Stelle Konflikte auf.

Die so gestaltete Lieferantenübersicht kann durch einen aktuellen Blick in die Märkte ergänzt werden. Dort kann hinterfragt werden, ob sich neue Lieferanten interessant machen. Lieferanten, die bisher nicht im Fokus des Unternehmens standen, aber mit neuen Ideen als Innovatoren auf dem Markt sichtbar werden. Sie können bewusst mit in den erweiterten Bieterkreis aufgenommen werden, um ihre Leistungsfähigkeit im Praxisfall zu testen.

Darüber hinaus ist zu prüfen, ob es weitere Partner im Unternehmen gibt, die an der Platzierung von Lieferanten ein begründetes Interesse haben. Beispielhaft kann der Vertrieb genannt werden. Die Berücksichtigung von Gegengeschäftspartnern ist unternehmensintern ein kritischer Punkt und wird oft vernachlässigt. Arbeitet z.B. der Vertrieb eines Lkw-Herstellers bei einem Kunden aus der Entsorgungswirtschaft am Verkauf von 100 LKW, kann es wichtig sein, diesen Kunden auch bei der Ausschreibung von attraktiven Entsorgungsdienstleistungen mit zu berücksichtigen.

Werden solche Interessen nicht beachtet, können schwere Auseinandersetzungen innerhalb des Unternehmens entstehen. Werden jedoch Gegengeschäftspartner im Lieferantenkreis berücksichtigt, braucht es klare Spielregeln für den Umgang mit diesen. Zum Ersten ist sicherzustellen, dass diese auch die Mindestanforderungen an die geforderte Leistungsfähigkeit erfüllen. Zweitens ist zu klären, wie bei der Vergabeentscheidung vorzugehen ist, falls der Gegengeschäftspartner nicht das beste Angebot abgegeben hat. Um den Vertrieb zu unterstützen, können z.B. Wertgrenzen festgelegt werden, um wie viel das Angebot des Gegengeschäftspartners den Wert des besten Angebots überschreiten darf, um dennoch den Auftrag zu erhalten. Im Gegenzug müsste sich der Vertrieb verpflichten, die entstehenden Mehrkosten zu tragen, z.B. durch einen Budgetübertrag auf die betroffenen Fachbereiche.

Abbildung 4.18   Lieferanten-Pooling

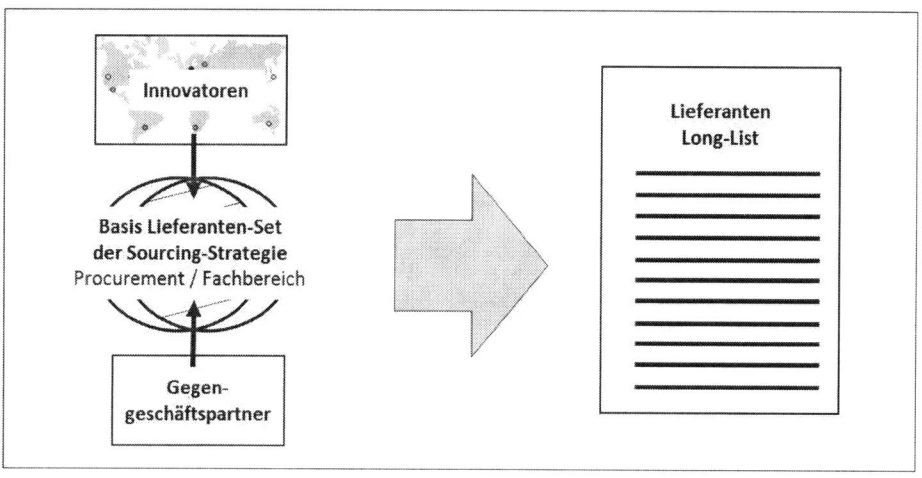

Im Ergebnis des Lieferanten-Pooling steht eine „Lieferanten-Long-List". Sie umfasst alle Bieter die prinzipiell in einem Vergabeverfahren als geeignet erscheinen [156].

4.2.4   Lösungen: Bieterkreisauswahl

In der Bieterkreisauswahl geht es darum, die Lieferanten aus der „Lieferanten-Long-List" auszuwählen, die im Vergabeverfahren angefragt werden sollen. Es entsteht eine abgestimmte „Request-for-Quotation-List" (RFQ-List). Um systematisch zu einer RFQ-List zu gelangen, sind Bewertungskriterien zur Lieferantenauswahl und ein abgestufter Auswahlprozess festzulegen. Am Anfang steht dabei die Bestimmung der Bewertungskriterien:

■ **Okay - Kriterien**: Hier handelt es sich um Kriterien, die zu einer direkten Setzung eines Lieferanten auf die RFQ-List führen. Dies kann z.B. der Fall sein, wenn ein Gegengeschäftspartner „gesetzt" wird, eine Vereinbarung mit Lieferanten zur Berücksichtigung in Vergabeverfahren getroffen wurde (vgl. Lieferantenpläne Kap. 3.7.8) oder bewusst ein neuer, bisher unbekannter Lieferant (Innovator) getestet werden soll.

- **K.-o. - Kriterien:** Bei diesen Kriterien handelt es sich um Ausschlusskriterien, wie z.B. die Bietermindestanforderungen. Alle Lieferanten, von denen man weiß, dass sie nicht alle Kriterien erfüllen, dürfen nicht weiter berücksichtigt werden.

- **Leistungskriterien:** Aus dem Ausschreibungsdesign ist ein fachlicher Kriterienkatalog abzuleiten, der die Ansprüche an die Leistungsfähigkeit der Bieter konkret macht. Die Leistungskriterien können dann mit einem einfachen Scoring-Verfahren hinterlegt werden, z.B.:

  - 5 - Anforderungen werden übererfüllt
  - 4 - Anforderungen werden voll erfüllt
  - 3 - Anforderungen werden bis auf Ausnahmen erfüllt
  - 2 - Anforderungen werden in weiten Bereichen nicht erfüllt
  - 1 - Anforderungen werden überhaupt nicht erfüllt

Zur Operationalisierung der Kriterien ist ein geeigneter Auswahlprozess festzulegen und von der Procurement-Funktion zu steuern. Der Auswahlprozess sollte – im Einklang mit der Sourcing-Strategie – mit einer angemessenen Anzahl der auszuwählenden Bieter gekoppelt werden. Zur Umsetzung der quantitativen Begrenzung ist die RFQ-List in eine priorisierende Reihenfolge zu bringen. Dabei stehen die durch Okay-Kriterien gesetzten Lieferanten oben. Die anderen Lieferanten folgen in der Reihenfolge ihres Leistungs-Scorings. Die RFQ-List wird am Ende bei der vorgesehenen Anzahl von Lieferanten „abgeschnitten".

Abbildung 4.19　　Strukturierte Bieterkreisauswahl

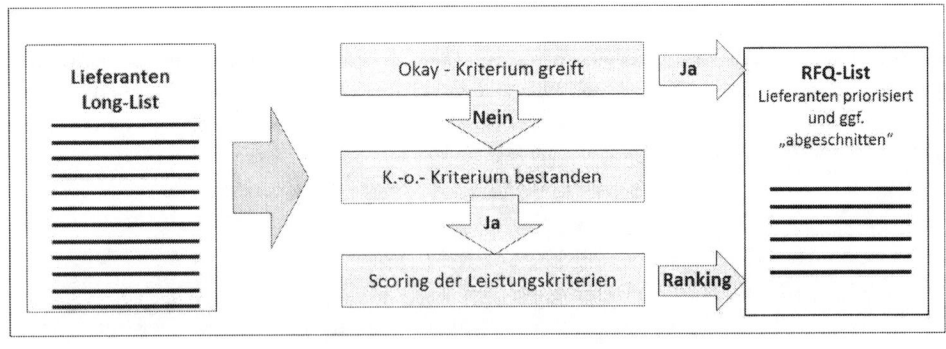

4.2.5   Validierung der Lösungen

Die Güte der Bieterkreisabstimmungen wird in der Qualität der realisierten Projektmärkte deutlich. Dazu kann hinterfragt werden, wie gut die Vorgaben der Sourcing-Strategien umgesetzt wurden. Strategische Marktvorgaben und realisierte Projektmärkte sind abzugleichen. Treten Diskrepanzen auf, sind Maßnahmen zur Optimierung der Bieterkreisabstimmung zu ergreifen.

Ein weiterer Fokus kann auf die Wettbewerbswirkung der realisierten Märkte gelegt werden. Es ist zu prüfen, ob die Projektmärkte wirklich zu Wettbewerbsdruck geführt haben. Dazu ist zu analysieren, welche Ergebnisse in den Vergabeverfahren erzielt wurden. In Negativfällen sind die Gründe dafür herauszuarbeiten. So kann es etwa sein, dass die Lieferanten-Set Vorgaben der Sourcing-Strategie nicht marktgerecht sind. Entsprechende Anpassungsmaßnahmen wären erforderlich.

4.3   Anfragekoordination

Durch eine Anfrage wird die aktive Marktkommunikation mit den Bietern gestartet. Dazu stellt das Unternehmen den Bietern alle erforderlichen Informationen über das Vergabeprojekt zur Verfügung und fordert sie zur Angebotsabgabe auf.

4.3.1   Ziele der Anfragekoordination

Im Kern geht es bei der Anfragekoordination um die Gestaltung eines geordneten Verfahrens der Angebotsakquise. Dabei sind die folgenden Erfolgsfaktoren zu beherrschen:

■ **Transparente Kommunikation der Anfrageinhalte:** Allen Bietern werden in gleicher Art und Weise die gleichen Inhalte der Anfrage zugänglich gemacht. Zu allen offenen Punkten, die für eine Angebotserstellung von Relevanz sind, erfolgt eine Klärung.

■ **Stringente Anfrageprozesse:** Im Anfrageprozess wird dafür gesorgt, dass alle Abläufe klar, gut aufeinander abgestimmt und in ihrer Durchführung transparent sind. Das beinhaltet insbesondere ein stringentes Management von Fristen, juristischen Rahmenbedingungen und den Regeln zur Interaktion – ganz im Sinne eines fairen Wettbewerbs.

■ **Strategische Wettbewerbspositionierung:** Mit dem Anfrageprozess wird den Bietern Ernsthaftigkeit und Kompetenz im Vergabeverfahren vermittelt. Die Bestimmtheit im Vorgehen bestärkt bei den Bietern das Gefühl, sich in einem präzise gesteuerten Wettbewerb zu bewegen. Das motiviert zur Abgabe guter Angebote.

In Summe unterstützt die Anfrage so wesentlich die Generierung hochwertiger Angebote und befördert die Wettbewerbsbereitschaft der Bieter. Damit wird die Stärke der Procurement-Funktion in den Operations direkt unterstützt und die Ergebnisseite indirekt positiv mit beeinflusst.

Stärke der Procurement-Funktion in den Operations

■ SPFO04 – Anfragemanagement: Der Anfrageprozess ist straff und kompetent geführt.

Abbildung 4.20 Ziele der Aufgabe PO03 - Anfragekoordination

Aufgaben-Power-Ergebnis-Matrix (APEM)								
	Die Procurement-Aufgabe PO03 bewirkt jeweils Power							Ergebnis-
	im Unternehmen	in Märkten	in der Funktion	in den Operations				beitrag in
Wirkung / **Aufgaben**	SPFU01–SPFU08	SPFM01–SPFM08	SPFP01–SPFP07	SPFO01 SPFO02 SPFO03 SPFO04 SPFO05 SPFO06 SPFO07 SPFO08				Kosten Qualität Zeit Innovation
PO03 - Anfrage-koordination				●				■ ■ ■ ■

4.3.2   Anforderungen an Lösungskonzepte

Zur Umsetzung einer erfolgreichen Anfrage braucht es eine klare und verbindliche Interaktion mit den Märkten. Zur Kommunikation der Anfrageinhalte kann dabei auf die Arbeitsergebnisse des Ausschreibungsdesigns zurückgegriffen werden. Begleitend müssen stringente Eckpunkte zu Terminen und anderen Rahmenbedingungen gesetzt werden. Die Ausgestaltung dieser Eckpunkte ist eine rationale Aufgabe, die strukturiert abgearbeitet werden kann. In der Umsetzung des Anfrageprozesses kommt es für den Erfolg dann wesentlich auf die Persönlichkeit der Mitarbeiter. Nur wenn die Mitarbeiter in der Procurement-Funktion standfest sind und in der Anfrage die Vorgaben eingehalten werden, sorgt dies für Respekt bei den Marktteilnehmern. Das gilt insbesondere dann, wenn die Marktteilnehmer im Verfahren versuchen, „individuell" aus den Anfragevorgaben auszubrechen.

4.3.3   Lösungen: Kommunikation der Anfrageinhalte

Zur Kommunikation der Anfrageinhalte werden den Bietern die Ausschreibungsunterlagen übermittelt. Aus dem Leistungsverzeichnis, der Nachweisliste zu Bietermindestanforderungen, dem Preisblatt inklusive aller erforderlichen Anlagen und den Vertragsbedingungen wird eindeutig klar, was gefordert ist und wie Angebote abgegeben werden sollen (vgl. Kapitel 4.1).

4.3.4   Lösungen: Rahmenbedingungen der Anfrage

Für eine stringente Umsetzung der Anfrage sollten insbesondere die folgenden organisatorischen Eckpunkte vorgegeben werden:

■ **Generelle Rahmenbedingungen der Anfrage:** Vorgabe der Kommunikationsmittel, Akzeptanz der Anfragebedingungen als Voraussetzung für die Annahme von Angeboten, Prozess zur Beibringung von geforderten Nachweisen, Vorgaben zur Verbindlichkeit von Angeboten, Regelungen zur Kostenfreiheit von Angeboten.

■ **Ablauf der Anfrage:** Terminierung der Angebotsfrist, Vorgabe der Bindefrist für Angebote, Terminierung von Begehungen oder Bieterbesuchen, Terminierung von Nachfragefristen etc.

■ **Ansprechpartner der Anfrage:** Benennung der Ansprechpartner im Fachbereich und der Procurement-Funktion des Unternehmens.

■ **Rückfrageprozess zur Anfrage:** Thematische Zuordnung von Frageinhalten zu den Ansprechpartnern, Festlegung der Form von Rückfragen, Festlegung der Antwortverfahren.

■ **Vorgaben zur Angebotsbearbeitung:** Vorgaben für die Vollständigkeit der Angebote, die Nutzung von Vorgabeformularen und die Autorisierung der Angebote. Festlegung eines Verfahrens zur Änderung von Angeboten. Ggf. weitere Regelungen zum Umgang mit Nebenangeboten.

■ **Informationen zur Angebotsbewertung:** Ggf. Kommunikation von Bewertungsmatrizen und Bewertungsschwerpunkten.

Die Rahmenbedingungen zur Steuerung des Anfrageprozesses können der Anfrage auf einem gesonderten Formular beigefügt werden. Sie sorgen für einen offenen und fairen Wettbewerb der Bieter.

4.3.5   Lösungen: Umsetzung der Anfrage

Ob der Anfrageprozess in der Praxis wirklich zu einem fairen Wettbewerb führt, hängt maßgeblich von seiner Umsetzung ab. Grundsätzlich bedürfen Anfragen keiner speziellen Form [157]. Die Umsetzung kann jedoch durch Nutzung von DV-Tools unterstützt werden. Über Supplier-Portale, ERP-Systeme oder auch Procurement-Softwarelösungen ist es möglich, den kompletten Daten- und Informationsverkehr zu steuern. Gleiches gilt für das Management der Termine und die Dokumentation von Interaktionen mit den Bietern. Der aktuelle Stand der Anfrage kann so immer transparent und nachvollziehbar dargestellt werden. Diese Faktoren unterstützen einen professionellen Anfrageprozess. Sie wirken aber nur, wenn die beteiligten Menschen den Prozess wie geplant durchführen. Genau an dieser Stelle braucht es Konsequenz im Handeln. Wird hier zugelassen, dass Vorgaben gebrochen werden, ist den Bietern schnell klar, dass sie es auf der Einkaufsseite mit beeinflussbaren Partnern zu tun haben. Diese Erkenntnis kann sich in den Verhandlungen niederschlagen – zum Nachteil der Procurement-Funktion. Wesentlich ist zu beachten, dass Verhandlungsprofis nicht nur im eigenen Unternehmen agieren. Der „Faktor Mensch" spielt auch hier eine Rolle.

4.3.6   Validierung der Lösungen

Zur Validierung der Anfragekoordination können die durchgeführten Ausschreibungen unter den folgenden Aspekten genauer reflektiert werden:

■ Entsprechen die Anfragebedingungen den Prozessvorgaben des Unternehmens?

■ Wurden in der Angebotsphase alle Anfragebedingungen und –prozesse eingehalten?

Werden Abweichungen von den Unternehmensvorgaben des BANF-Prozesses festgestellt, ist sicherzustellen, dass diese Vorgaben zukünftig konsequent eingehalten werden (vgl. Kap. 3.1.4). Kommt es in der praktischen Umsetzung der Anfragen zu Regelverstößen, sind die folgenden Punkte zu hinterfragen:

■ Welche Anfragebedingung wurde verletzt?

■ Wie wurde die Anfragebedingung verletzt?

■ Von wem wurde die Anfragebedingung verletzt?

■ Handelt es sich um eine schwerwiegende Verletzung?

Bei schwerwiegenden Verstößen sollte eine Klärung „ad hoc", also zeitnah zum Verstoß erfolgen. Sind Bieter für Verstöße verantwortlich, ist ein Eskalationsprozess einzuleiten, der bis zum Ausschluss von Anfragen oder einem De-Listing aus dem Lieferanten-Set führen kann.

4.4   Angebotsauswertung

Als Ergebnis einer Anfrage liegen dem Unternehmen die Angebote der Lieferanten vor. Sie spiegeln die Antwort der Bieter auf die Ausschreibung wider und müssen bewertet werden. Um später mit den Bietern in eine systematische Verhandlung eintreten zu können, ist ein tiefgreifendes Verständnis für die Möglichkeiten und Grenzen des Projektmarktes erforderlich. Darum geht es im Kern in der Angebotsauswertung.

4.4.1   Ziele der Angebotsauswertung

Der Schlüssel zur Verhandlung von Kosten-Nutzen-Relationen liegt im Angebotsvergleich. Dabei geht es im ersten Schritt darum zu erkennen, ob die Bieter den Bedarf exakt decken und gleichzeitig die vorgegebenen Vertragsbedingungen einhalten. Werden diese Kriterien erfüllt, ist es wichtig, die wesentlichen inhaltlichen Stärken und Schwächen der Bieter sichtbar zu machen. Im zweiten Schritt erfolgt dann eine Analyse der Kostenstrukturen der Angebote. Auch hier gilt es, die Stärken und Schwächen der Bieter zu erkennen und Ansatzpunkte für Optimierungsmöglichkeiten zu identifizieren.

Im Ergebnis der Angebotsauswertung soll der Auftraggeber ein präzises Gefühl für die Chancen und Risiken einer Vergabe bekommen. Es muss klar sein, was im weiteren Vergabeverfahren „geht" und was „nicht geht". Damit werden erneut wichtige Stärkefaktoren der Procurement-Funktion adressiert und die Realisierung der Transaktionsziele indirekt über eine transparente Angebotslage unterstützt.

Stärke der Procurement-Funktion in den Operations

■ SPFO05 – Angebotsmanagement: Kosten- und Leistungsangebote sind transparent.

■ SPFO06 – Verhandlungsmanagement: Verhandlungsstellhebel sind identifiziert.

Abbildung 4.21   Ziele der Aufgabe PO05 – Angebotsauswertung

Aufgaben-Power-Ergebnis-Matrix (APEM)					
	Die Procurement-Aufgabe PO04 bewirkt jeweils Power				Ergebnis-beitrag in
	im Unternehmen	in Märkten	in der Funktion	in den Operations	
Wirkung **Aufgaben**	SPFU01 SPFU02 SPFU03 SPFU04 SPFU05 SPFU06 SPFU07 SPFU08	SPFM01 SPFM02 SPFM03 SPFM04 SPFM05 SPFM06 SPFM07 SPFM08	SPFP01 SPFP02 SPFP03 SPFP04 SPFP05 SPFP06 SPFP07	SPFO01 SPFO02 SPFO03 SPFO04 SPFO05 SPFO06 SPFO07 SPFO08	Kosten Qualität Zeit Innovation
PO04 - Angebots- auswertung				● ●	■ ■ ■ ■

4.4.2   Anforderungen an Lösungskonzepte

Um die geforderte Angebotstransparenz bereitstellen zu können, sind analytische Methoden erforderlich. Sie müssen den Herausforderungen der jeweiligen Beschaffungssituation entsprechen und im Analyseaufwand angemessen sein. In diesem Kontext empfiehlt sich ein gestufter Methodenansatz:

- Einfache Preisvergleiche (PV)
- Integrierte Kosten-Nutzen-Vergleiche (KNV)
- Komplexe Best-Value-Analysen (BVA)

Einfache Preisvergleiche erlauben es in simplen Standardvergaben, schnell und pragmatisch zur besten Lösung zu kommen. Integrierte Kosten-Nutzen-Vergleiche geben in komplexen und hochwertigen Vergaben einen detaillierten Überblick über die Leistungs- und Kostenstrukturen der Anbieter. In sehr komplexen und sehr hochwertigen Vergaben kann der Kosten-Nutzen-Vergleich weiter vertieft werden. Die Leistungsunterschiede in den Angeboten werden dann zusätzlich unter dem Fokus geldwerter Vor- bzw. Nachteile betrachtet. Sie führen in Best-Value-Analysen zu Vergleichspreisen, mit denen die Leistungsunterschiede der Angebote reflektiert werden können [168]-[170].

Für die Konzeption und Durchführung von Angebotsauswertungen braucht es kühle Analytiker, die in der Zusammenarbeit mit den Fachbereichen Angebote bewerten können, ohne sich durch „Gefühle" oder „interessensbelastete Einflüsse" lenken zu lassen. Qualität und Unabhängigkeit sind die zentralen Parameter, um zu wertvollen Erkenntnissen für die Verhandlung zu kommen.

4.4.3   Lösungen: Einfache Preisvergleiche

Der einfache Preisvergleich kommt in Standardvergaben zum Tragen. Er ist geeignet und ausreichend, wenn es um homogene und überschaubare Güter geht. Beispielhaft genannt seien Güter, wie z.B. Normteile, Katalogwaren oder auch standardisiertes IT-Zubehör. Dort sind Vergaben durch einfache Anforderungsausprägungen und einen gut beherrschbaren Qualitätsanspruch bestimmt. Das wiederum bedeutet, dass sich auch die Bieter in den Leistungsergebnissen und -prozessen nur wenig differenzieren.

Für die Vergabe kommt es daher bei Einhaltung wichtiger Basisparameter (K.-o.-Kriterien) häufig nur auf den besten Einstandspreis an. In der Praxis können einfache Preisvergleiche in zwei Schritten aufbereitet werden:

Schritt 1: Identifizierung und Prüfung der K.-o.-Kriterien

Zur Identifizierung der K.-o.-Kriterien sind die Leistungs- und Bedingungsparameter, die in der Vergabe unbedingt erfüllt werden müssen. Sie können aus der Transaktions-Scorecard der Vergabe entnommen werden (vgl. Abbildung 4.16). Beispielhaft für K.-o.-Kriterien können etwa die USB-Schnittstelle einer PC-Maus oder auch die Einhaltung von Zahlungszielen genannt werden. Anschließend ist in den Angeboten die Erfüllung der K.-o.-Kriterien zu prüfen. Im Vergabeverfahren werden nur die Bieter weiter berücksichtigt, die alle K.-o.-Kriterien erfüllen.

Schritt 2: Gegenüberstellung der Einstandspreise

Zur Gegenüberstellung der Einstandspreise können aus den Angeboten die Preispositionen extrahiert, in einer Übersicht zusammengefasst und mit den Zielpreisen verglichen werden. Auf dieser Basis sind Direktvergaben oder einfache Preisverhandlungen effizient durchführbar.

Abbildung 4.22   Beispiel „Einfacher Preisvergleich"

Einfacher Preisvergleich				
Ausschreibung: USB-Maus für Standard-PC; 2.000 Stück				
Prüfung der K.-o.-Kriterien	**Bieter A**	**Bieter B**	**Bieter C**	**Bieter D**
K.-o.-Kriterien-Leistungsverzeichnis sind alle erfüllt	ja	ja	ja	nein
K.-o.-Kriterien-Vertragsbedingungen sind alle erfüllt	ja	ja	ja	ja
Bieterfreigabe	**ja**	**ja**	**ja**	**nein**
Einfacher Preisvergleich				
Einstandspreise der Bieter in [EUR/Stück]	10,52	11,08	10,85	./.
Zielpreis in [EUR/Stück]	9,75			

4.4.4   Lösungen: Integrierter Kosten-Nutzen-Vergleich

Die Durchführung integrierter „Kosten-Nutzen-Vergleiche" empfiehlt sich insbesondere bei Gütern, die durch einen hohen Anspruch an Ausführungs- und Ergebnisqualität geprägt sind. Beispielhaft genannt seien Investitionsgüter, anspruchsvolle Dienstleistungen oder auch hochwertige Produktionsmaterialien. Dort ergeben sich aus den Leistungsanforderungen auch anspruchsvolle Prozesse zur Leistungserstellung. Da sich die von den Bietern vorgeschlagenen Lösungen unterscheiden können, ist eine umfassende Bewertung der Angebotsunterschiede sinnvoll. Im Ergebnis soll ein integrierter Blick auf die Nutzendifferenzierungen der Angebote erfolgen, der mit einer exakten Analyse der dahinter liegenden Kostenstrukturen untersetzt wird. Zur Durchführung integrierter „Kosten-Nutzen-Vergleiche" empfiehlt sich das im Folgenden dargestellte Vorgehen. Zu Beginn erfolgt eine detaillierte „Kosten-Nutzen-Analyse" der einzelnen Angebote:

■ **Schritt 1:** Identifizierung und Prüfung der K.-o.-Kriterien

■ **Schritt 2:** Differenzierte Bewertung der angebotenen Leistungsangebote

■ **Schritt 3:** Differenzierte Bewertung der angebotenen Vertragsbedingungen

■ **Schritt 4:** Differenzierte Auswertung der angebotenen Kostenstrukturen

Die Ergebnisse der Einzelanalysen können in einen kompakten „Kosten-Nutzen-Vergleich" aller Bieter zusammengeführt werden:

■ **Schritt 5:** Bereitstellung eines integrierten „Kosten-Nutzen-Vergleichs"

Auf Basis der durchgeführten Schritte 1 bis 5 sind die Schwerpunkte für die anstehenden Verhandlungen zu identifizieren und mit Stellhebeln zu hinterlegen:

■ **Schritt 6:** Analyse wichtiger Verhandlungsschwerpunkte

■ **Schritt 7:** Analyse der Verhandlungsstellhebel – Inhalte und Bedingungen

■ **Schritt 8:** Analyse der Verhandlungsstellhebel – Kostenstrukturen

■ **Schritt 9:** Zusammenfassung der Analysen für die Verhandlungsvorbereitung

Schritt 1: Identifizierung und Prüfung der K.-o-Kriterien

Die Identifizierung und Prüfung der K.-o.-Kriterien erfolgt analog zum vorgestellten Verfahren des einfachen Preisvergleichs. Die Ergebnisse der Prüfung können kompakt zusammengefasst werden, so dass ein schneller Überblick entsteht, ob ein Bieter alle Mindestanforderungen erfüllt hat oder nicht.

Abbildung 4.23   Kosten-Nutzen-Analyse: K.-o.-Kriterien

Integrierte Kosten-Nutzen-Analyse: Angebot Bieter A	
Ausschreibung:	Produktionsmaschine zum Fügen zweier Maßbleche durch Präzisionsnieten
Prüfung der K.-o.-Kriterien	
	Bieter A
K.-o.-Kriterien-Leistungsverzeichnis sind alle erfüllt	ja
K.-o.-Kriterien-Vertragsbedingungen sind alle erfüllt	ja
Freigabe des Bieters zum Auftrag	**ja**

Schritt 2: Bewertung der Leistungsangebote

Bei der Bewertung der Leistungsangebote geht es um die Aufbereitung der spezifischen Stärken und Schwächen einzelner Bieter. Es ist zu beurteilen, inwieweit sie die Leistungsanforderungen treffen. Zur Durchführung der Leistungsbewertung sollten zunächst die wesentlichen Leistungsanforderungen der Anfrage selektiert werden. Bei dieser Aufgabe kann man auf die Transaktions-Scorecard der Vergabe (vgl. Abbildung 4.16) zurückgreifen. Dort wurden die wichtigsten Leistungsfunktionen bzw. Produktpositionen der Ausschreibung bereits als „Vergabekriterien" ausgewählt und mit konkreten „Transaktionszielen" hinterlegt. Zur Ausdifferenzierung ihrer Bedeutung können die Vergabekriterien entsprechend ihrem Nutzwert gewichtet werden. Der Nutzwert der einzelnen Funktionen bzw. Produktpositionen wurde im „Target-Costing" (vgl. Kapitel 4.1.5) bereits bestimmt, so dass für die Gewichtung der Vergabekriterien die dort ermittelten Ergebnisse genutzt werden können.

Für eine Bewertung der Vergabekriterien können dann Scoring-Verfahren eingesetzt werden, die eine pragmatische Differenzierung wichtiger Leistungsunterschiede erlauben. Scoring-Verfahren lassen sich z.B. so konzipieren, dass für jedes Vergabekriterium zunächst das Transaktionsziel als Nullpunkt auf einer Bewertungsskala festgelegt wird. Ausgehend von diesem Nullpunkt können für positive bzw. negative Leistungsabweichungen Intervalle definiert werden. Dabei ist darauf zu achten, dass die Angebote inhaltlich diesen Intervallen eindeutig zuzuordnen sind. So wären z.B. für die Produktionskapazität einer

Maschine [Stück/Minute] mit einem K.-o.-Kriterium von [<40] und einem Transaktionsziel von [50] folgende Intervalle denkbar: [40-42]; [43-45]; [46-48]; [49-51]; [52-54]; [55-57], [>=58]. Diese Intervalle werden mit einem Punktesystem zur Bewertung untersetzt, z.B. über eine Skala von -3 bis +3.

Die Auswahl und Festlegung von Bewertungskriterien und –maßstäben ist dabei originäre Aufgabe der Fachbereiche, genau wie auch die Durchführung der Bewertung selbst. Die Ausarbeitung komplexer Bewertungsmatrizen ist dabei eine komplexe Aufgabe, die auch einen hohen kreativen Anspruch hat. Schließlich geht es darum, Lösungsvarianten zu durchdenken und zu bewerten. Bei dieser Aufgabe kann man sich auch an den Schritten 5 – 9 der Wertanalyse nach DIN 12973 orientieren (vgl. Kapitel 4.1.3).

In der Durchführung der Angebotsanalysen werden die Leistungen eines Bieters dann in die Bewertungsskala eingeordnet. Bei Anwendung der vorgestellten Methode entsprechen Leistungsergebnisse mit einem Punktwert von 0 genau der geforderten Leistung. Werte über 0 repräsentieren darüber hinausgehende und Werte unter 0 negativ davon abweichende Leistungen. Je besser und präziser die Bewertungsintervalle ausgearbeitet wurden, desto geringer ist die Unsicherheit in der Zuordnung. Sollten Unsicherheiten existieren, besondere Entscheidungskriterien für eine Zuordnung vorliegen oder auch wesentliche Leistungsmerkmale wichtig sein, sind diese in einem Kommentar zu dokumentieren. Damit wird die Nachvollziehbarkeit in der Bewertung abgesichert. Tabelle 4.3 macht das Prinzip des Vorgehens deutlich.

Tabelle 4.3   Leistungsbewertung - Kapazität Fügemaschine Bauteil A23654W2

Bewertungsskala	Kapazität [Stück/Minute]	Bewertung Bieter A
-3	40 - 42 Stück pro Minute	./.
-2	43 - 45 Stück pro Minute	./.
-1	46 - 48 Stück pro Minute	./.
0	49 - 51 Stück pro Minute	./.
1	52 - 54 Stück pro Minute	53 Stück , Angebot S. 74, Produktionstest
2	55 - 57 Stück pro Minute	./.
3	>= 58 Stück pro Minute	./.

Nach der vorgestellten Methode können die einzelnen Vergabekriterien bewertet und mit ihrem Nutzwertanteil gewichtet werden. Es ergibt sich für jedes Kriterium ein gewichteter Punktewert. Aus den gewichteten Einzelergebnissen kann eine zusammenfassende Bewertung der angebotenen Lieferantenleistung ermittelt werden. Abbildung 4.24 verdeutlicht die Systematik exemplarisch:

Abbildung 4.24   Kosten-Nutzen-Analyse: Leistungsbewertung

Integrierte Kosten-Nutzen-Analyse: Angebot Bieter A						
Ausschreibung:	Produktionsmaschine zum Fügen zweier Maßbleche durch Präzisionsnieten					
Prüfung der K.-o.-Kriterien						
						Bieter A
K.-o.-Kriterien-Leistungsverzeichnis sind alle erfüllt						ja
K.-o.-Kriterien-Vertragsbedingungen sind alle erfüllt						ja
Freigabe des Bieters zum Auftrag						ja
Bewertung-Leistungsverzeichnis						
Q/Z/I	Vergabekriterien - Leistungsverzeichnis	Gewichtung	Zielwert	Ist-Wert	Bewertung	Punkte	Kommentar
Z	Produktionskapazität [Stück/Minute]	30%	50	53	1	0,3	Produktionstest i. O.
Q	Fehlerrate [ppm]	20%	10	5	3	0,6	Maschinenfähigkeitsindex cmk i.O.
Q	Energieverbrauch [kwh/Stück]	10%	1,25	1,25	0	0	TCO Garantie i.O
I	Materialeinsatz [Anzahl Nieten]	20%	5	5	0	0	Fertigungsverfahren i. O.
I	Produktionsverfahren [Art]	20%	Radialnieten	Pressnieten	-1	-0,2	Materialbelastung nicht i. O.
					Punkte Leistung	**0,7**	

Wichtig ist, dass die Festlegung der Bewertungsgrundlagen bereits vor Öffnung der Angebote erfolgt. Wird dieser Arbeitsschritt erst nach Angebotssichtung durchgeführt, besteht die Gefahr einer „Hidden-Agenda". In diesem Fall steigt das Risiko, Bewertungskriterien am Angebot eines Wunschkandidaten auszurichten. Das hätte zur Folge, dass dieser bewusst stark gemacht wird. Für die Verhandlung wären ähnliche Folgen absehbar wie auch bei einer „Hidden-Agenda" in der Bieterkreisabstimmung. Das Ergebnis wäre „Null-Power in Procurement".

Schritt 3: Bewertung der Vertragsbedingungen

Neben den Leistungsinhalten spielen bei der Bewertung von Angeboten auch die Vertragsbedingungen eine wichtige Rolle. Mit ihnen wird nicht nur der Rahmen für die Vertragsumsetzung gesetzt, sondern auch die Kostenseite der Transaktion beeinflusst. Für eine Bewertung sind zunächst die relevanten Vertragsbedingungen zu identifizieren. An dieser Stelle kann man erneut auf die Transaktions-Scorecard zurückgreifen, da dort bereits die wichtigsten Vertragsbedingungen als Vergabekriterien ausgewählt wurden. Um der unterschiedlichen Bedeutung der einzelnen Vertragsbedingungen gerecht zu werden, sollte man sie anschließend für die Angebotsbewertung gewichten.

Eine pragmatische Methode zur Durchführung einer Gewichtung stellt der Paarvergleich dar. Bei dieser Methode werden die zu bewertenden Vertragsbedingungen in eine Matrix gebracht und nach folgendem Muster untereinander verglichen:

■ Bedingung A ist wichtiger als Bedingung B:

  – A = 2 Punkte
  – B = 0 Punkte

■ Bedingung A und B sind gleich wichtig:

- A = 1 Punkt
- B = 1 Punkt

■ Bedingung A ist weniger wichtig als Bedingung B:

- A = 0 Punkte
- B = 2 Punkte

Werden alle Bedingungen derart miteinander verglichen, ergibt sich für jeden Vergleich eine Punkteverteilung zwischen dem jeweiligen Vergleichspaar. Sind alle Vergleiche durchgeführt worden, können für jede Vertragsbedingung die insgesamt erzielten Punkte durch Summation ermittelt werden. Die erreichte Punktzahl ist am Ende durch die Anzahl der insgesamt vergebenen Punkte zu dividieren. Damit ergibt sich das Gewicht einer Vertragsbedingung im Kontext aller bewerteten Vertragsbedingungen. Die Tabelle 4.4 macht das Verfahren am Beispiel deutlich:

Tabelle 4.4   Beispiel für die Durchführung eines Paarvergleichs

Bedingung		A	B	C	D	E	F	Punkte	Gewicht
A	Zahlungsziel		0	1	1	2	0	4	13%
B	Haftung	2		2	1	2	1	8	26%
C	Gewährleistung	1	0		1	1	1	4	13%
D	Versicherung	1	1	1		1	1	5	17%
E	Nutzungsrechte	0	0	1	1		0	2	7%
F	Liefertermin	2	1	1	1	2		7	24%
							Gesamt	30	100%

Die Zielwerte für die Vertragsbedingungen können ebenfalls aus der Transaktions-Scorecard der Vergabe entnommen werden. An dieser Stelle gilt es dann, ergänzend die Abweichungsintervalle für die Angebotsbewertungen zu definieren. Hier ist die Procurement-Funktion gefordert. Bei Vertragsbedingungen mit Nähe zur Leistungserbringung, wie z.B. den Lieferterminen, braucht es dazu eine enge Abstimmung mit den Fachbereichen.

Tabelle 4.5   Bewertung von Vertragsbedingungen – Beispiel Zahlungsziel

Bewertungsskala	Zahlungsziel [Tage]	Bewertung Bieter A
-3	<=60 bis 69 Tage	./.
-2	70 bis 79 Tage	Zahlungsziel gem. Angebot Seite 34
-1	80 bis 89 Tage	./.
0	90 Tage	./.
1	91 bis 100 Tage	./.
2	101 – 110 Tage	./.
3	>= 111 Tage	./.

Auf Basis der vorgestellten Systematik können die Vertragsbedingungen analysiert, bewertet und die Ergebnisse in den bisherigen Stand der „Kosten-Nutzen-Analyse" eingefügt werden. Am Ende kann die Bedeutung der Leistungsinhalte und Vertragsbedingungen untereinander nochmals gewichtet werden, um die Teilergebnisse zu vernetzen:

Abbildung 4.25   Kosten-Nutzen-Analyse: Vertragsbedingungen

Integrierte Kosten-Nutzen-Analyse: Angebot Bieter A						
Ausschreibung:	Produktionsmaschine zum Fügen zweier Maßbleche durch Präzisionsnieten					
Prüfung der K.-o.-Kriterien						
						Bieter A
K.-o.-Kriterien-Leistungsverzeichnis sind alle erfüllt						ja
K.-o.-Kriterien-Vertragsbedingungen sind alle erfüllt						ja
Freigabe des Bieters zum Auftrag						ja
Bewertung-Leistungsverzeichnis						
Q/Z/I	Vergabekriterien - Leistungsverzeichnis	Gewichtung	Zielwert	Ist-Wert	Bewertung	Punkte	Kommentar
Z	Produktionskapazität [Stück/Minute]	30%	50	53	1	0,30	Produktionstest i. O.
Q	Fehlerrate [ppm]	20%	10	5	3	0,60	Maschinenfähigkeitsindex cmk i.O.
Q	Energieverbrauch [kwh/Stück]	10%	1,25	1,25	0	0,00	TCO Garantie i.O
I	Materialeinsatz [Anzahl Nieten]	20%	5	5	0	0,00	Fertigungsverfahren i. O.
I	Produktionsverfahren [Art]	20%	Radialnieten	Pressnieten	-1	-0,20	Materialbelastung nicht i. O.
					Punkte Leistung	0,70	
Bewertung-Vertragsbedingungen						
K/Q/Z/I	Vergabekriterien-Vertragsbedingungen	Gewichtung	Zielwert	Ist-Wert	Bewertung	Punkte	Kommentar
K	Zahlungsziel [Tage]	13%	90	70	-2	-0,26	Eigenverzinsung 8%
K	Haftung [EUR]	26%	3 Mio EUR	4 Mio EUR	1	0,26	Haftung > reales Risiko
Q	Gewährleistung [Jahre]	13%	2	2	0	0,00	Standard, ok
K	Versicherung [EUR]	17%	3 Mio EUR	4 Mio EUR	1	0,17	Versicherungsprämie zu hoch
I	Nutzungsrechte [Art]	7%	Exklusiv	Geteilt	-2	-0,14	Exklusivität für 12 Monate sichern
Z	Liefertermin [Datum]	24%	30. Dez	30. Nov	1	0,24	Zeitpuffer ausreichend
					Punkte Vertragsbedingungen	0,27	
		Punkte Gesamt (70% Leistung; 30% Vertragsbedingungen)				0,58	

Schritt 4: Bewertung der Kosten

Abschließend werden die Kosten des Angebots in den Kontext der Nutzenbewertung gestellt. Dazu sind aus dem Bieterangebot die Einstandspreise sowie ggf. weitere TCO-Kosten zu entnehmen. Die Struktur der Kostenbausteine ergibt sich dabei unmittelbar aus dem Preisblatt. Im Anschluss werden die einzelnen Kostenpositionen mit den korrespondierenden Zielpreisen aus der Transaktions-Scorecard verglichen. Im Ergebnis entsteht ein kompakter Überblick über die wesentlichen Kostenbausteine mit ihren Abweichungen zu den Zielpreisvorstellungen. Die „Drifting-Cost" werden sichtbar.

Mit der Kostenintegration wird die Kosten-Nutzen-Analyse eines Angebots abgeschlossen. Abbildung 4.26 gibt einen zusammenfassenden Überblick über diese Methode:

Abbildung 4.26   Kosten-Nutzen-Analyse: Gesamtüberblick

Integrierte Kosten-Nutzen-Analyse: Angebot Bieter A						
Ausschreibung:	Produktionsmaschine zum Fügen zweier Maßbleche durch Präzisionsnieten					
Prüfung der K.-o.-Kriterien						
						Bieter A
K.-o.-Kriterien-Leistungsverzeichnis sind alle erfüllt						ja
K.-o.-Kriterien-Vertragsbedingungen sind alle erfüllt						ja
Freigabe des Bieters zum Auftrag						ja
Bewertung-Leistungsverzeichnis						
Q/Z/I	Vergabekriterien - Leistungsverzeichnis	Gewichtung	Zielwert	Ist-Wert	Bewertung	Punkte	Kommentar
Z	Produktionskapazität [Stück/Minute]	30%	50	53	1	0,30	Produktionstest i. O.
Q	Fehlerrate [ppm]	20%	10	5	3	0,60	Maschinenfähigkeitsindex cmk i. O.
Q	Energieverbrauch [kwh/Stück]	10%	1,25	1,25	0	0,00	TCO Garantie i.O
I	Materialeinsatz [Anzahl Nieten]	20%	5	5	0	0,00	Fertigungsverfahren i. O.
I	Produktionsverfahren [Art]	20%	Radialnieten	Pressnieten	-1	-0,20	Materialbelastung nicht i. O.
					Punkte Leistung	0,70	
Bewertung-Vertragsbedingungen						
K/Q/Z/I	Vergabekriterien-Vertragsbedingungen	Gewichtung	Zielwert	Ist-Wert	Bewertung	Punkte	Kommentar
K	Zahlungsziel [Tage]	13%	90	70	-2	-0,26	Eigenverzinsung 8%
K	Haftung [EUR]	26%	3 Mio EUR	4 Mio EUR	1	0,26	Haftung > reales Risiko
Q	Gewährleistung [Jahre]	13%	2	2	0	0,00	Standard, ok
K	Versicherung [EUR]	17%	3 Mio EUR	4 Mio EUR	1	0,17	Versicherungsprämie zu hoch
I	Nutzungsrechte [Art]	7%	Exklusiv	Geteilt	-2	-0,14	Exklusivität für 12 Monate sichern
Z	Liefertermin [Datum]	24%	30. Dez	30. Nov	1	0,24	Zeitpuffer ausreichend
					Punkte Vertragsbedingungen	0,27	
		Punkte Gesamt (70% Leistung; 30% Vertragsbedingungen)				0,58	
Bewertung-Kosten						
K	Kostenpositionen aus dem Preisblatt			Zielpreis	Angebotspreis	Drifting-Cost	Kommentar
K	Einstandspreis Maschine			750.000	865.000	115.000	Materialeinsatz unklar
K	TCO-Kosten-Schulung & Maschinen-Set-up			15.000	10.000	-5.000	ok
K	TCO-Kosten-Energie			125.000	125.000	0	ok
K	TCO-Kosten-Wartung/Instandhaltung			250.000	285.000	35.000	Verschleiß zu hoch
Gesamtkosten				1.140.000	1.285.000	145.000	

Schritt 5: Bereitstellung eines integrierten Kosten-Nutzen-Vergleichs

Im „Kosten-Nutzen-Vergleich" werden die Einzelangebote der Bieter in einer zusammenfassenden Übersicht integriert. Sie macht die Gesamtstärken und -schwächen der unterschiedlichen Bieter deutlich.

Werden Kosten und Nutzen gemeinsam diskutiert, kann entschieden werden, welcher Bieter der günstigste ist – also wo Kosten und Nutzen im besten Verhältnis stehen. Mit den hinterlegten Einzelanalysen lässt sich ferner abstimmen, wie groß die Preisunterschiede zwischen den Leistungsdifferenzen sein dürfen, damit die Vergabe an einen teureren, aber besseren Bieter noch gerechtfertigt ist. Die Diskussion dieser Preisspanne ist wichtig, um am Ende aus einem integrierten „Kosten-Nutzen-Vergleich" auch zu einer Vergabeentscheidung unter Kosten-Nutzen-Gesichtspunkten zu kommen.

Abbildung 4.27   Integrierter Kosten-Nutzen-Vergleich

Integrierter Kosten-Nutzen-Vergleich						
Ausschreibung: Produktionsmaschine zum Fügen zweier Maßbleche durch Präzisionsnieten						
Angebotsnutzen: Bewertung der angebotenen Leistungen und Vertragsbedingungen						
Bieter	Leistungen	Bedingungen	Gewicht L /B	Gesamtpunkte	Ranking	Kommentar
A	0,49	0,09	70%/30%	0,58	1	Verfahren optimierbar, Zahlungsziel&Exklusivität kritisch
B	0,32	0,00	70%/30%	0,32	3	Fehlerrate kritisch, Kapazität nicht nachgewiesen
C	0,35	0,20	70%/30%	0,55	2	Kapazität und Energieverbrauch kritisch, Zahlungsziel top
Angebotskosten: Bewertung der angebotenen Preise						
	Zielpreis	Angebotspreis	TCO-Kosten	Gesamtkosten	Ranking	Kommentar
A	1.140.000	865.000	420.000	1.285.000	3	Top-Lösung, teilw. Over-Engineering.
B	1.140.000	810.000	370.000	1.180.000	1	Basislösung, knapp kalkuliert
C	1.140.000	805.000	460.000	1.265.000	2	Basislösung+; TCO-Kostenproblem

Schritt 6: Analyse von Verhandlungsschwerpunkten

Nachdem die Analyseergebnisse der Einzelangebote in einen integrierten „Kosten-Nutzen-Vergleich" überführt worden sind, kann das Augenmerk auf die Verhandlungsschwerpunkte gelegt werden. Dazu ist zu hinterfragen, in welchem Angebot welche Veränderungen maßgeblich sind, um zu einer Kosten-Nutzen-Verbesserung zu kommen. Dabei stehen die folgenden Themen im Fokus:

■ **Leistungsinhalte:** Auf Seite der Leistungsinhalte wird geprüft, welche Veränderungen im Leistungsangebot dazu führen würden, das Angebot im Hinblick auf seine Anforderungskonformität zu optimieren und gleichzeitig die Kosten zu senken:

- – Variation der Produktfunktionen
- – Variation der Produktpositionen
- – Variation der Leistungsparameter
- – Variation der Ausführungsqualität
- – Variation von Einsatzfaktoren (Mensch, Material, Betriebsmittel)
- – Variation von Verfahren und Methoden

■ **Vertragsbedingungen:** Entsprechend der Leistungsinhalte können auch bei den Vertragsbedingungen Variationen ermittelt werden, die eine weitere Optimierung der Kosten-Nutzen-Relationen ermöglichen:

- Variation von Lieferzeiten
- Variation von Lieferbedingungen
- Variation von Zahlungsbedingungen
- Variation von Nutzungsrechten
- Variation von Garantie- und Gewährsleistungsbedingungen
- Variation von Haftungs-und Versicherungsbedingungen
- Variation von Rücktritts- bzw. Kündigungsmodalitäten
- Variation von Sicherheiten
- Variation von Vertragsstrafen

■ **Kosten:** Auf Basis der Angebotsbewertungen können auch direkte Variationen von einzelnen Kostenbestandteilen geprüft werden. Dabei ist zu untersuchen, an welchen Stellen Preisbestandteile überzogen sind und Raum für direkte Preisreduzierungen zulassen, ohne dabei die Leistung zu verändern:

- Variation einzelner Preispositionen
- Variation von Preismodellen
- Variation von „TCO-Kosten"
- Variation von Nebenkosten

Schritt 7: Analyse der Verhandlungsstellhebel - Inhalte und Bedingungen

In einer Detailanalyse werden die identifizierten Verhandlungsschwerpunkte weiter im Hinblick auf ihre Potenziale für die Verhandlungsführung untersucht. Dazu sind die Wirkungen der ausgearbeiteten Variationen mit inhaltlichem Tiefgang zu bewerten. Eine geeignete Methode dafür ist die SWOT-Analyse. Mit ihr können Fachleute die Wirkung von Leistungs- bzw. Bedingungsvariationen im Dialog besprechen und Schlussfolgerungen für die Verhandlungsführung ziehen. Abb. 4.28 zeigt beispielhaft die Durchführung einer SWOT-Analyse auf.

Die Schlussfolgerungen und Potenziale der einzelnen SWOT-Analysen können in einer Tabelle zusammengefasst werden. Es entsteht ein fachlich fundierter Überblick zu den wesentlichen inhaltlichen Stellhebeln für die Verhandlung.

Abbildung 4.28   SWOT-Analyse

Verhandlungsschwerpunkt: Variation des Nietverfahrens auf Radialnieten		
S-Strengths	**W-Weaknesses**	**Schlussfolgerungen**
1. Höhere Verarbeitungs-präzision 2. Materialschonend 3. Werkzeugschonend	1. Mangelnde Erfahrung Lieferant 2. Längere Lieferzeit 3. Integration in Maschinenpark komplex	1. Veränderung des Nietverfahrens vorschlagen 2. Absicherung des Verfahrens durch Engineering-Training des Lieferanten im bestehenden Maschinenpark 3. Testphase um 20% verlängern 4. Höheren Aufwand von 15TEUR für Maschinenintegration und 10 TEUR für Engineering akzeptieren 5. TCO-Kostensenkung um 100 TEUR garantieren lassen
O-Opportunities	**T-Threats**	
1. Senkung der ppm um -5 2. TCO-Kosten Wartung: Senkung um -50TEUR 3. TCO-Kosten Energie: Senkung um -50TEUR	1. Lieferverzögerung um 2 Monate: Risk 100TEUR 2. Zusatzkosten Maschinen-integration + 15TEUR 3. Mehraufwand Engineering um + 10TEUR	**Potenzial der Kostensenkung um - 75 TEUR**

Schritt 8: Analyse der Verhandlungsstellhebel - Kosten

Neben den Effekten, die durch Leistungs- und Bedingungsvariation realisiert werden können, lohnt sich auch ein Blick auf die direkten Kostenpotenziale eines Angebots. Nicht selten existieren viele Möglichkeiten, direkte Preisanpassungen durch Aufbau von Wettbewerbsdruck zu realisieren. Ein direkter Vergleich der Bieter bei ihrer Preisbildung kann auf Detailebene Unterschiede sichtbar machen und Handlungsfelder für Reduzierungen eröffnen. Zur Identifizierung der monetären Stellhebel können analytische Verfahren, wie z.B. das „Target-Costing", die „partielle Preisstrukturanalyse" oder auch Methoden wie das „Linear Performance Pricing" (LPP) und die „multivariaten Kostenregressionsanalysen" (MKR) eingesetzt werden. Im Folgenden werden die einzelnen Verfahren und ihre Einsatzmöglichkeiten vorgestellt.

Die Methode des „Target-Costings" kann eingesetzt werden, um sowohl die Nutzwertkalkulation der Bieter untereinander als auch die innere Konsistenz der Einzelangebote im Hinblick auf ihr Kosten-Nutzen-Gleichgewicht zu überprüfen. Das in Kapitel 4.1.6 vorgestellte „Target-Costing-Chart" (vgl. Abb. 4.7) ist dazu ein geeignetes Analyseinstrument. Für jeden Anbieter können dort auf Positionsebene die Abweichungen zu den eigenen Ziel-Nutzwert- und Ziel-Kosten-Einschätzungen transparent gemacht werden. Zur Gegenüberstellung der Bieter lassen sich die einzelnen Charts in Excel-Listen zusammenführen. Diese Kostenaufbereitung ermöglicht die Diskussion kritischer Fragen zur Belastung von Kostenstrukturen. Typische Fragen sind z.B.:

■ An welchen Stellen weichen die Bieter generell und homogen von den Nutzwertein-schätzungen des Auftraggebers stark ab?

■ Bei welchen Einzelpositionen weichen einzelne Bieter in ihrer Nutzwerteinschätzung stark vom übrigen Projektmarkt ab?

■ An welchen Stellen weichen die Kostenanteile der Bieter insgesamt generell vom Nutzwert ab?

■ Bei welchen Einzelpositionen weichen einzelne Bieter im Kostenanteil stark von ihrem hinterlegten Nutzwertanteil ab?

Durch die Beantwortung dieser Fragen wird transparent, an welchen Stellen die Angebote Schwächen aufweisen. Das ergibt konkrete Ansatzpunkte, um die Verbesserung der Kos-ten-Nutzen-Relationen zu diskutieren. Darüber hinaus können spezifische Auffälligkeiten einzelner Bieter direkt über Angebotsvergleiche in Wettbewerbsdruck gebracht werden. Dieser Vergleichsdruck soll dazu führen, dass die Bieter an ihren individuellen Schwach-stellen arbeiten.

Ein weiteres Instrument zum Aufbau von Wettbewerbsdruck ist die „partielle Preisstruk-turanalyse" [159]. Bei dieser Methode werden (unabhängig von der Nutzwertbetrachtung der Angebote) die einzelnen Preisbausteine aller Bieter gegenübergestellt. Aus den jeweils günstigsten Teilangeboten wird ein fiktives „Best-Preis-Angebot" erzeugt, mit dem die Bieter in den Wettbewerb gestellt werden. Tabelle 4.6 macht das Verfahren deutlich.

Tabelle 4.6 Prinzip der partiellen Preisstrukturanalyse

Position / Bieter	A	B	C	D	E	F	Bester-Preis
Preisposition 1	100	90	110	115	125	95	90
Preisposition 2	255	210	225	205	200	225	200
Preisposition 3	174	220	195	185	190	190	174
Preisposition 4	100	108	112	110	125	110	100
Preisposition 5	215	195	185	195	215	220	185
Angebotspreis	844	823	827	810	855	840	749

In der „partiellen Preisstrukturanalyse" wird die Preisbildung der einzelnen Bieter mit der besten Lösung des Projektmarktes verglichen. Es ist zu diskutieren, was getan werden kann, um auch beim Verhandlungspartner zum Best-Preis-Angebot kommen zu können. Bei der Anwendung dieser Methode ist sicherzustellen, dass alle Bieter die Preispositionen einheitlich verstanden und inhaltlich vergleichbar umgesetzt haben, so dass auch die Leistungen vergleichbar sind. Diese Transparenz bringt Druck in den Wettbewerb.

Betrachtet man diese Sichtweise des Vergleichs genauer, ist die partielle Preisstrukturanalyse zusätzlich dazu geeignet, Missverständnisse einzelner Bieter in ihrer Angebotsgestaltung zu identifizieren. Man kann gezielt nachfragen, wie es in einzelnen Punkten zur Preisbildung gekommen ist. Oft reichen schon Verständniskorrekturen aus, um Bieter auf den Weg zurück in die Wettbewerbsfähigkeit zu führen.

„Partielle Preisstrukturanalysen" und „Target-Costing" sind gute Instrumente, um komplexe Kostenstrukturen zu vergleichen. Handelt es sich um Angebote, die sich in ihren Leistungen durch unterschiedliche Konzepte inhaltlich stark differenzieren, ist eher der Einsatz der „Target-Costing-Methode" sinnvoll. Je homogener die Leistungsangebote sind, desto besser eignet sich die „partielle Preisstrukturanalyse". In der Praxis werden beide Methoden auch hybrid eingesetzt.

Weitere typische Möglichkeiten zur Identifizierung von Kostensenkungspotenzialen liegen in der Anwendung der LPP- sowie MKR-Methoden [160]- [167].

Die LPP-Methode eignet sich insbesondere bei Gütern, deren Kostenentwicklung von einem spezifischen Kostentreiber linear abhängt. Daher ist diese Methode besonders für einfache Standardgüter geeignet. Sie ist z.B. anwendbar, wenn Güter in ihren wesentlichen Bestandteilen aus einem homogenen Rohstoff gefertigt werden, wie etwa bei Nägeln, Schrauben oder Rohrleitungen [160]. Bei der Analyse der Güter kommt es im ersten Schritt darauf an, genau zu erkennen, welcher Kostentreiber für die Preisbildung entscheidend ist [161]. So wäre beispielsweise in einem einfachen Elektrokabel mit einem vorgegebenen Leiterdurchmesser von 2,5 mm der Rohstoff Kupfer der entscheidende Faktor. Wenn der Kostentreiber identifiziert ist, können in einer Produktanalyse die in anderen Beschaffungsvorgängen gekauften Kabel gleicher Ausprägung bestimmt und ihre dortige Ausführung in Kabellänge und Preis aufbereitet werden. Anschließend werden die Werte für die aktuell angebotenen Kabel in die Zusammenstellung aufgenommen und den „Erfahrungswerten" gegenübergestellt.

Die Analyseergebnisse werden abschließend grafisch zusammengefasst (vgl. Abb. 4.29). Mathematisch kann dabei durch eine einfache lineare Regression die Regressionsgerade bestimmt werden. Wird die Regressionsgerade in die Grafik eingebracht, werden Kostenpotenziale in den aktuellen Angeboten gut sichtbar. Wird ein Potenzial erkannt, ist dies auf Grund der Faktenlage in der Regel auch gut zu argumentieren.

Abbildung 4.29   Prinzip LPP - Linear Performance Pricing

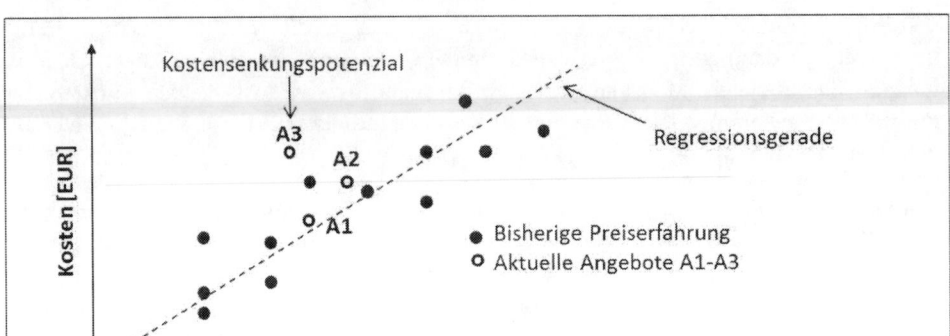

Bei vielen Gütern hat jedoch eine größere Anzahl von Parametern Einfluss auf die Preisbildung. So kommt es beispielsweise bei der Metallbearbeitung oft nicht nur auf den eingesetzten Rohstoff, sondern auch auf Größe, Form, Gewicht und Toleranzen eines Bauteils
an. Mit der MKR-Methode kann herausgearbeitet werden, welche Parameter wirklich
Einfluss auf die Preisbildung haben, wie hoch dieser Einfluss ist und in welchen Wechsel-
beziehungen dieser mit anderen Parametern steht [162][163]. Das Grundprinzip funktioniert dabei analog zur vorher beschriebenen einfachen linearen Regression der Methode
LPP, ist jedoch – bedingt durch die Vielzahl und die Variation der möglichen Einflusspa-
rameter – mathematisch wesentlich komplexer. Die mathematischen Modelle zur Durchführung multivariater Regressionsanalysen sind in der einschlägigen Fachliteratur gut
beschrieben. Ferner wird ihre Durchführung durch Statistiksoftwarepakete, wie z.B. SPSS,
unterstützt. Zur Vertiefung der mathematischen Vorgehensweise und der Softwaretools
sei an dieser Stelle auf die angeführten Quellen verwiesen, da diese speziellen Themen
nicht im Mittelpunkt dieses Buches stehen [162]- [167].

An dieser Stelle geht es eher um die Chancen und Risiken der Methode. Auf der Seite der
Risiken ist hervorzuheben, dass die Durchführung sehr aufwendig ist und umfassenden
methodischen Sachverstand verlangt. Ferner gibt es keine „Sicherheit" zur Identifizierung
von Parameterkorrelationen. Darüber hinaus können ggf. statistische Korrelationen unabhängig von fachlichen Kausalzusammenhängen auftreten, was die Interpretation der Ergebnisse ebenfalls schwierig machen kann [162]. Wegen des hohen Aufwands und der
verbleibenden Unsicherheiten sollte demnach genau geprüft werden, ob eine „multivariate
Kostenregressionsanalyse" in der Praxis wirklich sinnvoll ist. Dies kann z.B. dann der Fall
sein, wenn weder „partielle Preisstrukturanalysen" noch „Target-Costing-Analysen" zu
wesentlichen Erkenntnissen in Sachen Kostenpotenzialen geführt haben und gleichzeitig
keine klaren linearen Preisbildungsmechanismen greifen. Wenn also starke Unklarheit
über Kostenpotenziale und Preisbildungskausalitäten existiert, kann der zusätzliche Auf-

wand für eine Kostenregressionsanalyse richtig sein – sofern dem ein entsprechend hochwertiges und bedeutendes Beschaffungsprojekt entgegensteht.

Schritt 9: Zusammenfassung der Analysen zum Kosten-Nutzen-Vergleich

Die Ergebnisse des integrierten „Kosten-Nutzen-Vergleichs" können in einer zusammenfassenden Arbeitsunterlage für die anstehende Verhandlungsvorbereitung aufbereitet werden. Diese Unterlage sollte alle Informationen beinhalten, die für die Entwicklung von Verhandlungszielen, -strategien und die Auswahl von Verhandlungstaktiken erforderlich sind. Dazu empfiehlt es sich, die Unterlagen nach dem in Tabelle 4.7 aufgezeigten Muster zusammenzustellen.

Tabelle 4.7   Ergebnisunterlagen zum integrierten Kosten-Nutzen-Vergleich

Elemente	Inhalt der Anforderung
Kosten-Nutzen-Vergleich	Zusammenfassende Übersicht aller Ergebnisse der durchgeführten Angebotsauswertungen. Vergleiche Abbildung 4.27.
Kosten-Nutzen-Analysen	Hinterlegung des Gesamtvergleichs mit den durchgeführten Kosten-Nutzen-Analysen der Einzelangebote. Vergleiche Abbildung 4.26.
Verhandlungsschwerpunkte	Tabellarische Zusammenstellung der Verhandlungsschwerpunkte, sortiert nach Bietern.
Verhandlungsstellhebel	Tabellarische Auflistung der wesentlichen Verhandlungsstellhebel in Leistungsinhalten, Vertragsbedingungen und Kostenstrukturen, sortiert nach Bietern. Jeweils hinterlegt mit den Ergebnissen der zugehörigen SWOT-Analysen bzw. der eingesetzten Kostenanalysen.
Angebote-Back-up	Je Bieter eine strukturierte Anlage mit Anfrageunterlagen, Leistungsangebot, Preisangebot und Rückmeldungen zu Vertragsbedingungen.

Als Ergebnis des Kosten-Nutzen-Vergleichs steht nicht nur eine transparente Aufbereitung von Bieterstärken und –schwächen oder eine fundierte Analyse valider Verhandlungspotenziale und -stellhebel. Vielmehr ist auch der Weg der Analyse ein Ergebnis. Durch die intensive Auseinandersetzung mit den Angeboten kennt man sich in den Strukturen und Denkmustern der Bieter gut aus. Das sorgt für Beweglichkeit, Präzision und Geschwindigkeit im Verhandlungsdialog. Das ist ein wichtiger strategischer Verhandlungsvorteil, der nur durch gute und intensive Angebotsauswertungen aufgebaut werden kann.

4.4.5   Lösungen: Best-Value-Analysen

Je differenzierter in Vergaben die Leistungsunterschiede der Bieter sind und je stärker es auf optimale Kosten-Nutzen-Verhältnisse ankommt, desto komplexer werden in der Regel die Diskussionen. Bei sehr komplexen und sehr werthaltigen Vergaben, bei denen durch funktionale Ausschreibungen ganz bewusst auch sehr unterschiedliche Lösungsansätze abgefragt werden, kann es daher sinnvoll sein, die Perspektive der Leistungsdifferenzen direkt mit der Perspektive geldwerter Vor- oder Nachteile zu vernetzen. Typischerweise kommt dies in Vergaben im Rahmen von Wettbewerbspartnerschaften vor, wenn z.B. neue Technologien entwickelt werden oder es nach Vergaben zu langfristigen Abhängigkeiten kommt.

An dieser Stelle greift die „Best-Value-Analyse", die inhaltlich auf dem Konzept des „Total-Value-of-Ownership" (TVO) basiert, wie es z.B. von VOLLRATH vorgestellt wird [26]. Bei diesem Ansatz werden Leistungsabweichungen von den Soll-Anforderungen direkt mit einem Bonus-/Malus-System monetär bewertet. Es handelt sich also um eine partielle Vertiefung der integrierten „Kosten-Nutzen-Analyse". Durch die monetäre Bewertung von Leistungsabweichungen wird die Diskussion um gerechtfertigte Preisunterschiede konkret. Die Interpretationsspielräume zu akzeptablen Preisspannen werden kleiner und weniger abstrakt. Dieser Prozess ist jedoch mit sehr viel Aufwand verbunden. Daher sollte er nur dann betrieben werden, wenn die erwarteten Vorteile durch das Vergabeprojekt gerechtfertigt sind.

In der Durchführung der „Best-Value-Analyse" laufen exakt die gleichen Arbeitsschritte ab, wie sie in Kapitel 4.4.4 beschrieben wurden. Allerdings kommt es in den Arbeitsschritten

■ **Schritt 2:** Bewertung der Leistungsangebote

■ **Schritt 3:** Bewertung der Vertragsbedingungen

■ **Schritt 4:** Bewertung der Kosten

zu inhaltlichen Erweiterungen. Ferner wird die Bereitstellung des integrierten Kosten-Nutzen-Vergleichs in Schritt 5 wie folgt substituiert:

■ **Schritt 5:** Bereitstellung einer „Best-Value-Analyse"

In diesem Kapitel werden nicht erneut alle neun Arbeitsschritte im Detail erläutert. Es wird lediglich auf die wesentlichen Unterschiede zur Methodik des integrierten „Kosten-Nutzen-Vergleichs" abgestellt.

Der Kern der „Best-Value-Analyse" ist entsprechend des „Total-Value-of-Ownership-Konzeptes" die monetäre Bewertung von Angebotsabweichungen in Bezug auf definierte Anforderungsstandards [26]. Die Abweichungen werden präzise und im Einzelfall auf geldwerte Vor- bzw. Nachteile analysiert. Entsprechend erfolgt eine monetäre Bonus- bzw. Malus-Bewertung nach dem folgenden Muster [168]-[170]:

- **Das Angebot entspricht genau den Anforderungen:** Wenn eine Angebotsposition genau den ausgeschriebenen Anforderungen entspricht, kommt es zu einer präzisen Leistungs- bzw. Bedingungsdeckung. Bei einer Nutzenbewertung entsprechend der Systematik nach Kapitel 4.4.4 erfolgt eine Bewertung mit 0 Punkten. Eine weitere Berücksichtigung monetärer Bonus- oder Malus-Bewertungen ist nicht erforderlich.

- **Das Angebot übertrifft die Anforderungen ohne geldwerten Vorteil:** Übertrifft eine Angebotsposition die angefragten Anforderungen, erfolgt bei der Nutzenbewertung eine Bewertung von über 0 Punkten. So ist im Beispiel der Tabelle 4.3 bei einer Maschine eine Kapazität von 50 Stück pro Minute angefragt worden. Der Bieter hat eine Kapazität von 53 Stück pro Minute angeboten. Diese Kapazität übertrifft die Soll-Anforderungen und wurde bei der Nutzenbewertung mit 1 Punkt bewertet. An dieser Stelle ist zu hinterfragen, ob dieser Leistungsvorteil auch wirklich mit einem geldwerten Vorteil verbunden ist. Wäre beispielsweise die Maschine in einer komplexen Fließfertigung verkettet, die auf eine maximale Kapazität von 50 Stück pro Minute getaktet ist, könnte dieser Leistungsvorteil in der Praxis gar nicht genutzt werden. Hier würde keine Bonus- bzw. Malus-Bewertung vorgenommen. Das Leistungsangebot ist positiv, wirkt sich aber monetär nicht aus.

- **Das Angebot übertrifft die Anforderung mit geldwertem Vorteil:** Kommt es jedoch durch die Übertreffung einer Anforderung zu einem geldwerten Vorteil, ist dieser monetär zu berücksichtigen. Würde beispielsweise die oben angeführte Maschine autark betrieben und gäbe es aufgrund von validen Marktprognosen zeitweise Marktkapazitäten, die zusätzlich bedient werden könnten, wäre zu hinterfragen, welcher zusätzliche Gewinn sich dadurch ergäbe. Wären dies beispielsweise 75.000 EUR, würde dieser Wert dem Bieter als Bonus gutgeschrieben. D.h., sein Angebot darf im Vergleich zu einem Bieter, der die Standardanforderungen erfüllt, maximal 75.000 EUR teurer sein, um den Zuschlag zu erhalten. Wäre der Bieter etwa 50.000 EUR teurer als der Standardbieter, so würde er den Zuschlag bekommen, da am Ende durch den erwarteten Zusatzgewinn ein Vorteil von 25.000 EUR bliebe.

- **Das Angebot unterschreitet die Anforderung ohne geldwerten Nachteil:** Unterschreitet ein Angebot die angefragten Anforderungen, würde der Bieter in der Nutzenbewertung mit einem Punktwert kleiner 0 bewertet. Im Anschluss wäre zu hinterfragen, ob dieser Nachteil auch mit einem geldwerten Nachteil verbunden ist. Überschreitet beispielsweise ein Bieter einen vorgesehenen Liefertermin für eine Maschine um 15 Tage, so wäre dies kein Kosten-Nachteil, wenn der Produktionsbeginn erst nach 30 Tagen vorgesehen und die Integration der Maschine bis dahin ohne Probleme abgesichert ist.

In diesem Fall gibt es auch kein monetäres Risiko. Demnach würde diese Abweichung von den Anforderungsstandards nicht mit einer Malus-Bewertung belegt.

■ **Das Angebot unterschreitet die Anforderung mit geldwertem Nachteil:** Führt die Unterschreitung eines Anforderungsstandards zu einem geldwerten Nachteil, ist das Angebot monetär mit diesem Nachteil zu belasten. Verlangt beispielsweise ein Maschinenhersteller eine Reduzierung des Zahlungsziels um 90 Tage und verzinst das eigene Unternehmen intern sein Kapital mit 6 %, dann würde ein vorzeitiger Liquiditätsabfluss von 1.000.000 EUR zu einem Zinsnachteil von ca. 15.000 EUR führen. Das Angebot wäre demnach mit einem Malus von 15.000 EUR zu bewerten.

Im Rahmen der „Best-Value-Analyse" werden die einzelnen Leistungspositionen und Vertragsbedingungen eines Angebots entsprechend der vorgestellten Systematik analysiert. Wird mit den Bonus- und Malus-Bewertungen der Angebotspreis entsprechend relativiert, entsteht ein Vergleichspreis [26]. Durch ihn kommt das Preis-Leistungs-Verhältnis eines Angebots – gemessen am Anforderungsstandard der Ausschreibung – zum Ausdruck.

Abbildung 4.30   Vergleichspreis-Systematik

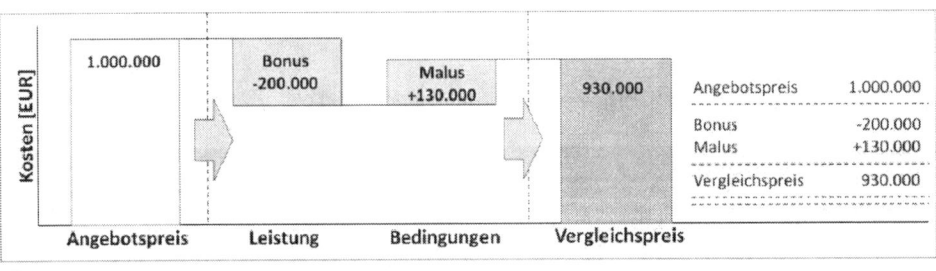

Zur Darstellung der Gesamtkosten eines Angebots werden im Folgenden die vorgenommenen Bonus- bzw. Malus-Bewertungen in die jeweilige Kosten-Nutzen-Analyse integriert. Im Ergebnis entsteht für jedes Angebot ein Vergleichspreis. Die Vergleichspreise der verschiedenen Angebote werden in einer „Best-Value-Analyse" zusammengeführt und konsolidiert. Aus der „Best-Value-Analyse" geht das beste Preis-Leistungs-Verhältnis der Anbieter hervor. Abbildung 4.31 macht das Prinzip deutlich.

Abbildung 4.31 Best-Value-Analyse

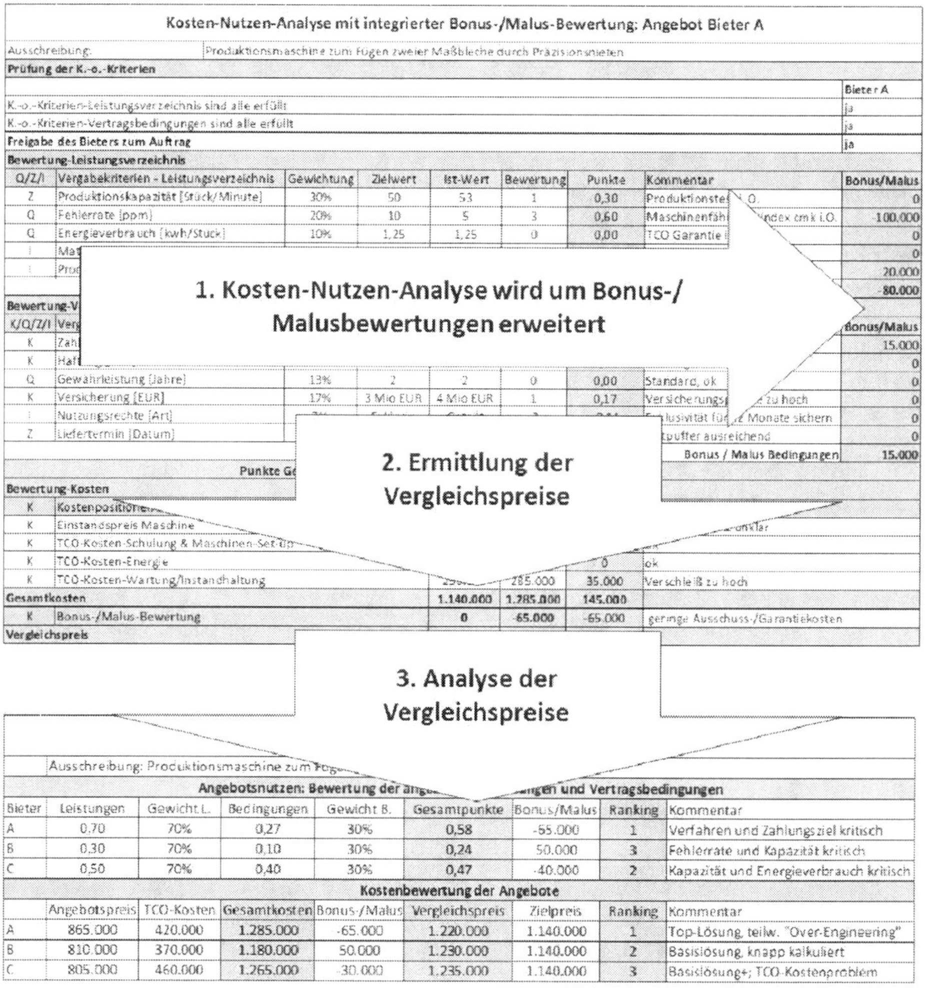

Kosten-Nutzen-Analyse mit integrierter Bonus-/Malus-Bewertung: Angebot Bieter A

Ausschreibung: Produktionsmaschine zum Fügen zweier Maßbleche durch Präzisionsnieten

Prüfung der K.-o.-Kriterien

	Bieter A
K.-o.-Kriterien-Leistungsverzeichnis sind alle erfüllt	ja
K.-o.-Kriterien-Vertragsbedingungen sind alle erfüllt	ja
Freigabe des Bieters zum Auftrag	ja

Bewertung-Leistungsverzeichnis

Q/Z/I	Vergabekriterien - Leistungsverzeichnis	Gewichtung	Zielwert	Ist-Wert	Bewertung	Punkte	Kommentar	Bonus/Malus
Z	Produktionskapazität [Stück/Minute]	30%	50	53	1	0,30	Produktionstest i.O.	0
Q	Fehlerrate [ppm]	20%	10	5	3	0,60	Maschinenfähigkeitsindex am i.O.	-100.000
Q	Energieverbrauch [kwh/Stück]	10%	1,25	1,25	0	0,00	TCO Garantie	0
I	Mat							0
I	Prod							20.000
								-80.000

1. Kosten-Nutzen-Analyse wird um Bonus-/Malusbewertungen erweitert

Bewertung-V

K/Q/Z/I	Ver							Bonus/Malus
K	Zah							15.000
K	Haf							0
Q	Gewährleistung [Jahre]	13%	2	2	0	0,00	Standard, ok	0
K	Versicherung [EUR]	17%	3 Mio EUR	4 Mio EUR	1	0,17	Versicherungs zu hoch	0
I	Nutzungsrechte [Art]						lusivität für Monate sichern	0
Z	Liefertermin [Datum]						tpuffer ausreichend	0
							Bonus / Malus Bedingungen	15.000

Punkte Ge

2. Ermittlung der Vergleichspreise

Bewertung-Kosten

K	Kostenposition							
K	Einstandspreis Maschine							unklar
K	TCO-Kosten-Schulung & Maschinen-Set-up							
K	TCO-Kosten-Energie					0		ok
K	TCO-Kosten-Wartung/Instandhaltung		250.	285.000	35.000		Verschleiß zu hoch	
Gesamtkosten			1.140.000	1.285.000	145.000			
K	Bonus-/Malus-Bewertung		0	-65.000	-65.000		geringe Ausschuss-/Garantiekosten	
Vergleichspreis								

3. Analyse der Vergleichspreise

Ausschreibung: Produktionsmaschine zum Füg...

Angebotsnutzen: Bewertung der ...ungen und Vertragsbedingungen

Bieter	Leistungen	Gewicht L.	Bedingungen	Gewicht B.	Gesamtpunkte	Bonus/Malus	Ranking	Kommentar
A	0,70	70%	0,27	30%	0,58	-55.000	1	Verfahren und Zahlungsziel kritisch
B	0,30	70%	0,10	30%	0,24	50.000	3	Fehlerrate und Kapazität kritisch
C	0,50	70%	0,40	30%	0,47	-40.000	2	Kapazität und Energieverbrauch kritisch

Kostenbewertung der Angebote

	Angebotspreis	TCO-Kosten	Gesamtkosten	Bonus-/Malus	Vergleichspreis	Zielpreis	Ranking	Kommentar
A	865.000	420.000	1.285.000	-65.000	1.220.000	1.140.000	1	Top-Lösung, teilw. "Over-Engineering"
B	810.000	370.000	1.180.000	50.000	1.230.000	1.140.000	2	Basislösung, knapp kalkuliert
C	805.000	460.000	1.265.000	30.000	1.235.000	1.140.000	3	Basislösung+; TCO-Kostenproblem

Diese monetäre Bewertung der Vor- und Nachteile ist nicht immer einfach durchzuführen. Es entstehen hier nicht selten Meinungsunterschiede oder große Unsicherheiten. Daher braucht es meist viel Zeit und intensive Arbeit, um zu Bewertungen zu kommen, die von allen Interessenspartnern mitgetragen werden. Darüber hinaus bleibt am Ende auch oft eine gewisse „Unschärfe" über die getroffenen Bewertungen bestehen. Auch dieser Tatbestand lässt sich nicht vollständig vermeiden. Die Mängel dieser Unschärfe sind jedoch als wesentlich geringer einzustufen als die Nachteile, die mit einer Verhandlung komplexer Lösungskonzepte ohne eine bewertete Nutzendifferenzierung verbunden sind. Am Ende müsste auch dort die Spannweite berechtigter Preisdifferenzen ausdiskutiert werden. In diesem Kontext sind die Schwächen einer unscharfen Bonus-/Malus-Bewertung mit hoher Wahrscheinlichkeit geringer einzuschätzen als die einer schnellen „Pauschalbewertung".

4.4.6   Validierung der Lösungskonzepte

Bei einer kritischen Reflexion der durchgeführten Angebotsauswertungen sollte zum einen betrachtet werden, ob die verschiedenen Möglichkeiten des „einfachen Preisvergleichs", des integrierten „Kosten-Nutzen-Vergleichs" oder der „Best-Value-Analyse" jeweils an den richtigen Stellen zum Einsatz kommen. Dabei lohnt sich z.B. ein Abgleich mit dem Procurement-Portfolio. „Einfache Preisvergleiche" sollten schwerpunktmäßig in Abwicklungspartnerschaften, integrierte „Kosten-Nutzen-Vergleiche" in Wettbewerbspartnerschaften und „Best-Value-Analysen" in zentralen Wertschöpfungspartnerschaften eingesetzt werden. Die Struktur des Methodeneinsatzes ist regelmäßig zu reflektieren und nach Bedarf anzupassen.

Zum anderen sollte kritisch hinterfragt werden, ob die Methoden in der Praxis richtig umgesetzt werden. Dies kann z.B. durch eine Bewertung der nachfolgend geführten Verhandlungen geschehen. Dabei ist zu analysieren, ob man wirklich gut auf die Herausforderungen der Verhandlungsführung vorbereitet war oder ob Informationen fehlten, Fakten falsch eingeschätzt wurden oder Zusammenhänge nicht richtig erkannt worden sind. In diesen Fällen sollten die Methoden zur Durchführung von Angebotsbewertungen durch Training weiter geschärft werden.

4.5   Verhandlungsvorbereitung

Verhandlungen sind der Ort der Entscheidung. Dort – und nirgendwo anders – werden im Procurement die Transaktionsziele realisiert. Um an dieser Stelle erfolgreich zu sein, braucht es eine gute Vorbereitung. Dazu sind konkrete Verhandlungsziele und situationsgerechte Handlungsleitlinien für die Verhandlung zu entwickeln.

4.5.1   Ziele der Verhandlungsvorbereitung

In der Verhandlung muss es gelingen, das Wettbewerbsargument zu aktivieren. Die Bieter sollen im Wettstreit durch eine geschickte Gesprächsführung in Bewegung gebracht werden. Ganz in diesem Sinne definiert TENGELMANN Verhandlungen wie folgt: „Verhandlungsführung ist das Austragen von Meinungsverschiedenheiten unter Anwendung eines bestimmten Instrumentariums auf beiden Seiten, das man als die Summe von Taktiken,

Finessen, Raffinessen, von psychologischer Zweckbehandlung des Verhandlungsgegners und von sonstigen Stil- und Kampfmitteln kennzeichnen kann…" [172].

Dementsprechend sind Verhandlungen komplex und fordern eine perfekte Vorbereitung. Kurzfristig betrachtet geht es dabei um die Realisierung konkreter Transaktionsziele. Neben diesen kurzfristigen Zielen spielen jedoch auch langfristige Effekte eine wichtige Rolle. Je nachdem, wie man sich im Interessensausgleich verhält, besteht bei den Verhandlungspartnern mehr oder weniger Interesse am weiteren Ausbau der Geschäftsbeziehung. Verhandlungen sind somit auch Meilensteine auf der Beziehungsebene. Daher gilt es, die kurz- und langfristigen Effekte einer Verhandlung zu realisieren, gezielt zu steuern und auszubalancieren. Dafür braucht der Verhandlungsführer einen „inneren Kompass" für das eigene Handeln. Je genauer dieser Kompass geeicht und auf die Zielstellungen ausgerichtet ist, desto mehr Orientierung gibt er im Stress der Verhandlung.

Zur Ausrichtung des inneren Kompasses sind in der Verhandlungsvorbereitung die zu erreichenden Ziele klar zu fassen, die darauf aufbauenden Handlungsspielräume geschickt auszugestalten und im Spannungsfeld von Interessen und Macht zu bewerten. Auf Basis einer realistischen Bewertung dieser Faktoren lassen sich zielführende Verhandlungsstrategien ableiten und mit Verhandlungtaktiken untersetzen [171]. Im Ergebnis entsteht ein tragfähiges Verhandlungskonzept, das es erlaubt kurz- wie langfristige Verhandlungsziele gleichermaßen zu erreichen. So werden wichtige Stärkefaktoren der Procurement-Funktion adressiert und die Erreichung der Procurement-Ziele unterstützt:

Stärke der Procurement-Funktion in den Operations

■ SPFO06 – Verhandlungsmanagement: Die Verhandlung ist zielorientiert vorbereitet.

■ SPFO07 – Vergabemanagement: Die Vergabekriterien sind klar definiert.

Abbildung 4.32 Ziele der Aufgabe PP05 - Verhandlungsvorbereitung

Aufgaben-Power-Ergebnis-Matrix (APEM)																																				
	Die Procurement-Aufgabe PO05 bewirkt jeweils Power																															Ergebnis-beitrag in					
	im Unternehmen								in Märkten								in der Funktion								in den Operations											
Wirkung Aufgaben	SPFU01	SPFU02	SPFU03	SPFU04	SPFU05	SPFU06	SPFU07	SPFU08	SPFM01	SPFM02	SPFM03	SPFM04	SPFM05	SPFM06	SPFM07	SPFM08	SPFF01	SPFF02	SPFF03	SPFF04	SPFF05	SPFF06	SPFF07	SPFO01	SPFO02	SPFO03	SPFO04	SPFO05	SPFO06	SPFO07	SPFO08	Kosten	Qualität	Zeit	Innovation
PO05 - Verhandlungs-vorbereitung																													●	●		■	■	■	■

4.5.2   Anforderungen an die Lösungskonzepte

Um die Komplexität von Verhandlungen beherrschen zu können, sollten sie prozessorientiert ausgestaltet und geführt werden [173]. Der Verhandlungsprozess kann dabei grundsätzlich in die Teilprozesse der Verhandlungsvorbereitung und –führung untergliedert werden.

Der hier besprochene Teilprozess der Verhandlungsvorbereitung setzt sich aus den im Folgenden aufgezeigten Prozessschritten zusammen:

■ **Schritt 1 – Analyse der Interessen der Verhandlungspartner:** Für den Verhandlungserfolg ist es wichtig, die Motive der Interessenspartner für ein Geschäft genau zu verstehen. Die Einzelinteressen und ihre Schnittmengen sind die Grundlage für konstruktive Verhandlungslösungen.

■ **Schritt 2 – Analyse der Machtverhältnisse der Verhandlungspartner:** Die Machtverhältnisse verleihen Interessen ihre Durchsetzungskraft. Daher ist es wichtig, genau zu erkennen, wie die Kräfteverhältnisse der Verhandlungspartner austariert sind, um sein Verhalten und den Einsatz von Machtmitteln situationsgerecht gestalten zu können

■ **Schritt 3 – Festlegung der Verhandlungsziele:** Die Verhandlungsziele können in kurz- und langfristige Ziele unterteilt werden. Die kurzfristigen Ziele konkretisieren, welche Ergebnisse in einer Vergabe angestrebt werden und welche Bewegungsmöglichkeiten dort bestehen. Spielräume ermöglichen Alternativen und machen den Verhandlungsgegenstand „größer" – sie erzeugen Flexibilität in der Verhandlung. Das ist eine wichtige Voraussetzung für einen dynamischen Interessensausgleich. Die kurzfristigen Ziele sind in Einklang mit den langfristigen Zielen zu bringen. Hier stehen die Beziehungen zum Vertragspartner im Fokus. Es ist zu klären, wie die Anforderungen an die Qualität der künftigen Beziehung aussehen. Kurz- und langfristige Ziele haben im Ergebnis eine ausbalancierte Einheit zu ergeben.

■ **Schritt 4 – Ableitung einer geeigneten Verhandlungsstrategie:** Auf Basis klarer Ziele sowie realistisch eingeschätzter Macht- und Interessensverhältnisse kann eine situationsgerechte Verhandlungsstrategie bestimmt werden. Sie gibt der Verhandlung grundsätzlich Richtung. Hier ist zu differenzieren, ob man in der Verhandlung eher integrativ und kooperativ agieren will, oder ob der Fokus auf einer harten, dispositiven Haltung liegt.

■ **Schritt 5 – Strategieuntersetzung mit Verhandlungstaktiken:** Verhandlungstaktiken werden eingesetzt, um in der Verhandlung für Bewegung zu sorgen. Dabei können Ergebnis-, Interaktions- und Beziehungtaktiken unterschieden werden. Im Vorfeld einer Verhandlung sind die richtigen Taktiken auszuwählen und vorzubereiten.

■ **Schritt 6 – Festlegung des Verhandlungsteams:** Für die Verhandlungsführung ist abzustimmen, wer an einer Verhandlung teilnimmt und wer dabei welche Rolle zu übernehmen hat. Diese Rollenzuordnung stimmt im eigenen Verhandlungsteam das strategische Wechselspiel ab. Das sorgt für eine klare Linie im Interessensausgleich und damit für Glaubwürdigkeit und Durchsetzungsstärke.

■ **Schritt 7 – Organisatorische Vorbereitung der Verhandlung:** Damit die Verhandlung später so abläuft wie geplant, sollten alle Störfaktoren ausgeschlossen werden, die organisatorisch von Bedeutung sind. Ort, Räume, Zeit, Agenda, Protokollführung, Verpflegung etc. sollten geklärt sein.

Die vorgestellten Prozessschritte sind so auszugestalten, dass die geschilderten Anforderungen erfüllt werden. In der Umsetzung entsteht dann auf der fachlich-rationalen Ebene eine fundierte Verhandlungsvorbereitung. Dazu ist im Prozess fähiges Personal erforderlich. Nur wenn die Mitarbeiter die richtigen „persönlichen Voraussetzungen" mitbringen, können sie am Ende erfolgreich sein. Abbildung 4.33 gibt in diesem Kontext einen Überblick über typische Merkmale, die „professionelle Einkäufer" dafür mitbringen sollten.

Abbildung 4.33 Typische Merkmale professioneller Einkäufer

Professionelle Einkäufer		
Strategische Merkmale	**Taktische Merkmale**	**Operative Merkmale**
Gutes Netzwerk in die Fachbereiche und Lieferanten (Vertrieb und Geschäftsführung)	Betreiben eines aktiven Beziehungsmanagements	Perfektes Rollenspiel
Sehr gute Marktkenntnisse	Aktive Interessensanalysen	Einfluss auf Spielregeln
	„Information-Double-Check"	Klare Orientierung für die Verhandlungspartner
Sehr gute Lieferantenkenntnisse (Personen/Projekte)	Transparente Leistung (Nutzenadresse)	Verhandlungsführung durch Fragehoheit
Sehr gute „Seeding-Aktivitäten" (Inhalte/Preise)	Klare eigene Interessen und starke Argumente	Führung schwieriger Gesprächssituationen durch Fähigkeit zum kritischen Dialog
Systematisches Verhandeln (Ziel/Strategie/Taktik)	Konsequenz, Verbindlichkeit, Zielorientierung	Reziprozität, Instinktresistenz, Problemübergabefähigkeit

Da sind zum Ersten die strategischen Merkmale „professioneller Einkäufer". Wie bereits in Kapitel 3.1.5 dargestellt, sind sie in den Märkten präsent und treten als kompetente Partner bei den Lieferanten auf (SPFM05 – Marktpräsenz). Sie pflegen ein gutes Netzwerk – im eigenen Unternehmen und bei den Lieferanten. Im eigenen Unternehmen sind sie anerkannt und respektiert. Bei den Lieferanten haben sie direkten Zugang zu den Vertriebsleitern und nach Möglichkeit auch in die Geschäftsführung. Dort werden sie ernst genommen und gehört. Dieser Zustand entsteht nicht von selbst. Er ist Ergebnis eines aktiven Netzwerkmanagements und einer professionellen Arbeit im operativen Geschäft. Damit eng verbunden sind ihre sehr guten Markt- und Lieferantenkenntnisse. Sie wissen, was in den Märkten passiert, und kennen sich bei den Lieferanten aus. Die wichtigsten Personen und Projekte sind bekannt. Das ist ein Zeichen von Respekt, der mit Respekt des Verhandlungspartners beantwortet wird. Im Netzwerk nutzen sie die Taktik des „Seedings" (siehe Kapitel 4.5.7). Werden langfristige Veränderungen in den Geschäftsbeziehungen angestrebt, so werden diese immer lange vor der eigentlichen Forderung platziert. Grundsätzliche Veränderungen treten damit nicht als Überraschung auf. Das nimmt der Veränderung die Spitze. Analog zum Seeding-Verhalten folgen „professionelle Einkäufer" immer dem Prinzip des systematischen Verhandelns. Konkrete Vergaben werden niemals „ad hoc" angegangen. Vielmehr gibt es immer klare Ziele, klare Verhandlungsstrategien und – taktiken, die systematisch im Verhandlungsprozess operationalisiert werden. Dieses strategische Vorgehen repräsentiert Ernsthaftigkeit und Konsequenz. Das merken auch die Lieferanten und werden sich in ihrem Verhalten darauf einstellen. „Spielchen" haben bei Profis keinen Platz. Strategisch verkörpert der „gute Einkäufer" demnach die Eigenschaft eines verbindlichen, kompetenten und systematischen Verhandlungspartners.

Der Betrachtung strategischer Merkmale folgen wichtige taktische Merkmale zur Steuerung konkreter Vergaben. Dort ist der „professionelle Einkäufer" prinzipiell Herr der Kommunikation. Er steuert über aktives Beziehungsmanagement den Dialog mit allen Beteiligten. Dabei behält er den Informationsfluss fest im Griff. Die Kommunikation koppelt er mit einer aktiven Interessensanalyse. Im Zuge des Angebotsprozesses sondiert er, was den Interessenspartner in der Zusammenarbeit wichtig ist. Kommt er in den Besitz neuer Erkenntnisse, agiert er immer nach dem Prinzip des „Double-Check of Information". Keine neue Information mit Relevanz ist etwas wert, wenn sie nicht mindestens von zwei unabhängigen Quellen bestätigt wurde. Dadurch vermeidet er es, Gerüchten aufzusitzen oder sich von Spekulationen leiten zu lassen. Im Dialog um Leistungen folgt der „professionelle Einkäufer" konsequent dem Grundsatz der Leistungstransparenz. Er lässt sich prinzipiell nicht von „individuellen Angeboten" blenden, sondern forciert die Fähigkeit, Leistungen vergleichbar zu machen. Seine Argumente konzentriert er auf den Leistungsvergleich und vernetzt sie immer auch mit einem Lieferantennutzen. Diesen Dialog verbindet er mit einem eloquenten Auftritt, der für die Merkmale Verlässlichkeit, Konsequenz und Zielorientierung steht. Damit nimmt er seine Gesprächspartner ernst und wird selbst ernst genommen.

In der operativen Verhandlungsführung verhält sich der „professionelle Einkäufer" situationsgerecht, hat seine Ziele stets im Auge und ist in der Lage, jede geforderte Rolle glaubwürdig zu übernehmen. Er setzt Spielregeln, gibt dem Verhandlungspartner Orientierung und steuert den Interessensausgleich durch die Fähigkeit des Fragens. So führt er die Lieferanten zu Lösungen, die den eigenen Zielen entsprechen und gleichzeitig durch sie selbst vorgeschlagen werden. Das erhöht die gegenseitige Akzeptanz. Kommt es im Interessensausgleich zu Schwierigkeiten, beherrscht er die Gesprächstechniken des kritischen Dialogs. Er ist in der Lage, Widerstände zu analysieren und systematisch aufzulösen. Können Widerstände nicht aufgelöst werden, führen ihn die Techniken der konstruktiven Warnung mit dosiertem Einsatz von Macht zur Lösungsfindung. Im Konflikt- oder Stressfall behält er die Ruhe und führt das Gespräch weiter souverän, um systematisch zu Entscheidungen zu kommen. Dabei kann am Ende auch ein „Nein" zu einem Geschäft stehen. Dieses „Nein" belastet ihn nicht, da er es nur gezielt und abgewogen einsetzt. In Summe beherrscht der „professionelle Einkäufer" alle Stufen des Interessensausgleichs – vom konstruktiven Geben und Nehmen bis zur konstruktiven Eskalation. Dabei beachtet er die Prinzipien der Reziprozität und ist ein Profi im Führen schwieriger Gespräche.

4.5.3   Lösungen: Verhandlungsinteressen

Interessen bewegen Menschen. Wer diesem Grundsatz folgt, wird verstehen, dass es in Verhandlungen darum geht, die verschiedenen Interessenslagen der Verhandlungspartner in Deckung oder zumindest in Schnittmengen zu bringen. Nur wenn das gelingt, können auf der Ebene der Sachpositionen systematisch Bewegungen erwirkt werden. Warum sollte etwa ein Verhandlungspartner für einen konkret definierten Arbeitsschritt einer Kostensenkung zustimmen, wenn er diesen seriös kalkuliert hat und von seiner Preisbildung überzeugt ist? Welche Wirkung hätte das Argument, dass er die Dinge scheinbar nicht richtig sieht? Konflikte, Verhärtung und starre Positionen sind nicht selten die Folge. Daher ist es zunächst wichtig zu verstehen, warum er eine bestimmte Position einnimmt und welche Interessen dahinter stehen. Es muss erwartet werden, dass auch er sein Geschäft beherrscht und sich professionell auf die Verhandlung vorbereitet hat. Sind die Interessen bekannt, kann mit ihnen gearbeitet werden, um den Verhandlungspartner – bei allem Respekt vor seinen Positionen – zu bewegen. Das kann gelingen, da z.B. das Interesse am konkreten Auftrag, am Gewinn oder vielleicht an einer glaubwürdigen Zukunftsperspektive so groß ist, dass es die Bedenken in den konkreten Positionen relativiert [174]. Geschickt zu verhandeln heißt, Interessen zu verhandeln und nicht Positionen. Positionen können den Anstoß geben, um über Interessen zu sprechen, und am Ende schlagen sich Interessen wiederum in der Bewegung von Positionen nieder.

Spätestens wenn es im Verhandlungsverlauf zu Störungen oder schwerwiegenden Meinungsverschiedenheiten kommt, braucht man den Rückgriff auf die Interessen, denn sie sind stärker als Positionen. Doch was ist erforderlich, um Interessen in der Verhandlung adressieren zu können? Im ersten Schritt muss Klarheit über die eigene Interessenslage bestehen. Diese muss systematisch durchleuchtet und zusammengefasst werden. Es muss klar sein, was man selbst wirklich will [175]. Das ist das Fundament für die eigenen Entscheidungen.

Die eigenen Interessen können dabei sehr vielschichtig sein. Für Fachbereiche sind typischerweise Interessen wie Technologiefortschritt, Risikobeherrschung oder auch die Zuverlässigkeit der Personen wichtige Größen. Die Procurement-Funktion fokussiert einen starken Wettbewerb, günstige Preise und die Einhaltung der Vergabeprozesse. Dem Controlling sind Themen wie Transparenz, Budgeteinhaltung und Planungssicherheit wichtig. Dieses Interessensgeflecht sollte strukturiert aufbereitet werden. Dabei kann man sich an den konkreten Transaktionszielen orientieren und systematisch hinterfragen, welche Interessen hinter den verschiedenen Zielen stecken. Das Beispiel der „TCO-Kosten" bei einer Maschinenbeschaffung macht das Prinzip deutlich:

■ **Ziel:**

- Die TCO-Kosten für die Maschinenwartung sollen kleiner als 15TEUR p.a. sein.

■ **Interessen hinter der Zielsetzung:**

- Produktion: Erfüllung aller wesentlichen Leistungsparameter durch die Maschine
- Produktion: Einsatz zuverlässiger Maschinentechnologien
- Produktion: Vermeidung ungeplanter Stillstände
- Produktion: Sicherstellung einer langfristig wettbewerbsfähigen Fertigung
- Produktion: Zusammenarbeit mit einem zuverlässigen Partner für alle Maschinen
- Controlling: Hohe Planungssicherheit im Budgetmanagement
- Einkauf: Vergaben unter hartem Wettbewerb
- Einkauf: Konsequente Vergabeentscheidungen nach dem Best-Value-Ansatz

Die unterschiedlichen Interessen sind gegeneinander zu spiegeln: Welche Interessen ergänzen sich und wo gibt es Interessenskonflikte? Im Beispiel kann etwa das Interesse der Produktion, mit nur einem Maschinenpartner zu arbeiten, im Widerspruch zu harten Wettbewerbsvergaben stehen. Diese Konflikte sind zu erkennen und im Dialog aufzulösen. Man könnte etwa zwischen Produktion und Einkauf vereinbaren, dass die Maschine hart im Wettbewerb vergeben wird, aber gleichzeitig Kostenzusagen für zukünftige Maschinen gleicher Art direkt mit verhandelt werden. Im Ergebnis entsteht ein harter Wettbewerb, der durch die Zukunftsoption noch verstärkt wird und der Produktion gleichzeitig die Perspektive einer stabilen Partnerschaft eröffnet.

Bearbeitet man alle Zielstellungen mit einer entsprechenden Interessensanalyse, entsteht im Unternehmen eine geschlossene Linie für die Verhandlung. Bleiben jedoch Interessenskonflikte offen, ist das für die Verhandlung sehr gefährlich. Sie bieten dem Verhandlungspartner eine offene Flanke, um in die internen Meinungsunterschiede einzufallen.

Auf Grundlage der eigenen Interessen kann man sich dann den Interessen der Verhandlungspartner zuwenden. Es ist genau zu hinterfragen, welche Interessen für den Lieferanten hinter dem Geschäft stehen. Schnell fallen einem dabei Grundinteressen wie z.B. Umsatzsteigerungen, Marktanteile oder Renditen ein. An dieser Stelle ist es erforderlich, tiefer einzusteigen: Was macht das Geschäft im Detail attraktiv, und was trägt der Auftraggeber dazu bei? Das sind entscheidende Fragen, denn es geht um die „Motivatoren" ihres Geschäftspartners. Im aufgezeigten Beispiel des Maschinenherstellers könnten etwa folgende Interessen von Bedeutung sein [177]:

■ **Hauptinteressen:**

- Umsatzsteigerung, Marktanteile, Rendite

■ **Detailinteressen:**

- Know-how-Gewinn durch neue Einsatzfelder der Fertigungsmaschinen
- Identifizierung von Optimierungspotenzialen durch die Zusammenarbeit
- Erweiterung des Lieferspektrums durch neue Maschinentypen
- Erweiterung des Netzwerks durch neue Kontakte
- Sichere Auslastung der Fertigungskapazitäten durch die Fixvergabe
- Planungssicherheit durch Festpreisvergaben
- Folgegeschäfte durch Wartungsverträge
- Verbesserung der Finanzlage durch hohe Auftragsvolumina
- Liquiditätssicherheit durch Zahlungsfähigkeit des Auftraggebers
- Liquiditätszufluss durch günstige Zahlungsziele
- Frühzeitige Kenntnis über weitere Projekte durch die Zusammenarbeit
- Folgegeschäfte durch Rahmenverträge
- Abstrahleffekte in den Markt durch gemeinsame Marketingaktivitäten
- Eröffnung neuer Kundenmärkte durch die Erweiterung des Know-hows

Die konsolidierten Interessen können aufbereitet und zusammengefasst werden. Im Ergebnis wird deutlich, wer welche Interessen befördert und wo es Interessenskonflikte gibt.

Abbildung 4.34 Interessensgefüge in Verhandlungen

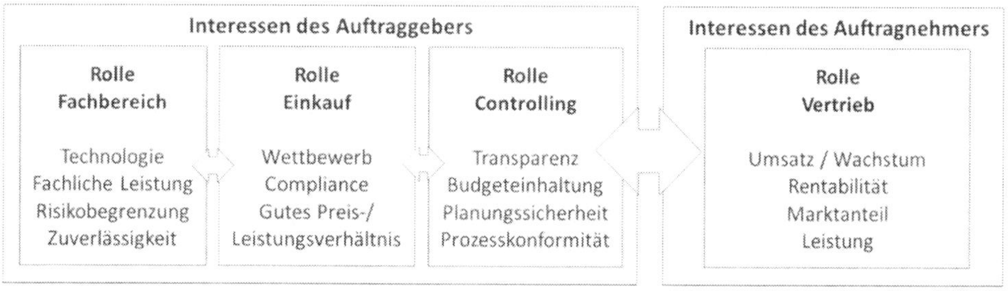

4.5.4   Lösungen: Verhandlungsmacht

In der Verhandlungsführung kann es dazu kommen, dass Meinungsverschiedenheiten nicht in einem einvernehmlichen Interessensausgleich gelöst werden können. In diesen Momenten ist es wichtig, Interessen mit Durchsetzungskraft hinterlegen zu können – eine klassische Frage von Macht und Gegenmacht [178]. Der richtige Einsatz von Druck spielt dabei eine wichtige Rolle, um wieder in Bewegung zu kommen. Er beinhaltet aber auch das Risiko des Scheiterns.

Einem Verhandlungspartner in Sach- bzw. Interessensfragen entschieden mit einem „Nein" entgegenzutreten, bedeutet, sich geschickt im Spannungsfeld aus Machtpotenzial und Beziehungsmanagement bewegen zu müssen [179]. Ein „Nein" in der Sache darf in diesem Kontext niemals als eine „Strafe" wirken, sondern als ein Zeichen von Unabhängigkeit – der größten Stärke, die ein Verhandlungspartner einbringen kann. Das bewusste Agieren mit Stärke ist keine leichte Aufgabenstellung, denn man kann nie vollständige Sicherheit über die Machtverhältnisse und ihre Stabilität haben [180]. Um sich später im schwierigen Umfeld der Machtverhältnisse sicherer bewegen zu können, kann man in der Verhandlungsvorbereitung einiges tun:

- Machtpotenziale richtig einschätzen

- Persönliche Wahrnehmung der Verhandlungsmacht aktivieren

- Den richtigen Einsatz gut dosierter Machtmittel vorbereiten

Einschätzung der Machtpotenziale

Eine grundsätzliche Einschätzung über die Machtverhältnisse wurde bereits im Procurement-Planning erarbeitet. Aus der Analyse der Nachfragemacht des eigenen Unternehmens (siehe Kapitel 3.3.4) und der Angebotsmacht der Lieferanten (siehe Kapitel 3.3.5) wurde das Procurement-Portfolio generiert (siehe Kapitel 3.4). Aus diesem Portfolio können die generellen Machtverhältnisse analysiert werden. Diese Einschätzung kann in den Kontext der konkreten Vergabe gestellt werden. Dazu ist zu hinterfragen, ob es im Vergabeprojekt begründete Anhaltspunkte gibt, die zu einer Arretierung der generellen Machteinschätzungen führen. Die spezifischen Machtpotenziale in einer Vergabe werden so deutlich.

Abbildung 4.35 zeigt in kompakter Form auf, unter welchen Fragestellungen eine Einzelfallüberprüfung genereller Machtkonstellationen erfolgen kann.

Abbildung 4.35   Konkretisierung der Machteinschätzungen im spezifischen Vergabefall

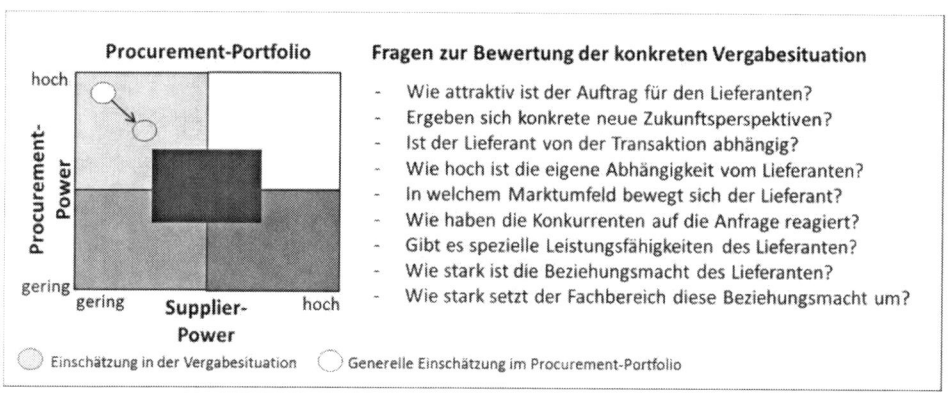

Procurement-Portfolio

hoch

Procurement-Power

gering

gering   **Supplier-**   hoch
              Power

◯ Einschätzung in der Vergabesituation   ◯ Generelle Einschätzung im Procurement-Portfolio

Fragen zur Bewertung der konkreten Vergabesituation

- Wie attraktiv ist der Auftrag für den Lieferanten?
- Ergeben sich konkrete neue Zukunftsperspektiven?
- Ist der Lieferant von der Transaktion abhängig?
- Wie hoch ist die eigene Abhängigkeit vom Lieferanten?
- In welchem Marktumfeld bewegt sich der Lieferant?
- Wie haben die Konkurrenten auf die Anfrage reagiert?
- Gibt es spezielle Leistungsfähigkeiten des Lieferanten?
- Wie stark ist die Beziehungsmacht des Lieferanten?
- Wie stark setzt der Fachbereich diese Beziehungsmacht um?

Aktivierung persönlicher Machtwahrnehmung

In einer Verhandlung kommt es nicht nur auf die tatsächlich begründete Machtkonstellation an, sondern vielmehr auf die subjektive Wahrnehmung der eigenen Macht durch den Verhandlungspartner. In diesem Zusammenhang geht es nicht um Machtarroganz, sondern um ein gesundes Selbstbewusstsein, das einen für den Verhandlungspartner zu einem ernst zu nehmenden Gesprächspartner macht. Diese Wahrnehmung hat man im Wesentlichen selbst in der Hand. Es ist die eigene Aufgabenstellung, dem anderen das Gefühl zu geben, ein gleichberechtigter Partner zu sein.

Die Aktivierung der persönlichen Machtwahrnehmung ist eine große Herausforderung. Daher ist es wichtig, ganz bewusst nach den Quellen der eigenen Stärken zu suchen. Wenn man sich ihrer bewusst ist, strahlt man sie auch aus. Das erzeugt Wirkung und sorgt für Respekt. Diesem Aspekt der Verhandlungsvorbereitung wird viel zu selten Bedeutung beigemessen, obwohl an dieser Stelle viel für die Stärke des Verhandlungsführers getan werden kann - und die Quellen der Macht sind vielfältig [178][181][182]:

■ Macht durch das Unternehmen, das man vertritt

- Macht durch eine starke Marktposition
- Macht durch Beziehungen
- Macht durch das Interesse des Verhandlungspartners am eigenen Unternehmen

■ Macht durch persönliche Ausstrahlung als Verhandlungsführer

  – Macht durch Verhandlungserfahrung
  – Macht durch Glaubwürdigkeit
  – Macht durch Charisma, Offenheit und Konsequenz im Handeln
  – Macht durch die Fähigkeit zu fragen und zuzuhören

■ Macht durch die Kompetenz des Verhandlungsführers

  – Macht durch ein Entscheidungsmandat
  – Macht durch ein Sanktionierungsmandat

■ Macht durch den Wettbewerb im Vergabeprojekt

  – Macht durch Alternativen
  – Macht durch die Vielfalt von Optionen und Lösungen
  – Macht durch die Fähigkeit zu vergleichen
  – Macht durch objektive Entscheidungskriterien

Sachlich begründete Machtpotenziale führen in Verbindung mit einer aktivierten Machtwahrnehmung im Verhandlungsauftritt zu einer starken Position. Sie wird „unausgespro-
chen spürbar".

Einsatz von Machtmitteln

Zur Verhandlungsvorbereitung gehört es auch, ein klares Bild darüber zu entwickeln, in
welcher Härte und in welcher Form Macht eingesetzt werden soll. Betrachten wir zunächst
den richtigen „Härtegrad", denn es ist ganz entscheidend, mit wie viel Druck man agiert.
Überschätzt man sein Machtpotenzial, kann der Verhandlungspartner mit entsprechendem Gegendruck reagieren und die Situation mit voller Härte umdrehen. Das reale
Machtpotenzial sollte demnach nicht überschritten werden. Zur Dosierung dieses Limits
kann man sich an den durchgeführten Machtanalysen orientieren.

Im Rahmen des Limits stellt sich aber dann die Frage, ob es wirklich sinnvoll ist, das eigene Machtpotenzial voll auszuschöpfen. Der eigene Machteinsatz hat immer – auch wenn er
gut und konstruktiv durchgeführt wird – eine Wirkung auf die Beziehung zum Verhandlungspartner. Daher stellen sich zur Dosierung von Macht die folgenden Fragestellungen:

- Welche Beziehung habe ich heute zum Verhandlungspartner?

- Wie wichtig ist mir die Beziehung heute?

- Welche Beziehung ist in Zukunft erforderlich bzw. gewünscht?

- Welches Druckpotenzial ist maximal vertretbar, um die Beziehungsziele nicht zu gefährden?

Wenn die richtige „Machtdosis" bestimmt ist, kommt es zu ihrer Operationalisierung darauf an, das Richtige zu tun. Dazu ist es erforderlich, sich der Instrumentarien bewusst zu sein, mit denen Druck konstruktiv in die Verhandlung eingebracht bzw. auch wieder aufgelöst werden kann. Dazu sollten die in Kapitel 4.5.7 vorgestellten Taktiken beherrscht und fließend in die in Kapitel 4.6 vorgestellte Grundtechnik der „kritischen Dialogführung" eingebaut werden können. So wird es möglich, in der Verhandlung die eigenen Interessen gezielt mit Durchsetzungskraft zu hinterlegen und gleichzeitig die langfristigen Beziehungsziele zu berücksichtigen.

Abbildung 4.36   Machtanalyse in der Verhandlungsvorbereitung

4.5.5   Lösungen: Verhandlungsziele

Die Ziele der Verhandlung wurden bereits im Ausschreibungsdesign konkretisiert. Dort wurde festgelegt, was man in den Themenfeldern Kosten, Qualität, Zeit und Innovationen auf der Sachebene erreichen will. In der Verhandlungsvorbereitung geht es nun darum, die wesentlichen Ziele zu fokussieren, den Handlungsspielraum festzulegen und Handlungsalternativen im Spielraum zu eröffnen [183]-[188]. Die Bedeutung der Verhandlungsziele für eine erfolgreiche Verhandlung macht Abbildung 4.37 deutlich. Nur wenn die Verhandlungsziele richtig gestaltet werden, kann eine Verhandlung zu einem positiven Ergebnis führen.

Abbildung 4.37   Bedeutung von Verhandlungszielen

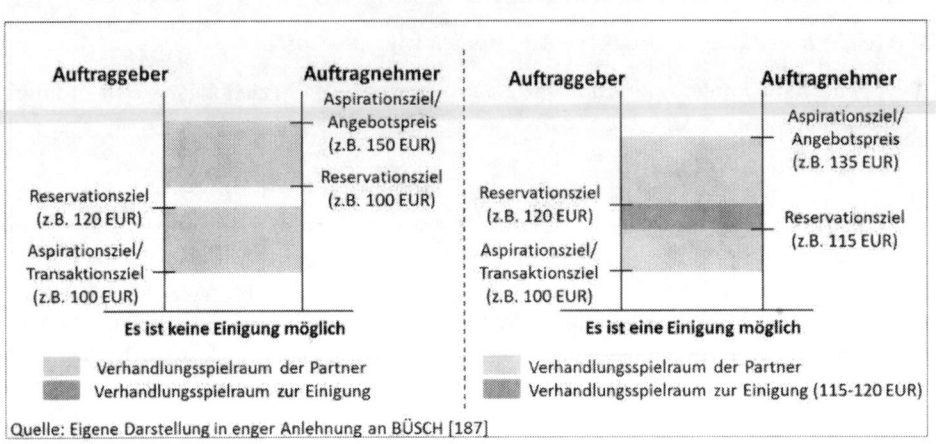

Quelle: Eigene Darstellung in enger Anlehnung an BÜSCH [187]

Steigt man in die Systematik der Verhandlungsziele ein, hat der Auftraggeber seine Wunschziele bereits genau bestimmt – präzisiert in Teilzielen zu Leistungsinhalten, Vertragsbedingungen bzw. Kosten und dokumentiert in der Transaktions-Scorecard der geplanten Vergabe (vgl. Abbildung 4.16). Bei diesen Zielvorstellungen handelt es sich um die sogenannten „Aspirationsziele" des Auftraggebers.

Im Kontext der vorliegenden Angebote ist abzuwägen, welche von den Aspirationszielen abweichenden Ergebnisse gerade noch akzeptiert werden können. Bei diesen Zielen handelt es sich um die „Reservationsziele" des Auftraggebers. Werden die Reservationsziele nicht erreicht, kommt es zu keinem Vertragsabschluss. Die Differenz zwischen Aspirations- und Reservationszielen ergibt den Verhandlungsspielraum beim Auftraggeber.

Ferner sind die Aspirationsziele des Verhandlungspartners bekannt. Sie kommen in seinem Angebot zum Ausdruck. Seine Reservationsziele sind unbekannt und damit auch sein Verhandlungsspielraum. Diesen Spielraum zu erkennen oder präzise zu schätzen ist in der Verhandlungsvorbereitung und –führung eine zentrale Aufgabenstellung und macht Verhandlungen schwierig. Denn nur wenn sich die Verhandlungsspielräume von Auftraggeber und Auftragnehmer überschneiden, kann nämlich eine Verhandlung mit Erfolg zum Ergebnis geführt werden, ansonsten scheitert sie. Die eigentliche Verhandlungsmasse ist die Schnittmenge der Spielräume.

In der Diskussion um Verhandlungsziele sind daher die eigenen Aspirationsziele einer Vergabe mit sachgerechten Reservationszielen zu koppeln. Mit ihnen wird der eigene Bewegungsraum beschrieben. Er soll einen Verhandlungsspielraum eröffnen, der auf Basis der eigenen Vorstellungen im Interessensausgleich mit dem Verhandlungspartner eine Einigung möglich macht. In der Praxis sind dazu die eigenen Leistungsanforderungen und die durchgeführten Angebotsvergleiche nochmals kritisch zu reflektieren, um eine realistische „Schmerzgrenze" für das Verhandlungsverhalten bestimmen zu können. Erfahrung und Realismus sind an dieser Stelle wichtige Treiber für eine sinnvolle Festlegung von Reservationszielen.

Abbildung 4.38   Festlegung der Verhandlungsziele

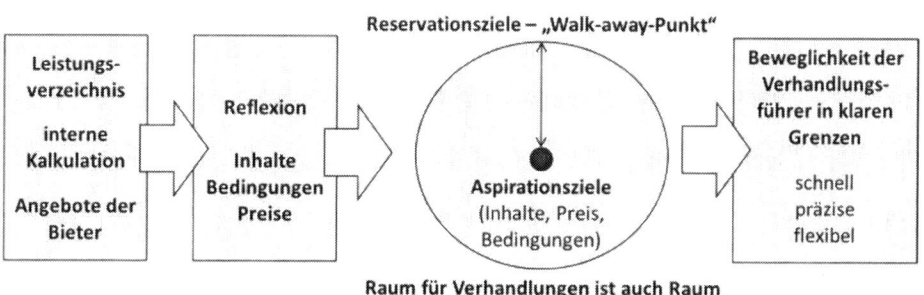

Verfügt der Auftraggeber über eine Tiefenkenntnis zu Marktlage und –möglichkeiten, erfolgt die Bestimmung der Reservationsziele auf Basis valider Expertenmeinungen. Alternativ können Reservationsziele dadurch bestimmt werden, dass analog zur Methodik der „partiellen Preisstrukturanalyse" jeweils die besten vorliegenden Angebotswerte als Reservationsziele genutzt werden. In dieser Vorgehensweise folgt man der Methodik der BATNA (Best Alternative To Negotiated Agreement) und setzt für den „Walk-away-Punkt" einer Verhandlung auf die Macht existierender Alternativen [189]. Nach jeder Verhandlung wird eine Anpassung der Zielwerte für die Folgeverhandlungen durchgeführt, die Reservationsziele werden härter. Eine weitere Alternative gibt es bei den Leistungspositionen, die selbst erbracht werden können. Hier gilt der Preis- und Ausführungsstandard als Reservationsziel, der im Fall der Eigenleistungen anzusetzen wäre. Hier ist die Eigenleistung die BATNA.

In Summe können sowohl für die einzelnen Verhandlungspositionen als auch für die Gesamtangebote Aspirations- wie Reservationsziele gestaltet werden. Die Einzelpositionen geben Orientierung für die Verhandlung, die Gesamtsicht lenkt die Vergabeentscheidung. Die bestehenden Angebotsvergleiche bzw. –auswertungen können am Ende der Zielbestimmung um die Reservationsziele ergänzt werden. Abbildung 4.39 veranschaulicht dieses Prinzip.

Abbildung 4.39 Integration von Verhandlungszielen in Angebotsauswertungen

Verhandlungsziele auf Basis einer integrierten Kosten-Nutzen-Analyse: Angebot Bieter A							
Ausschreibung:	Produktionsmaschine zum Fügen zweier Maßbleche durch Präzisionsnieten						
Prüfung der K.-o.-Kriterien							
							Bieter A
K.-o.-Kriterien-Leistungsverzeichnis sind alle erfüllt							ja
K.-o.-Kriterien-Vertragsbedingungen sind alle erfüllt							ja
Freigabe des Bieters zum Auftrag							ja
Bewertung-Leistungsverzeichnis							
Q/Z/I	Vergabekriterien - Leistungsverzeichnis	Gewichtung	Aspirationsziel	Reservationsziel	Ist-Wert	Bewertung	Punkte	Kommentar
Z	Produktionskapazität [Stück/Minute]	30%	50	45	53	1	0,30	Produktionstest nachgewiesen
Q	Fehlerrate [ppm]	20%	10	13	5	3	0,60	Maschinenfähigkeitsindex cmk
Q	Energieverbrauch [kwh/Stück]	10%	1,25	1,3	1,25		0,00	TCO Garantie ausgestellt
I	Materialeinsatz pro Bauteil [Nieten]	20%	5	5			0,00	Entsprechend Fertigungsverfahren
I	Produktionsverfahren [Art]	20%	Radialnieten	Pressnieten	Pressnieten		-0,20	Hohe Materialbelastung
						stung	0,70	

Aspirationsziele aus Transaktions-Scorecard übernehmen.

Reservationsziele integrieren

	htung	Aspirationsziel	Reservationsziel					iko
		90	80					
		3 Mio EUR	2,5 Mio					e zu hoch
		2	2					
	7%	3 Mio EUR	2,5 Mio	4				onate sichern
		Exklusiv	Exklusiv	Ge				
Z		24%	30. Dez	15. Jan	30. No			
				Punkte Vertrag.		ngen)	0,27	
		Punkte Gesamt (70% Leistung; 30% Vertragsbe.				ngen)	0,58	
Bewertung-Kosten								
K	Kostenpositionen aus dem Preisblatt		Aspirationsziel	Reservationsziel	Angebotspreis		Drifting-Cost	Kommentar
K	Einstandspreis Maschine		750.000	775.000	865.000		115.000	Materialeinsatz unklar
K	TCO-Kosten-Schulung & Maschinen-Set-up		15.000	20.000	10.000		-5.000	ok
K	TCO-Kosten-Energie		125.000	130.000	125.000		0	ok
K	TCO-Kosten-Wartung/Instandhaltung		250.000	250.000	285.000		35.000	Verschleiß zu hoch
Gesamtkosten			1.140.000	1.175.000	1.285.000		145.000	

Sind die Verhandlungsziele und der Verhandlungsspielraum bestimmt, geht es um die Ausgestaltung von Handlungsalternativen. Dazu können die im Zuge des Angebotsvergleichs erarbeiteten Stellhebel genutzt werden (siehe Kapitel 4.4). Auf ihrer Basis gilt es, für alle Bewegungsbereiche möglichst viele alternative Lösungsansätze zu entwickeln. Durch die Alternativen wird der Verhandlungsgegenstand größer [188][190][191]. Darüber hinaus wird transparent, welche Veränderungen welche Wirkungen erzeugen. Die Wege zum Ziel werden konkret. Gleichzeitig erfolgt eine Plausibilisierung der eigenen Zielstellungen. Denn nur wenn es Lösungen gibt, sind auch die Zielstellungen plausibel.

Dieser Arbeitsschritt der Alternativensuche ist von entscheidender Bedeutung für die Verhandlung. Wer seine Alternativen konsequent durchdacht hat, erlangt einen strategischen Verhandlungsvorteil: Er wird in klaren Grenzen beweglich – schnell, präzise und flexibel. Wer erst in der Verhandlung über seine Grenzen und Handlungsfelder nachdenken muss, verliert im Interessensausgleich die Führung und ist schwach.

Die besprochenen Aspirations- und Reservationsziele einer Vergabe haben kurzfristigen Charakter. Sie sind abschließend in den Kontext der langfristigen Ziele zu stellen. Es ist zu überprüfen, wie sich die Geschäftsbeziehung in Zukunft weiterentwickeln soll. Ist man an einem Ausbau der Geschäfte interessiert, ist für eine gute Beziehung zu sorgen. Handelt es sich um ein „Einmalprojekt", spielen häufig zukünftige Beziehungen keine Rolle. Bilden lang- und kurzfristige Ziele eine Einheit, ist der innere Kompass ausgerichtet. Auf dieser Basis kann der Einsatz von Machtmitteln nochmals validiert und arretiert werden.

Abbildung 4.40 Beziehungsziele im Kontext kurzfristiger Verhandlungsziele und Macht

4.5.6   Lösungen: Verhandlungsstrategien

Eine Verhandlungsstrategie gibt die Leitplanken für die Verhandlung vor. Es geht um die systematische Beschreibung des „Wegs zum Ziel" in einer Verhandlung [192]. Trotz der Vielfalt der Gestaltungsmöglichkeiten gibt es grundsätzliche Strategietypen, an denen man sich dabei orientieren kann:

Abbildung 4.41   Ausgewählte Strategiegrundtypen

Übersicht wichtiger Strategiegrundtypen für Einkaufsverhandlungen	
Kooperationsstrategie	Integrativ kooperativer Leistungsaustausch mit Best-Practice-Orientierung
Kompromissstrategie	Konstruktiv distributiver Leistungsaustausch mit Fokus auf Eigeninteressen
Konkurrenzstrategie	Harte, distributive Durchsetzung von Leistungsinteressen
Defensivstrategie	Distributive Sicherung langfristiger Interessen aus einer Position der Stärke heraus
Beziehungsstrategie	Dämpfung der Machtausübung übermächtiger Verhandlungspartner
Exit-Strategie	Abbruch unerwünschter Verhandlungen / Ergänzungsstrategie zur Druckerhöhung

■ **Kooperationsstrategie:** Bei der Kooperationsstrategie stehen Verhandlungsmuster im Vordergrund, die für beide Seiten auf positive Verhandlungsergebnisse abzielen. Häufig wird dieser Strategietyp auch als „Win-Win-Strategie" bezeichnet, der auf dem „Harvard-Konzept" nach URY und FISHER aus den 1980er Jahren beruht [193]. Die

Kooperationsstrategie ist durch einen analytisch-partizipativen Verhandlungsstil geprägt. Er führt die Verhandlungspartner in einen fairen und gleichgewichtigen Interessensausgleich [193][194][196][198]:

- **Voraussetzungen für den Strategieeinsatz:** Ineinandergreifende, sich ergänzende
  Interessen der Verhandlungspartner. Großer Handlungsspielraum auf beiden Seiten. Ausgeglichene Machtverhältnisse bzw. Machtverzicht der dominierenden Seite. Hohe Bedeutung einer langfristig guten Beziehung. Gemeinsame Werte und
  Respekt bilden die Handlungsbasis. Konstruktiver, fairer und offener Umgang miteinander. Gegenseitiger Verzicht auf opportunistisches Verhalten [195].

- **Vorgehen:** Menschen und Probleme werden konsequent getrennt behandelt. Die
  Verhandlungsführer sind weich zu den Menschen, aber gleichzeitig konsequent in
  der Sache. In der Verhandlung erfolgt eine Konzentration auf die gegenseitigen Interessen und nicht auf die Positionen. Gemeinsam werden ergebnisoffen Optionen
  zu beiderseitigem Vorteil entwickelt. Die abschließende Auswahl von Lösungen
  basiert auf der Anwendung von objektiven Entscheidungskriterien.

- **Charakter:** Integrative, konstruktive Verhandlung, die durch selbstgesteuertes, gegenseitiges Geben und Nehmen geprägt ist. Dabei halten beide Partner konsequent
  das Prinzip der Reziprozität ein, den Grundsatz des gleichgewichtigen Gebens und
  Nehmens.

- **Chancen:** Win-Win-Verhandlungen eröffnen die Möglichkeit zur Vereinbarung von
  fairen Verhandlungslösungen, die die gegenseitigen Interessen berücksichtigen.
  Der Prozess der integrativen Lösungssuche eröffnet Potenziale für kreative Ansätze, die größere Vorteile besitzen als die Einzelansätze der Verhandlungspartner.

- **Risiken:** Wenn einer der Verhandlungspartner kein echtes Interesse an einem fairen Ausgleich hat oder sich mit seiner Position im Recht sieht, wird die Gleichmä-
  ßigkeit im Geben und Nehmen gestört. Es greifen opportunistische Verhaltensweisen. Der kooperative Partner gerät im Interessensausgleich in einen Nachteil.

Auch wenn in der Literatur die Kooperationsstrategie häufig als das anzustrebende
Modell besprochen wird, ist kritisch anzumerken, dass die Hürden für eine erfolgreiche Umsetzung sehr groß sind. In der industriellen Praxis ist diese Verhandlungsform
eher die Ausnahme, auch wenn sie als „Label" gerne zur Bezeichnung des eigenen
Verhaltens verkauft wird. Oft werden in Wahrheit aber nicht Kooperations-, sondern
Kompromissstrategien umgesetzt, wo es in erster Linie klar um die eigenen Interessen
geht – realisiert durch ein geschickt gesteuertes Nehmen und Geben und nicht durch
ein gleichmäßiges Geben und Nehmen. Hier kommt es neben der Balance auch auf die
Reihenfolge der Zugeständnisse an.

■ **Kompromissstrategie:** Die Kompromissstrategie setzt auf die Balance unterschiedlicher Interessensschwerpunkte. Jeder der Verhandlungspartner stellt dabei die eigenen Interessen in den Mittelpunkt und versucht diese weitestgehend zu realisieren. Da es sich um einen distributiven Interessensausgleich handelt, ist von vornherein klar, dass es in der Verhandlung zu gegenseitigen Zugeständnissen kommen wird. Daher geht es in dieser Strategie um ein geschicktes Management von Konzessionen, um ein individuelles Verhandlungsoptimum zu realisieren [194][197]. Der Verhandlungsstil ist im Wesentlichen durch rational-diskursives Verhalten geprägt. In den kooperativen Phasen kann er übergehen in analytisch-partizipatives Verhalten. In den Konfliktphasen kommt es bei der Zuspitzung von Interessen auch zu arrogant-aggressiven, punktuell sogar zu aggressiv-konfliktären Verhaltensmustern [198].

– **Voraussetzungen für den Strategieeinsatz:** Das Geschäft ist grundsätzlich für beide Seiten attraktiv. Die Interessenslage am Geschäft ist durch Schnittmengen und Differenzen geprägt. Es existiert Handlungsspielraum auf beiden Seiten. Die Machtverhältnisse sind relativ ausgeglichen bzw. durch Machtverzicht der dominierenden Seite gekennzeichnet. Eine begrenzte Machtasymmetrie ist dabei möglich. Für beide Partner ist eine funktionierende Beziehung wichtig. Gegenseitiger Respekt prägt die gemeinsame Handlungsbasis. Der Umgang miteinander ist konstruktiv und verbindlich.

– **Vorgehen:** In der Verhandlung erfolgt ein Abgleich der Interessenslagen im Hinblick auf Gemeinsamkeiten und Unterschiede. Lösungen für gemeinsame Interessen werden kooperativ (analog Kooperationsstrategie) angegangen. Bei abweichenden Interessen erfolgt ein Austausch von gegenseitigen Konzessionen. Dabei gilt der Grundsatz, dort vom anderen etwas zu nehmen, wo es wichtig ist, und dort etwas zu geben, wo es akzeptabel ist. Inhaltlich basiert der Interessensausgleich auf einer exakten Planung von Konzessionen. Opportunistisches Verhalten ist möglich und wird eingesetzt, wenn der Verhandlungspartner das „zulässt". In der Reihenfolge ist der Interessensausgleich durch ein Nehmen und Geben geprägt. Die Balance der gegenseitigen Zugeständnisse verläuft in der Regel adäquat zu den Machtverhältnissen.

– **Charakter:** Konstruktive, aber distributive Verhandlung mit starkem Fokus auf Eigeninteressen und großen Potenzialen für Konflikte.

– **Chancen:** Kompromisse ermöglichen die Vereinbarung attraktiver Geschäfte bei teilweise unterschiedlichen Interessen.

– **Risiken:** Durch die Konzentration auf Eigeninteressen geht Raum für integrative Lösungen verloren. Das Maß der Interessensrealisierung ist vom Verhandlungsgeschick der Beteiligten abhängig. Die Austragung von Konflikten oder die Übervorteilung eines Verhandlungspartners kann die Beziehung belasten.

In der industriellen Praxis handelt es sich hier um die „Standardvariante" der Verhandlungsführung, sofern es im Einzelfall nicht zu kooperativen Verhandlungen
kommt oder die Machtverhältnisse und Beziehungsinteressen eine einseitige Durchsetzung der eigenen Position erlauben (vgl. unten „Konkurrenzstrategie"). Die Verengung
auf die Eigeninteressen führt dazu, dass in vielen Fällen nicht alle Kooperationspoten-
ziale des Interessensausgleichs ausgeschöpft werden. Teilweise sind gefühlt „gut er-
kämpfte" Kompromisse in Wahrheit nicht die besten Lösungen.

■ **Konkurrenzstrategie:** Die Konkurrenzstrategie setzt auf die (bedingungslose) Durchsetzung eigener Interessen. Ein hoher Machtüberschuss in der Verhandlungssituation,
der mit einer Bedeutungslosigkeit der Beziehung zum Verhandlungspartner gekoppelt
ist, führt in der Verhandlung dazu „mit aller Macht alles herauszuholen". In seiner
massivsten Form handelt es sich um ein Diktat [194][197]. Der Verhandlungsstil ist entsprechend durch arrogant-aggressives und bei aufkeimendem Widerstand durch ag-
gressiv-konfliktäres Verhalten geprägt [198]:

- **Voraussetzungen für den Strategieeinsatz:** Das Geschäft ist für den Verhandlungspartner von Bedeutung. Nach Möglichkeit ist er unmittelbar vom Auftrag abhängig. Die Machtasymmetrie ist beherrschend zu Gunsten des Auftraggebers ausgeprägt. Diese Machtverhältnisse sind dauerhaft stabil und die Beziehung spielt
daher dauerhaft keine Rolle. Die Interessen des Verhandlungspartners können ignoriert werden. Auf dem Markt herrscht ein starker Wettbewerb, und es existieren
viele substitutionsfähige Anbieter. Diese Marktlage ist stabil.

- **Vorgehen:** Die eigenen Interessen werden artikuliert und im Diktat umgesetzt, sofern der Verhandlungspartner nicht selbst darauf eingeht. Zur Abmilderung der
Härte und zur Vermeidung eines Gesichtsverlustes erfolgen ggf. symbolische Zugeständnisse. Die Artikulation und Ausübung von Macht prägt die Verhandlung.
Was nach dem Geschäft in der Beziehung passiert, hat keine Relevanz.

- **Charakter:** Harte distributive Verhandlung in Form eines Diktats.

- **Chancen:** Maximale Realisierung der Eigeninteressen und vollständige Erreichung
der Transaktionsziele.

- **Risiken:** Zerstörung der Beziehung zum Vertragspartner. Starke negative Konsequenzen in Folgegeschäften, wenn man die Machtasymmetrie falsch eingeschätzt
hat oder sich die Machtverhältnisse ändern.

Der Einsatz der Konkurrenzstrategie muss kritisch reflektiert werden. Zum einen ist sie
als erfolgreiche und betriebswirtschaftlich sinnvolle Strategie zu betrachten, wenn die
Voraussetzungen dafür dauerhaft gegeben sind. Hat der Markt in einer Materialgruppe die erforderlichen Charakteristika, können die Wettbewerbspotenziale voll ausge-

schöpft werden. Würde man darauf (teilweise) verzichten, könnten Zielbeiträge zu den Procurement-Zielen verschenkt werden, die dann woanders „eingefahren" werden müssten. Der Zielbeitrag würde auf Materialgruppen verlagert, wo es häufig viel schwieriger ist und es stärker auf einen integrativen Interessensausgleich ankommt. Daher kann der Einsatz dieser harten Strategie selektiv durchaus erfolgreich und empfehlenswert sein. Was jedoch beim Einsatz der Konkurrenzstrategie in jedem Fall bleibt, ist die unternehmerische Verantwortung für diese harte Vorgehensweise, insbesondere auch unter ethischen Gesichtspunkten. Unternehmen und Führungskräfte müssen klären, wie weit sie im Geschäft gehen wollen, wenn es um die Ausübung von Ergebnis- und Machtpotenzialen geht.

Zum anderen ist die Konkurrenzstrategie auch mit Risiken verbunden, da die Einschätzung von Machtverhältnissen immer mit Unsicherheiten verbunden ist. Fehleinschätzungen können fatale Folgen haben und ein Diktat zum „Bumerang" werden. Daher kann man die Konkurrenzstrategie mit „weicheren Konturen" ausstatten. Schließlich ist es möglich, grundsätzlich mit der beschriebenen Strategie des Drucks zu operieren und gleichzeitig das Druckpotenzial geschickt abzustufen. Nicht immer muss die Konkurrenzstrategie in voller Härte operationalisiert werden. Die Dosis macht das Gift. Dabei kann man die Druckdosis adäquat zum Verhältnis der Machtasymmetrie dimensionieren und selektiv auf Kompromisse setzen. Die klassische Konkurrenzstrategie wird so in ihrer Wirkung wesentlich abgemildert. Das lässt dem anderen „Luft zum Atmen" und vermeidet Demütigungen.

■ **Defensivstrategie:** Die Defensivstrategie basiert – analog zur Konkurrenzstrategie – auf der Fähigkeit, eigene Interessen durch die Ausübung von Macht durchsetzen zu können. Der Unterschied liegt jedoch darin, die Macht nicht einzusetzen und kurzfristige Interessen in den Hintergrund zu stellen, um wichtige Langfristinteressen zu realisieren [197]. Das ist insbesondere dann bedeutsam, wenn der eigene Machtvorteil nicht stabil und die Beziehung langfristig nicht bedeutungslos ist. Alternativ wird in der Literatur in diesem Kontext auch der Begriff der „Anpassungsstrategie" diskutiert. Dieser Strategie liegt der gleiche Grundsatz des kurzfristigen Interessensverzichts zu Gunsten langfristiger Interessen zu Grunde [194]. Der Verhandlungsstil kann in der Defensivstrategie zunächst arrogant-aggressive Züge annehmen, um das Machtpotenzial deutlich zu machen. Zur Einbindung der Kurzfristinteressen der Verhandlungspartner sind dann Wechsel zu analytisch-partizipativen und in der Absicherung langfristiger Interessen auch rational-diskursive Verhaltensmuster möglich [198]:

– **Voraussetzungen für den Strategieeinsatz:** Das Geschäft ist für den Verhandlungspartner von Bedeutung. Nach Möglichkeit ist er kurzfristig unmittelbar vom Auftrag abhängig. Die Machtasymmetrie ist aktuell stark zu Gunsten des Auftraggebers ausgeprägt. Die Stabilität dieser Machtverhältnisse ist nicht dauerhaft sicher. Der Umgang ist distanziert, aber respektvoll. Die Beziehung zum Verhandlungspartner kann ggf. langfristig wichtig werden, es existiert also ein Beziehungsrisiko. Die Interessen des Verhandlungspartners spielen daher trotz seiner aktuell schwachen Position eine Rolle und können nicht ignoriert werden.

- **Vorgehen:** Die eigene Macht wird demonstriert, so dass sie beim Verhandlungspartner „ankommt". Spürt der Verhandlungspartner das aktuelle Machtpotenzial,
  wird deutlich gemacht, dass Macht nicht ausgenutzt bzw. nicht missbraucht wird.
  Anstatt die Macht auszunutzen wird nach der Machtdemonstration das Verhandlungsklima gewechselt und auf eine gleichberechtigte Partnerschaft abgestellt, bevor es in die eigentliche Verhandlung geht. Dort erfolgt ein integratives Eingehen
  auf kurzfristige Interessen des Vertragspartners, bei gleichzeitiger distributiver
  Realisierung langfristiger Eigeninteressen. Die Vereinbarungen erfolgen in einem
  wahrgenommenen Klima des fairen Austauschs. Sie werden insbesondere durch
  das Wechselspiel im Umgang mit den Machtpotenzialen von beiden Seiten als „gefühlt wertvoll" empfunden. Dieser Effekt ist ein wesentlicher Stabilisator für einen
  fließenden Austausch lang- und kurzfristiger Interessen in asymmetrischen Machtverhältnissen.

- **Charakter:** In den wesentlichen Punkten erfolgt eine harte distributive Verhandlung unter Respekt gegenseitiger Interessenslagen und punktuell integrativer Einbindung des schwachen Partners.

- **Chancen:** Es können wichtige langfristige Faktoren zum Erhalt oder der Steigerung
  der Wettbewerbsfähigkeit abgesichert werden. Die Steuerung der langfristigen Beziehung erfolgt geschickt aus einer Position der Stärke heraus.

- **Risiken:** Die Defensivstrategie bedeutet einen Verzicht auf die Realisierung maximal möglicher Ergebnisse, ggf. sogar mit Verlust der Stärkewahrnehmung.

Die Defensivstrategie wird erfolgreich eingesetzt, wenn man sich mit großer Stärke in
volatilen Marktverhältnissen bewegt. Selbst- und machtbewusstes Auftreten ohne
Machtmissbrauch und überzogene Bedrängung der Verhandlungspartner ist ein klassi-
sches Stilelement in wettbewerbsintensiven Märkten. Ein weiterer Einsatzbereich ist
die Operationalisierung der Strategie in Krisen. Hier können starke Unternehmen
schwachen Partnern durch schwierige Zeiten helfen. Die Einforderung einer langfristigen Gegenleistung ist dann nicht nur legitim, sondern fördert auch die Chance für eine
echte Partnerschaft.

■ **Beziehungsstrategie:** Die Beziehungsstrategie greift in Verhandlungssituationen, die
durch einen übermächtigen Verhandlungspartner geprägt sind, der seine Macht aktiv
einsetzt und den Interessensausgleich beherrscht. Es existieren für die Vergabe keine
Alternativen, so dass man abhängig ist. In derartigen Abhängigkeitsverhältnissen greift
der Grundsatz, dass mit Sachargumenten häufig nicht viel erreichbar ist. Denn was der
Verhandlungspartner nicht wahrnehmen will, wird er auch nicht hören. Seine Macht
verleiht ihm die Kraft zu einem jederzeitigen Gegenargument, das er für sich vertreten
kann – und nur darauf kommt es an.

In diesem Verhandlungskontext gilt es, den Verhandlungspartner für Zugeständnisse zu öffnen [197]. Der Schlüssel dazu liegt nicht auf der argumentativen, sondern auf der persönlichen Ebene. Dieser Verhandlungsstil ist dabei zunächst defensiv einfühlsam, aber nicht von demütigem Verhalten geprägt [198]. Überflüssige Konflikte oder Reizungen werden vermieden. Gelingt im Gespräch ein Zugang zum Verhandlungspartner, erfolgt ein Anpassen des eigenen Verhandlungsstils an das Verhalten des anderen („Pacing"). Durch gutes Beziehungsmanagement soll die Machtausübung des Verhandlungspartners gedämpft und der Schaden der fremdbeherrschten Verhandlung begrenzt werden:

– **Voraussetzungen für den Strategieeinsatz:** Es bestehen keine Handlungsalternativen für die Vergabe und eine Beauftragung des Anbieters ist unbedingt erforderlich. Die Machtasymmetrie ist einseitig zu Gunsten des Verhandlungspartners ausgeprägt und wird in der Verhandlung von ihm eingesetzt. Die Beziehung und die eigenen Interessen spielen für den Verhandlungspartner keine Rolle.

– **Vorgehen:** In der Verhandlung wird der Fokus zunächst auf die Beziehungsebene gelegt. Die positive Bedeutung der Geschäftsbeziehung wird adressiert und mit vertrauensbildenden Maßnahmen gekoppelt. Man bringt dem Gegenüber Anerkennung und Respekt entgegen, bewertet die Geschäftsbeziehung als wechselseitig wertvoll. Die Machtasymmetrie soll gefühlt reduziert werden, indem man sich selbst mit gesundem Selbstvertrauen auf eine Augenhöhe zum Verhandlungspartner begibt. Gelingt es, eine gefühlte Anerkennung zu erreichen, hat man den Zugang zur anderen Seite. Ist der Zugang gelungen, können Gespräche auf gegenseitige Interessen gelenkt und durch geschickte Gesprächsführung Zugeständnisse erreicht werden.

– **Charakter:** Distributive Verhandlung unter harter Führung der Gegenseite

– **Chancen:** Dämpfung der Schäden in fremdbestimmten Vergabeprojekten

– **Risiken:** Gesichtsverlust und noch größere Härte des Verhandlungspartners, wenn der Beziehungszugang nicht gelingt

Die Beziehungsstrategie kann eine sinnvolle Option in der Verhandlung mit Monopolisten oder sehr starken Oligopolisten sein. Die Strategie dämpft im Ergebnis ggf. eigene Nachteile, sie kann aber den grundsätzlichen Charakter der Verhandlung nicht umkehren. Daher sollte sie von Maßnahmen begleitet sein, die zu einem Monopol- bzw. Oligopoldurchbruch führen. Das gelingt in der Regel jedoch nur mittel- oder langfristig durch Maßnahmen, die zur Unabhängigkeit in den Märkten führt.

■ **Exit-Strategie:** Die Exit-Strategie ist in der Regel eine Ergänzungsstrategie, um den Druck auf den Verhandlungspartner zu verstärken [193][194][199]. Mit ihr kann in schwierigen Verhandlungssituationen die eigene Unabhängigkeit und ein klarer Entscheidungswillen demonstriert werden. Beim Einsatz einer Exit-Strategie ist darauf zu achten, dass sie nicht zu schnell eingesetzt wird oder als Standardmodell der Verhandlung zum Tragen kommt. In festgefahrenen Situationen, in denen es auf den konstruktiven Einsatz von Macht ankommt, ist sie jedoch eine sehr gute und zielführende Ergänzungsstrategie. Wichtig ist: Verwendet man diese Strategie, muss sie auch umgesetzt werden. Sie ist die Ultima Ratio des Druckaufbaus, da ein Scheitern der Verhandlung eine realistische Option dieser Strategie ist. Bewegt sich der Verhandlungspartner nicht wie gewünscht, müsste die „Best-Alternative-To-Negotiated-Agreement" (BATNA) als Verhandlungsergebnis greifen. Der Verhandlungsstil kann von rational-diskursiv bis aggressiv-konfliktär ausgestaltet werden, je nachdem, wie man die „Botschaft der Stärke" an den Verhandlungspartner heranbringen will [198]:

– **Voraussetzungen für den Strategieeinsatz:** Für die Vergabe gibt es eine abgesicherte Alternative (BATNA).

– **Vorgehen:** Im Fall eines einfachen Desinteresses an einer Lösung kann dem Verhandlungspartner schlicht das Ende der Verhandlung verkündet werden. Will man den Verhandlungspartner jedoch zu einer besseren Lösung als der BATNA-Lösung bewegen, ist das Machtpotenzial der BATNA-Alternative geschickt in den Verhandlungsdialog einzubauen. Hier greift die Exit-Strategie als Ergänzung zu den anderen Strategietypen. Eine Ausnahme stellt dabei die Beziehungsstrategie dar, da hier keine Alternative existiert. Der Einbau der Exit-Strategie in die Verhandlung kann nach dem strategischen Prinzip der „Tit-for-Tat-Taktik" (siehe Kapitel 4.5.7) in Form einer konstruktiven Eskalation (siehe Kapitel 4.6) geschehen.

– **Charakter:** Umsetzung einer gezielten Verhandlungseskalation.

– **Chancen:** Verhandlungen können in Bewegung gesetzt werden. Bessere Ergebnisse als die bisherige BATNA werden möglich.

– **Risiken:** Die Verhandlung wird abgebrochen. Die BATNA wird nicht verbessert. Ggf. werden die Beziehungen zum Verhandlungspartner belastet.

Die dargestellten Strategietypen gilt es nun in der Verhandlungsvorbereitung zu einer passgenauen Verhandlungsstrategie auszuarbeiten. Wie Abbildung 4.42 verdeutlicht, kann man sich bei der konkreten Auswahl passender Strategietypen grundsätzlich an den Markt-Clustern des Procurement-Portfolios orientieren. In der Regel wird

- eine Präferenzstrategie als typische Leitstrategie für ein Markt-Cluster und
- eine Alternativstrategie als typische Variationsmöglichkeit für ein Markt-Cluster entwickelt. Die Alternativstrategie kann entweder als alternative Leitstrategie oder als Ergänzungsstrategie bereitgehalten werden.

Abbildung 4.42 Typische Verhandlungsstrategien im Procurement-Portfolio

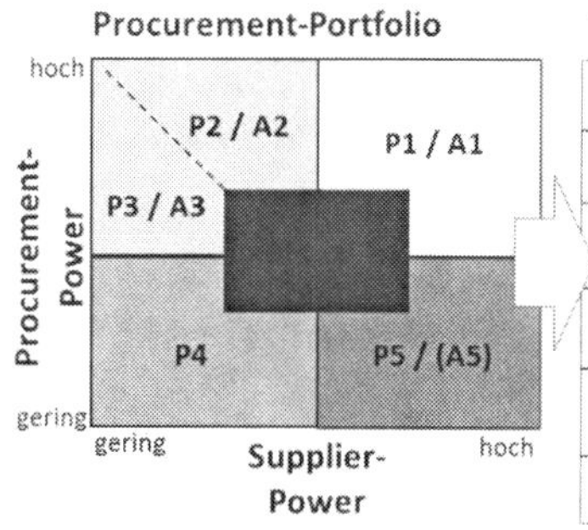

Typische Leitstrategien zur Verhandlungsführung

	KOOP	KOMP	KONK	DEFE	BEZI	EXIT
WSP	P1	A1	--	--	--	JA
WET	P2	A2	P3	A3	--	JA
ABW	--	--	P4	--	--	NEIN
BEZ	--	(A5)	--	--	P5	NEIN
OPP	Situativ ohne feste Grundorientierung					

WSP - Wertschöpfungspartnerschaft
WET - Wettbewerbspartnerschaft
ABW - Abwicklungspartnerschaft
BEZ - Beziehungspartnerschaft
OPP - Opportunitätspartnerschaft

KOOP - Kooperationsstrategie
KOMP - Kompromissstrategie
KONK - Konkurrenzstrategie
DEFE - Defensivstrategie
BEZI - Beziehungsstrategie
EXIT - Exit-Strategie

Px - Präferenzstrategie
Ax - Alternativ-/Ergänzungsstrategie
-- - keine typische Strategievariante
JA/NEIN - Sinnhaftigkeit der Option der Exit-Strategie als Ergänzung

In Wertschöpfungspartnerschaften stellen Kooperationsstrategien (P1) sinnvolle Präferenzstrategien dar. Fehlt es jedoch im Einzelfall am erforderlichen Vertrauen oder ist einer der Verhandlungspartner nicht kooperativ, ist die Kompromissstrategie (A1) die übliche Alternative. Setzt man die Kooperationsstrategien ein, sollte man flexibel auf die Kompromissstrategie wechseln können, wenn der Verhandlungspartner nicht mitspielt. Bei grundsätzlichen Meinungsverschiedenheiten können auch Exit-Strategien ergänzend eingesteuert werden, wenn eine gute BATNA existiert.

Wettbewerbspartnerschaften sind durch harte Marktverhältnisse geprägt. In den Übergangsbereichen von Wertschöpfungs- und Wettbewerbspartnerschaften, in denen der Machtanteil der Verhandlungspartner noch groß ist und die Beziehung eine wichtige Bedeutung hat, ist die Kompromissstrategie (P2) die dominierende Variante. Hier wären jedoch auch immer noch Kooperationsstrategien (A2) möglich, sofern sich beide Partner darauf einlassen. Je größer der Machtüberschuss des Auftraggebers wird und je besser der Vertragspartner zu substituieren wäre, desto mehr setzt sich die Konkurrenzstrategie (P3) als Präferenzstrategie durch. Der Härtegrad des Drucks orientiert sich dabei an den Machtverhältnissen. Dabei ist es immer wichtig, die Defensivstrategie (A3) als ggf. bessere Ausweichlinie zu evaluieren. Auch hier ist die Exit-Strategie möglich.

In Abwicklungspartnerschaften gilt das Prinzip der Konkurrenzstrategie (P4). Allerdings wird an dieser Stelle weniger Druck in Verhandlungen aufgebaut. Die einfache und schnelle Best-Price-Vergabe auf einer polypolen Angebotslage prägt das Verhalten. Die direkte Vergabe entspricht im Grunde genommen dem Vergabeverhalten in der Konkurrenzstrategie, ohne dass es hier zu langwierigen Verhandlungen kommt. Die Exit-Strategie kommt hier nicht zum Tragen, da man sich von vornherein auf den besten Bieter konzentriert und es in Inhalten und Preisen nicht um viel geht. Eine Auseinandersetzung mit den Anbietern würde mehr Kosten verursachen, als Einsparungen möglich wären.

Verhandelt man in Beziehungspartnerschaften z.B. mit Monopolisten und verzichten diese Partner nicht auf ihre Machtausübung, sind weder Verhandlungen im Stil von Kooperations- noch Kompromissstrategien möglich. Konkurrenz-, Defensiv- oder Exit-Strategien scheiden ebenfalls mangels Verhandlungsmacht aus. Hier bleibt nur das Agieren in der Beziehungsstrategien (P5), gekoppelt mit Initiativen zur Auflösung der Abhängigkeit. In den Phasen, in denen ein Beziehungszugang zur anderen Seite gelingt, sind temporär Kompromissstrategien (A5) zur Generierung von Zugeständnissen möglich.

Im Feld der Opportunitätspartnerschaften muss situativ entschieden werden. Hier ist keine generelle Orientierung möglich. Vielmehr prägt eine Fall-zu-Fall-Betrachtung die Richtung der Verhandlungsstrategie.

Unabhängig von den in diesem Abschnitt vorgestellten Leitlinien zur Gestaltung von Verhandlungsstrategien sei übergreifend festgehalten, dass Kooperations- und Kompromissansätze in jedem Markt-Cluster möglich sind, wenn beide Vertragspartner das wollen. Dazu ist es erforderlich, dass der Verhandlungspartner mit Machtüberschuss auf seine Machtausübung verzichtet und sich freiwillig einem gleichberechtigten Leistungsaustausch stellt. Das ist ein positives Ziel, das aber in der Praxis nicht immer funktioniert. Daher sollte man sich darauf einstellen, dass in Verhandlungen auch mit Macht agiert wird, wenn es sie gibt. Verhandlungsstrategien helfen dann, sich richtig zu bewegen.

4.5.7   Lösungen: Verhandlungstaktiken

Zur Operationalisierung von Verhandlungsstrategien muss man sie im Interessensausgleich mit Durchschlagskraft und Dynamik versehen. Dazu können geeignete Verhandlungstaktiken ausgewählt und eingesetzt werden [200]:

■ Ergebnistaktiken

■ Interaktionstaktiken

■ Beziehungstaktiken

Abbildung 4.43   Übersicht wichtiger Verhandlungstaktiken

Ergebnistaktiken	Interaktionstaktiken
- Erstes Angebot	- Lockvogeltaktiken: Druck
- Taktik der Mitte	- Lockvogeltaktiken: Naivität
- Irrealitätstaktik	- Autoritätstaktiken
- Vergleichstaktik	- Zeittaktiken
- Was-wäre-wenn-Taktik	- Protokolltaktiken
- Limittaktik	- Seeding
- Werttaktik	- Exkurs unethische Interaktionen
- Auktionstaktiken	**Beziehungstaktiken**
- Eskalationstaktik	- Positives Etikettieren
- Ich teile, Du-wählst-Taktik	- Umarmungstaktiken
- Tit-for-Tat-Taktik	- Abwertungstaktiken
- Bedingungstaktik	

Ergebnistaktiken

Ergebnistaktiken dienen dazu, um in Verhandlungen konkrete Bewegungen in Leistungs-inhalten, Vertragsbedingungen und Preisen zu befördern. Sie sollen den Verhandlungs-partner zu Veränderungen in seinen Verhandlungspositionen führen:

- **Taktik des ersten Angebots**: Bei dieser Taktik handelt es sich um eine klassische Eröff-nungsvariante einer Verhandlung. Durch eine konkrete Zielvorgabe soll dem Verhand-lungspartner Orientierung gegeben und gleichzeitig ein hoher Bewegungsdruck auf-gebaut werden. Dazu gibt der Einkauf zu Beginn der Verhandlung eine anspruchsvolle Zielvorgabe vor, die sich am Rande der Marktmöglichkeiten bewegt. Damit setzt er ei-nen kognitiven Anker. Der Verkauf gerät in die Defensive und muss Position beziehen, ggf. erfolgt sofort eine erste Bewegung. Auf jeden Fall legt der Verkäufer in der Regel Informationen über seine Sicht der Dinge offen, mit etwas Glück direkt unter Nennung von Begründungen. Die so thematisierten Bereiche sind häufig auch Felder, in denen man in Bewegung kommen kann, da sie selbst vom Verhandlungspartner in die Dis-kussion eingebracht wurden. Nach MUSSWEILER et al. haben empirische Studien er-geben, dass hohe und gleichzeitig realistische Zielvorgaben zu besseren Ergebnissen führen als Verhandlungen ohne eine entsprechende Orientierung [200][266]. Wichtig ist, dass die Zielvorgaben realistisch gesetzt werden, ansonsten entsteht das Risiko des Verhandlungsabbruchs. Zumindest verliert der Verhandlungsführer dann die Wahr-nehmung von Kompetenz, was für die Verhandlung ein schwerwiegender Nachteil wäre. Zur Nutzung dieser Taktik muss man also den Markt und seine Grenzen sehr gut kennen.

■ **Taktik der Mitte**: Die Taktik der Mitte stellt eine alternative Eröffnungsvariante dar. Der Einkauf reflektiert kritisch das zu verhandelnde Angebot und fordert den Verkauf auf, jetzt endlich ein „realistisches Angebot" abzugeben. Durch die Aufforderung zur Veränderung des aktuellen Angebots wird direkt am Anfang der Verhandlung Bewegungsbedarf adressiert. Die Bereitschaft des Verhandlungspartners zur Bewegung kann beobachtet werden. Der Verkauf reagiert auf den Druck, und es kann bereits eine erste Bewegung erfolgen. In jedem Fall werden Informationen sichtbar, die für den Verkauf wichtig sind und die seine Sichtweise begründen (s.o.). Nach Antwort des Verkaufs weist der Einkauf auch das „neue Angebot" zunächst als „unrealistisch" zurück. Entsprechend dem Verhalten des Verhandlungspartners nennt er jetzt selbst eine Zielvorgabe und koppelt diese direkt mit Bewegungsbereitschaft. Er eröffnet also selbst die Bewegung. Der weitere Dialog wird durch gleichgewichtige Schritte beider Parteien in Richtung der Mitte der Positionen gesteuert [201]. Der Nennung der Zielvorgaben wird also zunächst eine Beobachtung des Verhandlungspartners vorgeschaltet. Erst danach wird über den Anspannungsgrad der Verhandlung entschieden und gleichzeitig für Bewegung gesorgt. Die Chance dieser Taktik liegt darin, dass sie in unserem Kulturkreis als fair empfunden wird. Schließlich gibt jeder gleich viel von seiner Position auf. Zu beachten ist jedoch, dass der Einkauf durch seine späte Positionierung erst die Mitte wirklich bestimmt. Das muss nicht immer fair sein. Das Risiko der Taktik besteht darin, dem Verhandlungspartner zunächst das Heft des Handelns in die Hand zu geben, um seinerseits einen kognitiven Anker zu setzen. Die Taktik der Mitte wird häufig eingesetzt, wenn man sich selbst nicht über eine angemessene Zielvorgabe im Klaren ist oder die Marktkenntnis für eine akzeptable Größenordnung fehlt. Dann hängt die eigene Zielartikulation stark von den Verhaltenseigenschaften des Verhandlungspartners ab.

■ **Irrealitätstaktik:** Wird die Irrealitätstaktik angewendet, begibt man sich auf das Terrain der „Hoch-Risiko-Taktiken". In der Umsetzung wird die Reaktion des Verkaufs auf ein „unmögliches Angebot" getestet [202]. Der Einkauf gibt eine Zielgröße vor, die jenseits jeglicher Realität liegt, z.B. bei 25% eines angebotenen Preises. Jetzt wird die Reaktion des Vertriebs beobachtet. Dabei kommen typischerweise drei Grundmuster zum Tragen:

– **Defensives Verhalten:** Die Vertreter des Verkaufs reagieren nachdenklich und zögerlich. Dies kann ein Hinweis darauf sein, dass dieses Geschäft für den Verhandlungspartner sehr wichtig ist. Mit dieser Information kann man wieder zurück in die Verhandlung gehen, seine unrealistische Forderung relativieren und den Verhandlungspartner unter Druck ausverhandeln.

– **Offener Dialog:** Der Verhandlungspartner nimmt die unrealistische Offerte locker zur Kenntnis. Das Geschäft ist quasi vom Tisch, aber man kann sich in lockerer Atmosphäre weiterhin gut allgemein austauschen („Small talk"). Da der Abschluss eigentlich abgehakt ist, können jetzt gezielt Verständnisfragen in den lockeren Dialog eingesteuert werden. Ggf. erhält man Informationen über die Sichtweise des Verhandlungspartners zum Angebot, die neu sind. Hat man den Eindruck, dass eine Verhandlung auf Grund der neuen Informationen lohnenswert ist, kann man von der eigenen Forderung Abstand nehmen und zur Verhandlung zurückkehren.

– **Verhandlungsabbruch:** Der Verhandlungspartner erkennt die irreale Absicht des Einkaufs. Er bricht die Verhandlungen sofort ab. Ggf. ist die Beziehungsebene stark und nachhaltig gestört.

Die Irrealitätstaktik beinhaltet das Risiko eines harten Verhandlungsabbruchs und einer dauerhaften Störung der Beziehungen. Sie ist nur dann eine Option, wenn eine BATNA existiert und die Beziehungen langfristig keine Bedeutung haben.

■ **Vergleichstaktik:** Um in einzelnen Verhandlungsfeldern Bewegungen erzielen zu können, werden bewusst Analogien zu bereits vereinbarten Verträgen gezogen [201][203]. Dazu grenzt der Einkauf zunächst den aktuellen Verhandlungsgegenstand noch einmal inhaltlich ab. Danach wird auf vergleichbare Vorgänge aus der Vergangenheit abgestellt, einzelne Verhandlungspositionen mit der Vergangenheit verglichen und in der aktuellen Vergabe Bewegung für Lösungen eingefordert. Dabei gilt der Grundsatz, dass nicht falsch sein kann, was bereits woanders vereinbart wurde. Gegenargumenten wird entschieden nachgesetzt. Dabei steht die Frage im Fokus, ob man in der Vergangenheit seriös zusammengearbeitet hat. Davon ist man im Einkauf überzeugt, und das ist auch der Maßstab der laufenden Verhandlung. Die Chance dieser Taktik ist, dass gute Verhandlungsergebnisse der Vergangenheit auf die aktuelle Vergabe übertragen werden können. Das Risiko besteht darin, dass die Vergleichsobjekte vielleicht nicht vergleichbar sind. Die Verhandlungsmacht würde dann auf die Seite des Vertriebs wechseln. Es kommt also darauf an, dass man sich gut in den Inhalten auskennt, um auf Augenhöhe mitreden zu können.

■ **Was-wäre-wenn-Taktik:** Mit dieser Taktik wird ausgetestet, welche Spielräume der Verhandlungspartner hat, wenn man das Geschäft ausweiten und in einen noch lukrativeren Kontext stellen würde. Typisch ist z.B. die Prüfung größerer Abnahmemengen oder die Option auf Folgeaufträge [202]. Dazu fasst der Einkauf die aktuelle Verhandlungssituation zusammen. Er hinterfragt dann im Vertrieb die konkreten Potenziale für ganz konkrete Ausweitungsszenarien. Angestrebt wird, dass der Vertrieb sehr konkret seine Potenziale in Inhalt und Umfang offenlegt. Dazu hat der Einkauf die Diskussion durch eine intensive Hinterfragung auf Detailebene zu steuern. Sind die Potenziale attraktiv, und existiert ferner eine Kopplungsmöglichkeit mit realen Bedarfen, kann man diese vereinbaren und die Potenziale realisieren. Ist dies nicht der Fall, führt man die Potenziale auf den aktuellen Zustand der Ausschreibung zurück. Welcher Anteil der Potenziale, die der Verhandlungspartner ja selbst genannt hat, lässt sich auch in der Ursprungsanfrage realisieren? An dieser Stelle geht es um eine Realisierung von „Teilpotenzialen", ohne sich auf eine Geschäftsausweitung zu verpflichten. Die Chance dieser Taktik liegt in der Transparenz der Potenziale. Das Risiko besteht darin, dass der Einkauf sich zu Zusagen hinreißen lässt, die nicht vertretbar sind. Ein weiteres Risiko besteht darin, dass man sich zu früh auf eine Potenzialeinschätzung festlegt und weitere Potenzialmöglichkeiten nicht mehr erkennt.

■ **Limittaktik:** Zur Verschärfung der „Taktiken des ersten Angebots" oder der „Taktik der Mitte" wird häufig auch die Limittaktik eingesetzt. Wenn mit den Ausgangstaktiken nicht genügend Bewegung erzielt wurde, wird der Druck erhöht. Mit der Limittaktik wird dem Verhandlungspartner der feste Wunsch zur Zusammenarbeit artikuliert, gleichzeitig aber signalisiert, dass man diesem Wunsch nicht nachkommen kann, weil man das Geld nicht hat. Man möchte das Geschäft realisieren, man kann es aber nicht [204][205]. Im ersten Schritt vernetzt der Einkauf diese Position mit einer Aufforderung zur weiteren Bewegung auf der Preisebene bei gleichbleibender Leistung. Wenn diese Bewegung als ausgereizt erscheint, fokussiert der Einkauf in Zusammenarbeit mit den Fachbereichen im zweiten Schritt die Leistungsseite. Er fordert auf, Spezifikationen auf das Wesentliche zu reduzieren und Alternativvorschläge für Lösungen zu unterbreiten. Es geht also um die Diskussion von Potenzialen im Ringen um ein Preis-Leistungs-Optimum. Genau hier liegt auch die Chance dieser Methode. Ein Risiko besteht, wenn das Limit nicht glaubhaft ist oder dem Verhandlungspartner vorab aus den Fachbereichen ein Limit lanciert wurde, das oberhalb des in der Verhandlung artikulierten Limits liegt. Das würde Vertrauen zerstören und weitere Bewegungen blockieren.

■ **Werttaktik:** Eine weitere Möglichkeit, den Verhandlungspartner unter Bewegungsdruck zu setzen, ist die Anzweiflung seiner Fähigkeiten. Wenn man selber über erstklassiges Know-how zum Verhandlungsgegenstand und über einen Machtüberschuss verfügt, kann man die Schwachstellen des Bieters gezielt aufzeigen und ihn unter Druck setzen. Dazu wird der Einkauf das Klima in der Verhandlung spürbar belasten. Die Angespanntheit koppelt er mit Unverständnis zum Angebot. Die aufgezeigten Schwächen steigern sich in ihrer Reihenfolge und kulminieren in einer grundsätzlichen Infragestellung des Anbieters. Es sollen Rechtfertigungen zu Inhalten und Preisen provoziert werden. Dies kann solange geschehen, bis der Verhandlungspartner in einzelnen Punkten Alternativen eröffnet. In diesem Moment kann der Druck nochmals erhöht werden. Wieso werden in der Verhandlung unter Druck gute Lösungsvorschläge unterbreitet und im Angebot nicht? Wo es eine Alternative gibt, wird es mehrere geben. In Folge wird eine umfassende Diskussion über Leistungsalternativen forciert, die in Summe zu einer gleichwertigen oder besseren Lösung führen, jedoch zu geringeren Kosten. Das bringt den Verhandlungspartner Schritt für Schritt zurück in die Anerkennung. Die Chance dieser Taktik liegt in der Eröffnung einer breiten Diskussion über Alternativen. Ein Risiko besteht, wenn das eigene Know-how nicht ausreicht, um den Verhandlungspartner fundiert angreifen zu können. In diesem Fall würde sich der Druck umkehren, da der Auftraggeber die Situation nicht beherrscht.

■ **Auktionstaktik:** In einer Auktion gestaltet der Einkauf „Wettbewerbsspielregeln", in denen die Anbieter interaktiv bieten und die Dynamik der Verhandlung selbst bestimmen. Man befindet sich in einem Verhandlungsstadium, in dem es nur noch um den besten Preis bzw. Vergleichspreis geht. Damit eine Auktion funktioniert, gibt es wesentliche Rahmenbedingungen, die für die Durchführung erfüllt sein sollten:

- Die Leistungsanforderungen sind klar definiert.
- Es gibt mehrere wettbewerbsfähige und vom Fachbereich freigegebene Angebote.
- Die Angebote sind durch eindeutige Spezifikationen oder durch Best-Value-Ansätze vergleichbar gemacht worden (Vergleichspreisprinzip).
- Zwischen den Lieferanten existiert ein harter und realer Wettbewerb.
- Die Lieferanten kennen ihre relative Wettbewerbsposition in der Vergabe nicht.
- Die Lieferanten kennen ihren absoluten Abstand zum besten Angebot nicht.
- Die Vergabekriterien sind klar definiert. Der beste Bieter erhält den Zuschlag.
- Die Auktion wird verbindlich umgesetzt. Nachverhandlungen sind ausgeschlossen.

Werden die beschriebenen Rahmenbedingungen erfüllt, kommt es auf das Design einer Auktion an. Sie ist so zu gestalten, dass zwischen den Auktionsteilnehmern eine hohe Bieterdynamik generiert wird. Dabei greifen u.a. die Ansätze der Spieltheorie. In der Praxis gibt es eine Vielzahl von möglichen Auktionsdesigns. BERZ stellt in seinem Werk „Spieletheoretische Verhandlungs- und Auktionsstrategien" gängige Ausprägungen im Detail vor [206]. Für eine genauere Studie der Designmöglichkeiten wird hier auf die Spezialliteratur verwiesen [206]-[211]. Zur Verdeutlichung der Auktionssystematik werden im Folgenden ausgewählte Grundtypen vorgestellt, die in der Praxis eine wichtige Rolle spielen:

- **Auktion English-Reverse-Ticker:** Bei dieser Auktion gibt der Auktionator einen Startpreis für die Vergabe vor. Sobald ein Bieter diesen Startpreis bestätigt hat, wird ein nächster Bieterschritt kommuniziert, der niedriger ist, als der aktuell bestätigte Preis. In einem festgelegten Zeitfenster kann jetzt ein anderer Bieter das neue Gebot bestätigen. Geschieht dies, wiederholt sich der Vorgang so lange, bis kein neues Gebot erfolgt. Der letzte Bieter hat die Auktion gewonnen. Der Auktionator legt im Auktionsdesign insbesondere die folgenden Parameter fest: Startpreis, Höhe der Bieterschritte in EUR, Zeitfenster für die Bieterschritte.

- **Auktion English-Reverse-Dynamic:** In einer dynamischen Auktion folgen die Bieter nicht fest vorgegebenen Bieterschritten des Auktionators. Sie benennen selber ihren Angebotspreis und steuern diesen in die Auktion ein. Oft sind auch die Angebots- bzw. Vergleichspreise der Bieter die gesetzte Startbasis. Im Folgenden erhalten die Bieter einen Status über ihr Angebot und ein Zeitfenster zur Angebotsverbesserung. Die Statusinformation kann dabei differenziert erfolgen und wird im Auktionsdesign festgelegt. Neben dem eigenen aktuellen Preis kann dem Bieter z.B. mitgeteilt werden, auf welchem Rang er in der „Angebotstabelle" liegt oder ob er in der Auktion auf der Siegerposition steht (Winner-Display: Ja/Nein). Alternativ könnten die Bieter auch über eine Ampelsystematik erfahren, ob sie sich in einer vorderen, mittleren oder hinteren Angebotsgruppe befinden. Die Bieter erhalten also in der Regel nur Informationen über ihre relative Position im Wettbewerb. Der Genauigkeitsgrad der Information kann im Auktionsdesign frei gestaltet werden. Im Ergebnis erkennt jeder Bieter, ob er noch etwas tun muss, um den Wettbewerb zu gewinnen. In der klassischen Dynamic-Version kann er dann im vorgegebenen Zeitfenster beliebig oft sein Angebot verbessern und seine relative Wettbewerbsposition jederzeit einsehen. Am Ende gewinnt der Bieter, der zum Auktionsschluss den besten Preis bzw. Vergleichspreis geboten hat.

– **Auktion Dutch-Forward-Ticker:** Die Dutch-Forward-Auktion läuft analog zur English-Reverse-Ticker-Auktion. Allerdings ist hier der Startpreis des Auktionators der unterste Preis. Er steigt in festgelegten Zeitintervallen um festgelegte Bieterschritte. Der Bieter, der zuerst einen Preis bestätigt, hat die Auktion sofort gewonnen.

– **Auktion Sealed-Bid:** Bei der Sealed-Bid-Auktion eröffnet der Auktionator ein Zeitfenster. In diesem Zeitfenster haben die Bieter einmal die Möglichkeit, einen für die Wettbewerber nicht sichtbaren Preis abzugeben (verdeckte Auktion). Weitere Angebote oder Nachverhandlungen sind ausgeschlossen. Die Verhandlung hat der Bieter gewonnen, der den besten Preis angeboten hat. Ggf. wird den Bietern anonym der Siegerpreis kommuniziert.

Spannend ist bei der Analyse dieser vier Grundtypen, dass der Vergabepreis bei den English-Reverse Auktionen immer von der „Preis-Schmerzgrenze" des zweitbesten Bieters abhängt (Indifferenzpreis, der vom Bieter nicht unterschritten wird). Nur dieser Preis muss vom Gewinner unterboten werden. Wie hoch der eigentliche Indifferenzpreis des Gewinners ist, bleibt unbekannt. Daher werden diese Auktionen auch Zweitpreisauktionen genannt. Der zweitbeste Bieter bestimmt demnach indirekt den Vergabepreis. Beim Dutch-Forward-Ticker bzw. der Sealed-Bid-Auktion gewinnt dementgegen der Indifferenzpreis des Gewinners. Diese Auktionen nennt man daher auch Erstpreisauktionen. BERZ hat die Eigenschaften dieser Auktionsformen und die damit verbundenen Wirkungen näher analysiert. Er gibt Empfehlungen ab, unter welchen Bedingungen welche Auktionsform am meisten Erfolg verspricht. Zwei ausgewählte Empfehlungen können dabei wie folgt zusammengefasst werden [206]:

– Liegen die Indifferenzpreise der Bieter voraussichtlich nah beieinander, empfehlen sich eher Zweitpreisauktionen.

– Je geringer die im Angebot eingestellte (strategische) Marge ausfällt und je näher die Bieter in ihren Ursprungsangeboten damit am eigentlichen Indifferenzpreis liegen, desto eher eignen sich Erstpreisauktionen.

Die vorgestellten Auktionen werden heute in der Regel elektronisch über e-Bidding-Plattformen durchgeführt. Es ist jedoch auch möglich, Auktionen direkt „vor Ort" durchzuführen. Das erhöht den psychologischen Druck, da sich die Bieter gegenseitig sehen und spüren. In diesem Kontext können „Vor-Ort-Auktionen" mit weiteren Wettbewerbselementen aus der Spieltheorie gekoppelt werden. Es entstehen komplexe „Spiel-Designs". Darauf haben sich Beratungsfirmen spezialisiert, die für Einkaufsbereiche komplexe Auktionsdesigns entwerfen [210]. Zur didaktischen Erläuterung sei an dieser Stelle beispielhaft ein Spielmuster aufgeführt:

- **Eröffnung:** Der Einkaufsleiter betritt den Raum, begrüßt die Auktionsteilnehmer und zeigt allen den unterschriebenen Vertrag. Zwei Felder sind offen: Der Auftragnehmer und der Preis. Alle Teilnehmer bestätigen, dass sie handlungsbefugt und handlungsfähig sind. Die Handys werden eingesammelt, im Bieterspiel besteht Kontaktsperre nach außen. Dem stimmen alle zu. Dann beginnen abgestimmte Spielrunden.

- **Spiel 1:** Der Auktionator nennt einen Startpreis. Alle müssen bestätigen. Alle bleiben im Rennen bis auf den Bieter, der zuletzt bestätigt.

- **Spiel 2:** Alle verbleibenden Bieter nennen verdeckt (und für die anderen Mitbieter nicht sichtbar) einen neuen, besseren Preis. Der schlechteste Bieter scheidet aus.

- **Spiel 3:** Der jetzige „beste Preis" ist der aktuelle Vergabepreis und wird kommuniziert. Er wird alle fünf Minuten um 1% gesenkt. Alle Bieter müssen den Preis bestätigen. Das geht so lange weiter, bis vier Bieter übrig bleiben. In diesem Moment wird Spiel 3 sofort gestoppt.

- **Spiel 4:** Die vier verbleibenden Bieter werden separiert. Sie haben mit den Fachbereichen 120 Minuten lang Zeit, ihr Angebot so inhaltlich zu bearbeiten, dass die Leistung in der Bewertung unverändert bleibt, aber der Preis weiter reduziert werden kann. Nach 120 Minuten nennen alle ihren neuen Preis. Die besten drei Bieter bleiben übrig.

- **Spiel 5:** Alle drei Bieter erfahren ihre Position und den Abstand zum besten Bieter. Dann erfolgt eine Sealed-Bid-Auktion in einem Zeitfenster von 15 Minuten. Der Gewinner der Sealed-Bid-Auktion erhält den Zuschlag.

In der Praxis müssen Auktionsdesigns genau auf die jeweiligen Wettbewerbsbedingungen ausgerichtet sein. Die Risikobereitschaft und das Wettbewerbsverhalten der Bieter sind dabei kritische Faktoren, die für die Gestaltung wesentlich sind [206]. Kritisch anzumerken ist, dass Bieter den mit Auktionen verbundenen Wettbewerbsdruck oft als unfair empfinden und Beziehungen beschädigt werden können. Daher sollte auch unter diesem Aspekt genau reflektiert werden, in welchen Vergaben Auktionen eine sinnvolle Verhandlungstaktik sind.

■ **Eskalationstaktik:** Kommt der Interessensausgleich in einer Verhandlung ins Stocken, kann der Druck auf eine Lösung durch die Eskalationstaktik erhöht werden. Dazu fasst der Einkauf die bisherigen Lösungen der Verhandlung zusammen und schildert dann das aktuelle Problem sowie die unterschiedlichen Positionen. Er fordert erneut dazu auf, zu einer Einigung zu kommen. Dies koppelt er mit einem eigenen Zugeständnis und gleichzeitig der Konsequenz, dass alle bisherigen Einigungen nichtig wären, wenn es jetzt im aktuellen Problemfall zu keiner Einigung käme. Diese Taktik kann wirkungsvoll eingesetzt werden, wenn bereits große Fortschritte in der Verhandlung erzielt wurden und es für den Verhandlungspartner ein großes Risiko wäre, die bereits erzielten Ergebnisse wieder in Frage zu stellen.

■ **Ich-teile-du-wählst-Taktik:** Eine weitere Möglichkeit, zur Einigung bei Meinungsverschiedenheiten zu kommen, besteht darin, dass eine Verhandlungsseite verschiedene Lösungsmöglichkeiten zum Lastenausgleich vorschlägt und die andere Seite daraus eine Option frei auswählen kann [211]. Dazu hat der Einkauf faire Lösungsvorschläge auszuarbeiten. Da der andere Partner frei in der Lösungswahl ist, entsteht ein inhärenter Druck auf die Gestaltung beidseitig akzeptierter Alternativen. Die Chance dieser Taktik liegt darin, im Konfliktfall schnell wieder zu einem kooperativen Geben und Nehmen zurückzufinden. Werden jedoch nur einseitige Lösungsvorschläge unterbreitet, besteht das Risiko, dass die Verhandlung weiter eskaliert.

■ **Tit-for-Tat-Taktik:** In schwierigen Verhandlungen kann es vorkommen, dass es trotz einer grundsätzlich konstruktiven Verhandlung zu keiner Einigung kommt. Spätestens in diesem Moment kommt die Verhandlungsmacht der Partner ins Spiel. Dabei geht es darum, die eigene Verhandlungsmacht zur Vertretung von Interessen konstruktiv einzubringen. Oft wird Macht jedoch dabei schlichtweg nur in Form einer plumpen Drohung platziert. Drohungen wie etwa die folgende Aussage verschärfen dann den Konflikt: „Wenn Sie nicht um mindestens 7% Nachlass gewähren, können Sie das Büro hier verlassen. Eine Rückkehr ist nicht erforderlich!" Der Verhandlungspartner wird in die Enge gedrängt. Ihm wird kein Bewegungsspielraum gelassen und die „Pistole auf die Brust" gesetzt. Das ist eine harte Durchsetzung von Macht in Form eines Diktats. Wenn dieses Vorgehen durch genügend Machtüberschuss in der Sachfrage überhaupt erfolgreich ist, wird es zumindest die Beziehung stark belasten. Die Rechnung würde ggf. später vom Lieferanten neu aufgemacht. Drohungen werden in der Regel nicht vergessen. Daher ist es wichtig, in Konflikten Macht konstruktiv einzubringen. Hier greift die „Tit-for-Tat-Taktik", die im Kontext von Verhandlungen auch als „konstruktives Warnen" eingesetzt wird und in der Literatur gut beschrieben ist [212][213]. In dieser Taktik werden dem Verhandlungspartner auf Basis einer kooperativen Grundhaltung die Konsequenzen einer „Nicht-Einigung" mit der Macht der eigenen Unabhängigkeit vor Augen geführt. Dies geschieht aber so, dass er die Konsequenzen selbst erkennt und nachvollziehen kann. In diesem Moment wird der Verhandlungspartner zu einer Beteiligung an einer kooperativen Lösungsfindung aufgefordert und ihm gleichzeitig ein großer Spielraum zur Bewegung eröffnet. Er kann selbst entscheiden, wo er sich wie bewegt, um zu einer Lösung beizutragen. Entsteht eine Lösung, hat der Verhandlungspartner direkt daran mitgewirkt und akzeptiert sie daher auch. Kommt es zu keiner Lösung, muss die eigene Macht wirken, d.h. die artikulierten Konsequenzen müssen umgesetzt werden. Der folgende Ablauf macht das Prinzip dieser Taktik greifbar:

- **Ausgangsbasis:** Die Kosten für den Auftrag sind 5% über dem Limit. Die Bewegung ist vollständig ins Stocken geraten.

- **Einkäufer:** Der Einkäufer fasst die Verhandlung mit all seinen Ergebnissen zusammen. Er bewertet das Erreichte positiv und definiert die verbleibende Verhandlungslücke. Er holt beim Verkäufer Zustimmung zu diesem Verständnis ein.

- **Verkäufer:** Der Verkäufer stimmt der Einschätzung der Sachlage zu.

- **Einkäufer:** Der Einkäufer praktiziert das konstruktive Warnen: „Stellen Sie sich vor, Sie würden zur Genehmigung eines Vertrags zu Ihrem verantwortlichen Chef gehen und ihm bei der Ergebnispräsentation verdeutlichen, dass Sie die Ziele des Geschäfts deutlich verfehlt haben und beim Partner keine Bewegung mehr zu erwirken ist. Würde Ihr Chef eine weitere Intensivierung der Geschäftsbeziehung mit diesem Partner begrüßen oder gar den Vertrag unterschreiben?"

- **Verkäufer:** Der Verkäufer reflektiert die Situation: „Nein, das würde er vermutlich nicht tun. Es wäre nicht einverstanden."

- **Einkäufer:** Der Einkäufer übergibt das Problem der Lösungsfindung an den Verkäufer: „Wenn wir diese Lage auf unsere Situation übertragen würden, was könnte man denn jetzt tun, um zu einem für beide Seiten guten Ergebnis zu kommen? Was schlagen Sie vor?"

An diesem Punkt sind die Konsequenzen einer Nichteinigung klar, und der Verhandlungspartner ist gleichzeitig aktiver Teil der Lösungsfindung. Die Chance liegt jetzt darin, dass durch den konstruktiven Machteinsatz Bewegung in die Sache kommt und der Verhandlungspartner zur treibenden Kraft wird. Es besteht aber auch das Risiko, dass es zu keiner Lösung kommt und die kommunizierte Macht aktiviert werden muss. Am Ende kann also auch ein Nein als Verhandlungsergebnis stehen und damit die Verhandlung scheitern – was bei einer existierenden BATNA auch möglich ist.

■ **Bedingungstaktik:** Die Bedingungstaktik kann in den Randbereichen des Vertragsabschlusses eingesetzt werden, um kurz vor Verhandlungsende noch weitere Ergebnisvorteile zu erzielen. Hat man beispielsweise langwierig die Hauptleistungen eines Vertrags verhandelt, stellt sich die Frage, ob der Verhandlungspartner auf den Vertrag wegen Zugeständnissen in vertraglichen Nebenbedingungen wie z.B. Haftung, INCOTERMS®, Zahlungsbedingungen etc. verzichten würde [214]. Die Chance dieser Taktik liegt in der Generierung zusätzlicher Vorteile über vertragliche Nebenbedingungen. Diese Wirkungen sind vielleicht nicht mehr sehr groß, aber im Einkauf geht es am Ende um jeden Prozentpunkt. Das Risiko dieser Taktik ist, dass ein insgesamt guter Vertrag ggf. nochmals gefährdet und die Beziehung belastet wird.

Interaktionstaktiken

Ein weiterer Baustein, um in Verhandlungen zu Bewegungen zu kommen, ist die Gestaltung der Kommunikations- bzw. Interaktionsprozesse. Für den Verhandlungserfolg kommt es ganz wesentlich mit darauf an, wie man das gegenseitige Wechselspiel der Zusammenarbeit steuert. Im Folgenden werden typische Interaktionstaktiken vorgestellt:

■ **Lockvogeltaktiken – Druck:** Mit dieser Art von Drucktaktiken werden in einem Verhandlungsprozess gezielt Konflikte angesteuert. Über den Konflikt soll beim Verhandlungspartner bewusst ein Gefühl des Unwohlseins generiert werden. Fühlt sich der Verhandlungspartner richtig unter Druck gesetzt, wird ihm überraschend eine einfache Lösung präsentiert. Er kann sich schnell in den „Hafen der Sicherheit" begeben und den Konflikt auflösen. Insbesondere bei Verhandlungspartnern, die wenig druckresistent sind, können so schnell Zugeständnisse erreicht werden, die im Kontext der vorher überzogenen Forderungen gleichwohl als faire Lösung empfunden werden. Das typische Muster dieser Taktik bilden „Good-guy-bad-guy" Spiele [117][200][215][216]. Das Risiko dieser Taktik besteht darin, dass der Verhandlungspartner ggf. nicht auf den Druck reagiert oder das Spiel durchschaut. Dann verpufft die Wirkung dieser Taktik. Ferner besteht das Risiko, sich an der Grenze ethischer Standards zu bewegen.

■ **Lockvogeltaktiken – Naivität:** Eine weitere Variante zur Beeinflussung des Verhandlungspartners ist die sogenannte Naivitätstaktik. Bei dieser Taktik stellt man sich grundsätzlich gegenüber dem Verhandlungspartner dumm und versteht die Zusammenhänge der Verhandlung nicht. Durch vermeintlich ungeschickte Bemerkungen bzw. Fragen wird genau diese Wahrnehmung provoziert. Diese Taktik kann genutzt werden, um den Dialog in eine neue Richtung zu lenken oder um sich zu einem Verhandlungssachverhalt eine breitere Informationsbasis zu verschaffen [215]. Der Verhandlungspartner wird geschickt dahin geführt, mehr Informationen über seine Interessen, Positionen, Stärken und Schwächen zu öffnen. Auf Grundlage der besseren Informationsbasis kann dann die eigene Verhandlungsführung ausgerichtet werden. Hat man es in der Verhandlung mit machtvollen und eitlen Verhandlungsführern zu tun, kann diese Taktik der „respektvollen Anerkennung" zu einer offenen Informationskommunikation führen, da sich der Gesprächspartner in seiner Rolle gefällt. Das Risiko dieser Taktik besteht darin, dass einen der Verhandlungspartner nicht mehr ernst nimmt. Auch hier ist die Einhaltung ethischer Grenzen erneut kritisch zu reflektieren.

■ **Autoritätstaktiken:** Zur Steuerung der Interaktionsprozesse kann ferner das Instrument der persönlichen Autorität der Verhandlungsführer eingesetzt werden. In diesem Kontext sind zwei Ausprägungen für die Praxis besonders hervorzuheben [214]:

   – **Senioritätstaktik:** Kommt es in einem Konflikt zu keiner Einigung, wird der Druck auf die Gegenseite damit erhöht, dass man den Konfliktpunkt mit dem Chef des jetzigen Verhandlungspartners weiter diskutieren will. Eine „Delegation nach oben" bedeutet für den Betroffenen häufig auch ein Stück weit Versagen. Damit wird der Druck auf die Lösung erhöht. In der Praxis wird diese Taktik ggf. auch unethisch eingesetzt. Hier wird ein Konflikt provoziert, auf die nächste Ebene getragen und dort sehr „geschmeidig" und schnell gelöst. Also war das Problem wohl gar kein Problem. Das könnte eine typische Wahrnehmung beim Chef des Verhandlungspartners sein, die dann sicher auch Gegenstand einer internen Diskussion wäre. Wie der Verhandlungspartner das nächste Mal reagieren würde, wenn wieder eine Eskalation in die nächste Hierarchieebene im Raum steht, ist absehbar.

–   **Autoritätsbegrenzungstaktik:** Mit dieser Taktik legt sich der Verhandlungsführer selbst ein Entscheidungslimit auf. Wird diese Grenze erreicht, zieht er sich im Verhandlungsdialog zurück, um an anderer Stelle eine Entscheidung herbeizuführen. Es wird ein Rückzugsraum eröffnet. Wer diese Taktik geschickt einsetzt, wird an der Grenze seiner Entscheidungsbefugnis einen umfassenden Informationsdialog starten, so dass alle Fakten für die Entscheidung auf den Tisch kommen.

■ **Zeittaktiken:** Ein weiteres Instrument zur Steuerung von Verhandlungsprozessen ist der bewusste Einsatz von Zeit. Zeit ist Geld und demonstriert gleichzeitig Unabhängigkeit. Im Folgenden werden fünf wesentliche Zeittaktiken kurz erläutert [214]:

–   **Geduldstaktik:** Wer sich für den Verhandlungsverlauf und Veränderungen Zeit lassen kann, demonstriert Unabhängigkeit. Zeit ist in diesem Kontext ein starkes Machtsymbol und kann in Konflikten taktisch eingesetzt werden, ohne die andere Seite direkt zu provozieren.

–   **Abschlusstaktik:** Werden Verhandlungsprozesse grundsätzlich in Ruhe erzielt, kann nach Einigungen bewusst das Tempo gewechselt werden. Positive Ergebnisse können – auch als Teilergebnisse – schnell fixiert und vereinbart werden.

–   **Pausentaktik:** Kommt es in Konflikten zu einer Verhärtung der Positionen, können Pausen genutzt werden, um die Situation zu entspannen, sich neu zu sortieren und neue Anläufe für eine Lösung zu suchen. Die Pause bietet die Chance, in einen neuen kooperativen Austausch zu münden.

–   **Stichtagstaktik:** Der Zeitpunkt von Verhandlungen ist ein weiteres taktisches Element. Verhandelt man beispielsweise einen wichtigen Vertrag mit einer Kapitalgesellschaft, die quartalsweise ihre Ergebnisse berichtet, ist die Chance auf Zugeständnisse kurz vor dem aktuellen Berichtstermin höher als direkt danach – geht es doch dann für die handelnden Akteure des Partners um kommunizierbare Erfolge für den nächsten Bericht.

–   **Stillstandtaktik:** Hier handelt es sich um eine Verschärfung der Geduldstaktik, die in der Regel mit nur einem Ziel angewendet wird: Druckerhöhung durch Machtdemonstration. Wenn es nach einem Konflikt nicht mehr weitergeht, es keine Termine gibt und auf Kommunikationsversuche nicht mehr geantwortet wird, verschärft dies die Lage. Ist das Geschäft für die andere Seite wichtig, wird das „Versagen" in der Verhandlung greifbar. Das erhöht den Druck, wieder zu Ergebnissen zu kommen, wenn nach einer ausreichend langen Stillstandzeit wieder „zaghaft" der Interessensausgleich angesteuert wird.

■ **Protokolltaktiken:** Wer in einer Verhandlung die Hoheit über die Organisation des Verhandlungsprozesses hat, kann die Interaktion im Interessensausgleich maßgeblich mit beeinflussen:

– **Ortstaktik:** Der Ort einer Verhandlung hat symbolische Bedeutung. Wer kommt zu wem? Die Entscheidung beeinflusst direkt am Anfang das Klima in der Verhandlung. In Abhängigkeit von der gewünschten Wirkung kann entschieden werden, ob die Verhandlung beim Auftraggeber, beim Anbieter oder auf neutralem Boden stattfindet.

– **Agendataktik:** In der Verhandlungsagenda werden die Themen, ihre Reihenfolge und ihr Zeitbudget bestimmt. Wer hier die Hoheit hat, kann wesentlich den Verlauf der Verhandlung beeinflussen und Schwerpunkte setzen.

– **Raumtaktik:** Wer den Raum der Verhandlung und die Positionierung der Verhandlungteilnehmer festlegt, hat großen Einfluss auf die Kommunikationsstrukturen. Kann sich z.B. das eigene Verhandlungsteam gegenseitig gut beobachten, ist eine nonverbale Kommunikation gut möglich. Sitzen die Verhandlungspartner gleichzeitig in einer Reihe nebeneinander, erschwert dies ihren Austausch.

– **Protokolltaktik:** Die Verhandlungspartei, die die Verhandlungsergebnisse in einem Protokoll festhält, hat zunächst in den Formulierungen die Interpretationsmacht. In der Praxis gibt es bei Einigungen an vielen Stellen noch Spielraum für individuelle Deutungen. Der Protokollführer nimmt diese Deutung zunächst vor. Widerspricht der Verhandlungspartner, muss er eine Änderung erwirken. In diesem Kontext gelten zwei wesentliche Sachverhalte: Zum Ersten ist es leichter, eine Deutung vorzugeben als eine bestehende wieder zu ändern. Wird zum Zweiten Änderungsbedarf vom Verhandlungspartner adressiert, ist fraglich, ob alle Änderungsbedarfe angesprochen werden oder nur ausgewählte, um die Beziehung kurz vor Vertragsabschluss nicht zu belasten. Daher ist grundsätzlich der im Vorteil, der das Protokoll verfasst, sofern er dabei Deutungen nur im akzeptierten Rahmen vornimmt. Auch hier macht erneut die Dosis das Gift.

■ **Seeding:** Die Taktik des „Seedings" bedeutet, dass grundsätzlich angestrebte Veränderungen in einer Geschäftsbeziehung frühzeitig vor der Verhandlung zu adressieren sind. Dann stellen diese dort keine Überraschung mehr dar. Will man bspw. in einem Engineering-Vertrag die Reisekostenregelungen ändern, sollte dies langfristig vorher platziert werden [217]. Diese Taktik greift demnach vorbereitend im täglichen Geschäftsdialog. In der konkreten Verhandlung sollte überprüft werden, ob es Verhandlungsthemen gibt, die nur mit vorherigen Seeding-Aktivitäten erfolgsversprechend anzugehen sind. Werden diese erkannt und ist kein Seeding erfolgt, sollten diese Themen auf Folgegeschäfte verlagert und mit dem Seeding begonnen werden. Das kann allerdings bereits in der aktuellen Verhandlung geschehen.

■ **Exkurs unethische Taktiken:** Grundsätzlich soll an dieser Stelle hervorgehoben werden, dass auf den aktiven Einsatz unethischer Verhaltensweisen verzichtet werden sollte. Profis, die den Vergabeprozess exzellent umsetzen, sich sehr gut auf Verhandlungen vorbereiten und über Know-how in der Führung von Verhandlungsgesprächen verfügen, haben dies auch nicht nötig. Dennoch ist es wichtig zu antizipieren, dass es Verhandlungspartner gibt, die sich nicht an diese Grundregel halten. Man sollte also damit rechnen, dass man mit unethischem Verhalten konfrontiert wird. In diesem Fall ist es wichtig, das schnell zu erkennen und dann richtig zu reagieren. Dazu ist es erforderlich, das Verhalten der Verhandlungspartner kontinuierlich an seinen ethischen Standards zu spiegeln. Kommt es zu unethischen Aktionen, sollte das im Verhandlungsdialog direkt und offen adressiert werden. Gibt es dann keinen Weg zurück in den erlaubten „Ethikkorridor", gilt es schnell eine klare Grenze zu ziehen. In diesen Fällen ist kein Geschäft besser als ein Geschäft unter unethischen Bedingungen. Wer unethisches Verhalten toleriert, schwächt sich auf Dauer selbst, denn der Markt nimmt wahr, dass man so etwas mit sich machen lässt. Wer hier jedoch eine konsequente Grenzlinie einhält wird stärker, denn auch diese Haltung wird sich im Markt herumsprechen.

Beziehungstaktiken

In einer dritten Kategorie gibt es Taktiken, die direkt auf die Beziehungsebene der Verhandlungspartner abzielen und manipulativen Charakter haben. Häufig werden sie unterschwellig eingesetzt bzw. treten in Verbindung mit unethischen Verhaltensweisen auf. Es ist daher erforderlich, dass man eine Sensibilität dafür entwickelt, ob ein Verhandlungspartner versucht, manipulativ zu wirken [216].

Abbildung 4.44 gibt drei wesentliche Manipulationstaktiken auf der Beziehungsebene wieder. Werden einem diese Verhaltensmuster bewusst, sollte man entsprechend reagieren. Abwertungstaktiken sind analog zu allen anderen unethischen Verhaltensweisen mit klaren Grenzen zu begegnen. Im Zuge der Verhandlungsvorbereitung gilt es, sich diesen Beziehungstaktiken nochmals explizit bewusst zu machen. Nur dann kann man sie schnell und sicher erkennen und angemessen reagieren.

Abbildung 4.44   Manipulative Beziehungstaktiken

Positives Etikettieren	Umarmung	Abwertung
Dem Verhandlungspartner wird eine Eigenschaft zugeschrieben, die er im Folgenden zu erfüllen versucht, z.B.: „Ich freue mich darauf, mit einem fairen Partner zu verhandeln."	Dem Verhandlungspartner wird große Sympathie, Anerkennung und Wertschätzung entgegen gebracht. Wohlwollen soll erzeugt und/oder Widerstand gedämpft werden.	Dem Verhandlungspartner wird von Anfang an ein schlechtes Gefühl vermittelt. Es soll klar sein, wer das Sagen hat und das Spiel bestimmt. Subtile Einschüchterung steht im Fokus der Taktik.

Auswahl und Operationalisierung der Verhandlungstaktiken

In der Verhandlungsvorbereitung geht es darum, sich das Spektrum der möglichen Taktiken bewusst zu machen und die richtigen davon für die Verhandlung vorzubereiten. Dazu braucht es sowohl eine gute Methodenkenntnis als auch eine situationsgerechte Einschätzung der eigenen „persönlichen Präferenzen". Für einen erfolgreichen Einsatz der Taktiken ist auch zu hinterfragen, welche Taktiken einem persönlich liegen. In der Anwendung werden nur die Taktiken erfolgreich sein, zu denen man mit voller Überzeugung steht. Aus diesen Taktiken sind dann die auszuwählen, die auch zum Verhandlungspartner passen. Dazu sind die Beziehung und die Persönlichkeit des Verhandlungspartners zu reflektieren. Je mehr Verhandlungserfahrungen mit dem Partner existieren, desto genauer kann die Auswahl erfolgen. Ist der Verhandlungspartner unbekannt, bleibt nichts anderes übrig, als sich auf seine eigenen Stärken zu fokussieren. Dann sollte man in der Verhandlung schnell ein Gefühl dafür gewinnen, welche Taktikansätze Erfolg versprechen.

4.5.8   Lösungen: Verhandlungsteam

Ein weiterer Aspekt der Verhandlungsvorbereitung ist die Zusammenstellung des Verhandlungsteams: Wer übernimmt welche Rolle? In vielen Verhandlungen ist zu beobachten, dass es eine zentrale Figur gibt, die alles macht: reden, zuhören, abwägen, orientieren und entscheiden. Das ist die klassische Situation, wenn nur eine Person verhandelt. Für einfache Verhandlungen kann diese Konstellation gut und ausreichend sein, wenn fähige Leute verhandeln. In komplexen Verhandlungen ist es jedoch sinnvoll, ein Verhandlungsteam zusammenzustellen und die Rollen zu verteilen. BARISCH reflektiert die Bedeutung und die Gestaltungsmöglichkeiten zur Konzeption von Verhandlungsteams grundsätzlich [272]. Für die Praxis stellt sich in diesem Kontext z.B. das „FBI-Konzept" als ein geeignetes Teamkonzept dar, das von SCHRANNER und VOETH/HERBST gut in der Literatur beschrieben wird [219][220]. Es sieht inhaltlich drei grundsätzliche Rollen im Verhandlungsteam vor, die im Folgenden erläutert werden [219][220]:

■ **Decision Maker:** Der „Decision Maker" hat die Entscheidungshoheit über die Verhandlungsergebnisse. Er kann zu allen Ergebnissen am Ende Ja oder Nein sagen. In der Verhandlung tritt er niemals direkt auf. Die Verhandlungspartner haben keinen Zugang zu ihm. Er ist daher in der Verhandlung ein starker Machtfaktor und gleichzeitig ein wichtiges Rückzugsfeld. Intern ist er im Vorfeld der Verhandlung für die Setzung der Verhandlungsziele und für grundsätzliche strategische Vorgaben zum Verhandlungsdesign an den „Commander" verantwortlich.

■ **Commander:** Der „Commander" leitet intern die Verhandlung. Er ist für die Zielerreichung, die konkrete Verhandlungsstrategie und die eingesetzten Taktiken verantwortlich. Er überwacht die Verhandlung und greift nur bei Bedarf operativ ein. Das erfolgt auf ausschließlich steuernder Ebene, ohne sich direkt in den Leistungsaustausch einzumischen. Durch seine beobachtende Funktion hat er die Möglichkeit, den Verlauf der Verhandlung zu reflektieren, die Argumente des „Negotiators" und der Gegenseite abzuwägen sowie Chancen für gute Lösungen zu suchen. Kommt er zu dem Schluss, dass der „Negotiator" sein Verhalten anpassen sollte, kann er mit abgestimmten Kommunikationsmustern steuern. So können z.B. Code-Phrasen, wie etwa „Ich möchte besonders unterstreichen, dass" oder „Ich halte das Gesagte für eine sinnvolle Ergänzung", dem „Negotiator" konkrete Signale zur Verhaltensänderung vorgeben: Mach' mehr Druck, sei defensiver, geh in eine andere Richtung etc. Der „Commander" hat eine wichtige Rolle: Er verantwortet, hört zu, denkt nach und steuert den „Negotiator".

■ **Negotiator:** Der „Negotiator" führt die Verhandlung operativ und tritt auch so auf. Er führt das Verhandlungsgespräch im Rahmen der strategischen und taktischen Vorgaben des „Commanders" und versucht, die gesteckten Ziele zu erreichen. Er kann sich voll auf seine Gesprächsführung konzentrieren. Bei Änderungserfordernissen wird er unauffällig Signale vom „Commander" erhalten. Durch die Konzentration auf die Umsetzung kann er effektiv auf der Ergebnisseite arbeiten. Ein weiterer Vorteil ist, dass der „Negotiator" ausgetauscht werden kann, wenn die Verhandlung festgefahren ist oder sich in eine falsche Richtung bewegt. Dann gibt es einen neuen „Negotiator". Der kann nichts für seinen Vorgänger und kann unbelastet neu ansetzen. Der „Commander" als eigentlicher Verantwortlicher bleibt unbelastet weiter am Verhandlungstisch. In größeren Verhandlungsteams können auch mehrere „Negotiator" eingesetzt werden. Dabei gibt es einen „Lead-Negotiator" für die Verhandlungsführung und mehrere „Sub-Negotiator", die nach Bedarf als Fachexperten vom „Lead-Negotiator" eingeschaltet werden. Die „Sub-Negotiator" können beispielsweise Vertreter der Fachbereiche sein. Sie treten gegenüber den Verhandlungspartnern ohne Entscheidungskompetenz auf.

Bei der Umsetzung des FBI-Konzeptes ist es wichtig, dass alle Rollen klar definiert und in der Praxis konsequent eingehalten werden. Würde sich der „Decision Maker" hinreißen lassen, operativ in die Verhandlung einzugreifen, würde er de facto zum „Negotiator". Jedes Problem in der Verhandlung würde sofort zu ihm hoch delegiert. Der eigentliche „Negotiator" verlöre seine Rolle und hätte für die Verhandlung keinen Wert mehr. Gleichfalls ginge der Machtfaktor des „Decision Makers" als unabhängige Entscheidungsinstanz und Rückzugsraum verloren. Würde der „Commander" aktiv in die Verhandlung eingreifen, hätte das für den „Negotiator" die gleichen Folgen. Wenn die Verhandlung schlecht läuft, würde der „Commander" die „sprechende Instanz" bleiben. Der Austausch des „Negotiators" hätte keine Wirkung. Dieses strategisch wichtige Flexibilitätselement würde für die Verhandlung ausfallen.

Wenn die Rollen klar sind, müssen sie besetzt werden. Der „Decision Maker" sollte dabei eine höhere Führungskraft aus der Procurement-Organisation sein. Die Position des „Commanders" sollte mit der direkten Führungskraft des für die Verhandlung verantwortlichen Einkäufers besetzt sein. Der Einkäufer ist der „Negotiator": ein Verhandlungsprofi, der weiß, wie man Verhandlungsstrategien wirkungsvoll in Ergebnisse umsetzt.

Wenn nach innen die Rollen besetzt sind, kann man sich dem Verhandlungspartner zuwenden. Man sollte versuchen, ein klares Bild von den Rollen und den Eigenschaften der dort handelnden Personen zu zeichnen [216]:

- Wer entscheidet in der Verhandlung?

- Wer hat fachlich etwas zu sagen und ist kompetent?

- Wer hat welche Beziehungen in unserem Unternehmen?

- Wer hat Einfluss auf die Meinungsbildung?

- Wer übernimmt in der Verhandlung welche Rolle?

- Welche Spannungen gibt es im Verhandlungsteam?

- Wer ist uns gegenüber positiv, neutral oder negativ eingestellt?

- Welches Verhandlungsverhalten ist bekannt: kooperativ, konstruktiv, destruktiv?

- Wie sind die Kommunikationseigenschaften der Personen, wie kann man sie erreichen?

- Welches Vorgehen hatte in der Vergangenheit in Konfliktsituationen Erfolg?

Je besser man sich auf seinen Verhandlungspartner einstellen kann, desto besser wird es gelingen, systematisch im Verhandlungsgespräch einen Zugang zur anderen Seite zu erreichen. Wenn man das Gefühl hat, sein Gegenüber gut zu kennen, sollte dennoch mit Vorsicht agiert werden. In der Analysephase der Verhandlung (vgl. Kapitel 4.6), sind die Einschätzungen stets noch einmal zu validieren, bevor mit ihnen aktiv gearbeitet wird. Ist der Verhandlungspartner nicht bekannt, sollte die Analysephase der Verhandlung ausführlich gestaltet werden, um sich ein erstes Bild über den Verhandlungspartner zu machen, bevor es in den eigentlichen Interessensaustausch geht. Die hier investierte Zeit lohnt sich, da man sich im Konflikt sicherer bewegen kann.

4.5.9   Lösungen: Verhandlungsorganisation

Abschließend ist in der Verhandlungsvorbereitung dafür Sorge zu tragen, dass entsprechend der strategischen und taktischen Vorgaben die Verhandlung organisiert wird. Dazu sind insbesondere die folgenden organisatorischen Punkte zu steuern:

- Wahl des Verhandlungsortes

- Einladung der Teilnehmer mit Agenda und Zeitrahmen

- Vorbereitung des Verhandlungsraums

- Bereitstellung von Rückzugsräumen

- Bereitstellung einer angemessenen Verpflegung

4.5.10   Validierung der Lösungskonzepte

Ob eine Verhandlungsvorbereitung im Ergebnis von guter Qualität ist, erweist sich in den Verhandlungsergebnissen. Es kommt darauf an, ob die Voraussetzungen für die Verhandlungen situationsgerecht analysiert und die Handlungsempfehlungen wie geplant operationalisiert werden können – mit dem gewünschten Erfolg.

Zur Validierung der Verhandlungsvorbereitung sollte daher kritisch reflektiert werden, inwieweit die Einschätzungen von Interessen und Macht den Realitäten entsprechen. Genauso kann die Angemessenheit der Zielsetzungen kritisch hinterfragt werden. Kommt es hier zu massiven Realitätsbrüchen, ist die Umsetzung der eingesetzten Arbeitsmethoden zu überprüfen. Ohne eine angemessene Einschätzung der Verhandlungsvoraussetzungen sind die weiteren Elemente der Verhandlungsvorbereitung wirkungslos, da sie auf falschen Annahmen aufsetzen.

Wird an dieser Stelle jedoch eine hohe Qualität erzielt, kann die Validierung der Verhandlungsstrategien und -taktiken sowie der Handlungsfähigkeit der eingesetzten Verhandlungsteams erfolgen. Es ist gezielt zu analysieren, an welchen Stellen in den Verhandlungen Schwachstellen auftreten und ob es dafür übergreifende Muster gibt. Können systematische Schwächen erkannt werden, gilt es, ganz konkrete Maßnahmen zu entwickeln, die zu einer Behebung dieser systematischen Schwachpunkte führen.

4.6   Verhandlungsführung

Um in Verhandlungen zu bestmöglichen Ergebnissen zu kommen, sind alle bisherigen Vorbereitungsergebnisse geschickt zu operationalisieren. Dabei geht es ganz konkret um den Erfolg der Procurement-Funktion. Die Verhandlung ist in Vergaben der zentrale Ort der Entscheidung. Hier realisiert sich, ob die durchgeführten Analysen zutreffend und die Strategieentscheidungen richtig gewesen sind.

4.6.1   Ziele der Verhandlungsführung

Nur wenn der Verhandlungsprozess professionell gesteuert wird, können die gesteckten Ziele erreicht werden. Dazu sind Verhandlungen so aufzubauen, dass es zu einem gezielten, beherrscht ablaufenden Interessensausgleich kommt. Gelingt dies, stehen am Ende die gewünschten Resultate. Die Qualität der Verhandlungsergebnisse strahlt dann in das eigene Unternehmen und die Märkte ab.

Damit werden wichtige Stärkefaktoren der Procurement-Funktion und ihr Zielbeitrag zum Unternehmenserfolg wesentlich beeinflusst:

Stärke der Procurement-Funktion im Unternehmen

- SPFU03 – Procurement-Ziele: Die projektübergreifenden Ziele werden erreicht.
- SPFU07 – Procurement-Vernetzung: Gute Ergebnisse stärken informelle Bindungen.
- SPFU08 – Procurement-Ergebnisse: Die projektspezifische Ziele werden erreicht.

Stärke der Procurement-Funktion in den Märkten

- SPFM01 – Marktwahrnehmung: Die Verhandlungsqualität sorgt im Markt für Respekt.
- SPFM08 – Marktverbindlichkeit: Die Verhandlungsergebnisse sind exakt formuliert.

Stärke der Procurement-Funktion in den Operations

- SPFO06 – Verhandlungsmanagement: Die Verhandlung wird professionell geführt.
- SPFO08 – Ergebnismanagement: Der Erfüllungsgrad der Ziele ist klar ermittelbar.

Abbildung 4.45   Ziele der Aufgabe PO06 - Verhandlungsführung

Aufgaben-Power-Ergebnis-Matrix (APEM)					
	Die Procurement-Aufgabe PO06 bewirkt jeweils Power				Ergebnisbeitrag in
	im Unternehmen	in Märkten	in der Funktion	in den Operations	
Wirkung / **Aufgaben**	SPFU01 SPFU02 SPFU03 SPFU04 SPFU05 SPFU06 SPFU07 SPFU08	SPFM01 SPFM02 SPFM03 SPFM04 SPFM05 SPFM06 SPFM07 SPFM08	SPFP01 SPFP02 SPFP03 SPFP04 SPFP05 SPFP06 SPFP07	SPFO01 SPFO02 SPFO03 SPFO04 SPFO05 SPFO06 SPFO07 SPFO08	Kosten Qualität Zeit Innovation
PO06 - Verhandlungsführung	● (SPFU02), ●● (SPFU05, SPFU06)	● (SPFM01), ● (SPFM08)		● (SPFO06), ● (SPFO08)	■ ■ ■ ■

4.6.2   Anforderungen an die Lösungskonzepte

Verhandlungen sind immer individuell. Trotz bester Vorbereitung lässt sich ihr Verlauf nicht sicher vorhersagen. Es gibt keine „Blaupause", die man aus der „Schublade" ziehen kann, um garantiert zum Erfolg zu kommen. Um diese Individualität beherrschen zu können, reicht eine gute Vorbereitung allein nicht aus. In der Verhandlung selbst muss ebenso professionell agiert werden.

Grundsätzlich ist die operative Verhandlungsführung durch einen Prozesszyklus aus Einleitung, Analyse, Problemlösung und Ergebnis gekennzeichnet [221]. Wenn man die einzelnen Phasen versteht, wird das komplexe Problem der Verhandlungsführung in kleinere Einzelprobleme aufgelöst, die besser zu beherrschen sind als das Gesamtproblem. In diesem Kapitel wird genau diesem Ansatz gefolgt. In der Fachliteratur ist der Prozesszyklus der Verhandlungsführung umfassend diskutiert. So stellen neben anderen zahlreichen Autoren etwa KREUZPOINTNER, REISSER, TENGELMANN, VOETH, SCHRANNER, BIRKENBIHL, WANNENWETSCH, WILKENING, FRICKE, THIELE, FISHER, URY und HÖLSKEN in ihren Werken umfassende Ansätze vor, wie der Verhandlungsprozess im Detail ausgestaltet werden kann [218]-[238].

In Anlehnung an diese Diskussionen in der Fachliteratur legen die Autoren in diesem Werk den in Abbildung 4.46 aufgezeigten Prozesszyklus für ihre Erläuterungen zugrunde.

Abbildung 4.46   Phasen der operativen Verhandlungsführung

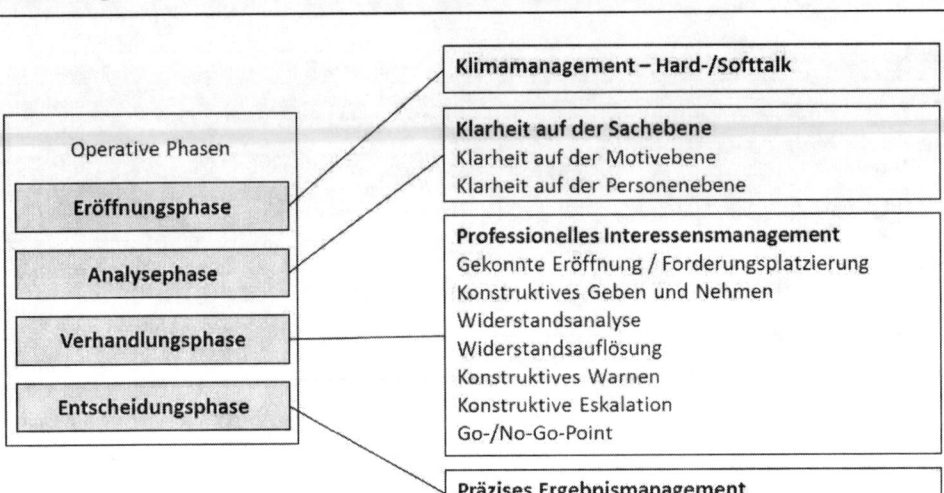

In der Eröffnungsphase ist direkt am Anfang der Verhandlung ein Klima zu erzeugen, das der gewählten Verhandlungsstrategie entspricht. Darauf aufbauend ist in der Analysephase das Gespräch weiter voranzutreiben, um alle Unklarheiten zu Anfrage und Angebot zu beseitigen. Im Kern dieser Aufgabenstellung steht ein einheitliches Verständnis der Verhandlungspartner zum Verhandlungsgegenstand. Gekoppelt werden sollte diese Klärung mit einer Sondierung der gegenseitigen Interessen. Wenn klar ist, mit wem man es unter welchen Rahmenbedingungen zu tun hat, kann in die eigentliche Verhandlung eingestiegen werden. Dazu sollte dem Verhandlungspartner Orientierung zu den Verhandlungszielen gegeben werden, um systematisch in einen gesteuerten Interessensausgleich einzusteigen. Dieser Ausgleich kann im Sinne eines „kritischen Dialogs" geführt werden. Erstes Strukturelement des „kritischen Dialogs" ist das konstruktive Geben und Nehmen. Kommt es dann zu Widerständen und damit zu einem Stopp des kooperativen Leistungsaustauschs, sind die Widerstände zu analysieren und systematisch aufzulösen. Gelingt dies nicht, können Konflikte entstehen. Hier gilt es, souverän weiter zu verhandeln und geschickt Verhandlungsmacht in den Dialog einzubauen. Über die Schritte des konstruktiven Warnens und der konstruktiven Eskalation wird die Verhandlung dann mit Stärke zu Lösungen geführt. Am Ende steht ein Verhandlungsergebnis, das es exakt zu fixieren gilt.

Zur erfolgreichen Umsetzung der aufgeführten Verhandlungsphasen kommt es ganz wesentlich auf den „Menschen" an. Er muss die richtigen Persönlichkeitseigenschaften mitbringen, um sich im Spannungsfeld von Verhandlungen bewegen zu können. Verhandeln ist und bleibt „Peoples Business". Die typischen Persönlichkeitsmerkmale, die professionelle Einkäufer dafür mitbringen sollten, wurden bereits in Kapitel 4.5.2 vorgestellt.

4.6.3   Lösungen: Eröffnungsphase

Die Verhandlung beginnt in dem Moment, in dem man auf den Verhandlungspartner trifft. Die ersten Sekunden entscheiden dabei häufig über die Wahrnehmung von Verhandlungsstärke. Es erfolgt eine erste wechselseitige Taxierung zwischen den Gesprächspartnern – bewusst oder unbewusst. Ein Beispiel verdeutlicht das: Sie sitzen in einem größeren Konferenzsaal, und der nächste Referent wird angekündigt. Er kommt über einen längeren Gang durch den Saal an das Rednerpult. Der Gang wird beobachtet, eine erste Wahrnehmung entsteht. Dann geht er an das Rednerpult, bereitet sich kurz vor, arbeitet mit Mimik. Der Eindruck über die Person reift. Dann kommt es zur ersten Ansprache des Publikums. Dort entscheiden wenige Sekunden über Sympathie und Aufmerksamkeit. Die Wahrnehmung wird gesetzt, und eine innere Erwartungshaltung an den Referenten entsteht, die in Erfüllung gehen soll. Im Ergebnis hat man einen Eindruck über den Referenten, obwohl er noch fast gar nicht gesprochen hat.

Auftreten und (An-)Sprache bestimmen die Wahrnehmung von Menschen. Das gilt auch in Verhandlungen. Daher sind die ersten Sekunden einer Verhandlung zu nutzen: Eigener Auftritt sowie eigene Mimik, Sprache und Gestik sind bewusst einzusetzen [230]. Dieses Wirkungspotenzial hat der Verhandlungsführer vollständig selbst in der Hand. Für ihn geht es darum, von Beginn an Führung zu übernehmen. Hierfür ist seine unmittelbare mentale Vorbereitung wesentlich. Er sollte konzentriert und motiviert sein, muss den Kopf klar bei der Sache haben und die Verhandlung „gewinnen wollen" [224]. Diese innere Haltung wird der Verhandlungspartner spüren, wenn der Verhandlungsführer sie im eigenen Verhalten „atmet".

Mit dieser ersten Wahrnehmung der Stärke ist der weitere Eröffnungsdialog der Verhandlung zu steuern. Jetzt ist der Umgangsstil zu prägen, der die gewählte Verhandlungsstrategie unterstützt. Geht es beispielsweise in eine kooperative Verhandlungsstrategie, kann in eine freundliche gegenseitige Vorstellung mit klassischem „Small Talk" eingestiegen werden, so dass sich ein Klima des Vertrauens entwickelt. Steht man dementgegen vor der Umsetzung einer Konkurrenz- oder Defensivstrategie, ist von Anfang an mit Macht und Druck zu agieren [224]. „Hard Talk", aggressiv und arrogant, soll den Verhandlungspartner von Anfang an in die Defensive bringen. In diesem Fall soll der Umgang dem Verhandlungspartner ein Gefühl der Härte vermitteln. Das ist bereits am Anfang der Verhandlung wichtig, damit er die Härte auch später ernst nimmt. In der Kompromissstrategie geht es um einen angemessenen Mix aus Härte- und Kooperationsklima. Die Situation muss einerseits Distanz und Unabhängigkeit verdeutlichen, andererseits aber gleichzeitig auch Bereitschaft für eine konstruktive Lösung vermitteln. Bewegt man sich in der Abhängigkeit einer Beziehungsstrategie, ist im „Soft Talk" die emotionale, persönliche Ebene zu adressieren.

Für den Verhandlungserfolg ist es wichtig, dass Verhandlungsklima und –strategie im Einklang stehen. Ist das Klima gesetzt, sollte der Verhandlung thematisch Richtung gegeben werden. Ziele und Agenda für das Gespräch sind zu setzen. Das Ziel muss klar machen, worum es im Verhandlungsgespräch grundsätzlich geht, z.B. um eine Sondierung oder eine finale Verhandlung. Die mit der Zielsetzung verbundene Agenda sollte sich an den noch offenen Teilphasen der Analyse, Verhandlung und Entscheidung orientieren. Auf der Detailebene können die Inhalte dazu präzisiert und Schwerpunkte gesetzt werden. Wer Ziele und Agenda setzt, hat die Führung in der Verhandlung. Dieser Prozess kann erneut variabel im Einklang zu Verhandlungsstrategie und –klima umgesetzt werden: vom kooperativen Vorschlag bis hin zur harten Vorgabe.

4.6.4   Lösungen: Analysephase

In vielen Verhandlungen wird nach der Eröffnungsphase direkt in den materiellen Interessensausgleich eingestiegen und die Analysephase übersprungen. Das ist oft ein Fehler, da dadurch erhebliche Verhandlungspotenziale verschenkt werden. Man verzichtet darauf, vom anderen zu „lernen", bevor es in das eigentliche „Geben und Nehmen" geht. An dieser Stelle besteht jedoch die Chance, mehr über sein Gegenüber zu erfahren – und je mehr man über seinen Verhandlungspartner weiß, desto besser kann man ihn steuern. Die Analysephase hat demnach eine große strategische Bedeutung für den Verhandlungserfolg: Die Stärken, Schwächen, Interessen und Verhaltensmuster des Verhandlungspartners sind wichtige Schlüssel, um im Interessensausgleich erfolgreich agieren zu können.

Vordergründig geht es in dieser Phase um die Klärung von Sach- und Verständnisfragen [221]. Es kann gezielt analysiert werden, wie welche Punkte der Anfrage vom Anbieter interpretiert wurden oder ob man selbst alle Leistungspunkte des Angebots richtig verstanden hat. Das Ziel ist ein einheitliches Verständnis beider Verhandlungspartner zu Anfrage und Angebot.

Bei dieser Analyse kann beobachtet werden, wie der Verhandlungspartner in den unterschiedlichen Themenstellungen reagiert. Es ist ganz entscheidend, ob man erkennt, wo der andere seine Kompetenzen hat. Man kann bewerten, wo er im Detail präzise antwortet und wo er ausweicht bzw. ungenau wird. Auch diese Differenzierungen ermöglichen eine Taxierung von Stärken und Schwächen. Am Ende wird deutlich, wo man später in der Verhandlung Druck aufbauen kann und bei welchen Themen der Verhandlungspartner sicher aufgestellt ist. Ergänzend zu den Stärken und Schwächen lassen sich Themenbereiche mit gemeinsamen bzw. konträren Sichtweisen identifizieren. Gleiche Sichtweisen kann man sofort bestätigen. Sie sind potenzielle „Rückzugsräume" in späteren Konflikten. Mit ihnen gibt es ein gemeinsames Grundverständnis auf der Sachebene, auf das man sich immer wieder zurückziehen kann. Bei konträren Sichtweisen ist es dementgegen wichtig, möglichst viel über die Ursachen der unterschiedlichen Auffassungen zu erfahren. Die Analysephase hat einem in Summe inhaltlich viel zu geben.

Wenn man genauer hinschaut, steckt jedoch noch viel mehr hinter dieser Phase als die Klärung von Sachfragen und die Taxierung von Stärken, Schwächen, Gemeinsamkeiten und Unterschieden. Es geht auch darum, die grundlegenden Interessen und Rollen der Verhandlungspartner genau zu verstehen, um sich darauf einzustellen [228][231].

Abbildung 4.47   Analysephase einer Verhandlung [221][228][231]

Angebotsanalyse
→ Wurde die Anfrage klar verstanden?
→ Sind die Inhalte des Angebots klar?
→ Was kann der Lieferant, was nicht?
→ Wo sieht der Lieferant seine Kompetenzen?
→ Wo ist der Lieferant genau, wo ungenau?
→ Bestätigen Sie dem Lieferant Ihnen wichtige Punkte.
→ Zeigen Sie bei anderen Punkten Zurückhaltung.

Interessensanalyse
→ Welche primären Interessen hat der Partner?
→ Welche Sub-Interessen liegen dahinter?
→ Welche Probleme/Interessenskonflikte gibt es?
→ Was steckt hinter den Interessenskonflikten genau?

Rollenanalyse
→ Wie ist die Körpersprache und Mimik der anderen?
→ Sind die Rollen klar?
→ Wer sind die Alpha, Beta, Gamma und Omega-Personen?
→ Wie sind die Kommunikationseigenschaften der Personen?
→ Wie kann wer vorteilhaft angesprochen werden?

Noch nicht in die Verhandlung
oder Diskussion einsteigen:

**Zeit nehmen, zuhören,
analysieren und Informationen
für den weiteren
Verhandlungsverlauf sammeln.**

Ziel:

• Interessenslagen abgleichen.

• Gefühl für Stärken und
Schwächen des anderen klären.

• Eigene Argumentationslinie auf
den Partner einstellen.

Um mit der richtigen Strategie in die eigentliche Verhandlungsphase zu gehen, sollte man seine Einschätzung über die Interessenslage des Verhandlungspartners validieren. Im Interessensausgleich können dann die Themen mit Konfliktpotenzial gezielt umschifft werden, sofern sie nicht für die eigenen Interessen von großer Bedeutung sind. Überflüssige Konflikte zu vermeiden ist ein wichtiger Faktor der erfolgreichen Verhandlungsführung. Kommt es jedoch zu Konfliktsituationen, sind erneut die Interessen des Verhandlungspartners der zentrale Schlüssel zur Lösung. Denn es ist ein klarer Vorteil, wenn man seine eigenen Argumente mit den zentralen Interessen des anderen koppeln kann. Am besten ist es, wenn der Verhandlungspartner diese Interessen selbst in der Analysephase genannt hat. Dann wird er später ein Teil der eigenen Konfliktargumentation [231].

Abschließend steht in der Analysephase eine Beschäftigung mit den Rollen des Verhandlungspartners an. Nur wenn man genau weiß, wer auf der anderen Seite entscheidet, wer Meinungsführer ist oder wer auf der Fachebene kompetent unterstützen kann, ist eine gezielte Ansprache der richtigen Personen möglich [231]. In angespannten Situationen kommt es darüber hinaus darauf an, die richtige Person in der richtigen Weise anzusteuern. Der Ton macht hier die Musik. Daher sollte genau beobachtet werden, wie die Artikulationsmuster der einzelnen Personen sind. Hat man es mit wissenschaftlich-analytischen Menschen zu tun, sollte man in Stresssituationen auch entsprechend auf sie zugehen. Hat man mit kreativen Personen zu debattieren, die ihre Vorstellungen bildlich-abstrakt formulieren, sind ganz andere Artikulationsmuster erforderlich. Nur wer weiß, auf welchem „Kanal" welche Person zugänglich ist, kann sie im Konfliktfall auch erreichen.

4.6.5   Lösungen: Verhandlungsphase

Nach Abschluss der Analysephase geht es in den eigentlichen Interessensausgleich, die sogenannte „heiße" Verhandlungsphase. Hier werden Interessen und Positionen abgeglichen und am Ende die Rechte und Pflichten einer Vergabe vereinbart. Damit man ein Verhandlungsgespräch gezielt zu den gewünschten Ergebnissen führen kann, ist auch in dieser Phase ein strukturiertes Vorgehen erforderlich. Dabei kommen die folgenden Strukturelemente des „kritischen Dialogs" zum Tragen:

■ Verhandlungsphase clever eröffnen

■ Interessensausgleich im konstruktiven Geben und Nehmen führen

■ Eigene Widerstände in der Verhandlung aufbauen und steuern

■ Fremde Widerstände in der Verhandlung analysieren und auflösen

■ Konflikte mit konstruktiven Warnungen verhandeln

■ Konflikte in konstruktiver Eskalation machtbewusst zuspitzen

Welche Strukturelemente nach der Verhandlungseröffnung in welcher Intensität eingesetzt werden, ist von der Verhandlungsstrategie abhängig. Greift die Kooperationsstrategie, wird man versuchen, seinen Schwerpunkt auf das „konstruktive Geben und Nehmen" zu legen und immer wieder dahin zurückzukehren. Im Rahmen einer Konkurrenzstrategie wäre man stattdessen sehr schnell beim Einsatz der „konstruktiven Warnung" oder „Eskalation", wenn das „freundliche Diktat" beim Verhandlungspartner nicht „ankommt". Im Folgenden werden die einzelnen Strukturelemente beschrieben.

Verhandlungsphase clever eröffnen

Um erfolgreich zu verhandeln, braucht es Orientierung. Wenn alle Verhandlungspartner wissen, wo es am Ende hingehen soll, kann gezielt auf eine Lösung hingearbeitet werden [229]. Fehlt es jedoch an Orientierung, weiß keine Partei genau, wie es um eine mögliche Einigung steht. Nicht selten geht der Verhandlungspartner dann sogar gut gestimmt aus dem Interessensaugleich – ohne zu spüren, dass er den Auftrag nicht bekommen wird. Gleichzeitig werden in diesen Fällen auch aus der eigenen Perspektive die Potenziale der Verhandlung nicht ausgeschöpft. Vielleicht wurde eine bessere Lösung als die bestehende BATNA verschenkt. Daher ist es wichtig, bereits zu Beginn der Verhandlung für Richtung und Dynamik zu sorgen – ohne sich dabei abschließend festzulegen.

In der Praxis kommt es darauf an, die Eröffnung der eigentlichen Verhandlungsphase bewusst einzuleiten. Dazu ist zunächst für einen eindeutigen Übergang von der Analyse- auf die Verhandlungsphase zu sorgen. Allen Beteiligten muss klar sein, dass es jetzt in den operativen Interessensausgleich geht. Darauf aufbauend können die wichtigsten Punkte des Angebots und der Interessen kurz reflektiert und das gemeinsame Verständnis dazu eingeholt werden. Durch die Vernetzung der gegenseitigen Interessen entsteht eine gemeinsame Handlungsgrundlage. Auf dieser Basis kann die eigentliche Orientierung für den Interessensausgleich aufsetzen. Es ist ein klarer Zielkorridor für die Verhandlung aufzuspannen und gleichzeitig der Einstieg in den Verhandlungsdialog zu eröffnen. Mit der Setzung von Diskussionsschwerpunkten wird dann ein thematischer Leitfaden entwickelt, der das Gesprächsgerüst zur Erreichung der Ziele abbildet. Die Verhandlung hat jetzt einen klaren Rahmen und einen kognitiven Anker. Dabei bleibt sie flexibel.

Abbildung 4.48 Eröffnung der Verhandlungsphase

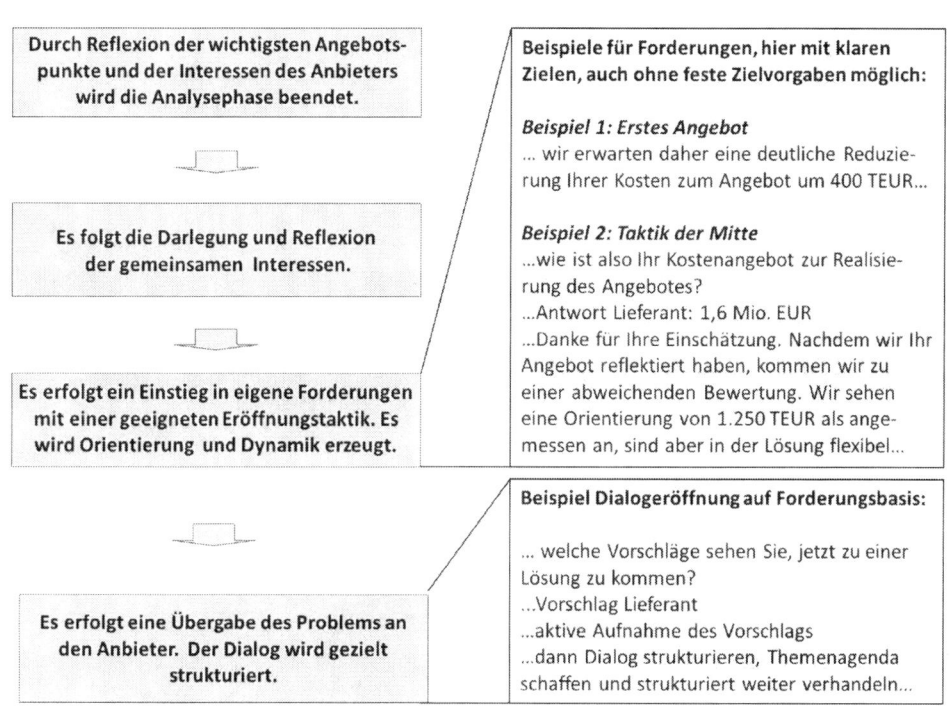

Interessensausgleich im konstruktiven Geben und Nehmen führen

In kooperativen Verhandlungsphasen wird ein Interessensausgleich in Form eines konstruktiven Gebens und Nehmens angestrebt. Grundlage dieser Verhandlungsform ist eine kooperative Grundhaltung der Verhandlungspartner bei gleichzeitiger Konsequenz in der Sache [230]. Der Interessensausgleich ist durch Fragen und aktives Zuhören geprägt [229].

Abbildung 4.49   Dialogelemente im konstruktiven Geben und Nehmen

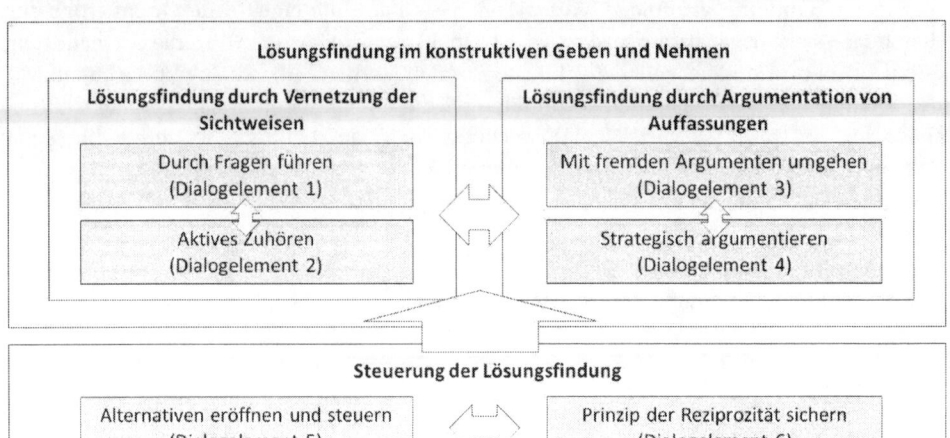

Die Möglichkeiten und Grenzen zur Ausgestaltung konstruktiver Verhandlungsdialoge sind vielfältig und in der Fachliteratur umfassend diskutiert [193]-[238]. An dieser Stelle sei für tiefergehende Analysen insbesondere auf die Autoren BIRKENBIHL, FISHER, FRICKE, TENGELMANN, URY, PATTON, HÖLSKEN und SCHRANNER verwiesen. Dort werden die verschiedenen Ansätze des konstruktiven Interessensausgleichs detailliert erörtert. Aufbauend auf den genannten Quellen werden im Folgenden wesentliche Basiselemente des konstruktiven Gebens und Nehmens kompakt vorgestellt:

■ **Dialogelement 1 – Durch Fragen führen:** Im konstruktiven Dialog ist es wichtig, dass der Verhandlungspartner selbst Lösungsvorschläge zu Problemstellungen vorbringt. Die Vorschläge, die er selbst benennt, wird er am Ende auch mittragen. In der Verhandlung sind dazu die gewünschten Problemlösungen professionell über „offene Fragen" anzusteuern. Mit Fragen können Themen gesetzt und Gesprächspartner gelenkt werden. Dabei ist dem Verhandlungspartner Freiraum für Antworten und damit Raum für Bewegung zu geben. Für den Erfolg braucht es inhaltlich die richtigen Themenstellungen und in der Umsetzung die richtige Fragetechnik. Die richtigen Themen ergeben sich aus den gesetzten Schwerpunkten der Verhandlungseröffnung. In der Umsetzung können „offene W-Fragen" verwendet werden, denn sie bringen den Verhandlungspartner zu Antworten, ohne ihn unter Druck zu setzen. Die „W-Fragen", wie z.B. „Was für Optionen sehen Sie?", „Welche Handlungsalternativen wären aus Ihrer Sicht möglich?", „Wie könnten wir an dieser Stelle weiter vorgehen?" sind hier besonders gut geeignet. Ausgenommen davon sind jedoch die „W-Fragen", die den Verhandlungspartner in Rechtfertigungsdruck bringen, wie etwa Fragen nach dem „Warum" von Sichtweisen. Rechtfertigungsdruck sollte vermieden werden, schließlich möchte man eine freie, vom Verhandlungspartner selbst vorgetragene Problemlösung generieren. Damit am Ende dabei auch die Antworten stehen, die in das eigene Interessens- und Zielgefüge passen, ist die Fragetechnik eng mit dem Instrument des aktiven Zuhörens zu koppeln (Dialogelement 2).

■ **Dialogelement 2 – Aktiv zuhören:** Mit den Antworten des Verhandlungspartners ist aktiv zu arbeiten. Seine Antworten sind genau zu analysieren [231]:

- Sind die Antworten klar, eindeutig und verstanden?
- An welchen Stellen widersprechen sie den eigenen Interessen und Zielen?
- An welchen Stellen stimmen sie mit den eigenen Interessen und Zielen überein?
- In welchem Zusammenhang stehen die Antworten mit anderen Problemen?
- Gibt es verdeckte Botschaften in den Antworten?
- Wie beeinflussen die Antworten die Beziehungsebene in der Verhandlung?
- Wo könnte ein Raum für eine gemeinsame Lösung liegen?

Werden konkrete Lösungsräume sichtbar, sollte man gezielt zu Dialogelement 1 zurückkehren, um mit offenen Fragen weitere Antworten zu provozieren. Dabei erfolgen die Fragestellungen aber wesentlich detaillierter und thematisch zugespitzter – eben eine Abstraktionsebene tiefer. Die Fragen sollten so formuliert sein, dass sie ganz konkrete Sachprobleme fokussieren und dort einen Pfad zu Lösungen eröffnen. Das Verfahren kann solange wiederholt werden, bis der Verhandlungspartner eine oder mehrere akzeptable Lösungen benannt hat.

Werden keine Lösungsmöglichkeiten sichtbar, kann dennoch zum Dialogelement 1 zurückgekehrt werden – aber jetzt nicht konkret im Detail zu einzelnen Problempunkten, sondern immer noch generell zur weiteren Erläuterung der bereits vorgebrachten Sichtweise. Durch das Verharren auf der hohen Abstraktionsebene sollen neue grundsätzliche Ansatzpunkte auf den Verhandlungstisch kommen, die dann eine Lösung ermöglichen. In diesen Fällen wird der Verhandlungsgegenstand durch aktives Zuhören und erweiternde Fragestellungen systematisch vergrößert.

■ **Dialogelement 3 – Mit fremden Argumenten umgehen:** Im Wechselspiel aus offenen Fragen und aktivem Zuhören kommt es dazu, dass der Verhandlungspartner nicht nur Antworten für eine Lösung, sondern auch Argumente für seine aktuelle Position vorbringt. In diesem Fall ist man gefordert, mit den Argumenten der anderen Seite umzugehen. Die Herausforderung ist, die Argumente der Gegenseite zu entkräften – und zwar nicht aus der eigenen Sicht heraus, sondern so, dass auch der Verhandlungspartner der Entkräftung folgt. Daher ist es wichtig, mit den Argumenten des Gesprächspartners systematisch zu arbeiten. Häufig passieren dabei Fehler. So wird etwa der Sicht der anderen Seite gerne schnell mit eigenen Argumenten entgegengetreten, da man ja selbst „Recht" hat. Oft führt dies dann zu verhärteten Positionen. An dieser Stelle geht es darum, den Willen beim Verhandlungspartner zu aktivieren, seine eigene Sichtweise zu verändern. Dazu braucht man Geduld und Einfühlungsvermögen. Dabei kann man sich z.B. an dem folgenden Grundmuster orientieren [225]-[231]:

- **Schritt 1:**   Umfassende Analyse der Argumente des Verhandlungspartners
- **Schritt 2:**   Identifizierung des schwächsten Arguments
- **Schritt 3:**   Sicherstellung der Fähigkeit zur Widerlegung dieses Arguments
- **Schritt 4**:   Thematisierung des schwächsten Arguments im Verhandlungsdialog
- **Schritt 5:**   Weitere Erläuterung des Arguments, gesteuert über Fragen
- **Schritt 6:**   Herausstellung der besonderen Wichtigkeit dieses Arguments
- **Schritt 7:**   Zustimmung der anderen Seite zur besonderen Wichtigkeit
- **Schritt 8:**   Hinterfragung der Tragfähigkeit des Arguments mit offenen Fragen
  Schritt 9:   Stellen einer Kernfrage, deren Antwort zur Entkräftung des Arguments durch den Verhandlungspartner selbst führt

Das vorgestellte Grundmuster nimmt die Argumente der Gegenseite ernst und führt den Verhandlungspartner dazu, selbst sein eigenes Argument in Frage zu stellen. Es wird ganz bewusst darauf verzichtet, ihn mit „Belehrungen" zu widerlegen. Hat man ein Argument der Gegenseite so entkräftet, dass der Verhandlungspartner dem folgt, kann man mit eigenen Argumenten auf dem besprochenen Thema aufsetzen, um für Bewegung in die eigene Richtung zu sorgen [231].

■ **Dialogelement 4 – Strategisch argumentieren:** Arbeitet man selbst mit eigenen Argumenten in der Verhandlung, sollte man dies strategisch tun. Zum Aufbau einer Argumentation kann man sich an den folgenden in der Fachliteratur diskutierten Leitgedanken orientieren [225]-[231]:

- **Leitgedanke 1:** Die Qualität der Argumente ist wichtig. Daher sollte man sich auf die wichtigsten Argumente konzentrieren. Schwache Argumente bieten Angriffspunkte für den Verhandlungspartner.

- **Leitgedanke 2:** Innerhalb der Argumentationsführung sollten am Anfang und Ende der Argumentationskette die wichtigsten Eckpunkte stehen [231]. So wird Orientierung gegeben und der eigenen Sichtweise Nachdruck verliehen.

- **Leitgedanke 3:** Alle Argumente sind gut vorzubereiten. Jedes Argument muss mit einem validen Nutzenaspekt für den Verhandlungspartner gekoppelt werden. Argumente ohne Nutzenaspekt für die andere Seite werden zu Angriffspunkten für den Verhandlungspartner [231].

- **Leitgedanke 4:** Beim Einbringen der Argumente in den Verhandlungsdialog ist über ihre Wichtigkeit zu sprechen, nicht über ihre Richtigkeit [231]. Die Richtigkeit wäre eine Bewertung und diese muss der Gesprächspartner selbst vornehmen, ansonsten wäre es eine Belehrung. Belehrungen führen nicht zu konstruktiven und kooperativen Lösungen, sondern zu Konflikten [231].

- **Leitgedanke 5:** Wenn Argumente mit Zielstellungen – z.B. Kostensenkungen – gekoppelt werden, ist darauf zu achten, dass keine konkreten Fixpunkte gesetzt, sondern Bewegungsspielräume eröffnet werden [231]. Damit bleibt man in der Argumentation flexibel und eröffnet dem Verhandlungspartner Spielräume.

Innerhalb dieser Leitgedanken kann man sich bei der Formulierung von Argumentationsketten an der Methode des „Fünfsatzes" nach GEISSNER orientieren [232]-[234]. Der „Fünfsatz" zielt darauf ab, dem Verhandlungspartner die eigene Meinung in fünf Schritten zu vermitteln [230][232]-[234]. Er beinhaltet eine Hinführung auf das Thema, eine aus drei Argumentationsschritten bestehende Beweisführung zur eigenen Sichtweise sowie eine Hauptschlussfolgerung aus der Argumentation (Zwecksatz). In diesem Muster gibt es viele Möglichkeiten, Argumentationsketten aufzubauen [232]-[234][273]. THIELE und PETERS stellen in ihren Werken „Argumentieren unter Stress" bzw. „In fünf Schritten zu klarer Kommunikation – Ein Rehetorik-Schnellkurs!" verschiedene Fünfsatzstrukturen vor, die für die konkrete Ausgestaltung von Argumenten in Verhandlungen gut geeignet sind. Im Folgenden werden in enger Anlehnung an THIELE und PETERS exemplarisch ausgewählte Fünfsatz-Strukturen wiedergegeben:

- **Fünfsatz „Standpunktformel":**
  1. Eröffnung – Darlegung des eigenen Standpunkts
  2. Argument zur Begründung des eigenen Standpunkts
  3. Beispiel zur Untermauerung der Argumentationsführung
  4. Schlussfolgerung aus der Argumentation
  5. Zwecksatz (Was will man mit dem Argument erreichen?)

- **Fünfsatz „Reihe":**
  1. Eröffnung – Darlegung des eigenen Standpunkts
  2. Erster Beleg des eigenen Standpunkts (erstens…)
  3. Zweiter Beleg des eigenen Standpunkts (zweitens…)
  4. Dritter Beleg des eigenen Standpunkts (drittens…)
  5. Zwecksatz

- **Fünfsatz „logische Kette":**
  1. Eröffnung – Darlegung des eigenen Standpunkts
  2. Darlegung der Evidenz des eigenen Standpunkts
  3. Darlegung der Konsequenz aus der Evidenz
  4. Schlussfolgerung aus der Konsequenz
  5. Zwecksatz

- **Fünfsatz „chronologische Kette":**
  1. Eröffnung – Darlegung des eigenen Standpunkts
  2. Darlegung des Zustands/der Bedingungen von früher
  3. Darlegung des Zustands/der Bedingungen von heute
  4. Darlegung des Zustands/der Bedingungen von morgen
  5. Zwecksatz

- „**Dialektischer Fünfsatz**":
  1. Eröffnung – Darlegung des Diskussionsthemas
  2. Nennung der Pro-Argumente
  3. Nennung der Kontra-Argumente
  4. Schlussfolgerungen aus dem Argumentationsvergleich
  5. Zwecksatz

- **Fünfsatz „Kompromissformel**":
  1. Eröffnung – Situativer Einstieg auf Basis der Diskussion
  2. Darlegung der Position A
  3. Darlegung der Position B
  4. Vorstellung des dritten (Kompromiss-)Wegs
  5. Zwecksatz

- **Fünfsatz „Problemlösungsformel**":
  1. Eröffnung – Darlegung der Ist-Situation mit Defiziten
  2. Darlegung der gemeinsamen Ziele
  3. Darlegung der Lösungsalternativen
  4. Auswahl der besten Alternative
  5. Zwecksatz

■ **Dialogelement 5 – Alternativen eröffnen und steuern:** Die Dialogelemente 1 – 4 greifen im konstruktiven Geben und Nehmen flexibel ineinander und wechseln sich gegenseitig ab. Es kommt zu einem dynamischen Fluss dieser Elemente. Zu ihrer Steuerung wird das Dialogelement 5 eingesetzt. Beim Fragen, Zuhören und Argumentieren ist darauf zu achten, dass man inhaltlich möglichst viele alternative Lösungsansätze anstößt, sich sprachlich immer im Konjunktiv bewegt und seine eigenen Aussagen wie Fragen offen bzw. relativierend gestaltet [231][235]. Im Ergebnis entstehen Bewegungsmöglichkeiten für beide Seiten. Beherzigt man diese Grundsteuerung, kann man im Rahmen seiner Verhandlungsziele den Gesprächspartner beobachten, seine Beweglichkeit testen und Lösungen abtasten, ohne sich und den anderen frühzeitig festzulegen. Erst wenn alle Lösungsvarianten umfassend abgearbeitet sind und Klarheit über die beste Lösung besteht, kann man das Gespräch konkret darauf fokussieren.

■ **Dialogelement 6 – Prinzip der Reziprozität sichern:** Als zweites steuerndes Element lenkt das Prinzip der Reziprozität den materiellen Austausch [191][231]. Im Interessensausgleich ist darauf zu achten, dass immer ein Gleichgewicht der Konzessionen besteht. Verletzt einer der Verhandlungspartner dieses Prinzip, kommt der faire Interessensausgleich ins Stocken.

Akzeptiert man Verstöße gegen das Prinzip der Reziprozität, kommt man automatisch in eine nachteilige Verhandlungsposition. Das opportunistische Verhalten der Gegenseite wirkt voll und einseitig zu seinen Gunsten. Das muss in jedem Fall vermieden werden. Verstöße sind demnach nicht tolerierbar. Verzichtet man ferner bei einem eigenen Zugeständnis freiwillig auf eine Gegenleistung, verteilt man de facto Geschenke an den Verhandlungspartner. In Verhandlungen haben Geschenke jedoch keinen Wert – im Gegenteil: Wo geschenkt wird, ist vielleicht noch mehr zu holen. Sie stellen eine Aufforderung an die Gegenseite dar, das Prinzip der Reziprozität zu verlassen. Im Extremfall kann es sogar dazu kommen, dass die eigene Position als unseriös empfunden wird [231]: Wieso kann der Verhandlungspartner uns ein solches Zugeständnis machen?

Die aufgezeigten Wirkungen machen deutlich, wie wichtig es ist, die Einhaltung der Reziprozität aktiv zu steuern [191]. Sobald es an dieser Stelle zu Störungen kommt, muss man als Verhandlungsführer intervenieren. An diesem Punkt verlässt man das konstruktive Geben und Nehmen und steigt in andere Strukturelemente des kritischen Dialogs ein: die Setzung, Analyse bzw. Auflösung von Widerständen.

Eigene Widerstände in der Verhandlung aufbauen und steuern

Wenn der Verhandlungspartner die Prinzipien der Reziprozität verletzt oder wenn in spezifischen Problemstellungen keine Einigungen möglich sind, spielt in Verhandlungen das Nein eine wichtige Rolle. Nein sagen zu können gehört zu den Schlüsselkompetenzen eines Verhandlungsführers [235]. Ein Nein beschreibt einen klaren Standpunkt, gibt Unabhängigkeit und ist gleichzeitig die Voraussetzung für ein tragfähiges Ja, das die Interessen beider Verhandlungspartner berücksichtigt [235]. Damit ist das Nein ein wichtiges Instrument der Verhandlungsführung, um über den Aufbau und die Steuerung von Widerständen zu Lösungen zu kommen.

Ein gut artikuliertes Nein – ein sogenanntes „positives Nein" – zeigt dem Verhandlungspartner in einer Meinungsverschiedenheit die eigenen Willensgrenzen auf und eröffnet gleichzeitig den Weg zu einem Ja. Es ist eine Brücke zur Lösung. In der Umsetzung setzt es sich nach URY und HÖLSKEN aus dem Zyklus „Ja! Nein. Ja?" zusammen [235]:

Am Anfang dieses Zyklus steht ein klares Ja zu den gemeinsamen Interessen der Verhandlung. Sie sind die Grundlage des Geschäfts und Basis für eine Einigung. Wenn sich Meinungsverschiedenheiten abzeichnen, sind diese Gemeinsamkeiten zu betonen und explizit herauszustellen. Damit kommt die positive Grundhaltung zum Verhandlungspartner zum Ausdruck. Im Kontext dieser kooperativen Positionierung kann man mit einem klaren Nein seine Willensgrenzen deutlich machen. Dazu muss das Nein klar gefasst, sachlich gut begründet und stabil in der Umsetzung sein. Wer ein Nein vorbringt, ist auch in der Pflicht, sich konsequent daran zu halten. Sonst ist es wertlos und schwächt die eigene Position. Das bedeutet, dass man beharrlich bei seinem Nein bleiben sollte, auch wenn der Verhandlungspartner es zunächst ignoriert oder es nicht hören möchte [235]. Es ist wichtig, dass er die Botschaft des Neins klar versteht und aufnimmt. Wenn die Botschaft der Grenze verankert ist, kann man das Nein mit einer konkreten Lösungsperspektive verknüpfen. Das unterstreicht die positive Intention des Neins. Man kann einen seriösen Vorschlag zur Lösung einbringen, am besten als offene Ja-Frage intoniert, um so in den kooperativen Dialog des Gebens und Nehmens zurückzukehren [235].

In seiner Wirkung bindet das „positive Nein" den Verhandlungspartner in die Lösungsfindung ein und gibt gleichzeitig klare Orientierung. Wenn eine Lösungsfindung nicht
sofort gelingt, sollte der Zyklus des „positiven Neins" mehrfach durchlaufen werden, um
durch Beharrlichkeit eine Lösung anzustoßen [235]. Kommt es dennoch am Ende zu keiner
Lösung, deutet alles auf einen Konflikt hin. Im Konflikt ist das eigene Nein zu verstärken
und in die Strukturelemente der konstruktiven Warnung bzw. Eskalation einzubringen.
URY und HÖLSKEN beschreiben in ihrem Werk „Nein sagen und trotzdem erfolgreich
verhandeln" detailliert die Bedeutung des „positiven Neins" und den Umgang mit diesem
Instrument in Verhandlungen [235].

Fremde Widerstände in der Verhandlung analysieren und auflösen

Wenn der Verhandlungspartner seinerseits mit Widerständen in der Verhandlung agiert,
also mit einem konsequenten Nein zu vorgebrachten Argumenten, ist es wichtig, mit diesem Widerstand richtig umzugehen. Häufig reagieren Verhandlungsführer „schnell" und
„aggressiv" auf Widerstände: Auf ein Nein wird spontan mit einem „Gegen-Nein" geantwortet. Betrachtet man dieses Verhalten aus der Perspektive der Problemlösung, ist fest-
zuhalten, dass ein Widerstand auf einen Widerstand in der Regel kein Problem löst
[226][231]. Wenn man an einer Lösung interessiert ist, sollte daher mit dem Widerstand
systematisch gearbeitet werden. In diesem Fall ist es zunächst wichtig, den genauen Punkt
zu erkennen, ab dem der Verhandlungspartner seine „Gefolgschaft" verweigert. Wenn
dieser Punkt klar ist, sollte der Widerstand analysiert und wenn möglich strukturiert aufgelöst werden. Insbesondere BIRKENBIHL geht in ihrem Werk „Psycho-Logisch richtig
verhandeln" auf den systematischen Umgang mit Widerständen ein.

Bei der Bearbeitung von Widerständen ist zu hinterfragen, ob es sich um einen „Einwand"
oder um einen „Vorwand" handelt. Ein „Einwand" ist ein konkreter Grund, der gegen ein
Argument oder eine vorgetragene Sichtweise spricht [226]. Einwände können daher prinzipiell sachlich aufgelöst werden, indem man eine Lösung für das Problem findet. In der
Regel lassen Einwände Raum für Lösungsalternativen, da der Verhandlungspartner offen
für Lösungen ist, die seine Interessen berücksichtigen. Ein „Vorwand" ist dementgegen ein
vorgeschobener Sachverhalt. In Wahrheit geht es nicht um das angesprochene Problem
[226]. Vielmehr fehlt es aktuell am Willen, sich zu einigen – aus welchen Gründen auch
immer. Es erfolgt ein künstlicher Problemaufbau: Wird ein Problem gelöst, gibt es ein
neues. Zur Auflösung eines „Vorwands" ist der Einigungswille beim Verhandlungspartner zu aktivieren, auf die Diskussion des Sachproblems sollte man verzichten.

Aus der Perspektive der Verhandlungsführung ist es demnach von ganz entscheidender
Bedeutung, ob man es mit einem „Einwand" oder einem „Vorwand" zu tun hat. Die Möglichkeiten zur Auflösung des Widerstands wären nämlich von grundsätzlich unterschiedlicher Natur: Beim „Einwand" würde man eine inhaltsorientierte und beim „Vorwand"
eine willensbasierte Auflösungsstrategie verfolgen. Um einen Widerstand einordnen zu
können, kann z.B. nach dem folgenden Muster gearbeitet werden:

- **Schritt 1 – Hinterfragung des Widerstands:** Der Widerstand wird durch offenes Fragen inhaltlich weiter analysiert, um die Ursachen genau zu verstehen.

- **Schritt 2 – Test des Widerstandes auf einen auflösbaren Einwand:** Wenn die Ursachen für den Widerstand klar sind, kann mit hypothetischen Auflösungsfragen getestet werden, ob es sich um einen Einwand handelt [226]. Geschickt eingesetzte Auflösungsfragen, wie etwa „angenommen" oder "gesetzt den Fall", lassen überprüfen, ob eine Lösung des Problems grundsätzlich möglich wäre. Ist dies der Fall, wäre das ein Hinweis auf einen Einwand, sofern nicht direkt neue Problemstellungen nachgeschoben würden.

- **Schritt 3 – Test des Widerstands auf einen Vorwand:** Ist das Problem nicht auflösbar oder kommt es nach einer Problemauflösung sofort zur Artikulation neuer Probleme, ist dies ein Hinweis auf einen Vorwand. Daher kann nach einer erfolgreichen Auflösungsfrage gezielt und direkt durch offene Fragen aktiv reflektiert werden, ob dem gelösten Problem sofort neue Probleme folgen würden. Löst ein Problem das nächste ab, ist dies ein Hinweis auf einen Vorwand [226].

Die vorgestellten Testschritte geben dem Verhandlungsführer keine absolute Sicherheit, ob man einen Widerstand richtig als „Einwand" oder „Vorwand" eingeordnet hat. Das Risiko einer Fehleinschätzung kann jedoch gedämpft werden.

Bei „Einwänden" erfolgt eine Widerstandsauflösung durch eine Problemlösung. Die Instrumente des offenen Fragens und aktiven Zuhörens können gezielt eingesetzt werden, um zu konkreten Lösungen zu gelangen. Gelingt dies, kommt man mit der Widerstandsauflösung automatisch zur kooperativen Verhandlungsform zurück [230]. Da beide Verhandlungsparteien aber auch im Kontext unterschiedlicher Verhandlungsziele agieren, kann es passieren, dass keine Problemlösung gefunden wird. In diesem Fall kann der Widerstand nicht aufgelöst werden. Es entsteht ein Konflikt, der in die Strukturelemente des „konstruktiven Warnens" bzw. der „konstruktiven Eskalation" einzusteuern ist.

Erkennt man, dass der Verhandlungspartner mit Vorwänden agiert, ist es wichtig, nicht auf der inhaltlichen Ebene nach Lösungen zu suchen. Jedes Sachargument hätte keine Chance auf Erfolg und wäre für den weiteren Verhandlungsverlauf „verbrannt". Jedes Zugeständnis im Dialog wäre ohne Aussicht auf eine Gegenleistung verpufft. Das Prinzip der Reziprozität würde durch einen selbst in Schieflage gebracht. Daher kann hier die Strategie verfolgt werden, sich vom Problem zu entfernen. Dazu wird die Ebene der Interessen angesteuert. Wenn man in der Analysephase genau gearbeitet hat, kann man die Themen im Dialog adressieren, die den Verhandlungspartner grundsätzlich für die Zusammenarbeit motivieren. Erst wenn man auf Basis der Interessen den Einigungswillen wieder aktiviert hat, geht man erneut auf die Problemanalyse zurück, um den Widerstand aufzulösen. Nicht selten werden in diesen Fällen die vorab als Vorwand artikulierten Probleme dann „problemlos" gelöst.

Konflikte mit konstruktiven Warnungen verhandeln

Können Widerstände nicht aufgelöst werden, münden Meinungsverschiedenheiten in einen Konflikt. Oft werden Verhandlungen an dieser Stelle emotional. Es besteht das Risiko, dass sich die Beziehungsebene zum Verhandlungspartner schnell verschlechtert oder sogar abbricht. Emotionalisiert oder strategisch eingesetzt kann eine der Vertragsparteien versuchen, mit Angriffen den Verhandlungspartner unter Druck zu setzen, um seine Interessen durchzusetzen. Wird auf Angriffe dann mit Gegenangriffen, Nachgeben oder gar Verhandlungsabbrüchen geantwortet, ergibt sich in der Regel kein befriedigendes Ergebnis. Die Beziehung wird beschädigt, und ohne Beziehung gibt es im Konflikt keine Fortschritte [236]. Daher ist es wichtig, im Konfliktfall die Ruhe zu bewahren, selbst nicht emotional anzugreifen und auch nicht auf einen potenziellen „Angriff" des Verhandlungspartners zu reagieren. Da wir nach URY und HÖLSKEN nicht in der Lage sind, Einfluss auf das Verhalten anderer zu nehmen, wenn wir unser eigenes Verhalten nicht beherrschen, ist im Konfliktfall zunächst die „Instinktfalle" aus Angriff und Reaktion zu vermeiden [224][226][228][231][235]:

Abbildung 4.50   Prinzip der Instinktfalle

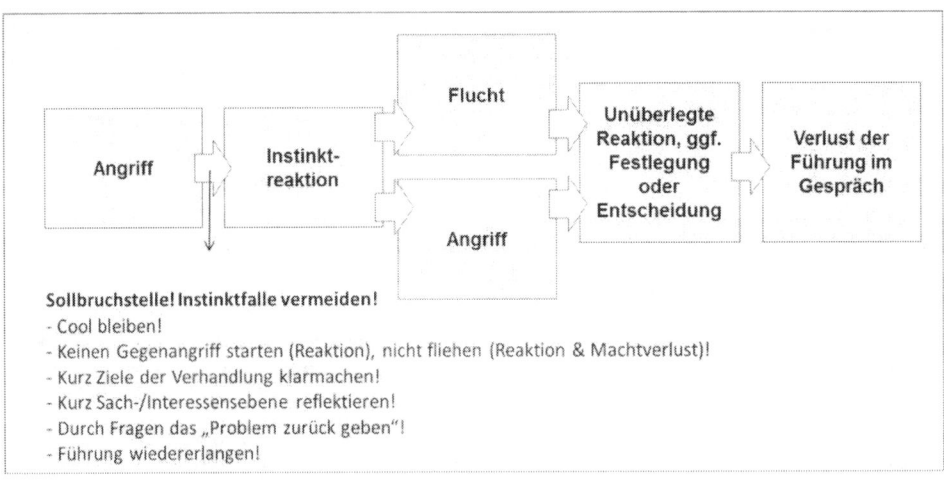

Dazu ist die Beherrschung der eigenen Emotionen im Konflikt erforderlich, insbesondere wenn der Verhandlungspartner aggressiv operiert [235]. Das ist keine leichte Aufgabenstellung. Schließlich liegt es in der Natur des Menschen, auf Angriffe instinkthaft zu reagieren: mit Gegenangriff oder Flucht [226][231]. Die Persönlichkeitsmerkmale eines Verhandlungsführers bestimmen dabei, zu welchem dieser beiden Grundinstinkte er mehr neigt. Handelt es sich um einen „Fluchttyp", weicht er den Angriffen der Gegenseite durch Rückzug aus [224]. Das bedeutet, dass man dem Verhandlungspartner Raum lässt, das

Verhandlungsspiel zu bestimmen. Man nimmt einseitige Ergebnisse zu Gunsten des anderen hin, um dem Angriff zu entkommen. Einfach gesprochen hat der Verhandlungsführer in diesem Moment den Konflikt oder sogar die Verhandlung schon verloren [231]. Die Gegenseite wird sich merken, dass er unter Druck die Kontrolle verliert und das „Schlachtfeld" räumt. Ein „Angriffstyp" reagiert auf einen Angriff instinktiv und spontan mit einem Gegenschlag, um seinerseits Druck auf den Verhandlungspartner aufzubauen [224]. Er begibt sich scheinbar in eine „starke" Haltung, die er auch so empfindet. Das Grundproblem dieser Reaktion ist jedoch ähnlich wie beim Fluchttyp. Die Reaktion ist ungesteuert und nicht wirklich rational abgewogen [226]. Auch der Angreifer neigt in der gesteigerten Emotion zu unüberlegten Reaktionen und zu schnellen Festlegungen. Er fühlt sich im Moment stark, obwohl er in seiner Reaktion vom Verhandlungspartner gelenkt wird. Man gerät in die „Steuerungsfalle des Verhandlungspartners" [231].

Egal ob „Flucht- oder Angriffstyp": Wer auf der Instinktebene agiert, hat die Kontrolle und damit die rationale Entscheidungshoheit über sein eigenes Verhalten verloren. Die Führung der Verhandlung geht auf den Verhandlungspartner über, denn er bestimmt das Denken und Handeln [224][226][228][235]. Daher ist es wichtig, sich der Bedeutung der Instinktfalle bewusst zu sein und dieses Risiko im Konflikt systematisch zu beherrschen. Auf eigene emotionale Angriffe sollte man verzichten. Kommt es zu einem Angriff der Gegenseite, muss man sich unter Kontrolle haben. Es gilt, „cool" zu bleiben. Keine Reaktion ist hier die beste Reaktion. Ein paar Sekunden Abstand zum Angriff sollten dabei helfen, eine emotionale Distanz aufzubauen. Die innere Frage nach den eigenen Verhandlungszielen und -interessen soll die Gedanken dabei wieder auf das Wesentliche der Verhandlung lenken [230][231]. Mit dieser Distanz und auf Basis eines festen Ziel- und Interessensfundaments kann man nüchtern das bereits geschaffte Ergebnis zusammenfassen, den Problempunkt hinter dem Angriff herausstellen und durch offene Fragen das Problem „neutral" an den Verhandlungspartner zurückgeben [231]. Eine Frage wie etwa „Welche Möglichkeiten sehen Sie, jetzt in der diskutierten Fragestellung weiterzukommen?" bringt Sie am Ende dieses Zyklus wieder in die Führung. Sie wirkt emotionsdämpfend und lässt den Angriff abprallen [224][230][226][235].

Auf Basis von Ruhe und Souveränität kann dann im Konflikt das Instrument des „konstruktiven Warnens" eingesetzt werden [235]. Dazu ist die in Kapitel 4.5.7 beschriebene „Tit-for-Tat"-Taktik gezielt in Wirkung zu bringen. Voraussetzung dieser Taktik ist die Existenz eigener Macht und der Wille zum Machteinsatz. In der Umsetzung wird dem Verhandlungspartner der Konflikt zunächst noch einmal mit einer angemessen Dosis Emotion vor Augen geführt, ohne dabei aggressiv oder angespannt zu wirken. Emotionen sollen in diesem Kontext lediglich sichtbar machen, dass der Konflikt wichtig ist. Dabei ist darauf zu achten, dass dem Verhandlungspartner Emotionen gezeigt werden, ohne dass man selbst durch Emotionen gelenkt oder gar dominiert wird. Mit der Botschaft der Emotion ist gleichzeitig die Wahrnehmung von Stärke zu vermitteln. Es ist von großer Bedeutung, dass der Verhandlungspartner in diesem Moment spürt, dass man sich kraftvoll und entschlossen auf Augenhöhe bewegt [231]. In diesem Klima kann dann der klassische inhaltliche Arbeitszyklus der „Tit-for-Tat"-Taktik aufsetzen und konstruktiv Verhandlungsmacht in den Lösungsprozess eingebracht werden (vgl. Kapitel 3.5.7).

Abbildung 4.51   Tit-for-Tat-Zyklus im Rahmen einer konstruktiven Warnung

Zusammenfassung der Sachlage (Erreichte Ergebnisse und verbleibender Dissens).

Kontrollierte Emotionalisierung des Konflikts. Betonung der Wichtigkeit.

Generierung der Wahrnehmung von Stärke bzw. Verhandlungsmacht.

Platzierung einer konstruktiven Warnung, hinterlegt mit Verhandlungsmacht.

Reflexion der Warnung und Erkenntnis der Konsequenz beim Verhandlungspartner.

Übergabe des Problems an den Verhandlungspartner.

| Bei Ignoranz ist keine Lösung in Sicht. Warnung ist in Härte auszuspielen. Jetzt ist eine Machtdemonstration wichtig. | Bei einer Einigung muss der Partner als Träger der Lösung eingebunden werden. Er darf sich nicht als Verlierer des Konflikts fühlen. |

Richtig umgesetzt, agiert man mit der „konstruktiven Warnung" im Konflikt kontrolliert und stark [235]. Hat die Warnung Erfolg, sollte dem Verhandlungspartner Anerkennung gegeben werden, da er ein integraler und damit konstruktiver Bestandteil der Lösung ist. Das ist die wesentliche Differenz zur Drohung. Der Verhandlungspartner bleibt auch im Konfliktfall ein Partner und bewahrt sein „Gesicht". Das kostet nichts und ist gut für die Beziehung. Darauf aufbauend sollte man möglichst schnell in den kooperativen Interessensausgleich zurückkehren.

Führt die Warnung jedoch nicht zu einer Problemlösung, muss die in der Warnung vermittelte Konsequenz umgesetzt werden. In diesem Kontext ist eine Machtdemonstration wichtig. Die Konsequenz der Warnung muss wirken [231][235]. Dazu kann begleitend die Verhandlung unterbrochen werden. Ein konstruktiver Verhandlungsabbruch sollte in einer positiven Grundstimmung geschehen, die für die Zukunft Kooperationsräume lässt, aber zugleich deutlich macht, dass im aktuellen Fall keine tragfähige Lösung für die diskutierte Problemstellung gefunden wurde [237]. Die Unterbrechung der Verhandlung gibt beiden Seiten Zeit, die Konsequenz der Nicht-Einigung zu erleben und das weitere Vorgehen zu überdenken. Konsequenz und Offenheit werden so direkt miteinander gekoppelt.

Operativ kann ein Verhandlungsabbruch z.B. nach den Empfehlungen von SCHRANNER erfolgen. Er empfiehlt, in die Artikulation eines Verhandlungsabbruchs „drei Türen" zu integrieren, die später eine systematische Rückkehr in die Verhandlung ermöglichen [237]:

■ **Tür 1:** Der Verhandlungsführer kommt aus „seiner Sicht" zu dem Schluss, dass keine Möglichkeit zu einer Lösung existiert.

■ **Tür 2:** Der Verhandlungsführer bezieht seine Schlussfolgerung für den Verhandlungsabbruch auf den jetzigen Zeitpunkt.

■ **Tür 3:** Der Verhandlungsführer bezieht seine Schlussfolgerung für den Verhandlungsabbruch auf den derzeitigen Umfang des Verhandlungsgegenstands.

Auf diesem Fundament kann die Verhandlung unterbrochen, die Warnung umgesetzt und ihre Konsequenz in Wirkung gebracht werden.

Hat der Verhandlungspartner die Wirkung und damit die Ernsthaftigkeit der Warnung gespürt, kann man zur Verhandlung zurückkehren. Zum erneuten Wiedereinstieg eignet sich dann die Öffnung der „drei Türen" nach SCHRANNER. Er zeigt in seinem Werk „Teure Fehler – Die sieben größten Irrtümer in schwierigen Verhandlungen" kompakt auf, wie man geschickt und ohne Gesichtsverlust wieder in eine Verhandlung zurückkommen kann. Die dort vorgestellten Optionen werden mit den für den hiesigen Kontext wesentlichen Aspekten kurz erläutert [237]:

■ **Öffnungsoption 1 – Neue Lösungsmöglichkeiten durch Bezugnahme des Verhandlungsführers auf weitere Personen mit Entscheidungsmacht:** Dem Verhandlungspartner kann signalisiert werden, dass sich in der Verhandlungspause in der Diskussion mit anderen entscheidungsbefugten Personen neue Sichtweisen auf die bekannte Problemstellung ergeben haben, die „neue" Lösungen eröffnen. Eine „fremde Entscheidungsmacht" aus dem Umfeld der eigenen Verhandlungsgruppe („externes Objekt") erweitert somit den Lösungskorridor. Der Verhandlungsführer kann ausgehend von seiner alten Sichtweise seinen Handlungsspielraum vergrößern und die Verhandlung wieder eröffnen.

■ **Öffnungsoption 2 – Neue Lösungsmöglichkeiten durch Veränderungen der Informationslage während der Verhandlungspause:** In dieser Option kann dem Verhandlungspartner eröffnet werden, dass sich während der Verhandlungspause der Informationsstand zur Problemstellung derart geändert hat, dass „heute" neue Lösungen möglich werden. Man entkoppelt sich über den Zeitverzug der Verhandlungspause von seinen alten Positionen. Die Lage von „heute" ist eine andere als die von „gestern". Das eröffnet neue Handlungsspielräume und einen Neustart der Verhandlung.

■ **Öffnungsoption 3 – Neue Lösungsmöglichkeiten durch Veränderung des Verhandlungsgegenstands:** Eine weitere Variante der Verhandlungsrückkehr besteht darin, eine neue, andersgelagerte Forderung in die Verhandlung einzubringen. Diese neue Forderung verändert die Ausgangslage des Interessensausgleichs insgesamt und ermöglicht damit auch eine neue Bewertung des bisher ungelösten Problems. Der Verhandlungsgegenstand hat sich in Summe verändert. Es entsteht ein neues Verhandlungsbild, das insgesamt neu verhandelt werden muss.

Nach dem Wiedereinstig in die Verhandlung kann unter den „neuen Rahmenbedingungen" erneut für die offene Problemstellung nach einer Lösung gesucht werden. Dabei geht es nicht um eine Aufgabe seiner bisherigen Sichtweise oder um ein echtes Nachgeben in der Sache. Man koppelt die eigene Problemauffassung lediglich an mehr Bewegungsspielraum und baut dem Verhandlungspartner eine Brücke [231]. Durch die artikulierten Veränderungen auf der eigenen Seite kann man dem Verhandlungspartner so guten Willen signalisieren, das Problem zu lösen. Wichtig ist, dass beim Verhandlungspartner der Wiedereinstieg in die Verhandlung nicht als „Nachgeben" ankommt. Es braucht weiter Konsequenz in der eigenen Problemauffassung, um beim Verhandlungspartner den Druck auf eine konstruktive Lösung zu erhöhen. Da der Verhandlungspartner gespürt hat, dass Sie bereit sind, im Konfliktfall Ihre Stärke zu operationalisieren und dass das nicht zu seinem Vorteil ist, entsteht eine „neue" Chance für eine Lösung. Kommt es nach Wiederaufnahme der Verhandlung trotzdem zu keiner Lösung, kann direkt zur konstruktiven Eskalation übergegangen oder der Zyklus des „konstruktiven Warnens" nochmals durchlaufen werden. Bei einem zweiten Durchlauf sollte die Konsequenz der Warnung dann einen deutlich massiveren „Härtegrad" haben als bei der ersten Warnung.

Konflikte mit konstruktiven Eskalationen machtbewusst zuspitzen

In der „konstruktiven Eskalation" kommt es zum Punkt der Entscheidung. Entweder wird eine Lösung für den Konflikt gefunden oder die Verhandlung ist gescheitert. Es geht also um das finale „Go" oder „No-Go" im Interessensausgleich. Voraussetzung für den Einsatz der „konstruktiven Eskalation" ist die Existenz von Verhandlungsmacht [235]. In der Durchführung entspricht die „konstruktive Eskalation" dem „konstruktiven Warnen" – jedoch mit dem inhaltlichen Unterschied, dass die Eskalation nur einmal durchlaufen wird und am Ende ein endgültiger Verhandlungsabbruch eine eingeplante Option ist. Daher sind einige Besonderheiten zu berücksichtigen:

- **Zusammenfassung der Sachlage:** Hier ist die Ernsthaftigkeit der Lage bereits durch den Tonfall zu verdeutlichen. Es muss ein Klimawechsel spürbar sein, der dem Verhandlungspartner bewusst macht, dass es jetzt um die Entscheidung geht.
- **Emotionalisierung und Machtdemonstration:** Ohne aggressiv zu wirken, sind ganz bewusst starke Machtmittel einzusetzen, wie z.B. die Referenz auf eine BATNA.
- **Platzierung der konstruktiven Eskalation:** Die platzierte Warnung muss so formuliert sein, dass der Verhandlungspartner nur zu dem Schluss kommen kann, dass jetzt ein Scheitern der Verhandlung auf dem Spiel steht.
- **Übergabe des Problems:** Die Problemübergabe sollte betont nüchtern erfolgen. Dann gibt es Raum für eine direkte Antwort oder auch für eine Verhandlungsunterbrechung, wenn sich der Verhandlungspartner zunächst intern beraten will.
- **Lösungsdiskussion:** Kommt es zu einer direkten Lösungsdiskussion, sollte diese möglichst emotionslos und nüchtern im Rahmen der definierten Bewegungsfläche geführt

werden. Kommt es nach einer Unterbrechung zur Lösungsdiskussion, ist darauf zu achten, dass bei der Wiederaufnahme der Verhandlung die bisher gültigen Rahmenbedingungen auch weiterhin gelten. Im Gegensatz zur konstruktiven Warnung erfolgt jetzt keine Erweiterung der Bewegungsfläche.

- **Positive Lösung:** Kommt es unter dem Druck der konstruktiven Eskalation zu einer Lösung, ist darauf zu achten, dem Verhandlungspartner Brücken zu bauen, so dass er sein Gesicht wahren kann. Nur dann ist eine Rückkehr zum konstruktiven Geben und Nehmen möglich, und diese Rückkehr ist wichtig.

- **Negative Lösung:** Wird keine Lösung gefunden, muss die BATNA in Wirkung gebracht werden [236]. Die Verhandlung ist dann final gescheitert.

Wenn man in Konflikte einsteigt, sollte man sie konsequent zu Ende bringen. Wer warnt oder eskaliert, muss bereit sein, glaubwürdig zu handeln [235]. Konflikte zu führen heißt, konsequent zu entscheiden – im positiven wie auch im negativen Fall. Konsequent entscheiden kann man jedoch nur, wenn die Voraussetzungen dafür gegeben sind. Ohne Machtmittel können Konflikte nur begrenzt geführt werden. Die Durchführung einer Eskalation ist sogar ohne die Macht einer BATNA gar nicht möglich [235]. Da in jedem Konfliktzyklus das Risiko besteht, ausgesprochene Warnungen auch umsetzen zu müssen, sollte man sich nur auf Konflikte einlassen, wenn man sie am Ende auch durchhalten kann. Dafür ist im Vorfeld der Verhandlung zu sorgen. Nichts ist für die Wahrnehmung in den Märkten schlimmer als abgebrochene Stärkedemonstrationen, da es an Stärke fehlt. Leichtfertigkeit oder Probierfreude sind an dieser Stelle fehl am Platz. Es geht um strategisch vorbereitetes, konsequentes Agieren. Nur das sorgt in den Märkten entsprechend der Stärkefaktoren „SPFM 01 – Marktwahrnehmung" und „SPFM08 – Marktverbindlichkeit" für Respekt und im Ergebnis für gute Verhandlungsergebnisse.

4.6.6 Lösungen: Entscheidungsphase

In der Entscheidungsphase geht es am Ende der Verhandlung noch einmal um den Abgleich aller getroffenen Vereinbarungen. Während des Interessensausgleichs sollten die vereinbarten Zwischenergebnisse immer exakt und nach Möglichkeit ohne Raum für Missverständnisse protokolliert werden. Alle erzielten Vereinbarungen sollten durchgegangen und von beiden Seiten eine finale Bestätigung finden [231]. Dieser Schritt erscheint formalistisch, ist aber wichtig. Nicht selten werden gerade in langwierigen Verhandlungen erzielte Vereinbarungen nicht oder nur teilweise in den finalen Verhandlungsergebnissen umgesetzt. Dann kommt es, wenn beide Parteien eigentlich von einem Verhandlungsabschluss ausgehen, zu Überraschungen und erneuten Diskussionen. Das kann durch ein konsequentes Ergebnis-Monitoring vermieden werden. Exakte Arbeit in der Entscheidungsphase gehört zur „Verhandlungshygiene".

4.6.7   Validierung der Lösungen

Die Qualität der Verhandlungsführung kann an den Verhandlungsergebnissen evaluiert werden. Die kritische Frage ist, ob es auf Basis einer validen Verhandlungsvorbereitung systematisch gelingt, die Transaktionsziele zu erreichen. Diese Sichtweise reicht aber allein nicht aus, da es sich bei Verhandlungen um einen komplexen Vorgang handelt, bei dem es auf die persönlichen Fähigkeiten der Akteure ankommt. Daher empfiehlt es sich, nach schwierigen Verhandlungen ein strukturiertes Review durchzuführen. Es sollte im Verhandlungsteam kritisch diskutiert werden, was gut oder schlecht gelaufen ist und welche Schlussfolgerungen sich daraus ergeben (Selbstreflexion). Aus der Summe der Reviews können für das Team Ansatzpunkte zur Verbesserung des Zusammenspiels und für die individuellen Teammitglieder Handlungsfelder zur Optimierung ihrer Fähigkeiten abgeleitet werden.

4.7   Vergabeentscheidung

Nach Abschluss der Verhandlungen entsteht ein finaler Überblick über das Kosten-Nutzen-Spektrum eines Projektmarktes. Mit der Vergabeentscheidung wird dann festgelegt, welcher Anbieter den Zuschlag bekommt und welche Verhandlungsergebnisse damit für das Unternehmen realisiert werden.

4.7.1   Ziele in der Vergabeentscheidung

Kern der Vergabeentscheidung ist der Entscheidungsprozess zur Auftragsvergabe. Dieser Prozess muss sicherstellen, dass der wirklich beste Anbieter den Auftrag bekommt und das Vergabeverhalten somit einer systematischen „Bestenauswahl" entspricht. Wird verlässlich nach dem Grundsatz der „Bestenauswahl" entschieden, hat das wesentlichen Einfluss auf wichtige Stärkefaktoren der Procurement-Funktion:

Stärke der Procurement-Funktion im Unternehmen

■ SPFU08 – Procurement-Ergebnisse: Die bestmöglichen Resultate werden realisiert.

Stärke der Procurement-Funktion in den Märkten

■ SPFM01 – Marktwahrnehmung: Die Vergaben gehen konsequent an den besten Bieter.

■ SPFM08 – Marktverbindlichkeit: Die Bestenauswahl ist Basis der Zusammenarbeit.

Stärke der Procurement-Funktion in den Operations

- SPFO07 – Vergabemanagement: Die Vergabeentscheidungen sind transparent.
- SPFO08 – Ergebnismanagement: Der Erfüllungsgrad der Ziele ist nachvollziehbar.

Abbildung 4.52   Ziele der Aufgabe PO07 - Vergabeentscheidung

Aufgaben-Power-Ergebnis-Matrix (APEM)																																		
	Die Procurement-Aufgabe PO07 bewirkt jeweils Power																															Ergebnisbeitrag in			
	im Unternehmen								in Märkten								in der Funktion							in den Operations											
Wirkung / Aufgaben	SPFU01	SPFU02	SPFU03	SPFU04	SPFU05	SPFU06	SPFU07	SPFU08	SPFM01	SPFM02	SPFM03	SPFM04	SPFM05	SPFM06	SPFM07	SPFM08	SPFP01	SPFP02	SPFP03	SPFP04	SPFP05	SPFP06	SPFP07	SPFO01	SPFO02	SPFO03	SPFO04	SPFO05	SPFO06	SPFO07	SPFO08	Kosten	Qualität	Zeit	Innovation
PO07 - Vergabeentscheidung								•	•							•														•	•	▪	▪	▪	▪

4.7.2   Anforderungen an die Lösungskonzepte

Damit in der Vergabeentscheidung die „Bestenauswahl" zum Handlungsmuster wird, ist ein strukturierter Entscheidungsprozess aufzusetzen:

- **Prozessschritt 1:** Aktualisierung der Angebote
- **Prozessschritt 2:** Aktualisierung des Angebotsvergleichs nach Verhandlung
- **Prozessschritt 3:** Vorbereitung einer Vergabeempfehlung
- **Prozessschritt 4:** Treffen der Vergabeentscheidung
- **Prozessschritt 5:** Berichterstattung der Ergebnisse

Auf der Mitarbeiterseite braucht es dazu Procurement-Personal, das die Angebotsaktualisierung operativ steuern und die Angebotsinhalte analytisch bewerten kann. In der Vergabeentscheidung selbst sind dann Mitarbeiter gefragt, die im Dialog mit den Fachbereichen standfest für eine Vergabe an den besten Bieter eintreten. Hier sind insbesondere soziale Kompetenzen und Durchsetzungsstärke gefordert.

4.7.3   Lösungen: Angebotsaktualisierung

Nach der Verhandlung ergeben sich durch die getroffenen Vereinbarungen in der Regel Differenzen zu den Ursprungsangeboten der Anbieter. Daher sollten sie ihre Angebote so aktualisieren, dass sie den Verhandlungsergebnissen entsprechen. Dieser Vorgang ist durch die Procurement-Funktion anzustoßen und zu überwachen.

4.7.4   Lösungen: Angebotsvergleich nach Verhandlung

Die aktualisierten Angebote sind in einem „Angebotsvergleich nach Verhandlung" zusammenzuführen. Dabei kann auf den bereits durchgeführten Angebotsauswertungen aufgesetzt werden (vgl. Kapitel 4.4.3-4.4.5). In den Einzelbewertungen sind lediglich die Veränderungen zu den Ursprungsangeboten nachzuziehen. Die aktualisierten Bewertungen können dann in einen Angebotsvergleich integriert werden. Im Fall eines einfachen Preisvergleichs ergibt sich so ein neues Preisvergleichsblatt; bei den „Kosten-Nutzen-Vergleichen" bzw. „Best-Value-Analysen" ein aktualisierter Preis-Leistungsvergleich. Dieser kann in eine grafische Portfolio-Darstellung überführt werden, aus der die Verhandlungsziele sowie die Angebotslage vor und nach der Verhandlung hervorgehen.

Abbildung 4.53   Integrierter Angebotsvergleich

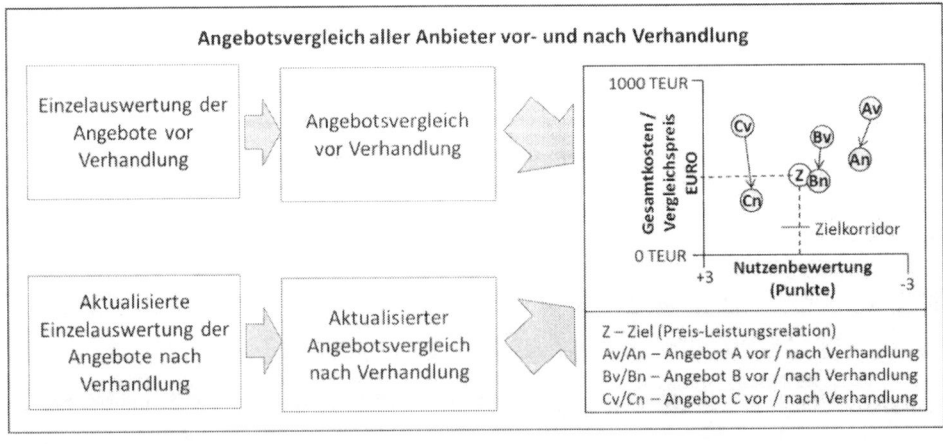

4.7.5   Lösungen: Vergabeempfehlung

Auf Basis des aktualisierten Angebotsvergleichs hat die Procurement-Funktion eine Vergabeempfehlung zu erstellen. Das ist ein formalistischer Akt mit deklaratorischer Wirkung. Der zuständige Einkäufer legt sich dabei auf einen Anbieter fest und bringt diese Empfehlung in den Genehmigungsprozess des Unternehmens ein.

Damit ist die Vergabeempfehlung die zentrale Basis für die Vergabeentscheidung. Sie ist das Vergabedokument, auf das die für die Genehmigung verantwortlichen Führungskräfte in Procurement-Funktion und in den Fachbereichen ihre Meinungsbildung stützen. Daher müssen dort alle entscheidungsrelevanten Daten offengelegt und bei Bedarf mit einem Hinweis auf die Originalquellen (Ausschreibung, Angebote, Verhandlungsprotokolle etc.) versehen werden. Im Detail sollte eine Vergabeempfehlung folgende Inhalte haben:

- **Basisdaten der Vergabe:** Projektbeschreibung, Materialgruppe, Value of Business (freigegebenes Budget)

- **Operative Mitarbeiter im Projekt:** Bedarfsträger, Einkäufer

- **Freigebende Stellen im Unternehmen:** Verantwortliche für die Vergabeentscheidung in Fachbereich und Procurement-Funktion

- **Kerninformationen zu den Verhandlungszielen:** Nennung der wichtigsten Vergabeziele aus der Transaktions-Scorecard der Vergabe

- **Kerninformationen aus dem Angebotsvergleich:** Strukturierte Gegenüberstellung der Verhandlungsziele mit den Verhandlungsergebnissen

- **Verhandlungskommentar Einkauf:** Bei Bedarf qualitative und quantitative Kommentierung der Verhandlungsergebnisse

- **Lieferantenfreigabe durch den Einkauf:** Bestätigung der Erfüllung aller kaufmännischen Lieferantenmindestanforderungen der aufgeführten Anbieter

- **Lieferantenfreigabe durch den Fachbereich:** Bestätigung der fachlichen Lieferantenmindestanforderungen aller aufgeführten Anbieter

- **Konkrete Vergabeempfehlung:** Handlungsempfehlung der Procurement-Funktion zur Auftragsvergabe an den wirtschaftlich günstigsten Anbieter aus allen fachlich freigegebenen Anbietern

Zur Operationalisierung von Vergabeempfehlungen sind im Unternehmen kompakte Vorlagen zu entwickeln, die einen schnellen Überblick und eine valide Vergabeentscheidung erlauben. Abbildung 4.54 gibt exemplarisch eine „One-Pager-Variante" wieder. In der Praxis können Vorlagen in der Regel in ERP-Systemen bzw. Procurement-Softwarepaketen konzipiert und ihre Bearbeitung bis hin zur Vergabeentscheidung über

„Workflows" automatisiert werden [271]. Durch einen Workflow-Prozess kann darüber hinaus gewährleistet werden, dass nicht nur die Fakten, sondern auch das Entscheidungs-verhalten der Verantwortungsträger nachvollziehbar dokumentiert werden. Das ist ein wesentlicher Beitrag zur Absicherung der Compliance in den Beschaffungsprozessen.

Abbildung 4.54   Vergabeempfehlung - Beispiel „One-Pager"

Vergabeempfehlung

Projekt-Basisdaten					
Projektbeschreibung:					
Materialgruppe:		Bedarfsträger:		Einkäufer:	
Value of Business / Budget:		Freigeber Fachbereich		Freigeber Procurement:	
Angebotsvergleich vor Verhandlung - Hauptkriterien					
		Zielwert	Anbieter A	Anbieter B	Anbieter C
Gesamtkosten / Vergleichspreis (EUR)					
Leistungsverzeichnis/Vertragsbedingungen (Punkte)					
Angebotsvergleich nach Verhandlung - Hauptkriterien					
		Zielwert	Anbieter A	Anbieter B	Anbieter C
Gesamtkosten / Vergleichspreis (EUR)					
Leistungsverzeichnis/Vertragsbedingungen (Punkte)					
Detailvergleich nach Verhandlung - Subkriterien					
Vergabekriterien-Kosten	K/Q/Z/I	Zielwert	Anbieter A	Anbieter B	Anbieter C
Einstandspreis					
Kostenpositionen TCO					
Bonus-/Malus-Bewertungen					
Gesamtkosten/Vergleichspreis					
Vergabekriterien-Leistungsverzeichnis	K/Q/Z/I	Zielwert	Anbieter A	Anbieter B	Anbieter C
Kriterium:					
Kriterium:					
Kriterium:					
Kriterium:					
Kriterium:					
Vergabekriterien-Vertragbedingungen	K/Q/Z/I	Zielwert	Anbieter A	Anbieter B	Anbieter C
Kriterium:					
Kriterium:					
Kriterium:					
Kriterium:					
Kriterium:					
Verhandlungskommentar und Lieferantenfreigaben					
Verhandlungskommentar Einkauf					
Lieferantenfreigabe Einkauf/Fachbereich:					
Vergabeempfehlung					
Vergabeempfehlung des Einkaufs					

4.7.6   Lösungen: Vergabeentscheidung

Die Freigabe der Vergabeempfehlung sollte systematisch erfolgen. Sie bedarf neben der Zustimmung der Procurement-Funktion auch der Zustimmung des Fachbereichs. Der Freigabeprozess sollte dazu alle relevanten Instanzen umfassen [238]. In der Freigabe hat die Auftragsvergabe durch die Procurement-Funktion zunächst obligatorisch an den wirtschaftlich besten der fachlich freigegebenen Anbieter zu erfolgen. Grundsätzlich kann für Ausnahmesituationen ergänzend ein „Bypass-Prozess" vorgesehen werden, bei dem der Fachbereich diese Empfehlung unter strengen Auflagen überstimmen kann. Abbildung 4.55 macht exemplarisch einen entsprechenden „Workflow" deutlich.

Abbildung 4.55 Vergabeentscheidung - Workflow-Prozess

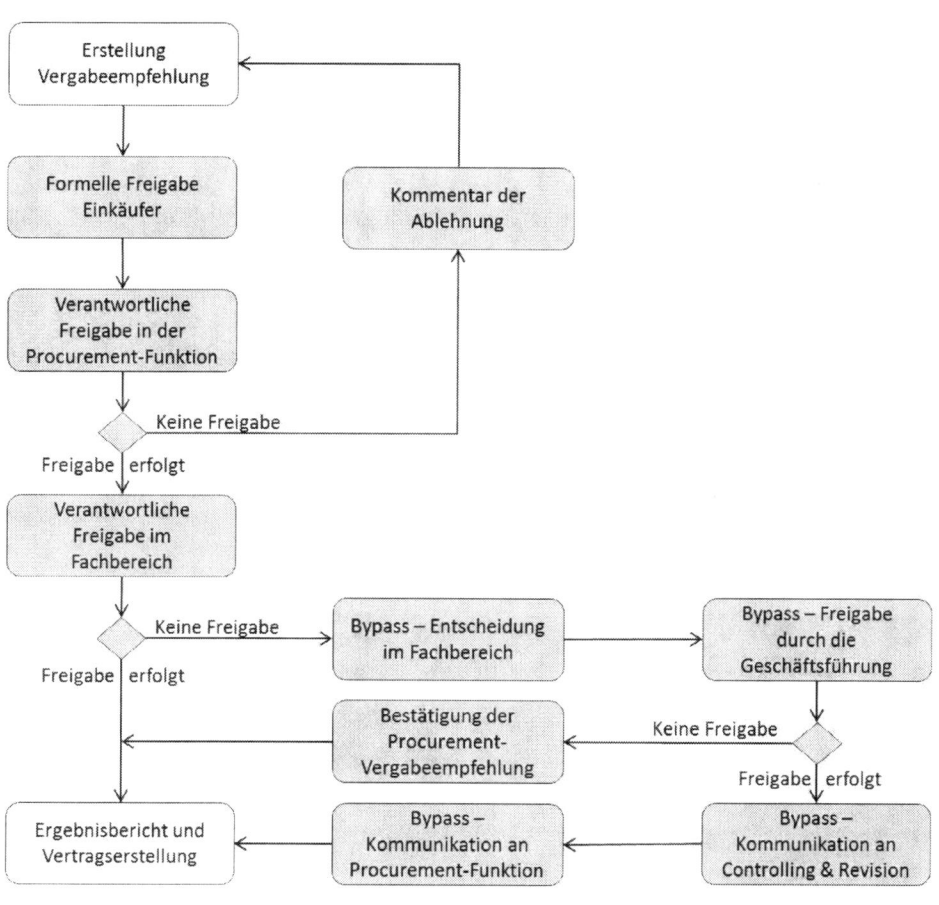

Nach dem aufgezeigten „Workflow" hat der zuständige Einkäufer die Vergabeempfehlung zu erstellen, freizugeben und gemäß der in der Beschaffungsrichtlinie des Unternehmens vorgesehenen Wertgrenzen in einen Genehmigungsprozess einzusteuern (vgl. Kapitel 3.1.4). In diesem Genehmigungsprozess wird die Vergabeempfehlung zunächst von den zuständigen Freigabeinstanzen der Procurement-Funktion genehmigt. Erfolgt keine

Genehmigung, muss der Einkäufer die Vergabeempfehlung überarbeiten. Nach Freigabe durch die Procurement-Funktion wird die Vergabeempfehlung in den Fachbereich einge-steuert. Auch dort ist sie von den zuständigen Freigabeinstanzen zu genehmigen. An die-ser Stelle greift in vielen Unternehmen ein abschließendes Vetorecht der Fachbereiche. Da sie die Verantwortung für die Umsetzung von Vergabeprojekten tragen – und nicht die Procurement-Funktion – wird ihnen prinzipiell die Möglichkeit eröffnet, von der Vergabe-empfehlung abzuweichen und eine eigene Entscheidung zu treffen. In diesem Fall über-nimmt der Fachbereich die volle Verantwortung für das Vergabeprojekt – in technischer wie kaufmännischer Hinsicht.

Damit der reguläre Vergabeprozess ernst genommen wird, empfiehlt es sich, die Hürden für den „Fachbereich-Bypass" möglichst anspruchsvoll auszugestalten. Das kann z.B. über den Einsatz standardisierter „Single-Source-Letter" geschehen. Ein solches Dokument sollte insbesondere die folgenden Inhalte berücksichtigen:

- **Basisdaten:** BANF-Nummer, Projektbezeichnung, Value of Business, Bedarfsträger, Einkäufer

- **Aussteller Single-Source-Letter:** Verantwortliche Instanz zur Freigabe der Vergabe-empfehlung im Fachbereich

- **Projektbeschreibung:** Kurzbeschreibung des Projektes und seiner Bedeutung für das Unternehmen

- **Rahmenbedingungen der Vergabe:** Termin des ersten Bekanntwerdens des Bedarfs, Termindaten zur Einbindung der Procurement-Funktion im Vorgang, Termindaten zur Abwicklung des Beschaffungsprozesses vom Ausschreibungsdesign bis zur Vergabe-empfehlung

- **Vergabeempfehlung der Procurement-Funktion:** Vergabeempfehlung der Procure-ment-Funktion mit Begründung

- **Vergabeentscheidung des Fachbereichs:** Nennung des Lieferanten, der entgegen der Vergabeempfehlung der Procurement-Funktion vom Fachbereich den Zuschlag erhält

- **Entscheidungsbegründung:** Rechtfertigung für das Abweichen von der Vergabeemp-fehlung

- **Vergabekonsequenzen:** Quantifizierung der im Vergleich zur Vergabeempfehlung entstehenden Mehrkosten

- **Verantwortungsübernahme:** Vollständige Übernahme der Verantwortung in techni-scher und kaufmännischer Hinsicht durch den Fachbereich

Der „Single-Source-Letter" wird von der im Fachbereich freigebenden Instanz ausgestellt. Damit dies kein einfacher Weg zur Abwicklung von „Bypass-Entscheidungen" wird, sollte der „Single-Source-Letter" in einen weiteren Genehmigungs- und Berichtsweg eingesteuert werden (vgl. Abbildung 4.55). Der Einzelfall kann z.B. direkt der Geschäftsführung zugeleitet werden, um den „Bypass" final zu genehmigen. Erst danach hat er Gültigkeit. Ferner ist es möglich, nach der Genehmigung eine Kopie an die Innenrevision und das Controlling zu überstellen. Das Controlling kann regelmäßig der Geschäftsführung berichten, an welchen Stellen es im Unternehmen gehäuft zu „Bypass-Entscheidungen" kommt. Mit „auffälligen Bereichen" können kritische Gespräche eingeleitet werden. Darüber hinaus kann die Innenrevision einen vorab definierten Anteil an allen „Single-Source-Letter"-Vorgängen im Hinblick auf tragfähige und nachvollziehbare Begründungen überprüfen. Leichtfertige oder nicht nachvollziehbar begründete „Bypass-Entscheidungen" werden mit Nennung der Verantwortlichen direkt von der Innenrevision als „Top-Risiken" an die Geschäftsführung berichtet.

Der geschilderte Prozess ermöglicht im Zweifelsfall einen „Bypass" der Fachbereiche und wird damit ihrer besonderen Verantwortung gerecht. Gleichzeitig diszipliniert er aber auch dort die Verantwortungsträger durch den starken Management-Fokus, der auf diesen Entscheidungen liegt. Konsequent implementiert, unterstützt dieser Ablauf sogar die Zusammenarbeit von Fachbereich und Procurement-Funktion in den regulären Prozessen, da beide Seiten kein Interesse daran haben, regelmäßig mit „Bypass-Entscheidungen" im Top-Management aufzufallen.

4.7.7   Lösungen: Ergebnisbericht

Nachdem die Vergabeentscheidung getroffen ist, können die erzielten Ergebnisse der Transaktion in die Controlling-Prozesse der Procurement-Funktion integriert werden. Dazu fließen sie in die Procurement-Scorecard und ggf. auch in die Lieferanten-Scorecard des Anbieters ein. In der Procurement-Scorecard werden sie Bestandteil des projektübergreifenden Controllings der Procurement-Funktion (Procurement-Scorecard vgl. Kapitel 3.5.5; Controlling vgl. Kapitel 5.1.3). Wird der Lieferant im strategischen Lieferantenmanagement mit einer Lieferanten-Scorecard geführt, erfolgt in der Projektumsetzung seine Steuerung im Rahmen der Lieferantenbewertung (Lieferanten-Scorecard und Lieferanten-Steuerung vgl. Kapitel 3.7.8). In der Regel können die Ergebnisse der Transaktion direkt aus der Vergabeempfehlung ermittelt und über ERP-Systeme bzw. spezielle Procurement-Software in die weiteren Controlling- bzw. Steuerungsinstrumente der Procurement-Funktion transferiert werden.

4.7.8   Validierung der Lösungskonzepte

Im Rahmen der Validierung von Vergabeentscheidungen ist in erster Linie interessant, wie oft Vergabeempfehlungen korrigiert werden müssen und wie hoch der Anteil an durchgesetzten „Bypass-Entscheidungen" der Fachbereiche ist. Hohe Korrekturzahlen legen den Schluss nahe, dass Verhandlungsergebnisse nicht eindeutig aufbereitet, interpretiert oder auch respektiert wurden. Wenn diese Mängel zum Tragen kommen, ist an den eingesetzten Methoden zu arbeiten, um zukünftig bereits im ersten Versuch für die erforderliche Klarheit zu sorgen.

Eine hohe Quote an „Bypass-Entscheidungen" ist auch ein wichtiger Indikator dafür, dass die Zusammenarbeit zwischen Procurement-Funktion und den Fachbereichen nicht wirklich funktioniert. Wenn alle vorgelagerten Arbeitsschritte wie geplant umgesetzt wurden, dürften im Prinzip keine Fälle auftreten, bei denen der Vergabeempfehlung nicht gefolgt wird – es sei denn, es wurden in der Zusammenarbeit keine „echten Übereinkünfte" erzielt. Daher sollte überprüft werden, in welchen Fachbereichen „Bypass-Schwerpunkte" zu identifizieren sind. Mit diesen Abteilungen sollte man in eine ernsthafte Diskussion über die Qualität der Partnerschaft einsteigen.

4.8   Vertragsmanagement

Nach der Vergabeentscheidung sind die Aufträge in rechtssichere Verträge zu bringen und umzusetzen. In der Procurement-Funktion sind dabei alle Prozesse zu steuern, die zu einem korrekten Umgang mit Vertragsdokumenten führen. In diesem Buch wird demnach der Fokus nicht auf die juristischen Fragestellungen der Vertragserstellung oder des Vertragsmanagements gelegt, sondern auf die Herausforderungen zur Gestaltung und Steuerung des Managementprozesses.

4.8.1   Ziele des Vertragsmanagements

Verträge haben den Willen der Vertragsparteien mit sämtlichen sich daraus ergebenden Rechten und Pflichten eindeutig abzubilden. Das Ziel des Vertragsmanagements ist es, durch strukturierte Prozesse eine systematische Vertragserstellung, einen formell korrekten Vertragsabschluss, eine zielgenaue Kommunikation von Vertragsdokumenten sowie eine zuverlässige Vertragsumsetzung sicherzustellen. Das unterstützt wichtige Stärkefaktoren der Procurement-Funktion:

Stärke der Procurement-Funktion in den Märkten

- SPFM07 – Marktprozesse: Verträge werden rechtssicher abgeschlossen.

- SPFM08 – Marktverbindlichkeit: Verträge bilden die Verhandlungsergebnisse voll ab.

Stärke der Procurement-Funktion in den Operations.

- SPFO08 – Ergebnismanagement: Die Vertragsvereinbarungen sind jederzeit verfügbar.

Da das Vertragsmanagement die Umsetzung von getroffenen Vereinbarungen absichert, wird damit auch ein indirekter Beitrag zur Realisierung der Procurement-Ziele geleistet.

Abbildung 4.56   Ziel der Aufgabe PO08 - Vertragsmanagement

Aufgaben-Power-Ergebnis-Matrix (APEM)						
	Die Procurement-Aufgabe PO08 bewirkt jeweils Power					Ergebnis-beitrag in
	im Unternehmen	in Märkten	in der Funktion	in den Operations		beitrag in
Wirkung / Aufgaben	SPFU01 SPFU02 SPFU03 SPFU04 SPFU05 SPFU06 SPFU07 SPFU08	SPFM01 SPFM02 SPFM03 SPFM04 SPFM05 SPFM06 SPFM07 SPFM08	SPFP01 SPFP02 SPFP03 SPFP04 SPFP05 SPFP06 SPFP07 SPFP08	SPFO01 SPFO02 SPFO03 SPFO04 SPFO05 SPFO06 SPFO07 SPFO08		Kosten Qualität Zeit Innovation
PO08 - Vertrags-management		• (SPFM07) • (SPFM08)		• (SPFO01)		

4.8.2   Anforderungen an Lösungskonzepte

Um die Zielstellungen des Vertragsmanagements zu erreichen, sind in der Procurement-Funktion Prozesse zu konzipieren, die eine systematische Steuerung aller wesentlichen Aufgaben zur Erstellung und Lenkung von Vertragsdokumenten ermöglichen:

- **Prozess 1:** Erstellung von Vertragsdokumenten

- **Prozess 2:** Vertragsabschluss

- **Prozess 3:** Dokumentenmanagement

- **Prozess 4:** Vertragsumsetzung

Zur Ausgestaltung der Vertragsdokumente ist Analytik gefordert, so dass die Verträge im Ergebnis die verhandelten Vereinbarungen genau wiedergeben. Für die Aufgaben der Steuerung von Vertragsdokumenten ist es wichtig, dass die Procurement-Mitarbeiter exakt die erforderlichen Prozesse einhalten, um rechtssichere Vertragspartnerschaften sicherzustellen. Es sind also Menschen gefragt, die konsequent und genau agieren.

4.8.3   Lösungen: Vertragserstellung

Zur Erstellung von rechtssicheren Vertragsdokumenten sind die Verhandlungsergebnisse genau auszuwerten. Dazu dienen einerseits die Ausschreibungsunterlagen und andererseits das final verhandelte Angebot des Auftragnehmers.

Für die Festlegung der Leistungspflichten können die materiellen Inhalte des Angebots herangezogen werden. Daraus lässt sich das Pflichtenheft des Auftragnehmers zur Umsetzung des Auftrags bestimmen. Es legt exakt die geforderten Leistungen fest und regelt die inhaltliche Zusammenarbeit von Auftragnehmer und Auftraggeber. In vielen Vorgängen reicht es aus, im Vertrag die „technischen Inhalte" des Angebots als Pflichtenheft zu referenzieren. In diesen Fällen wird das Angebot als Anlage Vertragsbestandteil. Alternativ ist es auch möglich, aus dem Leistungsverzeichnis der Ausschreibung und den Angebotsinhalten ein eigenes Pflichtenheft zu erstellen und in den Vertrag aufzunehmen. Die Erstellung sollte dann durch die Procurement-Funktion koordiniert und inhaltlich unter Führung der Fachbereiche und in enger Abstimmung mit dem Auftragnehmer erfolgen. Die Freigabe des Pflichtenheftes bzw. der Angebotsreferenz nimmt der Fachbereich vor.

Abbildung 4.57   Klärung der materiellen Leistungsinhalte des Vertrags

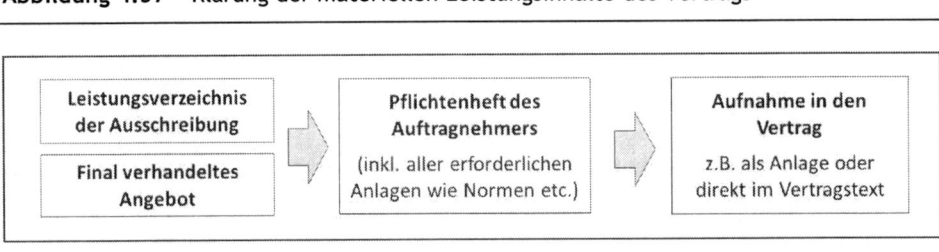

Das Preisblatt legt im Vertrag die Vergütungsbedingungen fest. Dazu ist zunächst das Preisblatt der Ausschreibung mit den nach Verhandlung vereinbarten Preiselementen abzugleichen. In dieser Struktur sind dann die verhandelten Preise zu verankern. Diese Aufgabenstellung liegt in der Führung der Procurement-Funktion. Sie sollte in enger Abstimmung mit dem Fachbereich und dem Auftragnehmer erfolgen, um Missverständnisse zu vermeiden. Das Preisblatt kann als Anlage Vertragsbestandteil werden. Alternativ können die Preise auch direkt in den Vertragstext aufgenommen werden. Die vertragliche Preisgestaltung ist vom Fachbereich und der Procurement-Funktion final freizugeben.

Abbildung 4.58   Klärung der Vergütung

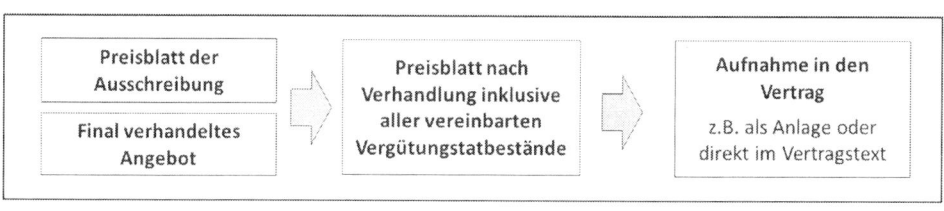

Auf Basis der abgestimmten Leistungsbeschreibung und der fixierten Preise können abschließend die Vertragsbedingungen aktualisiert werden. Dazu sind im ersten Schritt die im Ausschreibungsdesign vorgegebenen Vertragsbedingungen mit den Verhandlungsergebnissen abzugleichen. Sollten Änderungen zu den ursprünglich vorgegebenen Bedingungen wirksam werden, müssen diese aus dem Verhandlungsergebnis eindeutig hervorgehen. Aus dem Gerüst aller Vertragsklauseln sind genau diese Vertragsbausteine herauszugreifen und entsprechend der getroffenen Vereinbarungen anzupassen.

Abbildung 4.59   Klärung der Vertragsbedingungen

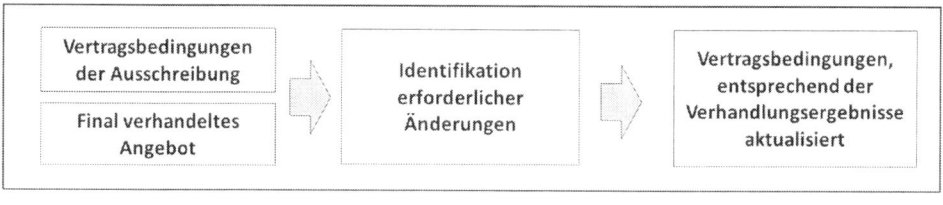

Zur Umsetzung von Bedingungsanpassungen bieten sich insbesondere die folgenden Vorgehensweisen an, die zwischen Standard- bzw. Individualverträgen unterscheiden:

■ **Option 1 – Standardverträge:** Die Rechtsabteilung kann insbesondere für sich häufig wiederholende Vergabeprojekte Standardverträge mit fest vorgegebenen Regelungsstandards und optionalen Regelungsalternativen (optionale Vertragsklauseln) entwickeln. Im Ergebnis entsteht auf Materialgruppenebene ein Gerüst von Vertragsbedingungen, das die dort üblicherweise angewendeten Vereinbarungen umfassend abbildet (vgl. Kapitel 4.1.7). Diese juristisch freigegebenen Bedingungswerke können dann der Procurement-Funktion unter fest vorgeschriebenen Anwendungsbedingungen zur Verfügung gestellt werden. In diesem Kontext kommen z.B. Clause-Datenbanken zum Einsatz, die in klaren Grenzen eine selbstständige Vertragserstellung bzw. Vertragsanpassung der Procurement-Funktion ermöglichen. Die Procurement-Funktion kann bei Bedingungsanpassungen auf den freigegebenen „Vertragsbaukasten" zugreifen und im konkreten Projekt Vertragsklauseln austauschen, ergänzen oder auch löschen, sofern dies jeweils die Anwendungsbedingungen zulassen. In diesem Fall operiert die Procurement-Funktion selbst in der Gestaltung von Vertragstexten und verantwortet die korrekte Anwendung der Vertragsstandards. Für die Bereitstellung juristisch einwandfreier Vertragsklauseln, die Vorgabe eindeutiger Anwendungsregeln sowie die Überwachung ihrer Umsetzung verbleibt die Verantwortung bei der Rechtsabteilung. Sie zeichnet auch weiterhin grundsätzlich im Unternehmen für die Erstellung von Verträgen verantwortlich. Sie kann ihre Verantwortung aber unter beherrschten Bedingungen teilweise an die Procurement-Funktion delegieren.

■ **Option 2 – Individualverträge:** Kommen keine Standardverträge zum Einsatz oder sind notwendige Bedingungsänderungen nicht mit freigegebenen Vertragsklauseln möglich, greifen Individualverträge. Bei der Entwicklung oder Anpassung von individuellen Vertragstexten ist juristischer Sachverstand erforderlich. Dazu nimmt die Rechtsabteilung die materiellen Änderungswünsche der Procurement-Funktion auf und formuliert individuelle Vertragsklauseln, die den materiellen Vereinbarungen entsprechen. Die neuen Klauseln werden mit dem Auftragnehmer und der Procurement-Funktion so lange abgestimmt, bis beide Vertragsparteien zustimmen. Die Rechtsabteilung muss am Ende die Bedingungen formal freigeben und trägt für das Ergebnis wie für den operativen Anpassungsprozess die Verantwortung. Werden in der vorhergehenden Verhandlung individuelle Vertragsbedingungen oder Abweichungen zu Standardbedingungen diskutiert, ist es sinnvoll, bereits dort einen Juristen im Verhandlungsteam zu haben. Juristen können als „Sub-Negotiator" von Anfang an in der Verhandlung platziert und bei Bedarf vom Verhandlungsführer aktiviert werden (vgl. Kapitel 4.5.8). Das vereinfacht und beschleunigt den späteren und hier beschriebenen Prozess der Vertragserstellung.

Sind Leistungsbeschreibung, Preisblatt und Vertragsbedingungen auf den Stand der Verhandlungsergebnisse gebracht, können die Vertragsdokumente zusammengestellt werden. Im Ergebnis entstehen abgestimmte Vertragsentwürfe inklusive aller erforderlichen Anlagen. Für diesen Prozess ist der zuständige Einkäufer in der Procurement-Funktion verantwortlich. Abbildung 4.60 zeigt beispielhaft einen Workflow zur Erstellung von Vertragsdokumenten.

Abbildung 4.60   Vertragserstellung und –freigabe

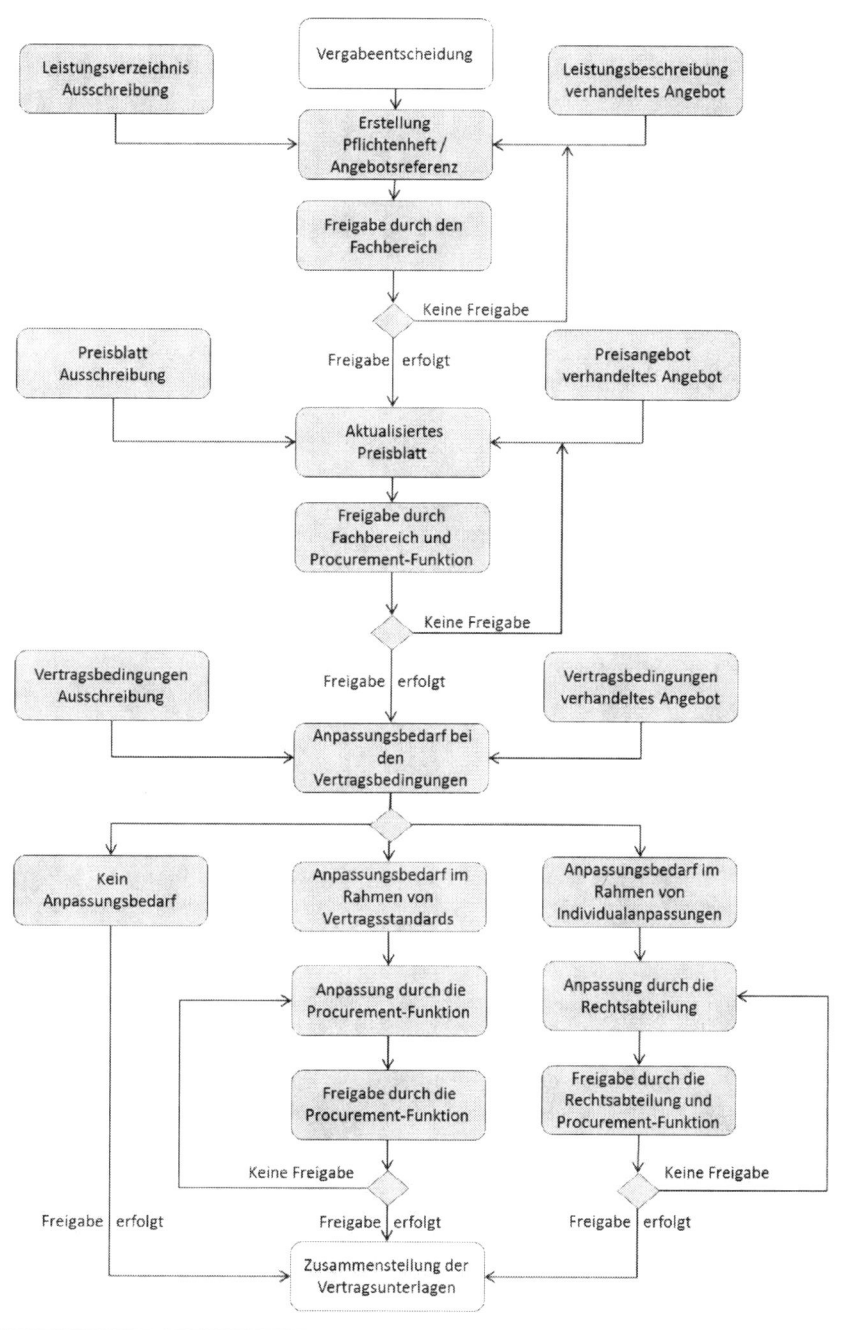

4.8.4   Lösungen: Vertragsabschluss

Verträge kommen zustande, wenn es zwischen zwei (oder mehreren) Vertragsparteien zu einer Willensübereinkunft kommt, in Rechtsgeschäfte einzutreten [239]. Dazu macht eine Partei einen Antrag (üblicherweise ein Vertragsangebot), und die andere Partei nimmt diesen an. Dabei ist die eine Partei an ihren Antrag gebunden, und die andere muss rechtzeitig und ohne Änderungen annehmen [153][240]. Die juristischen Ausprägungen, die für einen Vertragsabschluss wesentlich sind, und die Möglichkeiten zur Abgabe und zum Empfang von Willenserklärungen sind in den einschlägigen Gesetzen verankert und in der juristischen Fachliteratur ausführlich diskutiert. Für eine Detailstudie juristischer Fragestellungen sei an dieser Stelle auf die Gesetze und die Fachliteratur verwiesen [153][240]-[243]. Im Folgenden stehen somit nur die eigentlichen Managementprozesse zur Steuerung rechtssicherer Vertragsabschlüsse im Vordergrund.

Das Management der Abschlussprozesse ist eine wichtige Aufgabenstellung, denn nicht selten kommt es zu Auseinandersetzungen zwischen Auftragnehmer und Auftraggeber, wenn unterschiedliche Auffassungen darüber bestehen, ob es zu einem Vertragsabschluss gekommen ist oder nicht, bzw. ob man zu wirklich allen Vertragspunkten Einigkeit erzielt hat. Mündliche Vereinbarungen mit Interpretationsspielraum oder „konkludentes Handeln" vor der formellen Vertragsunterzeichnung sind typische Ursachen für Missverständnisse. Daher ist es aus der Managementperspektive wichtig, Verträge nur unter kontrollierten Bedingungen und für alle Parteien eindeutig nachvollziehbar abzuschließen. Dazu sollte die Rechtsabteilung im Unternehmen klare Vorgaben machen. In diesem Kontext sind insbesondere die folgenden Aspekte auszugestalten:

■ **Prozessgrundlagen – Zuständigkeit für den Vertragsabschluss im Unternehmen:** Für den Abschluss von Verträgen mit Dritten ist im Unternehmen ausschließlich die Procurement-Funktion verantwortlich. Sie arbeitet dabei intern eng mit den Fachbereichen zur Abstimmung von Vertragsinhalten und mit der Rechtsabteilung zur Erstellung von Vertragstexten zusammen. Nach außen ist sie gegenüber den Auftragnehmern die einzig legitimierte Instanz zur Verhandlung und zum Abschluss von Rechtsgeschäften. Diese Rolle sollte in der Beschaffungsrichtlinie des Unternehmens geregelt und klar kommuniziert sein (vgl. Kapitel 3.1.4 und 3.7.7).

■ **Prozessgrundlagen – Grundsätze der Zusammenarbeit mit Auftragnehmern:** Für eine effiziente Zusammenarbeit zwischen Auftraggeber und Auftragnehmer sollte ein einheitliches Verständnis darüber existieren, wie es in Vertragsangelegenheiten grundsätzlich zu einem formalen Abschluss von Verträgen kommen soll. Dazu kann man sich z.B. prozessual darauf verständigen, dass in der Angebots- und Verhandlungsphase vom Auftraggeber prinzipiell keine Auftragsvergabe oder Auftragsbestätigung erfolgt und erst nach Abschluss der Verhandlungen vom Auftraggeber ein Vertragsangebot erstellt wird, das er an den Auftragnehmer richtet. Basis dieses Vertragsangebots sind dann die in Kapitel 4.8.3 erstellten Vertragsdokumente. Damit behält die Procurement-Funktion auch in dieser Phase die Führung im Prozess. Im Ergebnis können die

Geschäftspartner ihr Verhalten im Prozessablauf für alle berechenbar koordinieren. Diese Klarheit ist ein wichtiger Beitrag zur „Hygiene" in komplexen Geschäftsbeziehungen. Entsprechende Verabredungen können z.B. im Rahmen des strategischen Lieferantenmanagements getroffen werden (vgl. Kapitel 3.7.7).

■ **Operativer Prozess – Interne Willenserklärung:** Durch die Freigabe und Unterzeichnung eines Vertragsangebots kommt es intern zur Willenserklärung für ein Rechtsgeschäft mit Dritten. Dazu sind im Unternehmen nachvollziehbare Genehmigungsprozeduren zur Freigabe von Vertragsdokumenten zu installieren. Das kann über einen standardisierten „Genehmigungsworkflow" erfolgen, der vom zuständigen Einkäufer angestoßen und nach den in der Beschaffungsrichtlinie des Unternehmens festgelegten Wertgrenzen und Freigabeinstanzen durchlaufen wird (vgl. Kapitel 3.1.4).

■ **Operativer Prozess – Wirksamwerden der Willenserklärung:** Bei Vertragsangeboten handelt es sich um empfangsbedürftige Willenserklärungen [239]. Die interne Unterschrift eines Vertragsangebots ist in diesem Zusammenhang nur eine vorbereitende Handlung [239]. Der Erklärende muss sicherstellen, dass sie willentlich in Verkehr gebracht und mit zumutbarer Möglichkeit zur Kenntnisnahme in den Machtbereich des Adressaten gelangt [153][155]. Erst dann ist die Willenserklärung wirksam. Die Beweislast liegt dabei beim Erklärenden [239]. Daher sollten von der Rechtsabteilung Kommunikationswege und –verfahren definiert werden, nach denen ein Vertragsangebot dem Adressaten zugestellt werden darf. Das kann z.B. der klassische Weg per Post sein, um in Papierform dem Empfänger ein Vertragsangebot zuzuführen. Zur Beweissicherung könnten dabei Verfahren wie etwa das Einwurf-Einschreiben mit Auslieferungsbeleg in Anwendung kommen [239]. In modernen Procurement-Organisationen wird die Übermittlung von Vertragsangeboten heute in der Regel in elektronischer Form umgesetzt, vorzugsweise über Supplier-Portale. Dort erfolgt ein automatischer Transfer der Vertragsdokumente an den Adressaten, z.B. mit elektronischer Signatur. Der Transfer kann dabei automatisch angestoßen werden, sobald die finale Freigabe der Vertragsdokumente im internen „Genehmigungsworkflow" erfolgt ist. Für den elektronischen Austausch und die elektronische Zeichnung von Vertragsdokumenten sollte im Vorfeld eine grundsätzliche Vereinbarung mit dem Auftragnehmer getroffen werden, die diesen Prozess rechtssicher regelt. Diese Regelungen können z.B. in die generellen Nutzungsvereinbarungen zur Zusammenarbeit in Supplier-Portalen integriert werden [244].

■ **Operativer Prozess – Willensübereinkunft:** Damit der Vertrag zustande kommt, muss der Empfänger das Vertragsangebot uneingeschränkt annehmen. Auch hier sollte die Rechtsabteilung auf Grundlage der gesetzlichen Möglichkeiten mehrere Prozesse definieren, die im Geschäftsverkehr obligatorisch eingesetzt werden. Die Willensübereinkunft kann z.B. über die Gegenzeichnung der Verträge oder auch die Ausstellung einer Auftragsbestätigung erfolgen. In diesem Kontext ist auch der Informationstransfer zu regeln. Hierbei können z.B. der klassische Schriftverkehr oder elektronische Verfahren zum Zuge kommen. Die Autoren empfehlen an dieser Stelle auf Grund der eingeschränkten Möglichkeiten zur Beweisführung, auf mündliche Annahmeerklärungen generell zu verzichten. Mit der Annahme eines Vertragsangebots wird ein Vertrag formell abgeschlossen. Auftraggeber wie Auftragnehmer befinden sich dann im vertragswirksamen Zustand – mit allen vereinbarten Rechten und Pflichten.

■ **Willensdissens – Ablehnung des Vertragsangebots:** Lehnt der Empfänger das ihm übermittelte Vertragsangebot ganz oder in Teilen ab, kommt es nicht zum Vertragsabschluss. In diesem Fall ist darauf zu achten, dass auch diese Entscheidung transparent wird und man schnell in einen Klärungsprozess eintritt, um die offenen Fragen zu besprechen. Für die Informationstransparenz sollten erneut geeignete Kommunikationswege und -formen definiert werden. Werden dann im Klärungsprozess Lösungen gefunden, ist der Prozess zum Vertragsabschluss erneut zu durchlaufen. In diesem Kontext sollte man vermeiden, dass die Auftragnehmer bereits während der Klärungsphase die Arbeiten aufnehmen. Geschieht dies, kann z.B. durch „konkludentes Handeln" ein vertragswirksamer Zustand eintreten, ohne dass ausdrücklich für alle Punkte eine gemeinsame Lösung festgelegt wurde.

Wenn die Prozesse zum Vertragsabschluss konsequent umgesetzt werden, arbeitet man mit seinen Auftragnehmern ausschließlich im vertragswirksamen Zustand zusammen. Das gibt allen Seiten Sicherheit und unterstützt die reibungslose Auftragsabwicklung. Oft ist es in diesem Kontext ein Problem, dass sich im eigenen Unternehmen nicht alle Beteiligten an die Prozesse halten. Wegen des großen Potenzials für Auseinandersetzungen ist daher für eine prozesskonforme Arbeitsweise zu sorgen. Hier kann z.B. die Innenrevision eine disziplinierende Funktion einnehmen, indem sie dieses Thema zum Prüfungsgegenstand macht.

4.8.5   Lösungen: Dokumentenmanagement

Um die geschlossenen Verträge operativ umsetzen zu können, sind die Vertragsdokumente zu managen und die erforderlichen Vertragsdaten an alle beteiligten Stellen zu kommunizieren. Dazu können insbesondere ERP-Systeme genutzt werden. Dort erfolgen eine direkte oder eine über Dokumentenmanagementsysteme angebundene Ablage der Vertragsdokumente sowie eine Steuerung der Zugriffsrechte. Wenn der Prozess der Vertragsgestaltung und des Vertragsabschlusses bereits auf elektronischem Weg im ERP-System umgesetzt ist, kann in der Regel auch die Ablage der Vertragsdokumente und -daten voll automatisch erfolgen. Sollten diese Prozesse außerhalb bzw. ohne ERP-Systemunterstützung vorgenommen werden, ist dennoch eine Digitalisierung der Dokumente zu empfehlen, um sie dann direkt in das ERP-System zu integrieren bzw. über ein Dokumentenmanagementsystem anzubinden.

Ein geeignetes Gesamtkonzept zur DV-gestützten Erstellung, Genehmigung, Ablage, Steuerung, Zugriffsverwaltung und Archivierung von Vertragsdokumenten und -daten kann im Unternehmen unter Führung der IT-Bereiche erstellt und umgesetzt werden. Die Fachbereiche und die Procurement-Funktion haben dabei ihre inhaltlichen Anforderungen an ein effizientes Dokumentenmanagement einzubringen. Die Rechtsabteilung sollte ferner sicherstellen, dass im Konzept eine rechtssichere Ablage bzw. Archivierung der Vertragsdokumente vorgesehen ist, um allen juristischen Ansprüchen zu genügen.

Zur operativen Nutzung von Vertragsdokumenten bzw. -daten benötigt die Procurement-Funktion einen jederzeitigen Zugriff auf sämtliche Verträge. Nur dann kann sie die Vertragserfüllung überwachen und ist jederzeit auskunftsfähig zu vereinbarten Rechten und Pflichten. Ist der Zugriff mit einem intelligenten Dokumentenmanagementsystem gekoppelt, können darüber hinaus administrative Aufgaben, wie etwa die Verfolgung von Kündigungsterminen oder Vertragslaufzeiten, automatisch gesteuert und damit verbundene Arbeitsaufgaben zuverlässig angestoßen werden. Ferner ergibt sich auf Basis transparenter Vertragsdaten eine sehr gute Grundlage für ein effizientes Wissensmanagement. Bei neuen Vergabeprojekten können z.B. analoge oder ähnliche Vereinbarungen schnell recherchiert und alle damit verbundenen Informationen verfügbar gemacht werden. Informationstransparenz ist an dieser Stelle eine wichtige Eigenschaft, die die Procurement-Funktion mit Stärke ausstattet.

Neben der Procurement-Funktion sind weitere Unternehmensbereiche über das Dokumentenmanagement mit Vertragsdaten zu versorgen. Die Informationsschwerpunkte können dabei je nach Funktion ganz unterschiedlich gelagert sein. Typischerweise werden folgende Vertragsdaten benötigt:

- ■ **Fachbereich:** Zugriff auf alle Vertragsdaten zur Steuerung der Vertragsumsetzung

- ■ **Wareneingang:** Zugriff auf Lieferdaten zur Überprüfung/Zuordnung von Lieferungen

- ■ **Controlling:** Zugriff auf finanzielle Daten zur Steuerung des Budgets im Fachbereich

- ■ **Rechnungsprüfung:** Zugriff auf Vertragsdaten zur Prüfung/Freigabe von Rechnungen

- ■ **Rechtsbereich:** Zugriff auf alle vertraglich vereinbarten Rechte und Pflichten

4.8.6   Lösungen: Vertragsumsetzung

Dem Vertragsschluss folgt seine operative Umsetzung. Dort kommt es auf zwei wesentliche Aufgabenstellungen an: das Management der regulären Vertragserfüllung und der richtige Umgang mit Vertragsstörungen. In der Steuerung der regulären Vertragserfüllung geht es um die Absicherung einer korrekten Leistungserbringung und die vertragskonforme Abwicklung der Rechnungs- und Zahlungsmodalitäten. Diese Managementaufgabe wird operativ von den jeweils betroffenen Fachbereichen wahrgenommen. Erfolgt das im Rahmen eines professionellen Projekt- und Prozessmanagements, kann üblicherweise eine reibungslose Auftragsabwicklung sichergestellt werden. In diesen Fällen greift die Procurement-Funktion nicht in die operativen Abläufe der Vertragsumsetzung ein. Ggf. beobachtet sie administrative Vorgänge wie etwa Fristen (vgl. Kapitel 4.8.5) und ist mit den Fachbereichen im bilateralen Kontakt, um sich über die Qualität der Auftragnehmer auszutauschen.

Abbildung 4.61   Prozess der Vertragsumsetzung

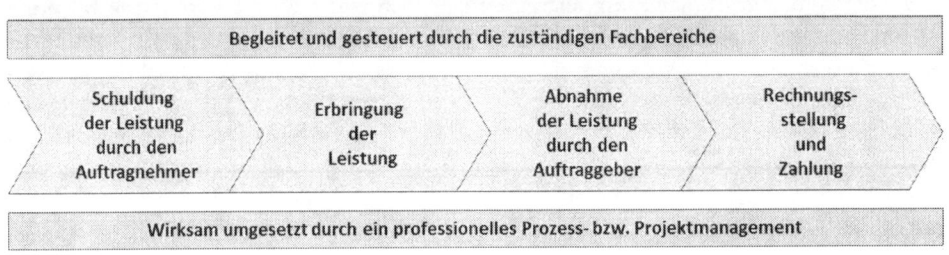

Kommt es jedoch in der Vertragsumsetzung zu Störungen, die nicht direkt und problemlos zwischen Fachbereich und Auftragnehmer ausgeräumt werden können, ist eine Einschaltung der Procurement-Funktion sinnvoll. Sie kann die Interessen des Unternehmens vertreten und gleichzeitig eine Lösungsfindung unterstützen. Zur Auflösung von Vertragsstörungen kommt es dann darauf an, die Instrumente des Interessensausgleichs geschickt einzusetzen, um nach Möglichkeit ohne Rückgriff auf juristische Instanzen zu Problemlösungen zu kommen. In der Vertragsstörung nützt es nichts, juristisch in einer Streitfrage „Recht" zu haben, wenn sich der Konflikt gleichzeitig verschärft und eine Beeinträchtigung oder gar ein Stillstand der Produktion im Raum steht. Im Konflikt hat demnach die Problemlösung Vorrang vor der Frage des Rechthabens. Da die Ursachen für schwere Vertragsstörungen nicht selten auch auf beiden Seiten der Vertragsparteien liegen, steht in der Praxis die Suche nach einem angemessenen Vergleich im Vordergrund. Es soll schnell eine akzeptable Lösung gefunden werden, die das Problem bewältigt und den Schaden der Störung bestmöglich begrenzt.

Für die Umsetzung des Interessensausgleichs gelten dabei die gleichen Rahmenbedingungen und Lösungsansätze, wie sie bereits in Kapitel 4.6.5 zur Verhandlung von Widerständen und Konflikten erläutert wurden. Wenn darüber hinaus bereits in den Vertragsbedingungen Regeln zum Umgang mit Vertragsstörungen festgelegt wurden (vgl. Kapitel 4.1.7), können Konflikte strukturiert und effektiv abgearbeitet werden, ohne dass die Emotionen dabei zu „hoch kochen". Am Ende wird der Erfolg der Procurement-Funktion an der Qualität der Störungsauflösung gemessen. Für den Erfolg sind in diesem Kontext insbesondere die Geschwindigkeit der Lösungsfindung, ein angemessener Lastenausgleich sowie ein sensibles Beziehungsmanagement nach innen und außen wichtig. Gerade der letzte Punkt ist nicht immer einfach umzusetzen, da in emotional aufgeladenen Konfliktsituationen gerne im Unternehmen erwartet wird, dass die Procurement-Funktion mit dem Auftragnehmer „besonders hart" umgeht. Für eine gute Lösung geht es aber im Konflikt nicht um

Härte als Wert an sich, sondern um Zielorientierung und die Eröffnung von Lösungsperspektiven.

Im Folgenden werden ausgewählte, typische Störungsfälle kurz erläutert und grundsätzliche Präventionsmöglichkeiten zu ihrer Vermeidung aufgezeigt:

■ **Überlieferungen:** Der Auftragnehmer liefert an den Auftraggeber mehr Ware, als dieser bestellt hat.

- **Risiken:** Erhöhung der Lagerbestände und ggf. Überschreitung der Lagerkapazitäten. Erhöhung von Bestands-/Lagerkosten. Ungeplanter Abfluss liquider Mittel.
- **Vermeidungsstrategien:** Optimierung der Bestellformulare und des Prozesses zur Auftragsbestätigung. Vereinbarung pauschalierter Vertragsstrafen.

■ **Unterlieferungen:** Der Auftragnehmer liefert an den Auftraggeber weniger Ware als er bestellt hat.

- **Risiken:** Gefährdung der Produktion wegen fehlendem Material. Mehrkosten durch Zusatzaufwände für die Abwicklung von Nach- bzw. Notbestellungen. Ggf. Kosten durch Produktionsausfälle.
- **Vermeidungsstrategien:** Optimierung der Bestellformulare und des Prozesses zur Auftragsbestätigung. Vereinbarung pauschalierter Vertragsstrafen.

■ **Lieferverzug:** Der Auftragnehmer liefert die bestellte Ware später an den Auftraggeber, als vertraglich vereinbart wurde.

- **Risiken:** Unterschreitung von Mindestbeständen im Unternehmen. Gefährdung der Produktion. Mehrkosten durch Zusatzaufwände für die Abwicklung von Nach- bzw. Notbestellungen. Ggf. Kosten durch Produktionsausfälle.
- **Vermeidungsstrategien:** Bereitstellung eines strukturierten Lieferkalenders. Installierung eines automatischen Mahnwesens bei Terminüberschreitungen. Implementierung eines automatischen Warnsystems in der Bestandsführung. Vereinbarung pauschalierter Vertragsstrafen.

■ **Fehlerhafte Rechnungen:** Der Auftragnehmer wickelt den Auftrag auf der Leistungsseite regulär ab, stellt aber dem Auftraggeber eine falsche Rechnung.

- **Risiken:** Ungeplanter und ungerechtfertigter Liquiditätsabfluss durch falsche Rechnungen.

- **Vermeidungsstrategien:** Installierung eines DV-gestützten, integrierten Prüfungs-prozesses aus Vertrags-, Wareneingangs- und Rechnungsprüfung im ERP-System. Vereinbarung pauschalierter Vertragsstrafen.

■ **Annahmeverweigerung:** Der Auftragnehmer liefert die bestellte Ware, doch der Auftraggeber verweigert die Annahme, da er mit der Ausführung der Leistung nicht einverstanden ist. Der Lieferant besteht auf einer Annahme, da seiner Auffassung nach alle vertraglichen Forderungen des Auftraggebers erfüllt sind.

- **Risiken:** Eintritt eines Leistungsverzugs mit dem Risiko eines Produktionsausfalls. Belastung der Beziehungsebene zwischen Auftraggeber und Auftragnehmer. Mehrkosten durch Lieferverzug und Leistungsanpassungen wie auch ggf. durch Produktionsausfälle.
- **Vermeidungsstrategien:** Optimierung des Ausschreibungsdesigns und Vermeidung nachträglicher Auftragsänderungen. Kopplung komplexer Aufträge mit einem Meilensteinplan und strukturierten Review-Terminen zum Controlling der Leistungserbringung. Vertragliche Implementierung klarer Abnahmekriterien und Festlegung klarer Abnahme- und Mängelrügeprozesse. Prozessuale Sicherstellung, dass sich der Auftraggeber nicht in die Erfüllung der Leistungspflichten des Auftragnehmers einmischt oder diese während der Vertragsumsetzung ungesteuert anpasst.

■ **Lieferanteninsolvenz mit Substitutionsmöglichkeit:** Ein Auftragnehmer geht kurzfristig in die Insolvenz und steht für Folgeaufträge nicht mehr zur Verfügung.

- **Risiken:** Lieferausfall mit Gefährdung der Produktion. Ungeplante Überbrückungskosten zur Installation eines neuen Lieferanten. Reduzierung der Nachfragemacht im Markt durch Bekanntwerden der Insolvenzsituation. Realisierung höherer Einstandspreise zur Absicherung der Versorgung durch neue Lieferanten.
- **Vermeidungsstrategien:** Durchführung einer kontinuierlichen Marktbeobachtung mit systematischer Kontaktpflege zu alternativen Lieferanten. Absicherung der Lieferflexibilität durch punktuelle Einbindung potenzieller Alternativlieferanten im Tagesgeschäft mit geringen Liefermengen.

■ **Lieferanteninsolvenz mit eingeschränkter Substitutionsmöglichkeit:** Der Auftragnehmer geht während der Erfüllung eines komplexen Auftrags in Insolvenz und kann die Leistung nicht zu Ende bringen. Der Auftrag muss von einem anderen Unternehmen während der laufenden Leistungserstellung übernommen werden. Die Übernahme geschieht in engen Märkten und erfordert Spezial-Know-how.

- **Risiken:** Lieferausfall mit Gefährdung der Produktion. Ausfallrisiko bereits getätigter Investitionen bzw. Zahlungen. Erhöhtes Kostenrisiko bei der Weitergabe des Auftrags an einen Folgelieferanten. Erhöhtes Risiko in Gewährleistungs- und Haftungsfragen, da das übernehmende Unternehmen keine Risiken aus den bereits erbrachten Leistungen des insolventen Vorgängers übernehmen wird.
- **Vermeidungsstrategien:** Implementierung eines strukturierten Insolvenz-Management-Prozesses zur Schadensbegrenzung mit folgenden Prozessschritten:

  1. Sicherungsversuch der Auftragserfüllung durch Verhandlung mit dem Insolvenzverwalter, z.B. durch Vorkasse bei gleichzeitiger Sicherung durch eine Auftragserstellungsbürgschaft.
  2. Wenn das nicht möglich ist, Suche eines Lieferanten, der den Auftrag im aktuellen Status übernehmen kann.
  3. Wenn das nicht möglich ist, Neuvergabe des Auftrags im Markt.
  4. Wenn das nicht möglich ist, Unterstützung des Insolvenzverwalters bei der Investorensuche, ggf. auch mit Eigenbeteiligung.

■ **Nachforderungen des Auftragnehmers:** Der Auftragnehmer stellt in der Auftragserfüllung fest, dass er sich verkalkuliert hat. Das weist er dem Auftraggeber nach und stellt auf der Vergütungsseite Nachforderungen, um den Auftrag ohne Verlust abwickeln zu können.

- **Risiken:** Unkontrollierter Auftragsabbruch des Auftragnehmers mit Lieferausfall und Gefährdung der Produktion. Ausfallrisiko bereits getätigter Investitionen bzw. Zahlungen. Kostenerhöhungen aus durchgeführten Nachverhandlungen. Preis- und Bedingungsrisiko bei Weitergabe bzw. Neuvergabe des Auftrags.
- **Vermeidungsstrategie:** Grundsätzliche Vereinbarung von Open-Book-Kalkulationen in komplexen Vergabeverfahren. Vertragliche Festlegung von strukturierten Verfahren und klaren Rahmenbedingungen, nach denen Anpassungsgespräche zu Vergütungsstrukturen aufgenommen werden können, z.B. wenn sich der Auftrag bzw. die Rahmenbedingungen zur Auftragserfüllung wesentlich verändern.

4.8.7 Validierung der Lösungskonzepte

Die Qualität des Vertragsmanagements kann an spezifischen Indikatoren festgemacht werden. So ist es etwa in der Vertragserstellung wichtig, dass die Freigabequoten der Vertragsdokumente im ersten Genehmigungsdurchlauf nahe bei 100% liegen. Der Ablauf zum Vertragsabschluss kann unter der Perspektive der Vertragswirksamkeit beobachtet werden. Dabei ist zu messen, wie hoch der Anteil der unterbreiteten Vertragsangebote ist, der innerhalb einer vorgegebenen Frist von den Auftragnehmern ohne Widerspruch angenommen wird. Die Qualität der Vertragsumsetzung kann am Anteil der Aufträge bewertet werden, bei denen es zu Vertragsstörungen mit Einschaltung der Procurement-Funktion kommt. Werden für die aufgeführten Parameter Auffälligkeiten sichtbar, müssen die Ursachen analysiert und die Prozessabläufe im Vertragsmanagement optimiert werden.

4.9   Procurement-Operations: Zusammenfassung

Mit den Procurement-Operations werden die strategischen Vorgaben des Procurement-Plannings operationalisiert. Starke Operations-Prozesse führen dazu, dass in konkreten Vergabeprojekten die Potenziale der Beschaffungsmärkte voll ausgeschöpft und die Procurement-Ziele in den Kategorien Kosten, Qualität, Zeit und Innovationen realisiert werden. Dazu werden auf der Ausführungsebene die entscheidenden Voraussetzungen geschaffen:

- Qualitativ hochwertige Projektausschreibungen geben die Unternehmensanforderungen exakt wieder, sorgen in den Märkten für klare Orientierung und ermöglichen einen intensiven Vergabewettbewerb (PO01).

- Systematische Bieterkreisabstimmungen sorgen für optimale Wettbewerbsvoraussetzungen (PO02).

- Präzise gesteuerte Anfragen sichern faire Wettbewerbsbedingungen (PO03).

- Qualifizierte Angebotsvergleiche machen die Potenziale der Vergaben sichtbar (PO04).

- Professionelle Verhandlungsvorbereitungen ermöglichen eine systematische und zielgerichtete Verhandlungsführung (PO05).

- Systematische Verhandlungen führen zur Realisierung der Vergabepotenziale und zur Erreichung der Procurement-Ziele (PO06).

- Klare Vergabekriterien und straffe Entscheidungsprozesse stellen eine Auftragsvergabe nach dem Prinzip der Bestenauswahl sicher (PO07).

- Ein professionelles Vertragsmanagement überführt die Verhandlungsergebnisse in Vertragspartnerschaften und sorgt für eine reibungslose Vertragsumsetzung (PO08).

Mit diesen inhaltlichen Voraussetzungen werden alle Stärkefaktoren der Procurement-Funktion in den Operations adressiert (SPFO01-08). Dort agiert sie in ihrer Kernaufgabe – der Fremdversorgung des Unternehmens - kompetent, durchsetzungsstark und gleichzeitig beziehungsorientiert.

Die Qualität der Ergebnisse strahlt in das eigene Unternehmen wie auch die Märkte ab. Spitzenresultate sorgen im eigenen Unternehmen dafür, dass in den einzelnen Projekten die Transaktionsziele erreicht und die Fachbereiche bei der Umsetzung ihrer Aufgaben unterstützt werden (SPFU08). Projektübergreifend werden, so auch die Procurement-Ziele des Gesamtunternehmens realisiert. Damit leistet die Procurement-Funktion einen wichtigen Beitrag zum Unternehmenserfolg (SPFU03). Das führt zu Akzeptanz und zu einer guten Vernetzung mit den Verantwortlichen in der Geschäftsführung und den Fachbereichen (SPFU07). In den Märkten sorgen die Ergebnisse und das Verhalten der Procurement-Funktion durch Prozessstringenz und Verbindlichkeit für Respekt (SPFM01; SPFM07; SPFM08).

Durch professionell umgesetzte Procurement-Operations steht die Procurement-Funktion in der betrieblichen Praxis für „Power in Procurement" und erfüllt die an sie gestellten Erwartungen: Erfolgreich einkaufen. Wettbewerbsvorteile sichern. Gewinne steigern.

Abbildung 4.62 macht die Wirkung der Procurement-Operations im Gesamtzusammenhang des PIPS – Power in Procurement System® noch einmal im Überblick deutlich.

Abbildung 4.62   Procurement-Operations im „PIPS - Power in Procurement System®"

Aufgaben-Power-Ergebnis-Matrix (APEM)

Die Procurement-Aufgaben PO01 bis PO08 bewirken jeweils Power

Wirkung / Aufgaben	SPFU01	SPFU02	SPFU03	SPFU04	SPFU05	SPFU06	SPFU07	SPFU08	SPFM01	SPFM02	SPFM03	SPFM04	SPFM05	SPFM06	SPFM07	SPFM08	SPFF01	SPFF02	SPFF03	SPFF04	SPFF05	SPFF06	SPFF07	SPFO01	SPFO02	SPFO03	SPFO04	SPFO05	SPFO06	SPFO07	SPFO08	Kosten	Zeit	Qualität	Innovation
PO01																								●	●			●	●			■	■	■	■
PO02																										●						■	■	■	■
PO03																											●					▫	▫	▫	▫
PO04																												●	●			▫	▫	▫	▫
PO05																													●	●		■	■	■	■
PO06			●			●	●		●							●														●		■	■	■	■
PO07							●			●						●														●	●	▫	▫	▫	
PO08															●	●															●	▫	▫	▫	
SUMME		●				●	●		●						●	●								●	●	●	●	●	●	●	●	■	■	■	■

5   Procurement-Controlling: Erfolg messen und steuern

Mit dem Procurement-Controlling wird die Performance der Procurement-Funktion gesteuert. Dazu erfolgt eine regelmäßige Bewertung, ob die strategischen Vorgaben aus dem Procurement-Planning in den Operations in Top-Ergebnisse umgesetzt werden und ob diese Vorgaben geeignet sind, die Procurement-Funktion langfristig erfolgreich aufzustellen. Aus den hierdurch generierten Erkenntnissen werden gezielte Maßnahmenprogramme abgeleitet, die zu einem kontinuierlichen Verbesserungsprozess führen. Es entstehen ein operativer und ein strategischer Management-Regelkreis, die eng miteinander verzahnt sind. Der operative Regelkreis ist auf die Realisierung konkreter Leistungsziele in den Procurement-Operations ausgelegt (vgl. Kapitel 4). Der strategische Regelkreis fokussiert die richtige Ausgestaltung der langfristig angelegten Aufgabenstellungen im Procurement-Planning.

Abbildung 5.1   Controlling-Regelkreise in der Procurement-Funktion

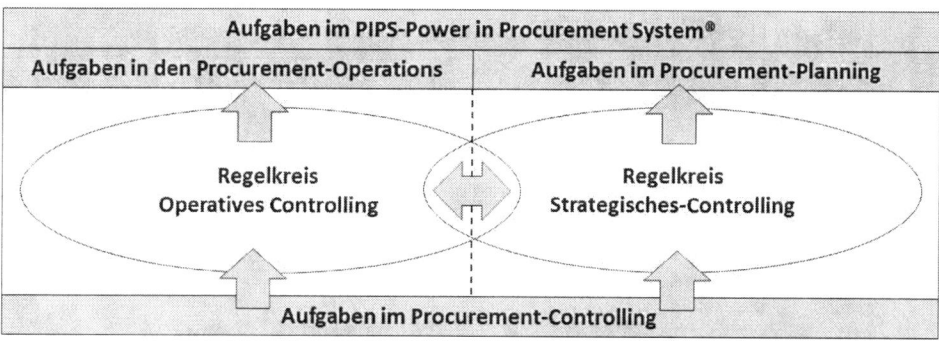

Damit diese Steuerungsaufgabe professionell wahrgenommen werden kann, sind den Regelkreisen entsprechend die folgenden Procurement-Aufgaben auszugestalten:

- PC01 - Operatives Controlling
- PC02 - Strategisches Controlling

Abbildung 5.2 gibt die wichtigsten Inhalte dieser beiden Aufgabenstellungen wieder [247].

Aufgaben im Procurement-Controlling		
Operatives Controlling Steuerung und Optimierung der Procurement-Operations zur Umsetzung der strategischen Vorgaben aus dem Procurement-Planning	**Ergebnisse der Operations gehen in das strategische Controlling ein** / **Strategische Vorgaben lenken die Umsetzung der Operations**	**Strategisches Controlling** Evaluierung und Optimierung der strategischen Vorgaben aus dem Procurement-Planning zur Ausrichtung der Procurement-Funktion

5.1   Operatives Controlling

In den Procurement-Operations ist alles zu tun, damit die Procurement-Funktion in den Märkten ihre Ziele erreicht. Das operative Controlling unterstützt dies durch die Bereitstellung valider Performance-Informationen und schlüssiger Controlling-Prozesse.

5.1.1   Ziele im operativen Controlling

Zielorientiertes und transparentes Handeln sind wichtige Erfolgsfaktoren im Linienmanagement der Procurement-Funktion. Dort sollte jederzeit klar sein, was man in der täglichen Arbeit erreichen will, wo man auf dem Weg zu den Zielen steht und was man zukünftig besser machen kann und besser machen wird. Das operative Controlling hat dazu einen klaren Rahmen für die Leistungssteuerung bereitzustellen:

■ Das Set der Steuerungsinstrumente in den Procurement-Operations ist klar definiert

■ Die einzelnen Steuerungsinstrumente sind inhaltlich gut aufeinander abgestimmt

■ Die Prozesse zum Einsatz der Steuerungsinstrumente sind schlüssig strukturiert

■ Das operative Controlling stellt im Ergebnis valide Performance-Informationen bereit

■ Die Performance-Erkenntnisse werden konsequent in KVP-Programme überführt

Mit dem operativen Controlling werden so erneut wichtige Stärkefaktoren in der Procurement-Funktion adressiert:

Stärke der Procurement-Funktion im Unternehmen

- SPFU03 – Procurement-Ziele: Die Zielerreichung der Funktion wird effektiv gesteuert.
- SPFU07 – Procurement-Vernetzung: Die Erfolge im Markt sorgen für Anerkennung.
- SPFU08 – Procurement-Ergebnisse: Die Einzeltransaktionen bringen Top-Ergebnisse.

Stärke der Procurement-Funktion in den Märkten

- SPFM01 – Marktwahrnehmung: Die Procurement-Erfolge wirken in die Märkte.
- SPFM07 – Marktprozesse: Die Einhaltung von Prozessvorgaben sorgt für Vertrauen.
- SPFM08 – Marktverbindlichkeit: Konsequentes Handeln prägt die Zusammenarbeit.

Stärke in der Procurement-Funktion

- SPFP07 – KVP-Prozess: Die operative Leistungsfähigkeit der Funktion wird optimiert.

Stärke in den Procurement-Operations

- SPFO – ALLE: Leistungsorientierung sorgt in den Transaktionen für Performance.

Abbildung 5.3   Ziele der Aufgabe PC01 - Operatives Controlling

Aufgaben-Power-Ergebnis-Matrix (APEM)																																		
	Die Procurement-Aufgabe PC01 bewirkt jeweils Power																															Ergebnis-beitrag in			
	im Unternehmen								in Märkten								in der Funktion							in den Operations											
Wirkung / Aufgaben	SPFU01	SPFU02	SPFU03	SPFU04	SPFU05	SPFU06	SPFU07	SPFU08	SPFM01	SPFM02	SPFM03	SPFM04	SPFM05	SPFM06	SPFM07	SPFM08	SPFP01	SPFP02	SPFP03	SPFP04	SPFP05	SPFP06	SPFP07	SPFO01	SPFO02	SPFO03	SPFO04	SPFO05	SPFO06	SPFO07	SPFO08	Kosten	Qualität	Zeit	Innovation
PC01 - Operatives Controlling			●				●	●	●						●	●							●	●	●	●	●	●	●	●	●	░	░	░	

5.1.2 Anforderungen an Lösungskonzepte

Für das Management der Procurement-Funktion sind Steuerungsinstrumente in Einsatz zu bringen, die in den Procurement-Operations sowohl einen quantitativen Überblick über die aktuelle Performance als auch qualitative Informationen zu Stärken, Schwächen und möglichen Verbesserungspotenzialen liefern. Die einzelnen Instrumente sind zu einem kompakten Steuerungsset zu kombinieren, das im Zusammenwirken eine präzise Führung in den Operations ermöglicht.

Abbildung 5.4 Steuerungsinstrumente im operativen Controlling

---

Operatives Controlling

Controlling-Input	Steuerungsinstrumente im operativen Controlling		Controlling-Output
	Quantitative Steuerung: Scorecards	**Qualitative Steuerung: Assessment/Audit/Benchmark**	
Strategische Vorgaben und Prozesse aus dem Procurement-Planning	**Procurement-Scorecard** Management von Effektivität und Effizienz in den Operations auf der Führungsebene	**Assessment** Interne Regelwerke / Externe Regelwerke + **Audit** Prozessaudits + **Benchmark** Preis-Benchmark / Prozess-Benchmark	Transparente Informationen zur Performance in den Procurement-Operations
vgl. Aufgaben PP01-PP08	**Transaktions-Scorecard / Lieferanten-Scorecard** Transaktionsmanagement auf der Arbeitsebene		Steuerung der Performance in den Procurement-Operations durch das Linienmanagement
	Operatives KVP-Programm		

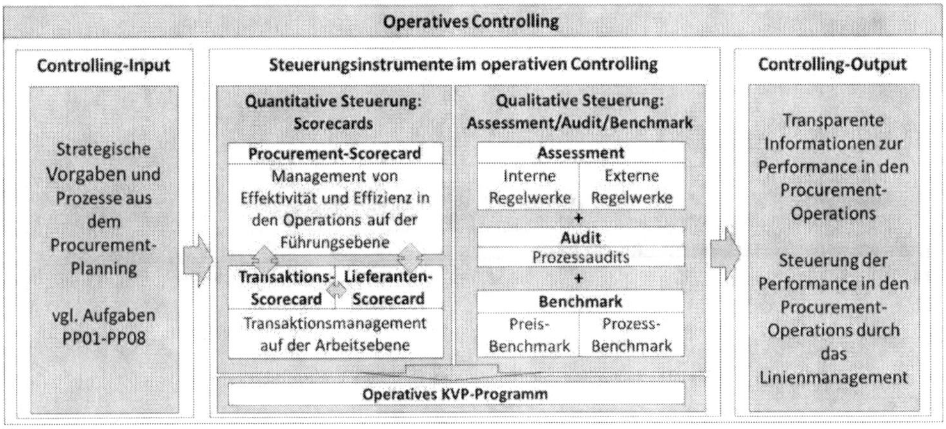

Zur quantitativen Steuerung der Procurement-Performance können Scorecards eingesetzt werden. Sie erlauben in den Operations einen validen Soll-Ist-Abgleich und machen bei Bedarf ein zeitnahes und präzises Eingreifen möglich. Dabei kann in abgestufter Form agiert werden (vgl. Kapitel 5.1.3):

- **Procurement-Scorecard**: Mit der Procurement-Scorecard wird auf der Management-ebene die Procurement-Funktion insgesamt gesteuert. Es wird sichergestellt, dass sie zur Realisierung der „Procurement-Ziele" in Summe „auf Kurs" ist (vgl. Kapitel 3.5.5).

- **Transaktions-Scorecard**: Die Ziele der Procurement-Scorecard werden erreicht, wenn in den Einzeltransaktionen erfolgreich gearbeitet wird. Daher wird auf der Arbeitsebe-ne jedes Vergabeprojekt im Fokus seines spezifischen Zielbeitrags bewertet. Der Ver-gabeprozess wird so gesteuert, dass die Erfüllung dieser Ziele die Vergabeentschei-dung lenkt. Dazu kommen individuelle Transaktions-Scorecards zum Einsatz (vgl. Kapitel 4.1.8; 4.7.5).

■ **Lieferanten-Scorecard**: Die mit den Lieferanten vereinbarten Leistungen sind in der Praxis umzusetzen. Dazu wird im strategischen Lieferantenmanagement die Zusammenarbeit in der Auftragsumsetzung gesteuert. Über Lieferanten-Scorecards wird die Performance der Lieferanten aktiv überwacht und die Realisierung der Procurement-Ziele abgesichert (vgl. Kapitel 3.7.8).

Der abgestufte Einsatz von Scorecards führt im Tagesgeschäft zu einem schlüssigen und stringenten Handeln. Das gilt für alle Beteiligten von der Managementebene bis hin zur Arbeitsebene.

Um die Procurement-Operations erfolgreich führen zu können, reicht es jedoch nicht aus, sich nur auf die Zielerreichung zu konzentrieren. Die Zielorientierung ist mit einer qualitativen Sichtweise auf die „Procurement-Operations" zu koppeln: Es kommt darauf an, auch die konkrete Arbeit in den Operations mit ihren Stärken und Schwächen zu verstehen. Dann kann man auch die Ursachen und Wirkungszusammenhänge nachvollziehen, die zur aktuellen „Performance-Situation" führen. Nur mit diesem Verständnis können die richtigen Maßnahmen zur Leistungsoptimierung umgesetzt werden. Darüber hinaus ist es wichtig, neben der Leistungsperformance auch die Einhaltung der vorgegebenen Prozesse, der ethischen Standards und der regulativen Anforderungen sicherzustellen. Am Ende müssen die Güte der Ergebnisse und die Ausführungsqualität der Procurement-Operations eine schlüssige Einheit bilden.

Zur Bewertung und Steuerung der qualitativen Procurement-Performance können insbesondere Steuerungsinstrumente wie das Procurement-Assessment, des Procurement-Audit oder das Procurement-Benchmarking eingesetzt werden (vgl. Kapitel 5.1.4-5.1.6):

■ **Procurement-Assessment:** Unter einem Procurement-Assessment wird in diesem Buch eine unabhängige und systematische Konformitätsprüfung bzgl. der Einhaltung regulativer Anforderungen in der Procurement-Funktion verstanden (Verifizierung der Anforderungskonformität) [249]. Dabei kann es sich um die Prüfung interner und externer Anforderungen handeln. Beispielhaft genannt seien Vorgaben wie etwa die interne Beschaffungsrichtlinie, ethische Standards oder auch gesetzliche Vorgaben aus dem Kartellrecht. Im Ergebnis des Procurement-Assessments steht die Absicherung der Regel- bzw. Anforderungskonformität in den Procurement-Operations.

■ **Procurement-Audit:** Ein Audit ist gemäß der DIN EN ISO 9000 ein systematischer, unabhängiger und dokumentierter Prozess zur Erlangung von Auditnachweisen und zu deren objektiver Auswertung, um zu ermitteln, inwieweit Auditkriterien erfüllt sind [249][250]. In Anlehnung an diese Definition versteht man unter einem Procurement-Audit eine systematische und unabhängige Untersuchung, ob die in der Procurement-Funktion durchgeführten Tätigkeiten und die damit zusammenhängenden Ergebnisse den geplanten Anforderungen entsprechen und ob sie tatsächlich implementiert und geeignet sind, die Ziele der Procurement-Funktion zu verwirklichen. Beim Procurement-Audit spielt folglich neben der Prüfung der Anforderungserfüllung insbesondere auch die Validierung der Angemessenheit der Anforderungen selbst eine wichtige Rolle. Das ist eine wesentliche Erweiterung zum Verifizierungsansatz des vorab vorgestellten Procurement-Assessments. Der Fokus des Procurement-Audits liegt daher auch insbesondere auf den disponiblen, vom Unternehmen selbst gestaltbaren Vorgaben. Hier kann z.B. hinterfragt werden, ob die Prozessvorgaben zur Durchführung einer Anfrage nicht nur eingehalten werden, sondern ob sie auch sinnvoll gestaltet sind. Bei Bedarf sind die Prozessvorgaben anzupassen. Vom Betrachtungsumfang her kann ein Procurement-Audit zur Evaluierung der gesamten Procurement-Funktion („Systemaudit") oder aber zur Analyse einzelner Aufgabenstellungen und Abläufe („Prozessaudit") durchgeführt werden. Im operativen Controlling stehen die Prozessaudits im Vordergrund.

■ **Procurement-Benchmarking:** Im Benchmarking-Verfahren steht die Identifizierung von Best-Practice-Ansätzen im Vordergrund. Best-Practice-Ansätze stellen für klar definierte Aufgabenstellungen praktizierte Lösungen dar, die sich in ihrer Leistungsfähigkeit klar von alternativen Ansätzen abheben. Die Best-Practice-Ansätze werden dabei durch einen unternehmensübergreifenden Vergleich ermittelt, um von den Lösungen anderer zu lernen [251][252]. Vom Betrachtungsumfang her können Benchmarking-Verfahren im Procurement grundsätzlich auf der Ergebnis- bzw. Preisseite von Transaktionen („Preisbenchmarks"), der Prozessabwicklung („Prozessbenchmarks") und zur Analyse von Strukturen und Strategien der gesamten Procurement-Funktion („Systembenchmarks") durchgeführt werden. Im operativen Controlling liegt der Fokus auf den Instrumenten des Preis- bzw. Prozessbenchmarkings.

Auf Basis der vorgestellten Steuerungsinstrumente können die Stärken und Schwächen der Procurement-Funktion in den Operations bewertet und Maßnahmen zur Leistungsoptimierung eingeleitet werden. Dabei kann es sich zur Behebung einfacher Probleme um einfache Maßnahmen handeln, bei denen das Management direkt in das Tagesgeschäft eingreift. Ferner ist ein operatives KVP-Programm zu entwickeln, um in komplexeren Problemstellungen kurz- bis mittelfristige Veränderungen anzustoßen (vgl. Kapitel 5.1.7). Darüber hinaus sind die Erkenntnisse aus dem operativen Controlling auch in den langfristigen Prozess zur strategischen Weiterentwicklung der Procurement-Funktion einzubringen.

Für die Umsetzung des operativen Controllings braucht es Procurement-Mitarbeiter mit überwiegend konzeptionell-analytischen Fähigkeiten. Ihnen muss es gelingen, die Komplexität der Performance-Messung beherrschbar zu machen und in kompakter Form die richtigen Performance-Informationen bereitzustellen. Für den Betrieb der Controlling-Prozesse sind analytische und soziale Kompetenzen gefordert. Der Analytiker muss erkennen, ob ein Controlling-System valide Informationen liefert oder nicht. Er hat abzusichern, dass nur valide Daten in den Managementprozess einfließen. Gleichfalls braucht er gut ausgeprägte soziale Fähigkeiten, um den Kommunikations- und Interpretationsherausforderungen im Controlling gerecht zu werden. Oft ist die Kommunikation von Performance-Daten mit starken emotionalen Reaktionen bei den Adressaten verbunden. Hier gilt es, den Kommunikationsprozess geschickt zu begleiten, damit sich eine konstruktive Managementdiskussion zur Optimierung der Procurement-Operations entwickelt.

5.1.3   Lösungen: Scorecard

Mit dem Einsatz von Procurement-Scorecards wird in der Führung der Funktion die Effektivität und Effizienz der Procurement-Funktion insgesamt in den Blick genommen. Lieferanten-Scorecards und Transaktions-Scorecards unterstützen die Transaktionsdurchführung auf der Arbeitsebene. In den Kapiteln

- 3.5.5: Procurement-Scorecard,

- 3.7.8: Lieferantenbewertung und –entwicklung,

- 4.1.8: Transaktionsziele und

- 4.7.5: Vergabeempfehlung

wurden die verschiedenen Scorecards und ihre Anwendung bereits umfassend erläutert. Daher wird an dieser Stelle der Schwerpunkt auf den Scorecard-Managementprozess sowie auf das Zusammenspiel der unterschiedlichen Scorecards gelegt.

Managementprozess Procurement-Scorecard

Der jährliche Scorecard-Prozess zur Steuerung der Procurement-Funktion kann in vier Schritten ausgestaltet werden. Abbildung 5.5 macht diesen Planungs- und Steuerungszyklus im Überblick deutlich. Zu Beginn einer Planungsperiode steht die Bewertung der aktuellen Leistungsfähigkeit der Procurement-Funktion (Schritt 1). Dazu kann die Zielerreichung der Funktion aus der Vorperiode kritisch reflektiert werden. Es ergibt sich ein kompakter Überblick, wo man steht.

Dieser Überblick kann mit den aktuellen strategischen Vorgaben der Procurement-Funktion abgeglichen werden (Schritt 2). Dazu ist zu hinterfragen, ob man in der Scorecard die richtigen Zielschwerpunkte gesetzt hat und erfolgreich unterwegs ist. Bei Bedarf sind strukturelle Anpassungen an den Zielstrukturen vorzunehmen. In der Regel ist es sinnvoll, einen „stabilen Kern" von Procurement-Zielen zu definieren, mit dem dauerhaft wichtige Erfolgsfaktoren der Procurement-Funktion gesteuert werden. Klassische Ziele wären in diesem Kontext etwa „Savings", die Qualität der Lieferantenleistungen (z.B. „ppm-Rate") oder auch die Zufriedenheit der internen Kunden (vgl. Kapitel 3.5.3; 3.5.4). Um diesen Kern herum können temporäre Zielschwerpunkte ergänzt werden, die aktuelle Schwachpunkte oder strategisch gewollte Veränderungen adressieren. So könnte man etwa den Aufbau von eBusiness-Lösungen gezielt mit konkreten Procurement-Zielen temporär begleiten. Im Ergebnis ergibt sich ein Mix aus statischen und sich dynamisch verändernden Procurement-Zielen. Das ermöglicht eine gleichzeitig konstante wie punktuelle Steuerung der Procurement-Performance. Die sukzessive Weiterentwicklung der Procurement-Scorecard ist eine wichtige Managementaufgabe, um jederzeit ein bedarfsgerechtes Zielgrößen-Set für die Steuerung einzusetzen.

Um die Procurement-Funktion mit Dynamik zu versehen, ist das Zielgrößen-Set mit konkreten Zielwerten zu belegen (Schritt 3). Dazu ist in den einzelnen Zielschwerpunkten der richtige Anspannungsgrad festzulegen und eine bedarfsgerechte Ausdifferenzierung der Ziele in organisationsspezifische Teilziele der Procurement-Funktion vorzunehmen. Das ermöglicht eine materialgruppengerechte Zielstruktur und ein professionelles Arbeiten in den Märkten. Für diesen Arbeitsschritt hat sich das in Kapitel 3.5.5 vorgestellte „Gegenstromverfahren"bewährt.

Sind die Ziele definiert, sollte ein systematischer Reporting- und Steuerungsprozess (Schritt 4) implementiert werden. Dazu kann beispielsweise ein monatliches Reporting des Zielerreichungsgrades und der Ist-Erwartung für das Ende der Planungsperiode erstellt und in die Regelkommunikation des Linienmanagements eingesteuert werden. Dieser Prozess führt zu einer hohen Erfolgssensibilität aller Beteiligten. Diese Diskussionen sollten von einem operativen KVP-Programm begleitet werden, bei dem für identifizierte Schwachstellen kurz- bis mittelfristig umzusetzende Maßnahmen festgelegt und umgesetzt werden.

Abbildung 5.5   Managementprozess Procurement-Scorecard

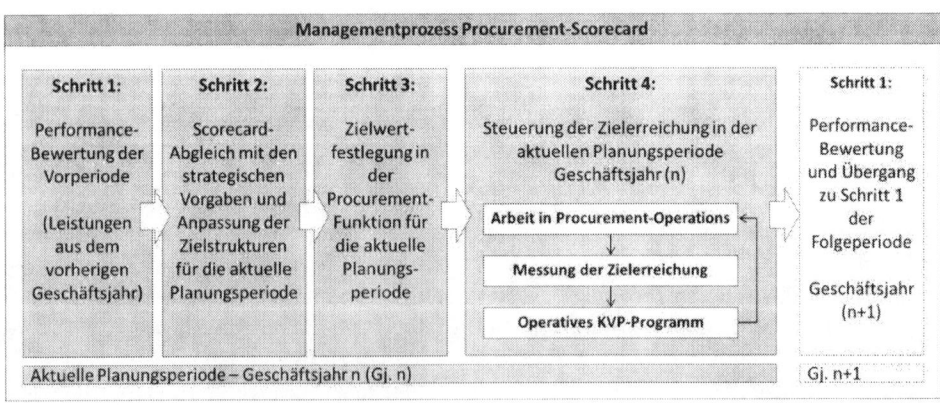

Managementprozess Transaktions-Scorecard

Die in der Procurement-Scorecard gesteuerten Ziele werden am Ende durch eine Vielzahl erfolgreicher Einzeltransaktionen realisiert. Daher ist es wichtig, in jeder einzelnen Transaktion eine Kopplung zwischen den Procurement-Zielen insgesamt und dem jeweiligen Vergabeprojekt sicherzustellen. Daher wird bereits in der Ausschreibungsphase eines Projekts der spezifische Zielbeitrag zu den Gesamtzielen ermittelt und als Maßstab für den Vergabeerfolg im Vergabeprozess genutzt. In den Kapiteln 4.1.8 und 4.7.5 wurde der Prozess zur Nutzung einer Transaktions-Scorecard in Vergabeprojekten dargestellt. Daher wird nicht erneut auf die Scorecard-Inhalte eingegangen. Der Blick wird nun auf den Managementprozess zur Integration der Scorecard in die Arbeitsprozesse gerichtet.

Die obligatorische Anwendung von Transaktions-Scorecards kann etwa über die interne Beschaffungsrichtlinie geregelt werden. Es können Wertgrenzen und Materialgruppenlisten festgelegt werden, bei denen grundsätzlich mit Transaktions-Scorecards zu arbeiten ist. Das ermöglicht eine Steuerung dieses Instruments auf die wirklich wichtigen Vergaben. Überwacht werden kann die Einhaltung einer solchen Vorgabe über die Durchführung von Procurement-Assessments (vgl. Kapitel 5.1.4) oder durch eine Kopplung mit der Procurement-Scorecard. Hier könnte man Zielvorgaben für den Einsatz von Transaktions-Scorecards machen. Geeignet wären etwa Volumenvorgaben, wie z.B. ein festgelegter Anteil am gesamten Vergabevolumen einer Materialgruppe.

Managementprozess Lieferanten-Scorecard

Ein weiteres wesentliches Instrument zur Erreichung der Procurement-Ziele ist die direkte Einbindung der Lieferanten in das Zielmanagement. Die Inhalte, die konkrete Ableitung und der aktive Einsatz von Lieferanten-Scorecards wurde bereits umfassend in Kapitel 3.7.8 erläutert. An dieser Stelle soll daher auch hier der Fokus auf den Managementprozess gelegt werden.

Mit einer Lieferanten-Scorecard sollen die Lieferanten im Hinblick auf ihre Performance in die Pflicht genommen werden. Dazu wird ein jährlicher Regelkreis installiert, bei dem lieferantenspezifisch die Anforderungen an Kosten, Qualität, Zeit und Innovationen in der Partnerschaft adressiert werden. Es entstehen Lieferanten-Scorecards, die eine hohe Steuerungswirkung im operativen Geschäft haben. Betrachtet man konkrete Vergabeprojekte, so werden die Lieferanten durch ihre Ziele bereits im Vorfeld von Vergaben strategisch gelenkt. In der Vergabe und Auftragsumsetzung kann dann gemessen werden, ob man die gesteckten Ziele der Partnerschaft erreicht. Bei Bedarf ist steuernd einzugreifen. Diese Botschaft des Performance-Anspruchs wird man in den Märkten verstehen.

Auf der Arbeitsebene kann man den Einsatz von Lieferanten-Scorecards über die Procurement-Scorecard steuern. Dort kann etwa über Volumenanteile bestimmt werden, dass in allen hochvolumigen Partnerschaften Lieferanten-Scorecards eingesetzt werden müssen. Verschärfen kann man dieses Ziel, wenn nur die Volumenanteile als „erfüllt" gewertet werden, in denen eine Lieferanten-Scorecard existiert und die dort verankerten Ziele auch erfüllt werden.

Zusammenspiel von Procurement-, Transaktions- und Lieferanten-Scorecard

Werden alle drei vorgestellten Scorecards in abgestimmter Weise eingesetzt, folgt daraus ein integrierter Managementansatz zur Führung der Procurement-Operations. Dabei wird die Leistungsfähigkeit der Procurement-Funktion vom Management über die Arbeitsebene bis hinein in die Märkte gesteuert. Alle für die Ergebnisperformance Verantwortlichen sind Teil des Controllingprozesses. Das ermöglicht ein durchgängiges Management der Procurement-Operations und unterstützt die Realisierung der Procurement-Ziele.

Abbildung 5.6   Scorecard-Management

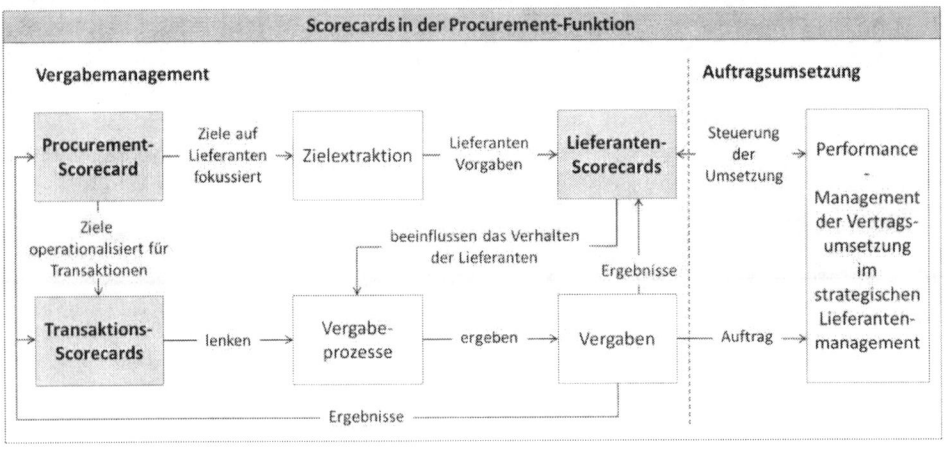

5.1.4   Lösungen: Assessment

Bei der Durchführung eines Procurement-Assessments soll unabhängig geprüft werden, ob in der Procurement-Funktion alle relevanten Regelanforderungen bekannt und wirksam umgesetzt sind. Eine entsprechende Konformitätsprüfung kann unternehmensintern wie -extern durchgeführt werden. Intern wäre die Innenrevision eine geeignete Institution. Für eine extern organisierte Durchführung könnten Wirtschaftsprüfungsgesellschaften eingesetzt werden.

Inhaltlich ist ein Procurement-Assessment gut zu strukturieren. Die folgenden Schritte zeigen auf, wie das sinnvoll möglich ist:

■ **Festlegung Prüfungsverantwortung**: Zunächst sollte von der Geschäftsführung ein Mandat für das Procurement-Assessment erteilt und die durchführende Organisation mit der erforderlichen Kompetenz ausgestattet werden.

■ **Festlegung Prüfungsinhalte**: Es ist genau zu definieren, auf welche Anforderungen die Procurement-Funktion geprüft werden soll. Dabei kann zwischen internen und externen Anforderungen differenziert werden. Am Ende muss ein präziser Anforderungskatalog stehen.

■ **Festlegung Prüfprogramm**: Neben dem Prüfinhalt ist der Prüfumfang festzulegen. Es ist zu bestimmen, welche Organisationseinheiten der Procurement-Funktion auf welche Anforderungen geprüft werden. Es entsteht eine Prüfmatrix, aus der das Prüfprogramm eindeutig hervorgeht, nämlich welche Anforderungen wo geprüft werden.

■ **Zusammenstellung des Prüfteams**: Wenn das Prüfprogramm klar ist, braucht es ein kompetentes Prüfteam. Dazu ist im ersten Schritt ein Prüfleiter zu bestimmen, der gegenüber der Geschäftsführung, den zu prüfenden Organisationseinheiten und dem Prüfteam die volle Verantwortung für das Assessment trägt und später über die Ergebnisse berichtet. Im zweiten Schritt wird auf Vorschlag des Prüfungsleiters ein Prüfteam zusammengestellt. Dabei ist darauf zu achten, dass die Mitglieder kompetent im Sinne der Prüfinhalte sind, und dass keine Abhängigkeiten zu den zu prüfenden Organisationseinheiten existieren.

■ **Bestimmung des Prüf-Sets**: Zur Durchführung des Procurement-Assessments ist der Prüfungsinhalt weiter zu systematisieren. Es ist genau festzulegen, welche Anforderung in welcher Form geprüft wird. Dabei kann wie folgt vorgegangen werden:

- **Schritt 1:**   Genaue Auflistung der Einzelanforderungen
- **Schritt 2:**   Definition der Prüffragen zur Verifizierung der Anforderungen
- **Schritt 3:**   Definition der geforderten Nachweise zur Anforderungsverifizierung
- **Schritt 4:**   Definition von Risikoklassifizierungen für Anforderungsverstöße

Die Risikoklassifizierungen können dabei etwa nach einem „ABC-Muster" ausgestaltet werden, um eine Folgenabschätzung von Konformitätsabweichungen zu bewerten:

- **A-Risiko:** Hohes Risiko der Konformitätsabweichung mit direkter und großer Wirkung auf die wirtschaftlichen Ergebnisse der Procurement-Funktion und/oder Verstoß gegen gesetzliche Regelungen.
- **B-Risiko:** Mittleres Risiko der Konformitätsabweichung mit direkter Wirkung auf die wirtschaftlichen Ergebnisse der Procurement-Funktion, ohne dass damit ein Gesetzesverstoß verbunden ist.
- **C-Risiko:** Geringes Risiko der Konformitätsabweichung, da sie keine nennenswerten Wirkungen auf die wirtschaftlichen Ergebnisse der Procurement-Funktion haben und keine Gesetzesverstöße darstellen.

■ **Organisation und Durchführung der Prüfung:** Das Prüf-Set ist entsprechend des Prüf-Programms zu operationalisieren. Dazu sind je Prüfung ein angemessener Zeitaufwand zu kalkulieren und ein Organisationsplan zu erstellen. Vorab sollte ein Briefing der zu prüfenden Organisationseinheiten erfolgen, wo der grundsätzliche Prüfungsablauf und die erforderlichen Prüfgrundlagen, wie etwa die Verfügbarkeit von Mitarbeitern und Dokumenten, abgestimmt werden.

■ **Dokumentation und Bewertung der Prüfergebnisse:** Bei der Umsetzung eines Procurement-Assessments werden das Prüf-Set systematisch abgearbeitet und die Erfüllung der Anforderungen über Nachweise verifiziert. Werden Konformitätsabweichungen festgestellt, sind diese zu dokumentieren und in ihrem Risiko zu bewerten.

■ **Empfehlung von Handlungsmaßnahmen:** Auf Basis der festgestellten Konformitätsabweichungen kann das Prüfteam Empfehlungen zur Optimierung der Procurement-Operations aussprechen. Die Handlungsmaßnahmen sollten in einer Empfehlungsliste zusammengefasst und nach Risikopriorität geordnet sein. Im Detail sollte die Liste je Empfehlung folgende Inhalte haben:

- Risikoklassifizierung A/B/C
- Beschreibung des Risikos/der Anforderungsabweichung
- Präzisierung der Folgen der Abweichung
- Handlungsempfehlung

■ **Kommunikation der Assessment-Ergebnisse:** Die Ergebnisse des Procurement-Assessments sollten in einem kompakten Bericht zusammengefasst und in der Geschäftsführung sowie in der Procurement-Funktion kommuniziert werden.

■ **Nutzung der Assessment-Ergebnisse:** Die Geschäftsleitung und das Management der Procurement-Funktion sollten den Assessment-Bericht und die Handlungsempfehlungen ausführlich diskutieren. Dabei kann konkret entschieden werden, welche Handlungsempfehlungen direkt oder in abgewandelter Form umgesetzt werden sollen. Diese Maßnahmen sind in das operative KVP-Programm der Procurement-Funktion zu integrieren (vgl. Kapitel 5.1.7).

5.1.5   Lösungen: Prozessaudit

Prozessaudits haben die Validierung der Arbeitsabläufe in den Procurement-Operations zum Gegenstand. Dort, wo unternehmerische Gestaltungsfreiheit besteht, geht es um eine gezielte Prozessoptimierung. Zur Durchführung von Prozessaudits kann man sich an den Methoden der einschlägigen Normen, Regelwerke und Empfehlungen aus dem Qualitätsmanagement orientieren [250][253]-[258]:

- Festlegung der Auditverantwortung

- Festlegung der Auditinhalte und des Auditprogramms

- Zusammenstellung des Auditteams

- Bestimmung der Auditkriterien und -fragen

- Grundsätze zu Audit-Organisation und Audit-Durchführung

- Grundsätze zur Audit-Dokumentation und Handlungsempfehlungen

- Umsetzung von Auditmaßnahmen

Im Folgenden sollen hier die Fragestellungen im Vordergrund stehen, die für einen geeigneten Methodeneinsatz in den Procurement-Operations wichtig und daher dort mit zu verankern sind. Dabei geht es insbesondere um folgende Sachverhalte im Hinblick auf angemessene Prozessanforderungen, ein zielorientiertes Prozessdesign und eine anforderungsgerechte Prozessumsetzung [255][256]:

Validierung der Prozessanforderungen

  - Sind die Anforderungen an die auditierten Prozesse klar definiert?
  - Sind die Anforderungen für die Praxis angemessen und realistisch ausgestaltet?
  - Sind Anforderungsanpassungen erforderlich, wenn ja, welche konkret?

Validierung des Prozessdesigns

  - Ist der Prozess transparent dokumentiert?
  - Ist der Prozess geeignet, die Prozessanforderungen zu erfüllen?
  - Wenn nein, welche Designänderungen wären erforderlich?
  - Gibt es Möglichkeiten zur Verbesserung der Prozesseffizienz?
  - Wenn ja, welche Designänderungen wären erforderlich?

Validierung der Prozessumsetzung

  - Sind den Mitarbeitern die Prozessanforderungen vor Ort bekannt?
  - Kennen die Mitarbeiter vor Ort die Prozessdokumentation?
  - Sind die Mitarbeiter zur vorgabekonformen Prozessumsetzung qualifiziert?
  - Sind den Mitarbeitern alle erforderlichen AKV übertragen worden?
  - Stehen alle für die Prozessumsetzung erforderlichen Unterlagen/Tools bereit?
  - Stehen angemessene Ressourcen für die Prozessumsetzung bereit?

- Wird der Prozess von den Mitarbeitern wie dokumentiert/gefordert umgesetzt?
- Werden im Prozess die vorgegebenen Unterlagen/Tools korrekt eingesetzt?
- Werden die Prozessergebnisse vor Abschluss überprüft, und wird korrektiv agiert?
- Wird der Erfüllungsgrad der Prozessanforderungen überwacht und kommuniziert?
- Sind die Prozessumsetzung und die Prozessergebnisse nachvollziehbar?
- Erfolgt eine anforderungskonforme Archivierung aller Procurement-Unterlagen?

Die in einem durchgeführten Prozessaudit identifizierten „Auditfeststellungen" zu Stärken und Optimierungspotenzialen können in einem strukturierten Auditbericht zusammenge-fasst und mit Handlungsempfehlungen hinterlegt werden. Dieser Bericht sollte zur Dis-kussion in den Führungskreis der Procurement-Operations eingesteuert werden, um kon-krete KVP-Maßnahmen zu entwickeln. Ihre Abarbeitung ist dann in das operative KVP-Programm zu integrieren und im regulären Controlling-Kreislauf der Operations zu steu-ern (vgl. Kapitel 5.1.7). Werden grundsätzliche Prozessanpassungen erforderlich, können diese Erkenntnisse ergänzend in die strategische Weiterentwicklung der Procurement-Funktion eingebracht werden (vgl. Kapitel 5.2). Im Ergebnis tragen qualifiziert durchge-führte Prozessaudits wesentlich zur Optimierung der Procurement-Operations bei [255]:

■ Reifegradabsicherung in der Prozessentwicklung, -freigabe und -implementierung

■ Sicherstellung anforderungsgerechter und stabiler Prozessabläufe

■ Identifizierung von Schwach- und Risikobereichen

■ Initiierung von Prozessverbesserungen

5.1.6   Lösungen: Preis- und Prozess-Benchmarking

Die bisher vorgenommene Innenreflexion der Procurement-Operations sollte durch die Integration einer „Außenreflexion" geschärft werden. Dazu können das Preis- und Pro-zess-Benchmarking eingesetzt werden.

Auf der Ergebnisseite kann die Effektivität der Operations und aus dem Blickwinkel der Abläufe die Effizienz der Procurement-Prozesse in den Kontext der Performance anderer Unternehmen gestellt werden. Das steigert die Sensibilität für eine realistische Einschät-zung der eigenen Leistungsfähigkeit und ermöglicht eine Präzisierung der Steuerung der Procurement-Operations.

Abbildung 5.7   Benchmarking im operativen Controlling

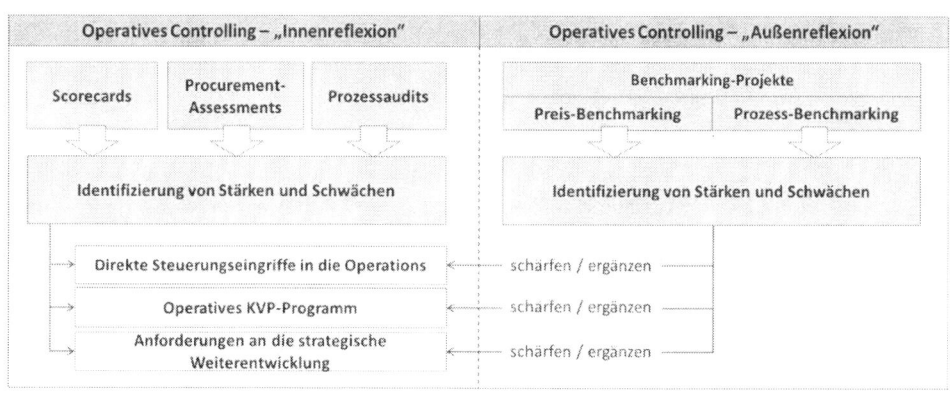

Preis-Benchmarking

Bei der Durchführung von Preis-Benchmarking-Projekten steht die Effektivität der Procurement-Operations im Fokus. Das bedeutet, dass man die in den Transaktionen erzielten Ergebnisse mit anderen Unternehmen vergleicht. Theoretisch können dabei alle Zielkategorien in Kosten, Qualität, Zeit und Innovationen auf Materialgruppenebene miteinander verglichen werden. In der Praxis hat sich jedoch eine Konzentration auf die Kategorie der Kosten durchgesetzt, da sich hier Daten wie Rahmenbedingungen für valide Vergleiche am einfachsten aufbereiten lassen. Die Durchführung von Preis-Benchmarking-Projekten kann in Anlehnung an den Standardzyklus für Benchmarking-Projekte durchgeführt werden [251][252][259]-[261]:

■ **Definition der Benchmarking-Objekte:** Objekte, die miteinander verglichen werden sollen. Beim Preis-Benchmarking sind das konkrete Beschaffungsobjekte in definierten Materialgruppen.

■ **Auswahl der Benchmarking-Partner:** Auswahl der Firmen, mit denen man sich vergleichen will. Zur Durchführung von Preis-Benchmarking-Projekten kann man sich auch an firmenübergreifend organisierten Benchmarking-Aktionen beteiligen. So bietet z.B. der BME e.V. zu verschiedenen Materialgruppen, wie etwa Energie, Stahl oder auch Frachten, fortlaufende Preis-Benchmarking-Analysen an.

■ **Festlegung der Benchmarking-Ziele:** Definition, was man konkret am Benchmarking-Objekt vergleichen will – beim Preis-Benchmarking z.B. den Einstandspreis.

■ **Festlegung der Benchmarking-Kenngrößen:** Präzisierung der Vergleichsgrößen. Beim Preis-Benchmarking wäre das z.B. der Einstandspreis je Einheit. Dabei sollte klar definiert werden, welche Preisbestandteile in die Kenngröße eingehen. Dabei ist es beispielsweise ein Unterschied, ob die Lieferkosten berücksichtigt werden oder nicht. Daher sollte ein einheitliches Verständnis aller Benchmarking-Partner abgestimmt werden, damit die Ergebnisse am Ende vergleichbar sind.

■ **Datenerfassung:** Um einen Vergleich durchführen zu können, muss festgelegt werden, welche Daten in welcher Form für das Benchmarking genutzt werden. Der Datentransfer ist zu organisieren. Gesetzliche Bestimmungen sind dabei zu berücksichtigen – etwa kartellrechtliche Bestimmungen.

■ **Benchmarking-Auswertung:** Auf Basis der Benchmarking-Daten werden für alle Teilnehmer die Benchmarking-Kenngrößen ermittelt und die Ergebnisse in einer vergleichenden Darstellung zur Verfügung gestellt. Aus dieser Darstellung kann der eigene Ergebniswert im Kontext der Ergebnisse der Benchmarking-Partner entnommen werden. Die Benchmarking-Partner bleiben bei übergreifend organisierten Benchmarking-Analysen in dieser Darstellung in der Regel anonym. Bei einem Preis-Benchmarking könnten etwa der eigene Preis pro Einheit und der Durchschnittspreis, die Spannweite der Preise und die Standardabweichung aller Benchmarking-Teilnehmer ausgewiesen werden. Alternativ könnte man auch alle Preise als anonyme Bewertungspunkte auf einer Skala sichtbar machen, mit einer genauen Identifikation der eigenen Position.

■ **Benchmarking-Analyse:** Im Führungskreis können die eigenen Ergebnisse interpretiert und Stärken oder Schwächen erkannt werden.

■ **Benchmarking-Maßnahmen:** Aus den Erkenntnissen der Benchmarking-Analyse können die erforderlichen Maßnahmen präzisiert und in das operative KVP-Programm integriert werden (vgl. Kapitel 5.1.7).

Abbildung 5.8   Ergebnisdarstellung Preis-Benchmarking

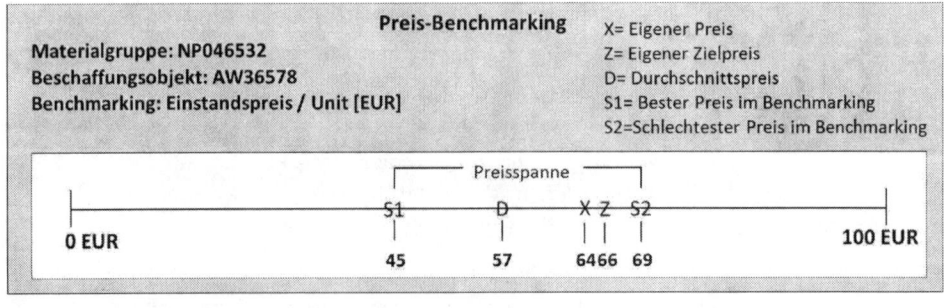

Prozess-Benchmarking

Prozess-Benchmarking-Projekte betrachten die Effizienzseite der Procurement-Operations. Hier stehen die Prozessabläufe im Mittelpunkt der Untersuchungen. Die Durchführung von Prozess-Benchmarking-Projekten ist bereits erheblich aufwendiger als die Umsetzung von Preis-Benchmarking-Analysen. Um Prozesse vergleichbar zu machen, müssen die Rahmenbedingungen und Vergleichsparameter der Unternehmen sehr intensiv abgestimmt werden. Daher empfiehlt es sich, beim Prozess-Benchmarking die Abläufe in den Mittelpunkt zu stellen, bei denen man einen hohen Erkenntnisgewinn für die Prozessoptimierung erwartet und eine Prozessoptimierung auch erforderlich ist. Ansonsten wäre der hohe Aufwand nicht vertretbar. Die Durchführung orientiert sich wieder am vorgestellten Benchmarking-Standardzyklus. Im Folgenden werden daher nur die Besonderheiten aufgeführt, die beim Prozess-Benchmarking zu berücksichtigen sind:

- **Definition der Benchmarking-Objekte:** Auswahl spezifischer Prozesse aus dem Procurement-Prozessmodell, z.B. Anfrageprozess oder Genehmigungsprozesse.

- **Auswahl der Benchmarking-Partner:** Hier sollten Branchen und Firmen ausgewählt werden, mit denen man nicht im Wettbewerb steht, die aber ähnliche Grundherausforderungen zu bewältigen haben, z.B. vergleichbare Materialgruppen oder eine ähnliche Anzahl an Vorgängen.

- **Festlegung der Benchmarking-Ziele:** Hier kommt es darauf an, die Effizienzaspekte in den Prozessen herauszukristallisieren, die eine besondere Rolle für die Prozess-Performance spielen, wie etwa die Geschwindigkeit oder die Anforderungskonformität.

- **Festlegung der Benchmarking-Kenngrößen:** Die Hinterlegung der Effizienzkriterien mit Kenngrößen ist eine anspruchsvolle Aufgabe. Dies gilt sowohl für die Erzeugung eines einheitlichen Verständnisses zu Effizienzgrößen als auch im Hinblick auf die spätere Datenerfassung. Typische Kenngrößen können z.B. Durchlaufzeiten, Anzahl von Regelverstößen oder auch die Personal- und Infrastrukturkosten für Prozesse sein.

- **Datenerfassung:** Im Prinzip analog zum Preis-Benchmarking.

- **Benchmarking-Auswertung:** Im Prinzip analog zum Preis-Benchmarking.

- **Benchmarking-Analyse:** Im Prinzip analog zum Preis-Benchmarking.

- **Benchmarking-Maßnahmen:** Beim Prozess-Benchmarking geht es um die systematische Weiterentwicklung der Procurement-Operations. Daher stehen sowohl kurz- und mittelfristige KVP-Maßnahmen im Vordergrund als auch Erkenntnisse, die sich an die grundsätzliche Optimierung der Operations-Prozesse richten. Erstere sind in das operative KVP-Programm zu integrieren, letztere als Anforderungen in die strategische Weiterentwicklung der Procurement-Funktion einzubringen (vgl. Kapitel 5.2).

5.1.7   Lösungen: Operatives KVP-Programm

Aus den Erkenntnissen des operativen Controllings können sich verschiedene Ansätze zur Optimierung der Procurement-Operations ergeben. Werden einfache Schwächen deutlich, die durch ein schnelles „ad-hoc-Eingreifen" der Führung abgestellt werden können, sollte dieser pragmatische Weg auch genutzt werden. Für substanzielle Schwächen gilt es, konkrete KVP-Maßnahmen zu entwickeln und umzusetzen. Entsprechend der Methoden des Projektmanagements sind die Maßnahmen mit

- Zielen,
- Inhalten,
- Umsetzungsverantwortungen,
- Beteiligten
- und Terminen

zu versehen und in einer KVP-Maßnahmenliste zusammenzuführen. Die KVP-Maßnahmenliste ist ein fortlaufendes Instrument, das das operative KVP-Programm der Procurement-Funktion immer aktuell abbildet.

Der Führungskreis kann im Rahmen seiner Regelkommunikation über die Aufnahme neuer Maßnahmen in die Liste beschließen, die Umsetzung laufender Maßnahmen managen und auf Basis von realisierten Veränderungen den Abschluss umgesetzter Maßnahmen freigeben. Zur Steuerung des operativen KVP-Programms kann die KVP-Maßnahmenliste als Anhang der Procurement-Scorecard in die regulären Controlling-Prozesse der Procurement-Operations integriert werden. Werden darüber hinaus Schwächen an der strategischen Ausrichtung der Funktion sichtbar, sind diese in das strategische Controlling einzubringen.

5.1.8   Validierung der Lösungskonzepte

Der Nutzen des operativen Controllings liegt in der präzisen Steuerung der Procurement-Operations. Daher sollte im Management regelmäßig reflektiert werden, ob das Steuerungsset der Funktion geeignet ist, die operative Performance der Organisation präzise bewerten und die erforderlichen Handlungsbedarfe sichtbar zu machen. Werden Handlungsbedarfe nicht rechtzeitig erkannt oder besteht bei der Ableitung von Managementmaßnahmen große Unsicherheit, sollte das Steuerungsset geschärft werden.

5.2   Strategisches Controlling

Im Fokus des strategischen Controllings steht die langfristige Leistungsfähigkeit der Procurement-Funktion. Es ist alles dafür zu tun, die Funktion so aufzustellen, dass sie auch zukünftig mit „Power in Procurement" in den Märkten agieren kann. Dazu hat das Management die Performance und die strategischen Vorgaben der Funktion im Kontext sich ändernder Rahmenbedingungen zu reflektieren und zukunftsfähig weiterzuentwickeln. Dem strategischen Controlling kommt somit eine große Bedeutung für den dauerhaften Erfolg der Procurement-Funktion zu und ergänzt die Sichtweise auf die Operations.

5.2.1   Lösungen: Ziele im strategischen Controlling

Ziele, Aufgaben, Prozesse und Strukturen der Procurement-Funktion müssen so angelegt sein, dass sie langfristig tragfähig sind und sich schlüssig in das Ziel-, Strategie- und Prozessgefüge des Unternehmens einfügen. Um dieser Herausforderung gerecht zu werden, muss das strategische Controlling dem Procurement-Planning alle Informationen bereitstellen, die für eine zukunftsgerechte Anpassung der Procurement-Funktion erforderlich sind. Wird die Procurement-Funktion dann mit einem klaren Blick für die Sachlage weiterentwickelt, ist die Umsetzung der erforderlichen Veränderungsmaßnahmen stringent zu steuern. Im strategischen Controlling stehen daher die folgenden Ziele im Fokus:

■ Klarheit über die aktuellen Stärken und Schwächen der Funktion.

■ Kenntnis über die Zukunftsherausforderungen der Funktion.

■ Ableitung strategischer Maßnahmen zur Optimierung der Funktion.

■ Stringente Steuerung der Maßnahmenumsetzung.

Mit dem strategischen Controlling werden erneut die Stärkefaktoren der Procurement-Funktion adressiert. Da es um die Weiterentwicklung aller Aufgabenstellungen im Procurement-Planning geht, werden auch alle damit verbundenen Stärkefaktoren unterstützt. Das geschieht indirekt durch die Wirkung der sich aus dem strategischen Controlling ergebenden Anpassungsmaßnahmen. An dieser Stelle ist das strategische Controlling die treibende Kraft für die Initiierung von Veränderungen.

Stärke der Procurement-Funktion im Unternehmen

- SPFU – ALLE: Eine regelmäßige strategische Validierung und Weiterentwicklung der Procurement-Funktion führt zu einer starken Positionierung im Unternehmen.

Stärke der Procurement-Funktion in den Märkten

- SPFM – ALLE: Die Marktbearbeitung erfolgt strategisch gelenkt aus einer starken Procurement-Funktion heraus.

Stärke in der Procurement-Funktion

- SPFP – ALLE: Die Procurement-Funktion wird im Rahmen eines strategischen KVP-Prozesses auf die wesentlichen Zukunftsherausforderungen ausgerichtet.

Im Ergebnis stellt eine jederzeit klug ausgerichtete Procurement-Funktion die strategischen Voraussetzungen bereit, die für dauerhaft erfolgreiche Operations notwendig sind.

Abbildung 5.9 Ziele der Aufgabe PC02 - Strategisches Controlling

Aufgaben-Power-Ergebnis-Matrix (APEM)

	Die Procurement-Aufgabe PC02 bewirkt jeweils Power																														Ergebnisbeitrag in			
	im Unternehmen								in Märkten								in der Funktion							in den Operations										
Wirkung / Aufgaben	SPFU01	SPFU02	SPFU03	SPFU04	SPFU05	SPFU06	SPFU07	SPFU08	SPFM01	SPFMC2	SPFM03	SPFM04	SPFM05	SPFM06	SPFM07	SPFM08	SPFP01	SPFP02	SPFP03	SPFP04	SPFP05	SPFP06	SPFP07	SPFO01	SPFO02	SPFO03	SPFO04	SPFO05	SPFO06	SPFO07	SPFO08	Kosten	Qualität	Zeit	Innovation
PC02 - Strategisches Controlling	●	●	●	●	●	●	●	●	●	●	●	●	●	●	●	●	●	●	●	●	●	●	●									■	■	■	■

5.2.2 Anforderungen an Lösungskonzepte

Im strategischen Controlling ist eine regelmäßige kritische Gesamtreflexion aller Aufgabenstellungen und Ergebnisse im PIPS – Power in Procurement System® erforderlich. Für eine systematische Reflexion des Systems können die in Abbildung 5.10 aufgezeigten Steuerungsinstrumente eingesetzt werden:

Abbildung 5.10   Steuerungsinstrumente im strategischen Controlling

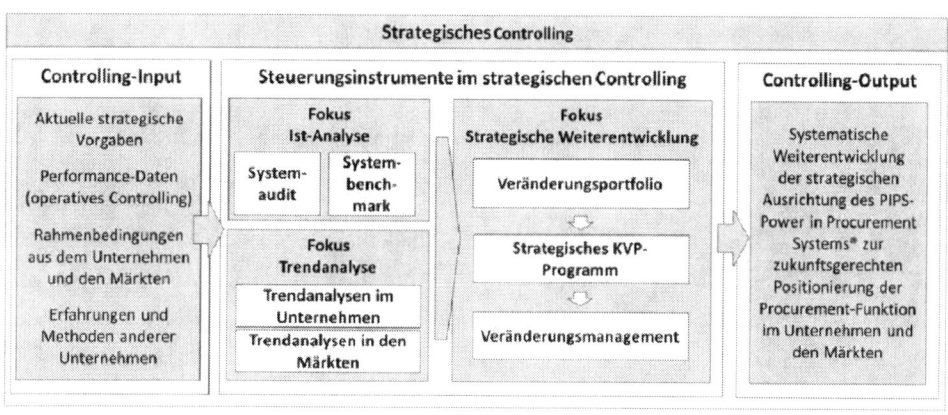

Grundlage des strategischen Anpassungsprozesses ist zunächst eine fundierte Ist-Analyse des PIPS – Power in Procurement Systems®. Um einen Überblick über die strategischen Stärken und Schwächen zu bekommen, können ein Systemaudit und ein System-Benchmarking durchgeführt werden:

- ■ **Systemaudit:** Mit einem „Systemaudit" wird überprüft, ob die Procurement-Funktion insgesamt schlüssig aufgestellt und so operationalisiert ist, dass sie ihre Zielstellungen dauerhaft erreichen kann: Erfolgreich einkaufen. Wettbewerbsvorteile sichern. Gewinne steigern. Dazu wird das gesamte PIPS – Power in Procurement System® hinterfragt und die APEM Aufgaben-Power-Ergebnis-Matrix mit all ihren Einzelelementen im Gesamtzusammenhang auditiert. Die Angemessenheit der gesetzten Zielschwerpunkte und die Anforderungen an die Procurement-Aufgaben werden genauso evaluiert wie ihre aktuelle Operationalisierung.

- ■ **System-Benchmarking:** Die interne Analyse des Systemaudits kann in den Kontext mit den Zielen, Strukturen, Prozessen, Strategien und Ergebnissen von Beschaffungsorganisationen anderer Unternehmen gestellt werden. Ein „System-Benchmarking" erweitert so den Blick auf die Ausrichtung der Procurement-Funktion. In einer Außenreflexion wird verglichen, inwieweit sich die Stärken der verschiedenen Procurement-Funktionen differenzieren und wo die Unterschiede im Detail liegen. Dieser Abgleich ermöglicht es, die Einschätzung über die grundsätzlichen Stärken und Schwächen der eigenen Funktion weiter zu präzisieren.

Auf den aktuellen Stärken und Schwächen aufbauend kann dann hinterfragt werden, wie sich die Rahmenbedingungen für die Procurement-Funktion in der Zukunft verändern:

■ **Trendanalyse Unternehmen:** Es sind die geplanten Unternehmensveränderungen zu erfassen, die einen Einfluss auf die Ausgestaltung der Procurement-Funktion haben, wie etwa der Zukauf oder Verkauf von Unternehmensbereichen oder auch Veränderungen im Produktportfolio.

■ **Trendanalyse Rahmenbedingungen:** Ferner sollte reflektiert werden, ob sich externe Rahmenbedingungen mit Einfluss auf die Procurement-Funktion verändern, wie etwa politische Veränderungen oder gesamtkonjunkturelle Entwicklungen.

Die Erkenntnisse aus den Analysen zu den Stärken und Schwächen der Procurement-Funktion sowie den zu berücksichtigenden Zukunftseinflüssen können zusammengefasst und in ein strategisches KVP-Programm eingebracht werden:

■ **Veränderungsportfolio:** Für die Entwicklung eines strategischen KVP-Programms ist eine strukturierte Bewertung des Handlungsbedarfs erforderlich. Es ist wichtig zu wissen, wie radikal der Veränderungsbedarf inhaltlich und wie hoch die Veränderungsgeschwindigkeit in der Umsetzung sein muss. Von diesen Ausprägungen hängt wesentlich das weitere Vorgehen zur Umsetzung von strategischen Anpassungen ab.

■ **Strategisches KVP-Programm:** Die priorisierten Handlungsbedarfe sind in ein konkretes Maßnahmenprogramm zu überführen. Dazu sind die zur Umsetzung von Veränderungen notwendigen Einzelmaßnahmen auszuarbeiten und aufeinander abzustimmen.

■ **Veränderungsmanagement:** Im Management ist für eine konsequente Implementierung des strategischen KVP-Programms zu sorgen. Es ist ein schlüssiger Steuerungszyklus zu installieren, der zur Realisierung der Anpassungen führt.

Für die Umsetzung strategischer Controlling- und Anpassungsprozesse braucht es analytisch-kreative Kompetenzen. An dieser Stelle sind Procurement-Mitarbeiter gefordert, die in der Lage sind, die Sachlage der Procurement-Funktion genau einzuschätzen und den Handlungsbedarf zu präzisieren. Um den Handlungsbedarf in strategische Veränderungen umsetzen zu können, braucht es dann kreative Köpfe, die in Zukunftsszenarien und Veränderungsmodellen denken und handeln können – gekoppelt mit einer klaren Bindung zur betrieblichen Wirklichkeit, so dass die Veränderungen auch später greifen.

5.2.3   Lösungen: Systemaudit

Mit einem Systemaudit wird zunächst der aktuelle Zustand des PIPS – Power in Procurement Systems® umfassend reflektiert, um Stärken und Schwächen zu identifizieren. Damit wird aus der Innensicht des Unternehmens heraus validiert, ob die Ziele der Funktion angemessen, die Procurement-Aufgaben zur Zielerreichung geeignet gestaltet und in der Praxis wirkungsvoll operationalisiert sind. Prozessual orientiert sich die Durchführung des Systemaudits an dem bereits in Kapitel 5.1.4 vorgestellten generellen Ablaufmuster. Um dabei zu tragfähigen Audit-Erkenntnissen zu kommen, sollte das Systemaudit inhaltlich auf die in der APEM Aufgaben-Power-Ergebnis-Matrix dargestellten Wirkungszusammenhänge abgestellt werden:

Abbildung 5.11 Systemaudit im PIPS - Power in Procurement-System®

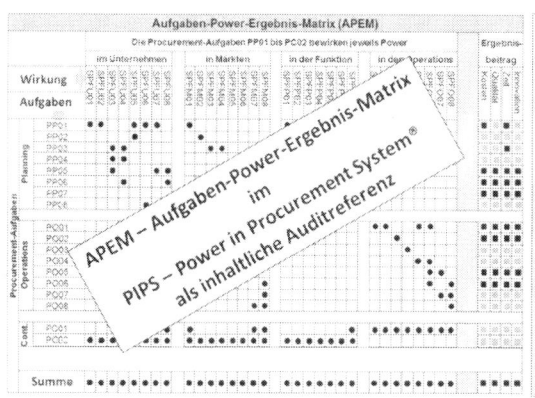

Sind die Wirkungsziele in den Stärkefaktoren der Procurement-Funktion angemessen ausgelegt?

Ist die Zuordnung der Procurement-Aufgaben zu den Stärkefaktoren schlüssig?

Sind die Procurement-Aufgaben so ausgelegt, dass sie die Wirkungsziele in den Stärkefaktoren erfüllen können?

Führt die operative Performance in den Procurement-Aufgaben zur Realisierung der Wirkungsziele in der Praxis?

Die spezifischen Anforderungen an die Bearbeitung der in Abbildung 5.11 aufgezeigten Audit-Fragestellungen werden im Folgenden erläutert. Sie sind in die gängigen Methoden der Auditdurchführung zu integrieren [249][250][262]. Als Input in das Systemaudit gehen neben der Aufgaben-Power-Ergebnis-Matrix (APEM) und den dort hinterlegten Detailbeschreibungen zu Procurement-Aufgaben bzw. Procurement-Prozessen insbesondere auch die Erkenntnisse aus dem operativen Controlling ein.

Analyse der Stärkefaktoren

Am Anfang des Systemaudits steht die Analyse der Wirkungsziele der Procurement-Funktion. Sie kommen durch die Stärkefaktoren im PIPS – Power in Procurement System® zum Ausdruck:

■ Welches generelle Wirkungsziel ist mit dem analysierten Stärkefaktor für die Procurement-Funktion verbunden?

■ Ist das angestrebte Wirkungsziel angemessen oder muss es angepasst werden, um die Stärke der Procurement-Funktion wie gewünscht zu beeinflussen?

■ Mit welchen Detailwirkungen soll durch die Procurement-Aufgaben das Wirkungsziel erreicht werden?

■ Sind die Detailwirkungen der Procurement-Aufgaben angemessen oder müssen sie angepasst werden?

Die Einzelbewertungen können wie in Abbildung 5.12 dargestellt, über Excel-Listen erfasst und dann in eine Gesamtübersicht zusammengeführt werden.

Abbildung 5.12 Analyse der Stärkefaktoren der Procurement-Funktion

Stärkefaktor		Wirkungsziel	Unterstützende Detailwirkungen	Procurement-Aufgabe	
SPFM01	Markt-wahrnehmung	Die Märkte nehmen die Procurement-Funktion als starken Unternehmensbereich wahr.	Die Stärke im Unternehmen strahlt auf die Märkte ab.	PP01	Funktionseinordnung
			Der Auftritt im Markt erfolgt selbstbewusst.	PP07	Strat. Lieferantenmanagement
			Die Verhandlungsqualität sorgt im Markt für Respekt.	PO06	Verhandlungsführung
			Die Vergaben gehen an den besten Bieter.	PO07	Vergabeentscheidung
			Die Vergaberfolge beeinflussen das Verhalten der Märkte.	PC01	Operatives Controlling
			Die Marktbearbeitung erfolgt strategisch gelenkt.	PC02	Strategisches Controlling
Anpassungsbedarf Wirkungsziel: Keine Anpassung erforderlich.					
Anpassungsbedarf Detailwirkungen: Die Detailwirkungen unterstützen die Gesamtwirkung ausreichend. Keine Anpassung erforderlich.					

Analyse der Zuordnung von Procurement-Aufgaben zu den Stärkefaktoren

Getragen werden die Wirkungsziele durch das Zusammenspiel der Procurement-Aufgaben. Dabei kann jeder Procurement-Aufgabe ein spezifischer Wirkungsbeitrag zur Stärke der Procurement-Funktion zugeordnet werden. Es ist zu klären, welche Stärkefaktoren jeweils von einer Procurement-Aufgabe unterstützt werden und welcher Wirkungsbeitrag dort vorgesehen ist:

■ Zu welchen Stärkefaktoren leistet die Procurement-Aufgabe einen Wirkungsbeitrag?

■ Sind Anpassungen an der Zuordnung zu den Stärkefaktoren erforderlich?

■ Welcher Wirkungsbeitrag der Procurement-Aufgabe ist im Detail vorgesehen?

■ Sind Anpassungen am Wirkungsbeitrag der Procurement-Aufgabe erforderlich?

Im Audit entsteht für jede Procurement-Aufgabe eine kritische Reflexion ihres geplanten Wirkungsbeitrags zu den Stärkefaktoren der Procurement-Funktion.

Abbildung 5.13 Zielanalyse der Procurement-Aufgaben

Procurement-Aufgabe		Zuordnung zu Stärkefaktoren		Angestrebter Wirkungsbeitrag	Anpassung Wirkungsbeitrag
PP02	Bedarfs-strukturierung	SPFU04	Procurement-Strategie	Fachbereichs- und Materialgruppen-strukturen passen zusammen.	Kein Anpassungsbedarf
		SPFM02	Marktbearbeitungs-struktur	Markt- und Materialgruppenstrukturen sind kompatibel.	Kein Anpassungsbedarf
		SPFP06	Funktions-organisation	Materialgruppenstrukturen geben in der Procurement-Funktion das Ordnungs-system zur Durchführung und Steuerung der Procurement-Prozesse vor.	Ggf. den Erfolgsbezug der Procurement-Prozesse im Wirkungsbeitrag ergänzen

Anpassungsbedarf für die APEM-Zuordnung der Procurement-Aufgaben:
Streichung von Zuordnungen: Kein Anpassungsbedarf.
Neue Zuordnungen: Prüfen, ob die Arbeit in Materialgruppenstrukturen wesentlich die Vernetzung von Procurement-Funktion und Fachbereichen im Unternehmen befördert. Ggf. Stärkefaktor SPFU07 Procurement-Vernetzung ergänzen.

Durch die wechselseitige Betrachtung der Stärkefaktoren und Procurement-Aufgaben kann mit den ersten beiden Fragekomplexen des Systemaudits bewertet werden, ob sich insgesamt ein schlüssiges, anspruchsvolles und nachvollziehbares Zielspektrum im PIPS – Power in Procurement System® ergibt. Das ist ein wichtiger Erfolgsfaktor für eine schlagkräftige Procurement-Funktion.

Analyse des Designs der Procurement-Aufgaben

Nachdem klar ist, welche Procurement-Aufgaben in welcher Form die Stärkefaktoren der Procurement-Funktion unterstützen, ist kritisch zu hinterfragen, ob die Procurement-Aufgaben auch geeignet ausgestaltet sind, um diese Anforderungen in der Praxis zu erfüllen. Dazu ist zunächst das Design der Aufgaben im Detail zu untersuchen. Dabei kann man sich grundsätzlich am „Design-Check" des Prozessaudits orientieren (vgl. Kapitel 5.1.3):

- Ist die Procurement-Aufgabe mit ihren Prozessen transparent dokumentiert?

- Ist die Procurement-Aufgabe geeignet ausgestaltet, um die Anforderungen zu erfüllen?

- Wenn nein, welche Designänderungen sind erforderlich?

- Wie können die Designänderungen sinnvoll in das bestehende Netzwerk der Procurement-Aufgaben integriert werden?

- Welche Wechselwirkungen mit anderen Procurement-Aufgaben sind dabei zu berücksichtigen?

Abbildung 5.14   Integration der Designanalyse in die Auditdokumentation

Procurement-Aufgabe	Zuordnung zu Stärkefaktoren		Angestrebter Wirkungsbeitrag	Anpassung Wirkungsbeitrag
PP02 Bedarfs-strukturierung	SPFU04	Procurement-Strategie	Fachbereichs- und Materialgruppen-strukturen passen zusammen.	Kein Anpassungsbedarf
	SPFM02	Marktbearbeitungs-struktur	Markt- und Materialgruppenstrukturen sind kompatibel.	Kein Anpassungsbedarf
	SPFP06	Funktions-organisation	Materialgruppenstrukturen geben in der Procurement-Funktion das Ordnungs-system zur Durchführung und Steuerung der Procurement-Prozesse vor.	Ggf. den Erfolgsbezug der Procurement-Prozesse im Wirkungsbeitrag ergänzen

Anpassungsbedarf für die APEM-Zuordnung der Procurement-Aufgaben:
Streichung von Zuordnungen: Kein Anpassungsbedarf.
Neue Zuordnungen: Prüfen, ob die Arbeit in Materialgruppenstrukturen wesentlich die Vernetzung von Procurement-Funktion und Fachbereichen im Unternehmen befördert. Ggf. Stärkefaktor SPFU07 Procurement-Vernetzung ergänzen.

Erforderliche Anpassungen im Prozess-/Aufgabendesign: Der Anpassungszyklus der Materialgruppenstruktur sollte mit dem operativen Planungsprozess der Fachbereiche zeitlich gekoppelt werden. Ggf. von den Fachbereichen vorgenommene strukturelle Anpassungen in der Arbeitsstruktur sollten zeitgleich in der Materialgruppenstruktur abgeglichen werden. Der Review-Prozess ist entsprechend anzupassen.

Analyse der Performance in den Procurement-Aufgaben

Abschließend kann in den Procurement-Aufgaben überprüft werden, ob die Wirkungsziele in der betrieblichen Praxis auch wirklich erfüllt werden. Dazu ist die Güte der Aufgabenausführung und –ergebnisse kritisch zu reflektieren:

- Sind den Mitarbeitern die Anforderungen an die Procurement-Aufgabe bekannt?
- Kennen die Mitarbeiter die Prozessdokumentation zur Procurement-Aufgabe?
- Werden die Prozesse von den Mitarbeitern wie dokumentiert/gefordert umgesetzt?
- Werden die Anforderungen an die Procurement-Aufgabe im Ergebnis erfüllt?
- Wenn nein, welche Ursachen sind dafür maßgeblich?

Werden die Anforderungen im Ergebnis nicht realisiert, kann das Ursachen in der operativen Ausführung oder im Design der Procurement-Aufgabe haben. Sind operative Umsetzungsschwächen verantwortlich, können Abstellmaßnahmen direkt in das operative KVP-Programm aufgenommen werden. Im Fall von Designschwächen sollte die im vorhergehenden Arbeitsschritt durchgeführte Design-Validierung korrigiert werden, da die in der Praxis wirkenden Designschwächen nicht erkannt wurden. Mit diesem „Praxis-Check" wird die vorangegangene Designanalyse der Procurement-Aufgaben nochmals abgesichert.

Bewertung der Auditfeststellungen

Im Systemaudit werden die Stärken und Schwächen der Procurement-Funktion offengelegt. Die durchgeführten Analysen und gewonnenen Auditfeststellungen sollten in eine gemeinsame Sicht integriert und in ihrem Gesamtzusammenhang bewertet werden. Dazu kann beispielsweise das Instrument der SWOT-Analyse eingesetzt werden, um in einem Workshop den wesentlichen Haupthandlungsbedarf zur Anpassung des PIPS – Power in Procurement System® auf den Punkt zu bringen [263].

Abbildung 5.15 Prinzip der SWOT-Analyse im PIPS-Systemaudit

SWOT-Analyse der Auditfeststellungen		Handlungsbedarf
S-Strengths	**W-Weaknesses**	1. Anpassungen in den Wirkungszielen der Stärkefaktoren.
Festgestellte Stärken der Procurement-Funktion	Festgestellte Schwächen der Procurement-Funktion	2. Anpassungen in den Zuordnungen von Procurement-Aufgaben zu Stärkefaktoren.
O-Opportunities	**T-Threats**	3. Anpassungen in den Detailwirkungen der Procurement-Aufgaben.
Festgestellte Chancen in der Procurement-Funktion	Festgestellte Risiken in der Procurement-Funktion	4. Anpassungen im Design und der Umsetzung der Procurement-Aufgaben.

5.2.4   Lösungen: System-Benchmarking

Mit dem Instrument eines System-Benchmarkings wird das PIPS – Power in Procurement System® in einen Außenvergleich mit anderen Unternehmen gestellt. Auch in der Außenreflexion der Procurement-Funktion zeigen sich Stärken und Schwächen, die zu einer Schärfung der SWOT-Analyse aus dem Systemaudit und damit zu einer Präzisierung des erforderlichen Handlungsbedarfs beitragen.

Der grundsätzliche Ablauf eines System-Benchmarkings folgt dem in Kapitel 5.1.6 grundsätzlich dargestellten Verfahren [251][252][259]-[261]. An dieser Stelle wird auf die inhaltlichen Besonderheiten beim Benchmarking eines PIPS – Power in Procurement Systems® eingegangen, die in den Standard-Methodenablauf zu integrieren sind.

Abbildung 5.16   Wirkungsmechanismus des System-Benchmarkings

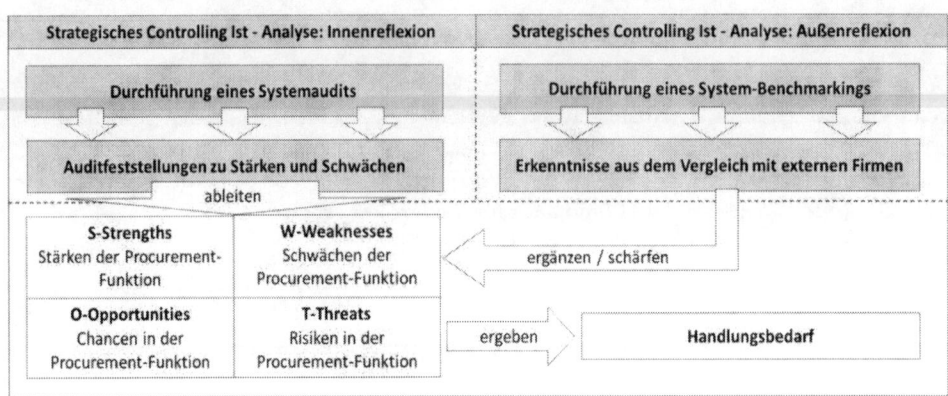

Benchmarking der Stärkefaktoren der Procurement-Funktion

Erster inhaltlicher Block im Benchmarking ist der Vergleich der Teilnehmer in Bezug auf die Stärke der Procurement-Funktion. Dazu ist für ein einheitliches Verständnis der Stärkefaktoren zu sorgen und ein gemeinsamer Bewertungsmaßstab abzustimmen. Das ist eine durchaus schwierige Aufgabe, da die Stärkefaktoren komplex und gleichzeitig abstrakt sind. Es lassen sich nur schwer exakte Kenngrößen ermitteln, die eine genaue Bestimmung von Stärkewirkungen erlauben. Vielmehr können an dieser Stelle sinnvoll Scoring-Verfahren zum Einsatz kommen, die auf Basis von Selbstevaluationen eine Einschätzung der Procurement-Stärke ermöglichen. Will man dabei zu tragfähigen Ergebnissen kommen, braucht es im Vorfeld intensive Abstimmungen über die Sichtweisen der Benchmarking-Teilnehmer zur Anwendung definierter Scoring-Werte. Im Ergebnis wird der Vergleich unscharf bleiben, aber dennoch signifikante Unterschiede deutlich machen. Die Ergebnisse können in einer „Radar-Darstellung" zusammengefasst werden.

Da es an dieser Stelle im Benchmarking nicht um exakte Werte, sondern um die Identifizierung und Diskussion deutlicher Stärkedifferenzen geht, kann die mit der vorgestellten Methode verbundene Unschärfe hingenommen werden. Der Nutzen der Managementdiskussion überlagert die Nachteile der mangelnden Exaktheit. Auf Basis der Benchmarking-Ergebnisse können die Teilnehmer die Stärkefaktoren für weitere Analysen herausgreifen, die eine große Spannweite unterschiedlicher Bewertungen aufweisen.

Abbildung 5.17   Radar-Darstellung von Benchmarking-Ergebnissen

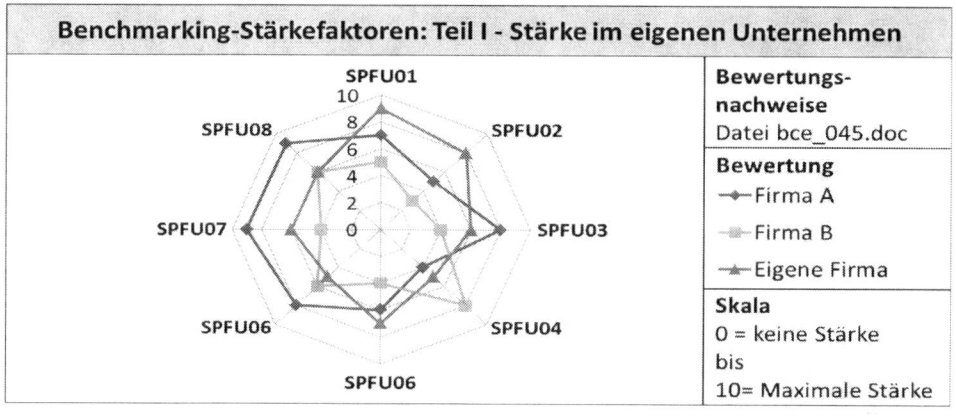

Benchmarking der Procurement-Aufgaben

Um die Analyse von Bewertungsunterschieden unterstützen zu können, betrachtet man im zweiten inhaltlichen Block des Benchmarkings die den Stärkefaktoren zugeordneten Procurement-Aufgaben. Dabei kann man den Einfluss einer Procurement-Aufgabe auf den Stärkefaktor und ihre Performance in Design und Ausführung bewerten.

Abbildung 5.18   Portfolio-Darstellungen von Benchmarking-Ergebnissen

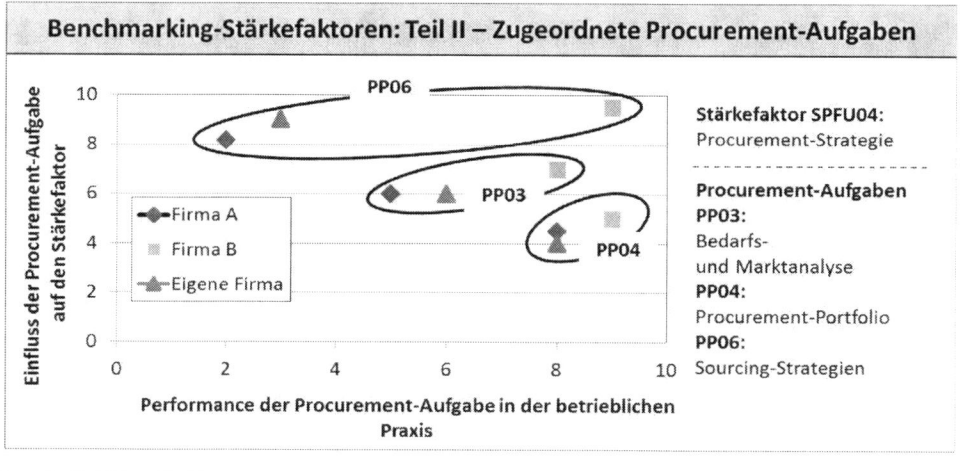

Wenn im System-Benchmarking die Leistungsunterschiede transparent und die Ursachen-felder dafür identifiziert sind, kann in die Detailanalyse eingestiegen werden.

Detailanalyse der Leistungsunterschiede

In der Detailanalyse können die Benchmarking-Teilnehmer die Procurement-Aufgaben auf der Design- und Umsetzungsebene präzise miteinander vergleichen und die konkreten Unterschiede herausarbeiten. Dabei kann man sich an den Fragestellungen der Prozess- und Systemaudits orientieren, um die verschiedenen Lösungsansätze fundiert zu durch-leuchten. Aus den dabei gewonnenen Erkenntnissen sind die Optimierungspotenziale für die eigene Procurement-Funktion aufzuzeigen und in die SWOT-Analyse bzw. Hand-lungsempfehlungen des Systemaudits zu integrieren. Der Handlungsbedarf zur Anpas-sung des PIPS – Power in Procurement Systems® wird so weiter präzisiert.

5.2.5   Lösungen: Trendanalyse

Die gewonnenen Erkenntnisse über den Zustand der Procurement-Funktion sollten in den Kontext der zu erwartenden Veränderungen im Unternehmen und in den externen Rah-menbedingungen gestellt werden. Dazu sind die wesentlichen Trends zu analysieren, die zukünftig die Aufgabenstellungen der Procurement-Funktion beeinflussen.

Trendanalyse - Veränderungen im Unternehmen

Eine wichtige Einflussgröße für erforderliche strategische Anpassungen der Procurement-Funktion sind Veränderungen im eigenen Unternehmen:

■ **Wichtige Trends mit Einfluss auf die Marktbearbeitung der Procurement-Funktion:**

- – Verkäufe oder Zukäufe von Unternehmen/Unternehmensteilen
- – Aufbau, Schließung, Erweiterung, Reduzierung von Standorten
- – Veränderungen im Produkt-/Leistungsportfolio des Unternehmens

■ **Wichtige Trends mit Einfluss auf die Prozesse der Procurement-Funktion:**

- – Veränderung von persönlichen Verantwortlichkeiten im Führungskreis
- – Strukturelle Veränderungen wie etwa Zentralisierungen, Dezentralisierungen etc.
- – Prozessuale Veränderungen im Gesamtprozessmodell des Unternehmens
- – Technologieveränderungen wie etwa IT-Systemveränderungen etc.

Trendanalyse - Veränderungen in den Rahmenbedingungen

Der Erfolg der Procurement-Funktion hängt auch wesentlich davon ab, ob es ihr gelingt, die Marktbearbeitung geschickt auf die externen Rahmenbedingungen des Unternehmens einzustellen. Daher ist es wichtig, regelmäßig zu hinterfragen, wie sich die Welt um das Unternehmen herum verändert:

■ **Wichtige politische Trends, die auf die Marktbearbeitung der Procurement-Funktion Einfluss haben:**

- Politische Stabilität in den Märkten
- Trends in der Regulierungs-/Deregulierungspolitik der Märkte
- Trends in der Steuer-/Zoll-/Abgabenpolitik der Märkte

■ **Wichtige Markttrends, die auf die Marktbearbeitung der Procurement-Funktion Einfluss haben:**

- Generelle konjunkturelle/volkswirtschaftliche Entwicklungen in den Märkten
- Spezifische Nachfrageentwicklungen in den Märkten
- Spezifische Ressourcenentwicklungen in den Märkten

■ **Wichtige Trends in der Arbeitswelt, die Einfluss auf die Prozesse der Procurement-Funktion im Unternehmen haben:**

- Trends in der Arbeitsorganisation
- Trends in der Kommunikation
- Trends in der Informationstechnologie

Trendanalyse - Bewertung der Veränderungen

Die unternehmensinternen wie -externen Trends sind im Detail zu analysieren und mit ihrer Wirkung auf die Procurement-Aufgaben zu bewerten. Entsprechend der Bewertungsergebnisse kann die bestehende SWOT-Analyse und der sich ergebende Handlungsbedarf für die Ausrichtung der Procurement-Funktion nochmals weiter geschärft werden.

Nach Abschluss und Integration von Systemaudit, System-Benchmarking und Trendanalysen existiert ein valider Überblick über den Status der Procurement-Funktion und die anstehenden Zukunftsherausforderungen. Diese sind im Rahmen eines strategischen KVP-Programms zu operationalisieren, so dass das PIPS – Power in Procurement System® bedarfsgerecht angepasst und die Procurement-Funktion zukunftsfähig aufgestellt wird.

Abbildung 5.19   Trendanalyse im strategischen Controlling

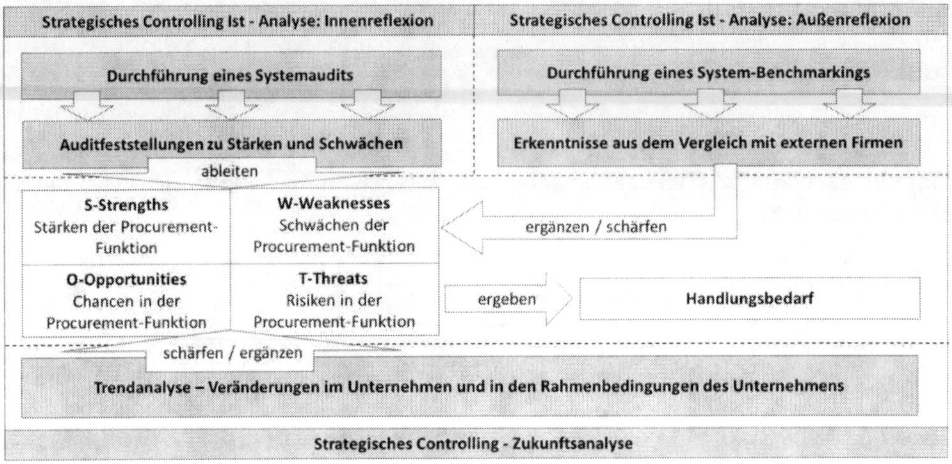

5.2.6   Lösungen: Strategisches KVP-Programm

Im strategischen KVP-Programm sind die ermittelten Handlungsbedarfe zur Weiterentwicklung der Procurement-Funktion aufzunehmen und zu operationalisieren:

Abbildung 5.20   Arbeitszyklus - Strategisches KVP-Programm

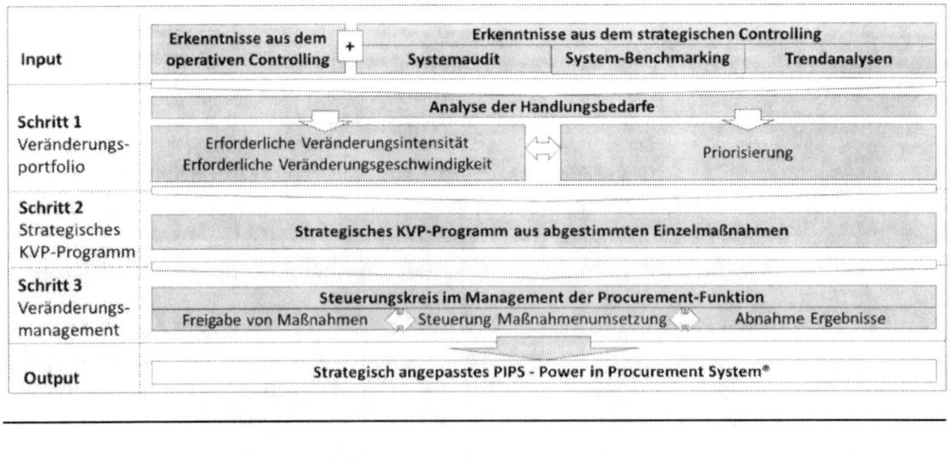

Ermittlung des strategischen Veränderungsportfolios

Im Veränderungsportfolio wird der strategische Handlungsbedarf der Procurement-Funktion nochmals systematisiert – nunmehr unter dem Blickwinkel der Umsetzung von Veränderungen. Dazu wird hinterfragt, wie groß bei den identifizierten Handlungsbedarfen jeweils die inhaltliche Veränderungsintensität ist und wie schnell eine Umsetzung der Veränderung erforderlich ist.

Die Intensität der Veränderung kann dabei nach einem Scoring-Verfahren bewertet werden:

- **Ein Punkt:** Es sind nur Anpassungen in den Wirkungszielen der Stärkefaktoren der Procurement-Funktion bzw. den geplanten Wirkungsbeiträgen der Procurement-Aufgaben erforderlich.
- **Zwei Punkte:** Es werden Zielanpassungen gemäß Scoring-Wert 1 und/oder Anpassungen am Einsatz von Methoden/Tools in den Procurement-Aufgaben zur Zielerreichung erforderlich.
- **Drei Punkte:** Es werden Anpassungen am Design der Procurement-Aufgaben und ihrer Prozesse erforderlich.
- **Vier Punkte:** Es werden Strukturanpassungen in der Procurement-Funktion erforderlich.

Neben der Veränderungsintensität hat auch die Geschwindigkeit, mit der Anpassungen erforderlich werden, einen Einfluss auf die Gestaltung von Veränderungsprogrammen. In diesem Kontext kann z.B. mit folgenden Scoring-Werten gearbeitet werden:

- **Ein Punkt:** Anpassungen sind nicht dringend und können zu einem beliebigen Zeitpunkt umgesetzt werden.
- **Zwei Punkte:** Anpassungen sind bis zum Abschluss des kommenden Geschäftsjahres abzuschließen.
- **Drei Punkte:** Anpassungen sind bis zum Abschluss des laufenden Geschäftsjahres abzuschließen.
- **Vier Punkte:** Anpassungen sind sofort umzusetzen.

Aus den vorgenommenen Scoring-Bewertungen können die einzelnen Handlungsbedarfe in ein strategisches Veränderungsportfolio der Procurement-Funktion eingeordnet werden.

Abbildung 5.21   Strategisches Veränderungsportfolio

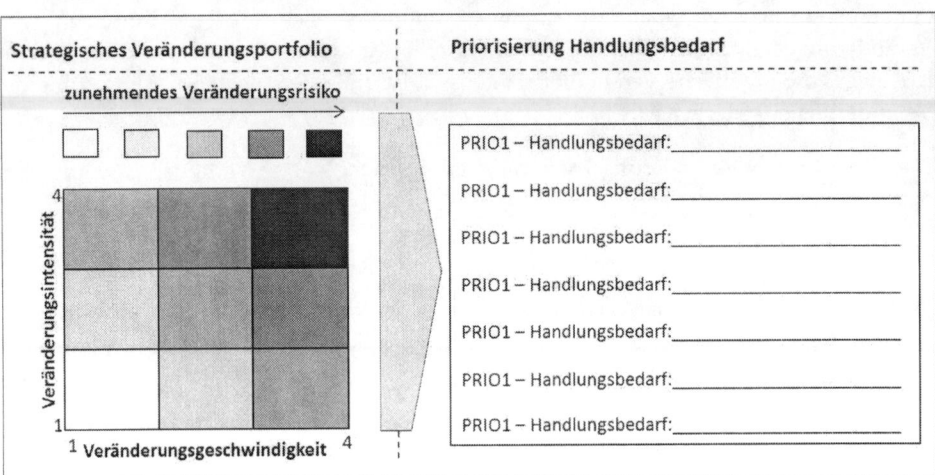

Das Portfolio gibt einen Überblick über den Wirkungsbereich von Veränderungen und den mit der Umsetzung verbundenen Umsetzungsdruck. Je höher die Veränderungsintensität und der Zeitdruck ausgeprägt sind, desto höher ist auch das mit der Veränderung verbundene Umsetzungsrisiko. Im Portfolio ist es möglich, kritische und unkritische Veränderungen zu differenzieren. Dies ist ein neuer Blick auf die strategische Weiterentwicklung der Procurement-Funktion. Dieser Blick ist zur Priorisierung von Maßnahmen und ihrer Ausstattung mit Ressourcen wichtig.

Strategisches KVP-Programm

Entsprechend der vorgenommenen Priorisierungen können konkrete Maßnahmen zur Abarbeitung des Handlungsbedarfs ausgearbeitet werden. Dabei handelt es sich um Maßnahmen, die im oder durch das Procurement-Planning zu Veränderungen führen – z.B. zur Veränderung in der Positionierung der Procurement-Funktion im Unternehmen, im Marktauftritt oder auch in der Organisation der Funktion und seiner Prozesse selbst.

Bei der Entwicklung von Maßnahmen kann man sich an den gängigen Methoden des Projektmanagements orientieren und präzise definieren, was wie erreicht werden soll [264]:

- Maßnahmenidentifikation
- Maßnahmentitel
- Maßnahmenmanager
- Maßnahmenteam

- Maßnahmenhintergrund

- Maßnahmenziel

- Maßnahmeninhalte

- Maßnahmenmeilensteine

- Maßnahmenressourcen

- Maßnahmenendtermin

- Maßnahmenabnahme

Die einzelnen Maßnahmen können in einer strategischen KVP-Maßnahmenliste zusammengeführt werden. Sie bildet das strategische KVP-Programm der Procurement-Funktion ab.

Veränderungsmanagement

Die Operationalisierung des strategischen KVP-Programms sollte über einen strategischen Steuerungskreis unter Leitung des Managements der Procurement-Funktion erfolgen. Der Steuerungskreis hat dabei insbesondere die folgenden Aufgabenstellungen:

- Der Steuerungskreis gibt sowohl die Einzelmaßnahmen als auch das gesamte strategische KVP-Programm frei.

- Dem Steuerungskreis wird von den verantwortlichen Maßnahmenverantwortlichen quartalsweise über den Stand der Abarbeitung berichtet.

- Der Steuerungskreis validiert nach Maßnahmenabschluss die Ergebnisse und gibt diese frei.

Parallel kann die Operationalisierung des strategischen KVP-Programms als Kollektivziel für alle Führungskräfte der Procurement-Funktion in die Procurement-Scorecard aufgenommen werden. Das erhöht den Druck und die Verbindlichkeit der gesamten Organisation bei der Umsetzung von Veränderungen.

Mit dieser Maßnahme wird der strategische Anpassungsprozess direkt an die Linienorganisation und das Tagesgeschäft angekoppelt und der Veränderungstransfer in die operative Ebene unterstützt.

5.2.7   Validierung der Lösungskonzepte

Ein erfolgreiches strategisches Veränderungsmanagement zeichnet sich dadurch aus, dass die Procurement-Funktion immer bedarfsgerecht auf die Zukunftsherausforderungen eingestellt ist. Das zeigt sich zum einen in der operativen Ebene durch einen dauerhaft guten Erfüllungsgrad anspruchsvoller Ziele. Zum anderen sind auf der strategischen Seite Veränderungen für die Procurement-Funktion etwas völlig Normales. Die Procurement-Funktion ist dynamisch veränderungsfähig und unterliegt einer kontinuierlichen, evolutionären Weiterentwicklung. Die Qualität und Geschwindigkeit der Anpassungsfähigkeit ist ein wichtiger Indikator, um die Ergebnisse und Strukturen im strategischen Controlling bewerten zu können. Sollten hier Mängel sichtbar werden, ist an den Controlling-Instrumenten zu arbeiten.

5.3   Procurement-Controlling: Zusammenfassung

Mit dem Procurement-Controlling kann im Tagesgeschäft die Leistungsfähigkeit der Procurement-Funktion gesteuert und gleichzeitig in der Langfristperspektive eine tragfähige strategische Gesamtausrichtung der Funktion abgesichert werden:

■ Auf der operativen Ebene sorgt ein straffer Management-Regelkreis dafür, dass die aktuellen Ziele der Procurement-Funktion in den Operations realisiert werden (PC01).

■ Auf der strategischen Ebene stellt eine intensive Gesamtreflexion des PIPS – Power in Procurement Systems® sicher, dass die strukturellen Voraussetzungen für starke Procurement-Operations langfristig gewährleistet sind (PC02).

Abbildung 5.22 macht die Wirkung der Aufgaben im Procurement-Controlling nochmals im Gesamtzusammenhang des PIPS – Power in Procurement Systems® deutlich: Das Procurement-Controlling wirkt in Summe auf alle Stärkefaktoren der Procurement-Funktion.

Im operativen Controlling werden durch die starke Leistungsorientierung insbesondere die Stärkefaktoren in den Operations unterstützt. Darüber hinaus haben die in Vergabeprojekten erzielten Top-Ergebnisse auch eine positive Wirkung auf weitere wichtige Stärkefaktoren im Unternehmen (SPFU03; 07 und 08) und den Märkten (SPFM01; 07 und 08). Im strategischen Controlling stehen die Aufgaben des Procurement-Plannings im Fokus. Aus dem Controlling heraus werden Maßnahmen abgeleitet, die direkt zu einer Weiterentwicklung der Aufgaben im Procurement-Planning führen. Über diese Maßnahmen wirkt das strategische Controlling indirekt auf die Stärkefaktoren im Unternehmen, den Märkten und der Procurement-Funktion selbst ein.

Abbildung 5.22   Procurement-Controlling im PIPS – Power in Procurement System®

Aufgaben-Power-Ergebnis-Matrix (APEM)																																			
		Die Procurement-Aufgaben PC01 bis PC02 bewirken jeweils Power																															Ergebnis-beitrag in			
		im Unternehmen								in Märkten								in der Funktion								in den Operations											
Wirkung Aufgaben		SPFU01	SPFU02	SPFU03	SPFU04	SPFU05	SPFU06	SPFU07	SPFU08	SPFM01	SPFM02	SPFM03	SPFM04	SPFM05	SPFM06	SPFM07	SPFM08	SPFP01	SPFP02	SPFP03	SPFP04	SPFP05	SPFP06	SPFP07	SPFO01	SPFO02	SPFO03	SPFO04	SPFO05	SPFO06	SPFO07	SPFO08	Kosten	Qualität	Zeit	Innovation
P.-Controlling	PC01			●				●	●	●						●	●							●	●	●	●	●	●	●	●	●				
	PC02	●	●	●	●	●	●	●	●	●	●	●	●	●	●	●	●	●	●	●	●	●	●	●												
	SUMME	●	●	●	●	●	●	●	●	●	●	●	●	●	●	●	●	●	●	●	●	●	●	●	●	●	●	●	●	●	●	●				

Teil 3:

Power in Procurement – Resultate in der Praxis

6 Mit System zum Erfolg: Das PIPS - Power in Procurement System®

Der Erfolg der Procurement-Funktion ist keine Selbstverständlichkeit. Er ist das Ergebnis eines gut strukturierten und konsequent operationalisierten Management-Ansatzes: Dem PIPS – Power in Procurement System®. Dort erfolgt die Marktbearbeitung systematisch aus einer Position der Stärke heraus. Im Zentrum des Systems stehen daher zunächst die Stärkefaktoren der Funktion, also die Eigenschaften, die sie in ihrem Wirkungsbereich mit Kraft und Einfluss ausstatten. Die strategischen und operativen Aufgabenstellungen der Funktion sind dann konsequent auf die Unterstützung dieser Faktoren auszurichten und umzusetzen. Entsprechend wirkungsvoll aufgestellt, erzielt die Procurement-Funktion in den Märkten exzellente Ergebnisse und erfüllt ihre Ziele mit „Power in Procurement": Erfolgreich einkaufen. Wettbewerbsvorteile sichern. Gewinne steigern.

In diesem Buch wurde das PIPS - Power in Procurement System® mit seinen Systemelementen und ihren Wechselwirkungen im Detail erörtert. Hier soll noch einmal ein zusammenfassender Gesamtblick auf das System gelegt und aus der „Vogelperspektive" aufgezeigt werden, wie eine Procurement-Funktion erfolgreich aufgestellt werden kann:

Abbildung 6.1   Power in Procurement: Mit System zum Erfolg

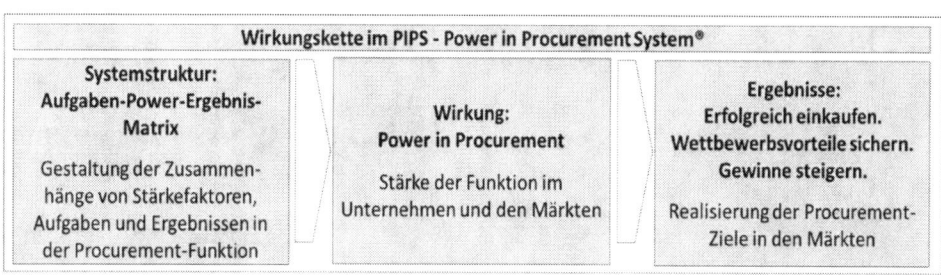

6.1   Das System: Die Umsetzungsstruktur im Unternehmen

Das Herzstück des PIPS – Power in Procurement Systems® ist die APEM Aufgaben-Power-Ergebnis-Matrix (vgl. Kapitel 2.3). Aus ihr gehen die Stärkefaktoren, Aufgabenstellungen und Ziele der Procurement-Funktion mit ihren Wechselwirkungen hervor. Entsprechend der vorgenommenen Ausarbeitungen zu den Stärkefaktoren (vgl. Kapitel 2.1) und zu den Aufgaben der Procurement-Funktion (vgl. Kapitel 2.2 und Kapitel 3 bis 5) ergibt sich die in Abbildung 6.2 dargestellte Matrixstruktur:

Abbildung 6.2   APEM Aufgaben-Power-Ergebnis-Matrix

Aufgaben-Power-Ergebnis-Matrix (APEM)																																		
Die Procurement-Aufgaben PP01 bis PC02 bewirken jeweils Power																															Ergebnisbeitrag			
im Unternehmen								in Märkten								in der Funktion							in den Operations											
SPFU01	SPFU02	SPFU03	SPFU04	SPFU05	SPFU06	SPFU07	SPFU08	SPFM01	SPFM02	SPFM03	SPFM04	SPFM05	SPFM06	SPFM07	SPFM08	SPFP01	SPFP02	SPFP03	SPFP04	SPFP05	SPFP06	SPFP07	SPFO01	SPFO02	SPFO03	SPFO04	SPFO05	SPFO06	SPFO07	SPFO08	Kosten	Qualität	Zeit	Innovation
PP01 ●	●			●	●	●		●								●															■	□	■	□
PP02			●						●												●										□	□	■	□
PP03		●	●								●	●																			□	□	■	□
PP04		●	●										●																		□	□	□	□
PP05		●			●	●								●	●												●				■	■	■	■
PP06		●																									●				■	■	■	■
PP07								●				●	●	●	●																□	■	■	□
PP08				●	●	●		●								●	●	●	●	●	●	●									□	■	□	□
PO01																							●	●			●	●			■	■	■	■
PO02																									●						■	■	■	■
PO03																										●					□	□	□	□
PO04																											●	●		●	□	■	■	■
PO05																												●	●	●	■	■	■	■
PO06	●					●	●		●							●												●		●	□	■	□	□
PO07						●		●								●													●	●	■	□	□	□
PO08															●	●														●	□	■	□	□
PC01	●				●	●		●						●	●								●	●	●	●	●	●	●	●	□	■	□	□
PC02 ●	●	●	●	●	●	●	●	●	●	●	●	●	●	●	●	●	●	●	●	●	●	●	●	●	●	●	●	●	●	●	□	■	□	□
Summe ●	●	●	●	●	●	●	●	●	●	●	●	●	●	●	●	●	●	●	●	●	●	●	●	●	●	●	●	●	●	●	■	■	■	■

(Zeilenbereiche: Procurement-Aufgaben — Planning: PP01–PP08; Operations: PO01–PO08; Cont.: PC01–PC02)

In der APEM Aufgaben-Power-Ergebnis-Matrix werden dabei in Summe alle Stärkefaktoren der Procurement-Funktion durch die Procurement-Aufgaben unterstützt und die Realisierung der Procurement-Ziele systematisch befördert. Die Matrix macht klar, was in der Procurement-Funktion wofür getan wird. Die Aufgaben im Procurement-Planning dienen dabei der Eröffnung und Sicherung von Erfolgspotenzialen und sorgen für eine kluge strategische Ausrichtung der Funktion. Das sorgt für eine starke Positionierung im Unternehmen und den Märkten sowie für eine effektive und effiziente Gestaltung der Strukturen und Prozesse in der Funktion. Die Operations transferieren diese Kraft durch eine starke Umsetzung von Beschaffungsprojekten in reale Ergebnisse. In Summe stellt das PIPS – Power in Procurement System® alle Grundvoraussetzungen bereit, um erfolgreich in den Märkten zu arbeiten.

Das in diesem Buch erarbeitete System kann als Systemstandard genutzt werden. Um unternehmensspezifischen Gegebenheiten gerecht zu werden, kann in den einzelnen Stärkefaktoren der Procurement-Funktion hinterfragt werden, ob die spezifischen Rahmenbedingungen eines Unternehmens im Systemstandard exakt berücksichtigt sind oder ob Anpassungen an den Stärkefaktoren SPFU01-SPFO08 sinnvoll sind. In gleicher Art und Weise kann auf der Seite der Procurement-Aufgaben PP01-PC02 der vorgestellte Standard als Referenzbasis genutzt werden, um Arretierungen vorzunehmen. Der Systemstandard kann also flexibel durch Veränderungen der APEM Aufgaben-Power-Ergebnis-Matrix an die praktischen Bedürfnisse der Anwender angepasst werden.

Abbildung 6.3   Unternehmensspezifische Systemflexibilisierung

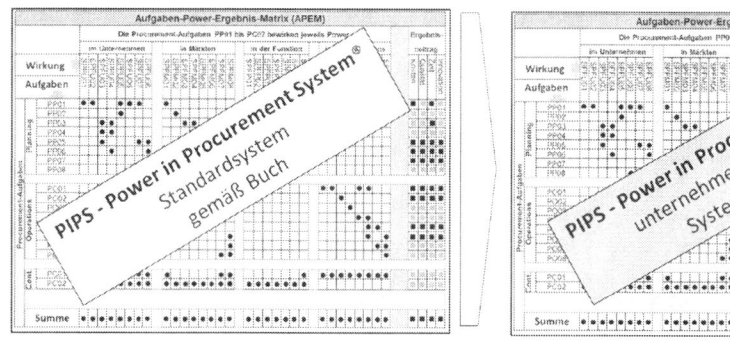

Die Systemvariationen ermöglichen den anwendenden Unternehmen eine Grundsatzorientierung am Managementansatz des PIPS – Power in Procurement Systems® und sorgen gleichzeitig für Variabilität in der Systemumsetzung. Das gilt sowohl für die erstmalige Implementierung als auch für die kontinuierliche Weiterentwicklung des Systems. Damit wird das PIPS – Power in Procurement System® zu einem agilen Managementinstrument.

6.2   Die Wirkung: Power in Procurement

Die richtige Ausgestaltung und Umsetzung der APEM Aufgaben-Power-Ergebnis-Matrix führt zu „Power in Procurement". In Kapitel 1.3 wurde „Power in Procurement" als Fähigkeit der Funktion zur Beeinflussung ihres Wirkungsbereichs definiert, um Procurement-Ziele zu erreichen. Genau diese zentrale Wirkung wird in Summe erreicht:

■ **Stärke der Procurement-Funktion im Unternehmen:** Die Procurement-Funktion ist im Unternehmen als wichtige, erfolgsrelevante Funktion platziert, in die operativen Abläufe integriert und im Management kraftvoll positioniert (SPFU01-SPFU08):

- Die Funktion ist im Top-Management integriert.
- Die Funktion hat im Unternehmen eine klar definierte Rolle.
- Die Funktion übernimmt im Unternehmen eine klare Zielverantwortung.
- Die Funktion hat im Unternehmen Sourcing-Strategien implementiert.
- Die Funktion steuert im Unternehmen den Beschaffungsprozess.
- Die Funktion ist in die Regelkommunikation des Unternehmens eingebunden.
- Die Manager der Funktion sind im Unternehmen exzellent vernetzt.
- Die Funktion liefert exzellente Ergebnisse.

■ **Stärke der Procurement-Funktion im Markt:** Die Procurement-Funktion ist als starker Partner gegenüber den Märkten platziert und genießt durch ihre Stärke im eigenen Unternehmen, ihre fachliche Kompetenz und aufgrund ihres konsequenten Marktverhaltens in den Beschaffungsmärkten Respekt (SPFM01-SPFU08):

- Die Funktion wird durch ihren Marktauftritt als stark wahrgenommen.
- Die Funktion arbeitet in marktgerechten Bedarfsstrukturen.
- Die Funktion überzeugt durch sehr gute Produkt- und Lieferantenkenntnisse.
- Die Funktion ist in den Märkten präsent.
- Die Funktion arbeitet auf Grundlage klarer Marktstrategien.
- Die Funktion setzt ihre Marktprozesse konsequent um und handelt verbindlich.

■ **Stärke in der Organisation der Procurement-Funktion:** Die Procurement-Funktion ist strategisch und operativ so aufgestellt, dass sie ihre Rolle erfolgreich ausfüllen kann (SPFP01-SPFP07):

- Die Funktion ist prozessorientiert aufgestellt.
- Die Funktion arbeitet in den Prozessen methodengeleitet.
- Die Funktion hat in ihren Prozessen klare Rollen festgelegt.
- Die Rollen der Funktion basieren auf klaren ethischen Standards.
- Die Besetzung der Rollen erfolgt mit geeignetem Personal.
- Die Führung der Funktion ist effizient organisiert.
- Die Funktion hat einen systematischen KVP-Prozess installiert.

■ **Stärke der Procurement-Funktion in den Operations:** Die Procurement-Funktion ist in der Lage, ihre Prozesse zur Marktbearbeitung in jedem Einzelfall bedarfsgerecht und erfolgreich zu operationalisieren. Starke Operations haben durch exzellente Ergebnisse eine direkte Rückkopplung auf die Stärke der Procurement-Funktion im Unternehmen und den Märkten. Dort wird man die Qualität der Ergebnisse angemessen bewerten. Starke Operations sind durch die folgenden Eigenschaften geprägt (SPFO01-SPFO08):

– Die Funktion arbeitet mit qualitativ exzellenten Ausschreibungen.
– In Vergaben werden klare Transaktionsziele vereinbart.
– Bieterkreisabstimmungen führen zu wettbewerbsfähigen Projektmärkten.
– Das Anfragemanagement befördert in Vergaben den Wettbewerb der Bieter.
– Angebotsauswertungen identifizieren systematisch die Projektpotenziale.
– Verhandlungen werden systematisch vorbereitet und erfolgreich geführt.
– Das Vergabemanagement erfolgt konsequent nach der Bestenauswahl.
– Die Ergebnisse der Procurement-Funktion sind jederzeit transparent.

Abbildung 6.4 macht die Vernetzung von Procurement-Aufgaben und Stärkefaktoren noch einmal im Überblick deutlich.

Abbildung 6.4   Wirkungsmechanismus im PIPS - Power in Procurement System®

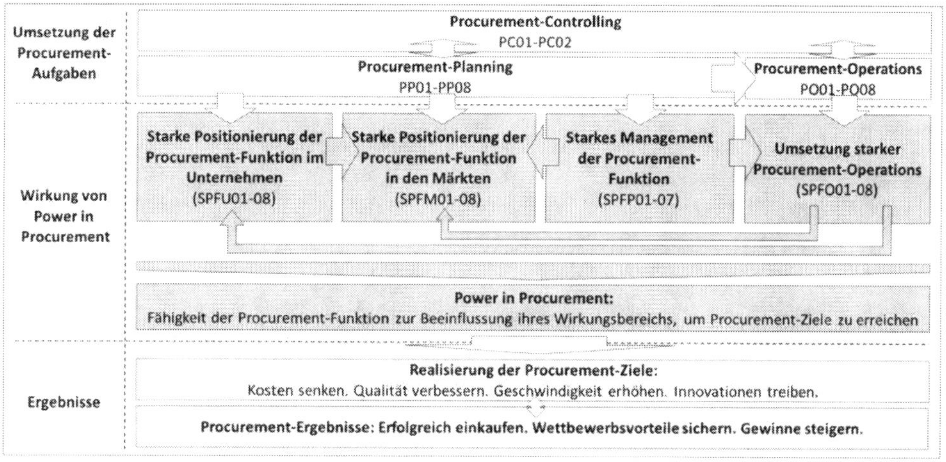

6.3 Die Ergebnisse: Erfolgreich einkaufen. Wettbewerbsvorteile sichern. Gewinne steigern.

Eine Procurement-Funktion, die mit „Power in Procurement" agiert, wird im Ergebnis erfolgreich einkaufen. In den einzelnen Beschaffungsprojekten realisiert sie systematisch die jeweils gesteckten Transaktionsziele und wird auch in Summe die Ziele der Funktion erreichen:

- Kosten senken
- Qualität verbessern
- Geschwindigkeit erhöhen
- Innovationen erreichen

Mit diesen Ergebnissen leistet die Procurement-Funktion einen wesentlichen Beitrag zur Sicherung von Wettbewerbsvorteilen für das Unternehmen [6]. Die Integration starker Zuliefererleistungen unterstützt in der Wirkung die Wettbewerbsfähigkeit der eigenen Wertschöpfung. Das ist eine der zentralen Voraussetzungen, um sich selber mit konkurrenzfähigen Produkten und Leistungen von Wettbewerbern differenzieren und in den globalen Märkten profitabel wachsen zu können. Damit trägt die Procurement-Funktion in ihrer Aufgabe am Ende auch wesentlich zur Steigerung der Unternehmensgewinne mit bei.

Abbildung 6.5 Die Ergebnisse von Power in Procurement

Zusammenfassend betrachtet, ist das PIPS – Power in Procurement System® ein wichtiges Managementinstrument, um mit der Procurement-Funktion erfolgreich arbeiten zu können. Richtig ausgestaltet und angewendet, prägt das System das Handeln in der Procurement-Funktion im Sinne einer durchgängig gelebten Erfolgskultur.

Dieser Ansatz ist nicht nur eine betriebswirtschaftliche Notwendigkeit, sondern kann auch als eine programmatische Ansage zur Weiterentwicklung der Funktion im betrieblichen Alltag verstanden werden. Das Ziel ist

„Power in Procurement":

Erfolgreich einkaufen. Wettbewerbsvorteile sichern. Gewinne steigern.

Literaturverzeichnis

[1] IWF INTERNATIONALER WAEHRUNGSFOND [Hrsg.] (2008): Globalization: A Brief Overview. Issues Brief 02/08. Mitteilung vom Mai 2008. Washington D.C. S. 1-8

[2] BOTSCHAFT DER BUNDESREPUBLIK DEUTSCHLAND PEKING [Hrsg.] (2010): Wirtschaftsdaten Kompakt. Daten zur chinesischen Wirtschaft. Statistikveröffentlichung vom 2.8.2010. Peking. S. 1-6.

[3] WIPO WORLD INTELLECTUAL PROPERTY ORGANIZATION [Hrsg.] (2009): World Intellectual Property Indicators 2009. WIPO Publication 941 (EN). Statistikveröffentlichung von 2009. Genf. S. 8; S. 15; S. 17. Online verfügbar unter http://www.wipo.int/ipstats/en/.

[4] U.S. COUNCIL ON COMPETITIVENESS; DELOITTE TOUCHE TOHAMATSU [Hrsg.] (2010): 2010 Global Manufacturing Competitiveness Index. www.deloitte.com. S. 21

[5] BELITZ, H.; CLEMENS, M.; CULLMANN, A.; VON HIRSCHHAUSEN, C.; SCHMIDT-EHMKE, J.; TRIEBE, D.; ZLOZYSTI, P. (2009): Innovationsindikator 2009: Deutschland hat Aufholbedarf. Wochenbericht des DIW Berlin Nr. 44/2009. S. 756-763

[6] BALASSA, B. (1962): Recent developments in the competitiveness of American industry and prospects for the future. In: U.S. Congress, Joint Economic Committee (Hrsg.): Factors affecting the United States balance of payments. Washington D.C.; S. 29

[7] MAASS, S.; KHANZADEH, D. (2004): Diskussionspapier 59 / 2004. Cluster und Netzwerke als Bestimmungsfaktoren der regionalen Wettbewerbsfähigkeit – das Beispiel der Region Nürnberg, unter besonderer Berücksichtigung des Beitrags der WiSo-Fakultät der Universität Erlangen-Nürnberg. Friedrich-Alexander-Universität Nürnberg-Erlangen. Wirtschafts- und Sozialwissenschaftliche Fakultät. S. 4

[8] LEHMANN, H. (2003): Lohnstückkosten und Wettbewerbsfähigkeit – Eine mikroökonometrische Untersuchung für Ostdeutschland. Institut für Wirtschaftsforschung Halle IWH (Hrsg.). Halle. S. 5

[9] BRÄKLING, E.; OIDTMANN, K. (2006): Kundenorientiertes Prozessmanagement – So funktioniert ein erfolgreiches Unternehmen. Renningen: expert-verlag. S. 18-46.

[10] HOFBAUER, G. (2009): Marketing von Innovationen. Strategien und Mechanismen zur Durchsetzung von Innovationen. Stuttgart: Kohlhammer. S. 19-22; S. 40-43

[11] DIN e.V. (2005): DIN EN ISO 9000:2005. Qualitätsmanagementsysteme – Grundlagen und Begriffe. Berlin: Beuth Verlag. S. 18-34

[12] HERTKAMPF, F.; NICKEL, R.; STIRZEL, M. (2008): Produktionsanläufe als Erfolgsfaktor zur Einhaltung der Time-to-Market. Planung mit einem Anlaufreferenzmodell. In: ZFW. Jahrgang 103. S. 239.

[13] SALMA, A. (2010): Ein Verfahren zur Verkürzung des Entwicklungsprozesses. Stuttgart: Universität Stuttgart, IAT. S. 17-19

[14] ARNOLDS, H.; HEEGE, F.; RÖH, C.; TUSSING, W. (2010): Materialwirtschaft und Einkauf. Grundlagen – Spezialthemen – Übungen. 11., vollständig überarbeitete Auflage. Wiesbaden: Gabler Verlag / GWV Fachverlage GmbH. S. 255–258

[15] BRÄKLING, E.; OIDTMANN, K. (2006): Kundenorientiertes Prozessmanagement – So funktioniert ein erfolgreiches Unternehmen. Renningen: expert-verlag, Kapitel 4-7.

[16] BOGASCHEWSKY, R. (2008): Die Zukunft des Einkaufs – Was die Beschaffung von morgen prägt und revolutionieren wird. In: Bergauer, Markus (Hrsg.): Einkauf. Die unterschätzte Macht; wie ein guter Einkauf den Unternehmenswert steigert – Erfolgsbeispiele aus der Praxis. 1. Auflage. Frankfurt am Main: FAZ-Institut für Management, Markt- und Medieninformationen (Frankfurter Allgemeine Buch). S. 160–180.

[17]   BECKER, T.; DAMMER, I.; HOWALDT, J.; KILLICH, S.; LOOSE, A. (2007): Netzwerkma-
        nagement. Mit Kooperation zum Unternehmenserfolg. Zweite, überarbeitete und erweiterte
        Auflage. Berlin, Heidelberg: Springer-Verlag. S. 1-5; S. 18-21
[18]   WEBER, W. (2001): Einführung in die Betriebswirtschaftslehre. 4. Auflage. Wiesbaden: Gabler
        / GWV Fachverlage GmbH. S. 4-8
[19]   KOPPELMANN, U. (2004): Beschaffungsmarketing. 4., neu bearbeitete Auflage. Berlin: Sprin-
        ger (Springer-Lehrbuch). S. 5
[20]   MONZCKA, R. M. (2009): Purchasing and supply chain management. Robert M. Monczka et
        al. Mason OH: South-Western. S. 8
[21]   ARNOLD, U. (1997): Beschaffungsmanagement. 2. Auflage. Stuttgart: Schäffer-Poeschel. S. 1-8
[22]   BERGAUER, M.; WIERLEMANN, F. (2008): Die Dinge einfach machen. Von Beratermythen
        und echten Erfolgen im Einkauf. In: Bergauer, Markus (Hrsg.): Einkauf. Die unterschätzte
        Macht; wie ein guter Einkauf den Unternehmenswert steigert – Erfolgsbeispiele aus der Pra-
        xis. 1. Auflage. Frankfurt am Main: FAZ-Institut für Management, Markt- und Medieninfor-
        mationen (Frankfurter Allgemeine Buch). S. 13.
[23]   DESTATIS (2011): Statistisches Jahrbuch 2011. Kapitel 14.3. Herausgegeben von DESTATIS.
        Bundesrepublik Deutschland. Berlin. Online verfügbar unter www.destatis.de
[24]   KOPPELMANN, U. (2004): Beschaffungsmarketing. 4., neu bearbeitete Auflage. Berlin: Sprin-
        ger (Springer-Lehrbuch). S. 7-8
[25]   ELLRAM, L.M. (2002): Total Cost of Ownership. In: Hahn, D.; Kaufmann, L. (Hrsg.): Hand-
        buch industrielles Beschaffungsmanagement. Internationale Konzepte – innovative Instru-
        mente – aktuelle Praxisbeispiele. 2., überarbeitete und erweiterte Auflage. Wiesbaden: Gabler.
        S. 659–672.
[26]   VOLLRATH, C. (2010): Das Total-Value-of-Ownership-Konzept. In: BMEnet GmbH (Hrsg.):
        BMEnet Guide Beratung 2010. Frankfurt am Main: BMEnet GmbH. S. 94–95.
[27]   ARNOLD, U. (2007): Strategisches Beschaffungsmanagement. In: Arnold, U.; Kasulke, G.
        (Hrsg.): Praxishandbuch innovative Beschaffung. Wegweiser für den strategischen und opera-
        tiven Einkauf. 1. Auflage. Weinheim: WILEY-VCH. S. 18.
[28]   ZIRN, M.; SCHUH, G.; KREYSA, J. (2010): Wie die Heidelberger Druckmaschinen AG Innova-
        tionen von Lieferanten steuert. In: Beschaffung aktuell. Heft 07. S. 36–37.
[29]   LANGENSCHEIDT [Hrsg.] (2007): Großwörterbuch Englisch. Langenscheidt. S. 631
[30]   KOPPELMANN, U. (2004): Beschaffungsmarketing. 4., neu bearbeitete Auflage. Berlin: Sprin-
        ger (Springer-Lehrbuch). S. 11-13
[31]   KOSIOL, E. (1966): Die Unternehmung als wirtschaftliches Aktionszentrum: Einführung in die
        Betriebswirtschaftslehre. Reinbek: Rowohlt. S. 87ff.
[32]   LARGE, R. (2009): Strategisches Beschaffungsmanagement. Eine praxisorientierte Einführung
        mit Fallstudien. 4., vollständig überarbeitete Auflage. Wiesbaden: Gabler Verlag / GWV Fach-
        verlage GmbH (Springer-11775 /Digital Serial). S. 27-42.
[33]   KERKHOFF, G.; MICHALAK, C. (2007): Erfolgsgarantie Einkaufsorganisation. Effiziente
        Strukturen zur Optimierung von Einkaufspreisen. 1. Auflage. Weinheim: WILEY-VCH. S. 32-
        34
[34]   BÜSCH, M. (2010): Praxishandbuch Strategischer Einkauf. Methoden, Verfahren, Arbeitsblät-
        ter für professionelles Beschaffungsmanagement. Wiesbaden: Gabler Verlag. S. 42
[35]   WÖHE, G.; DÖRING, U. (2008): Einführung in die allgemeine Betriebswirtschaftslehre. 23.,
        vollständig neu bearbeitete Auflage. München: Vahlen (Vahlens Handbücher der Wirtschafts-
        und Sozialwissenschaften). S. 117-118
[36]   YATE, M. J. (2006): Hiring the best. A manager's guide to effective interviewing and recruit-
        ment. 5th ed. Avon Mass.: Adams Media.
[37]   MAIER, N. (2010): Erfolgreiche Personalgewinnung und Personalauswahl. Von der Personal-
        suche über die Kandidatenanalyse und Einstellung bis zur Einführung mit zahlreichen Ar-
        beitshilfen und Vorlagen. 3. Auflage. Zürich: Praxium-Verlag.

[38]   ACHOURI, C. (2010): Recruiting und Placement. Methoden und Instrumente der Personal-
       auswahl und -platzierung. 2., überarbeitete und erweiterte Auflage. Wiesbaden: Gabler Verlag
       / GWV Fachverlage GmbH.

[39]   KERKHOFF, G.; MICHALAK, C. (2007): Erfolgsgarantie Einkaufsorganisation. Effiziente
       Strukturen zur Optimierung von Einkaufspreisen. 1. Auflage. Weinheim: WILEY-VCH. S. 139-
       141

[40]   KREUZPOINTNER, A.; REISSER, R. (2006): Praxishandbuch Beschaffungsmanagement.
       Wiesbaden: Betriebswirtschaftlicher Verlag Dr. Th. Gabler | GWV Fachverlage GmbH Wies-
       baden (Springer-11775 /Digital Serial). S. 20-22

[41]   RÜDRICH, G.; KALBFUSS, W.; WEISSER, K.-H. (2004): Materialgruppenmanagement. Quan-
       tensprung in der Beschaffung. 2., erweiterte Auflage. Wiesbaden: Gabler Verlag.

[42]   OBERBÖRSCH, A. (2007): Ausprägung einer Warengruppenverschlüsselung. In: Arnold, U.;
       Kasulke, G. (Hrsg.): Praxishandbuch innovative Beschaffung. Wegweiser für den strategi-
       schen und operativen Einkauf. 1. Auflage. Weinheim: WILEY-VCH. S. 357–364.

[43]   LARGE, R. (2009): Strategisches Beschaffungsmanagement. Eine praxisorientierte Einführung
       mit Fallstudien. 4., vollständig überarbeitete Auflage. Wiesbaden: Gabler Verlag / GWV Fach-
       verlage GmbH (Springer-11775 /Digital Serial).

[44]   THIELL, M. (2008): Strategische Beschaffung von Dienstleistungen. Eine Grundlegung und
       Untersuchung der Implikation dienstleistungsspezifischer Objektmerkmale auf Basis instituti-
       onenökonomischer Ansätze. Saarbrücken: VDM Verlag Dr. Müller.

[45]   BRENNER, W.; WENGER, R. (2007): Elektronische Beschaffung. Stand und Entwicklungsten-
       denzen. Berlin, Heidelberg: Springer-Verlag (Business Engineering).

[46]   WANNENWETSCH, H. (2007): Integrierte Materialwirtschaft und Logistik. Beschaffung,
       Logistik, Materialwirtschaft und Produktion. 3., aktualisierte Auflage. Berlin, Heidelberg:
       Springer-Verlag (VDI-Buch).

[47]   TROCHA (Hg.) (2009): Praxishandbuch Einkauf & Beschaffung. 2. Auflage. Bonn: Verlag für
       die Deutsche Wirtschaft AG. S. 22-23

[48]   EUROSTAT.   Herausgegeben   von   der   EU.   Online   verfügbar   unter
       http://epp.eurostat.ec.europa.eu/, zuletzt geprüft am 1.12.2010.

[49]   DESTATIS. Online verfügbar unter www.destatis.de, zuletzt geprüft am 1.12.2010.

[50]   BUNDESVERBAND DER DEUTSCHEN INDUSTRIE E.V. (BDI): BDI. Online verfügbar unter
       www.bdi.eu.

[51]   EEX LEIPZIG: EEX-Marktdaten. Online verfügbar unter www.eex.com, zuletzt geprüft am
       1.12.2010.

[52]   LÜNENDONK GMBH: Lünendonk-Listen. Online verfügbar unter www.luenendonk.de,
       zuletzt geprüft am 1.12.2010.

[53]   CREDITREFORM: Creditreform   Wirtschaftsauskunft.   Online   verfügbar   unter
       www.creditreform.de, zuletzt geprüft am 1.12.2010.

[54]   D&B: D&B Datenbanken. Online verfügbar unter www.dnbgermany.de, zuletzt geprüft am
       1.12.2010.

[55]   KUMMER S.; GRÜN, O.; JAMMERNEGG, W. (2010): Grundzüge der Beschaffung, Produktion
       und Logistik. 2., aktualisierte Auflage., [Nachdruck]. München: Pearson Studium (Wi - Wirt-
       schaft).

[56]   BMEnet GmbH (Hrsg.) (2009): BMENet Guide 2009. Frankfurt am Main.

[57]   KRALJIC, P. (1977): Neue Wege im Beschaffungsmarketing. In: Manager Magazin, Heft 11

[58]   NARDO, M.; HURCHSLER, P.; BÜCHELER, H.; BOUTELLIER, R. (2010): Global Sourcing
       Footprint. In: Bogaschewsky, R.; Eßig, M.; Lasch, R.; Stölzle, W. (Hrsg.): Supply Management
       Research. Aktuelle Forschungsergebnisse 2010; [Tagungsband des wissenschaftlichen Sympo-
       siums Supply Management; Advanced studies in supply management, Band 3. 1. Auflage.
       Wiesbaden: Gabler Verlag. S. 219–246.

[59]   PIONTEK, J. (2004): Beschaffungscontrolling. 3., überarbeitete und erweiterte Auflage. Mün-
       chen, Wien: Oldenbourg Verlag (Managementwissen für Studium und Praxis).

[60]   KRALJIC, P. (1977): Neue Wege im Beschaffungsmarketing. In: Manager Magazin, Heft 11, S. 72–80.

[61]   HEEGE, F. (1987): Lieferantenportfolio; Ganzheitliches Beurteilungsmodell für Lieferanten und Beschaffungsmarktsegmente. Nürnberg: VWP – Verlag.

[62]   WILDEMANN, H. (2002): Das Konzept der Einkaufspotenzialanalyse: Bausteine und Umsetzungsstrategien. In: Hahn, D.; Kaufmann, L. (Hrsg.): Handbuch industrielles Beschaffungsmanagement. Internationale Konzepte – innovative Instrumente – aktuelle Praxisbeispiele. 2., überarbeitete und erweiterte Auflage. Wiesbaden: Gabler Verlag. S. 543–562.

[63]   HESS, G. (2010): Supply-Strategien in Einkauf und Beschaffung. Systematischer Ansatz und Praxisfälle. 2., aktualisierte u. überarbeitete Auflage. Wiesbaden: Gabler Verlag (Gabler-Lehrbuch).

[64]   LARGE, R. (2009): Strategisches Beschaffungsmanagement. Eine praxisorientierte Einführung mit Fallstudien. 4., vollständig überarbeitete Auflage. Wiesbaden: Gabler Verlag / GWV Fachverlage GmbH (Springer-11775 /Digital Serial). S. 44-62; S. 64-132

[65]   PIONTEK, J. (2004): Beschaffungscontrolling. 3., überarbeitete und erweiterte Auflage. München, Wien: Oldenbourg (Managementwissen für Studium und Praxis). S. 30

[66]   BÜSCH, M. (2010): Praxishandbuch Strategischer Einkauf. Methoden, Verfahren, Arbeitsblätter für professionelles Beschaffungsmanagement. Korrigierter Nachdruck. Wiesbaden: Gabler Verlag. S. 6

[67]   ARNOLD, U.; WARZOG, F. (2007): Beschaffungscontrolling. In: Arnold, U.; Kasulke, G. (Hrsg.): Praxishandbuch innovative Beschaffung. Wegweiser für den strategischen und operativen Einkauf. 1. Auflage. Weinheim: WILEY-VCH. S. 331

[68]   WILDEMANN, H. (2011): Einkaufscontrolling. Leitfaden zur Messung von Einkaufserfolgen. München: TCW Transfer-Centrum. S. 27; S. 331

[69]   BME (Hrsg.): BME-Einkaufskennzahlensystem; BME-Sektion Beschaffungsdienstleister; Frankfurt: BME

[70]   GLEICH, R.; HENKE, M. (Hrsg.) (2010): Beschaffungs-Controlling. Grundsätze und Konzepte zur Optimierung von Einkauf, Beschaffung und Lieferantenmanagement – Praxisbeispiele aus unterschiedlichen Branchen – Instrumente, Handlungsempfehlungen und Möglichkeiten der IT-Unterstützung. Freiburg i. Br.: Haufe Verlag (Der Controlling-Berater, 6).

[71]   DIN EN ISO 9000ff; Berlin: Beuth Verlag

[72]   ISO/TS 16949; Berlin: Beuth Verlag.

[73]   BÜSCH, M. (2010): Praxishandbuch Strategischer Einkauf. Methoden, Verfahren, Arbeitsblätter für professionelles Beschaffungsmanagement. Korrigierter Nachdruck. Wiesbaden: Gabler Verlag.

[74]   ARNOLD, U. (1997): Beschaffungsmanagement. 2. Auflage. Stuttgart: Schäffer-Poeschel. S. 93-113

[75]   WANNENWETSCH, H. (2007): Integrierte Materialwirtschaft und Logistik. Beschaffung, Logistik, Materialwirtschaft und Produktion. 3., aktualisierte Auflage. Berlin, Heidelberg: Springer-Verlag (VDI-Buch). S. 147-163

[76]   LARGE, R. (2009): Strategisches Beschaffungsmanagement. Eine praxisorientierte Einführung mit Fallstudien. 4., vollständig überarbeitete Auflage. Wiesbaden: Gabler Verlag / GWV Fachverlage GmbH (Springer-11775 /Digital Serial).

[77]   KOPPELMANN, U. (2004): Beschaffungsmarketing. 4., neu bearbeitete Auflage. Berlin: Springer (Springer-Lehrbuch). S. 123-132

[78]   WANNENWETSCH, H. (Hrsg.) (2008): Intensivtraining Produktion, Einkauf, Logistik und Dienstleistung. Mit Aufgaben und Lösungen. Wiesbaden: Gabler / GWV Fachverlage GmbH. S. 55-56

[79]   WILDEMANN, H. (2002): Das Konzept der Einkaufspotenzialanalyse: Bausteine und Umsetzungsstrategien. In: Hahn, D.; Kaufmann, L. (Hrsg.): Handbuch industrielles Beschaffungsmanagement. Internationale Konzepte – innovative Instrumente – aktuelle Praxisbeispiele. 2., überarbeitete und erweiterte Auflag. Wiesbaden: Gabler Verlag. S. 543–562.

[80]   GABATH, C. (2008): Gewinngarant Einkauf. Nachhaltige Kostensenkung ohne Personalab-
        bau. Wiesbaden: Betriebswirtschaftlicher Verlag Dr. Th. Gabler I GWV Fachverlage GmbH. S.
        70-122

[81]   HESS, G. (2010): Supply-Strategien in Einkauf und Beschaffung. Systematischer Ansatz und
        Praxisfälle. 2., aktualisierte unf überarbeitete Auflage. Wiesbaden: Gabler Verlag (Gabler-
        Lehrbuch).

[82]   KERKHOFF, G.; MICHALAK, C. (2007): Erfolgsgarantie Einkaufsorganisation. Effiziente
        Strukturen zur Optimierung von Einkaufspreisen. 1. Auflage. Weinheim: WILEY-VCH.

[83]   ESSIG, M. (2007): Beschaffungskooperationen. In: Arnold, U.; Kasulke, G. (Hrsg.): Praxis-
        handbuch innovative Beschaffung. Wegweiser für den strategischen und operativen Einkauf.
        1. Auflage. Weinheim: WILEY-VCH, S. 101–130.

[84]   ARNOLD, U. (2007): Strategisches Beschaffungsmanagement. In: Arnold, U.; Kasulke, G.
        (Hrsg.): Praxishandbuch innovative Beschaffung. Wegweiser für den strategischen und opera-
        tiven Einkauf. 1. Auflage. Weinheim: WILEY-VCH, S. 13–46.

[85]   WANNENWETSCH, H. (2009): Erfolgreiche Verhandlungsführung in Einkauf und Logistik.
        Praxiserprobte Erfolgsstrategien und Wege zur Kostensenkung. 3. Auflage. Berlin, Heidel-
        berg: Springer (Springer-11774 /Digital Serial). S. 8

[86]   HOMBURG, C. (2002): Bestimmung der optimalen Lieferantenanzahl für Beschaffungsobjekte.
        Konzeptionelle Überlegungen und empirische Befunde. In: Hahn, D.; Kaufmann, L. (Hrsg.):
        Handbuch industrielles Beschaffungsmanagement. Internationale Konzepte – innovative In-
        strumente – aktuelle Praxisbeispiele. 2., überarbeitete und erweiterte Auflage. Wiesbaden:
        Gabler Verlag. S. 181–200.

[87]   LARGE, R. (2007): Beschaffungsmarktforschung. In: Arnold, U.; Kasulke, G. (Hrsg.): Praxis-
        handbuch innovative Beschaffung. Wegweiser für den strategischen und operativen Einkauf.
        1. Auflage. Weinheim: WILEY-VCH. S. 131–140.

[88]   LARGE, R. (2009): Strategisches Beschaffungsmanagement. Eine praxiorientierte Einführung
        mit Fallstudien. 4., vollständig überarbeitete Auflage. Wiesbaden: Gabler Verlag / GWV Fach-
        verlage GmbH (Springer-11775 /Digital Serial). S. 111-114; S. 170-185

[89]   HOFFMANN, R.; LUMBE, H.-J. (2002): Lieferantenbewertung bei der Siemens AG – Grundla-
        ge für das Lieferantenmanagement. In: Hahn, D.; Kaufmann, L. (Hrsg.): Handbuch industriel-
        les Beschaffungsmanagement. Internationale Konzepte – innovative Instrumente – aktuelle
        Praxisbeispiele. 2., überarbeitete und erweiterte Auflage. Wiesbaden: Gabler Verlag. S. 629–
        658.

[90]   WANNENWETSCH, H. (2009): Erfolgreiche Verhandlungsführung in Einkauf und Logistik.
        Praxiserprobte Erfolgsstrategien und Wege zur Kostensenkung. 3. Auflage. Berlin, Heidel-
        berg: Springer (Springer-11774 /Digital Serial). S. 90-92

[91]   CONTE, A.: Supplier Risk Management. In: Arnold, U.; Kasulke, G. (Hrsg.): Praxishandbuch
        innovative Beschaffung. Wegweiser für den strategischen und operativen Einkauf. 1. Auflage.
        Weinheim: WILEY-VCH. S. 197–228.

[92]   MODER, M. (2008): Supply Frühwarnsysteme. Die Identifikation und Analyse von Risiken in
        Einkauf und Supply Management. Wiesbaden: Betriebswirtschaftlicher Verlag Dr. Thomas
        Gabler / GWV Fachverlage GmbH. S. 100-105

[93]   PIONTEK, J. (2004): Beschaffungscontrolling. 3., überarbeitete und erweiterte Auflage. Mün-
        chen, Wien: Oldenbourg (Managementwissen für Studium und Praxis). S.98-100

[94]   ARNOLDS, H.; HEEGE, F.; TUSSING, W. (1988): Materialwirtschaft und Einkauf. 10. Auflage.
        Wiesbaden: Gabler Verlag. S. 187

[95]   DAIMLER AG: Supplier-Portal der Daimler AG. https://daimler.portal.covisint.com aufgeru-
        fen am 18.1.2011

[96]   ZAWISLA, T. (2008): Risikoorientiertes Lieferantenmanagement. Eine empirische Analyse.
        Technische Universität München, Dissertation 2006. 1. Auflage. München: TCW Transfer-
        Centrum (TCW Wissenschaft und Praxis, 39). S. 98

[97]   APPENFELLER, W.; BUCHOLZ, W. (2011): Supplier Relationship Management. Strategie, Organisation und IT des modernen Beschaffungsmanagements. 2., vollständig überarbeitete und erweiterte Auflage. Wiesbaden: Gabler (Lehrbuch). S.182-186

[98]   BME Bundesverband Materialwirtschaft, Einkauf und Logistik (2009): Code of Conduct. Frankfurt am Main: BME.

[99]   BRÄKLING, E.; OIDTMANN, K. (2006): Kundenorientiertes Prozessmanagement. So funktioniert ein erfolgreiches Unternehmen. Renningen: expert-verlag (Forum EIPOS, 12). S. 56-109

[100]   FÜRMANN, T.; DAMMASCH, C. (2008): Prozessmanagement. Anleitung zur ständigen Prozessverbesserung. 3. Auflage. München: Hanser Verlag (Pocket-Power, 12).

[101]   FISCHERMANNS, G. (2010): Praxishandbuch Prozessmanagement. 9., unveränderte Auflage. Gießen: Schmidt Verlag (ibo-Schriftenreihe, 9).

[102]   BECKER, J. (2008): Prozessmanagement. Ein Leitfaden zur prozessorientierten Organisationsgestaltung. 6., überarbeitete und erweiterte Auflage. Berlin: Springer.

[103]   FELDBRÜGGE, R.; BRECHT-HADRASCHEK, B. (2008): Prozessmanagement leicht gemacht. Geschäftsprozesse analysieren und gestalten. 2., aktualisierte Auflage. München: redline Wirtschaft (Leicht gemacht).

[104]   IDS Scheer (2011): ARIS Produktbeschreibung. Herausgegeben von IDS Scheer. Online verfügbar unter http://www.ids-scheer.de/de/ARIS_Software_Software/7796.html, zuletzt geprüft am 24.2.2011.

[105]   ITP Commerce (2011): Produktbeschreibung Process Modeler. Herausgegeben von ITP Commerce. Online verfügbar unter http://www.itp-commerce.com/, zuletzt geprüft am 24.2.2011.

[106]   MICROSOFT: Microsoft-Visio Produktbeschreibung. Herausgegeben von Microsoft. Online verfügbar unter http://office.microsoft.com/en-us/visio/, zuletzt geprüft am 24.2.2011.

[107]   KERKHOFF, G.; MICHALAK, C. (2007): Erfolgsgarantie Einkaufsorganisation. Effiziente Strukturen zur Optimierung von Einkaufspreisen. 1. Auflage. Weinheim: WILEY-VCH. S. 120-128

[108]   RÜDERICH, G.; KALBFUSS, W.; WEISSER, K. (2004): Materialgruppenmanagement. Quantensprung in der Beschaffung. 2., erweiterte Auflage. Wiesbaden: Gabler Verlag. S. 52-53

[109]   LUIG, R. (2008): Eigenmarke ist Trumpf – Bei Kaiser´s Tengelmann prägt das Category Management die strategische Neuausrichtung. In: Bergauer, M. (Hrsg.): Einkauf. Die unterschätzte Macht; wie ein guter Einkauf den Unternehmenswert steigert – Erfolgsbeispiele aus der Praxis. 1. Auflage. Frankfurt am Main: FAZ-Institut für Management, Markt- u. Medieninformationen (Frankfurter Allgemeine Buch). S. 70–89.

[110]   REINELT, G.; BÜHLMEYER, M. (2008): Materialgruppenmanagement bei Miele. Erfolgsfaktoren der Weiterentwicklung eines bewährten Konzepts. In: BME Bundesverband Materialwirtschaft, Einkauf und Logistik (Hrsg.): Best Practice in Einkauf und Logistik. 2., völlig neue und erweiterte Auflage. Wiesbaden: Gabler Verlag. S. 402–406.

[111]   GABATH, C.W. (2008): Gewinngarant Einkauf. Nachhaltige Kostensenkung ohne Personalabbau. Wiesbaden: Betriebswirtschaftlicher Verlag Dr. Th. Gabler | GWV Fachverlage GmbH Wiesbaden. S. 127-128

[112]   TRANSPARENCY INTERNATIONAL: CPI Corruption Perception Index. Herausgegeben von Transparency International. Online verfügbar unter http://www.transparency.de, zuletzt geprüft am 25.2.2011.

[113]   TRANSPARENCY INTERNATIONAL (2010): Global Corruption Barometer 2010. Herausgegeben von Transparency International. Online verfügbar unter http://www.transparency.de, zuletzt geprüft am 26.2.2011.

[114]   KERKHOFF, G.; MICHALAK, C. (2007): Erfolgsgarantie Einkaufsorganisation. Effiziente Strukturen zur Optimierung von Einkaufspreisen. 1. Auflage. Weinheim: WILEY-VCH. S. 139-141

[115]   DIM – DEUTSCHES INSTITUT FÜR MARKETING: DISG®-Modell – Eine kurze Einführung in DISG und seine Methode. Herausgegeben von DIM – Deutsches Institut für Marketing. Online verfügbar unter http://www.disg-modell.de/index.php?id=disg-modell-einfuehrung, zuletzt geprüft am 25.2.2011.

[116]   STIFTUNG STUFEN ZUM ERFOLG E.V (Hrsg.): Das „STUFEN zum Erfolg"-Konzept. Online verfügbar unter http://www.stufenzumerfolg.de, zuletzt geprüft am 25.2.2011.

[117]   GAMM, F.: Verhandlungen gewinnt man im Kopf. Redline Verlag. 1. Auflage 2009. München. S. 96-113; S. 148

[118]   WÖHE, G.; DÖRING, U. (2008): Einführung in die allgemeine Betriebswirtschaftslehre. 23., vollständig neu bearbeitete Auflage. München: Vahlen (Vahlens Handbücher der Wirtschafts- und Sozialwissenschaften). S. 129-130

[119]   WAGNER, S.M.; WEBER, J. (2007): Beschaffungscontrolling. Den Wertbeitrag der Beschaffung messen und optimieren. 1. Auflage. Weinheim: WILEY-VCH (Advanced controlling, 54). S. 34-35

[120]   MEEHANE, L.; WRIGHT, G. H. (2011): Power priorities: A buyer-seller comparison of areas of influence. In: Journal of Purchasing & Supply Management, Jahrgang 17, Heft 1. S. 32–41.

[121]   SENGER, H. (2008): 36 Strategeme für Manager. 2. Auflage. Ungekürzte Taschenbuchausgabe. München: Piper Verlag (Serie Piper, 4649).

[122]   DIN Taschenbuch 472 (2009): Projektmanagement; Berlin: Beuth Verlag

[123]   KREUZPOINTNER, A.; REISSER, R. (2006): Praxishandbuch Beschaffungsmanagement. Wiesbaden: Betriebswirtschaftlicher Verlag Dr. Th. Gabler | GWV Fachverlage GmbH (Springer-11775 /Digital Serial). S. 42

[124]   GABATH, C.W. (2008): Gewinngarant Einkauf. Nachhaltige Kostensenkung ohne Personalabbau. Wiesbaden: Betriebswirtschaftlicher Verlag Dr. Th. Gabler | GWV Fachverlage GmbH Wiesbaden. S. 34-35

[125]   WANNENWETSCH, H. (Hrsg.) (2008): Intensivtraining Produktion, Einkauf, Logistik und Dienstleistung. Mit Aufgaben und Lösungen. Wiesbaden: Gabler / GWV Fachverlage GmbH. S. 31-33

[126]   WANNENWETSCH, H. (2009): Erfolgreiche Verhandlungsführung in Einkauf und Logistik. Praxiserprobte Erfolgsstrategien und Wege zur Kostensenkung. 3. Auflage. Berlin, Heidelberg: Springer (Springer-11774 /Digital Serial). S. 33

[127]   DIN EN 12973; Berlin: Beuth Verlag

[128]   VDI-Richtlinie 2800; Verein Deutscher Ingenieure e.V.

[129]   VDI-Richtlinie 2803 – Blatt1; Verein Deutscher Ingenieure e.V.

[130]   DIN EN 16271; Berlin: Beuth Verlag

[131]   BME (Hrsg.) (2011): Checkliste Vorsorge gegen Lieferanteninsolvenz. In: BIP Best in Procurement. Heft 1-2011. Frankfurt a.M. S. 66.

[132]   GABATH, C.W. (2008): Gewinngarant Einkauf. Nachhaltige Kostensenkung ohne Personalabbau. Wiesbaden: Betriebswirtschaftlicher Verlag Dr. Th. Gabler | GWV Fachverlage GmbH. S. 25-27

[133]   FANDEL, G.; GIESE, A.; RAUBENHEIMER, H. (2009): Supply Chain Management. Strategien – Planungsansätze – Controlling. Berlin: Springer. S.232-236

[134]   WANNENWETSCH, H. (2007): Integrierte Materialwirtschaft und Logistik. Beschaffung, Logistik, Materialwirtschaft und Produktion. 3., aktualisierte Auflage. Berlin, Heidelberg: Springer-Verlag (VDI-Buch). S.94-97

[135]   WANNENWETSCH, H. (2009): Erfolgreiche Verhandlungsführung in Einkauf und Logistik. Praxiserprobte Erfolgsstrategien und Wege zur Kostensenkung. 3. Auflage. Berlin, Heidelberg: Springer (Springer-11774 /Digital Serial).

[136]   SEIDENSCHWARZ, W. (1993): Target Costing. Marktorientiertes Zielkostenmanagement. Universität Stuttgart, Dissertation 1992. München: Vahlen Verlag (Controlling-Praxis).

[137]   DINGER, H. (2002): Target Costing. Praktische Anwendung im Entwicklungsprozess. 2. Auflage. München: Hanser Verlag (Pocket-Power Einkauf und Logistik, 114).

[138]   MELZER-RIDINGER, R. (2009): Materialwirtschaft und Einkauf. Beschaffungsmanagement. 5., unveränderte Auflage. München: Oldenbourg. S. 35

[139]   BENDER, C.; MAYER, N.-A. (2008): Einkaufs- und Beschaffungsmanagement. In: Wannenwetsch, H. (Hrsg.): Intensivtraining Produktion, Einkauf, Logistik und Dienstleistung. Mit Aufgaben und Lösungen. Wiesbaden: Gabler / GWV Fachverlage GmbH. S. 40–59.

[140] HARTMANN, H. (2010): Wie kalkuliert Ihr Lieferant? Ratgeber für erfolgreiche Preisverhand-
       lungen im Einkauf. 2., überarbeitete und erweiterte Auflage. Gernsbach: Deutscher Betriebs-
       wirte-Verlag (Praxisreihe Einkauf Materialwirtschaft, 12). S. 65-76

[141] DÄUMLER, K.-D.; GRABE, J. (2009): Deckungsbeitragsrechnung. Mit Fragen und Aufgaben,
       Antworten und Lösungen, Testklausur. 9., vollständig überarbeitete Auflage. Herne: Verlag
       Neue Wirtschafts-Briefe (Lehrbuch).

[142] SIMON, H.; FASSNACHT, M. (2009): Preismanagement. Strategie, Analyse, Entscheidung,
       Umsetzung. 3., vollständig überarbeitete und erweiterte Auflage. Wiesbaden: Gabler Verlag
       (Lehrbuch).

[143] SCHULTE (1990): Einkaufen – professionell und erfolgreich. Band 3. Ehningen. S. 92

[144] RAPP, S.; HUMMEK, P. (2010): Glättung der Rohstoffeinkaufskosten. In: Beschaffung aktuell,
       Heft 1. S. 16–17.

[145] HOLTMANN, J. (2009): Wie Sie volatile Preise mit CAPS und SWAPS sinnvoll absichern. In:
       TROCHA (Hrsg.): Praxishandbuch Einkauf & Beschaffung. 2. Auflage. Bonn: Verlag für die
       Deutsche Wirtschaft AG. S. 78–81.

[146] WAGMER, M. (2010): Werkzeuge zur Absicherung von Preisrisiken. In: Beschaffung aktuell,
       Heft 1. S. 22–23.

[147] WANNENWETSCH, H. (2007): Integrierte Materialwirtschaft und Logistik. Beschaffung,
       Logistik, Materialwirtschaft und Produktion. 3., aktualisierte Auflage. Berlin, Heidelberg:
       Springer-Verlag (VDI-Buch). S. 101-102

[148] BÜSCH, M. (2010): Praxishandbuch Strategischer Einkauf. Methoden, Verfahren, Arbeitsblät-
       ter für professionelles Beschaffungsmanagement. Korrigierter Nachdruck. Wiesbaden: Gabler
       Verlag. S. 252-254

[149] GROSSMANN, M. (2001): Einkauf leicht gemacht. Kosten senken – Qualität sichern – Ein-
       sparpotenziale realisieren. 2. Auflage. München: redline Wirtschaft.

[150] WANNENWETSCH, H. (2009): Erfolgreiche Verhandlungsführung in Einkauf und Logistik.
       Praxiserprobte Erfolgsstrategien und Wege zur Kostensenkung. 3. Auflage. Berlin, Heidel-
       berg: Springer (Springer-11774 /Digital Serial). S. 28-32

[151] WANNENWETSCH, H. (2007): Integrierte Materialwirtschaft und Logistik. Beschaffung,
       Logistik, Materialwirtschaft und Produktion. 3., aktualisierte Auflage. Berlin, Heidelberg:
       Springer-Verlag (VDI-Buch). S. 98-100

[152] WEBER, W. (2001): Einführung in die Betriebswirtschaftslehre. 4. Auflage. Wiesbaden: Gabler
       / GWV Fachverlage GmbH. S. 19

[153] BRAUN, W. (2007): Geschäftsverträge. [Vertragsverhandlung, Vertragsabschluss, Vertrags-
       management, Schuldverträge, Leistungsstörungen, Warenkauf, Miete und Leasing, Dienstleis-
       tungsverträge]. Stuttgart: Schäffer-Poeschel (Handelsblatt Mittelstands-Bibliothek).

[154] ICC-Deutschland (2011): INCOTERMS 2010. Herausgegeben von ICC-Deutschland. ICC-
       Deutschland. Online verfügbar unter www.icc-deutschland.de, zuletzt geprüft am 28.4.2011.

[155] HEUSSEN, B.; CURSCHMANN, J. (2007): Handbuch Vertragsverhandlung und Vertragsma-
       nagement. Planung, Verhandlung, Design und Durchführung von Verträgen. 3. Auflage.
       Köln: Schmidt Verlag.

[156] LARGE, R. (2009): Strategisches Beschaffungsmanagement. Eine praxisorientierte Einführung
       mit Fallstudien. 4., vollständig überarbeitete Auflage. Wiesbaden: Gabler Verlag / GWV Fach-
       verlage GmbH (Springer-11775 /Digital Serial). S. 189-192

[157] KREUZPOINTNER, A.; REISSER, R. (2006): Praxishandbuch Beschaffungsmanagement.
       Wiesbaden: Betriebswirtschaftlicher Verlag Dr. Th. Gabler | GWV Fachverlage GmbH (Sprin-
       ger-11775 /Digital Serial). S. 4-44

[158] KREUZPOINTNER, A.; REISSER, R. (2006): Praxishandbuch Beschaffungsmanagement.
       Wiesbaden: Betriebswirtschaftlicher Verlag Dr. Th. Gabler | GWV Fachverlage GmbH (Sprin-
       ger-11775 /Digital Serial). S. 67

[159] WANNENWETSCH, H. (2009): Erfolgreiche Verhandlungsführung in Einkauf und Logistik.
       Praxiserprobte Erfolgsstrategien und Wege zur Kostensenkung. 3. Auflage. Berlin, Heidel-
       berg: Springer (Springer-11774 /Digital Serial]). S. 75-76

[160] SCHUH, C. (2008): Das Einkaufsschachbrett. Mit 64 Ansätzen Materialkosten senken und Wert schaffen. 1. Auflage. Wiesbaden: Gabler Verlag. 174-175

[161] GABATH, C.W. (2008): Gewinngarant Einkauf. Nachhaltige Kostensenkung ohne Personalabbau. Wiesbaden: Betriebswirtschaftlicher Verlag Dr. Th. Gabler | GWV Fachverlage GmbH. S. 28-29

[162] SCHUH, C. (2008): Das Einkaufsschachbrett. Mit 64 Ansätzen Materialkosten senken und Wert schaffen. 1. Auflage. Wiesbaden: Gabler Verlag.

[163] SOELLNER, F.; MAYER, S.; ROMERO PEREZ, P. (2007): Kostenregressionsanalyse: eine Methode zum Kostenvergleich technisch unterschiedlicher Baugruppen. In: Garcia, S.; Francisco, J.; Semmler, K.; Walther, J. (Hrsg.): Die Automobilindustrie auf dem Weg zur globalen Netzwerkkompetenz. Effiziente und flexible Supply Chains erfolgreich gestalten. Berlin, Heidelberg: Springer-Verlag. S. 353–366.

[164] ECKSTEIN, P. (2010): Statistik für Wirtschaftswissenschaftler. Eine realdatenbasierte Einführung mit SPSS. 2., aktualisierte und erweiterte Auflage. Wiesbaden: Gabler Verlag / GWV Fachverlage GmbH.

[165] BAMBERG, G.; BAUR, F. (1996): Statistik. 9., überarbeitete Auflage. München: Oldenbourg (Oldenbourgs Lehr- und Handbücher der Wirtschafts- und Sozialwissenschaften).

[166] HARTUNG, J.; ELPELT, B. (1999): Multivariate Statistik. Lehr- und Handbuch der angewandten Statistik. 6., unwesentlich veränderte Auflage. München: Oldenbourg.

[167] SCHIRA, J. (2011): Statistische Methoden der VWL und BWL. Theorie und Praxis. 3., aktualisierte Auflage, [Nachdruck der Ausgabe von 2009]. München: Pearson Studium (Wi - Wirtschaft).

[168] BERZ, G. (2007): Spieltheoretische Verhandlungs- und Auktionsstrategien. Mit Praxisbeispielen von Internetauktionen bis Investment Banking. Stuttgart: Schäffer-Poeschel. S. 137-145

[169] WYNSTRA, F.; HURKENS, K. (2005): Total Cost und Total Value of Ownership. In: Eßig, M. (Hrsg.): Perspektiven des Supply Management – Konzepte und Anwendungen. Festschrift für Ulli Arnold. Berlin, Heidelberg: Springer. S. 470–479.

[170] LASCH, R. (2008): Vergleichbarkeit komplexer Leistungsangebote im Rahmen von Online-Einkaufsauktionen. In: BME Bundesverband Materialwirtschaft, Einkauf und Logistik (Hrsg.): Best Practice in Einkauf und Logistik. 2., völlig neue und erweiterte Auflage. Wiesbaden: Gabler Verlag. S. 266–283.

[171] GAMM, F. (2009): Verhandlungen gewinnt man im Kopf. Erfolgreich kommunizieren mit Neuro-Strategien. 1. Auflage. München: redline Wirtschaft; Redline-Verlag. S. 80-81

[172] TENGELMANN, C. (1989): Die Kunst des Verhandelns. Technik und Taktik erfolgreicher Gesprächsführung. München: Heyne (Heyne-Bücher. 22. Heyne-Kompaktwissen, 232). S. 18

[173] VOETH, M.; HERBST, U. (2009): Verhandlungsmanagement. Planung, Steuerung und Analyse. Stuttgart: Schäffer-Poeschel. S. 32-35

[174] URY, W.; STEIN, B. (1998): Schwierige Verhandlungen. Wie Sie sich mit unangenehmen Kontrahenten vorteilhaft einigen. 3. Auflage, ungekürzte Taschenbuchausgabe. München: Heyne (Heyne Business, 22/2008). S. 17-18

[175] URY, W.; HÖLSKEN, N. (2009): Nein sagen und trotzdem erfolgreich verhandeln. Vom Autor des Harvard-Konzepts. Frankfurt am Main: Campus-Verlag. S. 51-61

[176] TENGELMANN, C. (1989): Die Kunst des Verhandelns. Technik und Taktik erfolgreicher Gesprächsführung. München: Heyne (Heyne-Bücher. 22. Heyne-Kompaktwissen, 232). S. 111-113

[177] GROSSMANN, M.s (2001): Einkauf leicht gemacht. Kosten senken – Qualität sichern – Einsparpotenziale realisieren. 2. Auflage. München: redline Wirtschaft. S. 48

[178] FRICKE, W. (1990): Erfolgreich verhandeln. Diskussionsleitung, Verhandlungsvorbereitung, Verhandlungsführung. 2., überarbeitete Auflage, Nachdruck. Köln: Bund-Verlag. S. 17

[179] URY, W.; HÖLSKEN, N. (2009): Nein sagen und trotzdem erfolgreich verhandeln. Vom Autor des Harvard-Konzepts. Frankfurt am Main: Campus-Verlag. S. 24-25; S. 73-77.

[180] SCHRANNER, M. (2009): Teure Fehler. Die 7 größten Irrtümer in schwierigen Verhandlungen. 2. Auflage. Berlin: Econ Verlag. S. 120-131; S. 139-140

[181]   FISHER, R.; URY, W. PATTON, B.M. (2009): Das Harvard-Konzept. Der Klassiker der Ver-
        handlungstechnik. 23., durchgesehene Auflage. Frankfurt am Main: Campus-Verlag. S. 244-
        255

[182]   SCHRANNER, M. (2009): Verhandeln im Grenzbereich. Strategien und Taktiken für schwieri-
        ge Fälle. 8. Auflage. München: Econ Verlag. S. 147-151

[183]   BÜSCH, M. (2010): Praxishandbuch Strategischer Einkauf. Methoden, Verfahren, Arbeitsblät-
        ter für professionelles Beschaffungsmanagement. Korrigierter Nachdruck. Wiesbaden: Gabler
        Verlag. S. 188

[184]   GAMM, F. (2009): Verhandlungen gewinnt man im Kopf. Erfolgreich kommunizieren mit
        Neuro-Strategien. 1. Auflage. München: redline Wirtschaft; Redline-Verlag. S. 124-127

[185]   BERZ, G. (2007): Spieltheoretische Verhandlungs- und Auktionsstrategien. Mit Praxisbeispie-
        len von Internetauktionen bis Investment Banking. Stuttgart: Schäffer-Poeschel. S. 8-9

[186]   FRICKE, W. (1990): Erfolgreich verhandeln. Diskussionsleitung, Verhandlungsvorbereitung,
        Verhandlungsführung. 2., überarbeitete Auflage, Nachdruck. Köln: Bund-Verlag. S. 77-79

[187]   WADISCHAT, E. (2010): Leitfaden für professionelles Verhandeln. Basierend auf den Prinzi-
        pien des Harvard-Konzeptes; der Wegweiser zur Verbesserung der Verhandlungspraxis ; mit
        deutsch-englischem/englisch-deutschem Verhandlungsvokabular. Renningen: Expert-Verlag.
        S. 21-23

[188]   SCHMITZ, R.; SCHMELZER, J.A.; SPILKER, U. (2006): Strategische Verhandlungsvorberei-
        tung. 1. Auflage. Wiesbaden: Gabler Verlag. S. 137-145

[189]   VOETH, M.; HERBST, U. (2009): Verhandlungsmanagement. Planung, Steuerung und Analy-
        se. Stuttgart: Schäffer-Poeschel. S. 107-109

[190]   URY, W.; HÖLSKEN, N. (2009): Nein sagen und trotzdem erfolgreich verhandeln. Vom Autor
        des Harvard-Konzepts. Frankfurt am Main: Campus-Verlag. S 166-175

[191]   FISHER, R.; URY, W. PATTON, B.M. (2009): Das Harvard-Konzept. Der Klassiker der Ver-
        handlungstechnik. 23., durchgesehene Auflage. Frankfurt am Main: Campus-Verlag. S. 89-120

[192]   LAX, D.; SEBENIUS, J. (2008): Der perfekte Deal. In: Harvard Business Manager, Heft 4, S. 35–
        47.

[193]   FISHER, R.; URY, W.; PATTON, B.M. (2009): Das Harvard-Konzept. Der Klassiker der Ver-
        handlungstechnik. 23., durchgesehene Auflage. Frankfurt am Main: Campus-Verlag.

[194]   VOETH, M.; HERBST, U. (2009): Verhandlungsmanagement. Planung, Steuerung und Analy-
        se. Stuttgart: Schäffer-Poeschel. S. 26-27; S. 123-128;

[195]   FANDEL, G.; GIESE, A.; RAUBENHEIMER, H. (2009): Supply Chain Management. Strategien
        – Planungsansätze – Controlling. Berlin: Springer. S. 72-73

[196]   SCHRANNER, M. (2009): Teure Fehler. Die 7 größten Irrtümer in schwierigen Verhandlun-
        gen. 2. Auflage. Berlin: Econ Verlag. S. 32-38

[197]   WANNENWETSCH, H. (2009): Erfolgreiche Verhandlungsführung in Einkauf und Logistik.
        Praxiserprobte Erfolgsstrategien und Wege zur Kostensenkung. 3. Auflage. Berlin, Heidel-
        berg: Springer (Springer-11774 /Digital Serial]). S. 200-202

[198]   KOPPELMANN, U. (2004): Beschaffungsmarketing. 4., neu bearbeitete Auflage. Berlin: Sprin-
        ger (Springer-Lehrbuch). S. 328

[199]   URY, W.; HÖLSKEN, N. (2009): Nein sagen und trotzdem erfolgreich verhandeln. Vom Autor
        des Harvard-Konzepts. Frankfurt am Main: Campus-Verlag. S. 73-90

[200]   VOETH, M.; HERBST, U. (2009): Verhandlungsmanagement. Planung, Steuerung und Analy-
        se. Stuttgart: Schäffer-Poeschel. S. 134-137

[201]   SCHRANNER, M. (2009): Verhandeln im Grenzbereich. Strategien und Taktiken für schwieri-
        ge Fälle. 8. Auflage. München: Econ Verlag. S. 83-86

[202]   BRAUN, G. (2008): Verhandeln in Einkauf und Vertrieb. Mit System zu besseren Konditionen
        und mehr Profit. Wiesbaden: Betriebswirtschaftlicher Verlag Dr. Th. Gabler / GWV Fachverla-
        ge GmbH. S. 153-154

[203]   GROSSMANN M. (2001): Einkauf leicht gemacht. Kosten senken – Qualität sichern – Einspar-
        potenziale realisieren. 2. Auflage. München: redline Wirtschaft. S. 67

[204]   BERZ, G. (2007): Spieltheoretische Verhandlungs- und Auktionsstrategien. Mit Praxisbeispie-
        len von Internetauktionen bis Investment Banking. Stuttgart: Schäffer-Poeschel. S. 23-26

[205]   BÜSCH, M. (2010): Praxishandbuch Strategischer Einkauf. Methoden, Verfahren, Arbeitsblät-
        ter für professionelles Beschaffungsmanagement. Wiesbaden: Gabler Verlag. S. 201

[206]   BERZ, G. (2007): Spieltheoretische Verhandlungs- und Auktionsstrategien. Mit Praxisbeispie-
        len von Internetauktionen bis Investment Banking. Stuttgart: Schäffer-Poeschel. S. 27-44; S.
        109-112; S. 167-190

[207]   SCHWAP, A.P. (2003): Elektronische Verhandlungen in der Beschaffung. Universität St. Gal-
        len, Dissertation 2003. 1. Auflage. Lohmar: Eul Verlag (Electronic Commerce, 23).

[208]   LANDSBERGER, M. (2008): Auktionen in der Beschaffung. Eine Analyse auf Basis der Ratio-
        nal-Choice-Theorie. Univ., Diss. Oldenburg, 2006. Marburg: Tectum Verlag.

[209]   EICHSTÄDT, T. (2008): Einsatz von Auktionen im Beschaffungsmanagement. Erfahrungen
        aus der Einkaufspraxis und die Verbreitung auktionstheoretischer Konzepte. 1. Auflage.
        Wiesbaden: Gabler Verlag.

[210]   TWS PARTNERS (2011): Einkaufsauktionen. TWS Partners. Online verfügbar unter
        http://www.tws-system.com/index.html, zuletzt geprüft am 27.5.2011.

[211]   BERZ, G. (2007): Spieltheoretische Verhandlungs- und Auktionsstrategien. Mit Praxisbeispie-
        len von Internetauktionen bis Investment Banking. Stuttgart: Schäffer-Poeschel. S. 16

[212]   SCHRANNER, M. (2009): Verhandeln im Grenzbereich. Strategien und Taktiken für schwieri-
        ge Fälle. 8. Auflage. München: Econ-Verlag. S. 175-196

[213]   URY, W.; HÖLSKEN, N. (2009): Nein sagen und trotzdem erfolgreich verhandeln. Vom Autor
        des Harvard-Konzepts. Frankfurt am Main: Campus-Verlag. S. 224-232

[214]   BÜSCH, M. (2010): Praxishandbuch Strategischer Einkauf. Methoden, Verfahren, Arbeitsblät-
        ter für professionelles Beschaffungsmanagement. Korrigierter Nachdruck. Wiesbaden: Gabler
        Verlag. S. 203-214

[215]   WANNENWETSCH, H. (2009): Erfolgreiche Verhandlungsführung in Einkauf und Logistik.
        Praxiserprobte Erfolgsstrategien und Wege zur Kostensenkung. 3. Auflage. Berlin, Heidel-
        berg: Springer (Springer-11774 /Digital Serial). S. 242-244

[216]   THIELE, A. (2009): Argumentieren unter Stress. Wie man unfaire Angriffe erfolgreich ab-
        wehrt. Ungekürzte Ausgabe, 6. Auflage. München: Dt. Taschenbuch-Verlag. (dtv, 34405). S.
        46-48; S. 90-104

[217]   BRAUN, G. (2008): Verhandeln in Einkauf und Vertrieb. Mit System zu besseren Konditionen
        und mehr Profit. Wiesbaden: Betriebswirtschaftlicher Verlag Dr. Th. Gabler / GWV Fachverla-
        ge GmbH. S. 144-145

[218]   TENGELMANN, C. (1989): Die Kunst des Verhandelns. Technik und Taktik erfolgreicher
        Gesprächsführung. München: Heyne (Heyne-Bücher. 22. Heyne-Kompaktwissen, 232). S. 45-
        166

[219]   SCHRANNER, M. (2008): Der Verhandlungsführer. Strategien und Taktiken, die zum Erfolg
        führen. Ungekürzte Ausgabe, 4. Auflage. München: Dt. Taschenbuch-Verl. (dtv, 34319).

[220]   VOETH, M.; HERBST, U. (2009): Verhandlungsmanagement. Planung, Steuerung und Analy-
        se. Stuttgart: Schäffer-Poeschel. S. 54-68; S. 77-81

[221]   KREUZPOINTNER, A.; REISSER, R. (2006): Praxishandbuch Beschaffungsmanagement.
        Wiesbaden: Betriebswirtschaftlicher Verlag Dr. Th. Gabler I GWV Fachverlage GmbH (Sprin-
        ger-11775 /Digital Serial). S. 81-85

[222]   WANNENWETSCH, H. (2009): Erfolgreiche Verhandlungsführung in Einkauf und Logistik.
        Praxiserprobte Erfolgsstrategien und Wege zur Kostensenkung. 3. Aufl. Berlin, Heidelberg:
        Springer (Springer-11774 /Digital Serial). S. 178-179

[223]   URY, W.; HÖLSKEN, N. (2009): Nein sagen und trotzdem erfolgreich verhandeln. Vom Autor
        des Harvard-Konzepts. Frankfurt am Main: Campus-Verlag. S. 39-254

[224]   SCHRANNER, M. (2009): Teure Fehler. Die 7 größten Irrtümer in schwierigen Verhandlun-
        gen. 2. Auflage. Berlin: Econ Verlag. S. 32-36; S. 70-76; S. 94-106; S. 107-110

[225]   SCHRANNER, M. (2009): Verhandeln im Grenzbereich. Strategien und Taktiken für schwieri-
        ge Fälle. 8. Auflage. München: Econ-Verlag. S. 101-116

[226]   BIRKENBIHL, V.F. (2007): Psycho-logisch richtig verhandeln. Professionelle Verhandlungs-
        techniken mit Experimenten und Übungen. 17. Auflage. Heidelberg: mvg-Verlag.

[227]   WILKENING, O.S. (2010): Das High-Speed-Verhandlungssystem. Geschäftspartner blitz-
        schnell steuern und sicher überzeugen; Mit umfangreicher Online-Methoden-Toolbox. 1. Auf-
        lage. Wiesbaden: Gabler Verlag. S. 126-129

[228]   FISHER, R.; URY, W.; PATTON, B.M. (2009): Das Harvard-Konzept. Der Klassiker der Ver-
        handlungstechnik. 23. Aufl. Frankfurt am Main: Campus-Verlag. S. 81-88; S. 161-162

[229]   FRICKE, W. (1990): Erfolgreich verhandeln. Diskussionsleitung, Verhandlungsvorbereitung,
        Verhandlungsführung. 2., überarbeitete Auflage, Nachdruck. Köln: Bund-Verlag.

[230]   THIELE, A. (2009): Argumentieren unter Stress. Wie man unfaire Angriffe erfolgreich ab-
        wehrt. Ungekürzte Ausgabe, 6. Auflage. München: Dt. Taschenbuch-Verlag. (dtv, 34405). S.
        46-48; S. 55-66; S. 68-70; S. 90-104; S. 121-130; S. 133-140;

[231]   SCHRANNER, M. (2009): Verhandeln im Grenzbereich. Strategien und Taktiken für schwieri-
        ge Fälle. 8. Auflage. München: Econ Verlag. S. 22-64

[232]   GEISSNER, H. (1968): Der Fünfsatz. In wirkendes Wort, Nr. 4, S. 271ff.

[233]   GEISSNER, H. (1975): Rhetorik und politische Bildung. Krobert / Ts.: Scriptor Verlag. S. 37-70

[234]   GEISSNER, H. (1974): Rhetorik. München: Bayerischer Schulbuch-Verlag. S. 121-130

[235]   URY, W.; HÖLSKEN, N. (2009): Nein sagen und trotzdem erfolgreich verhandeln. Vom Autor
        des Harvard-Konzepts. Frankfurt am Main: Campus-Verlag. S. 13-19; S. 24-28; S. 32-33; S. 42-
        50; S. 73-84; S. 117-142; S. 192; S. 233

[236]   URY, W.; STEIN, B. (1998): Schwierige Verhandlungen. Wie Sie sich mit unangenehmen Kon-
        trahenten vorteilhaft einigen. 3. Auflage, ungekürzte Taschenbuchausgabe. München: Heyne
        (Heyne Business, 22/2008). S. 17-24

[237]   SCHRANNER, M. (2009): Teure Fehler. Die 7 größten Irrtümer in schwierigen Verhandlun-
        gen. 2. Auflage. Berlin: Econ Verlag. S. 191-194

[238]   KREUZPOINTNER, A.; REISSER, R. (2006): Praxishandbuch Beschaffungsmanagement.
        Wiesbaden: Betriebswirtschaftlicher Verlag Dr. Th. Gabler I GWV Fachverlage GmbH (Sprin-
        ger-11775 /Digital Serial]). S. 139-140

[239]   WANNENWETSCH, H. (2007): Integrierte Materialwirtschaft und Logistik. Beschaffung,
        Logistik, Materialwirtschaft und Produktion. 3., aktualisierte Auflage. Berlin, Heidelberg:
        Springer-Verlag (VDI-Buch). S. 237-245

[240]   MEYER, J. (2006): Wirtschaftsprivatrecht. Eine Einführung. Sechste, aktualisierte Auflage.
        Berlin, Heidelberg: Springer-Verlag (Springer-Lehrbuch). S. 31

[241]   BUNDESREPUBLIK DEUTSCHLAND (2011): BGB. Herausgegeben von der Bundesrepublik
        Deutschland. Bundesministerium der Justiz. Online verfügbar unter http://www.gesetze-im-
        internet.de, zuletzt aktualisiert am 28.6.2011, zuletzt geprüft am 28.6.2011.

[242]   BUNDESREPUBLIK DEUTSCHLAND (2011): HGB. Herausgegeben von der Bundesrepublik
        Deutschland. Bundesministerium der Justiz. Online verfügbar unter http://www.gesetze-im-
        internet.de, zuletzt aktualisiert am 28.6.2011, zuletzt geprüft am 28.6.2011.

[243]   SCHLECHTRIEM, P.; BACHER, K. (2000): Kommentar zum einheitlichen UN-Kaufrecht. Das
        Übereinkommen der Vereinten Nationen über Verträge über den internationalen Warenkauf ;
        CISG. 3., völlig neubearbeitete Auflage. München: Beck.

[244]   Daimler AG (2011): eDocs für Geschäftspartner. Herausgegeben von Daimler AG. Online
        verfügbar unter http://engp-download.daimler.com, zuletzt aktualisiert am 23.6.2011, zuletzt
        geprüft am 23.6.2011.

[245]   KREUZPOINTNER, A.; REISSER, R. (2006): Praxishandbuch Beschaffungsmanagement.
        Wiesbaden: Betriebswirtschaftlicher Verlag Dr. Th. Gabler I GWV Fachverlage GmbH (Sprin-
        ger-11775 /Digital Serial). S. 139-140

[246]   HUSCHET, V. (2011): Analyse verfügbarer Markt- und Branchendatenbanken zur Lieferan-
        tenselektion. Koblenz: BA-Arbeit an der FH-Koblenz.

[247]   PIONTEK, J. (2004): Beschaffungscontrolling. 3., überarbeitete und erweiterte Auflage. Mün-
        chen, Wien: Oldenbourg (Managementwissen für Studium und Praxis). S. 22-26

[248] LARGE, R.(2009): Strategisches Beschaffungsmanagement. Eine praxisorientierte Einführung mit Fallstudien. 4., vollständig überarbeitete Auflage. Wiesbaden: Gabler Verlag / GWV Fachverlage GmbH (Springer-11775 /Digital Serial). Kapitel 14

[249] DIN EN ISO 9000:2005. Berlin: Beuth-Verlag

[250] DIN EN ISO 19011:2002. Berlin: Beuth-Verlag

[251] CAMP, R.C. (1994): Benchmarking. München: Hanser-Verlag.

[252] SCHARER, M. (2011): Benchmarking. Universität Karlsruhe. Online verfügbar unter http://imihome.imi.uni-karlsruhe.de/nbenchmarking_b.html, zuletzt aktualisiert am 12.7.2011.

[253] PIONTEK, J. (2004): Beschaffungscontrolling. 3., überarbeitete und erweiterte Auflage München, Wien: Oldenbourg (Managementwissen für Studium und Praxis). S. 69-70

[254] WAGNER, S.M.; WEBER, J. (2007): Beschaffungscontrolling. Den Wertbeitrag der Beschaffung messen und optimieren. 1. Auflage. Weinheim: WILEY-VCH (Advanced controlling, 54).

[255] TQM TRAINING & CONSULTING GmbH (2011): VDA 6.3 - 2010 Prozessaudit – Tool. Herausgegeben von TQM Training & Consulting GmbH. Online verfügbar unter http://www.tqm.com, zuletzt aktualisiert am 13.7.2011.

[256] VDA Verband der Automobilindustrie e.V (2010): VDA Band 6 – Teil 3. Prozessaudit. 2. Auflage. Frankfurt am Main: VDA e.V.

[257] GIETL, G.; LOBINGER, W. (2009): Leitfaden für Qualitätsauditoren. Planung und Durchführung von Audits nach ISO 9001:2008. 3. Auflage. München: Hanser Verlag.

[258] DGQ e.V. (2010): Prozessmanagement und -kennzahlen. Leitfaden zum Gestalten, Einführen, Steuern und Verbessern von Prozessen. 1. Auflage. Berlin, Wien, Zürich: Beuth-Verlag (Analyse, Qualitätsverbesserung, 14-27).

[259] BÜSCH, M. (2010): Praxishandbuch Strategischer Einkauf. Methoden, Verfahren, Arbeitsblätter für professionelles Beschaffungsmanagement. Korrigierter Nachdruck. Wiesbaden: Gabler Verlag. S. 81-88

[260] DRESEN, P. (1997): Benchmarking in der Beschaffung. Zugelassene Dissertation. Köln: Fördergesellschaft Produkt-Marketing (Beiträge zum Beschaffungsmarketing, 13). S. 88-165

[261] KOPPELMANN, U. (2004): Beschaffungsmarketing. 4., neu bearbeitete Auflage. Berlin: Springer (Springer-Lehrbuch). S. 391-400

[262] VDA Verband der Automobilindustrie e.V (2010): VDA Band 6 - Teil 1. Systemaudit. 4. Auflage. Frankfurt am Main: VDA e.V.

[263] FEY, J. (2011): Die Durchführung von Audits im Einkauf – Methodik, Vorgehen, Ergebnisverwertung. Koblenz: Fachhochschule Koblenz. S. 21

[264] LEYENDECKER, B. (2011): Skript – Projektmanagement. Koblenz: Fachhochschule Koblenz.

[265] HENKE, M.; BLOME, C. (2011): Fit für die Zukunft: Einkaufsorganisation 2.0. In: Beschaffung aktuell, Heft 11. S. 14–15.

[266] MUSSWEILER,T.; STRACK, F.; PFEIFFER, T. (2000): Overcoming the Inevitable Anchoring Effect: Considering the Opposite Compensates for Selective Accessibility. In: Personality and social Psychology Bulletin, 26. Jahrgang, Nr. 9. S. 1142-1150

[267] PILGRAM, C.; WINKLER, H. (2011): Gestaltungsempfehlungen zur Beschaffungsoptimierung in Industrieunternehmen. Berlin: Logos-Verlag. (Anwendungsorientierte Beiträge zum industriellen Management, 1). S. 12-14

[268] HARDT, C. (2011): Rohstoffpreisrisikomanagement in industriellen Supply Chains. Dargestellt am Beispiel der Automobilindustrie. Universitäts-Dissertation. Bayreuth: 1. Auflage. Lohmar: Eul (Reihe, 24). S. 230-257

[269] BERTRAM, F.; CZYMMEK, F. (Hrsg.) (2011): Modulstrategie in der Beschaffung. Konferenzband; Konferenz der AutoUni am 18.11.2010 in Wolfsburg. Berlin: Logos Verlag. (AutoUni - Schriftenreihe, 18).

[270] HOFMANN., E.; MAUCHER, D.; HORNSTEIN, J.; DEN OUDEN, R. (2012): Investitionsgütereinkauf. Erfolgreiches Beschaffungsmanagement komplexer Leistungen. Berlin, Heidelberg: Springer (Advanced Purchasing & SCM, 2). S. 7-12; S. 67-74

[271] THEN, T. (2011): Einkauf mit SAP. Der Grundkurs für Einsteiger und Anwender. 1. Auflage. Bonn, Boston, Mass.: Galileo Press (SAP press).

[272]   BARISCH, S. (2011): Optimierung von Verhandlungsteams. Der Einflussfaktor Hierarchie. Wiesbaden: Gabler Verlag / Springer Fachmedien Wiesbaden GmbH Wiesbaden.

[273]   PETERS, S. (2011): In fünf Schritten zur klaren Kommunikation - ein Rhetorik-Schnellkurs! In: Enkelmann, Nikolaus B. (Hrsg.): Die besten Ideen für erfolgreiche Rhetorik. Erfolgreiche Speaker verraten ihre besten Konzepte und geben Impulse für die Praxis. Offenbach: GABAL (GSA TopSpeakersEdition), S. 167-183.

Stichwortverzeichnis

Printed by Printforce, the Netherlands